ISBN 978-0-331-25768-7
PIBN 11062360

ANNALES

DE LA SOCIÉTÉ ACADÉMIQUE

DE NANTES

ANNALES

DE LA

SOCIÉTÉ ACADÉMIQUE

DE NANTES

ET DU DÉPARTEMENT DE LA LOIRE-INFÉRIEURE

DÉCLARÉE

ÉTABLISSEMENT D'UTILITÉ PUBLIQUE

Par décret du 27 décembre 1877

Volume 3e de la 8e Série

1902

NANTES

IMPRIMERIE C. MELLINET. — BIROCHÉ ET DAUTAIS, SUCCrs

Place du Pilori, 5.

1903

ALLOCUTION DE M. F. MERLANT

PRÉSIDENT SORTANT

MESSIEURS,

Je ne veux pas quitter ce fauteuil, mes chers collègues, sans vous remercier de la bienveillance que vous n'avez cessé de me témoigner et surtout de l'indulgence avec laquelle vous avez accepté ma présidence, plus souvent honoraire qu'effective, des absences fréquentes et les devoirs imposés par ma situation d'ajoint au Maire ne m'ayant permis que trop rarement de prendre part à vos travaux avec le zèle et le cœur dont je me sentais capable.

Heureusement, les collaborateurs que vous aviez mis à mes côtés m'ont suppléé avec la plus grande bienveillance et je tiens à offrir mes vifs remerciements à MM. Guillou, Joüon, Hugé, Delteil, et tout particulièrement à notre si précieux secrétaire perpétuel, M. Mailcailloz.

Vos suffrages ont désigné pour me remplacer notre vice-président de l'année dernière, M. le Dr Guillou.

Votre choix, Messieurs, met à la tête de la Société Académique l'un de nos plus aimables et sympathiques collègues, en même temps que l'un de nos plus spirituels écrivains.

Avec les concours que vous lui donnez, en constituant votre bureau avec M. le marquis de Surgères, M. le Dr Hugé et M. le baron G. de Wismes, et renouvelant les mandats de ses dévoués collaborateurs MM. Delteil, Viard et Mailcailloz, vous pouvez être assurés, Messieurs, que la Société Académique de la Loire-Inférieure ne périclitera pas et qu'elle continuera à tenir la grande place qu'elle occupe avec tant d'éclat parmi les plus importantes Sociétés de notre ville.

ALLOCUTION DE M. LE Dr GUILLOU

PRÉSIDENT ENTRANT

MESSIEURS,

En prenant la parole après votre ancien président, M. Merlant, je veux simplement lui exprimer vos félicitations et vos remerciements, vous dire combien j'ai été touché de votre confiance et de votre sympathie, vous promettre mon dévouement et vous demander à tous, pour cette année, la plus dévouée et la plus laborieuse collaboration. Vous êtes-vous mépris en me donnant vos suffrages? Ai-je par trop présumé de mes forces en les ratifiant par mon acceptation hésitante? L'avenir nous dira si le manque d'aptitude peut être suppléé par la plus absolue des bonnes volontés.

Pour le moment, Messieurs et chers collègues, permettez-moi d'employer l'autorité que donne encore à cette présidence la grande considération dont jouissait auprès de vous celui qui la quitte, pour vous supplier de vous mettre sans retard à l'ouvrage dans toutes vos sections. Déjà, depuis quelques années, votre section de littérature donne aux autres sections le constant exemple de la plus grande ardeur. Les communications s'y multiplient. Une activité que les pessimistes disaient à jamais éteinte est venue ranimer vos séances et votre vieille Société Académique, après le rajeunissement de son centenaire, connaît de nouveau la bonne fortune des ordres du jour opulents, des réunions nombreuses, des discussions passionnées et savantes.

Il n'est pas possible que Nantes, où bouillonne aujourd'hui la fièvre d'une gigantesque croissance et que l'esprit d'initiative et d'audace des meilleurs de ses citoyens appelle, pour un avenir prochain, à une prospérité commerciale et industrielle inouïe, soit une ville morte aux sciences et indifférente à ce qui fut toujours le charme et reste l'éternel attrait des peuples policés. C'est, au contraire, l'honneur des époques et des villes matériellement prospères de permettre la culture intensive de l'esprit et de donner leur plein essor au savoir, à la littérature et aux arts.

Messieurs, travaillons donc, travaillons dans ce domaine des choses intellectuelles que nous avons choisi; travaillons autant que travaillent nos concitoyens dans le commerce, dans l'industrie, dans la construction, dans la fabrication de produits nombreux, universellement répandus, et faisons, par nos efforts, que Nantes littéraire et scientifique occupe aujourd'hui en France le même rang que Nantes commerciale et que Nantes industrielle et aspire avec autant de droit à la même prééminence dans l'avenir! Entretenons et élargissons ce milieu si longtemps prospère où se cultivait, dans la plus exquise urbanité, le meilleur de l'intelligence nantaise. Restons unis et, dans le culte ennoblissant des lettres et des sciences, unissons-nous tous les jours davantage.

Aujourd'hui, dans l'épanouissement colossal de l'activité et des fédérations humaines, malheur aux inutiles, malheur aux paresseux, malheur à l'ignorance et malheur à l'isolement! Les coups de vent qui heurtent les grands chênes n'en font tomber que les feuilles sèches et les branches mortes. Après les bouleversements sociaux attendus ou redoutés par notre prévoyance, rien ne vaudra plus que la valeur personnelle des hommes et l'utilité pratique des institutions. Rendons-nous donc utiles par nos œuvres et pour cela, Messieurs, soyez ce que fut la Société Académique, soyez ce que furent vos prédécesseurs, des ouvriers de la pensée, et, par le travail, des ouvriers du devoir.

Pour moi, avec le bureau dont vous m'avez entouré, tout me sera facile. Le marquis de Granges de Surgères, le docteur Hugé, le baron Gaëtan de Wismes, M. Maillcailloz et les membres du Comité central que vous avez tous conservés, apportent une notoriété dont profitera grandement notre Société. Pour assurer le succès de nos réunions, je leur demande seulement de nous faire bien souvent profiter dans l'avenir de leurs faciles talents que nous avons toujours si agréablement goûtés dans le passé.

Monseigneur FOURNIER

ÉVÊQUE DE NANTES

Sa Vie, Ses Œuvres

Par l'abbé POTHIER, son Secrétaire

Nantes, LIBAROS, éditeur, 1900. — 2 vol. in-8° de XVI-684 pages et de 697 pages, ornés d'un portrait et de deux vues de Saint-Nicolas.

COMPTE-RENDU

Par le Baron GAËTAN DE WISMES

lu à la Société Académique de Nantes et de la Loire-Inférieure, le 22 octobre 1902

Rencontrer une âme sœur, découvrir dans cette âme bonté, noblesse, intelligence, dévouement, vivre de longues années avec elle dans une intimité suave et forte ; puis, lorsque cette âme est remontée vers son Créateur, user et abuser de ses forces à reproduire en une fresque magistrale l'éclat des vertus de celui que l'on aima, pour que cette mémoire chère se perpétue à travers les siècles, tel est le destin de quelques privilégiés, tel fut le lot de M. l'abbé Pothier, ancien secrétaire de S. G. Mgr Félix Fournier, Evêque de Nantes.

Que notre vénéré concitoyen me laisse lui dire à quel point son sort me paraît enviable ! Dieu, certes, ne l'a épargné ni dans son cœur, ni dans son corps, et les misères de sa pauvre santé lui furent peut-être moins pénibles que les blessures morales. Pourtant, je le répète, le Ciel l'a favorisé en lui octroyant la fortune de ressusciter la figure exemplaire de ce Pontife qui l'honora, *usque ad mortem*, d'une affection sans défaillance.

Avant d'analyser cette œuvre monumentale, que l'auteur me laisse lui présenter, avec la plus bretonne franchise, une observation, écho fidèle des entretiens que j'ai eus avec ses lecteurs les plus sympathiques : le désir primordial du biographe fut, sans conteste, de populariser les gestes de son Evêque tant pleuré ; or, de nos jours, les gros volumes ne se lisent guère : on a parcouru les deux énormes in-8°; on s'est arrêté au hasard à telle ou telle page, la vue d'ensemble a fait défaut. De l'avis unanime, il eût été préférable, pour atteindre le but convoité, de narrer, en deux ou trois cents pages, la vie proprement dite de Mgr Fournier et de rejeter sermons et correspondance dans un livre distinct à l'usage des seuls gens de loisir.

Je regrette aussi l'absence d'une table détaillée des matières et d'une table des noms : elles eussent singulièrement facilité les recherches.

Sous le bénéfice de ces réserves, je tenterai de rendre compte, le moins imparfaitement possible, de cette biographie superbe, résultat de labeurs gigantesques, qui renferme mille traits édifiants et pittoresques. L'œuvre de M. l'abbé Pothier est, d'ailleurs, divisée avec logique : le Livre I, *de la naissance au sacerdoce (1803-1836)*, et le Livre II, *le curé de Saint-Nicolas (1836-1870)*, forment le Tome Ier; le Tome II se compose du Livre III, *l'évêque de Nantes (1870-1877)*, et du Livre IV, *portrait et vertus de Mgr Fournier*. Je suivrai l'auteur pas à pas, mon ambition unique étant de faire apprécier les mérites remarquables de l'ouvrage par ceux, en trop grand nombre, qui ne pourront le lire, et de faire revivre, à leurs yeux, la physionomie attachante de l'éminent Prélat.

†

Jean-Baptiste Fournier, troisième enfant de Joseph Fournier de Bordelas, conseiller du Roi et doyen des notaires de Limoges, se maria, dans notre ville, le 4 octobre 1791, avec Mlle Soret, issue d'une famille de négociants nantais qui possédait des propriétés importantes à Saint-Domingue ; la révolte des esclaves si malencontreusement amenés dans la grande île par les Espagnols, d'une part, la Révolution française, de l'autre, bouleversèrent brutalement la situation des jeunes époux ; ils étaient dans la gène lorsque, le 3 mai 1803, la Providence leur envoya un fils auquel ils donnèrent saint Félix pour patron et qui devait attacher à leur nom modeste un lustre incomparable.

A six ans, le petit Félix est placé dans la pension de MM. Joly et Boullaud ; en 1813, il suit les cours du Petit-Séminaire de Nantes.

Vers cette époque, M. J-B. Fournier retourne à Saint-Domingue pour tâcher de reconquérir quelques débris de la fortune écroulée ; vains efforts ; le digne homme, épuisé de corps et d'esprit, meurt là-bas, les yeux tournés vers la Bretagne où il a laissé le meilleur de lui-même.

Notre écolier obtient dans ses classes les justes récompenses dues à son labeur. En rhétorique, il est couvert de lauriers, et, à la distribution des prix de 1818, il « fait pleurer » l'assistance avec son discours sur un épisode du siège d'Orléans ; c'était le premier triomphe oratoire de ce futur prédicateur hors pair, de ce futur causeur spirituel et instruit, qui écrivait alors à sa mère :

« Pour la retraite dont tu me parles, je te dirai fran-
» chement que je regarde comme un peu singulier de
» garder le silence pendant huit jours ; je t'engage à ne
» rien faire qui puisse te singulariser ; c'est très con-
» traire à la solide vertu. Ce n'est pas précisément dans
» ce silence que consiste le recueillement d'esprit. On

» peut ne point parler et être très dissipé ; je te prie de » ne plus faire cela désormais. »

Ayant terminé à 17 ans ses études de philosophie, le jeune Fournier médite, prie et entre au Grand-Séminaire « non pas pour se détourner du monde, mais pour se mêler un jour à lui, plus propre à porter au milieu de ses ténèbres le flambeau de la foi, à panser ses blessures et surtout à courir au devant de ses douleurs. » Dans ce nouveau milieu il reste ce qu'il fut partout, le plus travailleur, le plus pieux. Lorsque M. l'abbé de Courson, de sainte mémoire, fonde de ses deniers, avec l'autorisation de son évêque, le Séminaire de Philosophie, notre héros est appelé le premier à lui prêter son concours.

Le 28 mai 1825, l'abbé Fournier est ordonné sous-diacre et, le soir de ce beau jour, il s'écrie avec un lyrisme surnaturel : « Enfin me voilà enchaîné au service de Dieu ! » O précieuses chaînes qui me liez au Roi des rois ! Magnifique servitude préférable à toutes les couronnes, ou » plutôt véritable royauté depuis si longtemps l'objet de » mes désirs et le terme de mes plus chères affections ! »

La réputation d'orateur de l'aimable lévite avait franchi l'enceinte du Séminaire et un grand nombre de pasteurs sollicitaient l'avantage de procurer à leurs ouailles les prémices de ce talent sympathique. M. de Courson avait toujours mis son *veto*. Toutefois, une exception eut lieu : le curé de la Plaine voulant donner en saint Louis, roi de France, un second patron à sa paroisse, obtint que l'honneur de cette inauguration fût pour l'abbé Fournier : son succès fut tel que dès le lendemain à l'aube les habitants arrivèrent en foule pour se confesser au jeune prédicateur, dont la parole avait su toucher les âmes les plus récalcitrantes : leur surprise ne fut pas médiocre d'apprendre qu'on ne pouvait les satisfaire.

Le 29 mai 1827, l'Evêque imposait les mains à son fils spirituel qui se relevait prêtre pour l'éternité. Le lendemain, il célébrait sa première messe à Saint-Clément, puis il partait se plonger dans la retraite à la Trappe de Melleray.

†

La paroisse Saint-Nicolas somnolait alors dans les ténèbres de l'indifférence ; elle était régie par un digne prêtre, M. l'abbé du Paty, animé des meilleures intentions, mais d'une santé peu propre à réaliser son idéal de rénovation religieuse. Le bon curé gémissait de son impuissance, quand Dieu lui envoya un aide parfait. A peine nommé vicaire, l'abbé Fournier proposa à M. du Paty *d'inviter les enfants à se grouper autour de lui et de balbutier avec eux le langage de la religion.* Cette pensée était excellente et les enfants furent convoqués pour le jeudi suivant, avec promesse de récompenses : au début le résultat fut peu satisfaisant ; mais bientôt ce petit monde accourut à flots pressés, surtout quand l'ingénieux vicaire eut l'idée adroite de faire chanter ceux qui avaient un peu de voix.

L'âme de Félix Fournier était trop vibrante pour n'être pas séduite, à l'instar de tous les nobles esprits d'alors, par l'incomparable génie que la Bretagne entière considérait déjà comme une de ses gloires les plus éblouissantes : j'ai nommé La Mennais. Mais, attaché avant tout à Rome, lorsque Grégoire XVI condamna les doctrines de l'*Avenir,* le vicaire de Saint-Nicolas n'hésita pas à se détourner, le cœur saignant, du pauvre révolté.

Un méprisable renégat, l'abbé Châtel, vint dans notre ville pour y établir l'Eglise Française : l'abbé Fournier le combattit vaillamment sous forme de *Dialogues* qui parurent dans les journaux nantais et sous le poids desquels le schismatique s'effondra lamentablement.

Le choléra fit son apparition dans nos murs en 1832, et exerça bientôt de grands ravages : notre héros se montra au premier rang pour les nombreuses supplications qui s'élevaient vers le Ciel et visita sans relâche les infortunés malades dont beaucoup se convertirent sous les caressantes effluves du verbe évangélique ; le prêtre zélé comprit par expérience quel bien on pouvait retirer de ces visites, et il aimait à répéter plus tard : « Il en coûte si peu d'être bon, toujours et quand » même on en est récompensé. »

Aussi sera-t-on faiblement étonné d'apprendre que le vicaire de Saint-Nicolas créa dès cette époque, avec l'appui effectif de solides chrétiens, une œuvre d'apostolat de la charité que nous revendiquons à bon droit comme une conférence de Saint-Vincent-de-Paul avant la lettre.

Sur les instances de ses amis, l'abbé Fournier se décide à faire avec eux, en août 1833, un voyage en Bretagne. Le 13 août il écrit :

« Je suis Breton ; et je tiens à ce titre. Assez de » souvenirs se rattachent à notre Bretagne, assez de » belles et bonnes qualités distinguent les enfants de » l'Armorique pour que je me fasse gloire d'étre Breton. » J'éprouve pour ma province cette vive sympathie qui » est quelque chose de plus que l'amour de la Patrie : » c'est une affection spéciale, plus énergique et plus » tendre. Grand sera donc mon bonheur de voyager en » Bretagne, de parcourir quelques-unes de ses villes, de » chercher dans la solitude de ses landes et de ses grands » rochers la contemplation et le repos, d'étudier ses » vieilles mœurs, ses routines, de saluer les ruines d'une civilisation qui luttera longtemps encore, je l'espère, contre l'envahissement d'une civilisation égoïste et bâtarde, de me mêler enfin à ces populations, rudes et incultes peut-être, mais actives, fortes et pleines de foi.... O mes amis, je ne vous oublie jamais. Je pensais à vous en m'éloignant de Nantes, cette ville que j'aime tant, parce que vous y êtes, et quoique j'emportasse avec moi une partie de mon bonheur, j'éprouvais le regret de laisser derrière moi l'autre partie de mon » trésor. »

La description du passage de la Vilaine à la Roche-Bernard est comme une petite eau-forte : « Il était dix » heures quand nous traversâmes en bac la Vilaine avec » notre lourde diligence et ses voyageurs ; la boue, que » la marée dépose sur ses bords, nous causa bien des » désagréments, mais nous causions, nous riions, nous » aidions les mariniers à sortir d'embarras ; et cela » presque en pleines ténèbres, car nous n'avions pour » tout luminaire qu'une mauvaise chandelle qu'un im- » mense cornet de papier avait peine à garantir des » attaques du vent. »

Contrairement à l'opinion générale, notre touriste admire la cathédrale de Vannes qui « est, dit-il, infini- » ment plus belle que tout ce que nos architectes moder- » nes nous construisent d'édifices sacrés. Elle vaut cent » fois, mille fois plus que leurs temples grecs. » Puis, laissant déborder son jeune amour pour ce style gothique si décrié à cette époque et dont il sera le champion inlassable, il continue : « Mais, il faut le dire, le genre si » riche, si varié, si complexe de nos anciennes églises, » ce genre si symbolique, si empreint de foi grandiose » et si plein de magnificence, demanderait pour être » réalisé de nos jours deux conditions : la première, le

» sentiment religieux qui fait presque absolument défaut » à nos artistes ; la seconde, une continuité, une per» sévérance d'efforts prolongée : ce qu'on ne peut attendre » de cet âge où tout est si petit, mesquin, individuel, » où l'on vit au jour le jour, où l'on n'a aucun souci, je » ne dirai pas de la postérité, mais de la génération qui » va suivre. »

D'une autre lettre, je tire ce passage : « Le lendemain » de mon arrivée à Quimper, dès mon réveil très mati» nal, je me rendis à la cathédrale que j'avais si grande » hâte de voir et de visiter. L'aspect de ses tours mas» sives, leur architecture sans ornement, le portail mieux » compris et la longueur de cette église m'impression» nèrent vivement. Quelle majesté dans cette grande » église, peut-être trop grande pour la population, mais » assurément digne d'être la cathédrale. »

Il m'est impossible, quelque respect que l'on doive aux morts, de ne pas protester contre la phrase suivante de la même lettre :

« Je suis pourtant loin de partager toute l'admiration » des habitants de Quimper pour leur église, et de la » mettre au-dessus de notre cathédrale de Nantes. Quel» que grande et quelque complète qu'elle soit, quelqu'im» posante qu'elle m'ait paru dans sa régularité achevée » et la sévérité, je dirai même l'austérité, de son style » presque sauvage, tant il est nu, je ne conviendrai » jamais qu'elle vaille ce morceau de chef-d'œuvre que » nous possédons, que nos indignes concitoyens ne savent » pas apprécier, ne vont pas même voir : achevé, notre » Saint-Pierre serait cependant une des plus belles » églises de France ! »

Certes, je me vante d'être Nantais, de cœur autant que de naissance, j'aime de notre puissante cité tout ce qui est aimable et je suis le premier à reconnaître dans notre cathédrale certains détails vraiment beaux, mais, je l'avoue sans barguigner, si j'avais la foi qui transporte..... les églises, je troquerais notre cathédrale pour celle de Quimper, peut-être même pour celle de Dol.

C'est en 1835, que l'abbé Fournier inaugura dans sa paroisse ces *conférences pour les hommes,* si fréquentes à l'heure actuelle, parfaitement inconnues alors, qui eurent le don de grouper autour de la chaire une foule, chaque jour plus compacte, d'auditeurs attentifs. Le zélé vicaire poursuivit jusqu'en 1848 ce cours familier d'Apologétique. Les éloges chaleureux ne lui furent pas ménagés dans la presse locale, mais son plus doux salaire fut le retour à Dieu de beaucoup d'âmes touchées de la grâce.

†

Le 2 mars 1836, l'abbé Fournier est mandé près de Mgr de Guérines : le Premier Pasteur du diocèse lui déclare que le vénérable abbé du Paty se sent à bout de forces et désire se démettre de sa charge en sa faveur ; l'humble vicaire veut refuser, mais l'évêque insiste, il doit céder. Le surlendemain, il va, comme à l'heure de sa prêtrise, se jeter pour quelque jours dans la solitude instructive de Melleray. Le 25 mars, il est installé curé de Saint-Nicolas ; il n'avait pas 33 ans sonnés !

Dès le début de son rectorat, il s'ingénie de toutes les manières à rehausser l'éclat des cérémonies.

Le 17 janvier 1837, une Société de Saint-Vincent-de-Paul, analogue à celle de Paris, tient au presbytère de Saint-Nicolas sa première séance officielle.

Le charitable cure fonde, en 1838, l'Œuvre de Sainte-Elisabeth pour les pauvres femmes malades isolées et il en confie la marche à un groupe de pieuses chrétiennes.

Les services rendus en tous lieux et sous les formes les plus diverses par l'abbé Fournier lui attiraient d'universelles sympathies et furent souvent, à la grande joie de son âme apostolique, des moyens providentiels de conversions inattendues.

Le zélé pasteur tomba malade en 1838 à la suite des conférences : une saison aux Eaux-Bonnes fut ordonnée impérieusement ; il obéit, et nous sommes redevables à ce voyage forcé d'une suite de croquis pyrénéens dont plus d'un maître styliste serait jaloux.

M. l'abbé Cahour rapporte sur notre héros une suite de traits que je me ferais scrupule de ne pas écrêmer :

« On dînait à midi ; une demi-heure après, il appartenait à tous ceux qui l'attendaient. Il avait même l'habitude de recevoir à toute heure les ouvriers. « Ils sont » moins libres de leur temps, disait-il, et il ne faut pas » que l'on dise jamais, tant que je vivrai, qu'ils se soient » vainement présentés chez leur curé. » J'ai parlé du soin qu'il avait des pauvres : il en était le patron véritable. Sa porte leur était toujours ouverte ; mais avec quelle patience il les écoutait ; comme il s'ingéniait à les encourager, à les consoler, à leur témoigner son désir de leur être utile. Les faits parlent mieux que les paroles. En voici deux dont j'ai été témoin et qui dépeignent les choses sur le vif.

» Au lieu où se trouve aujourd'hui la chapelle de la Sainte-Vierge dans la basilique Saint-Nicolas, était alors un petit terrain vague, et, sur ce terrain, une masure abandonnée. Là s'étaient nichés un pauvre savetier, sa femme et trois enfants. Pendant le jour la mère mendiait dans les rues et quêtait de l'ouvrage pour son mari ; le samedi et le dimanche matin ils vendaient sur la place Bretagne de vieilles chaussures raccommodées.

L'ouvrage manquait souvent et le pain aussi ; la mère se décida à suivre le courant vers le presbytère, et alla raconter sa détresse à son curé.

» L'abbé Fournier se rendit immédiatement à la masure, constata la vérité du triste récit et promit le pain de chaque jour. Puis il fit porter à ces abandonnés des draps, un lit pour les enfants et quelques objets mobiliers. Mais ce qu'il importait de leur procurer surtout c'était du travail.

» Monsieur le curé pensa que le mieux serait de changer de métier : il offrit d'acheter un orgue de barbarie. Sa proposition fut acceptée ; et désormais il y eut quelque détente dans cette malheureuse famille. L'abbé Fournier s'applaudissait de son heureuse idée quand, un soir, la mère et ses trois enfants vinrent en larmes lui avouer que le mari ne rapportait plus depuis quelques temps « le produit de son art » et qu'il s'enivrait ; finalement, qu'il s'était engagé dans une troupe de saltimbanques qui se faisaient besoin de compléter leur orchestre. L'abbé Fournier ne répudia point l'héritage que lui envoyait la Providence.

» Il fut plus heureux dans une autre rencontre.

» Dans ses visites de pauvres et de malades, il trouva une femme du peuple âgée dont les voisins firent le plus grand éloge. « En quoi puis-je vous venir en aide, lui » dit-il, quels seraient vos aptitudes et vos goûts ? — » Me secourir, répondit la pauvre vieille, est plus facile » que vous ne le pensez. J'ai vendu autrefois des bâtons » de sucre et des caramels aux enfants, sur les pro- » menades et le long des rues. Le pâtissier me faisait » des avances que je remboursais régulièrement. Si vous » vouliez me bailler chez lui quelques fonds et aussi » me faire raccommoder ma caisse en fer blanc, que je

» me suspends au cou pour transporter ma marchan-
» dise, je suis sûre que je retrouverais ma clientèle. »

» L'idée parut ingénieuse et pratique au bon curé qui accepta tout de suite de commanditer, chez le confiseur de son choix, Mme Pétel. Il lui fit faire une nouvelle boite à compartiments plus commode que la première ; et l'on revit bientôt dans les rues la vieille marchande de caramels. Cette fois l'abbé Fournier avait usé de précautions ; car il avait obligé Mme Pétel à lui rendre compte tous les samedis des ventes de la semaine.»

L'espace me manque pour raconter les mille péripéties de la campagne longue, ardente, féconde en vicissitudes et finalement couronnée du plus éclatant triomphe, menée avec un acharnement surhumain par l'abbé Fournier pour réaliser le rêve de toute sa vie, reconstruire l'église paroissiale, faire sortir de terre et lancer vers le ciel cet édifice du XIIIe siècle qui continue de faire l'admiration des Nantais et des gens de goût qui traversent notre cité.

Il faut lire avec attention les pages où sont relatés les rapports du pasteur inspiré avec les architectes Piel et Lassus, la visite réconfortante de Montalembert, les luttes incessantes de l'intrépide curé avec les routiniers du Ministère, la pose de la première pierre, à la date du 1er août 1844, les dons offerts par les artistes les plus distingués et les amateurs de la ville, l'inauguration des travaux, le 30 octobre 1848, enfin l'ouverture au culte dans la nuit de Noël de l'an de grâce 1854.

Le Ministre de l'Instruction Publique, voulant récompenser notre éminent concitoyen de son *zèle éclairé pour l'étude des monuments de notre histoire nationale*, le nommait, le 9 février 1838, Correspondant de son Ministère pour les Travaux historiques

Avec MM. Bizeul, Nau et quelques autres amis du passé, l'abbé Fournier fondait, en 1845, la Société Archéologique de Nantes et de la Loire-Inférieure, qui compte aujourd'hui 200 membres et publie chaque année un Bulletin richement nourri d'études variées et instructives : le buste du regretté prélat, modelé par un de ses parents, M. Etienne, et gracieusement offert par lui, orne la salle des séances de la savante Compagnie dont l'abbé Fournier fut le Président d'honneur.

Le neuvième congrès de l'Association Bretonne s'étant ouvert à Nantes, dans la grande salle de l'Hôtel-de-Ville, le 8 septembre 1852, sous la présidence du comte O. de Sesmaisons, le curé de Saint-Nicolas fut proclamé vice-président à l'unanimité et se fit applaudir avec d'intéressantes communications sur l'Histoire de l'Art en Bretagne. A la suite du congrès, le Ministre de l'Instruction Publique le nomma Correspondant du Comité de la Langue et de l'Histoire des Arts de la France. Nous le retrouvons encore à Vannes, au congrès de l'Association Bretonne, et là il s'élève avec énergie contre la dépopulation des campagnes et l'émigration dans les villes.

Lorsque, sur les conseils de Mgr Jaquemet, l'abbé Fournier se décida à briguer les suffrages de la Société Académique de Nantes et de la Loire-Inférieure, le docteur Gély étant Président, M. Evariste Colombel, ancien maire de notre ville, donna lecture, le 10 juillet 1850, d'un rapport dont voici quelques extraits : « Il » serait vraiment inutile de parler des titres de notre » candidat : sa position dans le monde ecclésiastique, » son activité chrétienne, ses efforts pour orner notre » ville d'un nouvel édifice, les suffrages qu'il a obtenus » en 1848, sa noble et franche conduite de député, » certes en voilà plus qu'il n'en faut pour que l'Aca-

» démie soit fière de le posséder. Mais si ces titres » réclament nos suffrages et les entraînent, il en est » d'autres tout littéraires qui conviennent à notre origine, » les Belles-Lettres. Comme littérateur, M. l'abbé Fournier » se produit en orateur, en orateur sacré de cette tri- » bune catholique qui est une des gloires de notre pays. »

« Notre Société fut heureuse d'ouvrir ses portes à l'abbé Fournier qui en fut l'un des membres les plus fervents et les plus recherchés.

« Son discours de Président lu en séance solennelle de la Société Académique, le 26 novembre 1856, est entièrement consacré à établir que le sentiment religieux est le principe inspirateur des œuvres de l'intelligence humaine, et que rien n'égale le pouvoir de son influence sur l'esprit humain.

« Il n'acheva point son discours sans reporter l'honneur de sa présidence aux principes mêmes qu'il représentait, » principes tutélaires, acceptés et manifestés par notre » Académie » ; aussi, pour lui témoigner son affectueuse estime, lui confia-t-elle par acclamation la direction pour une nouvelle année.

« Le 14 novembre 1858, la dernière fois qu'il lui était donné de parler en semblable solennité, ce fut « moins » avec son esprit qu'avec son cœur. » Nantes était sous ses yeux avec les représentants les plus distingués de toutes les classes de la société ; il parla de Nantes et des droits qu'elle a à l'estime du monde, avec une profusion d'esprit, une délicatesse d'à-propos, une justesse de pensée, qui faisaient encore de ce nouveau discours une œuvre remarquable.

« Quelques jours après, le 1er décembre, il lisait à la même Académie son importante notice sur M. Urvoy de Saint-Bedan. »

En 1848, il fut nommé, par 80.000 voix, représentant du peuple à l'Assemble Nationale.

La croix de la Légion d'honneur vint, en 1858, consacrer les mérites du curé de Saint-Nicolas.

Il part pour Rome en 1862, il va se jeter aux pieds de Pie IX et lui affirme son attachement invincible et celui de ses paroissiens à la Chaire de Pierre : le récit de ses promenades à travers les sublimes beautés et les indestructibles souvenirs de la Ville Eternelle forme un chapitre captivant.

Un Congrès Catholique se réunit à Malines en 1867 ; l'abbé Fournier s'y rend avec M. Lallié et le baron d'Izarn ; la renommée a porté au delà des frontières la haute valeur du prêtre breton qui, à peine débarqué, est nommé par acclamation un des quatre vice-présidents d'honneur.

En l'an de grâce 1869, le curé de Saint-Nicolas éprouva une des plus grandes joies de sa vie et donna un bel exemple : la flèche du nouveau temple catholique était prête à recevoir sa haute croix d'or ; un trône d'honneur fut dressé dans le sanctuaire, on y déposa le signe de la Rédemption, et, neuf jours durant, ce fut une procession continuelle d'adorateurs. Lorsqu'enfin la croix étincela dans les airs « le pieux curé monta, dans une ascension périlleuse. jusqu'à elle, pour la vénérer une dernière fois et lui confier des parcelles d'ossements des saints Protecteurs de la paroisse : c'était le 22 avril. »

L'abbé Fournier se rendit de nouveau à Rome, au cours de la même année, pour suivre de près les travaux du Concile où devait être promulgué le dogme de l'Infaillibilité.

†

Le 17 mai 1870, l'abbé Félix Fournier, né à Nantes,

baptisé à Saint-Nicolas, vicaire et curé de Saint-Nicolas, était, par décret impérial, nommé à l'Evêché de Nantes ; aussitôt les transports d'allégresse éclatent de toutes parts, les félicitations sincères et chaleureuses affluent des quatre points cardinaux, notre beau diocèse salue de bravos unanimes son Fils de prédilection devenu son Père en Dieu.

Préconisé le 27 juin par le Souverain Pontife, il fut sacré, le 10 août, par Mgr Brossais-Saint-Marc, archevêque de Rennes, dans sa cathédrale de Nantes.

C'est au milieu des premiers désastres de la Patrie que nous arrivait, par un contraste cruel, ce grand bonheur de famille : le nouvel évêque, pour inauguer sa charge redoutable, implora le secours d'En-Haut en faveur de la France et para aux nécessités impérieuses de ces heures sinistres : la procession extérieure du 15 août fut remplacée par un *Triduum* dans toutes les églises et par une neuvaine à Notre-Dame-de-Miséricorde ; des prêtres zélés partirent à l'envi pour occuper le poste sublime d'aumônier militaire ; des ambulances furent organisées avec une célérité admirable dans les établissements religieux où cela était possible.

L'émouvante cérémonie de la consécration du diocèse de Nantes au Sacré-Cœur eut lieu le 9 octobre ; et, le 20 janvier 1871, l'invasion des barbares germains menaçant de s'étendre jusque dans les contrées les plus lointaines du territoire, Mgr Fournier écrivait à son clergé et aux fidèles la lettre poignante où il faisait un pacte solennel avec Dieu et que je veux reproduire ici dans son essence :

« MONSIEUR LE CURÉ,

« Déterminé par la gravité des circonstances, et me

» faisant l'interprète de la volonté manifestée d'un grand
» nombre, et de la volonté présumée de tous, après
» avoir pris conseil du Chapitre de la Cathédrale et des
» prêtres qui m'entourent, j'ai fait hier, à la clôture des
» exercices de l'adoration, au nom du clergé et des
» fidèles de la ville de Nantes et du diocèse, un vœu
» solennel à nos saints patrons Donatien et Rogatien, par
» lequel je leur recommande et confie, dans les dangers
» qui nous menacent, tous nos intérêts ; et j'ai pris l'engagement, au nom de tous, que si Nantes et le diocèse sont préservés des horreurs de l'invasion et de la guerre civile, nous contribuerons, chacun selon notre bon vouloir, à l'érection d'une nouvelle église en
» l'honneur des Enfants-Nantais.

« Ce vœu, comme vous le ferez observer, est condi-
» tionnel. On peut, par son bon vouloir, prendre l'en-
» gagement de fournir une cotisation sans en déterminer
» actuellement l'importance ; mais on ne serait tenu de
» verser sa part contributive qu'autant que la Provi-
» dence, écoutant nos prières, aurait éloigné de nous
» tous ces maux. »

Dieu ne resta pas sourd au *Parce, Domine* de son fidèle serviteur ; il épargna à notre sol la honte d'être foulé par les lourdes bottes des soudards d'Outre-Rhin. Le prélat, débiteur honnête, bénissait, en 1873, la première pierre de cette magnifique basilique de Saint-Donatien, aujourd'hui complètement achevée, puisque du sommet de ses tours altières s'épandent sur la cité les chansons graves ou joyeuses d'un harmonieux carillon.

En 1872, notre évêque avait procédé à la bénédiction de la gracieuse chapelle des Dames de la Retraite qui devint, petit à petit, le centre aimé d'œuvres nombreuses, entre autres de celle des Bretons, sur le compte de laquelle on me permettra de m'arrêter, d'abord à raison de son cachet local, ensuite parce que sa création est due à l'initiative de Mgr Fournier. En effet, il écrivait aux curés de Nantes la belle lettre ci-dessous :

« MONSIEUR LE CURÉ,

« Une population nombreuse émigre constamment » du Finistère et des Côtes-du-Nord dans notre cité. » Etrangères à nos habitudes, à notre langage, dépaysées » au milieu de nous, ces familles bretonnes, dont la » pauvreté aggrave le sort, regrettent amèrement les » joies pieuses de leurs églises et la parole du Pasteur » qui leur rappelait avec autorité la loi de Dieu et tous » leurs devoirs.

» Pour ces chers Bretons, nos cérémonies et nos » églises manquent d'un grand attrait.

» Il était de notre charge de pourvoir à tous ces » besoins, et c'est ce que nous espérons obtenir en » fondant ce que nous appelons l'*Œuvre des Bretons*.

» Un ecclésiastique, instruit et zélé, dont la langue » maternelle et primitive a été cet idiome de Quimper » et de Léon, est chargé par nous de la direction de » cette œuvre.

» Une messe sera dite tous les dimanches et jours de » fêtes, à huit heures et demie, dans la chapelle de la » Retraite, et une instruction y sera faite régulièrement. » Une réunion pieuse aura également lieu le soir, et au » salut on chantera les cantiques chers à cette reli- » gieuse population.

» Nous avons cette bonne fortune que les religieuses » qui dirigent la maison de la Retraite sont en grand » nombre du pays même de nos chers Bretons, en » parlent la langue et sont heureuses de se dévouer à » une œuvre qui promet tant de fruits. »

Cette création utile a survécu à son fondateur : à l'heure où j'écris, M. l'abbé David de Drézigué a succédé au dévoué abbé Cormerais dans la douce mission d'évangéliser les pauvres Bretons des quartiers de Sainte-Anne et de Barbin.

Le 24 septembre 1873, Mgr Fournier groupait 60.000 pèlerins autour du Calvaire de Pontchâteau. Le 5 octobre, il bénissait la première pierre de la nouvelle église de Saint-Similien.

En 1874, notre évêque fit son voyage *ad limina* et reçut de Pie IX les marques de la plus tendre affection paternelle.

C'est vers la catholique Irlande qu'il dirigea ses pas, en 1875, pour assister — seul évêque de France — au Centenaire d'O'Connell : par sa magique éloquence, il participa avec éclat à ces solennités inoubliables.

Le 10 octobre 1876, l'ancien curé de Saint-Nicolas procédait, le cœur en fête, à la consécration de sa chère église.

Il fut, en 1877, l'instigateur d'un mouvement qui ne s'arrêta plus, en faveur de l'achèvement, si désiré, de notre cathédrale.

Enfin, le 21 mai de cette même année, Mgr Fournier quittait sa ville épiscopale, qu'il ne devait plus revoir, et se dirigeait vers Rome où l'ange de la mort vint, dans la journée du 9 juin, ravir à la terre cette âme d'élite et l'emporter vers les régions calmes et sereines du Paradis.

Né au mois de la Vierge Marie, Félix Fournier quittait ce monde au mois du Sacré-Cœur !

†

Les limites coutumières d'un compte-rendu ont, sans

doute, été dépassées en ces pages ; mais ne suis-je pas absous d'avance par ceux — et mes chers collègues de la Société Académique sont de ce nombre — qui gardent au cœur la « grande amour » de leurs concitoyens illustres.

Au surplus, un Nantais comme votre serviteur pouvait-il résister au désir impérieux de remettre en pleine lumière la physionomie attirante de ce prélat qui chérissait sa ville natale d'une passion fougueuse.

N'est-ce pas lui qui, lors de son voyage forcé aux Eaux-Bonnes, écrivait ces phrases délicieuses : « Je ne » puis vous dire combien il m'en coûte toujours de » quitter Nantes, surtout quand je m'en éloigne pour » longtemps. Nantes est le centre et le but de mon » existence ; j'y suis né, j'y ai été élevé, j'y ai grandi en » m'identifiant à tout ce qui constitue la vie religieuse » et civile d'une grande ville. Depuis que je suis homme, » plus ma vie a été publique et plus je suis devenu » Nantais, attaché par mille liens aux hommes et aux » choses de la cité qui, pour moi, est au-dessus de tout. »

L'amour de Mgr Fournier pour sa ville natale déborde, pour ainsi dire, à chaque page de sa monumentale biographie, mais nulle part il n'éclate avec plus de lyrisme que dans cet admirable discours prononcé par lui, le 14 novembre 1858, comme Président de la Société Académique. Il me serait malaisé de mieux finir cette longue étude qu'en reproduisant les strophes les plus sonores de cet hymne patriotique :

« Il en est de Nantes comme de notre Bretagne — » car nous sommes et nous voulons demeurer Bretons. » — Or, longtemps, bien longtemps, notre Bretagne fut » l'objet d'un injuste dédain, d'un coupable oubli.

« Depuis, nous avons eu nos chantres, nos roman-

» ciers, nos touristes, nos historiens. Nous sommes
» devenus à la mode, on nous a tenus en quelque
» estime.

» L'héroïsme est toujours au fond des cœurs. Le cou-
» rage, je le sais, est partout en France; mais nulle part,
» de nos jours, la valeur guerrière et le génie des
» armes n'ont eu de plus nobles champions.

» L'esprit humain a aussi ses conquêtes, et cueille
» sur notre sol des palmes abondantes : nos chroni-
» queurs, nos littérateurs, nos artistes, nos poètes, et,
» dans un autre ordre d'idées, nos ducs, nos gouverneurs, nos magistrats, nos marins surtout, ainsi que
nos architectes, nos commerçants et nos industriels,
n'ont-ils pas également couronné la cité d'intelligence
» et de gloire ?

» Notre ville est avant tout une terre de fortes
» croyances, comme toute cette terre de Bretagne dont
» elle est le noble portique, dont longtemps elle fut la
» reine, dont elle demeure le plus brillant joyau.

» Le sentiment moral d'une cité se révèle tout entier
» dans la multitude et dans le caractère de ses institu-
» tions de bienfaisance. Si tous les points de son
» territoire voient s'élever les asiles, les hospices, les
» maisons de prévoyance, de secours, d'assistance mu-
» tuelle : si, depuis l'enfant jusqu'au vieillard, depuis
» les premières faiblesses morales jusqu'à l'entière pri-
» vation de la raison, nul n'est dépourvu d'appui et de
» consolation, je bénirai le sentiment qui anime cette
» ville quasi-sainte et je la proclamerai bonne et
» aimable entre toutes. Or, à ces traits, ne reconnaissez-
» vous pas votre cité ?

» Depuis nos origines chrétiennes, Nantes a été fidèle,
» sans avoir dévié un seul jour. La religion de la Patrie

» — qui est celle du Ciel — y a eu ses plus nobles illus-
» trations. Ni la gloire des vertus, ni celle des épreuves,
» pas plus que celle du martyre, ne lui ont manqué.

« Grande et chère cité, à qui j'ai voué ma vie et mes
» labeurs, où j'ai rencontré tant de nobles cœurs, tant
» de belles intelligences et de si bonnes affections, dont
» j'ai tant de fois, dans l'absence, regretté les mœurs
» douces, la simple franchise et la cordiale sympathie ;
» Nantes, si glorieuse par ton passé, par tes grands sou-
» venirs, tes enfants généreux, tes œuvres saintes ;
» Nantes, pour qui le Ciel a tant fait, puisses-tu ne jamais
» dégénérer ! Puisse la pure morale de tes pères garder
» toujours tes enfants dans le droit sentier de l'honneur,
» et continuer les traditions de franchise et de loyauté
» qui ont fait ta gloire et ta richesse ! Puisse la Religion,
» qui veilla sur ton berceau, te suivre jusqu'à ton dernier
» jour, avec son cortége de vertus et de bienfaits ! Que
» tes fils vouent au vrai et au bien les forces de leur
» intelligence, à ta prospérité et à ta gloire toute la
» puissance de leur activité ! Que tous, par de communs
» efforts, rivalisent d'amour et de dévouement pour tes
» intérêts sacrés ! Que chaque année ajoute un nouveau
» fleuron à ta couronne de grandes choses et de saintes
» œuvres ! Que tu sois pour notre chère France comme
» la ville modèle, la digne reine de ces contrées occi-
» dentales toujours renommées, parce qu'elles sont tou-
» jours fidèles ! »

Grégoire de Tours

ET SON TEMPS

(540-595)

PAR M. JULIEN TYRION

Après la conquête de la Gaule par Jules César, Octave, devenu l'empereur Auguste, avait donné à ce pays une organisation romaine. Au quatrième siècle, cette contrée, qui faisait partie des cinq vicariats de la Préfecture des Gaules, fut partagée en dix-sept provinces,

Après les grandes révoltes qui signalèrent une anarchie militaire qui dura cent ans (1), un gouvernement stable fut établi. La civilisation romaine ne tarda pas à se développer chez les Gaulois. De nombreuses écoles furent ouvertes, où l'on donna un enseignement complet et élevé. Des littérateurs illustres surgirent, les arts prirent un nouvel essor, des arcs de triomphe s'élevèrent partout, des cirques et des temples furent construits ; des voies militaires sillonnant, dans tous les sens, le sol conquis, y firent rapidement renaître le commerce et l'industrie.

Entre temps, depuis que saint Pothin, saint Irénée, à

(1) 193 à 283.

Lyon, saint Denis, à Paris, avaient été martyrisés, le christianisme s'était propagé en Gaule. Il y fut définitivement établi à compter du jour où Constantin, fils de Constance, rentrant à Rome, après avoir vaincu Maxime, au Pont-Milvius (1), embrassa publiquement la religion du Christ, qui fut déclarée religion de l'Etat.

Lorsque, plus tard, l'Empire d'Occident, assailli de toutes parts, miné par un système financier qui ruinait en même temps les agents du fisc, les populations et le trésor, s'effondra dans le flot grondant des invasions barbares, la Gaule était chrétienne. Les évêques, instruits, pour la plupart, choisis dans le sein des grandes familles gallo-romaines, possédaient seuls, dans ces temps de trouble, quelque autorité.

Cependant, les Francs, appelés par Aëtius au secours d'Orléans, assiégé par Attila, après avoir vaincu les Huns aux Champs catalauniques (2), s'établissent en Gaule. En 481, les Armoricains, les Visigoths, les Francs et les Saxons se partagent son territoire. C'est auprès des évêques et dans les basiliques renfermant les tombeaux des Saints, leurs prédécesseurs, que le peuple asservi cherche un refuge contre les brutalités des envahisseurs victorieux.

A cette époque de transition, la population, ruinée et subissant toutes les horreurs et toutes les spoliations de la conquête, ne pensait qu'aux calamités de l'heure présente. Les grands gallo-romains faisant alliance avec les vainqueurs, dans le but de conserver leurs héritages, envoyaient leurs fils combattre sous la bannière des rois francs. Ces jeunes hommes, jetés dans les hasards de la

(1) 312.
(2) 451.

vie des camps, s'appropriaient vite les mœurs et les coutumes des barbares ; tout n'était qu'égoïsme, ignorance et misères. Aux luttes sanglantes succédaient de monstrueuses orgies ; le clergé, seul, écrivait l'histoire. Dans les monastères et les basiliques, se conservait encore la tradition du passé. Bien que ces édifices fussent souvent incendiés ou saccagés par des bandes d'hommes avides de butin et convoitant les richesses qu'ils renfermaient, c'était à l'abri de leurs murailles que quelques chroniqueurs s'attachaient à écrire la relation des faits s'accomplissant, chaque jour, sous leurs yeux.

Parmi les noms des historiens des temps mérovingiens qui sont parvenus jusqu'à nous, celui de Grégoire, évêque de Tours, est, sans contredit, le plus connu, et les ouvrages qu'il a laissés à la postérité sont universellement consultés et appréciés.

« Il faut descendre jusqu'au siècle de Froissart, a dit » Augustin Thierry, pour trouver un narrateur qui égale » Grégoire de Tours, dans l'art de mettre en scène les » personnages et de peindre par le dialogue. Tout ce » que la conquête de la Gaule avait mis en opposition » sur le même sol, les races, les classes, les conditions » diverses, figure pêle-mêle dans des récits quelquefois » plaisants, souvent tragiques, toujours vrais et animés. »

George Florent, qui devait, plus tard, ajouter aux noms qui lui avaient été légués par son père et par son grand'père, celui de Grégoire, naquit à Clermont, en Auvergne, le 30 septembre 539. Il était issu de parents gallo-romains, qui s'étaient illustrés dans la vie religieuse ou dans la vie publique. Nicet, évêque de Lyon, était son grand'oncle, il avait pour oncle Gal, évêque de Clermont ; son père Florent et sa mère Armentaria étaient des descendants de saint Grégoire, évêque de Langres ; au nombre de ses aïeux, il comptait Wettius Espagatus, l'un des premiers martyrs des Gaules.

Le père de George étant mort peu après la naissance de son fils, ce fut Armentaria, sa mère, qui se chargea de l'éducation du futur évêque de Tours. D'une santé délicate, il paraissait, d'après son origine et les traditions de ses ancêtres, être destiné à l'église. Les souvenirs d'un temps où les lettres étaient en honneur persistaient encore dans quelques familles gallo-romaines, et, pour celles qui désiraient donner quelque instruction à leurs fils, la cléricature était, alors, le seul moyen d'y parvenir. George, qui, d'après Odon, abbé de Cluni au xe siècle, montrait, dès son jeune âge, de grandes dispositions pour l'état ecclésiastique, fut confié aux soins de son oncle saint Gal, évêque de Clermont. Studieux et intelligent, il s'en fit vite aimer et reçut de lui une instruction supérieure à celle généralement donnée, à cette époque, aux hommes qui se destinaient à la prêtrise. Son grand'oncle saint Nicet et plus tard saint Avite s'occupèrent également de son avenir.

Lorsque George fut ordonné diacre, son état de santé, déjà précaire, empira et il se fit transporter à Tours, sur le tombeau de saint Martin, alors l'objet de la vénération des Gaules.

Il est inutile de rappeler ici la vie de Martin qui, de soldat, se fit moine et devint évêque. Chassé d'Italie, il chercha un refuge auprès d'Hilaire, évêque de Poitiers, puis, arraché par ruse, de la cellule de bois qu'il habitait au monastère de Ligugé, il fut élevé par le peuple au siège épiscopal de Tours. Jadis, battu de verges à Milan, et, plus tard, à Trèves, servi à table par l'impératrice Elena, sa renommée de sainteté était universelle.

Lorsqu'il succomba à Candes, au cours d'une de ses tournées pastorales, les Tourangeaux enlevèrent par surprise son corps aux Poitevins qui le réclamaient, et l'amenèrent, par la Vienne et la Loire, jusqu'à leur cité, en chantant des psaumes. Suivant l'usage du temps, le cadavre du Saint, après avoir été mis dans une enveloppe d'osier, fut déposé dans une châsse composée d'un alliage d'argent et d'or, appelé électrum, et enterré dans le cimetière de l'église de Tours.

Saint Brice, qui succéda à l'évêque Martin, fit élever une basilique à cet endroit. 64 ans plus tard, l'évêque Perpet la fit reconstruire et y plaça un autel creux de forme quadrangulaire, revêtu de dalles de pierre et de marbre. Dans cet autel, il déposa une première châsse de cuivre et d'étain, munie d'une porte de même métal, que l'on ouvrait au moyen de quatre clés ; puis, enveloppant la châsse d'électrum dans une étoffe de pourpre, il la mit dans ce cercueil. Une grande table de marbre, cimentée et portant sur les bords une inscription recouvrait le tout. Ce tombeau, qui fut découvert aux environs de 1893, était, au temps de Grégoire, célèbre entre tous, et l'on y venait en foule en pèlerinage.

Lorsque le jeune Florent, atteint de pustules malignes et de fièvre, vint à Tours, Euphrone ou Euphronius, cousin germain de sa mère, était, depuis sept ans, évêque de cette cité.

Florent était instruit et possédait les sept sciences qui formaient alors le bagage d'un prêtre réputé savant. Il avait appris à lire selon les règles grammaticales ; il savait rétorquer dans la dispute les arguments de la dialectique, il connaissait, par la rhétorique, la nature des mètres, et distinguait, par la géométrie, la longueur des lignes et des mesures de la Terre ; il contemplait le cours des astres ; par l'arithmétique, il rassemblait les diverses parties des nombres, et, par l'harmonie, il savait faire résonner, sur les modulations de la musique, le doux accent des vers.

Charmé par la douceur de caractère et l'élévation d'esprit de son parent, Euphrone le prit en amitié et dut, en le recommandant, le présenter aux personnages influents qu'il fréquentait.

En outre, beaucoup de membres du clergé de cette époque étaient bien loin de donner l'exemple de la sagesse et de la modération. Florent, au contraire, pieux, doux, chétif, réservé, se fit vite aimer de la population tourangelle, qui le voyait, chaque jour, agenouillé auprès du vénéré tombeau de saint Martin. Grégoire raconte, lui-même, qu'après trois jours passés en prière dans la Basilique, il obtint la guérison d'Armentarius, l'un des clercs qui l'accompagnaient dans son pèlerinage.

L'on ne sait au juste le temps que Florent demeura auprès d'Euphrone. Quoi qu'il en soit, les habitants de Tours avaient conservé un excellent souvenir de son passage dans leur cité, car lorsque, dix ans plus tard (1) Euphrone vint à mourir, il fut choisi, par le clergé et par le peuple, pour lui succéder.

Le jeune Florent se trouvait à Metz, à la cour du roi d'Austrasie Sigebert, époux de Brunehault ou Brunehilde *(La fille brillante)*, quand une députation vint demander au roi la confirmation de l'élection du jeune prêtre au siège épiscopal de Tours.

D'après l'abbé de Cluni, Florent demeura fort hésitant devant la proposition qui lui était faite : sa mauvaise

(1) 573.

santé, sa jeunesse (il n'avait alors que 34 ans) l'effrayaient. Possédant un esprit pondéré et cultivé, il avait remarqué quel pouvoir, mais, aussi, quelle responsabilité, quels travaux et quels périls étaient alors attachés à cette dignité d'évêque que les Tourangeaux venaient lui offrir.

Aux temps mérovingiens, deux forces étaient en présence : d'un côté, les Francs, ne subissant qu'avec répugnance les exhortations ou les réprimandes du clergé, n'obéissant qu'à leurs passions violentes et ne reculant devant aucune extrémité pour les assouvir, égorgeant, de temps en temps, les évêques ou les prêtres dans les Basiliques et commettant des crimes jusqu'auprès des tombeaux des saints les plus redoutés par leurs miracles. De l'autre côté, les évêques réagissant, par tous les moyens dont ils disposaient, contre l'invasion des mœurs barbares; protégeant le peuple gallo-romain contre les exactions des conquérants, ouvrant aux faibles un asile contre la fureur ou la haine des forts, résistant, même aux rois francs, pour protéger ceux qui étaient venus leur demander un asile, amenant parfois, par leur tact, leur clémence ou leur énergie, ces hommes à demi sauvages à des sentiments meilleurs et à des compositions avec les victimes de leurs déprédations.

Pendant les persécutions, l'évêque et le clergé n'avaient pour subvenir à leurs besoins et nourrir leurs pauvres que les ressources qu'ils tiraient de leurs propres biens, en les aliénant, et les offrandes déposées par les fidèles dans une corbeille d'osier placée à cet effet dans chaque temple.

Constantin ayant permis aux citoyens de faire des legs aux églises, celles-ci s'enrichirent bientôt. Les évêques, souvent convoqués à des assemblées, pour régler, de concert avec les empereurs romains, les affaires religieuses, ne tardèrent pas à s'occuper des choses temporelles. Une certaine juridiction leur fut dévolue et défense fut faite de les accuser et de les traduire devant les tribunaux ordinaires.

Juge naturel des clercs, si l'évêque était récusé par l'une des parties en présence, la cause devait être portée devant le métropolitain, puis au Synode qu'il présidait assisté de trois autres évêques, et l'affaire était plaidée devant ce tribunal. On appelait de son jugement au patriarche de la province.

L'évêque était, aussi, mêlé aux affaires civiles. Si le détenteur d'une chose appartenant à autrui, ou du gage affecté à une créance, était absent, mineur ou fou, et sans tuteur ou curateur, le propriétaire de la chose pouvait, pour interrompre la prescription acquisitive, remettre une protestation au Gouverneur de la province, et, s'il ne pouvait arriver jusqu'à lui, entre les mains de l'évêque de sa localité. L'évêque partageait, avec les décurions et les magistrats municipaux, le droit de nommer des tuteurs et des curateurs aux mineurs qui n'avaient qu'une fortune peu importante et de présider l'estimation des biens des enfants, des fous et des furieux.

Valentinien et Valens avaient donné aux évêques la surveillance du commerce. Plus tard, on leur conféra le droit de visiter les prisons, de s'occuper de la nourriture des détenus et de faire en sorte que les juges chargés de la visite hebdomadaire s'acquittent de leur devoir. Ils devaient empêcher l'établissement de prisons particulières, interdire les jeux de hasard et rechercher les joueurs, pour les faire châtier par les gouverneurs ou par les magistrats et les défenseurs municipaux.

L'évêque prenait part à l'élection des citoyens chargés d'acheter et de garder dans les greniers publics, puis de distribuer selon les besoins, le blé nécessaire aux habitants de la cité. Il présidait à la répartition des vivres faite aux soldats stationnaires. Enfin, il faisait partie d'une Commission chargée d'inspecter, une fois l'an, les travaux publics, les ponts, les aqueducs, les bains, les fortifications et les routes.

La puissance temporelle des évêques avait encore grandi depuis l'invasion. Clovis, en reconnaissance des services qu'ils lui avaient rendus, les avait comblés de présents et de faveurs. Il avait fait don à l'église de Reims d'autant de terres que saint Remy avait pu en parcourir à cheval pendant que le roi se livrait au sommeil de midi.

Comme magistrats municipaux, les évêques entreprenaient de grands travaux publics, et saint Félix endiguait la Loire et rendait à l'agriculture des terrains jadis submergés.

L'épiscopat était devenu si puissant au temps de Grégoire de Tours, que Chilpéric s'écriait : *Voilà que notre fisc reste pauvre et que nos richesses sont allées aux églises. Personne ne règne réellement, à l'exception des évêques ; notre honneur s'est évanoui et a été transféré aux évêques des cités.*

George se rendait un compte exact des obligations et des difficultés de l'épiscopat ; de là son hésitation.

Brunehilde et Sigebert unirent leurs supplications à celles des délégués de Tours et George accepta enfin. Il fut sacré à Reims, par Gilles, le 22 août 573. D'après Fortunat, qui fit un poème sur cette cérémonie, le roi Sigebert y assista.

Le nouveau pasteur partit aussitôt pour son évêché.

Il ajouta alors à son nom, selon la coutume de l'époque, celui de Grégoire, en souvenir de son parent, qui avait été évêque de Langres.

Du temps d'Euphrone, son prédécesseur, la ville de Tours, avec toutes ses églises, avait été incendiée. Deux de ces édifices étaient alors réparés, mais le troisième et le plus ancien, jadis élevé par saint Lidoire sur l'emplacement de la maison d'un sénateur et consacré par saint Martin sous l'invocation de saint Maurice et de ses compagnons martyrs, était encore à l'état d'abandon. Grégoire en entreprit la reconstruction et en fit la dédicace la 17e année de son épiscopat.

Au cours des travaux de déblaiement des ruines produites par l'incendie, les reliques des saints d'Agaune, dont la châsse avait été placée dans le trésor de saint Martin, furent trouvées dans un coffret d'argent renfermé dans une pierre creusée et close par un couvercle. Dans des pierres semblables, on découvrit d'autres reliques, notamment celles des martyrs de la Légion Thébéienne. Elles furent placées dans l'église cathédrale. Celles de Cosmas et de Damianus furent portées dans la cellule de la Basilique saint Martin, contiguë à l'église principale. Cette Basilique avait, elle-même, été livrée aux flammes par Williachaire, qui s'y était réfugié à la suite de la révolte de son gendre Chramn contre son père Clotaire. D'après les ordres de ce dernier, Euphrone l'avait fait recouvrir en étain.

L'année même où Grégoire fut sacré évêque, il se trouva mêlé aux événements politiques de son temps. La ville de Tours appartenait alors à Sigebert, roi d'Austrasie. Chilpéric, roi de Neustrie, désirait compenser par de nouvelles conquêtes sur les bords de la Loire la cession des villes du Sud qu'il avait été dans la nécessité de faire à son frère pour racheter le meurtre de Galwsuinte, sœur de Brunehilde. Il envoya donc Clovis, le plus jeune des trois fils qu'il avait eus d'Andowère, sa première femme, assiéger Tours. Ce dernier, après avoir rassemblé ses troupes à Angers, marcha sur la ville qui, dépourvue de garnison, tomba en son pouvoir. Reprise quelque temps après par Mummole, au nom de Sigebert, ses habitants durent prêter serment dans l'église épiscopale et jurer, sur les choses les plus saintes, de garder la foi qu'ils devaient au roi d'Austrasie.

Malgré les exhortations des évêques réunis en Concile à Paris, Chilpéric envoya, l'année suivante, son fils aîné, Théodebert, s'emparer de cette cité de Tours, la possession de laquelle il ne pouvait se résoudre à renoncer.

Après avoir ravagé les environs, incendiant et dévastant tout sur son passage, pillant les églises et saccageant les couvents, l'armée neustrienne approcha de la ville. Les habitants, terrorisés par le spectacle qu'ils avaient depuis quelques jours sous les yeux, affolés par les lueurs d'incendie rougissant le ciel aux quatre points de l'horizon, oublièrent leurs serments et se rendirent à discrétion, en implorant la clémence du Conquérant.

En entrant à Tours, Théodebert présenta à Grégoire et au Sénat municipal, Leudaste, ancien comte de cette ville, en disant qu'il serait bien que la cité rentrât sous le Gouvernement de celui qui l'avait régie, du temps du roi Caribert, avec sagesse et fermeté.

Or, Leudaste était fils d'un certain Gaulois nommé Léocadius, préposé, sous le règne de Clotaire Ier, à la surveillance des vignes de l'île de Rhé, qui dépendait du domaine royal. Le jeune Serf fut compris dans une réquisition exercée pour fournir des servants aux cuisines du roi Caribert. Paresseux, indiscipliné, Leudaste s'échappa, à trois reprises différentes, de la maison royale. Repris, il fut puni du fouet et du cachot, puis, pour rendre sa fuite plus difficile, on lui appliqua la marque qui consistait en une incision pratiquée à l'une des oreilles. Il partit cependant encore et il erra de différents côtés, tremblant d'être découvert, jusqu'à ce qu'il ait réussi à se trouver sur le passage de la reine Markowèse. Fille d'un cardeur de laine, élevée par l'amour de Caribert à la suprême dignité, elle n'avait sans doute pas oublié son origine, et Leudaste pensait, avec raison, qu'elle pourrait s'intéresser à son sort et lui accorder sa protection.

En effet, la reine le prit sous son patronage et lui confia la garde et la surveillance de ses meilleures chevaux. Servi par sa bonne étoile, il devint, peu après, intendant des haras et comte de l'écurie royale. Dur et méprisant, ce parvenu, abusant du favoritisme et de la bonté de la reine, eut vite fait de s'enrichir du fruit de ses nombreuses rapines. A la mort de Markowèse, le fils du serf de l'ile du Rhé fut élevé par le roi à la dignité de comte de Tours.

Dans ses nouvelles fonctions, Leudaste se montra hautain envers ses administrés ; il était libertin et rapace. Au lieu de faire régner l'ordre dans la ville, il y eut bientôt semé le trouble par ses emportements et ses débauches. A force de pillages et d'exactions, il accrut encore ses richesses et accumula beaucoup d'or et d'objets précieux.

Lorsqu'à la mort de Caribert [1], un nouveau partage

(1) 575.

eut donné la ville de Tours à Sigebert, Leudaste dut quitter cette ville en grande hâte et abandonner la plus grande partie des trésors qu'il avait amassés. Il se réfugia à la cour de Chilpéric et vécut en Neustrie, jusqu'au jour où, s'étant joint à l'armée de Théodebert, il rentra, comme nous l'avons vu, à Tours.

Dans la crainte de voir la ville livrée au pillage et à l'incendie, le prudent Grégoire parut accéder de bonne grâce à la fantaisie du vainqueur, et les Tourangeaux, guidés et conseillés par leur évêque, ne firent aucune opposition au rétablissement de Leudaste dans ses anciennes fonctions.

Cependant, les souvenirs que ce dernier avait laissés à Tours n'étaient pas pour disposer Grégoire en sa faveur. Notre historien, descendant des plus illustres familles du Berri et de l'Auvergne, dut certainement souffrir en voyant s'élever à un poste aussi rapproché du sien un ancien Serf portant les marques ineffaçables de sa condition.

Le comte sentait sa situation précaire. Le sort des armes, qui avait mis la cité qu'il gouvernait entre les mains du roi de Neustrie, pouvait, du jour au lendemain, ainsi que cela se passait alors, la remettre au pouvoir du roi d'Austrasie ; aussi s'étudia-t-il à vivre en bonne intelligence avec Grégoire et les sénateurs municipaux. Sur le tombeau de saint Martin, Leudaste jurait à l'évêque de ne jamais lui manquer en rien ; il se faisait humble, accueillait ses conseils et caressait les idées aristocratiques qui se mêlaient aux solides qualités de cet esprit calme et ferme.

Tout-à-coup, l'on apprend que l'armée de Théodebert a été détruite, près d'Angoulême, et que Chilpéric, réduit aux abois, s'est réfugié à Tournai, avec la reine

Frédégonde. Leudaste, qui sait que les habitants de Tours ne subissent qu'avec répugnance le joug du roi de Neustrie et seront les premiers à ouvrir leurs portes aux troupes austrasiennes, s'enfuit de nouveau et se retire dans la Basse-Bretagne, jouissant alors d'une indépendance complète et servant de refuge et d'asile aux proscrits ou aux mécontents des royaumes francs.

A ce moment, Grégoire dut s'interposer en faveur du comte, car les biens du fugitif furent respectés.

Mais la mort de Sigebert (1), assassiné à Vitry, d'après les ordres de Frédégonde, au moment où ses leudes l'élevaient sur le pavois, en replaçant la ville de Tours sous la domination de Chilpéric, ramène Leudaste dans cette cité, où il reprend, de lui-même, ses fonctions.

Il renonce alors à toute dissimulation ; il se met à suivre les errements de sa première administration, et il s'abandonne à ses passions les plus violentes : ce Serf, parvenu à l'un des postes les plus en vue, à l'époque mérovingienne, se plaisait à braver toutes les convenances sociales de son temps, et allait jusqu'à faire frapper, à coups de bâton, des guerriers d'origine franque.

Grégoire, seul, réputé et considéré dans toute la Gaule, opposait une puissance rivale à la sienne. Leudaste comprit qu'il ne pourrait arriver à faire plier le prélat sous sa volonté, et il entreprit contre lui une guerre d'intrigues et de ruses, dans laquelle il employa toutes sortes d'expédients. Quand il avait affaire à l'Evêché, il ne s'y rendait qu'armé et cuirassé, soit pour effrayer Grégoire, soit pour faire croire à la population tourangelle qu'il pouvait craindre quelque guet-apens, dans la maison du métropolitain. Grégoire aimait particulière-

(1) 567.

ment la famille de Sigebert. Cette affection pouvait paraitre suspecte à Chilpéric, toujours anxieux au sujet de la possession de Tours. Leudaste profita de cette circonstance pour essayer de ruiner le crédit de son ennemi à la cour du roi de Neustrie.

S'étant adjoint le prêtre Riculphe, un sous-diacre léger et inconséquent, à qui il avait promis l'évêché de Tours, Leudaste accusa Grégoire d'avoir tenu de méchants propos contre la reine Frédégonde, ajoutant qu'en soumettant à la torture son archidiacre Platon ou son ami Gallien, ils convaincraient l'évêque de sa culpabilité.

Chilpéric accueillit mal cette dénonciation. Il entra dans une violente colère, et, après avoir frappé le calomniateur, à coups de poings et de pieds, il le fit charger de chaînes et jeter en prison. Leudaste accusa alors Riculphe, qui fut écroué à sa place. Revenu à Tours, Leudaste fit arrêter Gallien et Platon. On envoya alors à Grégoire des émissaires pour lui conseiller de prendre ce qu'il y avait de meilleur dans le trésor de l'église et de s'enfuir en Auvergne. Le sage prélat se garda bien de suivre le conseil, et le roi, ayant réuni un concile à Braine, lui confia le soin d'examiner l'affaire.

Chilpéric, en entrant à cette réunion, donna le salut aux évêques assemblés et reçut leur bénédiction, puis il s'assit au milieu d'eux. A ce moment, Bertrand, évêque de Bordeaux, prit la parole et interpella Grégoire. tandis que le peuple, entourant la maison, faisait un un grand bruit, disant : « Pourquoi impute-t-on de telles » choses à l'Evêque de Dieu ! Pourquoi le roi poursuit- » il une telle affaire ? Un évêque a-t-il jamais pu dire » de telles choses, même d'un esclave ? » Comme le roi demandait s'il devait produire des témoins, il lui fut répondu ; un inférieur ne peut être cru sur le compte d'un évêque ! La chose en resta là : Grégoire, après avoir célébré des messes sur trois autels et ayant rejeté, par serment, les paroles qu'on lui imputait, fut déclaré innocent. Les évêques, s'étant retournés vers Chilpéric, lui dirent : « O roi, toutes les choses ordonnées sont » accomplies. Que nous reste-t-il à faire, si ce n'est de » te priver de la communion, ainsi que Bertrand, accu- » sateur d'un de ses frères ? »

Quant à Leudaste, il avait pris la fuite. Son complice Riculphe fut mis à la torture. On le suspendit, pendant six heures, à un arbre, les mains liées derrière le dos, on le détacha ensuite, puis on l'étendit sur des roues, où il fut frappé à coups de bâton, de verges, de courroies, mises en double, et cela, non pas seulement par un ou deux hommes, mais par tous ceux qui pouvaient approcher de ses misérables membres.

Grégoire s'attarda, sans doute, auprès du roi, car, lorsqu'il revint à Tours, Riculphe, remis de ses émotions, était entré à l'Evêché. Après avoir fait l'inventaire de l'argenterie de l'église et s'être emparé du reste, il avait distribué les prés et les vignes aux principaux clercs, et, dit l'historien, aux moindres « il donna de sa propre » main des coups de bâton et leur fit souffrir beaucoup » de maux, leur disant : reconnaissez votre maître qui » a obtenu la victoire sur ses ennemis, et, par son » esprit, a nettoyé la ville de Tours des natifs de l'Au- » vergne. »

Grégoire, menacé de mort par ce forcené, après avoir pris l'avis du Conseil provincial, l'envoya dans un monastère. Félix, évêque de Nantes, le fit évader et le recueillit. L'évêque de Tours paraît ne pas avoir pardonné à son collègue la protection qu'il accorda à son ennemi. D'après l'historien, Félix convoitait un domaine de l'église de Tours, et comme Grégoire refusait de le lui céder, il envoyait à celui-ci des lettres d'injures. Notre auteur y répondait avec une ironie hautaine : « Oh ! si tu étais évêque de Marseille, les vaisseaux n'y » apporteraient jamais ni huile ni aucune autre épice, » mais seulement du papier, pour te donner plus de » moyens de diffamer les gens de bien ; mais la disette » de papier a mis un terme à ta loquacité. » Il était, dit Grégoire, d'un orgueil et d'une cupidité infinis. Je laisse à un autre le soin de réhabiliter la mémoire du saint Nantais.

Eunomius, qui succéda à Leudaste comme comte de Tours, fut installé dans son office, au bruit des acclamations d'un peuple qui entrevoyait la fin de ses misères.

Après la mort de Sigebert, Brunehault s'était réfugiée à Paris, avec ses fils. Le duc Gondebaud enleva secrètement l'un d'eux, Childebert, à peine âgé de cinq ans, et, rassemblant les peuples sur lesquels avait régné son père, il l'établit pour roi. L'année où cet événement s'accomplit, Chilpéric vint à Paris. Il se saisit de Brunehault et l'envoya en exil à Rouen, après s'être approprié ses trésors. Ses filles furent retenues prisonnières à Meaux.

Un peu plus tard, le roi de Neustrie donna mission à son fils Mérovée d'aller, à la tête d'une armée, s'emparer de Poitiers. Peu respectutueux des ordres de son père, Mérovée vint à Tours. Il y passa les fêtes de Pâques, tandis que ses gens ravageaient le pays. Puis, sous le prétexte d'aller trouver sa mère, la reine Audowère, réfugiée à Rouen après le mariage de Chilpéric avec Galwsunte, il se rendit dans cette ville, où il rejoignit la veuve de Sigebert, sa tante, de laquelle il était épris ; l'évêque Prétextat, qui était le parrain de Mérovée, consacra son mariage avec Brunehaut.

Furieux, Chilpéric vint à Rouen dans le but de rompre cette union. Les fugitifs se réfugièrent dans la Basilique Saint-Martin, construite en planches sur les murs de la ville. Le roi engagea les époux à quitter leur refuge, qu'il n'osait violer, en leur promettant de ne pas les séparer. Ceux-ci, ayant reçu le serment de Chilpéric, sortirent de la chapelle. Ce dernier les embrassa avec effusion et leur donna des festins ; mais, quelques jours après, il retourna à Soissons, emmenant avec lui son fils Mérovée. Il le fit tonsurer, puis l'ayant revêtu d'habits ecclésiastiques, il le fit conduire au Monastère de Saint-Calais.

Gontran-Boson, accusé du meurtre de Théodebert, vivait en ce moment dans la Basilique Saint-Martin, à Tours. Il envoya au devant de Mérovée un sous-diacre chargé de lui conseiller de se réfugier dans le lieu d'asile. Gaïten, un serviteur de ce prêtre, ayant enlevé Mérovée aux gardes qui le conduisaient à Saint-Calais, celui-ci, après avoir revêtu des habits séculiers, se rendit à l'église Saint-Martin. Grégoire célébrait la messe lorsque le fugitif entra dans la Basilique et réclama à haute voix les eulogies. Sur le refus de l'évêque, le fils du roi se mit à crier en disant qu'il n'avait pas le droit de le priver de la communion, sans prendre l'avis de ses confrères, et en le menaçant d'égorger tous ses serviteurs. Ragnesnode, évêque de Paris, se trouvait alors dans l'église de Tours. Grégoire et lui se concertèrent, et, ayant longtemps discuté, ils admirent Mérovée à leur communion.

Nicet, mari de la nièce de Grégoire, ayant eu affaire

à Paris, alla trouver le roi Chilpéric et lui raconta la fuite de son fils ; mais la reine Frédégonde, le prenant pour un espion envoyé par Mérovée, le fit dépouiller de tout ce qu'il avait apporté et le fit conduire en exil, d'où il ne revint qu'au bout de sept mois.

En même temps, le roi envoyait dire à Grégoire : « Chassez cet apostat de votre Basilique, autrement je » livrerai tout le pays aux flammes. » L'évêque lui ayant fait répondre qu'il était impossible d'accomplir dans des temps chrétiens ce qui ne s'était pas fait du temps des hérétiques, le roi fit marcher une armée sur Tours.

Gontran-Boson était toujours prêt à violer ses serments, dès qu'il s'agissait de ses intérêts. Il reçut un jour, de la reine Frédégonde, un message ainsi conçu : Si tu peux faire sortir Mérovée de la Basilique, afin qu'on le tue, je te ferai un grand présent.

Aussitôt, le traître dit à son compagnon : « Pourquoi » restons-nous ici comme des paresseux et des lâches? « et d'où vient que, semblables à des imbéciles, nous » nous cachons dans cette Basilique ? Faisons venir nos » chevaux, prenons des faucons, allons à la chasse, avec » des chiens, et jouissons de la vue des lieux ouverts. » Ils sortirent donc et se rendirent à Jouay, maison située près de la ville. Mais Frédégonde n'avait pas encore eu le temps de préparer l'accomplissement du crime qu'elle avait prémédité, et les chasseurs rentrèrent sains et saufs au lieu d'asile.

J'ai dit que Gontran-Boson était accusé du meurtre de Théodebert. Chilpéric envoya à Tours des messagers, avec une lettre écrite à saint Martin pour le prier de lui faire connaitre s'il lui était permis ou non de tirer Gontran de son refuge. Le diacre Beaudegesile, chargé de cette missive, la mit, avec une feuille de papier blanc, sur le tombeau du saint ; mais, après trois jours d'attente, il ne reçut aucune réponse et retourna vers le roi. Celui-ci envoya alors d'autres gens qui exigèrent de Gontran le serment de ne pas quitter la Basilique sans en informer leur maître. Le réfugié jura tout ce que l'on voulut, en pressant à deux mains la couverture de l'autel ; quelques jours après, ayant réuni cinq cents hommes, il quitta la Basilique, accompagné du fils du roi. Ce dernier, pris par Erpon, réussit à lui échapper et à se réfugier dans la Basilique de Saint-Germain, pendant que son père, après avoir dévasté et brûlé les environs de Tours, le cherchait en Champagne. Il s'enfuit de nouveau et parvint à rejoindre Brunehault ; mais les Austrasiens refusèrent de le recevoir. Enfin, près de tomber entre les mains de Chilpéric, il appela à lui Gaïlen, l'un de ses familiers, et lui dit : « Nous n'avons » eu jusqu'ici qu'une âme et qu'une volonté ; ne souffre » pas, je te prie, que je sois livré entre les mains de » mes ennemis, mais prends une epée et enfonce-la » dans mon corps. » Son ami le perça de son couteau et le roi, en arrivant, trouva son fils mort. Gaïlen fut arrêté, puis on lui coupa les mains et les pieds, les oreilles, le dessus des narines, et on le laissa périr misérablement. Ainsi se termine cette tragédie, qui commence par une idylle et se termine par un meurtre.

Quant à l'évêque Prétextat, qui avait uni son filleul Mérovée à Brunehault, après avoir été exilé, puis réintégré dans ses fonctions, il fut assassiné, dans son église, le dimanche 23 février 586, par un homme soudoyé par Frédégonde.

La mort de Chilpéric, tué à Chelles d'un coup de couteau, au moment où il descendait de cheval, suscita de nouveaux embarras à l'évêque de Tours. Erberulf, chambellan du roi, accusé de ce crime, s'était réfugié dans la Basilique Saint-Martin. Sous le prétexte de le garder, les Orléanais et les Blaisois venaient tour à tour y faire faction. Après quinze jours passés à Tours, ils s'en retournaient en emmenant les bêtes de somme et tout ce qu'ils avaient pu piller dans le lieu d'asile.

Tandis qu'Erberulf était auprès de Grégoire, le roi Gontran, voulant venger la mort de son frère, fit saisir les biens de l'ex-chambrier et enlever ses chevaux et son bétail. Une maison qu'il possédait à Tours et qui était remplie de blé, de vin et de quartiers de porcs, fut entièrement mise à sac et il n'en resta que les murailles.

Erbérulf accusait Grégoire de ces déprédations, en lui promettant que s'il arrivait un jour à rentrer dans les bonnes grâces du roi, il se vengerait sur l'évêque de ce qu'il avait à supporter.

Cependant, l'ancien chambellan menait joyeuse vie dans la sainte Basilique, et, un jour qu'un prêtre, le voyant ivre, tardait à lui donner du vin, il le renversa sur un banc et le frappa si cruellement qu'il en serait passé de vie à trépas sans le secours de ventouses qui qui lui furent appliquées par les médecins.

Erbérulf avait établi son domicile dans la sacristie même de la basilique. Quand le prêtre chargé des clés s'était retiré, après avoir fermé les autres portes, des servantes entraient, avec les domestiques du réfugié, par celle de la sacristie et se promenaient dans la basilique, sans respect pour le tombeau de saint Martin. Le prêtre, s'en étant aperçu, fixa des vis dans la porte et y mit des verrous.

Un soir qu'Erbérulf avait bu plus que de coutume, il entra, comme un furieux, dans l'église, et reprocha à

Grégoire d'avoir voulu le séparer des voiles protecteurs recouvrant le saint tombeau. L'évêque s'efforça de le calmer, mais, voyant qu'il ne pouvait y réussir, il dut sortir de la basilique.

Espérant l'amener, par la peur, à des sentiments plus raisonnables, Grégoire raconta à son hôte un songe, qu'il disait avoir fait dans la nuit. Erbérulf ne s'en émut pas autrement et lui répondit : « Il est vrai, ce songe » que tu as eu, et qui s'accorde parfaitement avec ma » résolution. » A quoi l'évêque répliqua : « Quelle réso» lution as-tu donc formée ? » « J'ai résolu, reprit Erbé» rulf, que, si le roi voulait m'entrainer hors d'ici, je m'attacherai d'une main aux nappes de l'autel, et, de l'autre main, tirant mon épée hors du fourreau, je te tuerai, d'abord, puis je mettrai à mort tous les clercs » que je pourrais trouver. »

Tandis que ces faits se passaient à Tours, le roi Gontran dit à un certain Claudius : « Va, et si, après avoir » tiré Erbérulf de la basilique, tu le tues à coups d'épée » ou le charges de chaînes, je t'enrichirai par de grands » présents ; seulement, je t'avertis de prendre garde à » ne pas commettre le moindre outrage envers la sainte » basilique. »

Claudius accepta. Il alla à Paris voir la reine Frédégonde et il lui fit part de la mission dont il était chargé. La veuve de Chilpéric lui donna à l'instant de l'or et lui fit de brillantes promesses pour l'avenir, s'il réussissait dans son entreprise. Il passa par Châteaudun et requit le comte de cette cité de lui fournir trois cents hommes qui furent dirigés sur Tours. Claudius y arriva en même temps, et, pénétrant dans le lieu d'asile, il parvint à se faire l'ami d'Erbérulf, en lui jurant sur le tombeau de saint Martin, de servir sa cause auprès du roi. Cependant, Claudius n'était que peu rassuré sur les suites de son faux serment, car il interrogeait beaucoup de gens pour savoir si la vertu du saint se manifestait à l'instant même contre les parjures.

A la suite d'un festin donné à la basilique, tandis que Grégoire était à sa maison de campagne, située à trente milles environ de la ville, Claudius demanda à son compagnon de faire venir des vins capiteux. Les serviteurs d'Erbérulf les ayant laissés seuls, Claudius fait un signe à l'un de ses hommes qui, saisissant le proscrit par derrière, le renverse sur le dos et présente sa poitrine au meurtrier. Claudius tire son épée et s'avance pour frapper. Erbérulf, quoique maintenu, sort un poignard de son baudrier, et, tandis que Claudius lui enfonce son glaive dans le corps, il le lui plonge vigoureusement sous l'aisselle et, en ramenant le fer à lui, il abat d'un nouveau coup le pouce de Claudius. Les serviteurs de ce dernier accourent à son appel et achèvent Erbérulf.

Claudius, son crime accompli, se réfugie dans la cellule de l'abbé ; les hommes d'Erbérulf, armés de lances et d'épées, l'y poursuivent, brisent les vitres, lancent des traits par les ouvertures de la muraille et percent d'un javelot l'assassin à demi-mort. Ses complices se cachent derrière la porte et sous les lits ; mais ils sont bientôt découverts et mis à mort. Leurs cadavres sont abandonnés tout nus sur le sol froid.

Le roi, raconte Grégoire de Tours, fut très irrité de ce qui s'était passé, mais il se calma lorsqu'il connut les détails de l'affaire. Cependant, il distribua les biens, tant meubles qu'immeubles d'Erbérulf, à ses fidèles, qui laissèrent sa femme, à peu près dépouillée de tout, dans la basilique.

Il est impossible de raconter la vie de Grégoire de

Tours sans y mêler le récit des événements qui s'accomplirent de son temps et auxquels son existence se trouva intimement liée ; mais le cadre que je me suis tracé ne me permet pas de m'étendre davantage sur ces faits. J'ajouterai seulement que l'historien jouissait d'une grande réputation dans les Gaules, que les rois chevelus lui rendaient visite et le recevaient à leur table. Je dirai aussi qu'il défendit les habitants de Tours contre le roi qui voulait les soumettre à l'impôt. Je rappellerai qu'il fut désigné pour examiner la fameuse affaire du monastère de Poitiers et pour réprimer les troubles survenus dans ce couvent ; enfin, je terminerai en disant qu'il fut choisi par Childebert et envoyé en ambassade, auprès du roi Gontran et de la reine Brunehault, pour conclure le célèbre traité d'Andelot, qui assura aux leudes la possession viagère de leurs bénéfices.

Il me reste à parler des œuvres de Grégoire de Tours. En voici l'énumération et le sujet :

L'*Histoire ecclésiastique des Francs ;*

Un *Traité de la Gloire des Martyrs ;*

Un *Traité des Miracles de saint Julien,* martyr à Brioude, en 50 chapitres ;

Un *Traité de la Gloire des Confesseurs,* en 112 chapitres ;

Un *Traité des Miracles de saint Martin de Tours,* en 4 livres ;

Un recueil intitulé *Vie des Pères,* en 20 chapitres ;

Un *Traité des Miracles de saint André.*

Tous ces ouvrages sont parvenus jusqu'à nous, mais un *Commentaire sur les Psaumes,* un *Traité sur les Offices de l'Église,* une *préface* écrite en tête d'un *Traité des Messes,* de Sidoine Apollinaire, une traduction latine du *Martyr des sept dormants* ont malheureusement été perdus.

L'*Histoire ecclésiastique des Francs*, qui paraît être le dernier travail de Grégoire, puisqu'il n'est cité dans aucune autre de ses œuvres, est certainement le plus important et le plus curieux des ouvrages de l'évêque de Tours. Il se divise en dix livres. Le premier, résumé peu exact de l'histoire ancienne et universelle, finit en 397, à la mort de saint Martin. Le second s'étend de la mort de saint Martin à celle de Clovis Ier. Le troisième, de la mort de Clovis Ier à celle de Théodebert Ier, roi d'Austrasie. Le quatrième, de la mort de Théodebert Ier à celle de Sigebert Ier. Le cinquième comprend les cinq premières années du règne de Childebert II, roi d'Austrasie. Le sixième se termine à la mort de Chilpéric. Le septième ne concerne que l'année 585. Le huitième part du voyage du roi Gontran à Orléans, au mois de juillet 585, et finit à la mort de Leuvigild d'Espagne, en 586. Le neuvième va de 587 à 589. Enfin, le dixième s'arrête à la mort de saint Yriex, abbé du Limousin, c'est-à-dire au mois d'août 591.

Les cinquante-deux dernières années sont pour nous les plus importantes de cette histoire, car ce sont celles où Grégoire assiste aux événements qu'il raconte.

Malgré l'ordre chronologique de cet ouvrage, il n'en faudrait pas conclure que les faits qui y sont signalés aient été bien classés et rapportés à leur vraie date. Il y règne, au contraire, une extrême confusion et il est parfois dificile d'y suivre et d'y démêler un fait important.

L'histoire des Francs paraît avoir été écrite à deux reprises différentes, car Frédegaire qui fit, le siècle suivant, un abrégé des chroniqueurs qui l'avaient précédé, ne semble en avoir connu que les six premiers livres.

Il est probable que les quatre autres ne furent répandus qu'après la mort de Grégoire.

Cette œuvre fut imprimée pour la première fois à Paris, en 1561 ; puis, en 1610, Claude Bonnet, avocat au Parlement de Grenoble, en fit une traduction française. L'abbé de Marolles, en 1688, en fit paraître une autre. Elles sont toutes les deux pleines d'incorrections et souvent plus obscures que l'original. En 1699, dom Ruinart publia les œuvres complètes de Grégoire de Tours ; puis, en 1823, Guizot fit paraître une traduction de l'histoire des Francs qui est toujours consultée avec fruit ; enfin, Augustin Thierry y puisa, avec un rare bonheur et un immense talent, les *Récits des temps mérovingiens,* qui parurent en 1840.

Dans une thèse soutenue à l'Ecole des Chartes, au mois de janvier 1861, M. Lecoq de la Marche, en contestant l'autorité de Grégoire de Tours, lui reproche de nombreuses erreurs géographiques et historiques. Je n'essaierai pas de discuter cette thèse, mais je dirai, pour terminer : Nous devons être reconnaissants à Grégoire qui, animé d'une bonne volonté sans exemple au temps où il vivait, prit la plume, pour transmettre aux générations futures le récit des drames sanglants de cette époque lointaine et troublée. Il fut le premier historien de notre cher pays de France. Cela seul suffit à sa gloire.

Le Théâtre de M. Brieux

Etude par le Dr A. CHEVALLIER

« Les hommes et les femmes, a écrit Alexandre » Dumas, ne se réunissent au théâtre que pour entendre » parler de l'amour, et pour prendre part aux douleurs » et aux joies qu'il cause. Tous les autres intérêts de » l'humanité restent à la porte. »

Les assertions de l'Auteur du *Demi-Monde* méritent rarement d'être acceptées sans réserve ; se défier est avec lui pratique toujours sage. Mais lorsqu'il affirme que la première place au théâtre n'a jamais cessé d'appartenir à l'amour, si connu soit-il comme ami du paradoxe, personne cependant n'oserait l'accuser d'en vouloir soutenir un, car l'histoire de la littérature dramatique le proclame trop haut avec lui.

Pendant plus de vingt siècles, dans les antiques *trilogies*, comme dans les tragédies de Racine ou les drames de Shakespeare, dans les comédies grecques ou latines, comme dans celles de Molière ou de Beaumarchais, caractères, passions, vices, préjugés, infortunes ou ridicules ont été mis en action par cet unique ressort.

S'il a rompu avec beaucoup de traditions, le *Romantisme* a, du moins, respecté son pouvoir ; il n'a pas songé à se priver de son aide pour dramatiser le Moyen-Age et la Renaissance.

La seconde moitié du siècle qui, hier s'achevait, a vu l'apogée de son triomphe. Son auteur dramatique le plus applaudi a pu dire avec à la fois orgueil et vérité, « que » de l'amour, il avait fait l'objet unique de ses études » et de ses investigations. » (1)

Il faut arriver à la production théâtrale de ces vingt dernières années pour trouver des œuvres, œuvres d'analyse et d'observation, où l'amour n'a plus le premier rôle.

En même temps que grandit cette influence du *Nord*, qui, grâce à la puissance du génie d'un Tolstoï ou d'un Ibsen, marque d'une empreinte si forte tant de nos écrivains contemporains, apparaissent de nouveaux dramaturges, et ceux-là s'efforcent de diminuer l'importance de l'amour. Si quelques-uns d'entre eux lui concèdent encore une place, c'est pour l'indiquer seulement comme l'un des éléments d'un problème psychologique, quand ce n'est pas pour montrer son néant et son inutilité ; d'autres enfin veulent l'ignorer complètement.

Pour les curieux d'art dramatique se pose alors une intéressante question : « En dépit de l'expérience des siècles, est-il donc possible de reléguer, au théâtre, l'amour au rang des moins utiles accessoires ? »

Essayer d'apporter une solution à ce problème, étudier la psychologie d'une salle de spectacle, ferait

(1) A. Dumas fils. Lettre à Cuvillier-Fleury. Préface de la *Femme de Claude*.

l'objet d'un intéressant travail; mais il est trop complexe, je n'oserai pas l'entreprendre.

Chacun ne poursuit pas au théâtre un but et un idéal unique. Quelques-uns sont heureux d'y trouver un véritable aliment intellectuel ; venus, certes ! pour se distraire, ils veulent s'instruire et penser aussi. Evidemment, si un auteur peut réunir semblable auditoire, il lui est loisible d'agiter en sa présence des questions étrangères à l'amour. A la suite d'un de Curel, des esprits ainsi disposés, se laissent entrainer vers les régions austères de la spéculation, de la méditation et du rêve, où ils rencontrent la satisfaction élevée, le plaisir d'ordre intellectuel auquel ils aspirent.

Ils sont rares ceux qui réclament au théâtre de pareilles jouissances ! Pour le plus grand nombre, le spectacle est avant tout un délassement. La foule vient y chercher le repos de l'esprit ; elle demande là, non des préoccupations nouvelles, mais au contraire l'oubli momentané des soucis de la vie réelle. L'amour paraît être l'unique sujet susceptible de plaire à ce grand public. C'est lui, en effet, qui appelle et concentre le plus facilement l'attention des intelligences les plus différentes, qui amène le plus sûrement l'union des intérêts les plus opposés ! Ses douleurs et ses joies sont les plus propres à faire battre à l'unisson tous les cœurs ! Un auteur dramatique, s'il a le désir de vaincre l'indifférence de la masse et la légitime ambition de provoquer les applaudissements populaires, semble donc presque fatalement condamné, quelque importants que soient les problèmes sociaux qu'il veuille étudier, à les subordonner tous à l'amour.

Un de nos dramaturges contemporains a voulu s'affranchir de cette obligation, et il y a réussi ! Cela constitue l'originalité et le mérite de M. Brieux.

Manquant plutôt des qualités propres à séduire les lettrés, son œuvre a obtenu surtout la faveur du grand public et cependant l'amour n'y joue à peu près aucun rôle. Mais il a eu l'habileté de suppléer à cet *intérêt suprême* de l'humanité en sachant choisir, parmi *les autres*, les plus capables de captiver l'esprit de la foule ; il a eu aussi le talent de les montrer vraiment vivants sur la scène.

*
* *

C'est presque une tradition, lorsque l'on veut étudier la production littéraire d'un homme, d'interroger d'abord sa personnalité, de scruter sa vie. On s'enquiert de ses origines ! Dans quel milieu a-t-il vécu ? Quelle a été son éducation ? Quelle instruction a-t-il reçue ? Voilà ce que l'on n'omet pas de rechercher ! Ses croyances, ses simples tendances religieuses ou philosophiques, politiques ou sociales, sont notées et aussi tels de ses actes les plus insignifiants qu'on enregistre soigneusement, avec la complicité, d'ailleurs, de l'intéressé, qui subit presque toujours avec une docilité parfaite ces très peu discrètes enquêtes. De cette façon, à côté de quelques détails intéressants, de quelques documents précieux, on accumule les faits puérils et les observations inutiles. Il en résulte qu'au lieu d'étudier une production en elle-même, de juger un auteur d'après ce qu'il nous livre, on a tendance à s'égarer en de trop subtiles analyses psychologiques et à apprécier moins une œuvre, que ce que l'on sait ou croit savoir de la mentalité de son créateur.

Je voudrais éviter de tomber dans ce défaut et, pour cela, de l'auteur dramatique qui, depuis dix ans, a fait jouer plus de quarante actes sur les différentes scènes parisiennes, je préférerais ignorer tout, sauf ce labeur si fécond.

Il me faut toutefois de son passé retenir un fait, un seul, celui-ci : A ses débuts M. Brieux est *journaliste,* et c'est *hors de Paris,* où il ne vient que plus tard, qu'il écrit d'abord.

A son entrée dans la carrière des lettres, le devoir professionnel le fait donc assister de plus près qu'un autre au spectacle quotidien de la vie et il ne contemple pas seulement la vie plus ou moins spéciale de telle classe particulière de la société, son esprit d'observation n'est pas confiné dans le seul petit coin du monde parisien où tant d'autres ont cru, malheureusement, que tenait l'Univers entier. Journaliste de province, obligé, sinon de tout voir et de tout savoir, mais au moins de voir beaucoup et de savoir le plus possible, c'est la grande vie publique de notre démocratie qu'il a sous les yeux.

Les nécessités de l'article quotidien l'amènent à faire ainsi, jeune encore, une sorte de revue des questions sociales. Plus tard, un instinct sûr, une vocation véritable, le conduisent vers le théâtre. Alors, il n'est pas besoin d'être psychologue subtil pour comprendre comment, lorsqu'il cherche un sujet de pièce, tout naturellement se dressent d'abord devant lui les tableaux de la société contemporaine, que hâtivement, selon les exigences de l'actualité, il a, d'une plume rapide, dessinés autrefois !

Et ces tableaux, que lui représentent-ils ? Ce sont les méfaits de l'instruction, la corruption parlementaire, les dangers de la fausse charité, la situation de la fille sans dot, la passion du jeu, l'abus du divorce et tous nos travers, nos erreurs, nos plaies, *plaies morales* et aussi *plaies physiques*.

L'étude, la recherche des remèdes qu'il conviendrait d'opposer à ces maux constituent, on n'oserait le nier, les principaux problèmes de l'heure présente ! A mon avis, il n'appartient à l'auteur dramatique, ni de les résoudre, ni même de répandre sur eux des lumières nouvelles. Mais ne peut-il pas exister pour lui un autre rôle ? Est-ce que montrer le mal sous une forme saisissante, de façon à nous permettre d'en mesurer la profondeur et d'en comprendre l'intensité, n'est pas capable de constituer un puissant intérêt dramatique ?

Nos douleurs connaissent souvent des causes étrangères à l'amour, et l'amour n'est pas non plus la seule source de nos joies, la pratique de la vie trop facilement le prouve ! Alors, pourquoi vouloir, au théâtre, nous passionner toujours pour ce mobile unique ? La logique exige qu'il en soit autrement ! M. Brieux lui obéit, et il nous expose des tableaux de la société, où ses personnages sont aux prises avec les erreurs, les travers, les vices contemporains ; différentes passions, mais non exclusivement l'amour, les agitent et les mènent ! L'auteur des *Bienfaiteurs*, de l'*Engrenage*, de la *Robe Rouge* et des *Avariés* introduit donc vraiment *les autres intérêts* de l'humanité sur la scène !

M. Brieux a de son art une conception fort élevée; aussi s'efforce-t-il de choisir parmi les plus importants, les intérêts sociaux qui constituent le fond de ses productions dramatiques ; il a l'ambition des grands sujets. Mais s'il prétend remuer des idées, il veut que ces idées soient saines ; avant tout il est *honnête*. Il possède un autre mérite d'une presque égale importance. S'il tente de dire son mot sur des questions vitales, il ne songe pas à donner à toutes des réponses précises ; il se défie des solutions extravagantes que l'on apporte aujourd'hui à beaucoup de problèmes, espérant masquer ainsi l'impossibilité où l'on se trouve d'en fournir de satisfaisantes ; il a donc aussi du *bon sens.*

Il n'est pas besoin de passer une revue fort complète de notre littérature, de notre théâtre contemporain, pour s'apercevoir que ces qualités sont beaucoup moins banales, beaucoup moins négatives qu'on serait tenté de se l'imaginer d'abord ! N'est-ce pas un soulagement que de ne plus contempler, pour une fois, l'éternel adultère? Et quel véritable sentiment de délivrance n'éprouve-t-on pas à pouvoir s'échapper un instant de ce petit monde des oisifs, si connu, si uniformément pareil à lui-même, si complètement dépourvu d'intérêt, où cependant, presque toujours l'on nous enferme ! Quant au plaisir de voir respecter la logique et la vérité, comment ne pas le goûter, lorsque si souvent, sur la scène comme dans le roman, nous sommes obligés de subir tant de divagations et tant d'absurdités !

A ces grandes et trop rares qualités, *honnêteté* et *bon sens,* M. Brieux joint un autre mérite, celui-là d'ordre différent : il traite les *graves intérêts sociaux* qu'il affectionne en des pièces généralement bien faites au point de vue du *métier.*

De toutes les formes littéraires, le théâtre est de beaucoup celle dans laquelle les moyens matériels ont le plus d'importance. C'est peu que l'auteur soit un moraliste, un philosophe, un écrivain, s'il n'est habile aussi à donner une vie objective aux sentiments de l'âme.

Mettre en action et en valeur un sujet, une situation et surtout un caractère et une idée, exige un ensemble de procédés qui se rapprochent singulièrement de ceux des arts plastiques ; il est donc loisible aussi de parler de *métier* en art dramatique.

M. Brieux connaît très bien ce *métier*. Il possède cette science d'optique et de perspective qui permet de dessiner un personnage, un caractère, une action de l'âme, pour les rendre visibles au spectateur. Il sait mettre en saillie ce côté de l'être ou de la chose, pour ou contre lesquels il veut conclure.

Examinons par exemple, sa comédie la plus connue, *Blanchette*, au point de vue de la facture matérielle de la pièce :

L'exposition nette et rapide du sujet est provoquée par des moyens simples et naturels : Dans une boutique une servante fait ses achats ; dans un cabaret où l'a amené l'intérêt électoral, un candidat à la députation demeure un instant ; nous entendons quelques mots de leur conversation avec les maîtres du lieu, et tout de suite, non seulement nous savons le nécessaire pour la compréhension des événements qui vont suivre, mais déjà la figure du père Rousset nous apparaît avec ses traits essentiels. Puis, nous n'avons plus le temps d'être distraits ! Une progression logique et habile multiplie les faits ; il n'y en a pas d'inutiles, tous servent à préciser les caractères. Pas de ces longues tirades où les personnages cherchent à s'expliquer eux-mêmes ; nous les connaissons, non par ce qu'ils disent, mais bien par ce qu'ils font. Leurs actions, plus éloquemment que leurs paroles, nous permettent de comprendre à quel point une différence trop grande d'instruction rend étrangers l'un à l'autre un père et sa fille.

Les moyens les plus sobres suffisent à amener des effets vraiment dramatiques.

Assise dans le comptoir de la boutique , Blanchette

cause avec son amie. Elle oublie le présent, et son imagination court vers l'avenir en une folle chevauchée. Comme la voilà loin du cabaret paternel ! Elle est mariée...., elle est riche.... ; dans un somptueux salon se pressent autour d'elle les notabilités de la politique, les illustrations de la littérature ; elle va leur servir le thé.... ! « Bien ! Blanchette, quand t'auras fini de jacas- » ser, tu pourras donner une tasse de café à Bibi ! »... [1] Le cantonnier est entré ! Sa lourde main calleuse, que macule encore la terre boueuse du fossé, sans effort, sans presque y toucher, fait crouler le si magnifique château en Espagne que bâtissait la pauvre Elise !

La plus pompeuse déclamation contre les vaines illusions des malheureuses qui s'imaginent que toutes les difficultés de la vie s'aplaniront devant elles, parce qu'elles sont instruites ; qu'elles seront riches, parce qu'elles sont savantes, atteindra-t-elle jamais à l'éloquence de cette scène, où la réalité est montrée si simplement, mais avec un tel relief, que l'on ne peut en perdre le souvenir ? Et puis, elle se dénoue en une autre scène, inoubliable aussi ! Sous le bras levé de son père, la savante orgueilleuse, à moins d'être châtiée, doit s'humilier devant l'humble ouvrier ignorant qu'elle a offensé [2]. N'est-ce pas là une *leçon de choses ?* Le pédagogue moderne prétend à juste titre, que celle-là est efficace surtout ; tous, plus ou moins, toujours nous demeurons enfants ; félicitons-nous donc, s'il nous en est montré !

L'habileté de l'auteur à dresser la charpente de ses pièces, à en équilibrer les diverses parties, apparait

(1) *Blanchette....* I, 9.
(2) *Idem....* II, 12.

plus frappante à la représentation. Au feu de la rampe, nous voyons mieux de quelle vie intense sont animées ses créations, avec quelle aisance elles se meuvent dans le cadre qu'il leur a préparé. Mais M. Brieux ne peint pas seulement un décor destiné à n'être contemplé que de loin ; ses personnages ne sont pas dessinés à si grands traits qu'il ne faille pas trop les approcher. En quelques-unes de ses comédies existent tels tableaux, qui, aussi bien qu'une délicate miniature, supportent l'examen attentif ; certains de ses portraits peuvent être regardés à la loupe et apparaître meilleurs ainsi. Ses pièces, bien différentes en cela de tant d'autres, peuvent donc être lues ; je dirai même qu'elles doivent l'être.

Spectateur sortant de la représentation des *Trois Filles de M. Dupont* par exemple, j'ai pu admirer une vaste toile, largement peinte, image vivante et chaudement colorée de la petite bourgeoisie contemporaine. Simple lecteur, si j'ai une vue moins complète de l'ensemble de l'œuvre, il m'est loisible par contre, de m'attarder à contempler de plus près certains coins du tableau, et j'y fais d'heureuses découvertes. Un examen attentif me permet d'apprécier à quel degré de vérité atteignent quelques scènes, miniatures charmantes, merveilles d'exactes et fines observations, où l'auteur a dessiné avec autant de bonheur que d'abondance les détails les plus familiers et aussi les plus expressifs de de la vie bourgeoise en province.

Au milieu de ces types, tous bien personnels, qui, en quelques heures et plus ou moins rapidemenl, ont défilé sous mes yeux, spectateur j'ai été frappé sans doute du relief particulier de l'un d'eux ; mais, c'est à la méditation réfléchie, compagne de la simple lecture, que m'est apparue, avec sa vigueur faite de vérité, cette figure à qui je donnerai le plus juste éloge en disant : *Le portrait de M. Dupont fait songer à celui d'un Delobelle sorti de l'incomparable palette d'un Alphonse Daudet.*

*
* *

S'il est indispensable, pour être vraiment un auteur dramatique, d'être habile dans l'art de mettre en scène les mouvements extérieurs de l'homme, il faut avoir aussi une science que toutes les ressources du métier ne sauraient remplacer, il faut avoir la science de l'âme. « Celui qui connaîtrait l'homme comme Balzac et le » théâtre comme Scribe, a dit A. Dumas, celui-là serait » le plus grand auteur dramatique qui aurait jamais » existé. » (1)

Examinons maintenant quelle connaissance possède M. Brieux de cette science de l'âme et du cœur, recherchons quelle est sa valeur comme *psychologue* et comme *moraliste*. Pour cela, étudions successivement ses principales créations.

Le 21 mars 1890, le Théâtre Libre représentait sa première pièce : *Ménages d'artistes*. C'était le temps où sur cette scène, à côté de quelques œuvres de valeur, s'étalaient les plus audacieuses extravagances. Quand les auteurs habitués de la maison se décidaient à reconnaître l'existence encore réelle en ce monde de quelques hommes d'honneur ou de quelques femmes vertueuses, pour nous les montrer, ils nous conduisaient dans les bouges les plus infâmes. L'honnêteté et le bon sens de M. Brieux le préservèrent de la contagion. Si sa pièce, pleine d'inexpériences, n'est qu'une suite de tableaux assez grossièrement brossés, elle a du moins

(1) A. Dumas fils. Préface de *Un Père prodigue*.

le mérite de ne pas nous présenter la vie de bohême sous des couleurs d'idylle et la vie d'expédients comme l'école de l'honneur et de la probité.

Blanchette, représentée au même théâtre deux ans plus tard, le 2 février 1892, marque le véritable début de M. Brieux. Elle est restée un de ses meilleurs ouvrages, au moins pour les deux premiers actes.

« La fille d'un cabaretier de village a reçu une instruction soignée et coûteuse; elle est munie de ses brevets et son bonhomme de père est tout fier de voir qu'elle est si savante et qu'elle a pris des manières si distinguées. Aussi, comme il est reçu le brave charron qui vient la demander en mariage! « Faudra repasser » quand vous serez millionnaire. » Voilà la réponse faite à l'humble amoureux. Et la mère formule cette maxime, qui a conduit au malheur tant de déclassés: « Ah! non. Nous n'avons pas laissé notre enfant à » l'école jusqu'à vingt ans pour la donner à un ouvrier » comme nous. » (1)

Mais les brevets ne nourrissent pas leur titulaire. La place espérée se fait attendre. Le cabaretier déçu, s'aperçoit que le résultat des sacrifices qu'il s'est imposés est tout au rebours de ce qu'il s'était promis et il se retourne furieux contre Blanchette. Celle-ci n'a plus la respectueuse affection qui permet de supporter la colère paternelle; l'instruction, l'éducation reçue, la sépare trop profondément de sa famille. « Tout ce qui » me paraît mauvais te paraît bon, dit-elle à son père. » Nous ne nous comprendrons jamais..... Tu es entêté » dans ta routine et je ne conçois même pas l'honnêteté » de la même façon que toi..... Nous sommes devenus

(1) *Blanchette*... I, 13.

» des étrangers l'un pour l'autre. Aussi il vaut mieux » pour tout le monde que je m'en aille, et je m'en » irai. » ([1]) Et elle s'en va !.... Elle s'engage en ce chemin qui, après de plus ou moins longs détours, finit, hélas ! par conduire au vice tant de filles pauvres et isolées.

Trois ans plus tard, nous retrouvons la fugitive. Elle est revenue au pays natal pour oublier un instant sa vie de Paris et aussi pour sauver de la misère ses parents, ruinés par les sacrifices consentis pour son instruction. Elle n'a même pas la consolation de pouvoir leur être utile ! Le père ne veut pas que l'huissier qui vient le saisir, soit payé avec l'argent de sa fille, et la pauvre Blanchette est chassée de nouveau ! — « Allons ! » dit-elle, décidément, il faut que je renonce à ma villé- » giature, moi..... et que je retourne à Paris *(se levant » péniblement, avec dégoût)*..... faire la fête *(un profond » soupir)*, allons-y !.... » ([2])

Tout le monde peut-être ne reconnaîtra pas ce dénouement ! C'est le dénouement primitif de la pièce. Lors de sa reprise au Théâtre Antoine, le 30 septembre 1897, le troisième acte subit une modification complète. Blanchette quitte toujours le cabaret paternel, mais le chemin qu'elle prend cette fois, s'il est semé aussi de misères et de douleurs, n'aboutit du moins plus au même but. Il la ramène à la maison de famille où elle retrouve le fiancé méprisé autrefois. — « Rien ne vous » oblige à repartir, lui demande celui-ci....., c'est vrai ? » C'est bien vrai....., vous n'avez pas d'amis là-bas, et » vous...... — Je n'en ai jamais eu, je vous le jure, »

(1) *Blanchette*, II, 13.

(2) *Blanchette*, 2e édition, 1894..., III, 4.

répond Blanchette [1] ; et cela finit comme une pièce de M. Scribe, par un heureux mariage !

Blanchette est une pièce tellement connue, que je n'aurais osé en donner une analyse aussi détaillée si je n'avais voulu montrer à quel point sont différents les dénouements que lui a donnés successivement l'auteur. Et sur ces deux dénouements il me faut insister, car, à leur propos, je veux m'expliquer sur une des plus vives critiques adressées à M. Brieux [2].

« Brieux, a-t-on dit, en devenant auteur dramatique, est resté journaliste. Dans son nouveau métier, il a transporté les procédés de l'ancien. Tour à tour, à mesure qu'ils se présentent, il traite tous les sujets. Sur tous il est pareillement incompétent, et alors il lui faut se documenter et emprunter rapidement les connaissances nécessaires à ceux qui font autorité. Mais, il n'a le temps ni d'ordonner rigoureusement, ni de mûrir cette érudition de fraîche date ; aussi manque-t-il d'idéal et de conviction et, à une seconde représentation, il est tout prêt à modifier idée, développement et conclusion pour complaire à la foule, tel le publiciste, qui, si l'abonné se fâche, désavoue le lendemain l'article écrit la veille. »

La critique est exagérée peut-être, mais non complètement injuste.

Après avoir lu une pièce de M. Brieux, on est parfois malheureusement obligé de reconnaître que la véritable question dépasse, et de beaucoup, ce qu'il nous en a montré. Ainsi, *Blanchette*, qui, si les sous-titres étaient encore de mode, pourrait s'appeler *Blanchette* ou *les Méfaits de l'instruction,* ne nous fait certainement pas

(1) *Blanchette*, 6e édition, 1902..., III, 6.

(2) Voir *la Chronique Théâtrale* de M. René Doumic, dans la *Revue des Deux-Mondes* du 15 janvier 1899.

mesurer toute l'importance de ce grave problème : « *A quel degré d'instruction le peuple a-t-il droit?* » L'auteur, avec beaucoup d'adresse et de pittoresque il est vrai, ne nous représente que le côté le plus banal de la question : la vanité et le désir du lucre chez les parents, le dégoût de la situation présente et les plus chimériques ambitions chez les enfants. Il répète ce que tout le monde a dit avant lui, et après une démonstration rendue aussi facile, sa conclusion perd une partie de son importance.

Que Blanchette retourne vivre malheureuse dans le vice, cela serait sans doute plus logique d'après le milieu où il l'a placée, d'après le caractère qu'il lui a prêté ! Mais je pardonne plus facilement à M. Brieux de lui faire achever sa vie heureuse dans le mariage, pour complaire à ceux qu'effrayent les dénouements trop sombres, que de ne pas avoir au moins essayé de nous indiquer le grand côté de cette question de l'instruction populaire, si intimement liée aux questions sociales et aux questions religieuses. A la vérité, ce n'est peut-être pas dans une pièce de théâtre qu'il convient de montrer qu'elles ne peuvent recevoir les unes sans les autres, de solution véritable !

*
* *

Pour ses débuts, M. Brieux a esquissé un tableau de mœurs, puis il a affirmé son talent en étudiant une question sociale ; après cela, il arrive naturellement à tenter l'essai si difficile, mais si séduisant, de la comédie politique.

Représenté le 16 mai 1894, *l'Engrenage* veut nous faire voir la corruption des électeurs et des élus par le suffrage universel. Trop facilement, hélas ! on peut avoir ce spectacle sans qu'il soit besoin d'assister à une représentation théâtrale. Le sujet, comme presque tous les sujets politiques, est un peu défiguré par l'optique et la perspective spéciale de la scène.

« Honnête industriel, Rémoussin vivait obscur et tranquille dans son coin de province. Pour son malheur, le vœu de ses concitoyens et aussi les intérêts particuliers de quelques aigrefins l'appellent à la députation. Le voici à Paris ; il siège à la Chambre, il fréquente les ministres et presque aussitôt ses principes se font moins rigides, sa conscience s'assouplit. Un beau jour, et sans qu'il sache en vérité, comment la chose a pu se produire, son nom se trouve inscrit sur un carnet de chèques. »

Les diverses phases par lesquelles passe la mentalité d'un homme honnête qui, élu député, en arrive à trafiquer de son mandat, aurait pu faire l'objet d'une fine et intéressante étude psychologique. Ici, l'engrenage saisit si brutalement le représentant du peuple, le fait passer avec tant de rapidité sous tous les rouages de la machine parlementaire, qu'à peine avons-nous eu le temps d'apercevoir l'industriel honoré de tous, que déjà il est devenu le politicien corrompu. Pour ne pas rendre cette rapidité dans la chute trop invraisemblable, M. Brieux est contraint de douer son député d'une naïveté qui confine à la sottise ; aussi la figure de Rémoussin est-elle moins un portrait qu'une caricature.

L'Engrenage possède des qualités de vie, de mouvement et d'observation de détail. A la lecture de la pièce, on a la satisfaction, plutôt douloureuse, d'apercevoir et de reconnaître au passage toutes les bassesses et vilenies qui forment le cortège habituel du suffrage universel ; on a aussi le regret de constater que M. Brieux oublie de nous dire s'il n'est pas quelque moyen capable de l'instruire et de le moraliser.

Avec *les Bienfaiteurs,* comédie représentée à la Porte-Saint-Martin un peu plus de deux années après l'*Engrenage*, on ne saurait reprocher cette fois à M. Brieux de ne pas indiquer le remède après avoir montré le mal. Il résume en cette formule très nette la morale de sa pièce : « Le devoir est d'enfermer l'aumône dans une » poignée de main. Il faut faire la charité avec discerne-» ment, sinon elle est malfaisante ; il faut la faire avec » amour, sinon elle est inefficace. » (1)

Le but de l'auteur des *Bienfaiteurs* est de nous montrer que la charité, qu'elle soit administrative, mondaine ou patronale, ne se pratique ordinairement pas ainsi. M. Brieux a écrit des pièces supérieures à celle-ci au point de vue des qualités scéniques, il n'en a pas composé où l'étude d'une question sociale soit faite avec plus de soin et d'exactitude. En des tableaux d'une indéniable vérité, il nous dépeint ces œuvres qu'on dénomme œuvres de charité ou de philanthropie. Il nous expose qu'à leur origine se trouvent surtout la vanité, la prétention, le désir de paraître, le besoin de se réunir, de bavarder, de se procurer à soi-même l'illusion qu'on fait quelque chose. Des aumônes sont distribuées sans doute, mais elles le sont sans discernement et avec morgue et dureté. Puis, comme il est fastidieux de s'occuper des malheureux toujours, une agréable distraction est de se faire la guerre entre sociétés rivales, à moins qu'on ne préfère se lancer à la découverte d'infortunes pittoresques.

Quel peut être le résultat d'œuvres semblables ? Si

(1) *Les Bienfaiteurs*.... IV, 9.

elles encouragent la paresse ou récompensent la fourberie, elles n'apportent aucun soulagement à la souffrance réelle !

On a accusé M. Brieux de s'être montré, en cette comédie, sombre, amer et pessimiste à l'excès. Mais, pour faire apparaitre la vérité avec tout son éclat, n'est-il donc pas nécessaire parfois de la grossir? Malgré une évidente exagération, je tiens les *Bienfaiteurs* pour une œuvre d'observation exacte et de juste satire. Ils ont le mérite de former, en faveur d'une idée généreuse, un plaidoyer éloquent ; à travers les quatre actes de la pièce, règnent une conviction profonde et une véritable ardeur du bien.

*
* *

Le 7 décembre 1896, M. Brieux a enfin l'honneur d'avoir une pièce jouée à la Comédie française. Sur notre première scène dramatique, il traite une question d'une importance vraiment digne d'elle.

L'un des plus grands et des plus nobles esprits d'aujourd'hui n'avait pas encore prononcé la parole célébre, qu'adversaires comme amis ont dénaturée également, quoiqu'en des sens différents, que M. Brieux, par un personnage chargé d'exprimer sa pensée, faisait adresser aux savants cette apostrophe : « Vous, vous êtes les » ministres de cette déesse de déception qu'on appelle » la science ! » (1)

Est-ce donc le procès de la science que l'auteur de *l'Evasion* prétend instruire ? est-ce la nature de son rôle dans la société contemporaine qu'il a l'audace de vouloir déterminer ? Ce serait là, je ne crains pas de le dire,

(1) *L'Evasion*.... I, 12.

une absurde entreprise. La vraie science est par essence au-dessus de toute discussion, et son rôle est celui qui appartient sans conteste à toute vérité. Mais il convient de ne pas confondre la science avec les savants ou les hommes prétendus tels ; si *la science* ne peut faire *faillite*, *les savants*, eux, font souvent *banqueroute*.

Demander compte de leurs actions à ces hommes arrogants, tranchants, qui décrètent l'erreur avec une solennité sans réplique, qui, avec leurs mensongères théories scientifiques, peuvent par intimidation ou suggestion causer de véritables malheurs : voilà une besogne non seulement licite, mais encore fort louable ! Telle est celle entreprise par M. Brieux. Très habilement, il choisit pour la mettre en scène, la science de toutes la plus incertaine ; il choisit celle dont les pontifes, pour se dédommager sans doute de voir la vérité toujours se dérober devant eux, affirment trop souvent avec le plus d'audace comme des dogmes, des probabilités non encore vérifiées : vous avez reconnu qu'il s'agit de *la médecine* et *des médecins*.

« *Les pères ont mangé des raisins verts, et les dents* » *des enfants en ont été agacées.* » (1) Ces paroles bibliques prononcées six siècles avant Jésus-Christ, prouvent que toujours les hommes ont eu conscience qu'il existait un lien redoutable noué entre eux par l'hérédité à travers les âges.

La question de l'hérédité, obscure entre toutes, n'a jamais cessé de préoccuper les moralistes autant que les médecins. Montaigne la rangeait parmi les « estrangetés » si incompréhensibles qu'elles surpassent toute la diffi- » culté des miracles. » — « Quel monstre est-ce,

(1) Jérémie, XXXI, 29-30.

» disait-il, que cette goutte de semence de quoi nous » sommes produits, porte en soi les impressions, non de » la forme corporelle seulement, mais des pensements » et des inclinations de nos pères?... » (1)

Les connaissances humaines en matière de biologie se sont, certes, prodigieusement étendues depuis le jour où l'auteur des *Essais* « cet individu extraordinairement intelligent de la fin du XVIe siècle » (2) exprimait ainsi son étonnement ; malgré cela, les voiles qui nous dérobent le mystère de l'hérédité sont encore très peu écartés. Quelles conséquences peut avoir dans la société actuelle ce problème posé depuis tant de siècles et demeuré toujours sans solution, voilà ce que dans *l'Evasion* examine M. Brieux.

« Le docteur Bertry, professeur de neuropathologie, membre de l'Académie de Médecine, a codifié les lois de l'hérédité et il les déclare implacables. Près de lui vivent deux jeunes gens; il condamne sans recours l'un, Jean son beau-fils, à la folie, parce que son père était un maniaque qui s'est suicidé; l'autre, Lucienne sa nièce, au vice, parce que sa mère était une courtisane, dont la vie fut une honte perpétuelle. Jean et Lucienne s'aiment et veulent s'épouser. Le docteur s'oppose à leur mariage au nom de la science! Infaillible, elle a décrété qu'avec des antécédents comme les leurs, ils seraient fatalement malheureux l'un par l'autre.

Forts de leur amour, les jeunes gens passent outre. Si, en un instant d'énergie, ils ont pu s'insurger contre la science, la terrible souveraine sait prendre sa revanche. Lentement, elle impose à leur esprit une obsession

(1) De la ressemblance des enfants aux pères. — Montaigne. *Essais*, chap. XXXVII.

(2) *Montaigne*, par Paul Stapfer, p. 7.

cruelle; et viennent les épreuves et les tentations de la vie, elle annihile leur volonté, en leur faisant croire que la fatalité malgré eux les conduit.

« Je me trompais, dit Lucienne à son mari, en croyant » t'aimer. Ah! je le voulais, cependant, je le voulais de » toutes mes forces, mais je ne suis pas libre de mes » actes, je ne suis pas libre! ... J'ai voulu m'échapper, » je retombe lourdement et je suis brisée... Depuis » quelque temps déjà, je m'ennuyais, je regrettais Paris, » les fêtes, le monde, j'espérais que cet ennui ne serait » que passager, mais je vois clair maintenant, c'était ma » nature contrainte qui se révoltait, et il a suffi d'un » contact inattendu pour me livrer sans défense à ce » Paul que je n'aimais plus. Et cela, ce n'est pas ma » faute, c'était fatal! C'est plus fort que moi, plus fort » que tout! Oui, pleurons, Jean! pleurons! Nous » sommes bien malheureux! *(Elle pleure avec lui.)* — *Jean.* — «.... Je suis coupable, Lucienne! Je n'au- » rais pas dû t'épouser, puisque je n'ai pas su t'aimer » comme tu voulais être aimée..... Mais ce n'est pas » de ma faute à moi, non plus!.... » -- *Lucienne.* » — On nous l'avait dit, Jean! Il est des prisons d'où » l'on ne s'évade pas!.... » [1]

L'évasion est possible! proteste M. Brieux. Les lois de l'hérédité ne sont aussi rigoureuses que dans les statistiques dressées par les spécialistes! en réalité, la geôle où elles nous emprisonnent n'est pas si solide qu'on ne puisse, au prix d'un effort, en briser les barrières! Tous, nous avons en nous des énergies suffisantes pour combattre les tares héréditaires, et nul ne naît condamné par avance à tous les désespoirs! Par la

(1) *L'Evasion*, II, 11.

bouche de ses héros, M. Brieux adresse aux savants imprudents ces éloquentes adjurations :

« .... Dites qu'elles sont vaines, gémit Lucienne, vos » théories désolantes; dites-le pour que je me sente » responsable et libre ; dites-le, dites-le! pour que je » sache que nous ne sommes pas dominés par la tyran- » nie des morts ! »

Et Jean implore à son tour : « Ne les répétez plus » vos maximes de désespoirs ! Je vous en supplie ! Je » vous en supplie au nom de tous les malheureux sur » lesquels pèse l'inquiétude d'une hérédité douteuse et » qui, plus que les autres, ont besoin de confiance et de » courage. » Et la conclusion est ce mot du docteur : » ..... Mon orgueil a failli vous perdre..... Je vous » demande pardon. » (1)

L'analyse que je viens de donner de *l'Evasion* fait connaître seulement le sujet principal de la pièce. A côté de celui-là, étroitement uni avec lui, il en est un autre; M. Jules Lemaître l'a caractérisé en disant : « *L'Evasion* » est la plus franche et la plus vivante satire que l'on » ait faite de la médecine et des médecins depuis » Molière. » (2)

Les pires détracteurs d'une science sont souvent les hommes qui font profession de la connaître; la médecine a certainement ses ennemis les plus dangereux parmi les médecins. Si elle pouvait devenir ridicule un jour, quelques-uns de ceux que l'on appelle *les Maîtres* auraient le droit de se vanter d'avoir contribué à produire ce résultat.

Par leur orgueil, par le souci démesuré de leurs inté-

(1) *L'Evasion*.... III, 13.

(2) *Revue des Deux-Mondes*, du 1er janvier 1898.

rêts, ils font à la science un tort infiniment plus grand que n'en saurait causer la plus virulente satire. Tout ce qui ne sort pas de la petite église dont ils sont les grands prêtres n'est qu'erreur; mais la moindre parole qu'ils laissent tomber *ex cathedra* doit être pieusement recueillie comme un dogme. L'approbation de leurs confrères ne leur suffit pas. Jadis un maitre se contentait d'être écouté et admiré par ses élèves; aujourd'hui, jaloux des comédiens, quand il prend possession d'une chaire, il attire autour d'elle une foule mondaine, plus compacte que celle réunie par le cabotin devant les tréteaux sur lesquels il débute.

Et puis, il faut au savant régner sur tout ! Il veut être maître absolu dans l'Etat, dans la ville et dans la famille. L'individu ne peut plus manger, boire, dormir et même aimer sans sa permission. On pourrait lui pardonner sa tyrannie, si le souci du bien public dictait seul ses arrêts; mais l'orgueil et l'intérêt privé sont trop souvent ses principaux inspirateurs. Jadis on se plaignait de l'omnipotence de la religion, la médecine aujourd'hui a pris sa place, et le joug des médecins est plus lourd que ne l'était celui des prêtres.

M. Brieux est un satirique violent, mais il demeure équitable. Il sait qu'il existe « un Claude Bernard ou un » Pasteur que la renommée va chercher malgré lui » dans son laboratoire, » (1) il nous montre aussi le praticien modeste, ami de ses malades, « qu'il » guérit quelquefois, soulage souvent et console toujours. » (2)

Celui-là devient rare, hélas ! Je ne voudrais pas être

(1) *L'Evasion*.... I, 12.
(2) *Idem*.... I, 11.

plus pessimiste que Brieux, mais les impudents assoiffés de réclame ont depuis longtemps débordé de Paris sur la province. On le trouve maintenant, non seulement dans la petite ville, mais jusque dans l'humble village, le médecin qui joue de la science qu'il ne possède pas, pour s'en faire un revenu ou un instrument de pouvoir !

L'Evasion fait grand honneur à M. Brieux. Après avoir peint avec un vif souci d'exactitude cette superstition de la science, travers si curieux de notre esprit contemporain, il a eu le courage de montrer le danger de cette religion nouvelle et de stigmatiser ses prêtres, si souvent habiles exploiteurs à leur profit, de la dévotion à ce culte moderne. D'applaudir l'auteur, de le féliciter je n'ai nulle crainte, car je suis convaincu qu'il a accompli une action bonne, utile, opportune, en nous donnant cette pièce, œuvre de sincérité et de vérité.

Ces qualités, je le sais, ne doivent pas être excessives. Vérité trop nue, sincérité trop brutale peuvent devenir des défauts. On serait tenté de reprocher ceux-là à la comédie de M. Brieux représentée sur le théâtre du Gymnase, le 8 octobre 1897.

Les trois filles de M. Dupont forment une remarquable mais très réaliste peinture du caractère et des mœurs de la petite bourgeoisie vivant aujourd'hui en province.

La pièce commence comme la plus délicieuse comédie de Labiche, et durant tout le premier acte nous voyons deux pères et deux mères de famille ambitieux de conjoindre leurs enfants, se jeter sans vergogne ni mesure de *la poudre aux yeux*. Mais ici, il n'est pas de place longtemps pour le gai scepticisme ou l'optimisme aimable. Un mariage fondé sur des tromperies réciproques unit Julie Dupont et Antonin Mairaut. Ils ne s'aiment pas, mais Julie lassée du célibat, rêve les joies de la maternité; Antonin, fat sans moralité, recherche simplement un peu d'argent pour sauver sa maison de banque. Hélas! les époux, ou pour dire plus vrai les associés, manquent tous deux à leurs engagements. Antonin refuse à sa femme le doux honneur d'être mère, et la dot promise à Julie n'est pas payée. Alors, comme les liens de l'amour n'ont jamais uni leurs cœurs, quand ceux de l'intérêt sont brisés, ils se trouvent, malgré l'alliance de la chair, atrocement, douloureusement étrangers l'un à l'autre.

Cette peinture si triste du mariage moderne forme le fond d'un tryptique sur les côtés duquel sont figurées les deux autres filles de M. Dupont. A droite, nous voyons le portrait de Caroline, infortunée qui vieillit et se dessèche, sans que la dévotion soit capable de la consoler de ne pouvoir trouver un mari. A gauche, c'est celui d'Angèle; celle-là, toute jeune, a pris le parti de mal tourner!

M. Brieux a donc voulu nous faire envisager la situation des filles de notre petite bourgeoisie, qui ont eu la mauvaise chance de ne pas naître dans l'opulence, et cette situation, il nous la dépeint lamentable! Ne semble-t-il pas conclure, en effet, que l'absence de dot les condamne au célibat, au vice ou au malheur dans le mariage!

Les trois filles de M. Dupont ne permettent pas d'oublier que leur auteur a passé par le théâtre libre. On rencontre là une satire du mariage moderne bien dans la note de pessimisme et de violence exigée dans cette maison. La pièce fit scandale au théâtre de Madame, qui jamais, n'avait entendu parler du lien conjugal sur ce ton. Si l'attaque est outrée, avec tristesse il me faut reconnaître qu'elle n'est pas injuste. Elles ne sont pas rares ces unions dont les préliminaires consistent, pour les parents, à user d'artifices de façon à se dissimuler mutuellement leur situation véritable, pour les fiancés, à feindre des sentiments, des goûts qui ne sont pas les leurs. M. Brieux, a-t-on prétendu, a commis une action mauvaise et ébranlé l'institution du mariage en étalant les tares dont l'a marqué notre civilisation corrompue. Les plus fervents disciples de cette école d'hypocrisie qui n'osant ou ne voulant pas entrer en lutte avec le mal, trouvent plus simple de le nier, doivent reconnaître eux-mêmes que l'auteur des *trois filles de M. Dupont* a proclamé très haut l'excellence du mariage. « Il est, nous dit-il, la » meilleure sauvegarde de la femme; en dehors de lui, » elle ne rencontre dans l'union libre que dégoût, ab- » jection et misère. » (1) M. Brieux, je dois l'avouer, place cette belle morale dans la bouche d'Angèle, la courtisane ! Si je ne savais qu'il a débuté chez M. Antoine, je ne lui pardonnerais pas facilement !

Dans l'ordre de leur apparition, deux pièces séparent *les trois filles de M. Dupont* de *la Robe rouge*. Je veux néanmoins parler de cette pièce avant de m'occuper du *Berceau* et de *Résultat des courses*.

Nouveau Tarquin, M. Brieux est d'avis qu'il faut frapper les têtes; aussi choisit-il, pour attaquer leurs vices, les plus élevées de nos institutions sociales.

J'ai montré les coups par lui portés à l'instruction, au suffrage universel et à ses élus, à la bienfaisance et aux bienfaiteurs, à la science et aux savants, au mariage enfin. Dans *la Robe rouge*, il se permet de toucher à ce

(1) *Les trois filles de M. Dupont*.... IV, 8.

que nous sommes convenus d'appeler la Justice et à ceux à qui appartient par délégation de la société, le privilège de son culte, aux magistrats.

Cette pièce a été représentée pour la première fois au théâtre du Vaudeville le 14 mars 1900. Jouée longtemps à Paris, des tournées dramatiques l'ont fait connaître ensuite partout en province; aussi son sujet devenu très populaire est-il présent à la mémoire de tous; je n'en donnerai donc pas une longue analyse.

» A Irissary, en pays basque, un assassinat a été commis. Depuis le crime, deux semaines se sont passées et l'assassin court toujours ! Alors la magistrature locale se désespère ! Elle se désespère, non pas comme vous pourriez le croire, bonnes âmes ! parce qu'un individu dangereux, capable de commettre d'autres méfaits est en liberté ; bien moins encore, parce que le préjudice causé à la société reste sans vengeance et que l'exemple d'un crime impuni peut susciter d'autres criminels. Le désespoir des magistrats a d'autres causes !

Un si beau crime ! par conséquent une si bruyante réclame pour le juge chargé d'instruire cette cause célèbre ! un tel renom pour le procureur qui sera le verbe vengeur de la société ! Et voilà que cette magnifique perspective va disparaître, « que tout va s'écrouler » par la faute de cette canaille, qui ne veut pas se » laisser arrêter. » (1)

Enfin, on découvre un paysan, Etchepare, sur lequel pèsent des charges fort légères. Mais il a la mauvaise chance d'avoir affaire à un de ces magistrats qui ont des yeux pour ne point voir et des oreilles pour ne pas entendre, ou plutôt pour n'entendre et ne voir que ce qui

(1) *La Robe rouge*...... I, 1.

leur convient et s'adapte à leurs idées préconçues. Un semblable juge a tôt fait de le transformer en criminel. Etchepare passe en Cour d'assises avec sa femme accusée de complicité. Là, on interroge les malheureux, on fouille leur existence, on étale leurs misères, on fait renaître des fautes oubliées, expiées. En face de la foule, on apprend au mari le déshonneur de sa femme, infligeant ainsi à cet homme un supplice affreux que, certes, le Code n'a pas prévu ! Quand le jury, grâce aux tardifs remords de l'honnête mais timide procureur Vagret, a déclaré qu'ils n'étaient pas coupables, que va faire cette Loi, au nom de laquelle ils ont été torturés, pour réparer le mal par elle causé ? Hélas ! elle ne peut rien ! Elle est impuissante à faire recouvrer au mari les biens matériels compromis, bien plus impuissante encore à rendre à la femme l'honneur irrémédiablement perdu, à restituer à toute cette famille le bonheur qu'injustement elle lui a ravi !

Comme est terrible cette puissance mise par le Code entre les mains des magistrats ! Heureusement, dites-vous, qu'ils en usent toujours avec indépendance, honnêteté et bonté. Une maladie terrible prétend M. Brieux, leur enlève parfois ces qualités : *la fièvre de l'avancement* transforme trop souvent des hommes justes et bons en magistrats serviles et cruels. Ecoutez ce dialogue entre un jeune substitut et un vieux juge, chargé évidemment d'exprimer la pensée de l'auteur :

« La magistrature française n'est pas vénale, dit le » vieux La Bouzule, voilà la vérité. Parmi nos quatre » mille magistrats, on n'en trouverait peut-être pas un, » — vous entendez, pas un ! — même parmi les plus » humbles et les plus pauvres — surtout parmi les plus » humbles et les plus pauvres, — qui acceptât de

» l'argent pour modifier son jugement. Çà, c'est la » gloire et le monopole de la magistrature de notre » pays. Saluons. Mais un grand nombre d'entre eux, » sont prêts à des complaisances et à des capitulations » s'il s'agit d'être agréable soit à l'électeur influent, » soit au député, soit au ministre qui distribue des » places et des faveurs. Le suffrage universel est le dieu » et le tyran des magistrats.... — *Ardeuil.* — Nul ne » peut nous ravir notre indépendance. — *La Bouzule.* — » C'est vrai. Mais comme disait M. de Tocqueville, nous » en faisons nous-mêmes le sacrifice. — *Ardeuil.* — » Vous êtes un misanthrope. Il est des magistrats sur » lesquels aucune promesse..... — *La Bouzule.* — Oui, » il y en a d'obscurs, qui se dévouent toute leur vie » sans jamais rien solliciter. Mais vous pouvez croire » que ce sont des exceptions..... » (1).

Lors de ma première lecture de la *Robe rouge*, au lendemain de son apparition, je n'hésitai pas, je l'avoue, à accuser M. Brieux d'exagération et presque de mauvaise foi, dans cette satire de la magistrature. Assistant de loin à *la comédie politique*, d'un peu plus près à celle que *jouent les professionnels de la science*, j'avais pu immédiatement reconnaître la vérité de *l'Engrenage* et celle de *l'Evasion*. Etranger aux choses de la justice, je gardais l'illusion que l'honnêteté et le désintéressement avaient trouvé un refuge sous la robe fourrée d'hermine. Les événements se sont chargés de me convaincre de la bonne foi et de la véracité de M. Brieux. Sans vouloir m'aventurer sur un terrain que je sais m'être interdit, je peux dire que, depuis quelques années, de tous les points de la France, du nord, du centre, comme du midi

(1) *La Robe rouge*, I, 6.

nous avons vu apparaître des magistrats qui ressemblent à s'y méprendre à ceux mis en scène dans la *Robe rouge*. Comme la femme du procureur Vagret, ils disent : « Défendre le ministère, c'est défendre le gou- » vernement, c'est-à-dire l'Etat, c'est-à-dire la société. » C'est donc faire son devoir. » (1).

Obéissant sans doute à une tendance fâcheuse de mon esprit, j'ai mis plutôt en lumière jusqu'ici, le côté agressif des pièces de M. Brieux. Je crains d'avoir présenté son théâtre de telle façon, qu'il ne soit apparu comme l'œuvre d'un justicier qui frappe impitoyablement, d'un démolisseur qui ne laisse rien debout. Une semblable manière de l'envisager ne serait pas exacte.

Certes, Brieux est souvent sombre et amer ; mais je ne crois pas me tromper en affirmant que, malgré les apparences, l'optimisme et l'indulgence forment plutôt le fond de son caractère et de sa pensée. S'il se montre violent dans l'exposition de ce qu'il croit être un mal, il retrouve la modération pour conclure.

En étudiant de près ses comédies, voici l'idée qui, presque uniformément, m'a paru se dégager de chacune d'elles : « Nos institutions sont loin d'être parfaites, et nos mœurs valent moins encore. Changer les unes, réformer les autres seraient évidemment pratiques désirables. Mais la double tâche présente de telles difficultés, qu'il est sinon plus sage, du moins plus prudent de ne pas l'entreprendre. Conservons donc nos *lois* médiocres ; efforçons-nous seulement d'améliorer nos *usages*. Pour cela, mettons dans les affaires sociales, politiques ou de familles un peu de *bonté* et beaucoup d'*honnêteté*. Nous ne résoudrons certainement pas ainsi

(1) *La Robe Rouge*, I, 2.

les grands problèmes de l'heure présente, mais nous rendrons le besoin de leur solution *moins urgent*. Le mal ne sera pas extirpé, mais moins répugnant et aussi moins douloureux, il pourra attendre plus facilement le remède non brutal, inconnu aujourd'hui, mais que trouvera, il faut l'espérer, la génération de demain. »

« C'est là, la sagesse du bonhomme Richard » a dit M. René Doumic (1) qui n'est pas loin de faire à M. Brieux un grief de s'en contenter. Pour moi, je l'avoue, cette sagesse a son prix et je la préfère à des rêveries de songe-creux.

*
* *

Au mois de décembre 1898, deux nouvelles pièces de M. Brieux apparaissent à la fois sur deux théâtres de Paris.

L'une de ces pièces, *Résultat des Courses* nous fait constater les ravages occasionnés dans le peuple par la passion du jeu. La besogne de l'auteur a été bien simplifiée. Prenant l'un de ces innombrables faits divers, qui quotidiennement, remplissent les journaux, il a exposé sur la scène l'incident si banal et si triste à la fois de l'employé, qui détourne l'argent du patron pour aller le jouer et le perdre sur les hippodromes.

Résultat des Courses, œuvre remplie d'intentions excellentes ne compte pas au nombre des meilleures productions de M. Brieux. En cette comédie, il a voulu innover en sacrifiant beaucoup à la mise en scène. Il nous présente, à la vérité, de pittoresques et intéressants tableaux de la vie de l'ouvrier parisien, mais l'action principale est perdue dans un cadre trop vaste.

(1) *Revue des Deux-Mondes* du 15 janvier 1899.

Le Berceau, représenté à la Comédie française huit jours après que *Résultat des Courses* eût été joué pour la première fois au théâtre Antoine, est une pièce d'une tout autre valeur.

Quand on se souvient de la violence avec laquelle le théâtre a protesté jadis contre l'indissolubilité du mariage, il est curieux de le voir aujourd'hui entreprendre une campagne opposée. Au lendemain du rétablissement du divorce, ses conséquences ne défrayèrent d'abord que le vaudeville et la farce. La situation de la femme divorcée contient, en effet, un élément de comique qui tout de suite éclata et égaya notre vieux fond de tempérament gaulois. Il fallut plus de temps pour arriver à envisager, sur la scène, ses résultats d'un autre ordre. M. Brieux, dans *le Berceau*, nous expose quelques-uns de ceux-là.

« Laurence, trompée par son mari Raymond Chantrel, a divorcé. En secondes noces, elle a épousé M. de Girieu qui l'aime depuis longtemps, et même l'avait jadis demandée en mariage. Sensiblement plus âgé qu'elle, M. de Girieu n'a rien d'un jeune premier, mais sérieux et loyal, il l'aime profondément. Le nouveau ménage serait uni, cordial, confiant, s'il n'y avait entre les époux l'enfant du premier lit, le petit Julien. Cet enfant est le portrait frappant de son père, c'est pourquoi M. de Girieu le prend en haine. En vain essaye-t-il de se raisonner et de se maîtriser, son aversion éclate malgré lui. Or, Julien tombe malade. Son père, M. Chantrel, obtient de venir le soigner. Voici la femme divorcée et son premier mari réunis auprès d'un même berceau, par une même inquiétude pour cet enfant, qui est leur enfant à tous deux. De là, naît une situation saisissante. On voit alors combien le lien formé par une commune sollicitude est plus fort que tout autre. Les textes de lois, la décision des tribunaux, tout s'efface devant ce père et devant cette mère, qui veillent au chevet de leur fils agonisant. Le second mari lui-même n'apparaît plus que comme un étranger, un intrus. Enfin l'enfant guérit. Mais sa maladie a été l'occasion à la suite de laquelle Mme de Girieu et M. Chantrel s'aperçoivent qu'ils n'ont pas cessé de s'aimer. Ils se le disent, ils récriminent, ils déplorent le passé. La situation, malheureusement, est sans issue ; le devoir, les convenances, tout, jusqu'à la crainte du ridicule, séparent maintenant la femme divorcée de celui qu'elle aime toujours.

De cette situation, qui sera la victime? Hélas ! ce sera l'enfant. Aussi Laurence donne-t-elle à ses contemporaines cette leçon, qu'elle les adjure d'entendre : «..... Faites ce que vous voudrez si votre union a été » stérile, mariez-vous, démariez-vous, vous êtes libres et » vous ne pouvez faire du mal qu'à vous-mêmes. Mais si » vous avez un enfant..... Si de vos baisers est né un » petit être chétif et affamé de caresses, vous n'avez pas » le droit de détruire la famille fondée pour lui. Vous » n'en avez pas le droit !.... Vous serez malheureuses ? » Tant pis ! l'avenir d'un enfant vaut bien le bonheur » d'une mère ! » (1).

M. Brieux aurait pu s'arrêter là ! Il pouvait se contenter de dire : « L'intérêt de l'enfant exige que le lien du mariage ne soit pas brisé ». La thèse présentée de cette façon eût été suffisamment belle et offrait l'occasion de situations dramatiques assez nombreuses. Il a voulu aller plus loin. Après le premier acte de sa comédie, consacré à exposer contre le divorce l'argument que je viens de

(1) *Le Berceau*, III, 3.

dire, il a cru devoir, dans les deux derniers, en développer un autre, celui-là d'ordre tout différent. Je peux le résumer ainsi : « Non seulement l'intérêt de l'enfant exige le respect du lien du mariage, mais, de l'existence même de cet enfant, résulte pour toute puissance humaine l'impossibilité de le briser. »

« ...... Magistrats, législateurs, déclare-t-il par la
» bouche de M. Chantrel, peuvent séparer deux époux
» rassemblés seulement par les lois et les serments ; leur
» pouvoir s'arrête lorsqu'un enfant est né. Dans ce cas-
» là, le divorce est nul : l'enfant, c'est le lien qu'on ne
» brise pas. Voulez-vous la preuve de ce que je vous dis ?
» Voulez-vous que je vous montre le livre où notre
» indissoluble union est inscrite ? Regardez l'enfant....
» mon enfant ! Regardez sa bouche, c'est la sienne ;
» regardez ses yeux, ce sont les miens. C'est lui qu'il
» faut tuer si vous voulez que nous ne soyons plus des
» époux, c'est lui notre acte de mariage vivant et bien-
» aimé ! Et qu'est-ce que je dis ! Même si vous le suppri-
» miez, vous n'auriez rien fait encore, parce qu'il nous
» resterait, à elle et à moi, la communion des larmes et
» les chaînes bénies du souvenir !..... » (1)

Puisque M. Brieux n'a pas craint d'invoquer la force des liens de la chair, je m'étonne que, sur ce terrain spécial, il n'ait pas été jusqu'au bout de l'argumentation possible. Il a prouvé si souvent que les questions médicales lui étaient familières, que j'attendais presque une adjonction à la vibrante tirade de M. Chantrel. Faisant allusion au phénomène dénommé ***hérédité par influence*** ou ***imprégnation*** (2), il aurait pu lui prêter encore des paroles comme celles-ci :

(1) *Le Berceau*.... III, scène dernière.

(2) Sur cette question de *l'imprégnation, hérédité par influence* ou,

« Que dis-je, il resterait bien plus que des larmes et » un souvenir! il resterait une autre preuve...., preuve » mystérieuse, celle-là! de l'indissolubilité du lien créé » par l'enfant: la femme rendue par moi mère une pre» mière fois a été par ce fait consacrée tellement mienne, » nous avons été unis à ce point que si, d'une nouvelle » alliance, elle devenait mère une seconde fois, cet enfant, » l'enfant d'un autre! pourrait porter cependant encore » mon empreinte!..... »

Je m'excuse d'apporter ici une théorie de cet ordre, mais la thèse de M. Brieux en est si voisine qu'il m'a paru intéressant de faire le rapprochement (1).

Le Berceau est une des pièces de M. Brieux contre laquelle les attaques se sont élevées avec le plus de violence. La *dualité* du sujet, que j'ai tenté de mettre en lumière, a déconcerté le public comme la critique. Alors que le premier argument présenté en faveur de l'indissolubilité du mariage recueillait les applaudissements de tous, le second demeurait incompris. On le déclarait incohérent et inconsistant, ou bien on n'en voyait que le ridicule ou l'inconvenance.

comme disent les Allemands, *hérédité par infection de la mère*, voir une très intéressante Revue de M. F. Regnault dans la *Gazette des hôpitaux* du 22 septembre 1894.

(1) Dans l'*Histoire de France* de Michelet, on peut lire : « Mme de » Montespan avait déjà eu un fils de M. de Montespan. Or, le premier » enfant du roi, le duc du Maine, ne rappela que le mari. Il en eut » l'esprit gascon, la bouffonnerie. On l'aurait cru, de ce côté, le petit- » fils du bouffon Zamet. »

E. Zola, dont la plus grande partie de l'œuvre n'est qu'une longue thèse bâtie sur les lois de l'hérédité, ne pouvait négliger de faire intervenir quelque part la mystérieuse loi d'*imprégnation*. Il nous montre son action dans *Madeleine Férat* et aussi dans le *Docteur Pascal*.

Les deux derniers actes du *Berceau*, dans lesquels la question du divorce se débat entre des divorcés, où des époux désunis par la loi viennent sur la scène se rappeler leurs plus intimes souvenirs, sont, je l'avoue, presque intolérables à la représentation. A la lecture, le côté choquant de la pièce s'atténue, et ses qualités de fine observation des mœurs, de délicate analyse des cœurs se montrent davantage ; on reconnaît en elle une très intéressante étude sociale, vraiment digne, malgré ses défauts, du talent de M. Brieux.

*
* *

Je dois parler maintenant de deux pièces de M. Brieux dont le retentissement a été considérable. Je le dis tout de suite, leur valeur dramatique entre pour une faible part dans le bruit qu'elles ont fait.

Elle est vieille déjà la prétention de transformer les tréteaux de la scène en une chaire d'enseignement. Dans la préface du *Fils Naturel*, datée du 10 avril 1868, Alexandre Dumas l'affirmait ainsi : « Par la comédie, par » la tragédie, par le drame, par la bouffonnerie, dans la » forme qui nous conviendra le mieux, inaugurons le » théâtre *utile*, au risque d'entendre crier les apôtres de » l'art pour l'art ». Loin de moi la pensée de blâmer le conseil du Maître ; je consens volontiers à ce que l'auteur dramatiqne fasse *œuvre utile*, mais j'exige qu'il fasse aussi et surtout *œuvre de théâtre*.

Auditeurs réunis dans une salle de spectacle, nous ne pouvons nous passionner pour une idée abstraite d'intérêt social, que si l'on incarne cet intérêt dans des êtres de chair et de sang qu'on fait, sous nos yeux, vivre, agir, penser, souffrir.

Les Remplaçantes sont une pièce intéressante, au

moins en certaines parties, parce que M. Brieux est parvenu à donner une réalité objective à quelques-uns des points de la thèse qu'il soutient.

Les Avariés offrent peut-être une valeur comme « *traité didactique spécial, écrit sous la forme dialoguée,* » *à l'usage des jeunes gens arrivés à l'âge de la puberté* », mais l'ouvrage, quoique les demandes et les réponses puissent en être récitées sur la scène, demeure étranger à l'art dramatique. Ses personnages ne pensent pas, n'agissent pas ; véritables mannequins, ils n'ont que cette vie d'automates, propre aux héros de *la Morale en action*.

Est-il besoin que je rappelle la thèse si connue développée par M. Brieux dans *les Remplaçantes ?* Je la résume ainsi : « De même que tout homme valide est astreint aujourd'hui au service militaire, de même toute mère, sauf le cas d'impossibilité physique, doit avoir l'obligation d'allaiter elle-même son enfant. La loi a supprimé les *remplaçants*, il faut que les *remplaçantes* disparaissent à leur tour ». L'idée, renouvelée de J.-J. Rousseau et de beaucoup d'autres philosophes et moralistes, si elle n'a pas le mérite de l'originalité, a du moins celui d'avoir droit à une approbation complète. Je ne la discuterai donc pas un instant ; d'ailleurs, sur elle, tout le monde est d'accord, même et surtout ceux qui sont le plus décidés à ne jamais la mettre en pratique.

Le premier et le troisième actes de la pièce nous représentent les milieux paysans où se recrutent les remplaçantes ; ils forment de très vivants et très curieux tableaux conçus dans la véritable et bonne manière de l'auteur de *Blanchette*. M. Brieux nous montre là de pittoresque façon les plaies *physiques* et morales causées dans les familles campagnardes par l'absence de l'épouse et de la mère, que la grande ville a prise pour être, suivant l'expression consacrée, *nourrice sur lieu.*

Le deuxième acte se passe à Paris. Sauf quelques scènes, où avec des détails puérils et trop connus, est peinte la vie de la remplaçante dans un riche intérieur bourgeois, il est tout entier consacré à des tirades où M. Brieux fait proclamer par son porte-parole non déguisé, le docteur Richon, ses théories sur la question de l'allaitement maternel. Les théories, je le répète, sont excellentes, mais nous n'allons pas au théâtre pour entendre prêcher même la meilleure et la plus utile des vérités ; volontiers nous consentons à y recevoir une leçon, à la condition, cependant, que la leçon, donnée avec art, jaillisse des événements ; ici les événements manquent absolument.

Cet acte des *Remplaçantes* contient en germe et annonce tous les défauts et toutes les erreurs dramatiques qui font des *Avariés* une pièce véritablement mauvaise ; quand je dis pièce mauvaise, il est bien entendu que je me place en ce moment au seul point de vue de l'art.

Le premier mérite de l'auteur dramatique est celui de l'invention. Ici, ce mérite m'apparaît nul. Le fait est nettement établi, M. Alexandre Hepp, avant M. Brieux, avait eu l'audacieuse pensée de faire du mal vénérien un ressort dramatique. Quant au *scenario* des *Avariés*, il est sans conteste, la propriété exclusive de M. le Professeur Fournier. Dans la dédicace de sa pièce adressée à ce Maître, M. Brieux proclame : « La plupart des idées » qu'elle cherche à vulgariser sont les vôtres ». Il ne dit pas ainsi toute la vérité. Ce ne sont pas les idées seulement qui appartiennent à M. Fournier, presque tous les traits de la pièce sont aussi fournis par lui. Lisez les premières pages des leçons réunies en volume sous le titre : *Syphilis et Mariage*, et vous trouverez là, la substance à peu près complète de l'œuvre de M. Brieux. Je ne crains pas d'ajouter que des leçons professées à l'hôpital Saint-Louis se dégage, même pour le lecteur le plus étranger à la médecine, une impression plus forte, plus dramatique aussi que celle donnée par la contrefaçon de l'homme de lettres. M. Fournier, en quelques mots sobres, nous fait réellement assister aux drames où lui-même a été acteur ; dans son récit très simple, il fait passer le frisson de l'émotion véritable. M. Brieux prétend décrire des événements qu'il n'a pu observer, analyser des sentiments qui jamais n'ont été exprimés devant lui ; aussi, est-il incapable de donner à ses personnages l'illusion de la vie; il ne sait ni les faire parler ni les faire agir.

Dans ce milieu où, quelque souci qu'il ait pris de se documenter, il demeure égaré, M. Brieux perd jusqu'à ses plus naturelles qualités de dramaturge. Préoccupé d'exposer des théories, il les fait débiter par ses personnages, sans tenir compte, non seulement des plus élémentaires règles dramatiques, mais encore des notions les plus vulgaires de vérité et de bon sens.

« Un homme, un père est amené près d'un médecin par un lamentable événement, par un des plus cruels malheurs qui puisse atteindre un chef de famille ! Un scandale vient d'éclater au foyer de sa fille, pauvre enfant de vingt ans, mariée depuis quelques mois, mère depuis quelques semaines. Brusquement, un bonheur a été détruit, des existences précieuses compromises, empoisonnées par un mal que l'on n'avoue pas. Alors, il vient demander au praticien illustre aide, conseil, secours. L'attitude prêtée par M. Brieux au docteur serait presque odieuse si elle n'était ridiculement invraisemblable. A l'homme en proie au plus cruel chagrin, sous prétexte qu'il parle à un député, cet étrange médecin impose une grande conférence sur *le péril vénérien*; au père, que tantôt secouaient les spasmes de la douleur, il enseigne de quelle façon il aurait dû agir quand il a marié sa fille; au personnage politique, il expose le projet de loi qu'il voudrait voir déposer à la Chambre; et pour clôturer le tout, du fond d'une salle d'hôpital, il fait sortir, pour l'exhiber, *un cas intéressant!*..... Et le père oublie son désespoir! sa colère! ses préoccupations! il n'est plus question des douleurs qui l'ont amené! il écoute la leçon, en discute les conclusions, et tout à l'heure, sans doute, après s'être poliment étonné devant le *sujet* présenté, il rédigera un projet de loi! Quelque profonde que soit la déformation apportée à l'esprit humain par la possession d'un mandat électif, je ne crois pas qu'il puisse être un père de famille, fût-il député! capable de jouer le rôle que lui assigne M. Brieux. Quant au médecin, je n'ai aucun doute! il n'en existe pas comme celui des *Avariés*, car tous, quels qu'ils soient, ont au moins le respect de la douleur et la notion des vulgaires convenances.

Cette pièce, on s'en souvient, a été *interdite par la censure.*

Aujourd'hui, sauf quand il s'agit de religion ou de politique, la tolérance de nos Maîtres atteint jusqu'aux plus extrêmes limites; aussi, est-il exceptionnel de les voir, sous le seul prétexte de morale outragée, empêcher la représentation d'une œuvre dramatique qui ne touche ni à l'un ni à l'autre de ces sujets brûlants. Du fait de leur interdiction, il semblerait logique, par conséquent, de conclure à l'excessive immoralité des *Avariés*. La conclusion serait néanmoins erronée. En écrivant cette pièce, M. Brieux n'a pas cessé de mériter le qualificatif si élogieux que souvent l'on joint à son nom : auteur des *Avariés,* il est resté *l'honnête Brieux!*

L'interdiction de la pièce constitue-t-elle donc un de ces abus d'autorité qui justifie toutes les attaques contre la censure ? L'opinion peut paraitre paradoxale, mais pour moi, les pouvoirs publics ont fait acte de sagesse en empêchant de jouer une œuvre que je reconnais conforme à la morale la plus sévère !

C'est une mode, on le sait, dans la société des élégants et des oisifs, d'assister parfois aux leçons de certains professeurs du Collège de France ou de la Sorbonne. En d'autres amphithéâtres professent d'autres maitres, non moins savants, non moins estimables, non moins intéressants ; les convenances défendent cependant d'aller entendre ceux-là ; quelque libres que soient devenues nos mœurs, nous n'en sommes pas encore arrivés à admettre que les cliniques de l'hôpital Saint-Louis aient comme auditoire un parterre de femmes du monde !

Qui donc alors peut blâmer le Ministre d'avoir fermé la porte d'un théâtre où un auteur, usurpant des pouvoirs qui ne sont pas les siens, se proposait — lui-même le déclare — « d'étudier sur la scène la syphilis dans ses » rapports avec lemariage. » (1) Il est des choses qui certainement peuvent être dites sans blesser *la morale;* mais *la décence,* ne l'oublions pas, ne saurait perdre le droit d'exiger qu'il ne soit pas permis à tout le monde d'aller les écouter.

Œuvre mauvaise au point de vue dramatique, œuvre

(1) *Les Avariés*.... I, 1.

non pas immorale, mais œuvre dont la bienséance ne peut tolérer la représentation : je résumerai ainsi mon opinion sur *les Avariés*. En écrivant cette pièce, M. Brieux a, selon moi, commis une erreur, même au point de vue où il se place, c'est-à-dire au point de vue *utilitaire*. Il en est de certaines plaies physiques comme de certaines plaies morales ; familiariser la foule avec elles constitue un danger. Laissons-les dans la pénombre où elles se dissimulent ; elles inspirent là, je crois, un plus salutaire effroi.

*
* *

Le désir de faire oublier les polémiques bruyantes soulevées autour des *Avariés* ne fut pas étranger, me semble-t-il, à la hâte mise par M. Brieux à nous donner une œuvre nouvelle.

Le 3 mai dernier, la Comédie Française représentait pour la première fois *la petite Amie*. Dans cette pièce, l'auteur de *Blanchette*, de *l'Evasion* et de *la Robe rouge* s'efforce de revenir à ses traditions anciennes. De toutes les questions qui, à juste titre, passionnent notre société, il traite l'une des plus graves : *Le droit du père de famille*. L'une des prétentions de notre littérature contemporaine est de nous présenter, au théâtre comme dans le roman, ce que l'on appelle des « *tranches de vie* » ou pour parler le langage de feu Zola des « *documents* » *humains*. » Un écrivain invente des personnages, les place dans des conditions également inventées et leur fait accomplir des actions, que sa seule imagination lui suggère. De faits ainsi produits, il est extrêmement téméraire de vouloir tirer de légitimes conclusions, puisqu'ils n'existent pas objectivement. Cet argument qui suffit à montrer le peu de valeur du roman soi-disant expérimental, comme de la pièce à thèse, s'impose immédiatement à l'esprit du lecteur de *la petite Amie.*

M. Brieux a voulu, dans cette pièce, attaquer les droits concédés par la loi française au père sur son enfant. Pour cela, il nous exhibe un certain M. Logerais et il en fait le bourgeois malfaisant, le chef de famille le plus odieux qu'on puisse rêver. Cet homme use de son droit de père d'une manière constamment et invariablement mauvaise ; les passions les plus viles, l'égoïsme le plus bas sont ses uniques inspirateurs. Le malheureux qui est son fils, montre de son côté une naïveté si grande, une faiblesse si invraisemblable, qu'à peine pouvons-nous nous intéresser à lui. Père et fils sont donc dans la pièce deux types d'exception aussi rares l'un que l'autre : il est extraordinaire qu'un semblable tyran trouve une victime aussi résignée et aussi dépourvue de moyens de défense.

Que conclure raisonnablement des faits et gestes de deux êtres également anormaux, quoiqu'en des sens différents ? Rien, certainement, qui soit pour ou contre la puissance paternelle. Les cas exceptionnels n'ont pas de valeur démonstrative ; ils sont seulement capables d'intéresser, à la condition, toutefois, qu'on sache les exposer avec art.

Ce n'est pas ainsi, malheureusement, qu'en quatre actes, nous est montré celui de *la petite Amie.* Trop expert dans les choses du théâtre pour n'avoir pas senti l'invraisemblance de l'action fondamentale de son œuvre, M. Brieux s'est efforcé de la dissimuler dans une multitude de petits faits, qui ont la prétention d'être minutieusement observés. Le tableau qu'il nous présente d'une maison de mode à Paris est sans pittoresque et sans intérêt. Des détails inutiles rendent l'action languissante à ce point, qu'aujourd'hui il se voit obligé d'alléger sa pièce d'un acte ; il ne parviendra pas à remédier à son vice capital. *La petite Amie* n'ajoutera pas à la réputation de son auteur.

*
* *

Avant de terminer cette étude, je voudrais faire oublier la rigueur de mes jugements sur les œuvres les plus récentes de M. Brieux, en montrant la place occupée par lui au milieu de la pléiade brillante de nos jeunes dramaturges.

Volontiers, je lui assignerais l'une des premières, si je ne craignais de soulever une clameur et de m'entendre répéter ce qui tant de fois a été dit déjà : « N'avez-vous » donc pas remarqué quelle langue M. Brieux fait parler » à ses personnages. »

Son défaut principal, affirme M. Doumic, « est d'être » trop peu un écrivain et de manquer des qualités qui » font le lettré. » (1) Même après avoir lu *la petite Amie*, je trouve ce jugement sévère. On confond facilement aujourd'hui la littérature avec ses raffinements, et les qualités littéraires avec les ornements du style. C'est une confusion, d'ailleurs, que beaucoup de gens sont intéressés à accréditer. Ils sont si nombreux ceux qui, à défaut de talent, se font admirer par la préciosité avec laquelle ils écrivent ! Se préoccupant moins de l'idée que de la façon de l'exprimer, ils prennent dans un sujet non ce qui vaut la peine d'être dit, mais seulement ce qui leur permet de briller. Quand vous vous serez accoutumés à l'éclat de leurs phrases dont toutes les facettes sont soigneusement taillées pour éblouir,

(1) *Revue des Deux-Mondes*, du 15 janvier 1899.

cherchez donc, sous ces mots d'une impeccable sonorité, la pensée si luxueusement habillée ; le plus souvent vous la constaterez banale ou.... absente ! Les littérateurs de cette école sont cependant les plus admirés ! La foule applaudit leurs périodes et les proclame écrivains quand ils ne sont que des virtuoses de la plume !

A l'opposé de ceux-là, M. Brieux ignore l'éclat du verbe et la sonorité de la phrase. Mais si, chez lui, le vêtement de la pensée est pauvre, pauvre souvent jusqu'à l'indigence ! au moins cette pensée existe-t-elle toujours. Si l'idée est exprimée avec une sobriété trop uniforme, cela ne l'empêche pas d'apparaître à l'occasion en un relief vigoureux, le stimulant de la conviction permettant parfois à l'auteur d'approcher de l'éloquence véritable. Si le style a peu de couleur, il a par contre cet avantage d'ignorer presque toujours les ridicules du mauvais goût. A la vérité, il manque à la langue que parle Brieux le principe fécondant qui s'acquiert seulement par le commerce intime et prolongé avec les grands écrivains de tous les siècles.

Malgré cette imperfection indéniable de l'instrument de sa pensée, M. Brieux, jeune encore, a édifié déjà une œuvre remarquable de *force, d'étendue* et de *vérité*. Faite des qualités essentiellement françaises, *d'intelligence claire*, *d'honnêteté* et *de bonté,* elle m'apparaît d'autant plus sympathique qu'une prétendue aristocratie littéraire affiche pour elle un plus injuste mépris !

Février-octobre 1902.

LA VIE DU PAYSAN

Dans le bocage Vendéen au commencement du XXe siècle

Par le Dr Charles Roy (d'Aizenay, Vendée)

COMPTE RENDU

PAR JULIEN MERLAND

Juge suppléant au Tribunal civil de Nantes

M. Charles Roy (d'Aizenay, Vendée), vient de publier une brochure intitulée *la vie du paysan dans le bocage Vendéen au commencement du XXe siècle*. M. Roy est docteur en médecine et licencié en droit. Je pourrais ajouter qu'il est aussi littérateur. Ces trois qualités se retrouvent dans son ouvrage qui est l'œuvre d'un praticien, d'un jurisconsulte et d'un écrivain. Rien de ce qui intéresse la Vendée ne me laisse indifférent. Je suis toujours heureux de parler de mon pays natal et c'est ce qui fait que je me suis décidé à rendre compte du livre de M. Roy. J'ai cependant une crainte. Je suis absolument incompétent en tout ce qui touche la partie médicale si bien traitée par l'auteur. Je devrai me borner à en parler rapidement me réservant pour ce qui est plus de ma compétence, c'est-à-dire la partie historique et sociale.

M. Roy prend le paysan à son berceau et le conduit à sa tombe. Il a divisé son travail en quatre chapitres, l'enfance, l'adolescence, l'âge adulte, la vieillesse. Je le suivrai sur ce plan.

Un enfant est né dans une ferme du bocage Vendéen. Le premier soin est de le faire de suite baptiser ; le père, le parrain et la marraine accompagnent la sage-femme, qui porte l'enfant à l'église. Il y a ensuite libations au cabaret et quelquefois elles sont trop copieuses. Mais il y a en pareil cas circonstances atténuantes et même excuses. M. Roy généralise et consacre quelques pages à la question qui préoccupe tant les économistes : la dépopulation. Il croit que cette calamité tient surtout à la grande mortalité infantile et aussi à la démoralisation. Pour combattre le fléau, le médecin indique le traitement à faire suivre aux enfants et le moraliste préconise les moyens de combattre l'immoralité.

Je ne puis entrer dans le détail matériel des précautions à prendre en ce qui concerne la santé des enfants. C'est le rôle du praticien et j'ai dit qu'en pareille matière je suis un profane ; en ce qui concerne le dérèglement des mœurs, de notables améliorations ont été apportées par la loi Roussel et certaines autres lois. Mais il y a encore beaucoup à faire. M. Roy croit avec raison que ce sont les croyances religieuses, soit catholiques, soit protestantes, sagement encouragées, qui pourraient le plus efficacement enrayer le mal.

L'enfant a grandi. Dès l'âge de douze à treize ans il quitte l'école pour rendre dans la ferme quelques services. Il faut alors veiller au surmenage et ne pas imposer aux enfants des travaux au-dessus de leurs forces. Car souvent alors on ouvrirait la porte à la scrofule et à diverses autres maladies. Il faut aussi surveiller l'éducation morale de ces enfants. Ceux-ci, en effet, se corrompent souvent entre eux et il suffit d'une brebis galeuse pour contaminer tout le troupeau.

A vingt ans, l'enfant devient homme. Le tirage au sort est le premier grand acte de sa vie. Le Conseil de révision choisit les plus robustes et nos jeunes paysans revêtent la casaque du soldat. Ici le médecin réapparaît et M. Roy conseille avec juste raison aux chirurgiens chargés de la révision de s'entourer de tous renseignements et de ne déclarer bons pour le service que des sujets absolument sains, et de réformer sans hésiter ceux qui ne possèdent pas toutes les apparences de la force. Autrement ce sont des non-valeurs, piliers d'hôpitaux sans utilité pour la défense de la Patrie.

Après avoir accompli leur temps de soldats, nos Vendéens, à l'encontre des autres pays, reviennent presque tous à la ferme reprendre la charrue et l'aiguillon. Malheur à ceux que les plaisirs de la ville et l'espoir d'un gain plus élevé retiennent dans nos grandes cités ! Pour un qui réussit, un grand nombre s'étiolent, deviennent des ouvriers sans travail, des oisifs, des débauchés et finissent par tomber dans la misère, s'ils ne vont pas peupler nos prisons et nos hôpitaux.

Je veux signaler ici une page très bien pensée et très bien écrite. M. Roy flétrit ces fêtards, ces fils à papa, en un mot ces jouisseurs inutiles que nous rencontrons trop nombreux. Vous avez raison, Docteur, de flageller ces professionnels de l'oisiveté, membres de ce que l'on appelle les classes dirigeantes, qui ne savent pas se diriger eux-mêmes et qui ignorent que nul n'a le droit d'être inutile. Du moment qu'on est inutile, on devient nuisible. Le travail, quel qu'il soit, est la grande loi de la nature. Personne ne doit s'y soustraire. Dans quelque classe de la société où le hasard nous ait fait naître, nous devons apporter notre concours au grand édifice social. Cette partie de l'ouvrage de M. Roy est écrite de main de maître. Je lui laisse la parole, et n'aurai rien à y ajouter ensuite :

« Braves paysans, votre sage bon sens vous fait » entendre que c'est de la folie qui hante le cerveau de » ces énergumènes proclamant les droits de l'homme à » la paresse, à l'encontre de cette loi naturelle et raison- » nable : « *Tout le monde doit travailler ou avoir* » *travaillé de corps ou d'esprit.* » Aussi nous sommes » d'accord pour mépriser les professionnels, qui ne pro- » duisent ou n'ont rien produit, les désœuvrés, les » fêtards, les fils à papa et en un mot toute cette catégorie » de jouisseurs inutiles rencontrés si souvent sur » notre route dans le cours de nos pérégrinations sco- » laires, et qui ne servent qu'à précipiter la décadence » sociale, en soulevant les sentiments haineux de ceux » qui peinent. Au lieu de s'étioler dans une oisiveté » coupable et malsaine, au lieu de mener une existence, » à mon sens, complètement vide, ils ne devraient pas » hésiter à employer la force que leur donne la pos- » session d'énormes capitaux à la solution de divers » problèmes, soit d'ordre scientifique, soit d'une autre » nature utilitaire. Ces favoris de la fortune, avec cette » noble façon de concevoir la vie, pourraient sans conteste, » exercer une action médiatrice très salutaire, dans la » lutte ardente engagée de nos jours entre le capital » et le travail. »

Vers vingt-cinq ou trente ans, le jeune paysan se

marie presque toujours dans sa paroisse ou dans une paroisse voisine. La durée de la fréquentation entre fiancés est plus ou moins longue. On se rencontre le dimanche après les offices et les jours de marché. Le jeune gas vient reconduire sa promise jusqu'à sa demeure. La liberté la plus grande est laissée aux jeunes gens, trop de liberté même. Il existe notamment dans les cantons de Challans, Beauvoir et Saint-Jean-de-Monts, un usage assez bizarre et blâmable au point de vue des mœurs. C'est le maraîchinage pratiqué même par les filles les plus honnêtes. Le jeune homme prend la jeune fille par la taille, étend sur eux un grand parapluie pour les préserver du soleil ou de la pluie et ils restent ainsi longtemps en s'embrassant longuement. Cela se fait au grand jour, sur les routes et dans les rues des bourgs. Si vous passez auprès d'un couple en maraîchinage, il n'en éprouve aucun embarras. Il vous salue et ne se dérange pas. Pour se convaincre de la vérité de ce que je viens de dire, on n'a qu'à aller le mardi jour de marché à Challans et nombreux seront les maraîchinages auxquels on pourra assister. Rien n'a pu faire disparaitre cet usage, que les parents trouvent du reste tout naturel. C'est en vain que les prêtres, du haut de la chaire ou dans le silence du confessional, l'ont combattu. Ils ne sont arrivés à aucun résultat. Il est surprenant qu'avec de pareils mœurs, les enfants naturels ne soient pas plus nombreux et certainement ils sont l'exception dans la Vendée. C'est à se demander si au lieu d'une excitation sexuelle, ce ne serait pas plutôt un dérivatif. Ajoutons que lorsqu'une fille devient enceinte, il est bien rare que l'auteur de la grossesse ne s'empresse de l'épouser.

Les noces ont lieu là où doit habiter le jeune ménage.

Généralement le fils reste dans la ferme, surtout le fils aîné, et c'est la fille qui quitte la maison paternelle. Les noces sont l'occasion de grandes réjouissances. Les invités sont fort nombreux, souvent cent et plus. On mange, on boit ferme, on chante, on danse. Autrefois c'étaient des danses du pays très originales et très curieuses à voir. Le progrès s'est fait sentir là comme ailleurs et malheureusement là. La couleur locale tend à disparaître. J'ai vu des paysannes danser des quadrilles, des polkas, des mazurkas. Il ne faut pas désespérer de les voir aborder le pas des patineurs et les autres danses modernes de nos salons.

Le cultivateur du bocage de la Vendée est foncièrement religieux. Il est rare qu'il n'aille pas régulièrement à la messe. Au point de vue politique, il est assez indifférent à la forme du Gouvernement. Il demande seulement au Pouvoir Public de favoriser ses transactions commerciales sur les différents marchés et de ne pas augmenter ses impôts. C'est du reste une erreur que de s'imaginer que la guerre de la Vendée, à la fin du XVIIIe siècle, a été un soulèvement royaliste. Ç'a été bien plutôt un mouvement religieux provoqué par la constitution civile du clergé. Cathelineau et Stofflet n'étaient point des aristocrates ; Stofflet même détestait les nobles. Si les paysans Vendéens allèrent chercher dans leurs châteaux, pour les mettre à leur tête, les Charette, les La Rochejaquelein, les d'Elbée, les Bonchamps, les Sapinaud, c'était surtout parce qu'ils avaient besoin d'eux pour les diriger.

Nous sommes arrivés au quatrième et dernier chapitre du livre de M. Roy : la vieillesse du paysan. Elle arrive vite, dès soixante à soixante-cinq ans. Les septuagénaires et les octogénaires ne sont pas très communs. Lorsque le paysan voit la mort approcher à grands pas, il la regarde bien en face et meurt résigné après avoir accompli ses devoirs religieux. Suivant une pittoresque expression de M. Roy, il va demander à la terre, *sa grande amie*, un dernier service, celui de conserver sa dépouille mortelle jusqu'à l'époque encore inconnue du cataclysme universel. Souvent en mourant, sa dernière parole est pour recommander à ses enfants de continuer à cultiver ce champ, ces terres qu'il a si longtemps ensemencées lui-même.

J'ai dit que le paysan Vendéen généralement mourait jeune. M. Roy croit que cette brièveté de la vie est due à un rude labeur et à de mauvaises conditions d'hygiène et de nourriture. N'étant point de la partie, je ne me permettrai pas de donner mon avis. Je déplorerai seulement, avec M. Roy, la fâcheuse tendance de nos paysans à préférer à nos docteurs en médecine les sorciers et les rebouteurs vis-à-vis desquels la justice se montre beaucoup trop indulgente. Je suis persuadé que ces prétendus guérisseurs causent de nombreux décès, qu'un habile praticien aurait pu empêcher.

Il est aussi une autre cause de mortalité et de malheurs de toute sorte signalée par M. Roy. C'est l'action néfaste de l'alcoolisme qui a pénétré d'une manière déplorable jusque dans nos campagnes. Ici, je suis sur un terrain qui m'est beaucoup plus familier. Depuis longtemps, un des premiers peut-être, j'ai poussé le cri d'alarme. En 1890, dans mon discours de président de la Société Académique de la Loire-Inférieure, j'ai signalé les dangers de l'intempérance. A ce moment on prononçait timidement le mot alcoolisme qui, aujourd'hui, est si bien passé dans la langue française. Depuis, le mal s'est tellement accru que la lutte que je préconisais s'est enfin franchement engagée. Avec un esprit aussi sagace que le sien, M. Roy ne devait pas manquer d'être un fervent apôtre de la croisade.

Que n'ai-je pour traiter la question et apprécier cette dernière partie de la brochure de M. Roy, la parole facile et élégante de notre collègue, le docteur Joûon, le distingué président de la Ligue anti-alcoolique ! Que n'ai-je la plume fine et mordante du président actuel de la Société Académique, le docteur Guillou, l'aimable secrétaire général de la Ligue !

A défaut d'autre mérite, j'ai du moins la conscience d'être profondément convaincu de la bonté de la cause que je défends.

M. Roy a développé cette intéressante question d'une manière complète et magistrale. Dans un style très net et très clair, il a signalé toutes les conséquences de l'alcoolisme. Il a développé sa thèse avec bien plus de détails que je ne pouvais le faire moi-même dans un discours académique. Nous nous sommes rencontrés sur bien des points. C'est que le médecin et le magistrat sont chaque jour l'un et l'autre témoins des ravages que cause cette funeste passion de l'alcool. Le médecin l'envisage au point de vue de la santé, de l'affaiblissement de la race, des conséquences morbides qui en sont la suite et qui conduisent l'alcoolique à la maison de santé ou au cimetière. Le magistrat voit l'alcoolique dans sa vie privée ou publique, constate le nombre effrayant des crimes et des délits commis sous l'influence de l'ivresse. Il voit la misère entrant dans la famille, la corruption des enfants, les discussions intérieures qui se traduisent par les séparations de corps et les divorces. Il suit l'alcoolique dans les prisons, dans les bagnes, quelquefois jusqu'à l'échafaud.

M. Roy recherche les moyens de combattre le fléau d'abord par les mesures administratives: surtaxe des boissons spiritueuses; réglementation très stricte du privilège des bouilleurs de crû, pour ne pas dire abolition ; diminution, c'est-à-dire limitation du nombre des cabarets, application plus rigoureuse des lois répressives de l'alcoolisme. Puis il passe à un autre ordre d'idées et s'occupe des moyens dus à l'initiative privée : création d'établissements de boissons hygiéniques ; rôle des éducateurs de la jeunesse ; rôle des classes dirigeantes; rôle de l'opinion publique.

Oui, vous avez raison de faire appel à tous, et combien je suis heureux de me retrouver avec vous, moi qui, le 20 novembre 1890, terminais par ces lignes mon discours présidentiel :

« C'est une croisade universelle à laquelle je convie » tout le monde. Que tous s'enrôlent sous le même » drapeau ! Que tous se tiennent d'une main ferme ! » Que personne ne se dérobe à l'appel : écrivains, dans » leurs livres ; journalistes, dans la presse ; députés, à » la tribune ; avocats, à la barre ; magistrats, sur leurs » sièges ; instituteurs, dans l'école ; prêtres, du haut de » la chaire ; femmes, au sein de la famille, combattons » ensemble le fléau. De même qu'au Sénat romain le » vieux Caton s'écriait chaque jour : « Guerre à Carthage ! », nous, Français du XXe siècle, ne cessons de » répéter : « *Guerre, guerre sans trêve ni merci à* » *l'Intempérance !* »

J'ai terminé la tâche que j'avais entreprise; j'ai essayé de faire ressortir les qualités réelles de l'œuvre de M. Roy. C'est une bonne œuvre à tous les points de vue. C'est l'œuvre d'un homme de bien, d'un homme de cœur. C'est l'œuvre d'un véritable enfant de la Vendée.

A tous égards *La Vie du paysan vendéen* est bonne à consulter.

J'en recommande la lecture à tous et surtout aux véritables amis de la Vendée, qui devront lui donner place dans leurs bibliothèques. Comme médecin, comme écrivain, comme homme privé, M. Charles Roy met bien en pratique la devise qu'il a inscrite à la fin de son livre : « *Faire le bien de l'homme et tout spécialement du paysan vendéen.* »

De l'Organisation du Jury de Cour d'Assises

(Thèse pour le Doctorat)

Par ALEXANDRE PAULY

Avocat

COMPTE RENDU

Par Julien MERLAND

Juge-suppléant au Tribunal Civil de Nantes

Le Comité central de la Société Académique a bien voulu me charger de lui présenter un rapport sur une thèse de doctorat soutenue en 1901 devant la Faculté de droit de Toulouse par M. Alexandre Pauly, avocat. Le titre en est : *De l'organisation du Jury de Cour d'assises.*

L'auteur n'a point eu en vue, il le dit en débutant, de faire l'historique de l'institution du Jury et surtout de tout ce qui a trait à l'organisation de la juridiction criminelle en France. Il s'est borné, ainsi que son titre l'indique, à étudier son organisation, laissant de côté ses attributions et son fonctionnement à l'audience.

M. Pauly a pourtant pris son sujet de très loin et a débuté en recherchant l'origine du Jury qui, d'après lui, tout au moins quant à l'idée, remonterait à la plus haute antiquité. Il en trouverait, en quelque sorte, trace à Rome sous les rois, sous la République et sous les Césars; à Athènes, où ce fut sans doute un Jury qui condamna Aristide parce qu'il était las de l'entendre appeler *le juste* ; en Gaule, au temps des Germains ; en France, sous la féodalité. Il fait ensuite une rapide excursion en Angleterre où il nous montre Henri II établissant, en 1187, un Jury qui avait certaines analogies avec le nôtre.

Abordant enfin les temps modernes, M. Pauly entre en plein dans son sujet.

Ce fut par la loi des 16-29 septembre 1791 que fut fondé le Jury en France et c'est à la Constituante que nous devons son institution.

Je n'entreprendrai pas de suivre M. Pauly dans l'énumération des nombreuses lois qui modifièrent successivement l'organisation du Jury depuis la loi de 1791 jusqu'à celle du 21 novembre 1872 qui nous régit actuellement. Pendant cette période de près de cent années, bien des modifications furent apportées à notre organisation politique. Le contre-coup s'en fit presque toujours ressentir dans celle du Jury.

Cependant, depuis la loi de 1872, aucune nouvelle modification ne s'est produite. Voici la loi rapidement énumérée : Chaque année, dans le courant du mois d'août, une Commission composée dans chaque canton du juge de paix, des suppléants et des maires des différentes communes, dresse une liste comprenant un certain nombre de noms, double de celui fixé pour le contingent du canton. Ces listes sont centralisées au chef-lieu de l'arrondissement. Une Commission, composée du président du Tribunal, des juges de paix et des conseillers généraux, choisit les noms des jurés qui doivent figurer sur la liste définitive. Ces listes des arrondissements sont réunies au chef-lieu du département et la liste annuelle est ainsi formée. En outre, une liste de jurés suppléants habitant tous le lieu où se tiennent les assises, est formée de la même manière par la Commission siégeant dans le dit arrondissement.

C'est sur ces deux listes que, dix jours au moins avant l'ouverture des assises, à l'audience de la première chambre, ou du tribunal si les assises ne se tiennent pas au chef-lieu de la Cour, est tirée la liste du Jury de jugement qui comprend trente-six noms de jurés titulaires et quatre noms de jurés suppléants.

Le jour de l'ouverture de la session, ces quarante jurés sont convoqués au Palais de Justice. On ne fait appel aux jurés suppléants que si, par suite d'excuses, le nombre des jurés est réduit au-dessous de trente. Au début de chaque audience, pour chaque affaire, on tire au sort les noms de ceux qui doivent former le Jury de jugement. L'accusé et le ministère public ont le droit de récuser un certain nombre de jurés, jamais moins de neuf chacun.

Ici s'arrête l'organisation du Jury. M. Pauly considère sa tâche comme terminée, du moment que les jurés ont pris place sur leur siège et ont prêté serment.

J'ai voulu esquisser à grands traits l'organisation du Jury et pour ne pas allonger outre mesure ce rapport, je ne suis entré dans aucun détail. Ceux d'entre vous que la question intéresserait feront bien de lire la thèse de M. Pauly en son entier. Elle est trés documentée, pleine de détails et le jeune stagiaire qui débute aux assises y trouvera profit et plaisir en l'étudiant avec soin.

Je veux insister davantage sur les dernières parties de

l'ouvrage et notamment sur les critiques que l'auteur fait à la loi du 21 novembre 1872.

Certes, je ne dis pas que cette loi soit la perfection ou que le Jury soit exempt de défaut. Je reconnais volontiers qu'il est beaucoup trop impressionnable et qu'il subit trop facilement l'influence du dehors. Il se laisse malheureusement dominer par l'opinion publique et surtout lorsqu'il s'agit d'un de ces grands crimes qui passionne les populations, il obéit trop aisément à l'impulsion de la presse. Si l'accusé a la chance d'avoir une bonne presse, il a bien des chances d'être acquitté. Mais malheur à lui, si les reporters l'ont déclaré coupable. Ils sont plus à craindre pour lui que les foudres du ministère public. Il n'est pas de magistrats qui, dans leur carrière, ne pourraient citer des exemples de verdict rendu dans un sens ou dans un autre sous l'influence des journaux.

Quoi qu'il soit, en général, le Jury apprécie assez sainement les affaires qu'il a à juger. Il a une grande qualité. Il est honnête et indépendant et quand il se laisse diriger par le dehors, c'est certainement à son insu.

J'avoue bien franchement que l'idée du Jury mixte proposé par quelques-uns et composé de magistrats et de jurés ne me séduit pas du tout. Je ne suis pas non plus partisan du tribunal criminel remplaçant le Jury. Ce serait un triste cadeau à faire à la magistrature, surtout en ce qui concerne les affaires politiques, et je crois qu'il faut encore nous en tenir à ce que nous avons, en ayant soin toutefois de veiller à ce que l'on ne porte sur les listes du Jury que des hommes intelligents et honnêtes. C'est là le point délicat et les juges de paix ne sauraient apporter trop d'attention à la formation des listes primitives. Il faudrait aussi que les jurés pussent se soustraire à l'influence de l'opinion publique. Mais ce n'est pas par une disposition législative que l'on pourra arriver à ce résultat.

M. Pauly propose une autre modification. Il voudrait que par chaque ressort il n'y eut qu'une seule Cour d'assises. Dans le ressort de Bretagne, par exemple, les criminels des cinq départements seraient tous jugés à Rennes par des jurés pris dans tous les départements. Je suis franchement opposé à ce système. Je n'y vois aucun avantage et beaucoup d'inconvénients. D'abord augmentation des frais de justice, déplacement très onéreux pour les témoins et pour les jurés, danger de faire juger des criminels loin du lieu où ils ont commis leurs forfaits. Pour arrêter l'armée du crime, il est bon que les accusés soient jugés dans leur pays même, en présence de leurs voisins, de leurs amis, souvent de leurs complices. Plus la répression sera connue dans la contrée, plus l'exemple portera de fruits. Ces grands drames qui se déroulent à la Cour d'assises sont absolument salutaires et préservatifs pour l'avenir.

Je n'insisterai pas non plus sur les autres critiques de M. Pauly, par exemple sur la réduction du droit de récusation. Je n'y vois aucun avantage. Je ne suis pas partisan de donner une indemnité aux jurés. C'est une charge qui lui est imposée ; cela est vrai. N'en existe-t-il pas beaucoup d'autres ? et chacun ne doit-il pas faire un sacrifice dans l'intérêt de la Société ? Si l'on payait les jurés, il faudrait grever encore, et lourdement, les contribuables, qui le sont déjà bien suffisamment.

Voici, Messieurs, le travail, bien incomplet, que vous m'avez demandé. Pour le compléter il eut fallu des développements trop considérables; j'ai voulu seulement vous donner une idée de ce qu'est la thèse de M. Pauly.

J'avais oublié de dire qu'il a étudié le Jury dans presque tous les pays de l'Europe. Ce sont des études de législation comparée fort intéressantes. Le style est simple, facile, sans prétention. De nombreux documents sont produits et beaucoup très instructifs. Je ne sais si M. Pauly se destine au barreau ou à la magistrature. Tout ce que je puis affirmer, c'est que, quelque carrière qu'il embrasse, qu'il milite au barreau ou occupe un siège au tribunal, il remplira bien ses fonctions, car c'est certainement un observateur et un travailleur intelligent et consciencieux.

CONFÉRENCE SUR VICTOR HUGO

FAITE

par M. Hippolyte BUFFENOIR

A NANTES

le 26 Février 1902, au Théâtre de la Renaissance

Mesdames, Messieurs,

C'est un grand honneur pour moi de prendre la parole devant vous, ce soir, dans cette ville de Nantes si importante et si intéressante, où je suis arrivé hier pour la première fois.

Je ne pouvais venir parmi vous dans des circonstances plus propices, puisqu'il s'agit de fêter la mémoire d'un grand poète, d'évoquer sa carrière de gloire, et de nous élever tous, petits et grands, riches et pauvres, faibles ou puissants, dans l'ordre des sentiments les plus nobles de la nature humaine, je veux dire le respect du génie, et le culte de la Muse immortelle.

J'exprime donc ma gratitude la plus sincère à la Société Académique de la Loire-Inférieure, qui, d'accord avec M. le Directeur des Théâtres municipaux, a bien voulu m'autoriser à prendre la parole dans cette grande cité et devant ce magnifique auditoire, à l'occasion du centenaire de Victor Hugo.

En remplissant cette tâche, j'accomplis une sorte de devoir tout intime, Mesdames et Messieurs, et j'acquitte, je puis le dire, une dette de reconnaissance. Dans ma toute jeunesse, en effet, en arrivant à Paris du fond de ma Bourgogne, j'ai reçu de Victor Hugo un accueil paternel, j'ai été admis dans son salon, souvent j'ai été invité à m'asseoir à sa table, j'ai reçu de lui des conseils pleins de sagesse pour me guider dans la carrière des lettres.....

N'est-il pas juste que j'apporte mon modeste tribut d'admiration à ce grand homme, en ces jours de fête qui lui sont consacrés ?

Oui, je l'avoue, c'est un doux plaisir de se montrer reconnaissant pour qui nous a obligés, nous a instruits, a contribué à éclairer notre intelligence et notre cœur.

André Chénier, peignant ce plaisir, a écrit ces beaux vers :

> La reconnaissance aux doux yeux,
> Au souris caressant, à la longue mémoire,
> Parle, et, des dieux chérie, est l'amour et la gloire
> Des mortels semblables aux Dieux !

Combien il a raison ! et combien aussi je tenais, dès le début, à vous dire ainsi le fond de ma pensée, avant d'aborder le vaste sujet de cette conférence !

C'est donc aujourd'hui, 26 février 1902, le centième anniversaire de la naissance de Victor Hugo. A cette occasion, vous le savez, des fêtes littéraires sont célébrées dans toute la France, appuyées et encouragées par le Gouvernement, les pouvoirs publics, les corps élus, les Académies, l'Université, et par la presse de tous les partis.

En présence de ces manifestations, de ces statues qui vont être inaugurées, de ces médailles qu'on frappe, de ces musées dont on parle, bref de tout cet hommage éclatant d'une grande nation à un de ses plus illustres enfants, l'esprit se sent réjoui et illuminé, le cœur devient plus fraternel, et, sous le vent d'admiration qui passe, l'âme entière sent en elle l'élan d'un noble orgueil, et comprend mieux la supériorité de la pensée et le prestige du génie.

C'est le privilège des grands hommes, des grands poètes surtout, de faire jaillir ainsi, à certains jours, l'émotion de tout un peuple, d'exalter les sentiments généreux de leurs compatriotes, de les réunir tous dans un même essor de gloire et de fierté. L'Italie frissonne au souvenir de Dante, l'Espagne à celui de Cervantès ; en Allemagne le nom de Gœthé est entouré d'un culte universel, et celui de Shakespeare triomphe en Angleterre.

Voici que, chez nous, Victor Hugo, entré déjà vivant dans l'immortalité, comme on l'a dit, prend place aujourd'hui définitivement sur les cimes étincelantes de la renommée, à côté des Corneille, des Racine, des Molière, et des puissants génies étrangers que nous venons de nommer. C'est donc le moment de rappeler ce qu'a été et ce qu'a fait le héros de ce centenaire que la France a voulu célébrer, et auquel, on peut le dire sans exagération, se sont associés tous les peuples.

Victor Hugo a rempli le XIXe siècle du bruit de ses œuvres et de son action. Né le 26 février 1802, et mort le 22 mai 1885, il a parcouru cette longue suite d'années en travaillant sans cesse, en entassant les volumes de prose sur les volumes de vers, les pièces de théâtre sur les odes et les élégies, les livres d'histoire sur les romans, les discours sur les poèmes ; bref, depuis les bancs du collège jusqu'à sa mort, il n'a quitté ni la plume ni la lyre, il a pensé, il a écrit, il a chanté.

Ce fut un rude et solide ouvrier dans son art, et, de l'aurore au couchant, il a rempli sa tâche sans faiblir.

Quel exemple salutaire il nous a donné ainsi par son labeur opiniâtre, par la dépense normale et régulière des brillantes facultés qu'il avait reçues de la nature, et que l'étude avait perfectionnées, affinées, et avait rendues propres à la création lyrique !

C'est là une des premières idées qui viennent à l'esprit quand on jette un coup d'œil d'ensemble sur la vaste carrière de ce grand homme. Tout naturellement on le compare à ces chênes majestueux, à ces rois de la forêt qui ont largement étendu leurs branches en tous sens avec les années, qui toujours croissent et se rapprochent des cieux, prodiguent leur verdure et leur ombre au retour de chaque printemps, et semblent défier l'injure des âges. Le voyageur qui passe s'arrête devant ces géants, mesure leur taille immense d'un regard respectueux, et les salue dans leur beauté paisible.

Telle est l'impression première que nous ressentons devant le génie de Victor Hugo. A côté de Lamartine et d'Alfred de Musset, il a été le grand chêne poétique de son siècle : frêle arbrisseau au début, il s'est développé et fortifié avec les années, puis il a étendu partout ses rameaux vigoureux, et sa tête altière a touché presque l'aurore du vingtième siècle.

Bien que sa vie et l'histoire de ses idées soient connues, nous allons cependant en parcourir brièvement les étapes, et apporter ainsi notre tribut aux fêtes de toute la France.

Le père de Victor Hugo, devenu, par échelons de grades conquis, lieutenant-général dans les armées de Napoléon et comte de l'Empire, avait l'esprit libéral. C'était un ancien engagé volontaire de la République, originaire de Nancy, un soldat de la Révolution, dévoué corps et âme à l'Empereur, mot qui résumait tout à cette époque d'entraînement militaire et d'épopée guerrière.

La mère du poète, Mesdames et Messieurs, était votre compatriote. Elle était née à Nantes, et de son nom de jeune fille s'appelait Sophie Trébuchet.

A vous, Nantais, il revient donc une part toute spéciale dans la mémoire illustre que nous célébrons.

Quand une mère, en effet, a eu un fils tel que Victor Hugo, la gloire va la chercher jusqu'à son origine, et descend sur elle; sa figure apparaît dans le rayonnement de celui qu'elle a enfanté, et elle mérite que son souvenir soit salué avec vénération et avec respect.

Telle, dans l'antiquité, Cornélie, la mère des Gracques; telle sainte Monique, la mère de saint Augustin ; telle, dans nos temps modernes, la mère de Lamartine et celle de Michelet.

C'est dans cette phalange, Mesdames et Messieurs, que je place la mère de Victor Hugo, votre compatriote, et que, de concert avec vous, je salue respectueusement sa mémoire.

La femme du général Hugo était catholique pratiquante et royaliste. Lui, je vous l'ai dit, était un libéral, fils de 89. On s'explique de la sorte les courants contraires au milieu desquels l'enfant fut élevé, les impressions différentes qu'il ressentit et que plus tard devaient refléter ses œuvres. C'est le berceau souvent, c'est le foyer domestique qu'il faut savoir interroger pour expliquer les actes successifs et parfois contradictoires de la vie d'un homme.

Le général Hugo destinait son fils à l'Ecole polytechnique et à l'armée, et voulait qu'il s'adonnât aux sciences mathématiques ; mais la Muse avait touché au front cet enfant prédestiné, et c'était dans la carrière des lettres et de la poésie, et non dans celle des armes qu'il devait illustrer son nom et conquérir des lauriers.

Il n'était point rebelle aux mathématiques, mais la passion lyrique l'envahissait, le dévorait chaque jour davantage, et il remplissait de vers ses cahiers et ses tiroirs, et laissait volontiers les équations s'en aller à la dérive. Presque dès le début il composa des chefs-d'œuvre, témoin l'ode *Moïse sur le Nil*, qui est d'une perfection achevée, et révèle déjà un maître dans l'auteur qui n'avait que dix-huit ans quand il l'écrivit.

C'est sans doute après avoir entendu Victor Hugo réciter, dans un salon littéraire, ces vers si pleins et si sonores que Chateaubriand l'appela « l'enfant sublime » et prédit son éclatante destinée. C'était vers 1820 ; l'auteur des *Martyrs* était alors à l'apogée de sa gloire, et fascinait délicieusement les jeunes écrivains, avides de s'élancer sur ses traces lumineuses. Il s'avançait au milieu d'eux avec l'autorité d'un maître et l'indulgence d'un père, et, douce compensation pour lui aux déboires des luttes politiques, il sentait la sincérité dans leur admiration et l'affection dans leur respect.

Victor Hugo, qui se voyait compris et encouragé par cet illustre aîné, lui dédia une ode, *le Génie*, dont le début est vraiment superbe et donne à l'âme le frisson de la beauté :

Malheur à l'enfant de la terre,
Qui, dans ce monde injuste et vain,
Porte en son âme solitaire
Un rayon de l'esprit divin !
Malheur à lui ! l'impure envie
S'acharne sur sa noble vie,
Semblable au vautour éternel ;
Et, de son triomphe irritée,
Punit ce nouveau Prométhée
D'avoir ravi le feu du ciel !
....

L'impression produite sur l'opinion par la publication des *Odes et Ballades,* premier recueil du poète, fut considérable. Il y avait alors en France un courant, un état d'âme poétique très prononcé : Victor Hugo en fut l'incarnation, il donna une forme harmonieuse aux aspirations qui flottaient en l'air, il dégagea la philosophie des événements qui passionnaient les esprits, il célébra les sujets éternels, la jeunesse, l'amour, la beauté, la nature, mais il le fit dans un langage nouveau, clair, vivant, passionné qui faisait un heureux contraste avec la monotonie solennelle des vieux classiques, et créait presque des émotions inconnues.

Il s'imposait aux esprits par ses images hardies, son style coloré, et surtout par ses évocations profondes, genre où il a toujours excellé. Il empruntait à l'histoire ses faits les plus frappants, ses monuments célèbres, ses héros légendaires, ses souvenirs glorieux et leur donnait dans ses vers un relief saisissant. Il ressuscitait le passé, interrogeait l'avenir, et ses visions puissantes, magnifiques, grandioses tenaient en suspens les intelligences et les cœurs.

Chacun écoutait ravi ce jeune homme inspiré, qui faisait vibrer sa lyre à toutes les espérances, à tous les souffles de la patrie. Prêtant l'oreille avec une égale bonne foi aux frémissements des partis opposés, se rappelant sa mère royaliste et son père général de Napoléon, il ne voulait voir ici et là que des énergies et de la grandeur françaises, et célébrait tantôt les souvenirs de la monarchie et tantôt le prestige de l'épopée napoléonienne. Aussi, à côté de chansons tendres, de rêveries fortunées, de descriptions harmonieuses, de paysages ensoleillés, nous trouvons dans les premières œuvres de Victor Hugo des vers sur la naissance du duc de Bordeaux et le sacre de Charles X, puis sur la guerre d'Espagne et l'arc de triomphe de l'Etoile.

Cet arc fameux attirait le poète. Il se plaisait à le contempler, à se rappeler devant lui les faits d'armes de tant d'armées, de tant de généraux, de tant de soldats que Bonaparte avait promenés à travers tous les chemins et toutes les capitales de l'Europe. Il revoyait les batailles rangées, les victoires, les revers, l'élévation et la chute du conquérant, et sa jeune muse tressaillait au milieu de tant de grandeur, de tant d'énergie dépensée, de tant d'actions d'éclat. Entre le monument et lui il sentait je ne sais quelle affinité mystérieuse : de là ces pièces répétées en son honneur, en 1823 d'abord dans le volume des *Odes et Ballades,* puis en 1837 dans celui des *Voix intérieures.*

Cette admiration pour le monument élevé à la gloire des armées de Napoléon renfermait-elle un pressentiment ? En sa brillante aurore, Hugo devinait-il que plus tard, à la fin de sa longue course, quand il aurait fermé les yeux et dit à la vie un dernier adieu, devinait-il que sa dépouille mortelle — honneur que lui seul a reçu après l'Empereur — reposerait sous cet arc prodigieux au milieu de la verdure et des fleurs, des brises embaumées du printemps, et que la nation tout entière viendrait là rendre un hommage suprême à son génie ? Qui sait jusqu'où va le don de lire dans l'avenir que possèdent les vrais poètes ? Toujours, on le sait, ils furent des voyants.

Quoi qu'il en soit, l'affinité dont nous parlions plus haut se poursuit jusqu'à la fin, et la mémoire de Hugo est liée à jamais au sort de l'Arc-de-Triomphe. « C'est là » qu'il a reposé ! » dit le passant rêveur, et le souvenir de l'immortel écrivain ajoute encore à la majesté du monument.

« L'enfant sublime » était né ami du travail. Aussi, à mesure que les années arrivent, qu'il traverse les vigueurs de la jeunesse et atteint l'âge d'homme, les volumes se succèdent sans interruption, et révèlent en lui une puissance extraordinaire, puissance qui, d'ailleurs, ne fera que grandir et s'accroître par l'effet de sa propre vitesse, et ne s'arrêtera que lorsque la mort viendra terrasser le géant, et arrachera à ses savantes mains la lyre divine.

A mesure qu'il publie ses ouvrages et avance dans la carrière, Hugo affirme plus éloquemment sa maîtrise d'écrivain, de styliste, par l'éclat des images, la variété des couleurs, la richesse des mots, le mouvement de la période, l'entassement des strophes. Son souffle est large, et il traite les sujets qu'il aborde en prodigue qui ne sait guère compter ; ses épis sont lourds, sa gerbe est fournie, sa moisson abondante.

Il subit le sort commun à toutes les âmes poétiques, je veux dire douées d'une sensibilité suraiguë. Tel Lamartine, tel Musset, tel Byron. A la joie première de l'adolescent, aux riantes naïvetés de la vingtième année succède la mélancolie du jeune homme qui voit ses illusions s'envoler, puis apparaissent les tristesses de l'homme fait en contact avec les luttes de l'existence et les innombrables misères de la société.

En sortant de l'adolescence, avide d'action, de renommée, de tendresse sincère, Victor Hugo se jeta sur toutes les émotions de ce monde, pareil à un athlète novice qui descend pour la première fois dans l'arène et qui va savoir au prix de quelles blessures s'acquiert l'expérience.

Tout lui sourit d'abord : il croit à la bonne foi, à la générosité, à la justice, à l'éternité du sentiment, à l'héroïsme du cœur, au courage de la pensée, bref à toutes les vertus dont la conception fait la grandeur de l'être humain. Son imagination lyrique leur prête une magie délicieuse et les colore d'un reflet enchanteur. Il apparaît comme un jeune dieu dans le tumulte des villes ou la solitude des bois et des vallées ; son cœur est ému par le seul plaisir de vivre et des flots d'harmonie sont prêts à sortir et sortent en effet de sa poitrine altière.

Le poète reconnut bien vite combien grande est la disproportion entre l'infini de nos aspirations et la contingence des choses, entre la Beauté parfaite qui passe dans nos rêves et les ébauches qui s'offrent à nous de tous côtés, entre l'idée de justice qui nous hante sans cesse et les iniquités auxquelles viennent se heurter nos pas, entre la certitude qu'ambitionne notre raison et le doute qui nous accable, entre les amours si belles entrevues et les fragiles réalités... Le poète, dis-je, eut conscience de toutes ces misères de l'homme ; de là sa mélancolie, de là ses tristesses, ses cris de révolte et d'angoisse, de là sa prière, ses sanglots, ses alternatives de doute et d'espérance.

Les cris, les chants de Victor Hugo ont trouvé un écho dans toutes les âmes et ont retenti à travers son époque.

A sa douleur, à sa plainte nous avons reconnu notre propre amertume ; de là notre admiration, nos sympathies, notre ferveur, de là ces hommages pendant la vie de l'écrivain, de là cette apothéose lors de ses funérailles, de là les fêtes actuelles du centenaire.

Au milieu des désillusions et des deuils qui accablent l'être humain en marche sur le chemin de la vie, il est toutefois des points d'appui immuables, des consolations qui ne peuvent nous échapper. Au premier rang, Hugo met l'amour de la Patrie, et c'est alors qu'il écrit ces beaux vers de juillet 1831, cet hymne entraînant des *Chants du Crépuscule,* qui rappelle les accents de Périclès et de Démosthène, les évocations frémissantes d'Eschyle :

> Ceux qui pieusement sont morts pour la Patrie
> Ont droit qu'à leur cercueil la foule vienne et prie.
> Entre les plus beaux noms leur nom est le plus beau.
> Toute gloire près d'eux passe et tombe éphémère ;
> Et comme ferait une mère,
> La voix d'un peuple entier les berce en leur tombeau !

Au nombre des félicités de l'homme, Victor Hugo place aussi les enfants : on sait qu'il les adorait, non seulement ceux de son foyer domestique, mais en général tous ceux qu'il était à même de voir et de rencontrer. Aux diverses époques de sa vie, il éprouva toujours un bonheur infini à en rassembler quelques-uns autour de lui, à les interroger, à leur conter des récits appropriés à leur jeune âge, à leur faire des surprises charmantes. Il savait les intéresser, surtout les tout petit bambins de 4 à 7 ans, avec lesquels il jouait et qu'il faisait rire aux éclats par ses tours et ses inventions. Leur naïveté, leur innocence, leur gaieté lui faisaient oublier les plus sombres impressions.

A travers son œuvre immense, l'enfant rayonne et resplendit, il en parle avec tendresse, tantôt en vers, tantôt en prose, partout il se plait à lui donner un relief intéressant. Nul n'ignore qu'à la fin de sa vie, il écrivit l'*Art d'être grand-père,* livre d'ineffable affection pour ses petits-enfants à lui. Il a résumé ses élans dans la pièce fameuse des *Feuilles d'automme* qui ne porte point de titre et dont les strophes seront à jamais citées.

Dans son vaste roman social, les *Misérables*, où s'agitent tant de personnages, Hugo nous montre çà et là des enfants, et on sent combien devant eux il est attendri, même quand il peint le petit polisson de Gavroche. Une des pages les plus émouvantes, sous ce rapport, c'est selon nous, celle de la fin du livre où l'écrivain nous montre Jean Valjean sur le point de mourir, et parlant pour la dernière fois à Marius et à Cosette, qui sont nouvellement mariés. Il y a là des souvenirs évoqués, des détails du passé qui vont à l'âme du lecteur, et qui se gravent pour toujours dans sa mémoire. Ce sont des pages de ce genre qui montrent jusqu'où peut aller la puissance de celui qui sait tenir une plume.

Pour bien comprendre ce passage, que nous allons rapporter, il faut se rappeler que Cosette a été au début une pauvre petite fille très malheureuse, en pension chez les Thénardier, couple affreux, digne du bagne.

« Cosette, te rappelles-tu Montfermeil? Tu étais dans le bois, tu avais bien peur; te rappelles-tu quand j'ai pris l'anse du seau d'eau? C'est la première fois que j'ai touché ta pauvre petite main. Elle était si froide! Ah! vous aviez les mains rouges dans ce temps-là, Mademoiselle, vous les avez bien blanches, maintenant. Et la grande poupée! Te rappelles-tu? Tu la nommais Catherine. Tu regrettais de ne pas l'avoir emmenée au couvent ! Comme tu m'as fait rire des fois, mon doux ange ! Quand il avait plu, tu embarquais sur les ruisseaux des brins de paille, et tu les regardais aller. Un jour, je t'ai donné une raquette en osier et un volant avec des plumes jaunes, bleues, vertes. Tu l'as oublié, toi. Tu étais si espiègle toute petite ! Tu jouais, tu te mettais des cerises aux oreilles.

« Les forêts où l'on a passé avec son enfant, les arbres où l'on s'est promené, les couvents où l'on s'est caché, les jeux, les bons rires de l'enfance, c'est de l'ombre. Je m'étais imaginé que tout cela m'appartenait. Voilà où était ma bêtise...

« Je vais donc m'en aller, mes enfants. Aimez-vous bien toujours. Il n'y a guère autre chose que cela dans le monde : s'aimer ! ».

Dans ces aperçus profonds, si pleins de sensibilité, ce n'est plus Jean Valjean qui parle, c'est en réalité Victor Hugo lui-même, songeant à sa propre destinée, revoyant sa jeunesse lointaine, et entrant dans cette belle vieillesse qui se prolongea longtemps et que nos contemporains ont connue. Il avait soixante ans lorsqu'il publia les *Misérables*, et il était proscrit : de là, dans cette œuvre et celles qui suivirent, le ton parfois si grave et si plein d'expérience que donnent le malheur et la vieillesse qui commence.

J'aurais à vous parler ici, Mesdames et Messieurs, de Victor Hugo comme réformateur littéraire, de ses luttes contre les faux classiques et de ses victoires dramatiques, notamment de celle d'*Hernani*, dont vous allez entendre, dans un moment, l'interprétation, mais les moments me sont comptés, et je dois abréger.

Je reprends le poète au moment où il rentra en France, après une longue proscription. Il avait fait le serment de ne revenir que lorsque l'Empire aurait disparu. Il tint parole. Il fallut les événements du 4 Septembre pour le ramener. Il était parti dans la maturité de son âge d'homme, il revenait dans l'étape de la vieillesse, mais il portait allègrement ses 68 ans. Dès son arrivée à Paris, il fut accueilli par des acclamations enthousiastes.

Nous traversions alors des moments difficiles, la guerre étrangère, l'invasion, et bientôt le fléau des guerres civiles. Pendant le siège de Paris, Victor Hugo montra du courage et du dévouement, comme tous les bons citoyens. Il voulut que le produit considérable d'une nouvelle édition des *Châtiments* tirée à cent mille exemplaires, fût consacré à faire fondre des canons et à organiser des ambulances.

Fatalement, la politique devait le reprendre : il y joua encore un rôle important ; mais, après les secousses de l'année terrible, il apparut plutôt comme un mentor vénéré dans les Assemblées, que comme un chef de parti. D'ailleurs, par ses longs travaux, ses livres, son âge, son expérience, sa gloire, son génie, il était au-dessus des partis politiques, des intrigues et des combinaisons qui les font agir. Il le savait bien, aussi la mission qu'il se plut à remplir à cette époque fut-elle toute d'humanité, de concorde, de paix. Pour tous les Français, Victor Hugo devint un ami, un guide affectueux, un père, « le père », comme dit expressivement Emile Augier.

Les dix dernières années de sa vie furent une succession de jours magnifiques et sereins : il connut la douceur de l'admiration sincère et désintéressée de tout un peuple. Sa vieillesse fut celle d'un sage qui marche entouré de respect, d'hommages et d'affection. C'est dans cette dernière période que nos contemporains l'ont connu. Ceux qui le virent en ce temps et l'approchèrent ne l'oublieront jamais.

Pareil à un vieil olivier, entouré de ses rejetons, Victor Hugo voyait grandir autour de lui ceux qu'inspiraient son exemple et sa muse. Les jeunes poètes lui dédiaient leurs vers et activaient leur flamme à la sienne. Les lettrés de toute sorte, les hommes politiques, les savants venaient goûter le charme de sa causerie et écouter l'histoire de son siècle qu'il avait parcouru avec tant de gloire.

> **Tel autrefois Platon, après ses longs voyages,**
> **Aux bosquets d'Académe entretenant les sages,**
> **Et tranquille, près d'eux, sous le platane assis,**
> **Les attachait longtemps à ses nobles récits.**

Malgré les cheveux blancs de son front altier, il était jeune encore et plein de vie ; il savait toujours communiquer l'enthousiasme à ceux qui l'approchaient; il était toujours la hardiesse et la force, et aussi la fécondité, car, depuis son retour en France jusqu'à ses derniers jours,il publia encore de nombreux ouvrages: *Actes et Paroles*, l'*Année Terrible*, l'*Art d'être grand-père*, *le Pape*, la *Pitié suprême*, l'*Ane*, *Religion et Religions*, les *Quatre Vents de l'Esprit*, *Torquemada*, enfin la suite de la *Légende des Siècles*...

Depuis sa mort, on peut dire qu'il se survit à lui-même, puisque ses exécuteurs testamentaires n'ont pas cessé, d'année en année jusqu'à ce jour, de faire paraître des œuvres inédites de lui, preuve éloquente que sa prodigieuse activité littéraire ne se ralentit point, même dans son extrême vieillesse.

Que de fêtes elle connut, cette vieillesse admirée! La

plus importante fut celle du 26 février 1881. Une immense manifestation nationale fut organisée pour célébrer ses quatre-vingts ans. Plus de 500.000 personnes défilèrent ce jour-là devant sa maison, dans l'avenue d'Eylau, qui porte aujourd'hui son nom.

Quel jugement d'ensemble peut-on porter sur Victor Hugo? Il faudrait de longues pages pour motiver l'admiration qu'il fait naître. Ce qu'on peut affirmer, c'est que sa mémoire est chère à la nation française, à l'âme du peuple, ce mot désignant ici toutes les classes de la société.

Les esprits les moins cultivés savent confusément qu'il fut grand et qu'il fut bon, qu'il adorait les enfants et qu'il ne dédaignait pas de se rapprocher de la classe ouvrière, des humbles, des modestes, des pauvres gens. Comment ne l'aimeraient-ils pas?

Les lettrés, les érudits, les savants frissonnent au rythme de ses vers, et s'ils formulent des réserves dans les soixante à quatre-vingts volumes qu'il a écrits, le choix qu'ils font de ses œuvres vraiment belles, plus fortes que le temps et l'oubli, est encore considérable.

Tous, plus ou moins, nous pensons de lui qu'il fut un grand homme, un être extraordinaire, vraiment unique. Hautement idéaliste, il s'inclinait devant un Dieu unique, avec un sentiment de profonde venération. Il était obsédé par l'infini, et c'est dans cette haute philosophie qu'il faut chercher le secret de son génie, fait de compassion, de bonté et de fulgurantes conceptions. Les foules l'ont aimé, parce qu'il vibrait à leurs joies comme à leurs souffrances. Peut-être, a écrit M. Paul Bourget à son sujet, y a-t-il, dans cette faculté de transformation épique de la vie, une sorte de charité intellectuelle qui manque aux purs analystes? A coup sûr, les écrivains épiques sont nécessaires à la vaste conscience flottante d'une époque, ceux-là surtout qui peuvent dire sincèrement cette phrase de la préface des *Contemplations :* « Hélas ! quand je vous parle de moi, je vous parle de vous. Comment ne le sentez-vous pas ? Ah ! insensé qui croit que je ne suis pas toi ! »

En résumé, Hugo poursuivit, pendant toute sa vie, un idéal supérieur de justice et d'humanité, et, à travers des hésitations plus apparentes que réelles, à ses débuts, il ne faut voir en lui « que le travail de l'esprit en quête de formules définitives de sa foi ». Toute sa carrière, toute sa pensée, tous ses efforts sont résumés dans ces vers de lui :

> Je suis fils de ce siècle. Une erreur chaque année
> S'en va de mon esprit, d'elle-même étonnée,
> Et, détrompé de tout, mon culte n'est resté
> Qu'à vous, sainte patrie, et sainte liberté !

Plus le temps s'écoulera, et plus encore grandira cette illustre mémoire. Les générations futures laisseront sommeiller les polémiques futiles et enfantines, et ne s'en préoccuperont pas plus que nous ne nous soucions de celles qu'on pourrait soulever autour de Racine, de Corneille, de Molière, de Dante et de Shakespeare.

La grande affaire pour la postérité est de trouver dans l'héritage d'un poète des œuvres fortement pensées et purement écrites. Le reste s'envole et disparaît comme la poussière. C'est pourquoi, de même que nous disons Eschyle, Sophocle, Pindare, les fils de l'avenir, transportés et ravis, diront : Victor Hugo !

LES ÉLECTIONS LÉGISLATIVES A NANTES

sous la Restauration

(1815-1830)

Par Félix LIBAUDIÈRE

Un des premiers actes du roi Louis XVIII, en prenant possession du pouvoir en 1815, fut de réclamer le concours des représentants du pays.

Rentré à Paris le 8 juillet, il rendait le 13 juillet une ordonnance par laquelle il prononçait la dissolution de la Chambre, élue pendant les Cent-Jours, et convoquait les électeurs pour nommer de nouveaux députés.

L'élection, en conformité aux dispositions de la charte, était à deux degrés.

Il y avait un premier collège électoral, le collège d'arrondissement, lequel nommait seulement les candidats à la députation, et un second, le collège départemental, à qui était réservé le soin de nommer les députés.

I

Le scrutin, pour les premiers, est fixé au 14 août, et, pour les seconds, au 22 août.

Les présidents des collèges nommés par le Roi sont, pour les arrondissements :

De Nantes : Juchault des Jamonières, maire de Saint-Philbert-de-Grand-Lieu ;

D'Ancenis ; Arnous-Rivière, propriétaire ;

De Châteaubriant : Urvoy de Saint-Bedan, maire de Casson ;

De Paimbœuf : Charette de Bois-Foucault ;

De Savenay : de Monti de la Cour de Bouée, président du Conseil général ;

Pour le Collège départemental : le baron B. du Fou, maire de Nantes.

Le collège d'arrondissement de Nantes se réunit au cirque du Chapeau-Rouge. Il tient quatre séances. Les électeurs inscrits sont au nombre de 171. Les votants varient entre 128 et 108. Sont élus :

Baron du Fou, maire de Nantes ;

Richard jeune, médecin à Nantes ;

Juchaud des Jamonières, président du Collège ;

Gaspard Barbier, négociant à Nantes ;

De Couëtus, propriétaire ;

Bernard jeune, négociant.

B. du Fou et Richard passent seuls au premier tour avec 82 et 80 suffrages ; les autres, après plusieurs scrutins de ballottages, obtiennent respectivement 79, 65, 66 et 68 voix.

Sont nommés par les autres Collèges :

A Ancenis : Arnous-Rivière, Ch. Collineau, Gasp. Barbier, Richard jeune, Robineau de la Barlière et Fortreau ;

A Châteaubriant : Huette de la Pilorgerie, de Cornulier-Lucinière, Gasp. Barbier, Urvoy de Saint-Bedan, de Robineau de Rochequairie et Richard jeune ;

A Paimbœuf : Charette de Bois-Foucault, Baron, Munier de la Converserie, Emm. Halgan, Mosneron père, B. du Fou ;

A Savenay : de Monti de la Cour de Bouée, de Cambout de Coislin, Fournier de Plelan, D. de Sesmaisons, de Chevigné, Geffroy de Villeblanche.

Chaqne Collège nomme un nombre de candidats égal au nombre des députés assigné au département.

Le Collège départemental se tient également au cirque du Chapeau-Rouge. Ses opérations durent quatre jours, du 22 au 25 août. Les inscrits sont au nombre de 210.

Trois députés doivent être choisis parmi les candidats présentés par les Collèges d'arrondissement. Richard jeune, Gasp. Barbier et de Cambout de Coislin sont élus à ce titre par 137, 100 et 94 voix.

Les trois autres députés peuvent être pris parmi les candidats désignés par les électeurs d'arrondissement ou en dehors. Humbert de Sesmaisons et Ant. Peyrusset sont nommés à un premier scrutin par 96 et 84 voix, et l'ex-préfet de Barante à un deuxième scrutin.

II

La Chambre issue de cette consultation des électeurs a reçu le nom de Chambre *introuvable*. Il était, en effet, difficile de trouver une assemblée aussi parfaitement dévouée à la cause monarchique. Cet attachement, ce dévouement fut tel que l'on put craindre des imprudences. Les souverains alliés, quelque peu alarmés de l'omnipotence de cette Chambre, se demandèrent si son zèle parfois peu pondéré n'allait pas provoquer une réaction et favoriser un retour d'opinion en faveur du régime impérial.

Cédant à leur pression, Louis XVIII reconnaît la nécessité d'introduire dans la représentation du pays des esprits plus calmes et plus rassis, et réforme la loi électorale. Son ordonnance du 5 septembre 1816 élève de 25 à 40 ans l'âge des députés, prononce la dissolution de la Chambre et convoque les électeurs pour les dates des 25 septembre et 4 octobre.

La députation de la Loire-Inférieure ne compte plus que quatre membres.

Le Collège d'arrondissement de Nantes se compose de 166 électeurs. Il y a 112 et 118 votants.

Les candidats désignés par lui sont : Richard jeune, qui est élu par 62 voix ; L. Levesque, 64 ; Gandon, 60 ; Louis de Saint-Aignan, 70.

Les candidats des autres Collèges sont :

A Ancenis : Arnous-Rivière, l'ex-préfet de Brosses, B. du Fou, Robineau aîné.

A Châteaubriant : Gasp. Barbier, B. du Fou, de Cornulier-Lucinière, Richard jeune.

A Paimbœuf : Emm. Halgan, Bertrand-Geslin.

A Savenay : de Cambout de Coislin, Gasp. Barbier, Richard jeune, Ant. Peyrusset.

Le Collège départemental tient ses séances au cirque du Chapeau-Rouge, comme le Collège d'arrondissement. Les électeurs inscrits sont au nombre de 205, et déposent leur vote, au nombre de 162 et 158, dans les divers scrutins. Au pemier tour, sont nommés députés :

Richard jeune, 85 voix ; Ant. Peyrusset, 83 voix.

Et au deuxième :

Gaspard Barbier, 86, et de Cambout de Coislin, 82.

III

La nouvelle Chambre était réunie depuis un mois lorsque le ministère lui présenta un projet de loi électorale, dû au député Laîné. Cette loi inaugurait le vote direct. Il n'y avait plus qu'un seul Collège par département, lequel était composé des citoyens âgés de 30 ans et payant 300 fr. de contributions directes. Rien n'était changé aux conditions d'éligibilité : l'âge restait fixé à 40 ans et le cens à 1,000 fr.

Les Chambres accueillirent froidement ce projet. Il fut voté à une petite majorité et promulgué le 5 février 1817. La loi portait que la Chambre était renouvelable chaque année par série de départements et par cinquième.

La Loire-Inférieure appartenant à la cinquième et dernière série ne devait renouveler sa députation qu'en 1821. Une vacance de siège, due au décès d'Ant. Peyrusset, force les électeurs du département à se réunir en 1819.

Le scrutin est ouvert le 25 mars. Les électeurs inscrits sont au nombre de 1,003. Ils sont répartis en deux sections, dont les présidents, nommés par le Roi, sont, Louis de Saint-Aignan, préfet des Côtes-du-Nord, ancien maire de Nantes, et Jh. Mosneron-Dupin, négociant, conseiller général et ancien président du Tribunal de Commerce.

Au premier tour de scrutin les votants sont au nombre de 862. Louis de Saint-Aignan obtient 354 voix et Humbert de Sesmaisons 324. Aucun des candidats n'a la majorité. Au deuxième tour de scrutin, Louis de Saint-Aignan est nommé par 536 suffrages. H. de Sesmaisons n'en recueille que 316. Les 168 voix, obtenues par

Bertrand-Geslin au premier tour, se portent sur Saint-Aignan.

IV

La loi du 5 février 1817 ne répond pas aux vœux du Pouvoir. Elle se retourne contre lui. La classe moyenne, dont l'autorité grandissait avec la prospérité du pays et que le Pouvoir avait cru pouvoir s'attacher par cette loi, ne se montra pas reconnaissante. Chaque renouvellement partiel vient grossir les rangs de l'opposition et les ministériels, comme les ultra-royalistes à la suite des élections de 1820, se rendent compte du danger et de profondes modifications sont apportées au régime électoral par la loi du 29 juin 1820.

Cette loi se caractérise par les deux dispositions suivantes :

Rétablissement du Collège d'arrondissement auquel le vote direct est maintenu.

Création d'un nouveau corps électoral, formé du quart des plus imposés et constituant le Collège de département ou le grand Collège, de sorte que ses membres votent deux fois, d'abord comme électeur d'arrondissement, puis comme électeur départemental.

Cette loi, faite en vue d'introduire dans la Chambre un nouveau contingent de gros propriétaires fonciers, partisans nés de la cause monarchique, soulève les plus vives discussions et même provoque des émeutes à Paris.

Les nouveaux députés sont au nombre de 172. Les députés, élus par les arrondissements, sont maintenus à celui de 258, et chaque département doit être découpé en un nombre d'arrondissements ou de Collèges égal à celui de ses députés.

Le Conseil général, chargé de ce travail de répartition des électeurs, forme, ainsi qu'il suit, les quatre Collèges électoraux d'arrondissement de notre département.

Premier Collège : la ville de Nantes seule.

Deuxième Collège : la partie rurale de l'arrondissement de Nantes située sur la rive gauche de la Loire et, en plus, tout l'arrondissement de Paimbœuf.

Troisième Collège : les arrondissements d'Ancenis et de Châteaubriant en entier et, en outre, la partie rurale de l'arrondissement de Nantes située sur la rive droite de la Loire, c'est-à-dire les cantons de Carquefou et de la Chapelle-sur-Erdre.

Quatrième Collège : Tout l'arrondissement de Savenay.

Cette loi de 1820, dans ses dispositions essentielles, fut maintenue jusqu'en 1830.

Les préfets procèdent à la formation des listes électorales et une Ordonnance du 11 octobre convoque, pour le 13 novembre, les électeurs du nouveau Collège.

Le lieutenant-général marquis de Lauriston, ministre d'Etat, est désigné par le Roi pour présider le Collège de la Loire-Inférieure.

Le scrutin est ouvert dans la grande salle de l'Hôtel de Ville.

Les votants sont au nombre de 226.

Humbert de Sesmaisons et de Revelière, commissaire général de la Marine, candidats des ministériels, sont élus par 166 et 163 voix.

Les candidats de l'opposition, Henri Ducoudray-Bourgault et Bertrand-Geslin, ancien maire, obtiennent respectivement 94 et 71 suffrages.

V

Ni la loi du 5 février 1817, ni celle du 29 juin 1820

n'ont porté atteinte aux dispositions de l'article 37 de la Charte constitutionnelle qui prescrit le renouvellement quinquennal de la Chambre des députés.

La Loire-Inférieure, qui appartient à la cinquième et dernière série des départements, est appelée à renouveler sa députation en 1821. Ce renouvellement s'applique à la députation élue par le grand Collège comme à celle nommée par les Collèges d'arrondissements.

Les scrutins s'ouvrent le 1er octobre pour les Collèges d'arrondissement et le 10 pour le Collège départemental. Les présidents de Collèges sont, pour le :

Premier Collège (Nantes) : L. Levesque, maire de Nantes.

Deuxième Collège : de Revelière, député sortant.

Troisième Collège : Urvoy de Saint-Bedan.

Quatrième Collège : le lieutenant général comte de Bourmont.

Collège départemental : B. du Fou, ancien maire.

Les lieux de vote sont : pour le premier Collège : l'Hôtel de Ville ; le deuxième : la maison Philippe, à Saint-Philbert ; le troisième : la chapelle Saint-Martin, à Nort ; le quatrième : la sous-préfecture de Savenay. Pour le grand Collège : l'Hôtel de Ville de Nantes.

Les résultats des élections sont les suivants :

Premier Collège, Nantes : 473 votants. Louis de Saint-Aignan, député sortant, est élu par 313 voix. Son concurrent, B. du Fou, n'en obtient que 136. Louis de Saint-Aignan appartient à l'opposition.

A Saint-Philbert : Aug. de Juigné, par 109 voix, contre Bertrand-Geslin qui en obtient 66.

A Nort : marquis de Foucault, par 84, contre Aug. de Saint-Aignan, 49 voix.

A Savenay : de Frenilly, par 76 voix. Les voix de

l'opposition se divisent en 14 au général Lamarque et 13 à Huet de Coetlison.

De Revelière et Humbert de Sesmaisons, députés sortants sont réélus, au grand Collège, par 158 et 150 voix. Les candidats de l'opposition, Ducoudray-Bourgault et Bertrand-Geslin, obtiennent 68 et 47 suffrages.

Les députés de la Loire-Inférieure, à l'exception de Saint-Aignan, sont des ministériels.

VI

Le succès des armées françaises en Espagne donne au Ministère une grande confiance en lui-même. Il vient d'étouffer au-delà des Pyrénées le parti de la Révolution et n'hésite à profiter du mouvement d'opinion qui s'est déclaré en sa faveur pour tenter un coup hardi, celui de dissoudre la Chambre et de faire un appel aux électeurs.

La date des élections est fixée au 25 février 1824 pour les électeurs des collèges d'arrondissement et au 6 mars pour les électeurs du grand Collège.

La lutte présente une grande animation et soulève de vives passions. Le *Journal de Nantes* défend avec acharnement les candidats ministériels. L'*Ami de la Charte* se multiplie pour soutenir ceux de l'opposition.

Le premier Collège est partagé en deux sections, l'une a pour président Richard, ancien député, et tient ses séances à l'Hôtel de Ville ; l'autre a pour président L. Levesque et a son siège à l'hôtel Rosmadec.

Les présidents pour les autres Collèges sont : pour le deuxième, Aug. de Juigné ; le troisième, marquis de Foucault ; le quatrième, de Frenilly. Ils sont tous trois députés sortants et désignés avec Louis Levesque par leur nomination à la présidence de Collège comme candidats du Ministère.

Le Gouvernement voit se réaliser ses espérances de la façon la plus entière. Tous ses candidats sont élus et à de grosses majorités.

Premier Collège, Louis Levesque, élu, 305 voix ; Aug de Saint-Aignan, 286. Il y a 603 votants sur 630 inscrits.

Deuxième Collège, Aug. de Juigné, 111 voix ; Dupin, avocat à Paris, 58.

Troisième Collège, Mis de Foucault, 104 ; Urvoy de Saint-Bedan, autre royaliste, 37.

Quatrième Collège, de Frenilly, 121. Quelques voix se portent sur d'autres royalistes, mais aucune sur quelque candidat libéral.

Le grand Collège est présidé par Humbert de Sesmaisons. Il y a 291 électeurs inscrits : 224 prennent part au vote. Au premier tour de scrutin, H. de Sesmaisons est seul nommé par 168 suffrages, et au deuxième de Revelière par 124. De nombreuses voix sont obtenues par d'autres royalistes, et quelques-unes seulement par les libéraux.

VII

Les élections de 1824 avaient répondu de la façon la plus complète aux efforts du Gouvernement. L'opposition était réduite à quelques membres : 13 libéraux et 4 centre gauche. Pour consolider son succès, le Ministère fait voter une modification importante à la loi électorale. Il substitue le mandat septennal au renouvellement quinquennal. Sûre dès lors de son lendemain, la Chambre n'hésite pas à suivre ses tendances, mais le mouvement d'opposition grandit dans le pays, la Chambre subit l'influence de ce mouvement, un parti d'opposition s'y forme et se renforce chaque jour. Enfin la Chambre des pairs manifeste une résistance inattendue. Le ministère en 1827 se sent acculé à un coup d'état, il obtient du Roi la dissolution de la Chambre et une promction de 76 nouveaux pairs entièrement dévoués à sa politique.

Les électeurs sont, par une ordonnance du 4 novembre, convoqués à la date des 17 et 24 novembre 1827.

Le Roi désigne pour présider les Collèges ; le premier, Levesque et Richard ; le deuxième, de Juigné ; le troisième, de Foucault ; le quatrième, de Couessin, et le grand Collège, Humbert de Sesmaisons, qui fait partie de la promotion des 76 nouveaux pairs. Richard, de Couessin, de Foucault, refusent de siéger et une ordonnance les remplace respectivement par Lebreton aîné, Donatien de Sesmaisons et Urvoy de Saint-Bedan.

La lutte est très vive. L'opposition, se sentant fortement soutenue par l'opinion, montre un entrain et une assurance qui semblent le présage d'un succès.

Au premier Collège, son candidat Louis de Saint-Aignan remporte la victoire. Il est élu par 346 voix et Levesque, député sortant, n'en obtient que 240. Dans les trois autres Collèges, des royalistes sont élus, mais le renouvellement complet dont ils sont l'objet indique que notre département est influencé par le mouvement et ne donne pas un blanc seing au Ministère.

Les élus sont pour le deuxième Collège : Lucas Championnière, maire de Brains, conseiller général, qui est nommé par 80 voix contre 39 à Louis de Cornulier et 13 à de Juigné.

Au troisième Collège, Urvoy de Saint-Bedan qui obtient 118 suffrages sur 127 exprimés.

Au quatrième Collège, Formon, maître des requêtes,

nommé au deuxième tour par 54 voix contre 46 données à de Quehillac.

Le grand Collège compte 274 électeurs, 230 prennent part au vote. Les candidats ministériels sont élus, ce sont : Donatien de Sesmaisons qui obtient 138 voix et Burot de Carcouet, conseiller général, maire d'Héric, 130. Les voix de l'opposition se portent sur Maës 63 voix, Aug. de Saint-Aignan 40.

VIII

Le décès de Lucas Championnière rend vacant le siège du deuxième Collège. Les électeurs sont donc convoqués à la date du 12 janvier 1829.

Le lieu de scrutin est changé. Il est porté de Saint-Philbert à Pont-Rousseau.

L'opposition remporte un nouveau succès, le premier qu'elle ait obtenu dans nos Collèges ruraux. Aug. de Saint-Aignan est nommé par 83 voix. Son concurrent, L. Levesque, en recueille 72.

IX

Donatien de Sesmaisons, l'un des députés nommés par le grand Collège, entre à la Chambre des pairs pour occuper le siège laissé vacant par le décès de son beau-père, le chancelier Dambray. Les électeurs se réunissent le 27 février 1830. Le président du Collège est le baron Dudon, conseiller d'Etat, ancien député, et que le Ministère, par sa nomination, indique comme son candidat. Les esprits indépendants regardent ce choix comme un véritable défi du pouvoir. Dudon est élu avec 133 voix. Son concurrent, de Vatismeuil, ancien ministre, en obtient 109.

X

L'opposition ne cesse de grandir au sein de la Chambre. Le vote de l'adresse vient aggraver la situation. L'adresse déclare nettement au Roi qu'il n'a plus à compter sur le concours de la Chambre. Elle est votée par 221 contre 180.

Charles X, plutôt que de renoncer à sa ligne de conduite et de congédier son ministère, veut tenir tête à l'orage. D'abord il proroge les Chambres, puis prononce leur dissolution.

Les électeurs sont convoqués pour les 23 juin et 3 juillet.

Les députés, au nombre de 221, qui ont voté l'adresse, sont l'objet de manifestations sympathiques par tout le territoire. Aussi le Gouvernement, qui se rend compte du péril, déploie-t-il des efforts désespérés. L'opposition lutte avec toute l'ardeur que donne l'assurance de la victoire.

Le ministère désespère d'obtenir un succès dans les premier et deuxième Collèges et désigne des présidents non susceptibles d'être candidats. Ce sont pour le premier : Papin de la Clergerie, président du Tribunal, et Marion de Beaulieu, et au deuxième : H. de Sesmaisons, pair de France. La présidence du troisième Collège est confiée à Urvoy de Saint-Bedan, celle du quatrième, à Formon et du grand Collège, à Dudon.

Les esprits en sont arrivés à un grand état de surexcitation et les maires des villes où siègent les Collèges électoraux sont invités à prendre des mesures de police pour éviter les rassemblements et empêcher les tumultes.

Comme on s'y attendait, le premier Collège donne la

majorité à Louis de Saint-Aignan ; il est élu par 457 voix sur 655 sortants et 715 inscrits. Son concurrent, ministériel, Laennec, n'obtient que 178 suffrages.

Le deuxième Collège ne répond pas aux espérances des libéraux. Leur candidat, Aug. de Saint-Aignan, député sortant, est battu par Louis Levesque qui est élu par 123 voix. Saint-Aignan en a 117.

Au troisième Collège, Urvoy de Saint-Bedan est réélu par 94 voix. Linsens de Lépinay, candidat constitutionnel, en obtient 37.

Au quatrième, Formon est réélu. Il a 70 voix contre 57 données à de Quehillac.

Au grand Collège, Dudon et de Carcouet sont réélus par 162 et 153 voix. Les candidats de l'opposition, Ducoudray-Bourgault et de Kermarec, président à la Cour royale de Rennes, obtiennent 129 et 123 suffrages.

En définitive, notre département dans son ensemble reste fidèle à la cause royale. Mais il n'en est pas de même dans le reste de la France. A Paris, les huit candidats de l'opposition obtiennent la presque unanimité des voix ; ils réunissent 7,314 suffrages sur les 8,845 qui sont émis. Le résultat général des élections, tant celles des arrondissements que celles des grands Collèges, donne le résultat suivant :

Députés de l'opposition............	270
— ministériels..............	145
— douteux................	13
Total à élire........	428

En présence de l'échec qui lui est infligé, le Gouvernement renonce à convoquer les Chambres et rend les fameuses ordonnances du 25 juillet auxquelles Paris répond par une Révolution.

LA PRESSE A NANTES SOUS LA RESTAURATION
ET LES MANGIN

PAR M. FÉLIX LIBAUDIÈRE

Pendant le règne de Napoléon et jusqu'en 1819, il n'y eut dans notre ville que deux feuilles périodiques. Le *Journal de Nantes et de la Loire-Inférieure,* publié par Mme Mellinet-Malassis, lequel était le seul organe politique, et la *Feuille d'affiches* ou *Feuille commerciale* de Victor Mangin, laquelle avait le monopole des annonces et renseignements relatifs au commerce.

Louis XVIII, par la loi du 9 juin 1819, tient la promesse contenue dans l'article 8 de la Charte, lequel stipulait que tout français avait le droit de publier et faire imprimer ses opinions.

L'exercice de ce droit fut quelque peu limité, car tout journal, pour paraître, devait déposer un cautionnement qui, à Nantes, pour une feuille quotidienne, représentait 5,000 fr. de rente et seulement 2,500 fr. pour une feuille semi-quotidienne. Les ressources financières de Mangin ne lui permettaient pas de tenter la publication d'un organe quotidien, qui, au cours de 70 fr. le 5 %, eut exigé un capital excédant ses moyens et il dut se borner à une feuille semi-quotidienne.

Cette feuille, il lui donna le nom d'*Ami de la Charte* et fit paraître son premier numéro le 4 août 1819.

Les tendances politiques de Victor Mangin étaient bien connues ; aussi l'annonce de la publication de son journal mit-elle les amis du pouvoir en mauvaise humeur et les affiches de son prospectus furent peu respectées.

Le numéro 8 du nouveau journal est intéressant à consulter à cet égard : « Les ennemis de l'*Ami de la* » *Charte*, et probablement de la Charte même, ont cou- » vert dans nos prospectus affichés le mot *Charte* qu'ils » ont remplacé par un mot très sale. Depuis, ils n'ont » discontinué de déchirer nos placards ou de les cou- » vrir, et le tout pendant la nuit, comme c'est leur usage. » Nous croyons devoir charitablement les prévenir qu'ils » peuvent se livrer à cet amusement même pendant le » jour, toute annonce nous étant désormais inutile. Ils » seront peut-être flattés d'apprendre que, dès son ori- » gine, la recette a couvert les frais et que le nombre » des abonnés augmente chaque jour. »

Le terrain de la Charte commençait à servir de rendez-vous aux esprits libéraux, aux adversaires du royalisme intransigeant. Mangin, dès ses premiers numéros, manifeste son intention bien arrêtée de s'y établir fortement tout en protestant de son respect pour Louis XVIII.

« Voilà, dit-il, voilà un an que le journal est créé. » Son succès a dépassé nos espérances. Longtemps » nous avons été incertains sur son nom. Celui de l'*Ami* » *de la Charte* nous a paru mériter la préférence. Nous » le confessons avec orgueil, c'est son nom qui a fait » son succès et nous en rendons de bon cœur hom- » mage à l'auteur de notre Constitution. » (N° du 11 juin 1820.)

Le langage que lui inspire la défense de la Charte et des principes qu'elle proclame n'obtint pas l'entière approbation des censeurs officiels, et bien peu de numéros, vers cette époque, parurent sans avoir reçu quelques coups de ciseaux. Ce sont tantôt des mots, tantôt des articles et même des pages presque entières qui paraissent en blanc. Ces rigueurs furent loin de déconcerter le publiciste nantais, qui s'attachait à manifester son opposition à la politique ministérielle, en saisissant toutes les occasions de pratiquer une propagande en faveur de la Charte. Dans ce but, il publiait une édition populaire de la Charte, la Charte! ce palladium de nos libertés ! Il vendait des tabatières à la charte, il en vendait depuis 10 sous jusqu'à 5 francs la douzaine. Il éditait des almanachs, des calendriers à la charte. Conséquent avec ses déclarations d'attachement au Roi, il mettait également en vente des tabatières *Dieudonné* qui, au moment de la naissance du duc de Bordeaux, obtinrent un grand succès.

Voici les vœux de premier an qu'il présente au Roi dans son journal au commencement de l'année 1821 :

« Je souhaite au Roi la longévité que Sa Majesté
» demande et que la France désire, afin qu'elle puisse
» consolider son sublime ouvrage, cette Constitution,
» fruit des méditations fructueuses et des lumières ac-
» quises par les malheurs de la nation. »

Par acte sous seing privé, en date du 8 août 1821, la société qui existait entre Victor Mangin et son fils [1] fut

(1) Mangin, Louis-Victor-Amédée, né le 2 octobre 1755 et décédé le 23 septembre 1825; — Mangin, Charles-Victor-Amédée : 22 janvier 1797-25 décembre 1853.

dissoute. Mangin père se retira et abandonna à son fils l'exploitation de l'imprimerie, de la librairie, de la papeterie et des deux journaux l'*Ami de la Charte* et la *Feuille commerciale*.

Victor Mangin fils poursuivit les traditions de son père. A peine était-il à la tête de la maison qu'une élection lui fournit l'occasion de montrer son tempérament d'homme politique et de publiciste ardent. Il se jeta dans la mêlée en éditant une brochure : *Les élections comme elles devraient l'être. Aux habitants de la Loire-Inférieure sur le choix à faire pour la session de 1821, par une société délibérante*. Prix : 0 fr. 50 c.

Mangin voyait dans la Charte des tendances qui ne répondaient pas aux actes du pouvoir et l'ardeur avec laquelle il en poursuivit la réalisation attira sur lui l'attention du parquet, qui ne lui pardonnait pas le plus léger écart aux obligations imposées à la presse. Une lettre imprimée adressée par Mangin au Préfet fut poursuivie comme ne portant pas de nom d'imprimeur. Une condamnation de 3,000 fr. lui fut infligée par le Tribunal, mais la Cour infirma ce jugement.

Lors du jugement du complot du 15 juin 1822, le lieutenant-général Despinois, commandant la 12e division, lui intenta un procès en diffamation et injures au sujet de plusieurs articles relatifs à sa conduite lors des troubles de la place du Bouffay. Le Tribunal condamna Mangin à deux mois de prison et 4,000 fr. d'amende. Sa peine fut réduite par la Cour à 2 mois et 1,000 fr.

A la suite du jugement du complot de Nantes, qui avait provoqué dans la population une vive agitation, un régiment suisse était venu tenir garnison à Nantes. Cette mesure avait encore surexcité les esprits et de nombreux incidents se produisirent entre les habitants et ces

Le 26 août, un ouvrier, nommé Coraboeuf, en passant devant la sentinelle suisse du poste du Port-au-Vin, crie : « Vive Napoléon ! » Il est immédiatement appréhendé et fort malmené par les hommes du poste. Un attroupement se forme. La garde sort en armes. Elle est insultée par une foule toujours croissante. Mangin est aux premiers rangs des manifestants. Il comparait, le 5 octobre, devant la police correctionnelle, en compagnie de Coraboeuf, Polo aîné, Hignard, Mabon. Le tribunal écarte le délit de rébellion contre la force armée et déclare les prévenus coupables de provocation à la révolte et d'insulte à la force armée. Mangin est condamné à 15 jours de prison et 100 francs d'amende. La Cour de Rennes réduit la peine à 10 jours de prison, sans amende.

Mangin, lorsqu'il prit la suite des affaires de son père, avait trouvé dans le notaire Chaillou un concours qui lui avait facilité ses opérations. Pour reconnaître ce service, il avait consenti à lui prêter sa signature pour les spéculations auxquelles il se livrait en vue de la création de la maison de santé qu'il fondait aux Dervallières. Le notaire Chaillou tomba en déconfiture, d'où le nom de *Folies-Chaillou* qui fut donné à la tenue qui était l'objet de sa malheureuse spéculation. A ce moment Mangin purgeait sa condamnation dans la prison du Bouffay. A peine fut-il rendu à la liberté qu'il mit ordre à ses affaires, convoqua les possesseurs des billets signés par lui à l'ordre de Chaillou, et prit des arrangements pour se libérer envers eux en capital et intérêts. Cette infortune financière pesa lourdement, pendant plusieurs années, sur les affaires de Mangin.

Vers la même époque, une surprise désagréable lui

maison qu'il occupait rue de la Fosse et dans laquelle son père avait travaillé pendant trente ans. Le gérant de cette maison, heureux de pouvoir satisfaire en cette occasion des rancunes politiques, répondit à cette demande par un congé. Des amis intervinrent et le gérant consentit à renouveler la ferme, mais à la condition que le journaliste renoncerait à publier l'*Ami de la Charte*. Celui-ci refusa hautement ce marchandage.

L'Ami de la Charte et *La Feuille commerciale* avec la librairie et la papeterie se transportèrent alors du Calvaire nº 1 (1824). A ce moment Mangin, pour développer ses affaires, s'entendit avec un graveur de Paris pour livrer des factures, des lettres de change, étiquettes, cartes de visite, entêtes de lettres.

Un mauvais sort s'attachait à ses pas. La maison dans laquelle il venait de s'installer menaçait ruine ; un nouveau déménagement s'imposa et, à la Saint-Jean 1825, notre concitoyen transportait son industrie sur le quai de la Fosse, près la Douane, et aussi l'atelier de lithographie que son père venait de créer.

Mangin ne se contentait pas de son journal pour propager ses idées. Sa librairie avait la spécialité des brochures anti-gouvernementales. Il y vendait la complainte du droit d'aînesse, les instructions secrètes des jésuites, la consultation de la Chalotais contre les jésuites.

Dans les derniers jours de l'année 1826, le Ministère, alarmé des progrès de l'opinion libérale, en rendit responsable la presse et déposa un projet de loi pour mettre un frein à son action. Mangin se rend compte de la portée des dispositions qui y sont contenues et du danger auquel est exposée l'existence de son journal. « Cette loi, dit-il, atteindrait l'*Ami de la Charte,* journal

» politique constitutionnel dont le maintien est plus que » jamais nécessaire. Nous ferons tout pour qu'il ne » succombe pas. » Aussi déploie-t-il tous ses efforts pour obtenir ce résultat. Il prend l'initiative d'une pétition aux Chambres qu'il fait signer par tous les imprimeurs de la ville, la plupart des relieurs, libraires, et de Bertrand-Fourmand, inventeur et constructeur de la presse typographique la *Nantaise*. Ses 46 ouvriers de leur côté remettent une pétition au député de Nantes, Louis Levesque. Le projet soulève une réprobation générale. C'était en effet l'étranglement de la presse périodique et c'était aussi un coup funeste porté à tous les ouvrages traitant la politique pure ou même l'économie politique. Non seulement les professionnels s'alarment, mais encore les Sociétés littéraires, même les plus dévouées à la cause royale, font entendre leurs observations. L'Académie française élève ses protestations et notre Société Académique adresse une requête au Roi. En présence du soulèvement général de l'opinion, le projet est retiré par le Ministère, et lorsque cette nouvelle parvient à Nantes, le 20 avril, on illumine.

L'année 1827 vaut à l'*Ami de la Charte* deux condamnations en police correctionnelle. La première fois, ce fut une amende de 100 fr. pour diffamation contre un commissaire de police. La deuxième affaire fut plus grave. Le journal, dans son numéro du 18 mai, avait publié un article signé L., qui n'était que le compte rendu d'une brochure alors en grande vogue à Paris, dont l'auteur était Alexandre Bouet, et qui avait pour titre : *Epitre à Monsieur le comte de Montlausier suivie de chansons sur le séjour des missionnaires à Brest.*

Mangin est poursuivi comme éditeur responsable. Il

est prévenu : 1° d'avoir outragé la religion de l'Etat ; 2° d'avoir cherché à troubler la tranquillité publique en excitant au mépris et à la haine d'une classe de citoyens, le clergé de France. Demangeat, son défenseur, explique qu'il n'y a dans l'article incriminé aucune espèce de délit. L'ouvrage en vers d'Alexandre Bouet se vend à Paris, au grand jour, et n'est pas poursuivi. Dans ces conditions son client s'est cru autorisé à recevoir dans ses colonnes l'article de L. Le procureur n'insiste pas sur le premier chef d'accusation, mais demande une peine sévère au sujet du second, et Mangin est condamné à trois mois de prison et 300 fr. d'amende. Il va en appel ; son défenseur, Grivart, soutient la thèse développée par Demangeat et la cour réduit la peine à un mois de prison et 150 fr. d'amende. Notre journaliste se présente le 18 septembre au Bouffay. Il y charme ses longs loisirs à écrire une brochure intitulée : L'*Ami de la Charte en prison* ou *un mois de retraite* suivi de notes explicatives ou historiques. Mangin ne songe pas un seul instant à se plaindre de la rigueur dont il est l'objet ou à récriminer contre le Gouvernement. C'est à la fois un récit à bâtons rompus de sa vie de journaliste et une sorte de monographie de la vieille prison. Il passe en revue les diverses condamnations que lui ont values antérieurement ses libertés de langage, et quelques-unes des tribulations qu'il a subies dans sa vie de journaliste. Le Bouffay est l'objet d'une description qui a tout le caractère d'un véritable état des lieux. Mangin note les souvenirs qu'il a gardés des 70 jours déjà passés par lui, en 1822, et fait une comparaison entre les époques de ses deux incarcérations au point de vue des lieux et des êtres. Quelques lignes sont consacrées à plaindre les malheureux prisonniers à *la paille* et il indique les améliorations qu'il serait humain d'apporter au régime des prisons. Cette brochure, dont l'apparition est annoncée par son journal, est très recherchée; elle est demandée par les libéraux des diverses contrées de l'Ouest et se vend même à Paris. Elle contient 114 pages, format in-8°. Son prix est de 3 fr.

L'*Ami de la Charte* voit son influence grandir. Il étend son action sur toute la région et ses articles sont cités par les journaux parisiens. Dans les premiers jours de septembre, il annonce que des bureaux et comités de rédaction vont être établis à Rennes, Angers, Bourbon-Vendée. Il se flatte d'être adopté par tous les constitutionnels de l'Ouest et tout particulièrement par ceux de la Vendée (1827).

Toujours ami de la Charte, c'est-à-dire dévoué au Roi, à la constitution et aux institutions nationales, toujours zélé défenseur de la liberté légale et irréconciliable ennemi de la licence, il ne déviera point des principes qu'il a continuellement professés. La fidélité au trône des rédacteurs et leur attachement inviolable au pacte fondamental seront la base de tous leurs écrits.

Les élections de novembre 1827 donnent à Victor Mangin l'occasion de payer largement de sa personne. Pendant le temps fixé pour la formation des listes, il ne cesse de gourmander les électeurs de la Loire-Inférieure sur le peu d'empressement qu'ils mettent à se faire inscrire ; lorsque la période électorale est ouverte, il invite les électeurs qui n'auraient pas reçu leurs cartes à lui en donner avis. A la veille du scrutin, il appelle la vigilance des électeurs : « Les électeurs, dit-il, doivent » se rappeler qu'ils ont des droits à exercer et que le » président n'a que des devoirs à remplir. »

Une liste de candidats au bureau définitif pour les deux sections de Nantes est dressée par lui et il engage ses amis à renverser le bureau provisoire, si même le président appelait à en faire partie des hommes connus par leur libéralisme. Il adjure les électeurs indépendants de s'inspirer de cette devise chérie : *La Patrie, le Roi, la Charte*. Ses vœux sont comblés ; ses amis ont la majorité dans les bureaux définitifs et son candidat, Louis de Saint-Aignan, est nommé.

La lutte contre les jésuites trouve au premier rang l'*Ami de la Charte,* qui ne manque aucune occasion de leur décocher ses traits les plus acerbes et de déverser sur eux tout le vocabulaire qui remplissait les feuilles libérales et antireligieuses du moment. Lors de leur expulsion, en 1828, il ne cache pas toute sa satisfaction, et lorsqu'un mouvement est tenté par les Conseils généraux en faveur de leur rappel, il se multiplie pour le faire avorter.

Les prêtres du diocèse, qui s'organisent pour donner des missions et qui fondent la chapelle de Saint-François, ne sont pas à l'abri de ses coups. Il veut voir en eux des jésuites. Les frères des écoles chrétiennes sont l'objet de ses incessantes et plus vives invectives et l'*Ami de la Charte,* dans ses vœux du nouvel an, en 1827, à ses lecteurs, souhaite aux *ignorantins* de savoir épeler.

Les progrès rapides de l'opinion libérale ou royaliste constitutionnelle enhardissent chaque jour davantage l'*Ami de la Charte*. Aussi, lorsqu'en juin 1830, la chambre est brusquement dissoute et que de nouvelles élections sont annoncées pour les 23 juin et 3 juillet, son intrépide directeur est-il prêt à se jeter dans la lutte avec une ardeur incomparable. Un nouveau ***Manuel de l'électeur,*** contenant toutes les démarches à faire et formalités à remplir pour se faire inscrire ou être maintenu sur les listes électorales, était préparé de longue main par lui et, en même qu'il publie dans ses colonnes l'ordonnance royale de convocation des électeurs, il donne les deux premiers chapitres de ce manuel. En outre, il se dit être à toute heure à la disposition de ses concitoyens pour leur fournir les explications dont ils pourraient avoir besoin au point de vue électoral. « Il s'agit, dit-il, » de lutter contre une faction qui, véritable protée, » sut toujours changer de forme et de langage pour » opprimer la France et l'exploiter à son profit. Il s'agit » de lutter contre une administration odieuse. Il s'agit » enfin de conserver intact le pacte libéral qui unit à » jamais le trône à la nation et qui garantit toutes nos » libertés. Nous devons montrer l'exemple du dévoue- » ment. »

Mangin tient sa parole et jusqu'au dernier moment de la période électorale paye largement de sa personne.

A son instigation, des avocats royalistes constitutionnels se réunissent en commission électorale en vue d'éclairer et renseigner les citoyens sur leurs droits.

Cette Commission, dans l'espace de huit jours, à la grande surprise de l'Administration, fait parvenir au Préfet 305 productions ou réclamations. Mangin assiste en personne, le 30 mai à minuit, à la clôture définitive de la liste électorale. Le succès ne répond pas à ses efforts. Louis de Saint-Aignan passe seul au 1er collège. Ses candidats au 2e et 3e collège, Aug. de Saint-Aignan et Linsens de Lépinay, sont en minorité.

Le président du grand collège, le baron Dudon, que sa situation de président désigne comme candidat officiel, est, au cours de la période électorale, l'objet de ses plus vives attaques et de ses invectives les plus violentes.

Il est particulièrement malmené dans un article qui paraît le jour du scrutin. Dudon reçoit communication de cet article au moment où il procède au dépouillement des suffrages. Exaspéré par les mots injurieux à son adresse que portent plusieurs bulletins, il fait porter sur Mangin toute sa colère et sur le champ redige une plainte contre lui.

Mangin comparait le 17 juillet en police correctionnelle comme prévenu de diffamation envers l'autorité et un agent de l'autorité publique pour faits relatifs à ses fonctions. Il est défendu par Demangeat. Le Tribunal, par jugement du 24 juillet, le condamne à six mois de prison, 2,000 fr. d'amende, aux dépens, à des insertions. La Révolution éclate quelques jours après et cette condamnation reste sans sanction.

L'*Ami de la Charte* depuis son premier jour, 4 août 1819, paraît seulement tous les deux jours.

Le désir de rendre sa feuille quotidienne ne pouvait manquer à Mangin, mais il lui aurait fallu verser un nouveau cautionnement de 2,500 fr. de rente, et l'exploitation de ses journaux ne semble pas avoir été pour lui une source de grands bénéfices, car il n'avait cessé de continuer le commerce de papeterie et de librairie que son père lui avait légué et que même il avait développé, et chaque nouvelle charge (augmentation du timbre ou du format) était marquée par une augmentation du prix de l'abonnement. Il put, grâce à un biais, se donner la satisfaction de publier en apparence un journal quotidien et, à partir du 1er mars 1830, il publia parfois deux éditions du même numéro, l'une, paraissant le matin en une demi-feuille, qui représentait le journal même, et l'autre, publiée le soir, qui paraissait le soir et qui était un supplément.

En 1819, lors de sa fondation, les prix des abonnements étaient 6, 12 et 24 fr., et au moment de la Révolution, ces prix étaient montés à 9, 18 et 36 fr. C'est seulement vers la fin de la Restauration qu'il pratiqua la vente au numéro. Chaque numéro était vendu 0 fr. 50 c., quel que fut le nombre d'exemplaires demandé.

Le tarif d'annonces, jusqu'en 1828, fut de 0 fr. 15 c. la ligne avec toutefois remise d'un quart aux abonnés. En 1829, il est porté à 0 fr. 20 c. et en 1830 à 0 fr. 40 c. Les annonces raisonnées se paient 1 fr. la ligne.

La *Feuille d'affiches, annonces, ou avis divers,* dite *Feuille commerciale,* dite aussi *Feuille nantaise*, poursuivait en 1815 sa trente-cinquième année d'existence. Elle paraissait tous les jours de Bourse et, par faveur spéciale, elle était distribuée au moment de la réunion des commerçants. Son caractère la mit à l'abri de toutes les aventures et elle poursuivit placidement sa carrière. Ses prix d'abonnement étaient 10 fr. 50 c., 19 fr. 50 c. et 36 fr.

Les Mangin publiaient en outre, depuis 1813, le prix-courant des marchandises qui paraissait deux fois par semaine, au prix de 6 fr., 11 fr. et 21 fr.

L'*Ami de la Charte* et les Mangin occupent dans l'histoire de la presse nantaise, sous la Restauration, une place plus que prépondérante, et représentent même toute la presse politique indépendante. Ils ne passent pas non plus inaperçus dans le mouvement général de la presse en France, car la valeur propre de notre feuille royaliste constitutionnelle est encore augmentée par le vide que forme autour d'elle la chute, sous le coup des amendes et condamnations, des principales feuilles indépendantes de la région de l'Ouest.

Le *Journal de Nantes et de la Loire-Inférieure* reste de 1815 à 1830 ce qu'il était en 1810 et en 1815, alors qu'il était en possession du monopole des nouvelles politiques et qu'il constituait une sorte de rouage administratif. La loi de 1819 le laisse indifférent ; il se contente de rester un organe officiel et se place sous le patronage de S. E. Mgr le duc d'Angoulême, de S. A. S. Mgr le duc de Bourbon et des administrations. En échange de l'appui moral que le pouvoir lui prête pour le plus grand bien de son entreprise et le fonctionnement de son imprimerie, il abdique toute allure indépendante et reçoit les inspirations de la préfecture. Aussi ses colonnes sont-elles privées de l'intérêt qui s'attache à toute œuvre personnelle et libre, de toute direction. A mesure que les luttes électorales deviennent plus chaudes, ses rédacteurs rompent des lances avec les Mangin ; mais on n'y sent pas l'entrain, la conviction d'une plume indépendante. La cause de la royauté, la cause des principes dont s'inspirèrent Louis XVIII et Charles X dans leurs actes fut bien faiblement défendue en présence des attaques incessantes que les Mangin, au nom de la Charte, dirigeaient contre elle avec tant d'ardeur et de passion.

A la veille de la révolution de 1830, les royalistes, les fidèles partisans de la couronne, se réveillent et se décident à entrer en lutte, mais ils ne peuvent mettre en ligne qu'une feuille mensuelle, le *Mémorial breton et vendéen*, laquelle, après avoir publié trois numéros, ceux de mai, juin et juillet, cesse de paraître.

Cet échec ne rebute pas les amis de la légitimité et on se dispose à lancer un nouvel organe, le *Correspondant de l'Ouest,* pour lequel les souscriptions sont reçues par Jalaber, notaire.

D'autre part, un homme résolu et dévoué, Casimir Merson, se prépare à descendre dans l'arène. Après avoir, pour début, publié en Vendée quelques brochures politiques, C. Merson avait fondé à Nantes d'abord l'*Omnibus* puis les *Petites Affiches de Nantes*, feuilles qui n'ont eu qu'une existence éphémère et n'ont laissé aucune trace de leur action. En septembrs 1829, il lance le prospectus de l'*Ami de l'ordre*, journal religieux, politique, commercial et littéraire de la ville de Nantes et des départements de l'Ouest, dont il doit être le gérant responsable. Ce journal, qui devait paraître dans les premiers jours d'octobre, ne vit le jour que plus tard (1).

En définitive, les amis du pouvoir à Nantes, sous la Restauration, ne surent pas se rendre compte des armes que la presse pouvait leur fournir pour défendre leurs principes et maintenir leur situation. Leur inertie, en présence des assauts vigoureux que les Mangin ne cessaient de donner à la politique gouvernementale, détacha de leur parti les électeurs flottants, les hésitants, ceux qui se portent volontiers du côté où ils sentent la force et la puissance d'action.

Il en fut de même pour toute la France, et l'on ne peut, dès lors, s'étonner que la Chambre *introuvable* de 1815, malgré toutes les tentatives de la couronne pour mettre dans son jeu les atouts électoraux, se transforma en 1830 en une chambre qui refusa nettement sa confiance au Roi.

(1) *L'Ami de l'Ordre* parut le 1er janvier 1831.

La presse littéraire voit naître, en 1823, le *Lycée Armoricain,* dont la création est due à Camille Mellinet. Cette revue a un grand succès, principalement par ses travaux sur la Bretagne. En 1829, Ludovic Chapplain publie, à la Librairie Industrielle de Laurant, la *Revue de l'Ouest,* qui, au bout de quelques mois, fusionne avec le *Lycée Armoricain.*

En 1826, Mme Mellinet-Malassis édite, à côté du *Journal de Nantes et de la Loire-Inférieure,* une revue purement littéraire, *Le Breton,* qui, en 1828, disparaît pour faire corps avec la feuille politique qui prend alors le titre de *Journal de Nantes, Le Breton.*

Félix LIBAUDIÈRE.

SONNETS

PAR M. A. FINK, AINÉ

Conseils d'Ami

Si ton cœur, altéré d'idéal et d'amour,
Ne rencontre ici-bas qu'amertume et souffrance;
Si tout semble te fuir, tout, jusqu'à l'espérance,
Si la douleur te brise et t'étreint chaque jour;

Si le monde pour toi n'a que l'indifférence,
Dédaigneux, méprisant et railleur tour à tour;
Si de tes maux la mort, ce sinistre vautour,
Peut seule t'apporter, enfin, la délivrance;

Dans l'angoisse et le deuil, reste toujours chrétien;
Ne demande qu'à Dieu ta force et ton soutien;
Prends ta croix et gravis lentement ton calvaire.

Puis, lorsque se flétrit ton rêve à peine éclos,
Lève les yeux au ciel, sois vaillant, persévère,
Et fais un chant d'amour de tes vibrants sanglots.

Les Etoiles

Le soleil s'est éteint majestueusement.
Sur la terre la nuit jette son manteau d'ombre;
Les étoiles déjà luisent au firmament,
Pareilles à des clous d'or sur du velours sombre.

Et contemplant leur clair et vif scintillement,
Ebloui de leurs feux, effrayé de leur nombre,
Mon esprit éperdu songe anxieusement
Au mystère devant lequel la raison sombre.

Emu, je me souviens de cette nuit d'été
Où, me montrant les cieux, ma mère avec bonté
Me dit, (laissant parler sa foi pure et vaillante):

« Les secrets éternels ne se pénètrent pas;
« Mais les étoiles sont la poussière brillante
« Que Dieu, venant à nous, soulève sous ses pas. »

La Foi Bretonne

Dans le cœur des Bretons, non, la Foi n'est pas morte.
Elle semble dormir; mais peut-être demain,
Devant une humble église ou la croix du chemin,
Elle se montrera toujours naïve et forte.

Radieuse, éclatante, et lui faisant escorte,
Brillera de nouveau, comme un rayon divin,
La sainte Charité; car ce n'est pas en vain
Qu'on a prié ce Dieu, qui seul nous réconforte;

Ce n'est pas vainement qu'on a jeté des fleurs,
Chanté des hosannas et répandu des pleurs,
Devant un tabernacle ou devant un calvaire.

Le vent des passions n'étouffe pas l'amour;
Et, voilée un instant, notre foi persévère
Pour reparaître enfin plus ardente au grand jour.

La Musique

Brise du soir courbant les épis frémissants,
Murmure de la vague expirant sur la plage,
Gai carillon sonnant au clocher du village,
Fauvette et rossignol jetant leurs doux accents;

Plainte triste du vent dans les bois jaunissants.
Flots contre les écueils se brisant avec rage,
Grondement de la foudre au milieu de l'orage;
Divin bruit des baisers qui font vibrer les sens;

Délicieux frissons qu'une caresse amène,
Sanglots désespérés secouant l'âme humaine,
Souvenir du bonheur que le deuil exila;

Elans passionnés, cris vibrants de tendresse,
Extase de l'amour dans l'éternelle ivresse:
La Musique, art sublime, évoque tout cela.

Coucher du Soleil

A l'horizon de sang et d'or, ·
Dans une immense apothéose,
Calme, superbe, grandiose,
Le soleil fatigué s'endort.

Ainsi qu'un féerique décor,
Tout se teinte d'un reflet rose,
Et la campagne qui repose
Apparaît plus splendide encor.

Devant tant de grandeur sereine,
Impuissante, la langue humaine
Doit taire son balbutiement.

Mais au milieu de ce silence,
La prière du soir s'élance
De l'âme vers Dieu librement.

Ma Fleur préférée

Rose, qui réunis la grâce souveraine,
Le parfum capiteux, l'éclat éblouissant,
Jaune comme de l'or, rouge comme du sang,
Blanche ou bien rose-chair, des fleurs superbe reine;

Lys, symbole de paix, d'innocence sereine,
Œillet, lilas, jasmin, réséda ravissant,
Violette à l'arome exquis et caressant,
Vers une autre que vous mon humble choix m'entraîne.

Je vous admire; mais, malgré votre beauté,
Vos pétales soyeux, votre sein velouté,
Pour moi, Barde Breton, vous êtes monotones.

Embaumez et brillez: Vous ne vivrez qu'un jour!...
Une fleur seulement possède mon amour:
La Bruyère qui croît dans nos landes bretonnes.

" Au bord de l'Océan "

PAR Melle EVA JOUAN

Compte rendu par M. A. MAILCAILLOZ

Melle Eva Jouan, membre correspondant de la Société Académique, nous a offert un ouvrage qu'elle vient de publier sous ce titre *Au bord de l'Océan.*

C'est un petit roman à l'usage de la jeunesse contenant le récit de vacances passées par deux enfants Parisiens à Belle-Isle en Mer. Ce simple énoncé du sujet vous indique à quelles difficultés devait se heurter l'auteur et quels compliments nous devons lui adresser pour avoir su presque complètement les vaincre.

Rien n'est, en effet, plus délicat que d'écrire pour les enfants et, si beaucoup s'y essaient, bien peu savent éviter les deux écueils également redoutables sur l'un ou l'autre desquels tombe tout auteur, suivant que, songeant surtout au jeune âge de ses lecteurs, il choisit un sujet trop insignifiant et par là même dépourvu d'intérêt, ou qu'au contraire, oubliant trop à qui il s'adresse, il traite, sur un ton trop prétentieux et manquant de simplicité et de naturel, des matières peu faites pour de jeunes intelligences encore novices. Aussi compte-t-on les rares écrivains qui ont su se tenir à égale distance de ces deux dangers opposés et leurs noms resteront-ils à jamais populaires, car ils sont assurés de la reconnaissance durable des enfants et des parents. C'est ainsi qu'aucun petit garçon ne pourra oublier les élans d'enthousiasme juvénile qu'il a ressentis lors du premier éveil de son imagination excitée par la lecture des ouvrages de Jules Verne ou de Mayne-Reid. Et, de même, aucune petite fille ne serait, devenue femme, assez ingrate pour ne pas remercier dans son cœur Mme de Ségur ou Melle Zénaïde Fleuriot des heures délicieuses qu'elle a certainement passées en leur agréable compagnie.

Melle Eva Jouan écrit à la fois pour les petits garçons et pour les petites filles, puisque les deux enfants dont elle nous raconte les joyeuses vacances s'appellent Henri et Berthe et que les occupations et les jeux de l'un et de l'autre nous sont successivement représentés avec une savante diversité qui renouvelle à chaque page l'intérêt du jeune lecteur. Le cadre du roman est, vous le devinez, assez large pour permettre à l'auteur d'y faire entrer beaucoup de choses qui lui sont chères et qu'elle décrit, on le sent, avec un véritable amour.

C'est d'abord Belle-Isle, que Melle Jouan prononce souvent île belle, donnant ainsi au nom toute la plénitude de son sens littéral. Lorsque j'eus l'honneur d'être Secrétaire-adjoint de votre Société, il m'advint d'avoir à parler d'une monographie de Belle-Isle soumise aux suffrages de votre Commission des prix avec cette devise « Mon pays sera mes amours toujours » et dont l'auteur, lors de la séance de distribution des récompenses, fut reconnu être Melle Eva Jouan. Je lui reprochais alors, peut-être avec une extrême sévérité, l'exubérance de son imagination qui me paraissait parfois la conduire à embellir son sujet dans des proportions peu compatibles avec la rigoureuse exactitude que doit avoir une monographie, et j'ajoutais que certaines scènes, d'ailleurs assez belles, seraient sans doute mieux à leur place dans un roman.

Je ne sais si, en écrivant le livre dont je m'occupe actuellement, Melle Jouan a songé à mon conseil d'autrefois. Toujours est-il que j'ai retrouvé dans son ouvrage *Au bord de l'Océan* les descriptions de Belle-Isle qui m'avaient frappé naguère dans sa monographie et que j'ai pris cette fois à leur lecture un plaisir plus complet, les trouvant plus exactement dans la note du genre d'œuvre entrepris. On prétend que les femmes s'entendent beaucoup mieux que nous à faire valoir ce qui leur plaît et à en vanter les charmes : cela seul suffirait, sans la signature, à nous dévoiler que l'auteur d'*Au bord de l'Océan* est une femme. Nul de nous, en effet, ne pourrait, à moins d'y mettre de la morosité, résister, après cette lecture, au désir d'aller passer quelques semaines dans cet Eden dépeint par Melle Jouan. Et combien cette impression doit être plus vive encore chez des enfants à l'imagination jeune et ardente, auxquels s'adresse de préférence l'écrivain ! Ils doivent vraiment rêver des merveilles de la grotte de l'Apothicairerie ou s'effarer en songeant aux mystères de la grotte Saint-Marc. Leur pensée doit aller sans cesse de la plage de Ramonette à celle de Bordardoué ou au port d'Herlin.

Mais l'auteur ne se contente pas de nous peindre toutes les parties de la belle île qu'elle a vraiment faite sienne par l'amour qu'elle met à la décrire ; elle nous la représente encore sous ses différents aspects, le jour sous l'étincelant soleil qui la rend plus coquette et plus riante, la nuit avec l'attrait particulier du curieux phénomène que constitue la mer phosphorescente. Elle nous fait voir l'Océan qui l'enserre de tous côtés, tantôt calme et placide comme un vieux lion qui sommeille, tantôt déployant sous l'effort de la tempête toute sa vigueur de lutteur perpétuellement acharné en un combat sans cesse renouvelé contre les rochers de la côte. Le récit de la tempête et du sauvetage de l'équipage d'un navire échoué en vue de l'île est vraiment émouvant et constitue l'un des plus beaux passages du roman. La conduite d'Henri, de Berthe et de leurs jeunes amis à l'égard du petit mousse sauvé du naufrage est tout-à-fait touchante et de nature à inspirer aux jeunes lecteurs de Melle Jouan de bons et nobles sentiments de charité et de fraternelle solidarité.

Car il ne suffit pas, dans un livre destiné à la jeunesse, d'amuser et de distraire ses lecteurs par un récit plus ou moins intéressant, il faut encore les moraliser et les instruire et Melle Jouan n'y manque pas. A côté des plaisirs de la pêche, du bain, des promenades en mer ou dans la campagne, elle sait aussi leur inspirer le désir d'autres occupations plus utiles au développement de leur savoir et de leur intelligence. Chaque excursion est un prétexte à récolte de quelques plantes ou algues dont ses héros formeront ensuite un intéressant herbier. Les jours de pluie sont employés à la musique, au modelage, et les deux mois de vacances d'Henri et de Berthe Dormeuil se passent ainsi le plus agréablement du monde en même temps que de la façon la plus profitable pour leur développement physique, intellectuel et moral.

Je féliciterai surtout Melle Eva Jouan d'avoir su disposer

les différents chapitres de son petit roman, de façon que celui-ci constituât bien un récit suivi et intéressant et ne ressemblât pas trop à une marquetterie composée en quelque sorte de pièces disparates juxtaposées dans un cadre où l'on aurait voulu, bon gré mal gré, les faire tenir toutes. La suite des faits est simplement et naturellement amenée, sans que l'artifice se fasse trop sentir dans la composition. Tout au plus reprocherais-je à l'auteur d'avoir abusé de la qualité de professeur de botanique donnée à M. Dormeuil, le père de nos jeunes héros, pour l'autoriser à parler parfois un peu trop doctoralement, non seulement sur la science même qu'il est supposé enseigner, mais encore sur quelques autres matières que les incidents de son séjour à Belle-Isle l'amènent à traiter devant ses enfants.

Melle Jouan a évité une composition trop apparemment artificielle; elle a aussi échappé à la monotonie, en créant à chacun de ses jeunes héros un caractère suffisamment original pour lui constituer une personnalité et donner ainsi au dialogue qui s'établit entre eux une animation et une vivacité des plus favorables à l'intérêt du livre.

Aussi je ne doute point du succès de celui-ci auprès du jeune public auquel il s'adresse, et je crois que je serai, Messieurs, votre interprète à tous en remerciant l'auteur d'avoir bien voulu en faire hommage à notre Société.

Recherches sur les Rivières à marée

PAR H.-L. PARTIOT

Inspecteur général des Ponts-et-Chaussées

Compte rendu par M. F. LIBAUDIÈRE

M. H.-L. Partiot, inspecteur général des Ponts et Chaussées, a offert à la Société un ouvrage paru en 1901 et ayant pour titre : » *Recherches sur les rivières* » *à marée.* »

La Société ne peut être que très reconnaissante à M. Partiot, dans ce moment où la question de l'approfondissement de la Loire est à l'étude, d'être mise au courant des études qu'il a consacrées à notre fleuve.

Déjà, en 1892, cet ingénieur avait publié un travail sur les rivières à marée, et son ouvrage de 1901 en est le complément.

L'auteur établit d'abord les formules nécessaires à l'étude des rivières à marée. Il consacre ensuite un chapitre au régime des cours d'eau que l'on se propose de transformer. Puis les embouchures de diverses rivières, la Seine, l'Odet, le Foyle, la Mersey, sont examinées au point de vue de l'influence de leur configuration sur le régime de leurs eaux.

Enfin, comme conclusion pratique, la transformation de la Seine maritime et de la Loire maritime et leur approfondissement à 10m,50 sont traités d'une façon très complète et constituent le réel intérêt de l'ouvrage.

En raison des sympathies qu'il est bien naturel d'avoir pour notre fleuve, nous croyons devoir nous y attacher tout particulièrement et consacrer à l'analyse du chapitre qui le concerne toute la place qui d'ordinaire est concédée, dans nos Annales, à un compte rendu bibliographique.

Ce chapitre commence par une description de la Loire au point de vue du régime des eaux, de son débit, de la vitesse du courant. Des tableaux donnent les variations de son débit à l'échelle de Mauves. Un exposé des améliorations exécutées depuis 1855 et des projets conçus et non réalisés est ensuite présenté. Puis quelques détails sont donnés sur le Canal maritime du Pellerin au Migron. Enfin l'auteur arrive à la partie la plus intéressante, à celle qui traite de la transformation de notre port.

Quelques lignes doivent être ici reproduites ; elles sont trop flatteuses pour notre fleuve et notre port pour être passées sous silence :

« L'importance, dit M. Partiot, que présenterait pour
» les intérêts commerciaux et militaires du pays la
» transformation de l'embouchure de la Loire et de la
» partie inférieure de son cours en une rade profonde,
» nous a engagés à chercher si une modification
» serait possible et si les conditions dans lesquelles se

» trouve la Loire maritime seraient telles que l'action » des courants conservât les résultats obtenus par les » travaux. »

Le projet que M. Lechalas a dressé en 1869 pour la transformation du port de Nantes lui sert de base.

Le projet de M. Lechalas reposait sur cette donnée, que la série des ponts jetés sur les bras du fleuve constituait un obstacle sérieux à la propagation de la marée. D'où cette conclusion: isoler le port de Nantes et ouvrir un nouveau bras en dehors du port pour donner un plus libre dégagement au flot. Le port devait être transformé en un véritable bassin à flot , avec deux écluses, l'une à la naissance du canal Saint-Félix et l'autre de l'extrémité aval de l'île Sainte-Anne au quai de l'Hermitage.

Comme on peut s'en rendre compte par le plan annexé au texte, la réalisation du projet Lechalas, par suite de l'établissement de la gare du chemin de fer de l'Etat et la construction nouvelle de tout un quartier entraînerait à des dépenses d'expropriation auxquelles on ne peut songer. M. Partiot demande au bras de Pirmil le rôle qui était imparti par M. Lechalas au canal qui devait être creusé à travers les anciennes prairies et propose de porter sa largeur à 300 mètres. Ce bras de Pirmil, pour que l'onde de la marée puisse se propager dans les conditions normales, devrait être continué en amont jusqu'à Mauves, à deux kilomètres au delà de la limite extrême du parcours des marées. On aurait ainsi un long réservoir de 17,400 mètres de longueur au-dessus de la ligne des ponts, ayant une profondeur de $1^{m},57$ à marée basse. Le barrage de Mauves, conçu par M. Lechalas, serait ainsi conservé. Ce barrage, qui serait accoté d'une écluse, aurait pour but de conserver à la partie amont du fleuve son régime actuel; il empêcherait le sable du haut de la Loire de venir combler le port. Tout travail portant obstacle à la libre propagation de la marée devrait être rigoureusement évité. Aucune digue, aucun ouvrage capable d'amener des atterrissements en vue d'obtenir un chenal plus profond pour la batellerie ne devant être construit entre Mauves et Nantes, et ce chenal plus profond, il faudrait le demander à un canal latéral.

M. Partiot, en terminant, soumet son projet à une vérification et établit que les conditions de sa réalisation répondent aux formules théoriques qu'il a établies au début de son ouvrage.

Nous croyons devoir encore une fois remercier M. Partiot de l'intérêt qu'il porte à notre fleuve et de l'étude consciencieuse qu'il en a faite, comme le prouvent les nombreux tableaux dressés par lui et dans lesquels il note les résultats de ses expériences et de ses calculs.

Journal de Marche

DU

Cinquième Bataillon de Chasseurs à pied

AVANT-PROPOS

Notre concitoyen Emile Mellinet, mort général de division et grand croix de la Légion d'Honneur, a laissé un *Journal de Marche* (1) du cinquième bataillon de chasseurs à pied, depuis la formation de ce bataillon par ordonnance du Roi du 28 août 1840 jusqu'au 14 novembre 1842, c'est-à-dire pendant le temps qu'il en fut le chef jusqu'au jour où il en passa le commandement à Canrobert, devenu dans la suite maréchal de France.

C'est ce journal, encore inédit et fort intéressant pour l'histoire de la conquête de l'Algérie, que j'ai l'intention de signaler à mes concitoyens; ils y trouveront, suivant le désir de Sainte-Beuve, des chapitres « vrais, neufs, nourris de toutes sortes d'informations sur la vie et l'esprit d'un temps encore voisin de date et déjà lointain de souvenir. »

Le cinquième bataillon de chasseurs à pied fut organisé, ainsi que les neuf autres bataillons de la même

(1) Ce journal appartient à M. Biroché, neveu du général Mellinet, qui a bien voulu m'autoriser à le publier dans les *Annales de la Société Académique*. D. C.

arme, par les soins de S. A. R. Mgr le duc d'Orléans, lieutenant général. Ces bataillons, qui devaient rendre de si grands services en Afrique, ne pouvaient être confiés à un chef plus populaire et plus expérimenté que Ferdinand-Philippe d'Orléans, fils aîné du roi Louis-Philippe. Ce prince qui s'était déjà distingué, en 1832, au siège d'Anvers où il commanda l'avant-garde de l'armée, fut envoyé en Algérie en 1835 et livra aux Arabes de brillants combats, notamment sur les bords de l'Habrah, où il fut blessé ; mais ce n'était pas là, comme a dit Musset,

> ...Que la mort attendait sa victime ;
> Il en fut épargné dans les déserts brûlants
> Où l'Arabe fuyard, qui recule à pas lents,
> Autour de nos soldats que la fièvre décime,
> Rampe, le sabre au poing, sous les buissons sanglants... ;

Le duc entra, avec l'armée triomphante, à Mascara ; puis, en 1839, il franchit avec le maréchal Vallée les fameuses *Portes de fer* réputées infranchissables, et, l'année suivante, il força malgré la plus vive résistance le Teniah de Mouzaïa, défilé célèbre dont l'entrée était défendue par Abd-el-Kader ; il avait donc, lorsqu'il fut appelé, à trente ans, à la formation des bataillons de chasseurs à pied, toute l'ardeur d'un sous-lieutenant jointe à l'expérience d'un vieux général. Aussi put-il, sans être taxé de présomption, présenter au Ministre de la Guerre, en le remerciant d'avoir bien voulu lui confier l'inspection générale de ce nouveau corps, des observations pleines de justesse et d'à-propos. « Ses vues avaient d'ailleurs, comme il le faisait remarquer, été mises en pratique déjà par le général d'Houdetot dans la compagnie de chasseurs à pied d'essai, et ensuite dans le bataillon de tirailleurs que cet officier général avait formé avec tant de succès et conduit au feu d'une manière si brillante. »

» Le corps des chasseurs ne lui semblait pas devoir être une infanterie spéciale, mais le type de ce que toute infanterie devrait être. » Il entre ensuite dans le détail de sa constitution, de son équipement, de son armement. « Il voulait une tenue plus légère, moins voyante, répondant mieux à tous les besoins de la guerre et à toutes les commodités du soldat. » Passant ensuite à la question de l'armement, il la considérait comme la plus importante de toutes.

« C'est, disait-il, l'armement qui classe une troupe et lui assigne son rôle en temps de guerre. » Contrairement à ce qui avait lieu pour les corps de chasseurs dans les pays étrangers, « corps spéciaux créés plutôt pour la défensive que pour l'offensive, » il désirait que ses chasseurs fussent des hommes d'initiative, alliant la vivacité, l'audace à l'excellence du tir. « Les dix bataillons, écrivait-il, présenteront le type d'une infanterie équipée, armée et instruite pour la guerre la plus active, d'une infanterie qui fera sac au dos une lieue en vingt minutes et exécutera tous les mouvements de l'ordonnance, en moitié moins de temps, dont le feu sera à toutes les distances dix fois plus sûr que celui de l'infanterie actuelle, et dont les compagnies d'élite placeront avec sûreté des balles à 600 mètres. » C'est pourquoi il proposait, tout en armant les bataillons de la carabine rayée à percussion Delvigne-Pontcharrat, de conserver la grosse carabine malgré l'inconvénient qui pourrait résulter de ce double armement ; il n'ignorait pas la justesse du coup d'œil du soldat français. « En France, remarquait-il encore, tout homme est tirailleur et le feu le plus meurtrier qui ait jamais ensanglanté un champ de bataille a été celui des paysans vendéens. » Enfin, il insistait pour que l'instruction fût simplifiée « de manière à ce que chacun puisse devenir soldat pratique dans le même temps que l'on emploie aujourd'hui à lui apprendre ce qu'il doit oublier à la guerre. »

Mais pour donner toute leur valeur militaire à ces bataillons bien équipés, bien armés et dont chaque soldat était capable de se débrouiller en campagne, il fallait des chefs habiles et expérimentés et leur choix fut excellent :

1er	*Bataillon*,	DE LADMIRAUD,	devenu général de division.
2e	—	FAIVRE,	devenu général de brigade.
3e	—	CAMOU,	devenu général de division.
4e	—	DE BOUSINGEN,	devenu général de brigade.
5e	—	EM. MELLINET,	devenu général de division.
6e	—	FOREY,	devenu maréchal de France.
7e	—	REPOND,	devenu intendant général.
8e	—	ULRICH,	devenu colonel.
9e	—	CLÈRE,	tué chef de bataillon.
10e	—	DE MAC-MAHON,	devenu maréchal de France(1).

Avec de tels chefs, les bataillons de chasseurs à pied ne devaient pas tarder à se distinguer après avoir excité d'abord la jalousie des vieux régiments d'Afrique déjà couverts de gloire qui, à leur arrivée, ne leur ménagèrent pas les brimades. Dans la suite les chasseurs se vengèrent noblement, comme nous le verrons par le *Journal de Marche* du cinquième bataillon qui fut, on peut le dire, le type de tous les autres de la même arme.

Le cinquième bataillon, après avoir séjourné au camp de Saint-Omer, département du Pas-de-Calais, depuis le 1er novembre 1840 jusqu'au 16 avril 1841, partit (moins

(1) Notes de Mellinet.

le dépôt et la section hors rang), pour se rendre au camp de Saint-Ouen, près de Paris.

Le 4 mai, le roi, entouré de toute sa famille, ayant près de lui le roi des Belges et le Ministre de la Guerre, passa en revue les dix bataillons de chasseurs dans la cour des Tuileries et leur remit le drapeau de l'arme qui fut confié au deuxième bataillon, restant en garnison à Vincennes.

Le 7 mai, nouvelle revue des dix bataillons de chasseurs en garnison à Vincennes par M. le Ministre de la Guerre, maréchal duc de Dalmatie, sous le commandement de Mgr le duc d'Orléans. Manœuvres et travaux de campagne, tir à la cible aux différentes distances, et tous les exercices particuliers à l'arme des chasseurs. Les maréchaux de France et tous les généraux présents à Paris, ainsi qu'un grand nombre d'officiers de tous grades, assistaient à cette belle revue, où se pressait un immense concours de la population de Paris.

Le 11 mai, le cinquième bataillon quitta le camp de Saint-Ouen et se dirigea sur Toulon, point d'embarquement désigné au bataillon pour se rendre en Afrique (province d'Oran).

Le 6 juin, embarquement de l'état-major des 1re, 2e, 3e et 8e compagnies sur la corvette de charge l'*Oise*, commandée par le capitaine de corvette Mennetrier. Par suite de calme et de vent presque continuellement contraire, la corvette resta en mer jusqu'au 21 juin, jour du débarquement à Mostaganem.

Les 4e et 5e compagnies, qui s'étaient embarquées sur le bateau à vapeur *Le Véloce,* avaient débarqué à Mostaganem le 15.

Le bataillon campa en entier à la droite du huitième

bataillon, près de Mostaganem, sur le bord de la mer, au pied du fort de Moustapha.

Le 1er juillet, M. le Gouverneur général Bugeaud, lieutenant-général, passa en revue les deux bataillons et leur adressa des encouragements dont tout nouveau corps arrivant en Afrique a tant besoin. Le même jour, le bataillon fut désigné comme devant faire partie de la division expéditionnaire pour le ravitaillement de Mascara, commandée par M. le maréchal de camp de La Moricière.

Des guerres dignes de leur courage attendaient sur les plages africaines nos concitoyens La Moricière, Mellinet et Bedeau, dont nous trouvons aussi le nom dans le *Journal de Marche* du 5e bataillon. — Comme le disait Mgr Dupanloup dans l'oraison funèbre du général de La Moricière, prononcée le 17 octobre 1865, dans la cathédrale de Nantes, nos soldats y trouvaient « des races vaillantes, qui ne devaient pas livrer leur sol sans combats ; les fils des vieux Numides de Jugurtha et de Massinissa, les races Kabiles indomptées par les Arabes et indomptables par les citadelles de leurs montagnes ; puis les races conquérantes, les fils du Prophète, tribus nomades et belliqueuses, vivant sous la tente, hardis soldats, rapides cavaliers ; et à la tête de toutes ces races, les ralliant et les entraînant par sa parole et l'ascendant de son génie, un arabe de trempe héroïque, marabout et soldat à la fois, enthousiaste et politique, soufflant aux tribus la flamme patriotique, religieuse et guerrière, proclamant la guerre sainte. Certes, La Moricière et ses braves compagnons d'armes n'eurent pas à se plaindre ; ils purent trouver là de beaux combats : combats nouveaux, guerres inaccoutumées, sous un climat aux ardeurs dévorantes, dans un pays inconnu, inexploré, avec un ennemi fait au soleil africain et au désert, habile à profiter de toutes les défenses naturelles de son pays, partout présent à la fois et insaisissable ; tantôt inondant la plaine, harcelant la queue et les flancs de nos colonnes, plus rarement le front ; puis fuyant avec la rapidité du vent, sur ces chevaux légers accoutumés à dévorer l'espace et à gravir ou descendre au galop des pentes abruptes ; tantôt au bruit de notre marche, se réfugiant au loin, guerriers et populations, jusque dans le désert ou sur les sommets de l'Atlas. Ces guerres demandaient des tactiques tout à fait nouvelles et des courages à l'épreuve de tout. »

Lorsque Mellinet et ses compagnons arrivèrent en Afrique, le système de la guerre était en effet changé ; au lieu de ces combats où une armée se trouvait engagée de chaque côté, nous n'avions plus que des combats partiels qui se répétaient à peu près tous les jours. Les victoires que nous remportions dans les batailles rangées étaient sans doute glorieuses pour nos armes, mais elles produisaient peu d'effet sur l'ennemi qui se dispersait un instant pour se reformer ailleurs. « Aujourd'hui, écrivait Stephen d'Estry (1) en 1842, nous n'attendons plus qu'il plaise aux Arabes de venir nous offrir le combat, nous allons les surprendre chez eux, au milieu de leurs familles et de leurs richesses ; nous procédons par coups de mains isolés, nous poursuivons chaque tribu jusque dans les retraites les plus cachées au milieu des bois et sur le sommet des montagnes.

« Une colonne de deux ou trois cents hommes se sépare du corps d'armée, fait nuit et jour des marches forcées, jusqu'à ce qu'elle soit parvenue à prendre à revers les

(1) *Histoire d'Alger*, par Alfred Nettement. Mame et Cie, éditeurs à Tours, 1845.

douairs de la tribu qui a été désignée à ses coups, puis au milieu des ténèbres ou au point du jour, elle tombe à l'improviste sur les Arabes endormis ; ceux qui résistent sont tués à la baïonnette ; les femmes, les enfants sont emmenés prisonniers, ainsi que les hommes qui se rendent ; les tentes sont brûlées, les silos détruits, et le détachement qui a rempli sa mission revient au camp avec les prisonniers, en poussant devant lui les troupeaux enlevés aux vaincus. Voilà ce qu'on appelle une razzia.

« Sans doute, de pareils faits d'armes n'ont pas autant de retentissement et ne semblent pas si brillants qu'une bataille en plaine où nous pouvons faire tonner notre artillerie et montrer notre science stratégique, mais des résultats incontestables ont déjà prouvé combien le mode des attaques partielles et réitérées, adopté par le général Bugeaud, l'emporte sur les grandes invasions et sur les marches régulières d'une armée grossie de l'immense bagage qu'elle est obligée d'emporter avec elle. Les tribus, terrifiées par ces agressions brusques et inattendues qui viennent les décimer et les ruiner, s'empressent de reconnaitre notre autorité et échappent les unes après les autres à l'autorité d'Abd-el-Kader. Ce chef, qui s'efforce en vain de ranimer le fanatisme musulman, n'a plus la confiance de ses anciens sujets qu'il a tant de fois trompés par ses fausses prophéties. Il n'est plus entouré que de quelques mercenaires chèrement payés ; tous ses renforts et ses lieux de refuges ont été détruits ; souvent déjà il a dû chercher asile sur les terres du sultan du Maroc ; tout annonce l'anéantissement prochain et complet de sa puissance. »

C'est notre concitoyen le général de La Moricière, secondé par des hommes tels que nos autres concitoyens Mellinet et Bedeau, qui devait venir à bout de la résistance de l'Emir ; « c'est lui qui avait compris le premier, comme le remarquait Mgr Dupanloup, l'importance de porter le centre de nos opérations militaires au-delà de la première chaine de l'Atlas, dans la plaine d'Egris à Mascara, au milieu de la puissante tribu des Hachem, d'où était sorti Abd-el-Kader et qui lui fournissait quinze mille cavaliers, au milieu desquels l'Emir dominait et entraînait à sa suite les autres tribus. La Moricière trouva le moyen de ravitailler Mascara et de faire vivre là six mille hommes...

...« C'est de là, de ce poste avancé au milieu des tribus, que La Moricière dirigeait d'incessantes expéditions contre Abd-el-Kader, le poursuivait jusqu'au delà de l'Atlas et achevait d'abattre la redoutable tribu des Hachem. Ni leurs déserts, ni leurs montagnes, ni leurs quinze mille chevaux ne purent les dérober à ses coups. Il partait pour une expédition de trois semaines et plus, avec des vivres pour quatre jours : « Où en trouverons nous ? disaient les soldats. — Les Arabes en trouvent bien, nous ferons comme eux. — Et comment ? — Fouillez la terre, elle vous en donnera. » Et les soldats, à la pointe de leurs baïonnettes ou de leurs sabres, fouillent la terre et découvrent les silos des Arabes, se font des pains et des galettes du meilleur blé (1) ; et de ce jour-là fut trouvé le moyen de faire vivre la guerre par la guerre. »

(1) Le 14 décembre 1841, le *Journal de Marche* parle du système alimentaire de galettes et de bouillie à laquelle nos soldats voulaient bien donner le nom arabe de Couscousse, qui « malheureusement n'avait aucun rapport avec ce mets excellent des Arabes. » Il valait encore mieux être ravitaillé directement, comme il est dit à la date du 28 du même mois, par notre compatriote le général Bedeau, qui arriva de Mostaganem à Mascara avec un convoi de sel, sucre, café, etc...

J'ai cité tout à l'heure un fragment de lettre de Stéphen d'Estry de février 1842 et je viens de lire un passage de l'oraison funèbre du général de La Moricière, où il est question du ravitaillement de Mascara et de la soumission de la puissante tribu des Hachem, et je vais me reporter maintenant au *Journal de Marche* du 5e bataillon, à la date de février 1842, et donner le récit d'une *razzia* qui eut lieu du 1er février 1842 au 8 du même mois, et qui fait revivre les opérations militaires dont parlent Stéphen d'Estry et Mgr Dupanloup.

Février. — 1. — La division de Mostaganem apporte un convoi à Mascara et, au moment où elle vient de passer les montagnes, le général de La Moricière apprend que Tefenchiaga des Hachem de l'Est s'est jeté sur les Bordgias d'Egris pour leur faire payer leur soumission récente : en conséquence notre division part dès le soir même et se dirige sur l'oued Zelampta où sont campés les Cheragas (à Terrifine).

2. — Au point du jour, elle a fait huit lieues sans avoir été signalée par les nombreuses gardes de l'ennemi, tant il règne de silence et d'ordre dans la colonne, malgré le mauvais état de la route. Les Arabes sont complètement surpris : d'immenses troupeaux (dont un considérable et plusieurs habitants sont pris par le bataillon), des chevaux de guerre et des bêtes de somme tombent entre nos mains et les Bordgias reçoivent une large indemnité pour les pertes qu'ils ont souffertes. Le bataillon, dans cette razzia, exécute tous les mouvements qui lui ont été ordonnés avec beaucoup de précision et d'ensemble, et ne rejoint la colonne qu'à 2 heures après midi au bivouac de l'oued Maoussia, dans la plaine d'Egris.

3. — La division part à 6 heures du matin pour

rentrer à Mascara où elle arrive à midi. Le bataillon est d'extrême arrière-garde.

4. — A 9 heures du soir, le général ordonne à la division de se remettre en route pour se diriger, d'après l'indication donnée par les Congouglis déserteurs, vers les gorges d'Ansouf, à 7 heures au sud de Mascara, où le Kalifat Ben Thamy a dù cacher des munitions de guerre.

Le temps est sombre dès le départ, mais à une heure du matin un violent orage se déclare, la pluie tombe à torrents, l'obscurité devient telle que la colonne est obligée de s'arrêter et ce n'est qu'au jour qu'elle peut passer l'oued Froha et si difficilement que nos fantassins se déshabillent complètement et ont de l'eau jusqu'au cou, avec un courant extrêmement rapide et dangereux, sans que néanmoins il y eùt le moindre accident à déplorer. La neige, la pluie et le mauvais temps ne discontinuent pas et ce n'est que le 5 à 4 heures du soir que nous arrivons à Ankrouf, ce qui a permis au Kalifat d'enlever une partie de ses munitions. Nous trouvons cependant 20 barils de poudre anglaise, des ustensiles en cuivre, quelques armes et surtout d'abondants silos d'orge et de blé. (Le bataillon en trouve trois énormes et entièrement pleins que nous vidons le lendemain, 6 février.)

6. — Cette invasion au milieu des montagnes les plus difficiles du pays, où les Hachem se croyaient parfaitement à couvert par la rigueur de la saison et le débordement des eaux, a forcé un grand nombre de douairs à une retraite précipitée.

Les spahis font quelques prisonniers qui apprennent au général qu'il a devant lui, dans les gorges d'Aouzalal, de l'autre côté de la forêt de Mormote, la population presque entière des zouas d'Abd-el-Kader, de Ben Thamy et les plus proches parents de ceux-ci parmi elles.

Le général réunit tous les chefs de corps pour leur indiquer la direction à prendre afin d'éviter les innombrables silos qui couvrent la route.

7. — A une heure du matin la division se remet en marche par une nuit extrêmement obscure, traverse le bois en remontant le lit d'un torrent et couronne au lever du soleil les crêtes qui dominent Aouzalal. Notre mouvement est trop inattendu pour avoir été découvert. Toute la colonne se disperse dans les différentes directions parfaitement indiquées par le général de La Moricière, qui ne conserve avec lui que deux bataillons et observe le mouvement avec l'attention et l'intérêt qu'il met dans toutes ses opérations.

Le bataillon prend à gauche du reste de la colonne dans le Sud, suit le beau vallon de l'oued Fgais et fait une admirable razzia dans le ravin et sur l'immense et magnifique coteau qui le domine.

Une cinquantaine de cavaliers veulent essayer un instant d'empêcher leurs femmes et leurs troupeaux d'être enlevés, mais la bonne contenance de deux carabiniers, la justesse et l'excellente portée de leurs grosses carabines, et surtout la présence du capitaine adjudant major de Labareyre, du capitaine de carabiniers, de Jouvencourt, du chirurgien aide-major Brisset et du chef de bataillon Mellinet qui, pendant 1/2 heure, sont restés tous quatre seuls devant ces cavaliers, a suffi pour les arrêter, les forcer à fuir et n'osant qu'à peine tirer quelques coups de fusils, tant désormais ils sont abattus ou démoralisés par les continuelles opérations du général qui ne leur laisse plus un moment de répit.

Le bataillon rentre à 3 heures après midi au bivouac, chargé de butin, avec quinze prisonniers, dont deux parents d'Abd-el-Kader, 80 à 100 bœufs, 5 à 600 moutons et une dizaine de bêtes de somme. Dans cette immense razzia, une des plus belles de l'hiver, 19 douairs sont enlevés, une partie de la famille de l'Emir et du Khalifat, le chef actuel Sidi-Kada-ben-Moctar et 250 prisonniers, sans parler des nombreuses prises faites en si grande quantité par tous les corps de la division.

8. — La colonne reprend le chemin de Mascara par le plateau qu'avait parcouru la veille le bataillon, en passant par les silos de Tanout que les Arabes avaient vidés deux jours avant. Le bataillon est de service aux bagages et à la garde des prisonniers...

9. — La division part à 6 heures du matin pour rentrer dans ses cantonnements où elle arrive à 3 heures de l'après-midi.

*
* *

Pendant leur séjour à Mascara, les hommes du 5e bataillon ne restaient pas inactifs, loin de là ; ils travaillaient, comme nous l'apprend le *Journal de Marche*, 12 à 15 heures par jour à faire du bois, garder les troupeaux et servir d'auxiliaires au génie, et aussi à remettre leur habillement et leur équipement en état ; ils se faisaient, comme leurs autres compagnons d'armes, maçons, forgerons, terrassiers, pour construire leur retranchement et leurs casernes et méritaient cet éloge du maréchal Bugeaud par leurs marches et contre-marches dans l'intérieur du pays, et leurs travaux manuels dont il est question longuement à chaque page du *Journal de Mellinet*. « Soldats ! honneur à vous, car vous avez plus fait dans cette campagne pour la conquête du pays qu'en gagnant des batailles et en revenant ensuite à la côte. »

Parfois il arrivait au cinquième bataillon et à son chef Émile Mellinet de trouver l'occasion de se signaler d'une façon particulière, comme le 22 mars 1842. Après un bivouac à l'oued el Abd à Fortassa, il fit partie de la colonne de la Torre et passa les gorges de Tat. Mais laissons parler le *Journal de Marche.*

... « Dès la pointe du jour, la colonne de la Torre lance 3 compagnies du bataillon commandées par le chef de bataillon Mellinet pour fouiller tous les ravins et les difficiles montagnes qui se trouvent devant nous et à gauche de la brigade qui se trouve sur le plateau le plus en vue. Les tribus fuient partout devant nous, et malgré les difficultés incessantes du terrain, nous franchissons toutes ces montagnes qui paraissent inaccessibles et après avoir dévasté et pillé les innombrables douairs dont les tentes étaient établies sur le plateau des pics les plus élevés, nous rejoignons au rendez-vous de la division sur les hauteurs de l'oued el Abd, chargés de butin, de bêtes de somme et chaque bataillon amenant avec lui un assez grand nombre de prisonniers. L'opération réussit parfaitement et toute la colonne expéditionnaire se remet immédiatement en mouvement et ne rentre au camp qu'à 9 heures du soir, les soldats, gais, heureux et chantant quoique n'ayant pas fait moins de 18 heures de marche dans des pays les plus difficiles de la Province ».

C'étaient là des jours heureux bien que fatigants, mais il en était d'autres où les souffrances finissaient par briser ces hommes de fer. J'en trouve un exemple en continuant la lecture du *Journal de Marche* dès les pages suivantes.

Le 23 *mars.* — La division de Mascara lève le camp à 9 heures, poursuit sa direction sur Tekedempt et campe à 5 heures de cette ville sur la Mina, à Méchira Asfa.

On croit que le général veut détruire encore une fois l'ancienne résidence de l'Émir dont les habitants ne sont point revenus; la fraction la plus importante des Smadas, les Bougiri où sont réfugiés les Hachem qui ont suivi Ben-Klika, s'est retirée dans la vallée haute de la Madroussa. Le temps commence à devenir froid et le vent violent.

25. — Dès avant le jour, le général fait lever le camp. Nous faisons une marche d'une lieue à peine et passant brusquement au sud, nous franchissons les montagnes qui nous séparent de Madroussa. Nous nous divisons en 3 colonnes. La brigade de la Torre appuie à gauche et longe le pied des montagnes du côté du nord. Sur la droite la cavalerie, aux ordres du colonel Jusuf, et 300 fantassins font un long circuit pour tourner la vallée et envelopper toute la tribu du côté du sud et de l'ouest; 50 douairs, une population de plus de 6.000 âmes sont surpris, 400 cavaliers, un millier d'hommes à pied qui veulent se défendre, sont mis en fuite et laissent 80 cadavres sur la place. Un assez grand nombre de prisonniers, 12.000 têtes de bétail, un butin immense sont en notre pouvoir. Mais tout-à-coup, un phénomène atmosphérique fort rare dans ces contrées vient nous ravir une partie de cette razzia. Vers midi l'horizon se charge de gros nuages, un brouillard sombre descend des montagnes, la neige tombe intense et pressée et en quelques heures couvre la terre à un pied d'épaisseur. On gagne à grand peine le bivouac indiqué au marabout de Sidi-ali-Mahomed. Le colonel Jusuf emploie le reste

de la journée à rallier ses hommes dispersés à la poursuite des fuyards.

Une section de carabiniers du 13e léger, commandée par M. le lieutenant de Ligny, ne rejoint pas. La cavalerie elle-même est sur le point de se perdre, et pourtant elle n'est qu'à une lieue du camp; mais les feux et signaux ne se voient qu'à quelques pas et on n'entend plus le canon qu'à de courtes distances. Les guides ne se reconnaissent plus et presque tout le troupeau enlevé reste au fond des ravins. La neige et le brouillard continuent et la nuit est horrible, les feux ne s'entretiennent que difficilement, et il faut toute l'énergie et la sollicitude des chefs pour calmer les hommes que le froid et les souffrances commencent à démoraliser.

Il est du devoir du chef de bataillon de signaler dans ce journal comme ayant donné des preuves du zèle le plus constant et de la plus louable humanité le lieutenant de Lastic, le capitaine de Jouvancourt, l'adjudant Debras, le sergent Vivot et le caporal Rivron (1), des carabiniers, qui n'ont pas abandonné un instant leurs soldats. Le commandant, qui est aussi sur pied la plus grande partie de la nuit, croit avoir fait tout ce que sa position exigeait

(1) Le 29 septembre 1841, ce même Rivron, simple carabinier, fut nommé caporal à la suite d'une chaude affaire à Aïn-Kebira et dans laquelle le colonel d'état-major Pélissier, le chef de bataillon Mellinet, le capitaine d'état-major de Suslau, les capitaines d'artillerie Rouson et Cassaigne et le chirurgien d'état-major Busset, du 5e bataillon, durent mettre l'épée à la main pour repousser les attaques des Arabes. Rivron, frappé d'une balle au milieu du front, quoique grièvement blessé, continua à tirailler. Il est signalé « comme le meilleur, le plus brave » soldat du bataillon. « Dans un autre temps, si le bataillon eut été plus ancien et mieux connu, dit le *Journal de Marche*, il eut certainement été récompensé de la Légion d'honneur. »

en ranimant ceux que le froid abattait et en portant lui-même plusieurs chasseurs devant le feu de son bivouac qu'il était parvenu à alimenter jusqu'au jour.

26. — Départ du camp à dix heures du matin ; le temps devient de plus en plus effroyable. Déjà trois hommes de la division (pas du bataillon), vingt-trois prisonniers, beaucoup de chevaux, de mulets et une grande partie du troupeau qui nous reste sont morts de froid. La colonne se dirige sur la route de Freinda, mais au bout d'une demi-heure les guides ne savent plus où ils sont. C'est un prisonnier qui les tire d'embarras.

Le pays que nous traversons est coupé de collines fortement boisées et hérissées de blocs de pierre. Notre marche est horriblement pénible et beaucoup d'hommes sont même complètement pieds nus, et néanmoins ne cessent de suivre leurs camarades avec le plus grand courage. Vers deux heures, la pluie succède à la neige et augmente encore les difficultés de la marche.

La portion des Smadas qu'on avait poursuivie la veille vient au général, sur la route, pour le supplier de lui laisser le reste de ses troupeaux, jurant de rompre à jamais avec les Hachem, auteurs de tant de maux.

Le général garde 30 jours de viande ; et 3,000 têtes de bétail qui ne pouvaient que nous gêner sont laissées à ces nouveaux alliés qui ne cesseront de nous tromper que quand on leur coupera la tête à tous, seul moyen [1] de pacification dans ce pays et très facile avec les forces que la France déploie. Le bataillon est en tête et sur les flancs du convoi et ayant fait toute la journée le métier

(1) « Le commandant du bataillon est devenu plus calme et plus juste dans ses idées sur les Arabes. »

le plus pénible. A la nuit nous apercevons les murs de Freinda.

La ville est évacuée et la division entière trouve à s'y loger. Au même moment le chef Sdama Kadour Meved ramène au général de La Moricière le détachement de M. de Ligny.

Après un court séjour à Freinda, ville admirablement située et dont le journal de Mellinet donne une pittoresque description, le bataillon, en quelques étapes, gagne Mascara et apprend en route la soumission des Hachem Garabas. Le 30 avril il bivouaque à l'oued el-Sonne, près de Cacherou, propriété de l'Emir, où toutes les tribus viennent demander au général de se soumettre à quelque condition que ce soit. Le 31, départ de cet endroit à six heures. « 300 cavaliers Garabas, raconte Mellinet, nous escortent jusqu'à Mascara et la plaine d'Egris est couverte de douairs. Pendant l'absence de la division, ce qui restait encore d'hostile chez les Hachem Garabas s'est rendu. Les Ali bou Taled eux-mêmes, les plus proches parents de l'Emir, viennent demander l'aman.

Les 1er, 2, 3, 4, 5 avril, séjour à Mascara employé aux travaux et aux corvées de toute espèce de la place et en attendant le départ du bataillon pour Mostaganem, qui a lieu le 6, à huit heures du matin, avec deux escadrons du 2e chasseurs sous les ordres du chef de bataillon Rey, en prenant la route et le fameux défilé d'Abder Kredda. La petite colonne campe autour du fort Perrégaux « qui prend son nom de ce digne et si brave officier général qui le fit construire en 1836, lorsqu'il commandait la province d'Oran. »

« Le temps devient de plus en plus horrible et la nuit est affreuse. »

« Le 7. — Départ à six heures du matin par les marais. La cavalerie se dirige sur Mascara et quitte la colonne à deux lieues du bivouac, qui, elle, coupe en droite ligne pour se diriger par la route de Mazagran. Pendant toute la plaine, la pluie continue et la marche est pénible et fatigante; mais, en arrivant sur les crêtes, le temps devient assez beau et les chasseurs, à la vue de la mer, oublient leurs fatigues, reprennent leur gaieté et les quatre dernières lieues se font en moins de trois heures et en chantant pendant le reste de la route. »

Ne croirait-on pas lire la page où Xénophon raconte que les Grecs, après plusieurs jours de marche au milieu de peuplades hostiles et barbares, se mirent un matin à pousser des cris et à courir à l'avant-garde. « Comme les cris devenaient à chaque instant plus forts, et que ceux qui marchaient en avant se mettaient à courir vers les autres qui criaient toujours, Xénophon crut la chose plus grave. Il monte à cheval et, prenant avec lui Lucios et les cavaliers, il va au secours. Bientôt ils entendent les soldats qui crient : la mer! la mer! et de bouche en bouche se passe la nouvelle. Là-dessus, ils courent tous, l'arrière-garde aussi, et les bêtes; les hommes s'embrassaient les uns et les autres et embrassaient leurs capitaines et leurs généraux en pleurant. (1) »

Nos troupiers se montrèrent peut-être moins sensibles et moins exubérants que les Grecs, et, s'ils n'embrassèrent pas leurs chefs, pour être moins démonstrative, leur joie n'en fut pas moins grande. Il était temps pour eux de rentrer dans leurs cantonnements; plusieurs étaient « complètement dénués de chaussures et pour

(1) Traduction de Taine.

ainsi dire sans pantalons. » Ils étaient couverts de loques misérables et glorieuses :

> Nobles lambeaux, défroque épique,
> Saints haillons, qu'étoile une croix,
> Dans leur ridicule héroïque
> Plus beaux que des manteaux de rois ! (1)

« Le bataillon entre à deux heures à Mostaganem et si son aspect n'est pas brillant, il offre au moins celui d'un corps composé d'hommes vigoureux, robustes, bien trempés, à la figure basanée et militaire. »

Ce fut au retour d'une expédition de ce genre que Mellinet et ses soldats apprirent « l'affreuse mort du regrettable et si vénéré duc d'Orléans, leur organisateur, dont la perte, lit-on dans le *Journal de Marche,* est si malheureuse pour la France et irréparable pour les bataillons de chasseurs à pied qui, par ordonnance royale du 18 août (1842), et en mémoire du prince royal, porteront dans l'avenir le titre de *Chasseurs d'Orléans.* » C'est cette mort qui faisait s'écrier à Alfred de Musset :

> Que ce Dieu qui m'entend me garde d'un blasphème !
> Mais je ne comprends rien à ce lâche destin
> Qui va sur un pavé briser un diadème,
> Parce qu'un postillon n'a pas sa guide en main.

Avec des chefs tels que La Moricière et Mellinet, le bataillon n'avait pas tardé à réaliser les espérances de l'infortuné Ferdinand Philippe d'Orléans et à acquérir une haute réputation militaire ; et son commandant pouvait, comme conclusion à la brillante campagne d'hiver 1841-1842, écrire dans son *Journal,* en terminant l'itinéraire de cette admirable, quoique si pénible

(1) Th. Gautier.

campagne d'hiver, sans contredit la plus belle et la plus utile qui se soit faite en Afrique depuis la conquête, que, grâce au dévouement et à l'abnégation des officiers et soldats sous ses ordres, le bataillon était considéré « comme un des meilleurs de la province, quoiqu'il fût en Afrique depuis moins d'un an. »

Ce bataillon se vengeait des brimades qui l'avaient accueilli à son arrivée en Afrique, en fournissant gratuitement des vivres, le 18 mars 1842 (plus généreux que certains autres corps) « à un bataillon du 15e léger et à un autre du 6e léger, au lieu de les leur faire payer, ne connaissant encore que le bonheur d'obliger ses camarades et non de spéculer sur eux, » ou encore en portant aide, le 29 avril, par une chaleur étouffante, à un bataillon du 13e léger qui avait laissé en arrière les deux tiers de son effectif qui furent ramenés par les hommes du 5e bataillon, « qui ne se rappellaient plus le peu de sympathie que leur avaient manifesté l'année précédente, et par une température autrement chaude, tous les régiments d'infanterie et surtout leurs chefs, qui montrèrent dans cette circonstance ce dont peut être capable la jalousie sur un corps de nouvelle formation, qu'on a tout tenté pour perdre ou détruire dans la province d'Oran et qui, Dieu merci, « grâces au courage et au caractère de ceux qui le commandaient, a prouvé qu'il était au-dessus de toute atteinte malveillante et aussi capable de faire la guerre en Afrique (mettant de côté la supériorité incontestable de ses armes) (1), que les plus anciens régiments de ce pays. »

(1) Dans le *Journal de Marche*, on lit à la date du 11 juillet 1841 : « le sergent de carabinier Thibaud abat un cheval à la distance de 500 mètres » et à la date du 28 septembre suivant : « Dans un combat d'arrière-garde, la compagnie, sous la direction du lieutenant Chopin,

Aussi en récompense de ses services, son commandant Mellinet, fut-il élevé au grade de lieutenant-colonel en 1842, et remplacé à la tête du 5e bataillon par un autre chef de bataillon de grande valeur, le futur maréchal Canrobert.

Avant de devenir général de division, Mellinet continua en Algérie ses services à la France, et je ne puis mieux faire en terminant cette étude que de citer une page de l'oraison funèbre de Mellinet, que M. le chanoine Gouraud a prononcée, le 17 mars 1894, dans la Cathédrale de Nantes et dans laquelle il a résumé ainsi la vie en Afrique de notre illustre concitoyen :

« Mascara, Oran, Blidah, Mostaganem, Sidi-bel-Abbès furent les témoins des exploits de Mellinet. Six fois il est cité à l'ordre du jour de l'armée dans ces mémorables campagnes de 1840 à 1849. Il est toujours plein d'entrain et de gaîté, et toujours héroïque, soit qu'il ravitaille Mascara, soit qu'il poursuive les Kabyles, soit qu'il fasse triompher la garnison de Mostaganem contre Bou-Maza. D'une hardiesse extraordinaire, il pousse une reconnaissance sur Moghar-el-Foukani, au milieu des tribus ennemies. Huit jours après, il enlevait à la baïonnette les contreforts d'Aïn-Sefra. Pour ajouter à sa gloire, il se montre aussi habile administrateur que soldat vaillant en fondant, au milieu du désert, la ville de Sidi-bel-Abbès. »

Le *Journal de Marche* inédit que je signale aujourd'hui à l'attention publique constitue donc un fragment du plus vif intérêt de l'histoire brillante de la conquête de l'Algérie et de la vie en Afrique de notre concitoyen

tue avec beaucoup d'adresse 4 arabes et 2 chevaux, ces derniers à la distance de 400 mètres. » Ces distances étaient considérables pour l'époque où la portée des fusils était bien moindre qu'à la nôtre.

Emile Mellinet, qui eut l'occasion ensuite de s'illustrer en Italie et en Crimée. C'est, prise sur le vif, l'existence au jour le jour en Afrique de nos braves soldats, avec ses misères et ses jours de gloire ; elle montre que notre belle colonie fut conquise encore moins par l'épée que par l'industrie de nos troupiers, dont chacun eut pu faire sienne la devise du vieux maréchal Bugeaud : *Ense et aratro.*

DOMINIQUE CAILLÉ.

Nantes, 1902.

JOURNAL DU 5e BATAILLON

ANNÉES 1840 ET 1841

Organisation des Chasseurs à pied

ÉTAT-MAJOR GÉNÉRAL

S. A. R. Monseigneur le Duc D'ORLÉANS, Lieutenant général, Inspecteur général.

MM. Baron MARBOT, Lieutenant général ; GÉRARD, Colonel d'état-major ; DE MONT-GUYON, Lieutenant-Colonel d'état-major ; Duc D'ELCHINGEN, Chef d'escadron de cavalerie, aides de camp et officier d'ordonnance du Prince royal.

S. A. R. Monseigneur le Duc d'Aumale, président du tir.

M. JAMIN, Chef de bataillon d'infanterie, officier d'ordonnance du Prince.

M. THIERY, Chef d'escadron d'artillerie, officier d'ordonnance du Roi, auteur du système d'armement adopté pour les bataillons de chasseurs à pied.

M. DE FAILLY, Capitaine, officier d'ordonnance du Roi, Secrétaire de la Commission des manœuvres.

M. le Maréchal de camp DE ROSTOLAN, Inspecteur général, adjoint au Prince royal.

M. ROBERT, Capitaine d'état-major, aide de camp du général.

M. GROBON, Lieutenant-Colonel du 4e léger.

M. DE MAILLY, Lieutenant-Colonel du 67e de ligne.

M. ROCH, Sous-Intendant militaire de 1re classe, chargé de l'Administration.

M. DUPRÉ, Sous-Intendant adjoint.

ÉTAT-MAJOR

M. De Margadel, Capitaine faisant fonctions de Chef d'état-major général.
M. Taint, Capitaine d'état-major.
M. Cassaigne, Lieutenant d'état-major.
M. Henry, Lieutenant d'état-major.

Chefs de Bataillon

MM.		MM.	
1	De Ladmiraud.	6	Foret.
2	Faivre.	7	Repond.
3	Camou.	8	Ulrich.
4	De Bousingen.	9	Clère.
5	Emile Mellinet.	10	De Mac-Mahon.

Années 1840 et 1841

Le 5e bataillon de chasseurs à pied, formé d'après une ordonnance du Roi, en date du 28 août 1840, et organisé, ainsi que les neuf autres bataillons de la même arme, par les soins de S. A. R. Monseigneur le Duc d'Orléans, lieutenant-général, inspecteur général, a séjourné au camp de Saint-Omer, département du Pas-de-Calais, depuis le 1er novembre 1840 jusqu'au 16 avril 1841, jour où il est parti (moins le dépôt et la section hors rang), pour se rendre au camp de Saint-Ouen, près Paris, en passant par les gîtes dénommés ci-dessous :

16 avril, à Fauquemberg.
17 » Montreuil-sur-Mer.
18 » Rue.
19 » Abbeville.
20 » Airaines.
21 » *Séjour*.
22 » Poix.
23 avril, à Grandvillers.
24 » Beauvais.
25 » Beaumont.
26 » au Camp de Saint-Ouen, banlieue de Paris et près de la ville de Saint-Denis.

La section hors rang, les magasins et le dépôt ont quitté, le 20 avril 1841, la place de Saint-Omer, où ils étaient établis, pour se rendre à Lyon, en passant par les gîtes ci-dessous dénommés :

20 avril,	à	Aire.	3 mai,	à	Méry.
21	»	Béthune.	4	»	Troyes.
22	»	Arras.	5	»	Bar-sur-Seine.
23	»	Bapaume.	6	»	Châtillon.
24	»	Péronne.	7	»	Baigneux.
25	»	*Séjour.*	8	»	Dijon.
26	»	Ham.	9	»	*Séjour.*
27	»	Noyon.	10	»	Beaune.
28	»	Soissons.	11	»	Châlon-sur-Saône.
29	»	Château-Thierry.	12	»	Tournus.
30	»	Montmirail.	13	»	Mâcon.
1er mai,	à	Sezanne.	14	»	Villefranche.
2	»	*Séjour.*	15	»	Lyon.

Le dépôt attend à Lyon le passage du bataillon qui doit lui laisser le cadre et les hommes non valides des 6e et 7e compagnies.

Le 4 mai. — Le Roi, entouré de toute sa famille, ayant près de lui le Roi des Belges et le Ministre de la Guerre, passe les dix bataillons de chasseurs en revue dans la cour des Tuileries, et leur remet le drapeau de l'arme qui est confié au 2e bataillon, restant en garnison à Vincennes.

Le 7 mai. — Revue des dix bataillons de chasseurs, par M. le Ministre de la Guerre, maréchal duc de Dalmatie, sous le commandement de Monseigneur le Duc d'Orléans. Manœuvres et travaux de campagne, tir à la cible aux différentes distances et tous les exercices particuliers à l'arme des chasseurs. Les maréchaux de France et tous les généraux présents à Paris, ainsi qu'un grand nombre d'officiers de tous grades, assistaient à cette belle revue, où se pressait un immense concours de la population de Paris.

Le 11 mai. — Le bataillon quitte le camp de Saint-Ouen pour se diriger sur Toulon, point d'embarquement désigné au bataillon pour se rendre en Afrique (province d'Oran).

Itinéraire de Paris à Toulon

11 mai,	à	Brie-Comte-Robert.	19 mai,	à	Vermenton.
12	»	Nangis.	20	»	Avallon.
13	»	Bray.	21	»	*Séjour.*
14	»	*Séjour.*	22	»	Saulieu.
15	»	Sens.	23	»	Arnay-le-Duc.
16	»	Joigny.	24	»	Chagny.
17	»	Auxerre.	25	»	Séjour.
18	»	*Séjour.*	26	»	Châlon-sur-Saône.

27 mai.— A Lyon, en voyageant par le bateau à vapeur.

28 mai.— Séjour à Lyon. Revue passée par M. le lieutenant-général Aymard, commandant la 7e division militaire, devant lequel le bataillon exécute des manœuvres au pas gymnastique.

Formation définitive des compagnies de guerre. Les 6e et 7e compagnies restent au dépôt avec la section hors rang.

29 mai. — A Avignon, par le bateau à vapeur.

Le même jour, le dépôt part pour se rendre à Grenoble, qui lui est désigné comme garnison, et en parcourant les gîtes suivants :

29 mai,	à	Vienne.	31 mai,	à	Moiran.
30	»	La Côte-Saint-André.	1er juin,	à	Grenoble.

Itinéraire des compagnies de guerre

30 mai,	à	Argon.
31	»	Lambesc.
1er juin,		Aix.
2	»	*Séjour.*
3 juin,	à	Roquevaire.
4	»	Le Beausset.
5	»	Ollioules, près de Toulon.

6 juin. — Embarquement de l'état-major et des 1re, 2e, 3e et 8e compagnies sur la corvette de charge *L'Oise,* commandée par le capitaine de corvette Mennetrier.

Par suite de calme et de vents presque continuellement contraires, la corvette reste en mer jusqu'au 21 juin, jour où s'opère le débarquement à Mostaganem.

Les 4e et 5e compagnies, embarquées le 10 sur le bateau à vapeur *Le Véloce,* débarquent à Mostaganem le 15.

Le bataillon est campé en entier à la droite du 8e bataillon, près de Mostaganem, sur le bord de la mer et au pied du fort Moustapha.

Le 22 juin.— A 9 heures du soir, le bataillon fait partie, comme tête de colonne, d'une expédition commandée par M. le colonel Gachot, du 3e léger, et composée de 1.500 hommes d'infanterie, trois pièces de montagne et quelques cavaliers douairs, servant d'éclaireurs. Aucun engagement sérieux n'a lieu dans cette expédition, dont le résultat a été la prise d'un aga très considéré dans le pays et quelques Arabes isolés de sa tribu. Cependant, par suite d'une funeste méprise et au milieu de la nuit, plusieurs coups de fusils, maladroitement tirés, ont causé la mort du capitaine Leroy et de trois chasseurs du 8me bataillon, tués par une compagnie de ce même bataillon qui s'était trouvée pendant un moment séparée du reste de la colonne.

Le 1er juillet. — M. le gouverneur général Bugeaud, lieutenant général, passe la revue des deux bataillons, auxquels il adresse des encouragements dont tout nouveau corps arrivant en Afrique a tant besoin, même ceux y venant de bonne volonté, comme les chasseurs ; mais depuis lors, son exemple n'est malheureusement pas imité et on parait, au contraire, employer tous les moyens pour décourager ces bataillons de nouvelle formation contre lesquels l'antipathie et le mauvais vouloir de tous est évident. Le même jour, 1er juillet, le bataillon est désigné comme devant faire partie de la division expéditionnaire pour le ravitaillement de Mascara, commandée par M. le maréchal de camp de La Moricière.

Première brigade, commandée par M. le maréchal de camp de Garraube.

2 juillet. — La division se met en marche pour opérer le ravitaillement de Mascara et moissonner aux environs de cette ville. Le bataillon fait partie de la colonne de droite et est composé au départ de 661 hommes. Etape et bivouac aux puits de Bougirat, à 9 heures du soir. L'ennemi ne se montre pas un seul instant dans cette journée.

3. — La division quitte le bivouac de Bougirat à 4 heures 1/2 du matin. Le bataillon forme l'avant-garde; journée longue, pénible, très fatigante et pendant laquelle les hommes du bataillon, qui ne sont pas encore acclimatés et généralement trop jeunes, sont fortement éprouvés.

Un chasseur du bataillon, nommé Vidon, de la 1re compagnie, meurt subitement, frappé d'une attaque d'apoplexie foudroyante ; plusieurs accidents pareils (et trop communs en Afrique) se représentent le même jour dans les autres corps de la division. De légers engagements ont lieu à l'arrière-garde avec les Arabes, mais sans le moindre résultat de part et d'autre.

Arrivée au bivouac de Aïn-Kebira à 2 heures après-midi.

4. — Départ de la division à 4 heures du matin. L'arrière-garde a échangé quelques coups de fusil avec les Arabes, toujours sans le moindre résultat. Bivouac à 5 heures après-midi, à l'oued Maoussa. Toute la journée et une grande partie de la nuit, le vent du désert (le sirocco) souffle avec la plus extrême violence.

5. — Départ à 4 heures 1/2. Le bataillon forme l'arrière-garde.

La 5e compagnie (flanquant le côté droit de la colonne) et surtout la compagnie de carabiniers, placée à l'extrême arrière-garde, tiraillent assez vigoureusement pendant une heure avec une centaine d'Arabes de la tribu des Borgia, qui se font tuer plusieurs cavaliers et 2 chevaux par nos carabines dont ils voient la longue portée, et s'éloignent alors sans continuer à inquiéter l'arrière-garde.

La division arrive devant Mascara à 9 heures du matin, se formant en carré comme d'habitude, et établit son camp au bas de la ville, à l'ouest.

Les 6, 7 et 8 juillet. — La division moissonne au nord-est de Mascara et pousse souvent jusqu'à 2 lieues du camp. Pendant tout ce temps, les compagnies du bataillon sont envoyées en tirailleurs pour protéger la moisson, et comme les chasseurs ne sont pas chargés de leur sac et se trouvent dans de bonnes conditions pour tirer, il ne se passe pas de jour qu'ils ne décrochent quelques Arabes, qui finissent par ne plus s'approcher des endroits où est placé le bataillon.

Les chaleurs sont de plus en plus accablantes et le sirocco se fait plusieurs fois sentir. La 1re compagnie, désignée pour faire partie de la garnison de Mascara, monte prendre son emplacement dans cette place.

Le 9. — La trop grande chaleur force à lever le camp pour aller l'établir au-dessus de Mascara, à Aïn-Sultan, dans une magnifique position.

La moisson continue, les carabines du bataillon sont toujours mises à l'épreuve pour protéger le travail, et avec le même succès, malgré le peu de justice qu'on semble vouloir leur accorder depuis, en exceptant cependant les officiers de cavalerie, du génie et de l'artillerie, et parce qu'eux seuls se sont donné la peine de venir voir de près les bons résultats du tir de ces armes.

Le 10. — La 3e compagnie et les carabiniers tiraillent beaucoup en revenant de la moisson et tuent plusieurs Arabes à d'assez grandes distances ; un chasseur de la 3e compagnie, nommé Cartier, est blessé assez fortement à l'épaule gauche.

Le 11. — La division quitte le camp d'Aïn-Sultan pour aller continuer à moissonner à 2 lieues de Mascara, à Sidi-Dao, sur l'emplacement d'une tribu qui devait être très considérable. Dans la journée, on reprend le travail de la moisson.

Le 12. — Continuation de la moisson ; le bataillon est toujours employé en tirailleurs.

Le 13.—Dès le commencement de la moisson ; les Arabes se montrent en très grand nombre et semblent disposés à défendre un marabout placé sur un mamelon très élevé, difficile à gravir et à tourner, et dans une position militaire admirable. La 4e compagnie, suivie bientôt après de la compagnie de carabiniers, partent au pas de course. Elles repoussent immédiatement et avec beaucoup de vigueur l'ennemi jusqu'à un ravin très profond derrière lequel les Arabes se retranchent et tiraillent avec nos chasseurs, qui les auraient bien facilement débusqués si l'ordre formel de s'arrêter n'était venu. Le général de La Moricière fait alors sonner la charge et prendre position aux trois compagnies restant derrière le marabout. A ce moment, le chef de bataillon prend le commandement des deux compagnies en tirailleurs ; le feu continue avec la plus grande vivacité sans la moindre interruption et est parfaitement dirigé par les capitaines d'Exéa et de Luxer, officiers pleins de sang-froid et d'intelligence. Le 2e chasseurs à cheval, les spahis d'Oran, les zouaves et les chasseurs à pied chargent malgré la profondeur du ravin, culbutant les Arabes, et les repoussent à plus d'une lieue de là, en leur tuant 25 à 30 hommes. Après être restée quelque temps en position, la division bat en retraite pour rentrer au camp à la hauteur du marabout ; l'arrière-garde est un instant arrêtée par ces insipides *tiraillades* des Arabes, que quelques coups d'obusiers, tirés à propos, font bientôt cesser en descendant encore 5 ou 6 cavaliers. 3 hommes du bataillon sont légèrement contusionnés et, en définitive, les différents corps de la division n'ont que deux hommes un peu grièvement blessés *et un tué.* Un rapport spécial a été fait au général sur la conduite du capitaine de Luxer dans cette journée, et cependant, dans le rapport général du 12 août, malgré la quantité d'officiers cités, le nom de ce brave capitaine est oublié, mais il est néanmoins du devoir du chef de corps de ne pas l'omettre sur le journal du bataillon.

Le 14. — La division quitte Sidi-Dao et vient reprendre le camp d'El-Sultano, devant Mascara ; on tiraille un peu sur le flanc gauche de la colonne et à l'arrière-garde, mais sans résultat.

Le 15. — La division quitte Mascara à 5 heures du matin pour se diriger sur Mostaganem ; l'ennemi ne se montre nulle part.

Arrivée au bivouac à 10 heures du matin.

Le 16. — Départ à 4 heures du matin ; un grand nombre d'Arabes se montrent en avant, mais sans s'approcher ni tirailler. Arrivée au bivouac à 5 heures après-midi.

Le 17. — Départ à 4 heures ; le bataillon forme l'arrière-garde avec les zouaves et le bataillon d'élite ; dès le départ elle est attaquée par les Arabes ; marche difficile et dans le terrain le plus accidenté. L'engagement est continuel à l'arrière-garde, les chasseurs se comportent bravement, mais, neufs dans cette guerre, ils se retirent trop lentement et ne profitent pas assez des avantages de certaines positions ; les carabiniers, souvent embusqués, tuent plusieurs Arabes avec beaucoup d'adresse. Toutes les compagnies du bataillon se trouvent successivement engagées ce jour-là, et chacun fait son devoir le mieux qu'il peut. Cependant, une petite réserve, composée de 10 hommes de la 3e compagnie, et commandée par un sergent (qui n'avait pas pris toutes les précautions nécessaires en battant en retraite) aurait pu être complètement enlevée par une masse d'Arabes qui descendait la côte, si le chef de bataillon Mellinet, l'adjudant-major de Labareyre et le lieutenant d'état-major Cassaigne n'avaient (suivis du sergent Demangeot de la 5me) fait faire immédiatement volte-face à leurs chevaux, en chargeant avec la plus grande vigueur sur ces Arabes qu'ils ont promptement mis en fuite ; mais il était temps d'arriver, car les hommes composant cette réserve avaient complètement perdu leur sang-froid et leur présence d'esprit, au point même d'oublier de mettre leur bayonnette au bout du canon. A 1 heure, grande halte. Pendant ce temps, 8 hommes de la 2me compagnie, dirigés avec intelligence par M. le sous-lieutenant Maynaud, débusquent une cinquantaine d'Arabes tiraillant derrière des rochers et qui auraient pu inquiéter le repos de la colonne, fatiguée par la marche de la matinée.

Jusqu'à l'arrivée au bivouac de Tili-Ouanet, qui a lieu à 6 heures, les Arabes ne tiraillent plus que faiblement à l'arrière-garde. Dans cette journée, il y a eu 4 hommes blessés au bataillon : le sergent Combet de la 5e, les chasseurs Achard et Lespérance de la 2e, et le chasseur X... de la 3e. Le chef de bataillon ne peut s'empêcher de citer, comme s'étant bien conduits, Messieurs les officiers et le sous-officier déjà nommés, et de plus Messieurs les capitaines d'Exéa, de Luxer, de Pontual et le lieutenant de Lastic.

Le 18, à 1 heure du matin, l'ennemi attaque la division avec un feu très nourri et paraissant tiré à 150 mètres par sept à huit cents hommes. La division montre le plus grand sang-froid pendant cette inconcevable attaque et ne riposte pas un seul coup de fusil. Les Arabes n'osent pas approcher du camp, où, malgré la nuit, ils auraient été vigoureusement reçus ; une cantinière du bataillon, femme du caporal Billion, est blessée par une balle qui lui traverse la main gauche. Départ du bivouac à 4 heures du matin. L'engagement continue à l'arrière-garde qui se bat bravement avec les Arabes, leur fait éprouver beaucoup de pertes en n'ayant, elle, qu'un petit nombre de blessés. Arrivée au bivouac de Bougirat à 7 heures du soir.

Le 19. — Départ à 4 heures 1/2 du matin; les Arabes ne se montrent pas un instant dans la plaine jusqu'aux trois marabouts, où la division fait une grande halte; des trois marabouts jusqu'à une lieue de Mostaganem, l'arrière-garde continue à être engagée avec les Arabes, mais toujours sans résultats fâcheux pour nous. Arrivée devant Mostaganem à 5 heures après-midi; le bataillon campe sous la tente à Aïn-Saffra les journées des 19, 20, 21, 22, 23, 24, 25 et 26 juillet. Le 27, le bataillon prend possession du baraquement situé sur la route, en dehors des matémores, et est désigné pour faire partie de la garnison de Mostaganem.

Le 29. — A 3 heures du matin, la garnison, composée de 3 faibles bataillons, 2 pièces de campagne et 150 cavaliers, commandée par le colonel Tempoure, commandant supérieur de la place, fait une sortie pour se diriger vers l'embouchure du Chélif et rentre sans avoir eu l'occasion de tirer un coup de fusil à 11 heures du matin.

Le bataillon, parti de Mostaganem avec 667 hommes, n'a plus, à la date de ce jour, par suite des nombreuses maladies et de la grande quantité d'hommes entrés à l'hôpital après l'expédition, que 350 hommes susceptibles de marcher, et encore plusieurs sont-ils atteints de fréquentes diarrhées.

Août

Le 1er août, la garnison, composée de 4 bataillons, une section du génie, 3 pièces de montagne, 200 cavaliers, chasseurs, spahis ou douairs, sous les ordres de M. le colonel Tempoure, commandant supérieur de Mostaganem, forme une colonne expéditionnaire destinée à se rendre à 4 lieues, sur les bords du Chélif, afin de protéger le passage d'une tribu considérable des Medjehers qui fait sa soumission et amène avec elle de très nombreux troupeaux : les troupes d'infanterie tiraillent quelques instants sur le Chélif avec les cavaliers et kabyles d'Abd-el-Kader, qui, de sa personne, était à peu de distance de là ; à la retraite sur Mostaganem, les Arabes viennent, selon leur habitude, tourmenter l'arrière-garde, mais un retour offensif ordonné par le colonel, et exécuté à propos par la cavalerie, les repousse vigoureusement jusqu'au Chélif, et plusieurs têtes sont apportées par nos douairs alliés comme preuve des pertes que venait d'éprouver l'ennemi dans cette attaque ; le bataillon a eu aussi l'occasion de se montrer dans cette journée et de se bien conduire, mais il est juste de citer particulièrement la 2e compagnie, commandée par M. le capitaine de Pontual, la 4e, par M. le lieutenant Chopin, qui se loue aussi beaucoup du sergent-fourrier Lesueur et du chasseur Gendot. La colonne rentre le même jour, à 8 heures du soir, à Mostaganem.

3 août. — Nouvelle sortie de la garnison, soumission de 2 autres tribus ; très légers engagements avec les Arabes.

5 août. — A 4 heures après-midi, le colonel commandant supérieur Tempoure sort encore une fois avec la garnison augmentée du 2e bataillon de zouaves et de 4 compagnies d'élite du 41e de ligne. Soumission d'une tribu très considérable ; l'ennemi se montre plusieurs fois, et en force, mais n'ose pas tirer un seul coup de fusil pendant les 36 heures que dure l'expédition.

Le 6 août. — M. le lieutenant général gouverneur Bugeaud vient visiter Mostaganem, par suite des heureuses soumissions obtenues par le colonel Tempoure.

Cet officier général donne de nouveaux encouragements au bataillon qui lui en gardera toujours un bon et reconnaissant souvenir ; il repart le 8.

La garnison continue sans relâche les nombreux travaux de la place, exécutés d'après les ordres de l'infatigable et si actif général de La Moricière.

Le 10 août. — Paraît un ordre du jour du gouverneur général concernant l'expédition du ravitaillement de Mascara et les combats sur le Chélif et mentionne comme s'étant fait particulièrement remarquer dans le bataillon :

M. le chef de bataillon Émile Mellinet ;

M. le capitaine de carabiniers d'Exéa ;

M. le lieutenant Chopin ; le sergent-fourrier Lesueur, et le chasseur Gendot, de la 4e compagnie.

Le 23. — La garnison de Mostaganem, sous les ordres du colonel Tempoure, part à 8 heures du soir et se dirige, après avoir marché toute la nuit, vers la plaine de Mézara, où elle arrive, à 8 heures du matin, le 24. Trois ou quatre cents cavaliers réguliers d'Abd-el-Kader se montrent à une grande distance dans la plaine, qu'ils abandonnent à l'approche de la colonne. Une tribu très considérable, formant le complément des Medjehers, fait sa soumission et amène avec elle plus de 2.000 têtes de bétail. La colonne, après avoir obtenu cette importante soumission, va bivouaquer aux trois marabouts de Mézara, qu'elle quitte le 25, à 5 heures du matin, pour rentrer à 9 heures à Mostaganem. Du 24 août au 22 septembre, le bataillon, ainsi que toute la garnison de Mostaganem, ne fait aucune sortie et est occupé aux travaux nécessaires à la place, et, dans le peu de moments de repos, au tir à la cible et à mettre l'habillement et l'équipement en état.

Septembre

Campagne d'automne. — Le 23 septembre. — L'armée, organisée en deux colonnes, dont l'une appelée politique, commandée par le gouverneur général lieutenant général Bugeaud en personne, et l'autre désignée sous le nom de colonne de ravitaillement, sous les ordres de M. le maréchal de camp de La Moricière, quitte Mostaganem pour se diriger et opérer sur Mascara et dans les environs. Le bataillon fait partie de la 1re brigade, commandée par le maréchal de camp Levasseur.

Le bataillon est d'arrière-garde; l'ennemi ne se montre pas de la journée.

Bivouac à Assian-Romry.

Le 24. — Le bataillon est de service au convoi; l'arrière-garde tiraille avec l'ennemi, mais sans engagement sérieux.

Bivouac à Aïn-Kébira.

Le 25. — Le bataillon reprend sa place dans la colonne de droite; tiraillements continuels, mais sans importance à l'arrière-garde.

Bivouac à l'oued Sidi-ben-Jacktif.

26 septembre. — Les Arabes ne s'approchent pas un seul instant de la colonne; arrivée au bivouac dans la plaine, au pied de Mascara; on dépose l'approvisionnement dans cette place.

27 septembre. — Départ de Mascara pour retourner à Mostaganem.

Bivouac à l'oued Maoussa.

Le 28. — Combat à l'arrière-garde et sur les flancs de la colonne: la 4e compagnie, en tirailleurs sur le flanc gauche, ne brûlant que 80 cartouches et parfaitement dirigée par M. le lieutenant Chopin, engage un feu assez soutenu avec l'ennemi et lui tue avec beaucoup d'adresse 4 Arabes à pied et 2 chevaux, ces derniers à une distance de plus de 400 mètres, dans les ravins si accidentés qui sillonnent cette route.

Bivouac à Aïn-Kébira.

Le 29. — Le bataillon est d'arrière-garde, la compagnie de carabiniers à l'extrême arrière-garde, la 2e compagnie sur le flanc gauche; la colonne est attaquée de tous côtés pendant la journée; des cavaliers arabes (tous chefs) et encouragés par la précipitation avec laquelle marche la colonne, qui est pressée d'arriver à son bivouac pour des travaux à exécuter, profitent d'une ouverture, laissée imprudemment par une compagnie du 56e de ligne, pour essayer de pénétrer jusque dans les rangs de la ligne de tirailleurs et d'enlever quelques hommes, mais un prompt retour offensif, exécuté avec la plus grande vigueur par tous les officiers à cheval qui se trouvaient là présents, et composé du chef d'état-major Pélissier, du chef de bataillon Mellinet, du capitaine d'état-major de Susleau, des capitaines d'artillerie de Larnières et de Croy, des lieutenants d'état-major Ranson et Cassaigne et du chirurgien aide-major Brisset, du bataillon, mettent le sabre à la main et repoussent si solidement les cavaliers qu'il ne leur prend plus envie, jusqu'au bivouac, de se montrer à l'arrière-garde.

Outre les officiers cités ci-dessus, le commandant ne saurait mentionner avec trop d'éloge le brave carabinier Rivron qui, suivant autant que cela lui était possible les officiers qui étaient devant lui à cheval, après avoir reçu une balle au milieu du front et quoique grièvement blessé, n'en a pas moins continué à tirailler avec l'ennemi et n'a voulu quitter son rang pour se rendre à l'ambulance qu'à l'arrivée au bivouac. Rivron a été nommé caporal de carabiniers pour cette preuve d'énergie, et le commandant ne craint pas de le signaler comme le plus brave et le meilleur soldat du bataillon ; montrant autant de fermeté dans le commandement qui lui est dévolu qu'il est intrépide et même audacieux devant l'ennemi ; dans un autre temps et si le bataillon eut été plus ancien et mieux connu en Afrique, la conduite de ce carabinier eut certainement été récompensée par la croix de la Légion d'honneur.

MM. de Pontual, capitaine ; Maynaud, sous-lieutenant de la 2e compagnie ; de Lastic, lieutenant commandant la compagnie, et de Raymond, sous-lieutenant de la compagnie de carabiniers, méritent aussi des éloges pour la manière dont ils ont dirigé leurs hommes dans ce combat d'arrière-garde qui, sans être très sérieux, a cependant été constamment pénible par les difficultés continuelles du terrain. Bivouac à Aïn-Tifratinne.

Le 30 septembre. — Le bataillon est d'avant-garde ; l'ennemi ne se montre nulle part. Arrivée sous Mostaganem, la division bivouaque à Aïn-Saffra.

Octobre

1er, 2 et 3 octobre. — Station à Mostaganem afin de préparer un nouveau convoi pour Mascara.

4. — Départ pour Mascara, le ravitailler et opérer autour de cette place. Le bataillon, à cause du grand nombre de malades, tant de la troupe que parmi les officiers, ne fournit que deux compagnies pour faire partie d'un bataillon de marche composé avec elles de 2 compagnies d'élite et d'une compagnie de fusiliers du

41e de ligne, sous le commandement du chef de bataillon Mellinet, qui est heureux de rendre une complète justice à ces trois compagnies dirigées avec tant d'ordre par les lieutenants et sous-lieutenants Lamy, Bonnery et Get, et auxquelles il n'a eu que des compliments à faire pour leur bonne discipline pendant un mois qu'a duré l'expédition, et qu'il les a eues sous ses ordres. Le commandant aurait désiré trouver l'occasion d'avoir un engagement sérieux avec d'aussi bons soldats sous son commandement.

Départ de Mostaganem ; le bataillon de marche fait partie de la 1re brigade. Bivouac à Mézara.

5. — Bivouac à Assian-Romry.

6. — Bivouac à l'oued Hil-Hil.

7. — Réunion avec la colonne du gouverneur général. Le général de La Moricière quitte le commandement de la colonne de ravitaillement pour prendre celui de la division du gouverneur, et donne le sien au général Levasseur. Le bataillon de marche continue à faire partie de la colonne de ravitaillement ; après une journée extrêmement pénible et par une route continuellement montueuse, boisée et très difficile, le bataillon n'arrive qu'à 9 heures du soir au bivouac d'Aïn-Kébira.

8. — Combat de la cavalerie de la colonne du gouverneur avec les cavaliers réguliers d'Abd-el-Kader, qui sont complètement repoussés et battus sur tous les points par les chasseurs et spahis de la province d'Oran, les douairs du général Mustapha et les monkalias du bey Sidi-Hadji Mustapha ben Osnan. Bivouac à l'oued Maoussa.

9. — Les deux colonnes marchent de concert, celle du gouverneur séjourne à l'oued Maoussa le 10.

10. — La colonne Levasseur se dirige sur Mascara et

jette le convoi dans la place ; le bataillon est d'arrière-garde, l'ennemi ne se montre dans aucune de ces journées. Bivouac sous Mascara.

11. — Retour de la colonne Levasseur et réunion à celle du gouverneur. Bivouac à l'oued Froha.

Le bataillon est placé dans la colonne du gouverneur.

12. — Bivouac à l'oued Igan ; la colonne Levasseur se sépare complétement, quoique momentanément, de celle du gouverneur.

13. — Bivouac à l'oued Sfizel ; toutes ces journées sans combat sont employées à faire du fourrage pour les chevaux ; le bataillon est d'arrière-garde sans être attaqué, mais par une route très pénible et très accidentée, et qui le fait arriver deux heures après le reste de la colonne.

14. — Marche de nuit pour opérer une razzia sur les tribus du Djebel Guetnaria : cette razzia, commencée par la cavalerie et achevée avec les meilleurs résultats par le reste de la colonne, se compose de 60 à 80 prisonniers, d'une quantité innombrable de chameaux, bœufs, moutons, chèvres et bêtes de somme..

Après la razzia achevée, quelques cavaliers arabes, selon leur habitude, tiraillent avec l'arrière-garde, mais sans aucun résultat ; la colonne bivouaque dans un site délicieux, au milieu des montagnes, à Aïn-Titaouïne. L'ennemi essaye, au milieu de la nuit, quelques tentatives sur le camp qui n'aboutissent qu'à lui faire tuer 4 hommes, sans aucune perte pour notre armée, qui n'a pas même un seul soldat blessé.

15. — L'ennemi ne se montre plus et la colonne bivouaque à l'oued Hammann, après avoir traversé un des pays les plus accidentés de la régence, et où les Turcs eux-mêmes n'avaient jamais osé s'engager. La

colonne trouve à ce bivouac des fourrages excellents, en grande abondance, et qui eussent suffi à nourrir l'armée pendant plusieurs mois si elle avait séjourné ce temps sur les bords de l'Hammann, qui se jette dans l'Habra.

16. — La colonne change de bivouac pour se porter sur les bords de la même rivière, à une demi-lieue de là, au pied d'un mamelon où se trouve la guetna de Sidi-Maïdin (frère d'Abd-el-Kader) et l'ancienne guetna de son père, Sidi-Maïdin, marabout très influent pendant la domination des Turcs.

La guetna, ainsi que tout le reste de ce village arabe, est entièrement dévastée et incendiée par l'armée qui ne laisse intacts que les marabouts et la mosquée; au milieu de ce village, il existait une maison fondée par le père d'Abd-el-Kader et destinée à l'instruction des jeunes musulmans arabes.

17. — Bivouac à Reicia, sous Mascara, et réunion de la colonne du gouverneur avec celle du général Levasseur qui était venue à notre rencontre à moitié route.

18. — Séjour, nouvelle organisation de l'armée. Le bataillon fait partie d'une colonne aux ordres du lieutenant-colonel Gery, commandant supérieur de Mascara, destinée à protéger cette place et à opérer dans un rayon de 5 à 6 lieues. Le chef de bataillon Mellinet commande les trois bataillons de droite de cette colonne.

La colonne du gouverneur part pour opérer vers Saïda, où elle obtient les résultats les plus avantageux.

19. — Le bataillon, avec le reste de la colonne Gery, séjourne à Mascara, dans le faubourg Bugeaud.

20. — La colonne Gery part à 5 heures du matin pour aller vider les matémores de l'oued Igan, où elle fait un chargement très considérable en blé, orge et paille pour

l'approvisionnement de Mascara; le bataillon est d'arrière-garde ; l'ennemi ne se montre pas de la journée.

21. — Le bataillon est d'avant-garde. Retour à Mascara.

22. — Séjour à Mascara.

23. — Retour sur l'oued Froha dans une autre direction pour continuer à vider les matémores, et en ramenant, comme de coutume, un chargement considérable pour l'approvisionnement de la place.

24. — Pendant la route, le bataillon, établi en position pour protéger la colonne, tiraille avec les Arabes à qui il tue plusieurs cavaliers pendant qu'on est occupé à vider les silos et à faire de la paille.

L'ennemi, qui avait perdu un assez grand nombre d'hommes la veille par le feu très bien dirigé des pièces de campagne amenées de Mascara par le colonel Géry, n'ose plus se montrer de la journée.

Retour à Mascara en continuant à faire de la paille et à vider les matémores qui se trouvent sur la route.

25. — Le bataillon est d'arrière-garde et tiraille avec beaucoup de bonheur pendant deux heures avec l'ennemi, qu'il déloge très vigoureusement d'une position où il s'était établi en profitant d'un moment où la colonne était arrêtée momentanément à vider les matémores ; les Arabes perdent là une dizaine de cavaliers par le feu de nos grosses carabines, en moins d'une demi-heure, sans que le bataillon ait un seul homme blessé ; l'ennemi se retire, mais le service devient très pénible à l'arrière-garde par suite du nombreux chargement des bêtes de somme et des prolonges.

26, 27 et 28. — Séjour à Mascara et pluies continuelles qui empêchent de sortir.

29. — La colonne Gery part à 8 heures du soir pour aller tenter une surprise sur les anciens habitants de

Mascara, réfugiés au milieu des bois et dans les ravins de l'oued Bénian ; le bataillon est d'avant-garde ; on opère là une razzia d'une centaine de bœufs, 3 à 400 moutons ou chèvres et quelques prisonniers ; les douairs du général Mustapha trouvent une énorme quantité de tapis et d'effets de toute espèce, dont ils s'emparent avec leur habileté ordinaire, et en ne consentant à s'en défaire en faveur des Français qu'au poids de l'or.

30. — Séjour à l'oued Bénian. Le bataillon pousse une reconnaissance aux environs du camp pour protéger les corvées de paille et d'orge dont on trouve une grande quantité, mais sans faire le coup de fusil avec l'ennemi qui ne se montre qu'un instant.

31. — La colonne quitte le bivouac de l'oued Bénian, rencontre la division du gouverneur qui était à notre recherche depuis deux jours ; le bataillon apprend la mort de M. Chanal, sous-lieutenant au 8e bataillon de chasseurs à pied, tué pendant l'expédition sur Saïda ; les deux colonnes bivouaquent sur l'oued Froha, à l'entrée de la plaine.

Novembre

1er novembre. — Retour des deux colonnes à Mascara et bivouac dans la plaine, au pied de cette place.

2 novembre. — Départ de Mascara pour rentrer à Mostaganem. L'ennemi ne se montre pas, mais le service de l'arrière-garde, dont fait partie le bataillon, devient extrêmement pénible par suite de la route difficile que parcourt la colonne et l'immense quantité d'hommes malades et de bêtes de somme restant en arrière, qu'il faut aider et relever à chaque instant, et qui sont la

cause que les bataillons d'arrière-garde n'arrivent que 4 heures après le reste de la colonne.

Le général Levasseur, avec son zèle et son activité ordinaires, et qui, dans cette journée, se donne la plus grande peine pour conduire son convoi en bon ordre, établit le bivouac de sa colonne à l'oued Hammann.

3. — Le bataillon est d'avant-garde; les deux colonnes qui se suivent toujours, celle Levasseur marchant en tête, bivouaquent à l'oued Habra, près le fort Perrégaux, après avoir parcouru encore un pays très accidenté au milieu des bois, mais où l'ennemi reste dans la plus complète inaction.

4. — Bivouac à Mézara, en passant par Assian-Mengoub.

5. — Rentrée à Mostaganem et dans les baraques de Matémores. Le bataillon de marche est dissous et les 4 compagnies du bataillon, y compris la 1re, ramenée de Mascara, se réunissent à celles restées à Mostaganem.

Du 6 au 26 novembre. — Le bataillon reste à Mostaganem, continuellement employé aux fatigants travaux de cette place, qui ne lui laissent pas un moment de repos par suite de cette incessante activité du général de La Moricière.

Le bataillon prend part à quelques sorties sans importance, destinées à protéger la sécurité des Medjehers, nos alliés, qui quelquefois font demander la protection du général.

Campagne d'hiver. — Le 27 novembre, le bataillon entier fait partie d'une colonne commandée par le général de La Moricière, commandant supérieur de la province, et destinée à opérer tout l'hiver autour de Mascara pour châtier les Hachem et les tribus dissidentes des environs.

Cette colonne se compose de dix bataillons organisés en deux brigades de la manière suivante :

1re brigade, colonel Thierry

6e léger........................	2 bataillons
15e »	1 »
Bataillons d'élite......	2 »

2e brigade, colonel de la Torre

13e léger........................	1 bataillon
Bataillon d'Afrique...............	1 »
5e bataillon de chasseurs à pied...	1 »
4e de ligne......................	2 »

Trois escadrons de spahis, aux ordres du colonel Iousouf, artillerie, génie, train et administration nécessaires à la division.

Départ de Mostaganem. Bivouac à Mézara.

28. — Bivouac à Assian-Romry.

29. — Le bataillon est d'arrière-garde, 1re compagnie sur le flanc droit, compagnie de carabiniers à l'extrême arrière-garde, ces deux compagnies, parfaitement menées par MM. le capitaine de Jouvancourt et le lieutenant de Lastic, tiraillent toute la journée avec l'ennemi en lui tuant bon nombre de cavaliers et de kabyles ; comme d'habitude, la justesse de nos carabines fait promptement éloigner les Arabes de leur portée. Bivouac à Aïn-Kébira.

30. — Le bataillon est d'avant-garde, l'ennemi continue à beaucoup tirailler avec l'arrière-garde, qui a plusieurs hommes blessés ; il s'avance même avec assez d'audace à la hauteur d'Elbordje, où alors le général se décide, pour en finir, à faire faire un retour offensif aux spahis,

qui déposent leur chargement à terre et, en moins d'une demi-heure, coupent vingt têtes à l'ennemi, ne perdant, eux, qu'un seul homme qu'ils ne laissent pas aux mains des Arabes à qui la leçon profite, car plus un seul coup de fusil n'est tiré de la journée. Bivouac à l'oued Maoussa.

Décembre

1er décembre. — Arrivée sous Mascara, le bataillon est cantonné au faubourg Baba-Ali.

2, 3 et 4. — Séjour et travaux de jour et de nuit pour mettre le faubourg Baba-Ali, très difficile à garder et très étendu, dans un certain état de défense.

Dans la nuit du 3 au 4, le sergent Roch et le chasseur Leroy tuent deux voleurs arabes qui avaient essayé de pénétrer dans le cantonnement. Le général donne une gratification de 5 francs au chasseur Leroy pour la vigilance et l'adresse dont il a fait preuve dans cette circonstance.

5. — Départ de la division pour vider les matémores de Mosaouba. Le bataillon est d'arrière-garde et les carabiniers blessent grièvement deux chevaux des cavaliers arabes qui suivaient la colonne ; la division est entourée, au nombre de plus de 6.000, par des cavaliers réguliers et des Hachem, mais qui ne tirent qu'à de grandes distances et sans oser s'engager. Bivouac à Mosaouba, où l'armée s'approvisionne en blé, orge, sel et paille.

6. — Séjour à Mosaouba ; le chasseur Rochette, de la 2e compagnie, sort du camp au milieu de la nuit, sans permission et sans qu'on se soit aperçu de son absence que plusieurs heures après ; il tombe même probablement au pouvoir de l'ennemi, car depuis lors et malgré

toutes les recherches faites, le bataillon n'a plus aucune nouvelle de ce malheureux.

7. — Départ des matémores. Bivouac à l'oued Maoussa; le bataillon est d'avant-garde.

8. — Retour à Mascara.

9. — Départ de Mascara. Bivouac aux matémores de Ouled Gréra, où l'on ne trouve pas une quantité suffisante de denrées pour le chargement de la division.

10. — Bivouac aux matémores de Magda, où se fait un chargement considérable en blé et en orge.

11. — Séjour pour consommer sur place ce que ne peut emporter l'armée qui, comme les Romains, vit avec ses propres ressources en faisant elle-même sa farine, des galettes, du pain même et de la bouillie, pour remplacer les vivres réglementaires.

12. — Rentrée à Mascara; le bataillon est le dernier de la colonne de gauche. Les Arabes attaquent la division dès le départ du bivouac, ils sont en grand nombre et paraissent très résolus ; la 2e compagnie tiraille toute la journée avec beaucoup d'adresse et de sang-froid; l'ennemi ne cessant pas de harceler l'arrière-garde et les flancs de la colonne, le général se décide à ordonner un retour offensif qui est exécuté avec une grande vigueur et auquel le bataillon prend part. Le général donne l'ordre au chef de bataillon Mellinet de diriger lui-même six carabiniers, à qui il fait abattre avec beaucoup de bonheur quatre cavaliers hachem, qui montraient à l'armée qu'ils ne manquaient ni de bravoure ni de sang-froid. Sitôt après le mouvement offensif, l'ennemi, composé de plus de 1,500 cavaliers ou fantassins de la tribu des Hachem, se retire et laisse la division continuer paisiblement sa route jusqu'à Mascara; les spahis perdent dans cette affaire le brave lieutenant

Gallot, regretté de toute l'armée ; les Arabes n'ont pas dû avoir moins de 100 ou 150 hommes tués ou blessés dans cette journée.

13. — Séjour à Mascara.

14. — Bivouac aux matémores d'Aïn-Defka, où on trouve toujours beaucoup d'orge et de blé, afin de continuer et adopter définitivement le système alimentaire de galettes et de bouillie, à laquelle les soldats veulent bien donner le nom arabe de couscousse, qui malheureusement n'a aucun rapport avec ce mets excellent des Arabes.

15, 16, 17, 18 et 19. — Séjour à Mascara par suite des pluies continuelles, mais sans que la division cesse de se livrer aux travaux continuels de la place et des environs et d'être employée à un service très actif et très rude.

20. — Départ de la division à une heure du matin pour opérer une razzia sur les tribus réunies des Sidi-Das et des Beni-Chougrans, qui réussit complètement et fait prendre une immense quantité de bœufs, de moutons, de chèvres, de chevaux, de bêtes de somme, d'ânes et d'effets de toute espèce appartenant aux Arabes de ces tribus; le bataillon s'engage dans les ravins, tue plusieurs Arabes avec beaucoup d'adresse et d'ardeur et particulièrement la 1re compagnie, conduite par le chef de bataillon Mellinet et le capitaine de Jouvancourt, qui citent comme s'étant fait remarquer dans cette journée le sergent Vivot, les caporaux Blanchet et Mainguet et les chasseurs Clap et Guiraud, qui tous ont tué des Arabes.

Le commandant croit aussi devoir y ajouter M. le capitaine adjudant-major de Labareyre, qui a dirigé plusieurs compagnies du bataillon avec beaucoup d'intelligence.

Après 18 heures d'une marche continuelle, la colonne rentre à Mascara, sans que l'ennemi ose se montrer après la perte énorme qu'il venait d'éprouver.

Le bataillon, qui est resté toute la journée en course dans les montagnes et dans les ravins, est placé à l'avant-garde.

21. — Départ à 10 heures pour aller faire du fourrage dans l'est de la plaine d'Egris. Retour à 10 heures du soir.

22. — Départ à 7 heures pour retourner dans la plaine et continuer à faire du fourrage. Rentrée à Mascara à 2 heures, par un temps épouvantable, ce qui rend la marche très difficile.

23, 24, 25, 26 et 27. — Séjour à Mascara, toujours en continuant à faire de courtes sorties pour faire paître les bêtes ou chercher de quoi les nourrir et coopérer aux travaux de la place.

28. — Départ à 6 heures pour faire du fourrage sur les matémores, dans l'est. Retour à Mascara à 9 heures du soir.

29, 30 et 31 décembre et 1er janvier. — Séjour à Mascara par suite des pluies continuelles, de neige, et qui rendent la position des troupes très misérable dans les mauvaises masures qu'elles habitent et où il pleut de tous côtés.

2. — Départ à 7 heures par les crêtes, pour aller faire du fourrage et vider les matémores de Kurth, où longtemps les réguliers ont eu leur camp ; on trouve là un assez bon chargement (particulièrement le bataillon) et un marabout contenant une grande quantité de farine très belle, qui vraisemblablement servait à nourrir les réguliers. Rentrée à Mascara à 6 heures le même jour.

3. — Départ à 9 heures, dans l'ouest et par les crêtes, pour aller vider les matémores de Sidi-Ali-Ben-Ahmet, qui sont tellement considérables qu'on laisse la moitié des denrées sans avoir assez de moyens de transport pour les porter à Mascara. Bivouac de la division sur les matémores.

Un sous-lieutenant du 6e léger, qui était allé à la chasse un peu trop loin des avant-postes, est enlevé sans que personne s'en soit aperçu et qu'on ait pu savoir ce qu'il était devenu.

4. — Départ à 1 heure après-midi, avec un très mauvais temps, qui force le général à faire bivouaquer sa division à une lieue du garoubier de El-Siada.

Le bataillon est d'avant-garde.

5. — Départ à 7 heures du matin, toujours avec une pluie et une grêle continuelles, qui rendent la marche très pénible ; l'ennemi, comme à son habitude, ne se montre plus. Rentrée à Mascara à 3 heures.

6, 7, 8 et 9. — Séjour à Mascara.

10. — Départ à 7 heures du matin pour aller vider des matémores où on a trouvé un assez bon chargement ; toute la journée, neige et froid très intense.

11. — Séjour.

12 et 13. — Départ le 12, à 7 heures du soir, dans le sud, pour aller opérer une razzia sur les Hachem, et qui réussit parfaitement, quoiqu'à 2 heures du matin ; le 13, une partie de la colonne se perd dans la plaine et est obligée d'attendre le jour, où seulement elle peut rejoindre le reste de la colonne, qui déjà, avec les spahis, avait enlevé 200 têtes de bétail à l'ennemi en lui coupant de plus quelques têtes, pour n'en pas perdre l'habitude. Arrivée au bivouac de l'oued Froha, à 2 heures ; quelques sentinelles du bataillon, qui étaient

restées en position pour protéger les corvées du bois, descendent très *proprement* deux cavaliers arabes qui venaient faire la fantasia devant le bataillon.

14. — Départ du bivouac à 6 heures du matin ; rentrée à Mascara à midi.

15, 16, 17 et 18. — Séjour à Mascara.

19. — La division sort à 3 heures du matin pour opérer une razzia sur les borgios dissidents de Callaa et des environs et tenter de surprendre le Kalifat Ben Thamy, qu'on suppose être campé, avec 300 cavaliers rouges, dans le village d'Elbordje ; la division est formée sur une seule colonne et le bataillon, qui est d'extrême arrière-garde, fait le plus rude métier pendant une marche de 15 heures et sans le moindre repos pour lui ; l'ennemi, qui se montre un instant sur la droite d'Elbordje, n'ose pas s'approcher de la colonne ; les spahis et les bataillons d'avant-garde, commandés par les lieutenants-colonels Iousouf, des spahis, et Arnault, du 6e léger, font une très belle razzia sur les tribus de Callaa, réfugiées dans les ravins, qui ne leur opposent aucune résistance et se laissent prendre une quantité immense de butin. On ramène 75 prisonniers à l'aspect misérable et déguenillé.

Bivouac à Bas-Abadi, dans un pays boisé très productif et dont les sites sont charmants.

20. — La colonne continue à poursuivre l'ennemi, qui s'éloigne pour éviter le combat, et, en désespoir de l'atteindre, s'arrête à vider les silos d'orge et de blé, suffisants pour la journée. Retour au bivouac de Bas-Abadi. Le bataillon est obligé, par sa position dans le carré, de bivouaquer au milieu d'un marais fangeux, heureusement à proximité de bois, et, toute la nuit, la neige et la pluie tombent à flot.

21. — Rentrée à Mascara, après une marche de plus de 12 heures, par une pluie battante, une route affreuse et le froid le plus rigoureux, qui rendent la journée tellement pénible et fatigante que des hommes de tous les corps restent en arrière ; plusieurs, recueillis, il faut le proclamer, par nos nouveaux alliés, les Sidi-Dao et les Béni-Chougrans, sont conduits, soignés et réchauffés dans leurs tentes et ramenés le lendemain à Mascara. Six cependant sont trouvés le lendemain morts de froid sur la route par leurs régiments. Le bataillon perd, dans cette journée, le clairon Jung, de la 4e compagnie, mauvais soldat s'il en fut, qui avait été envoyé à l'ambulance, où on n'a pu rendre compte de sa disparition et sans qu'on n'ait retrouvé depuis la moindre trace de cet homme.

22. — Séjour à Mascara.

23. — La colonne sort pour aller faire du fourrage pour les chevaux.

24. — Nouvelle sortie dans le même but et la même direction. Le bataillon est chargé de la garde du troupeau. Rentrée le même jour à Mascara. Il fait constamment le temps le plus effroyable, ce qui n'arrête pas un instant cette activité et cette persévérance incroyables et justes du général de La Moricière.

25. — La division sort pour chercher des silos chez les Hachem, de l'autre côté de l'oued Froha ; le passage du ruisseau est difficile, il y a plus d'un mètre d'eau. Bivouac à Sidi-Ahmet, où l'on trouve du blé et de l'orge en abondance.

26. — La division va bivouaquer aux matémores de Sidi-Ben, qui sont très considérables ; le convoi y prend un chargement complet ; l'infanterie emporte pour 13 jours de blé et 15 jours de sel.

27. — Le manque d'eau force à quitter la position avant d'avoir épuisé tous les silos.

Le Kalifat, avec environ 200 cavaliers, observe les mouvements de la division depuis la veille. Le bataillon est d'arrière-garde et le caporal Bertrand, de la 3e compagnie, tue, avec beaucoup d'adresse, un Arabe, en le tirant, sur la demande du colonel d'état-major Pélissier, à une distance de plus de 600 mètres, avec une carabine de munition ordinaire.

28. — Rentrée à Mascara. Le même jour, le général Bedeau arrive de Mostaganem avec un convoi ; nous avions besoin d'être ravitaillés en sel, sucre et café ; il fallait aussi à la division de la farine qui, par suite du chômage des moulins arabes, amené par le mauvais temps, s'était épuisée ; le convoi, déchargé dans la journée, repart le lendemain.

29, 30 et 31. — Séjour à Mascara ; le régime alimentaire auquel on a dû soumettre le soldat n'altère pas sa santé. Malgré la rigueur de la saison et les fatigues continuelles, le chiffre des malades est beaucoup moins élevé que dans les places d'Oran et de Mostaganem, et l'on peut attribuer cet heureux résultat à la suppression complète de l'usage des liqueurs alcooliques : le trafic scandaleux de ces boissons dans les villes de la côte est sans contredit la principale cause des maladies qui, chaque année, déciment nos soldats.

SITUATION

Du Vignoble de la Loire-Inférieure

EN 1902

Par A. ANDOUARD

Vice-Président du Comité d'études et de vigilance
pour le Phylloxera

L'année 1902 a mal débuté, pour la vigne, et elle menace de mal finir.

L'hiver a été relativement doux, à part le mois de février, qui a présenté une température moyenne de 3°,5 avec 19 jours de gelée, dont quelques-uns par 5 et 6 degrés au-dessous de zéro. En mars, comme en avril, il n'y a eu qu'un seul jour de gelée, ce qui est assez rare pour le premier de ces deux mois. Leur température moyenne s'est élevée respectivement à 8°,5 et à 10°, 8 et la vigne a commencé son mouvement végétatif avec une certaine vigueur. Malheureusement, le mois de mai, a été froid ; il n'a pas donné de gelée, mais sa température est restée celle du mois précédent. De là un ralentissement fâcheux dans la végétation, jusque vers le 25 mai.

Si le soleil nous était resté fidèle, à partir de cette date, l'arbuste aurait pu rattraper le temps perdu. Il n'en a pas été ainsi. La moitié du mois de juin n'a eu qu'une température au-dessous de la normale ; c'est à peine si sa moyenne dépasse 15°. En juillet, la chaleur a été caniculaire pendant quelques jours. Le mois suivant, le thermomètre a fléchi de 1 degré. Il est notablement plus bas encore en ce moment.

Il résulte de ces variations insolites que la formation des raisins, d'abord, leur développement ensuite, n'ont pu s'accomplir dans des conditions convenables. La coulure a fait des vides importants dans tout le vignoble, principalement dans les clos de muscadet.

Si j'ajoute qu'une grande sécheresse a régné pendant tout l'été, interrompue seulement par quelques brouillards et par de trop rares journées de pluie n'ayant même pas porté partout, on comprendra que la vendange donne de médiocres espérances, comme qualité aussi bien que comme quantité. La maturation se fait mal. La présente récolte sera peut-être encore plus défectueuse que celle de 1901, ce qui n'est pas peu dire.

Cette pénible perspective n'est pas, du reste, exclusivement imputable aux anomalies climatologiques. Elle reconnait également d'autres causes, faciles à dégager quand on parcourt la série des parasites de tout ordre qui attaquent présentement la vigne.

I. — PARASITES ANIMAUX

Le Phylloxera continue de dévaster, en progression géométrique, nos vieilles plantations, sans qu'on lui oppose désormais une bien vive résistance. Il est maitre absolu du terrain et la lutte n'a plus qu'un intérêt secondaire, à peu près limité à la conservation temporaire des vignobles dont la reconstitution est peu avancée.

Elle devient d'ailleurs de plus en plus difficile, à mesure que s'étend le réseau de la vigne américaine, pépinière de phylloxeras que personne ne songe à inquiéter. Aussi le recours aux insecticides a-t-il perdu presque toute son importance.

Le sulfure de carbone est encore quelque peu utilisé. Une dizaine de vignerons peu aisés, appartenant tous à la rive gauche de la Loire, en ont obtenu gratuitement de l'Administration départementale 1,600 kilogr., avec lesquels ils ont traité 8 hectares de vignes. D'autres viticulteurs ont sulfuré, à leurs frais, 12 hectares ; soit, au total, 20 hectares soignés de cette manière.

Dans la commune de Saint-Philbert-de-Grand-Lieu, un essai contre le Phylloxera a été tenté avec le *Lysol,* qui aurait donné là des résultats auxquels il ne nous avait pas habitués. Une vigne condamnée à l'arrachage, cette année, a repris une végétation normale, attribuée par son propriétaire à l'action de ce parasiticide, dont l'application sera renouvelée l'an prochain. Il est à souhaiter que le succès actuel se maintienne, bien que le prix du Lysol soit encore peu abordable.

Par ailleurs, le combat a été mené par le moyen le plus sûr, mais aussi le plus coûteux : la substitution des cépages américains aux cépages indigènes vaincus par le funeste présent de nos voisins d'outre-mer.

A côté de cet ennemi traditionnel, et bien avant son réveil, l'*Altise* a fait de tous côtés une apparition formidable, provoquant une légitime émotion. Rarement elle s'est multipliée autant que cette fois. Les dégâts qu'elle a causés ont été sérieux.

Elle a été suivie presque aussitôt par la *Pyrale,* aux assauts de laquelle nous sommes, hélas ! trop accoutumés et qui nous ravit périodiquement une partie de notre vendange.

La *Cochylis* a été moins nuisible. Elle n'a eu qu'une seule éclosion vraiment sérieuse ; encore a-t-elle été contrariée par la température. Sa deuxième ponte a été presque insignifiante.

Au *Gribouri* on peut toujours adresser des reproches mérités. Sa présence est régulièrement marquée, à droite ou à gauche, par les ajourées qu'il trace dans les feuilles. Mais, au demeurant, ce n'est pas un adversaire aussi dangereux que les précédents ; on peut lui accorder le bénéfice des circonstances atténuantes. Il incommode, il fatigue, il ne tue pas.

II. — PARASITES VÉGÉTAUX

Les champignons parasites n'ont pas eu à se féliciter du climat cette année. Le froid du printemps, la sécheresse de l'été ont sérieusement entravé leur multiplication. Il en est toutefois qui sont si peu exigeants, et dont l'évolution est si rapide, que malgré la coalition des éléments atmosphériques, ils sont parvenus à nuire. De ce nombre sont l'Oïdium, le Mildiou et la Pourriture grise.

L'*Oïdium* a flétri nombre de grappes, dans les vignobles négligemment ou tardivement soufrés. La sécheresse des mois d'été a mis fin à sa propagation, mais il avait déjà fait beaucoup de victimes.

Le *Mildiou* a tenté, en juin, une première invasion relativement bénigne et il a reparu au moment où on ne l'attendait plus. Comme d'habitude, il a surpris tous les mal gardés, tous les incorrigibles qui ont besoin de le voir blanchir les feuilles pour s'armer contre lui. A ce moment il était trop tard et si la température et l'état hygrométrique de l'air lui avaient été plus favorables, le mal eut été énorme, à en juger par la multitude des foyers que l'on voit de tous côtés.

Le dommage qu'il a causé aux grappes est d'ailleurs loin d'être négligeable. Ils sont presque sans nombre les clos dans lesquels, aux mois de juillet et d'août, les raisins ont disparu par suite de la pénétration du mycélium de ce champignon. Le mal vient d'un sulfatage incomplet et trop longtemps retardé par le vigneron. Presque partout, à présent, l'opération est assez bien exécutée sur les feuilles de la vigne, quand on se décide à la pratiquer. Mais on ne se préoccupe pas assez de préserver les grappes ; on néglige de les couvrir de cuivre, on n'asperge pas le dessous du cep. Il y a là cependant une nécessité de premier ordre, sur laquelle le Comité de vigilance appellera de nouveau l'attention des intéressés.

Il est d'autant plus important de prendre cette précaution, qu'elle peut en même temps nous garantir contre la *pourriture grise*, avec laquelle nous sommes aux prises depuis le commencement de septembre.

Les vignes palissées sur fil de fer et toutes celles dont l'aération ne laisse rien à désirer ont peu souffert de l'invasion du *Botrytis*. Celles, au contraire, dont les rameaux sont trop serrés, le feuillage trop dense, celles, en particulier, dont on a relevé, puis lié les branches en un faisceau compact sont en ce moment la proie du champignon et donneront une triste vendange. Il y en a malheureusement pas mal dans ce cas.

Les autres maladies, procédant d'un parasitisme végétal que l'on a pu remarquer dans notre vignoble, ne méritent qu'une simple mention.

Le *Folletage* était inévitable, dans la période de sécheresse intense que nous venons de traverser.

La *Brunissure*, l'*Anthracnose*, le *Court-Noué* ont pu être observés dans tous nos cantons viticoles, ce dernier assez fréquent dans les greffes sur Riparia. M. le Délégué départemental croit, de plus, avoir rencontré la maladie du Buzet.

Mais la plupart des altérations ne sont représentées que par des cas isolés ou tout au moins peu nombreux. Nous n'avons pas à déplorer d'accident de leur fait.

III. — RECONSTITUTION

A. — *Pépinières de vignes américaines*

Il y en a toujours 12 au compte du département, 1 à celui de la commune de Vallet, 5 entretenues par les Sociétés viticoles. Elles sont toutes en bon état de culture et en plein rapport. Les cépages qu'on y cultive depuis l'origine n'ont pas été modifiés : *Riparia-Gloire*, *Rupestris du Lot*, *Rupestris-Martin*, *Aramon-Rupestris-Ganzin*, *Vialla*, *Solonis*, *Gamay-Couderc*.

A la pépinière d'Oudon avaient été placés beaucoup d'autres cépages destinés à l'étude. Ceux qui se sont maintenus sont : *Riparia Rupestris 3306 et 3309*, *Blue-Dyer*, *Oporto*, *Franklin*, *Hybrides-Planchon*, *Hybrides divers*. Leurs sarments sont utilisés maintenant comme boutures. Voici l'ensemble de la dernière coupe, dans toutes les pépinières :

	Boutures.
Pépinière départementale du Bignon	15.800
— — de Bouguenais......	8.450
— — de Congrigoux......	72.701
A reporter.....	96.951

Report.....	96.951
Pépinière départementale du Loroux-Bottereau.	3.885
— — de Mauves..........	8.800
— — de Nort............	2.500
— — d'Oudon............	65.160
— — du Pallet...........	7.100
— — de Saint-Etienne-de-Montluc..........	11.275
— — de Saint-Philbert-de Grand-Lieu.......	5.850
— — de Sainte-Pazanne...	7.310
— — de Varades.........	15.900
— communale de Vallet...............	72.800
— de la Société viticole de Clisson	94.782
— — — du Landreau (greffes)	51.000
— — — de Saint-Aignan (greffes)......	84.000
— — — de Saint-Julien-de-Concelles (greffes)......	90.000
— de Vertou......	40.000
Total............	657.313

Toutes les pépinières sont entretenues par le département (une exceptée), avec le concours de l'Etat.

Celles des Sociétés viticoles bénéficient en outre des cotisations fournies par leurs membres et dont voici l'importance actuelle :

	Adhérents	Cotisations
Société viticole de Clisson	53	530 f
— du Landreau..........	125	500
A reporter.....	178	1.030 f

Report.....	178	1.030 f
Société viticole de Saint-Aignan	49	552
— de Saint-Julien-de-Concelles	310	1.550
Comice de Vertou....................	840	5.200
Totaux............	1.377	8.332 f

Suivant l'usage établi par le Conseil général, les boutures ont été délivrées aux vignerons, au prix de 1 franc le cent.

De plus, la pépinière de Congrigoux a vendu 3,200 greffes à 75 francs le mille. Cette année, elle en a préparé 35,000 qui ont été mises en pépinière dans les premiers jours du mois de juin.

B. — Achats de sarments américains

Le Conseil général a renouvelé, en 1902, le don généreux des sarments américains aux vignerons peu fortunés.

Ces vignerons se sont trouvés presque tous englobés dans 58 communes des arrondissements d'Ancenis, de Nantes et de Paimbœuf.

3,904 d'entre eux ont participé à la distribution, qui comportait :

Sarments de Riparia..............	856.000	mètres
— de Rupestris du Lot......	575.100	—
— de Riparia × Rupestris 3.309...............	130.800	—
Total.............	1.561.900	—

Chaque vigneron a reçu 400 mètres de sarments, à son choix.

Comme les années précédentes, l'achat et la coupe des bois ont été surveillés par des membres de la Société viticole de Vertou. La répartition a été effectuée par M. A. Gouin, Président de la Société, et par M. Danguy, professeur départemental d'agriculture.

Grâce aux trois distributions de cette nature, aujourd'hui réalisées, les petits vignerons ont été mis à même de reconstituer 800 hectares. La prochaine acquisition, beaucoup plus réduite que la dernière, achèvera de leur rendre les plantations que le phylloxéra leur avait ravies.

Si, à cet appoint considérable, on joint les boutures et les 37,500 greffes nées dans les pépinières du département, on voit que la reconstitution du vignoble marche à grands pas et qu'elle nous permet déjà de défier l'envahisseur.

IV. — ENSEIGNEMENT

Deux moyens d'enseignement sont mis, chaque année, à la disposition de nos vignerons : des *pépinières scolaires* et des cours de greffage.

A. — Pépinières scolaires

Afin de hâter la vulgarisation des connaissances relatives aux divers cépages américains qui nous sont utiles, le Conseil général consacre une somme de 1,100 francs à subventionner des pépinières confiées aux instituteurs publics et dont le nombre est actuellement de 64. Cette libéralité met les maîtres à même de familiariser leurs élèves avec les nouveaux cépages. Elle est très appréciée de ceux qui en tirent profit.

B. — Cours de greffage

Ces cours, dirigés par M: Fontaine, n'ont pas cessé d'être suivis avec empressement, bien que plusieurs d'entre eux aient eu lieu dans des communes moins essentiellement viticoles que celles où l'on a porté les premiers efforts. Ce résultat fait tout à la fois l'éloge du professeur et celui des élèves; il est de bon augure pour l'avenir du vignoble.

Cours de greffage de 1901-1902

Communes	Elèves inscrits	Elèves diplômés
Bernerie (La)	18	3
Brains	61	13
Chapelle-sur-Erdre (La)	31	6
Chémeré	40	5
Clisson	20	4
Couëron	27	6
Legé	22	7
Machecoul	65	12
Nantes (Persagotière)	51	7
Nozay (Grand-Jouan)	55	15
Oudon	35	13
Pellerin (Le)	34	5
Port-Saint-Père (Le)	68	13
Rouans	39	9
Saint-Jean-de-Corcoué	50	6
Saint-Père-en-Retz	85	12
Sorinières (Les)	21	6
Vue	31	6
Totaux	753	148

ETAT DU VIGNOBLE EN 1902

J'emprunte au rapport adressé à l'Administration par M. le délégué départemental, le relevé des vignes saines et plus ou moins compromises que possède en ce moment la Loire-Inférieure :

Surface du vignoble en 1901	23.437	hectares.
Vignes détruites en 1902..........	1.400	—
Reste...........	22.037	—
Vignes plantées en 1902...........	3.343	—
Surface du vignoble en 1902.......	25.380	—
A déduire :		
Vignes malades : 10.224 hectares — suspectes : 776 —	11.000	—
Vignes paraissant indemnes à la fin de 1902......................	14.380	hectares.

LES EXIGENCES DE LA VIGNE

Dans la Loire-Inférieure

PAR A. ANDOUARD

Directeur honoraire de la Station agronomique.

.J'ai commencé, cette année, avec l'obligeant concours de M. G. Baillergeau (à la Frémoire, commune de Vertou), de Mme Bronkhorst, propriétaire à la Haute-Maison (commune de Saint-Aignan) et de M. Bronkhorst fils, Commissaire de 1re classe de la Marine, l'étude des exigences que présentent, au point de vue alimentaire, les deux principaux cépages de la Loire-Inférieure : le *Muscadet,* et le *Gros-Plant* ou *Folle verte.*

Dans les deux vignobles, les expériences ont été conduites avec des soins minutieux et éclairés, dont je ne puis assez remercier mes aimables collaborateurs. Elles ont été fortement contrariées, d'abord par la coulure, qui a sévi avec intensité dans tout le département, puis par la sécheresse persistante de l'été. Nous en enregistrons les résultats comme un point de départ, nous réservant de les compléter dans les années qui suivront.

1. — Vignoble de la Frémoire.

La partie de ce vignoble sur laquelle a porté le présent travail est un plateau élevé, très découvert et à pente faible. Elle a une superficie d'un demi-hectare. Sa couche arable forme une épaisseur de 60 centimètres et repose sur des schistes en voie de désagrégation, mêlés d'un peu d'argile. Sa composition chimique est la suivante :

Analyse physique

	Sol	Sous-sol
Cailloux	15.330	8.025
Gravier	29.856	26.025
Argile	12.584	26.334
Sable, humus	42.230	39.616
Total	100.000	100 000

Analyse chimique

Humus	1.93	3.72
Azote total	0 04	0.03
Acide phosphorique total	0.06	0.04
Potasse totale	0.12	0.22
Chaux	0.15	0.14
Magnésie	0.24	0.65
Alumine, oxyde de fer	3.60	9.04
Eau	2.44	4.39
Sable, argile	91 42	81.77
Total	100.00	100.00

Cette terre avait reçu comme unique fumure, en 1901, environ 3.000 kilogrammes par hectare d'un terreau contenant :

	Pour cent.	Pour un hectare.
Azote total....................	0.37	11 kil. 100
Acide phosphorique total........	0.18	5 400
Potasse totale..................	0.13	3 900

Elle fut divisée en six parties égales, dont l'une demeura sans fumure, tandis que les autres recevaient les engrais ci-après, calculés ici pour un hectare :

Parcelle n° 1

Phosphate de Tocqueville, à 25 %.....	500 kil.

Parcelle n° 2

Superphosphate minéral à 12 %........	1.000 —

Parcelle n° 3

Superphosphate minéral à 12 %........	1.000 —
Sulfate de potasse à 48 %..............	200 —

Parcelle n° 4

Superphosphate minéral, à 12 %........	1.000 —
Sulfate d'ammoniaque à 20,4 %.........	200 —

Parcelle nº 5

Superphosphate minéral, à 12 %........	1.000 —
Sulfate de potasse, à 48 %..............	200 kil.
Sulfate d'ammoniaque, à 20,4 %........	200 —

Ces fumures ne sont pas celles qu'il convient d'adopter d'une manière continue, étant donné qu'elles sont dépourvues d'éléments organiques. Elles ont été ainsi choisies pour déterminer à quel degré la terre de la Frémoire est sensible à l'action de chacune d'elles. Le climat de l'année ayant été défavorable à l'efficacité des engrais, ceux-ci seront employés une fois encore, dans l'espoir de les pouvoir mieux juger. Ils seront ensuite remplacés par des fumures plus rationnelles, c'est-à-dire par des engrais complets, sous le double rapport minéral et organique.

La superficie plantée de chaque parcelle est exactement de 800 mètres carrés.

Le cépage cultivé est le *Muscadet*, greffé sur Riparia Gloire et âgé de cinq ans. Chaque parcelle en nourrit 568 pieds, qui ont toujours été soumis à la taille Guyot simple.

La vendange a été effectuée du 23 au 27 septembre. Les raisins étaient bien mûrs et très sains ; on avait éliminé les grappes, assez rares du reste, qui présentaient un peu de pourriture. Le temps fut très sec le premier jour ; le lendemain fut marqué par une très forte rosée, les deux derniers jours par une pluie légère. Voici les résultats obtenus :

Rendement par hectare.

	RAISINS Kilogrammes	VIN Litres
Parcelle nº 1....	2.338	1.675
Parcelle nº 2....	1.982	1.413
— nº 3....	2.325	1.713
— nº 4....	2.613	1.875
— nº 5....	2.332	1.688
Témoin.........	2.328	1.800

Composition centésimale des moûts (en volume)

PARCELLES	DENSITÉ à 15º	EXTRAIT SEC	CENDRES	ACIDITÉ totale en acide tartrique	CRÈME de TARTRE	SUCRE
Nº 1.......	1072	19.06	0.572	1.068	0.530	17.04
Nº 2.......	1078	19.67	0.556	0.855	0.525	17.96
Nº 3.......	1072	19.12	0.610	0.863	0.492	17.13
Nº 4.......	1070	17.74	0.534	0.941	0.504	15.90
Nº 5.......	1074	18.58	0.525	1.003	0.516	16.70
Témoin	1068	16.91	0.493	0.942	0.458	15.21

La récolte a été bien maigre partout, pour les raisons déjà indiquées. Celle de la parcelle servant de terme de comparaison n'est pas inférieure aux autres, comme quantité ; elle est même plus forte que la plupart d'entre elles, en tant que résultat final. Mais le moût n'est pas aussi riche ; sa densité est la plus faible de toutes et la composition chimique du vin s'en ressent :

Composition centésimale du vin

PARCELLES	ALCOOL	AZOTE	ACIDE PHOSPHORIQUE	POTASSE	CHAUX
Nº 1........	9.30	0.041	0.021	0.050	0.007
Nº 2........	9.60	0.043	0.023	0.052	0.006
Nº 3........	9.35	0.046	0.020	0.049	0.007
Nº 4........	9.20	0.040	0.025	0.037	0.005
Nº 5........	9.30	0.042	0.027	0.049	0.008
Témoin.....	9.10	0.037	0.020	0.048	0.006

Pour apprécier la soustraction d'éléments fertilisants faite au sol par la vigne, il reste à évaluer le poids des feuilles et des sarments résultant de sa végétation, celui des déchets de la vendange, c'est-à-dire des marcs et des lies, et la composition chimique de chacune de ces parties :

Quantités, par hectare, des feuilles, des sarments et des marcs séchés à 100 degrés

PARCELLES	FEUILLES	SARMENTS	MARCS
Nº 1..............	473 kil.	2.725 kil.	132 kil.
Nº 2..............	490 —	1.775 —	120 —
Nº 3..............	367 —	1.228 —	145 —
Nº 4..............	352 —	2.010 —	150 —
Nº 5..............	398 —	1.613 —	135 —
Témoin...........	401 —	2.048 —	131 —

Composition centésimale des feuilles, des sarments et des marcs séchés à 100 degrés

PARCELLES	AZOTE	ACIDE PHOSPHORIQUE	POTASSE	CHAUX
		FEUILLES		
N° 1	1.206	0.249	0.305	4.000
N° 2	1.108	0.256	0.309	4.000
N° 3	1.105	0.243	0.326	4.000
N° 4	1.109	0.237	0.312	4.000
N° 5	1.150	0.256	0.293	4.000
Témoin	1.100	0.256	0.250	4.000
		SARMENTS		
N° 1	0.450	0.154	0.257	0.448
N° 2	0.450	0.156	0.271	0.459
N° 3	0.450	0.148	0.264	0.437
N° 4	0.400	0.145	0.258	0.476
N° 5	0.400	0.164	0.267	0.384
Témoin	0.400	0.136	0.249	0.420
		MARCS		
N° 1	2.107	0.666	1.712	0.238
N° 2	2.204	0.678	1.760	0.243
N° 3	2.105	0.653	1 903	0.260
N° 4	2.302	0.678	1.855	0.254
N° 5	2.306	0.678	1.760	0.261
Témoin	2.200	0.666	1.712	0.248

Il résulte des relevés ci-dessus que la végétation a été inégale dans les différentes parties du champ d'expériences.

La production des feuilles est notablement plus forte dans les deux premières parcelles que dans les autres.

Celle des sarments est maximum dans la parcelle nº 1 et plus que moitié plus faible dans la parcelle nº 3.

Les marcs suivent naturellement les fluctuations de poids des raisins, avec de légers écarts dus au développement inégal des grappes.

Partout la bascule accuse des rendements faibles. La parcelle témoin (sans fumure) n'est pas toujours la moins bien partagée. Ce fait tient évidemment au bon état de culture antérieur de la terre et aussi à ce fait que la déclivité du terrain porte inévitablement à cette parcelle une partie des engrais fournis aux planches voisines.

En ce qui concerne la composition centésimale des feuilles, je dois faire remarquer que la chaux n'a pas pu y être dosée. Ces organes étaient encore recouverts de bouillie bordelaise, dont la présence aurait faussé les résultats, malgré les lavages qui auraient pu être pratiqués. Cet inconvénient sera évité à la prochaine campagne. En attendant mieux et pour ne pas laisser de lacune dans les évaluations, j'ai admis dans les feuilles le minimum de chaux qu'on y trouve habituellement.

Tableau.

Principes fertilisants absorbés, par hectare

	AZOTE kilogrammes	ACIDE PHOSPHORIQUE kilogrammes	POTASSE kilogrammes	CHAUX kilogrammes
	PARCELLE N° 1			
Feuilles	5.704	1.178	1.443	18.920
Sarments	12.262	4.196	7.003	12.208
Marcs	2.781	0.879	2.260	0.314
Vin	0.687	0.352	0.837	0.117
Totaux	21.434	6.605	11.543	31.559
	PARCELLE N° 2			
Feuilles	5.429	1.220	1.474	19.600
Sarments	7.987	2.769	4.810	8.147
Marcs	2.645	0.814	2.112	0.292
Vin	0.607	0.297	0.706	0.099
Totaux	16.668	5.100	9.102	28.138
	PARCELLE N° 3			
Feuilles	4.055	0.892	1.196	14.680
Sarments	5.526	1.817	3.242	5.366
Marcs	3.052	0.957	2.759	0.377
Vin	0.788	0.343	0.839	0.120
Totaux	13.421	4.009	8.036	20.543
	PARCELLE N° 4			
Feuilles	3.904	0.834	1.098	14.080
Sarments	8.040	2.914	5.186	9.568
Marcs	3.453	1.017	2.782	0.381
Vin	0.750	0.469	0.694	0.094
Totaux	16.147	5.234	9.760	24.123
	PARCELLE N° 5			
Feuilles	4.577	1.022	1.166	15.920
Sarments	6.452	2.645	4.307	6.194
Marcs	3.113	0.915	2.376	0.352
Vin	0.709	0.456	0.827	0.135
Totaux	14.851	5.038	8.676	22.601
	PARCELLE TÉMOIN			
Feuilles	4.411	1.026	1.002	16.040
Sarments	8.192	2.785	5.099	8.602
Marcs	2.882	0.872	2.243	0.325
Vin	0.666	0.360	0.864	0.108
Totaux	16.151	5.043	9.208	25.075

Si on prend les moyennes de tous les totaux, on voit que les prélèvements faits au sol de la Frémoire par la récolte de Muscadet de 1902 sont les suivants, pour un hectare :

Azote	16 kil. 445
Acide phosphorique	5 — 171
Potasse	9 — 387
Chaux	25 — 340

II. — Vignoble de la Haute-Maison.

Les expériences poursuivies à la Haute-Maison, en 1902, embrassaient deux clos de vigne contigus (A et B), de 30 ares chacun, subdivisés en 12 parcelles de 500 mètres carrés.

Dans ce vignoble, la terre végétale forme une couche de 60 à 65 centimètres d'épaisseur, et elle repose sur un sous-sol silico-argileux. Bien qu'un peu maigre et très argileuse, elle est favorable à la vigne, qui s'y est toujours montrée prospère. Voici sa composition centésimale :

Analyse chimique

Cailloux	6.895
Graviers	9.669
Argile	42.520
Sable, humus	40.916
Total	100.000

Analyse chimique

Humus	2.85
Azote total	0.08
Acide phosphorique total	0.04
Potasse totale	0.10

Chaux totale	0.10
Magnésie.	0.19
Alumine, oxyde de fer	3.61
Eau	1.86
Sable, argile	91.17
Total.	100.00

En 1901, la partie A du vignoble avait reçu comme fumure, par hectare:

Nitrate de soude	90	kil.
Sulfate de potasse	75	—
Phosphate fossile.	200	—

A la partie B, aucun engrais n'avait été donné.

Au commencement de 1902, dix des parcelles choisies comme terrain d'expérience ont été fumées dans les mêmes conditions que celles de la Frémoire et avec les mêmes engrais. Aux numéros semblables des deux clos correspondent par conséquent des fumures identiques. Les deux dernières parcelles n'ont reçu aucun apport fertilisant, afin de servir de point de comparaison à toutes les autres.

Le cépage planté dans les deux clos est le *Gros-Plant*, ou *Folle-Verte*, dont il existe environ 6,200 pieds par hectare.

Dans le clos A, le plant est à sa cinquième feuille. Les parcelles 1 et 2 sont taillées en gobelet. Les autres ont été façonnées d'après la taille Guyot simple.

Tout le clos B est uniformément taillé en gobelet et il est plus jeune que l'autre. La plantation en a été faite en novembre 1899, avec un demi-succès seulement, bien qu'aucun soin ne lui ait été épargné. Près d'un tiers des plants n'ont pas pris racine et ont dû être remplacés.

Cet échec, joint au plus jeune âge des ceps, explique l'écart présenté par les récoltes dans les deux clos. Il ne met pas obstacle, toutefois, à la comparaison entre les parcelles du clos B, chacune d'elles ayant supporté, dans une mesure sensiblement égale, le renouvellement des pieds primitivement plantés.

La floraison s'est accomplie dans des conditions défectueuses. A la Haute-Maison, comme à la Frémoire, les mauvais temps des mois de mai et de juin anéantirent en partie la récolte, qui s'annonçait sous les plus heureux aspects.

Par suite de la sécheresse de l'été, deux sulfatages suffirent à préserver la vigne des invasions cryptogamiques. Un peu de pourriture grise ne put cependant être évitée, mais elle ne causa pas de dommage sérieux et, d'une manière générale, on peut dire que la végétation fut satisfaisante.

Les vendanges ont eu lieu le 6 octobre, par un temps légèrement brumeux, mais sans pluie. Le raisin était mûr à point.

Rendement par hectare :

PARCELLES	RAISINS		MOUTS	
	Clos A Kilogrammes	Clos B Kilogrammes	Clos A Hectolitres	Clos B Hectolitres
N° 1	7,880	2,300	58,06	16,30
N° 2	7,340	2,050	54,10	14,52
N° 3	10,730	2,330	79,08	15,80
N° 4	11,170	2,380	82,30	16,87
N° 5	10,610	2,480	78,20	17,58
Témoin	6,540	1.960	46,72	13,68

Composition centésimale des moûts (en volume)

PARCELLES	DENSITÉ à 15°	EXTRAIT sec	CENDRES	ACIDITÉ totale (en acide tartrique)	CRÈME de tartre	SUCRE
			CLOS A			
N° 1	1062	15,34	0,61	1,238	0,870	11,86
N° 2	1062	15,18	0,58	1,343	0,855	12,40
N° 3	1059	14,71	0,54	1,456	0,760	11,04
N° 4	1060	14,76	0,61	1,522	0,773	11,76
N° 5	1063	15,60	0,64	1,319	0,860	12,13
Témoin	1064	16,53	0,55	1,375	0,735	11,98
			CLOS B			
N° 1	1062	15.52	0,60	1,621	0,882	11,93
N° 2	1063	15,66	0,59	1,632	0,830	12,36
N° 3	1064	15,71	0,63	1.541	0,880	11,70
N° 4	1064	15,75	0,62	1,505	0,834	12,30
N° 5	1064	15,58	0,65	1,417	0,783	12,34
Témoin	1066	16,09	0,65	1,404	0,870	11,65

Tous les moûts ont une composition assez normale, sauf en ce qui concerne le sucre, dont la proportion est au-dessous de la moyenne habituelle.

En raison de la médiocrité de la récolte dans chaque parcelle, tous les moûts d'un même clos ont dû être réunis aprés pressurage, pour être soumis ensemble à la fermentation.

Il en résulte que trois vins seulement ont pu être analysés, correspondant respectivement aux deux clos A et B ainsi qu'aux parcelles non fumées.

Composition centésimale des vins (en volume).

	Clos A	Clos B	Témoin
Densité à 15°	1,002	1,002	1,002
Alcool	6°,7	6°,7	6°,6
Extrait sec	2,280	2,183	2,320
Azote	0,110	0,100	0,080
Acide phosphorique	0,010	0,011	0,010
Potasse	0,049	0,052	0,057
Chaux	0,018	0,017	0,016
Crème de tartre	0,190	0,190	0,205
Sulfate de potasse	0,012	0,012	0,012
Acide tartrique	10,810	10,650	10,950
Glycérine	0,473	0,408	0,430
Rapport alcool-extrait	2,35	2,46	2,27
Somme acide-alcool	17,51	17,35	17,55

Les trois vins ont sensiblement la même composition. Les différences portent presque uniquement sur le volume fourni par chacune des parcelles, volume notablement plus faible dans celles qui n'ont pas reçu d'engrais.

Il reste à déterminer le poids des organes aériens de végétation et leur composition. Ici, comme pour le Muscadet, la persistance de la bouillie bordelaise a empêché le dosage de la chaux, dans les feuilles.

Quantités, par hectare, des feuilles et des sarments séchés à 100 degrés

PARCELLES	FEUILLES		SARMENTS	
	CLOS A Kilogrammes	CLOS B Kilogrammes	CLOS A Kilogrammes	CLOS B Kilogrammes
N° 1	1.591	1.348	3.617	3.003
N° 2	1.990	1.627	2.852	3.528
N° 3	1.785	1.464	2.790	3.245
N° 4	1.918	1.760	2.958	3.258
N° 5	1.585	1.621	3.080	4.223
Témoin	1.536	1.010	2.415	2.172

Composition centésimale des feuilles et des sarments séchés à 100 degrés

PARCELLES	AZOTE	ACIDE phosphorique	POTASSE	CHAUX
		Feuilles — CLOS A		
No 1	1.925	0.361	0.192	
No 2	1.864	0.388	0.190	
No 3	1.912	0.360	0.183	
No 4	1.810	0.347	0.205	
No 5	1.908	0.343	0.222	
Témoin	1.807	0.310	0.288	
		Feuilles — CLOS B		
No 1	1.990	0.342	0.316	
No 2	2.086	0.308	0.338	
No 3	2.090	0.297	0.335	
No 4	1.981	0.281	0.353	
No 5	2.077	0.336	0.340	
Témoin	1.813	0.223	0.378	
		Sarments — CLOS A		
No 1	0.35	0.118	0.238	0.510
No 2	0.35	0.125	0.219	0.498
No 3	0.40	0.120	0.247	0.487
No 4	0.35	0.110	0.319	0.532
No 5	0.35	0.115	0.285	0.504
Témoin	0.40	0.102	0.352	0.476
		Sarments — CLOS B		
No 1	0.35	0.123	0.290	0.482
No 2	0.35	0.120	0.300	0.476
No 3	0.35	0.115	0.323	0.476
No 4	0.35	0.120	0.338	0.498
No 5	0.40	0.125	0.304	0.482
Témoin	0.40	0.105	0.343	0.470

La pénurie qui a conduit à mélanger les moûts des parcelles d'un même clos a mis obstacle à la séparation des marcs de chaque origine. Dès lors, je ne puis, cette fois, établir d'une manière complète les emprunts faits au sol de la Haute-Maison par sa culture de Gros-Plant. Cette lacune sera comblée en 1903.

Ce qui, dès aujourd'hui, se dégage nettement des résultats acquis, c'est l'effet bienfaisant des engrais sur la végétation de la Folle-Verte.

Le poids total des feuilles et celui des sarments l'emportent dans toutes les parcelles fumées sur ceux des parcelles témoins. L'écart est moindre pour les feuilles dans le clos A, où il atteint au plus 25 % ; il va jusqu'au triple dans le clos B. Pour les sarments, il monte sensiblement dans le rapport de 2 à 3, dans chacun des clos. C'est un gain considérable.

Une augmentation parallèle, bien que moins intense, se manifeste dans la pesée de la vendange. Les raisins passent de 6,540 kilogr. (témoin) à 10,670 (n° 5), 10,730 (n° 3) et 11,170 (n° 4), dans le clos A. Dans le clos B, la différence maximum se produit entre la parcelle témoin (1,960 kilogr.) et le n° 5 (2,480 kilogr.). Elle est encore très importante.

Sauf la potasse, qui ne semble pas influencée par la présence de l'engrais supplémentaire, les autres principes en reçoivent tous un accroissement marqué. Aussi l'apparence des ceps des parcelles fumées était-elle bien meilleure que celle des parties privées d'engrais. L'expérience commencée à la Haute-Maison aura donc eu un premier résultat utile, en attendant qu'elle conduise au but pour lequel elle a été principalement instituée.

Notice nécrologique sur M. le Docteur Chartier

PAR M. LE Dr GUILLOU

La Société Académique, qui aime à s'informer avec une curiosité bienveillante des titres scientifiques ou littéraires des membres que vous lui présentez, aime plus tard, quand la mort vient de les atteindre, à se remémorer leurs travaux, à faire revivre leurs personnalités, à se rappeler leurs qualités et leurs vertus. Ainsi ceux qui sont partis, dans ce qu'ils eurent de meilleur, reviennent tour à tour nous servir de leçon : c'est la bonne manière de regretter nos morts, de savoir pourquoi nous les regrettons.

Vous m'avez demandé de vous dire ce que fut Chartier. Il fut simple et il fut bon. Il aima sa profession et il sut l'honorer. Son bon sens était impeccable et sa droiture inflexible. Il eut à Nantes tous les titres que peut rêver l'activité médicale : il fut médecin des Hôpitaux, professeur à l'Ecole de Médecine, membre du Conseil d'hygiène et, pendant quinze ans, médecin des épidémies. Il remplit consciencieusement toutes ces fonctions et il se montra digne de tous ces titres. Modeste toujours, il ne songea jamais qu'à faire son devoir modestement. Eut-il raison ? De son temps, c'était assez généralement ainsi qu'on comprenait la science et la vie scientifique.

Aujourd'hui, sans doute, mieux vaudrait, sur les tréteaux de la vie moderne, un peu plus d'amour du tumulte et de recherche de l'éclat. Chartier appartenait à une génération naïve qui crut longtemps que, le devoir accompli, plus rien ne restait à faire et qu'une dignité en paix est la plus douce récompense d'une vie laborieuse.

Il reçut toutes ces modestes et honorables récompenses de palmes, de médailles d'argent, de vermeil ou d'or, dont on récompensait alors les généreux et les longs dévouements, il les reçut avec simplicité et peut-être avec joie, ne demandant rien de plus, ne songeant pas qu'il pût recevoir autre chose. Ce qui honore les bons citoyens, les vrais serviteurs de la chose publique, c'est d'acquérir des mérites : aux détenteurs éphémères du pouvoir de savoir comment les récompenser.

Ainsi s'écoulait alternativement sa vie, au grand jour du travail et du devoir et dans la pénombre de l'effacement volontaire. Médecin d'hôpital, il fut, d'un bout à l'autre de sa carrière, scrupuleusement attentif aux besoins des pauvres qui lui étaient confiés ; confrère ou maitre, il passa irréprochable au milieu de tous, n'ayant jamais connu, dans une profession soupçonneuse, le soupçon ou la froideur ; homme, il donna et il reçut toutes les affections. Qu'importe le reste, s'il reste autre chose ?

Depuis quelques années il se sentait atteint dans son activité. En pleine possession de son intelligence et de son jugement, il se retira de la vie médicale et il alla se préparer à la mort dans le cadre pittoresque et gràcieux d'une campagne qu'il avait lui-même parée. Il n'attendit pas longtemps. La mort vint. Il la vit venir, il compta ses pas, ne s'illusionnant point, sachant, pour l'avoir tant de fois combattue, comment elle vient, quand elle vient non plus seulement pour menacer, mais pour en finir..., et il se laissa prendre, attristé, comme tous les heureux de la vie, qui abandonnent derrière eux des êtres chers, résigné comme tous les chrétiens, qui partent.... ils savent où! et pour l'Eternité !

DISCOURS

PRONONCÉ SUR LA TOMBE DE

M. le Marquis DE GRANGES DE SURGÈRES

Vice-Président de la Société Académique

PAR

M. le Docteur GUILLOU, *Président de la Société Académique*

Messieurs,

Dans quelle stupéfaction m'eût-on plongé, il y a quelques mois, au moment où, assisté du Marquis de Granges de Surgères, je présidais la Société Académique de la Loire-Inférieure, si l'on m'avait annoncé qu'aujourd'hui je m'avancerais au bord de sa tombe béante, pour lui dire, au nom de tous ses collègues affligés, le funèbre et dernier adieu !

Il semblait si bien fait pour vivre, en pleine activité du corps et de l'intelligence, zélé, curieux, passionné pour le savoir, ardent au travail, entouré dans sa famille de tout ce qui fait la joie des cœurs tendres, en possession de toutes les satisfactions qui, chez un père, légitiment l'orgueil et justifient les plus grandes espérances...., et soudain, comme un coup de foudre, retentit le bruit de sa mort à l'oreille de ses amis consternés !

Sans doute, si brutale, si prématurée, si inattendue que soit sa disparition, il ne nous laisse pas que des regrets, il nous laisse aussi des exemples, il nous laisse ses travaux; car sa vie, qui aurait pu si aisément devenir inutile, resta ce qu'elle avait été, dès ses années de jeunesse, une vie de recherches opiniâtres et d'études incessantes.

Il avait reçu un nom illustre et honorable : il transmet ce nom illustre et honoré, et paré, en outre, aux yeux des hommes pour qui l'art, la littérature et les sciences historiques ont quelque attrait, d'une haute et pure notoriété.

La carrière des armes l'avait d'abord séduit. Tant des siens ont trouvé la gloire en servant l'ancienne France, qu'il obéissait à une passion héréditaire dans sa maison en se destinant à Saint-Cyr dès 1870. L'effroyable ouragan, parti d'Allemagne, et qui, en quelques jours, ravagea la Patrie, bouleversa ses projets, mais ne troubla pas son courage. On le nomme officier des Mobiles et il part au secours de Paris. Il assiste, avec l'état-major du 2me corps de la 2me armée, à toutes les batailles qui se livrent furieuses et sanglantes autour de la capitale assiégée. Il est aux deux journées de Champigny, journées de carnage, journées de malheur et journées de gloire ; il est au Bourget, il est à Buzenval. Ses camarades l'admirent, ses chefs le louent, la mort l'épargne, et, la paix venue, la défaite ratifiée, il rentre au foyer, portant au cœur le deuil de la patrie, deuil qu'il sentait cruel sans doute, mais qu'il ne croyait pas devoir porter toujours.

Alors, puisqu'il fallait faire attendre l'épée, il prit la plume ; et, en vrai Français de France, amoureux et fier de son pays, il se mit à l'étudier dans son histoire, dans ses coutumes et dans ses hommes, afin de pouvoir l'aimer davantage en le connaissant mieux.

Rien n'était inconnu à ce chercheur obstiné, rien n'était insignifiant pour lui, ni inutile, de ce que la vie de la France a laissé et laisse sur les plages de l'histoire en se retirant. Evocateur pieux, il faisait revivre les hommes et les choses et dans les sillons profonds qu'ont creusés partout son labeur et sa persévérance, tombe aujourd'hui la lumière et rayonne la clarté : littérature, iconographie, histoire nobiliaire, monographie sur notre histoire locale, bibliographie et critique, il se vouait à tout, il fouilla à tout avec résolution, avec ardeur, avec ténacité... Mais ce qui l'attirait surtout, ce qui l'obséda toujours, ce fut l'étude des beaux arts. Les artistes français du XVIIe siècle, et surtout ceux du XVIIIe, le ravissaient. La sévérité des uns, l'élégance des autres étaient, pour son âme affinée et artiste, un éternel sujet d'examen et d'admiration. Conduit par le goût le plus sûr et le mieux cultivé. aidé quelquefois d'une collaboration précieuse, il aimait à s'abandonner au milieu de toutes ces œuvres où vivent tant de gloire, tant de génie, tant de charme et tant de beauté, et à suivre l'évolution aisée et féconde de l'art français, inimitable dans la grâce et sans rival dans la majesté.

C'est au milieu de ces riants travaux que la maladie vint le surprendre. Il la crut pitoyable et bénigne. A Aix, il y a deux mois à peine, il se flattait d'avoir recouvré la santé... Et déjà son cercueil a disparu, engouffré dans sa tombe, engouffrant ses illusions et les nôtres. Tout est fini. Ne parlons plus de ses travaux, ne parlons plus de sa vie. Faisons comme lui : plaçons toutes ses espérances et toute la consolation des siens dans la sainteté de sa mort, puisque c'est sanctifié par les Sacrements de l'Église, sa mère, qu'il est parti rejoindre ceux qu'il avait pleurés et attendre ceux qui le pleurent.

DE L'HÉRÉDITÉ

DISCOURS

PRONONCÉ

Dans la Séance du 12 Décembre 1902

A la Salle TURCAUD

PAR M. LE Dr GUILLOU

Président de la Société Académique de la Loire-Inférieure

MESDAMES, MESSIEURS,

Un enfant vient de naître : tout petit, cinquante centimètres au plus, nu comme un ver, faible, débile, inconscient, regardant sans voir, entendant sans écouter, souffrant sans se plaindre, se plaignant sans souffrir. On l'habille, on l'étend sur son berceau, et indifférent, dans ses haillons ou ses dentelles, il plisse ses lèvres, ferme ses yeux, s'immobilise et s'endort.

Approchez-vous. Regardez-le. Que sera-t-il ? Est-il fait pour la fortune ou pour la misère ? Pour commander ou pour obéir ? Est-il fait pour la santé ou pour la souffrance ? Le destinez-vous à l'intelligence ou à la folie, à toutes les élégances ou à toutes les vulgarités, à l'échafaud ou à la gloire ? Qui le dira ? Qui, se penchant sur ce berceau où un souffle se perçoit à peine, et s'aidant de toutes les connaissances dont s'enorgueillit la médecine la plus cultivée, et l'observation la plus attentive, voudrait se hasarder à tirer cet horoscope ? — Et, cependant, l'hérédité vous apporte tous les éléments de l'insoluble problème. Elle ne vous permet pas de rien prédire de ce qui arrivera ; mais plus tard, savante après coup, elle expliquera par le menu ce qu'elle n'avait pu prévoir et qui est arrivé. La science de l'hérédité, ignorante et muette devant les berceaux, n'a pu jusqu'ici prophétiser la vie que le jour de la mort.

Et elle est une science, et elle est une loi ! C'est la science redoutable, mais encore incertaine, qui croit pouvoir attendre d'un avenir prochain la formule précise du progrès, ou du va et vient déconcertant, de l'humanité. C'est la loi, aujourd'hui d'ombre profonde et demain de lumière intense, que consulte, inquiet, tout homme curieux de la santé physique et mentale de sa descendance. Cette descendance sera ce qu'il est ; il le sait, il le craint. Il le sait mal et il ne le craint pas bien.

L'homme, comme le chêne, ne produit pas : il se reproduit. Passant rapidement sur la terre, il extrait de sa substance ce qui est immortel, et, vaincu de la vie, vainqueur de la mort, fils du passé, père de l'avenir, maille imperceptible d'une chaîne immense, dont les deux bouts, plongeant dans deux mystères auront relié deux éternités, il s'éteint aprés avoir, dans un éclair d'amour, rallumé son âme sur un autre flambeau !

Jouet de deux forces opposées et également puissantes, il allait de la fatalité à sa volonté, meurtri par ses tares, ployant sous ses hérédités, dirigé par son intelligence ou entraîné par ses instincts, améliorant ou pervertissant sa race, abusant de sa liberté jusqu'à l'anéantir, exaltant son intelligence jusqu'à la surhumaniser, et tout ce qu'il a fait de lui, dans l'ennoblissement ou la déchéance, il l'offre à l'hérédité. Et l'hérédité le lui prend ou le lui laisse, l'utilise ou le dédaigne et modèle son nouvel être sur le créateur actuel, ou sur l'un de ses ancêtres depuis longtemps mort, sans jamais faire connaître le mobile de ses préférences ou la raison de ses choix.

Nous pouvons accumuler toutes les antithèses et

opposer les unes aux autres toutes les contradictions, nous n'arriverons jamais par la discordance des images à ce que l'homme nous montre dans la discordance de ses œuvres et les bizarreries de sa descendance.

Ne cherchons pas à philosopher plus longtemps. Quelles que puissent être les causes, voyons les faits. Nous ne sommes pas réunis pour nous perdre dans des abstractions, mais pour nous récréer, pour nous distraire, et s'il se peut, pour nous instruire. Sans doute, la conférence de ce soir n'a point la prétention de mettre au point la mystérieuse question de l'hérédité, encore moins de vous apporter des faits originaux. Dans les œuvres de vulgarisation, la seule originalité de mise, c'est la clarté.

Nous sommes ce que nous sommes parce que nos pères ont été ce qu'ils ont été. C'est tout ce que nous savons du pourquoi de notre condition morale et de notre conformation physique.

Le principe en vertu duquel se transmettent les caractères ou les propriétés des êtres vivants, c'est l'hérédité. D'un reptile naît un reptile, d'un insecte naît un insecte, et c'est en raison de la même loi, ou de la même puissance héréditaire, que d'une cellule fécondée germe une plante ou se forme un enfant. Mais plantes et enfants sont des reproductions, des continuateurs et des transmetteurs. L'hérédité qui règle la transmission de l'ensemble règle par là même la transmission des détails dont l'ensemble est fait. Le blanc naît du blanc. Du nègre naît un noir, du Chinois sort toujours un jaune, et des vieux Indiens, traqués et parqués par une civilisation plus sauvage que la sauvagerie qu'elle veut détruire, s'engendrent encore, dans l'inquiétude et la persécution de leurs amours, quelques rares et derniers Peaux-Rouges.

Il importe peu à mon sujet, et il ne convient pas du tout à mon auditoire, que je mélange ici sous ses yeux ces sangs si souvent mélangés pour tirer du métissage des arguments, d'ailleurs connus, en faveur de l'influence des deux procréateurs sur la structure et le caractère du procréé. N'appuyons pas, ne glissons même point. Effleurons d'une main légère tout ce qui se peut effleurer. Que les jeunes filles ne craignent point pour les oreilles de leurs mères. Toutes seront respectées.

L'hérédité, loi souveraine dans la conservation de l'espèce, règne donc toute-puissante dans la transmission intégrale de la race. Elle est tout aussi minutieuse dans la reproduction de la variété. Rien ne lui échappe des modifications infinies que détermine, au cours des siècles, la lutte pour l'existence, l'adaptation aux milieux successifs où vient s'établir et progresser l'activité humaine.

Et ainsi de l'espèce à la race, de la race à la variété, de la variété aux peuples, des peuples aux agglomérations moindres et de ces moindres agglomérations aux familles et aux individus, nous arrivons à des caractères de moins en moins tranchés, mais fixes et constants, que l'hérédité sait exactement saisir, scrupuleusement reproduire et indéfiniment conserver.

Descendons encore de ces hauteurs et marchons tout simplement dans la plaine. Laissons les hommes et prenons l'homme. L'homme est une intelligence servie par des organes. Nous pouvons accepter cette définition qui est jolie, assez matérialiste, assez spiritualiste, qui nous satisfait tous, puisque nous sommes à peu près tous persuadés d'avoir un corps, et, pour le très grand nombre, convaincus d'avoir une âme, ou tout au moins quelque intelligence.

Nous avons une stature, un visage, des traits, des membres, des organes groupés en appareils et une gaine cutanée qui les recouvre et les enveloppe. Nous vivons et notre vie a une durée variable. Nous nous reproduisons et notre fécondité, qui ne dépend pas uniquement de notre caprice, peut varier dans les limites de sa durée et les bornes de sa puissance.

Structure, traits, nuances des téguments et de la chevelure, teint du visage, longévité, fécondité, tout cela l'observation nous le montre recueilli, conservé, transmis de génération en génération. Sans doute tous les caractères de l'organisation physique des parents ne se trouvent pas uniformément et servilement transmis aux enfants. Mille causes mystérieuses, peut-être soupçonnées, mais toutefois insaisies, mille combinaisons ou influences antagonistes, des réactions encore inconnues entrent en lutte dans les natures procréatrices, font dévier en apparence les lois héréditaires et créent des anomalies incomprises là où la théorie superficielle prévoyait la ressemblance rigoureuse ou la conformité parfaite.

Les frères Siamois, unis par l'ombilic, n'étaient pas de même taille et, dans bien des familles, la parenté de frères et de sœurs ne pourrait pas être soupçonnée. Des nains célèbres, Bébé entre autres, le fameux nain du roi Stanislas, qui mesurait 33 pouces et qui mourut décrépit à 23 ans, était né de parents vigoureux et bien portants.

Cependant l'hérédité de la stature, encore aujourd'hui trop incontestée, fut longtemps un dogme rigoureux qui n'admettait pas l'exception. Le père du Roi de Prusse, Frédéric le Grand, avait une passion folle pour les colosses. Il les recrutait partout où il pouvait en trouver pour en faire un régiment spécial et ne tolérait leur mariage qu'avec des femmes également colossales. C'était le caporalisme jusque dans l'amour. Il eut des déboires. La nature fut capricieuse et l'hérédité, moins fidèle que les épouses des grenadiers, laissa souvent passer, à travers ces grosses mailles, bien du menu fretin.

Dans l'antiquité grecque ([1]), où l'on tenait à la conservation de la race dans toute sa pureté, existait en Crète une loi qui ordonnait de choisir, dans chaque génération, un certain nombre de jeunes gens, les plus remarquables par la beauté de leurs formes, et de les obliger, même de force, au mariage, pour la propagation de leur type et sa pérennité. Aujourd'hui pareil groupement aurait vite fait de se constituer en syndicat et nous assisterions de temps en temps, pour insuffisance du salaire dotal, à la grève de la Beauté.

On a cité dans des familles des traits de ressemblance prodigieuse qui allaient jusqu'à permettre des confusions d'identité et à autoriser d'irréparables méprises que la farce ou la comédie ont longtemps exploitées.

Ces ressemblances physiques peuvent d'ailleurs reproduire indifféremment le père ou la mère. On a été tenté de croire que la fille ressemblerait plus souvent à son père et le fils plus souvent à sa mère; c'est souvent comme ceci et souvent comme cela. Parfois, la ressemblance morale accompagne la ressemblance physique, à laquelle elle est comme attachée, et alors ce n'est plus un enfant qui naît, c'est un père ou une mère qui continue à vivre, ou un aïeul qui ressuscite et recommence son existence avec son ancien corps et son

([1]) Vide Dr Prosper Lucas: *Traité philosophique et physiologique de l'Hérédité naturelle*, pour cette citation et les suivantes.

ancien esprit. Chose singulière! les ressemblances peuvent être éphémères et successives, et tel enfant, jusqu'à son adolescence, fut le portrait de son père, qui, plus tard, et insensiblement, devint la vivante reproduction de sa mère.

Ce n'est pas toujours par la reproduction exacte de la stature et totale des traits que se manifeste l'hérédité. Au lieu de reproduire servilement l'ensemble, elle peut se complaire et se limiter dans le choix d'un trait, dans la préférence d'une particularité, d'une anomalie même, qu'elle reproduit indéfiniment.

Autrefois, à Thèbes (1), était une famille qui portait, en naissant, sur le corps, la forme d'un fer de lance, « particularité qui s'est représentée plus tard, en Italie, chez les Lansada ».

Une autre famille, « la famille Bentivoglio, portait, dit-on, de père en fils, une tumeur légèrement proéminente qui les avertissait des changements de temps et se gonflait toutes les fois qu'un vent humide venait à souffler »: infirmité qui dut tendre à disparaître dès que la vulgarisation du baromètre leur en démontra l'inutilité.

Les Bourbons avaient un nez de famille que les pièces de 5 francs et les louis d'or nous feront encore longtemps chérir et le gros nez aquilin de la famille Borromée s'est retrouvé jusque dans ses derniers descendants. Ce n'est pas seulement dans le cinquième acte de nos vieux mélodrames que des signes de famille, inconnus des bohémiens ravisseurs, permettent de retrouver et de rendre à sa mère un enfant qui, dans l'âge tendre, fut ravi à son amour. Les barons de Vesins naissaient avec un signe entre les deux épaules. — La nature avait été galante dans son choix des barons, car entre les épaules

(1) V. Lucas, *loco citato*.

des baronnes ce signe eût été bien plus désobligeant. — Ce fut [1] à ce signe qu'un de la Tour-Landry reconnut, dans l'apprenti d'un cordonnier de Londres, le fils posthume et le légitime héritier du baron de Vesins.

Tout comme la stature, les traits, les signes particuliers, la durée de la vie peut être influencée par l'hérédité. « Dans la famille de Turgot, on ne dépassait guère l'âge de 50 ans. Turgot, arrivé à cet âge, fit observer qu'il était temps pour lui de mettre ordre à ses affaires et de terminer un travail qu'il avait commencé. Il mourut à 53 ans ».

L'hérédité a de ces cruautés. Bien des hommes acquièrent ainsi par elle la notion poignante et à peu près certaine du nombre d'années qu'ils auront à vivre et de la manière dont ils entreront dans la mort.

Mais l'histoire des vies prolongées vient vite consoler la légèreté humaine des existences écourtées. Ici encore c'est l'hérédité qui décide en maîtresse. Thomas Parr mourut à 153 ans. A 130 ans, il eut, parait-il, sa troisième dentition. Son fils vécut jusqu'à 127 ans. Et nous ne sommes pas ici dans le domaine du rêve, mais dans le domaine de la réalité et de la réalité scientifique.

Je n'ai d'ailleurs que l'embarras du choix dans ces survies phénoménales. Dans la célèbre famille de Jean Rowir, le père avait vécu 172 ans ; Sara Dessens, sa femme, 164 ans ; le cadet de leurs fils, à la mort de Rowir, allait avoir un siècle et l'aîné comptait déjà 115 ans.

Tout subsiste parfois de la vie dans ces natures extraordinaires qui semblent avoir le don de conserver indéfiniment leur maturité. Les dents sont intactes, la coloration des cheveux ne change pas, la taille reste droite,

[1] V. Lucas, *loco citato*.

le cœur ne cède pas sous l'effort, l'œil est toujours clair, l'oreille toujours nette et le goût de la perpétuation de leur nom persiste chez eux vivace et insatiable, et d'autant plus légitime qu'il ne se complaît que dans les réalités : du haut de mon amour un siècle vous adore !

Thomas Parr, au XVIIe siècle, fait pénitence publique à la porte d'une église parce qu'il avait volontairement causé la chute d'une jeune personne... qui n'avait pu se relever que le jour de ses relevailles. Il avait alors 101 ans ; il était très ingambe !... C'était en somme ce que nos... collègues de l'Académie française ont coutume d'appeler entre eux, dans leurs conversations d'Immortels, un « Vieux Marcheur ».

Il en est beaucoup d'autres.

J'en choisis un parce qu'il est l'honneur de la profession, « Vieux Marcheur », lui aussi, si vous voulez, mais vieux marcheur qui ne marchait, lui, que dans les chemins toujours si fréquentés de la vertu conjugale. Il s'appelait le docteur Dufournel ; il vivait au XIXe siècle et, à 110 ans, il éprouvait, en trés légitime occasion, le très légitime orgueil de se faire revivre. Vieillesse savait, vieillesse pouvait et vieillesse voulait !

D'un homme, je le sais, en ces diverses circonstances, on peut penser diverses choses ; mais si l'on peut pousser le scepticisme jusqu'à douter de l'authenticité des témoignages masculins, qui oserait, dans ces sortes de procès, contester la déposition de la femme...... Et c'est le cas d'une femme de Séez qui, à 83 ans, dut épouser en justes noces un vieillard de 94 ans pour que ce qui devait arriver arrivât légitime ; c'est le cas de Marguerite Krobscowna qui, à l'âge de 96 ans, combattait la dépopulation de son pays par d'autres arguments que des arguments sénatoriaux ; c'est le cas d'une marchande peaucière encore vivante à Moscou, en 1847, et qui, elle, a l'âge de 123 ans..... En voilà assez. Finissons-en, nous, puisque les centenaires, eux, ne veulent pas en finir.

Messieurs, les passions morales sont tout aussi facilement transmissibles et aussi notoirement héréditaires que les conformations physiques. Il y a des caractères violents et des familles violentes. Il y a des natures calmes et des familles calmes. Il y a des familles vertueuses et des familles criminelles. Il y a des lubricités familiales qui souillent l'histoire. Il y a des familles où le talent de la peinture, de la musique, de la politique, de l'éloquence court, régénéré pour ainsi dire, de génération en génération..... Les Médicis, les Pitt, les Mirabeau, les Bach, dispensez-moi de vous en citer d'autres, transmettaient non seulement la vie, mais leur personnalité, fixée pour ainsi dire en un type qui put disparaître, mais non se modifier.

Car tout s'éteint, les civilisations, les barbaries, et les dynasties fameuses, et les aristocraties vaillantes, et les bourgeoisies opulentes, et les familles plébéiennes les plus vigoureuses.... En tout et partout s'introduit la décrépitude et pénètre la caducité. L'hérédité se lasse à reproduire trop longtemps l'uniformité : la sève familiale s'épuise dès qu'elle s'est trop dépensée sur un rameau puissant. Napoléon a usé sa race, Victor Hugo a essoufflé la sienne. Regardez donc de l'aire des aigles tomber tous les aiglons : les membres grêles, la plume fripée, les serres molles, la voix misérable et les yeux clignotants. Gavés du butin de l'ancêtre, ils vivent encore mais d'autres rois courent déjà dans les airs, d'autres rapaces grandioses planent déjà dans les cieux. Quels noms furent célèbres autrefois ? Quels noms sont célèbres aujourd'hui ? Le génie enfante des œuvres ; mais il n'enfante pas de postérité. Opulence cérébrale, dénument génital ! Disparate au milieu des siens, le génie se dresse isolé dans sa gloire, flanqué d'abîmes cérébraux, et de toutes parts douloureusement crevassé dans sa propre substance. La folie, le nervosisme, les bizarreries, le délire l'entourent, le pénètrent et le suivent. Le génie n'est ni le couronnement d'une race, ni l'épanouissement progressif et lent d'une famille, c'est une excroissance inexplicable et soudaine, c'est un éclat brusque, inattendu, insensé ou sublime, c'est une gerbe lumineuse, c'est un météore qui passe, c'est un globe de feu qui crève éblouissant. Et derrière lui, c'est la nuit, les cendres, les difformités et la mort.

Messieurs, nous avons vu jusqu'ici l'hérédité reproduire le type spécifique et le type individuel. Nous avons indiqué, comme nous pouvions le faire dans une conférence de cette nature, l'influence des deux origines paternelle et maternelle dans la nature physique et morale de l'enfant. Très discrètement nous avons réveillé les ancêtres endormis et nous les avons vus, normaux ou anormaux, vicieux ou vertueux, toqués ou sages, venir doter parfois, en vertu de leur privilège d'atavisme, les deux cellules humaines de la conjonction desquelles allait résulter un humain.

Ainsi, dans ses œuvres, l'hérédité se continue ou recommence, antégrade ou rétrograde, isole ou combine, tient compte des modifications que l'évolution vitale impose aux organismes, ou les dédaigne. Elle ne se borne pas à transmettre des caractères généraux, mais elle pénètre jusque dans le détail secret, dans l'intime, dans le mystère d'une génération quelconque et elle le conserve capricieusement aussi longtemps qu'il lui plaît, et un jour, à son heure, elle l'insère, bienfaisante ou cruelle, dans la chair ou dans l'intelligence d'une génération voisine ou lointaine.

Jusqu'ici l'hérédité nous amusait. Déjà elle nous inquiète. Cette infirmité de tel de nos ancêtres que nous croyions ensevelie avec lui dans sa tombe pourrait donc aussi nous saisir? Peut-être. Je dis peut-être parce que la chose est possible, mais n'est pas nécessaire. Dans le profane, je ne dis pas dans le vulgaire, dans le profane, on ne croit qu'à l'hérédité similaire. Votre père avait telle maladie, vous l'aurez. Votre mère eut telle infirmité, vous en serez atteinte. C'est tout ce que l'on connaît de l'hérédité : c'est tout ce que les jeunes ménages en attendent ou en craignent. Illusions d'âges tendres, mais illusions traditionnelles et vivaces et puisées, depuis des siècles, dans le sein même de la famille ! Dans votre petite enfance, Mesdames, vous n'aviez pas un bouton sur le corps que l'un de vos auteurs n'accusât l'autre de vous l'avoir transmis....

Les jeunes ménages ont raison et ils ont tort. C'est souvent l'un des ancêtres qui revit dans son descendant, de sorte que, tel un serpent dans son sein, la jeune femme a redonné naissance à sa belle-mère et le gendre, avec infiniment moins d'horreur, a reproduit son beau-père.

Mais les jeunes ménages ont tort parce qu'un tempérament morbide a des manifestations multiples et que l'héritage d'une constitution est loin d'entraîner l'héritage du symptôme personnel, par lequel, chez l'ancêtre, elle avait coutume de se manifester. Ce qu'il faut surtout connaître en hérédité, c'est l'équivalence héréditaire.

C'est une des préoccupations de notre époque que l'hérédité névropathique. Elle est si menaçante qu'elle a jeté l'effroi partout et que les familles les plus fières de leur origine, et les plus soucieuses de leur lignée, deviennent, précisément, par la connaissance exacte qu'elles ont du moindre fléchissement de l'esprit dans leur race, les plus inquiètes de leur cérébralité.

Bien entendu la passion s'en est mêlée. Des littérateurs sont venus, — il en vient jusque dans la science, — qui ont voulu montrer la fragilité mentale s'attachant avec prédilection sur les maisons royales, les aristocraties, les familles intellectuelles et les classes opulentes. C'est avec une sorte de fascination qu'un grand nombre d'écrivains deviennent, à toutes les époques, courtisans du pouvoir. Nous aurons beau diviser et subdiviser les hommes en castes et en classes, nous ne ferons pas qu'ils ne se ressemblent. De par l'hérédité, la morale ou la mentalité nous nous valons, hélas, à peu près tous! Ni le riche n'a le monopole du vice, ni le pauvre le monopole de la vertu. L'un et l'autre, par les mêmes passions, tourmentent incessamment leur même nature. Rappetissez cent fois cent hommes dans leur stature, ou grossissez-les mille fois dans un des éléments microscopiques de leur structure, vous ne trouvez pas seulement la ressemblance, vous constatez l'identité. Sur la table d'autopsie, rois, princes, nobles et bourgeois, millionnaires et milliardaires, ne diffèrent de l'homme du peuple et du patibulaire, que par la finesse de leur épiderme et le contenu de leur estomac. Quelle que soit son origine ou son évolution, une famille à postérité nombreuse n'est qu'une personne biologique qui vit assez pour que toutes les maladies, toutes les tares, toutes les diathèses viennent tour à tour s'abattre et se développer sur elle. Où est-elle? La connaissez-vous, l'avez-vous rencontrée la famille normale, la famille humaine type, la famille épargnée dans tous ses membres et toutes ses générations de toute vétille mentale ou de toute tache organique équivalente ? « Qui n'a pas son toqué, hurle, à tue-tête, dans le carnaval de la vie, le philosophe camelot ? » Dès l'origine tout germe de vie fut piqué d'un germe de mort, et celui-là seul peut railler l'hérédité d'autrui qui s'illusionne sur la sienne et plus encore sur soi-même.

Il en est, en effet, dans la famille névropathique comme dans la famille arthritique (admettons la division puisqu'elle est faite encore), tous sont névropathes, ou tous sont arthritiques, mais chacun l'est à sa manière ; tel est atteint dans ses vaisseaux, tel est atteint dans son gros orteil : ce sont deux arthritiques. Tel est un joueur déréglé, tel un maniaque : ce sont deux névropathes également dangereux et tous deux bons à lier. Telle est une hystérique, telle est une aliénée. C'est peut-être l'aliénée qui transmettra l'hystérie ; c'est peut-être l'hystérique qui transmettra l'aliénation et toutes deux peuvent venir d'une même souche où la décadence nerveuse avait pris tout autre masque symptomatique et révélateur.

Oui, il faut craindre quand une fois a paru quelque part le désordre mental ; mais encore lequel ? Car toute folie n'est pas héréditaire, et dans bien des familles où des cerveaux de jeunes gens chavirent, des cerveaux de jeunes filles, éloignées par la régularité de leurs mœurs de toutes les causes d'avaries urbaines, n'auraient pas chaviré. Bien des hommes sont morts, pitoyables alcooliques délirants, dont les frères sobres sont parvenus et parviennent, en toute vigueur intellectuelle, jusqu'aux limites de la vieillesse. Mais encore une fois, il est bon, il est sage de craindre, surtout si la crainte devient salutaire par les précautions qu'elle conseille, la vertu qu'elle inspire et la tempérance qu'elle fait observer. C'est donc une erreur de conclure d'une manière absolue de la mentalité des parents à la mentalité des enfants. C'est une erreur dangereuse contre laquelle il faut réagir ; c'est un cauchemar dont il faut délivrer ceux qu'il étreint. Répétons-le, un fou ne naît pas toujours d'un fou ; le fils d'un homme devenu dément n'est pas toujours dément. Il peut, tout aussi bien, de par les équivalences morbides, n'être qu'un diabétique ou un migraineux, un obèse ou quelque autre névropathe déclassé, un enthousiaste ou un déprimé, un avare ou un prodigue, quelque sombre rêveur ou quelque joyeux détraqué... Mais tant d'autres causes peuvent déterminer ces maladies ou ces états, que l'hérédité mentale ne saurait être irrévocablement invoquée dès qu'on les rencontre.

Le système nerveux n'est pas tout entier dans le cerveau, l'intelligence n'est pas la seule faculté cérébrale, et la famille névropathique la plus malheureusement atteinte dans l'intelligence de son auteur, peut scientifiquement espérer que l'hérédité, si elle la frappe, ne la frappera pas fatalement et toujours aussi haut. Le plus grand nombre des épileptiques ne sont pas fils d'épileptiques, mais fils de buveurs, mais fils d'intoxiqués, mais fils d'abusants de toutes sortes, du plaisir ou de la douleur, mais descendants d'arthritiques chez lesquels toutes les intoxications, toutes les infections, toutes les misères ont produit toutes les dégénérescences.

Car le système nerveux qui régit tout réagit à tout. Il est en action constante et son équilibre parfait ne consiste pas dans l'immobilité, mais dans l'amplitude régulièrement compensée de ses oscillations. Il est souple, il est malléable, il est apprivoisable. Sain, il peut être vicié, vicié il peut être assaini. L'éloignement des causes qui ont altéré la mentalité du père pourra souvent améliorer la mentalité du fils, et quand une mauvaise éducation a détraqué la mère, une éducation attentive pourra, dans une bonne mesure, assagir la fille. — L'étude des infirmités humaines a ceci de consolant, qu'elle ne les fait pas seulement connaître, mais qu'elle tend surtout à les guérir ou à en préserver. Corruptible et perfectible par lui-même et par les autres, tel est l'homme et l'histoire de son intelligence n'est le plus souvent que l'histoire de ses appétits et de sa moralité.

Par la rééducation, on a pu rendre la parole à des aphasiques qui en étaient restés privés pendant des années entières. Par la rééducation, la médecine a pu faire reprendre à des ataxiques, au moins pour un temps, la direction de leurs membres perdue dans le désordre et la folie musculaire. Réinstruisons, *régénérons* donc l'inquiète descendance des névropathes et des détraqués.

Par de régulières fonctions, essayons de transformer les défectueux organes. Transplantons dans des milieux purifiants les organismes intoxiqués et corrompus. Balayons nos villes des ordures de tout genre qui les souillent. Par la science, par l'hygiène, prêchons les vérités qui font les individus vigoureux et les peuples forts. Prêchons la tempérance, elle est la rénovatrice, elle est l'espérance, elle est l'avenir ! Et quand nous aurons tout vu, tout dit, concluons toujours, sous les applaudissements ou sous les sarcasmes, que nos conclusions nous justifient ou qu'elles nous condamnent, concluons avec une indéracinable foi et une invincible croyance que la meilleure gardienne des santés cérébrales, c'est encore la vertu !

RAPPORT

SUR LES

TRAVAUX DE LA SOCIÉTÉ ACADÉMIQUE

DE LA LOIRE-INFÉRIEURE

Pendant l'Année 1902

PAR LE DOCTEUR M. HUGÉ

SECRÉTAIRE GÉNÉRAL

MESSIEURS,

Voici mon tour venu de prendre la parole. Je m'en serais volontiers dispensé, mais les honneurs ne sont pas sans imposer des charges à ceux qui les portent, et mon titre de secrétaire général m'oblige à vous faire entendre encore cette année ma détestable prose. Heureusement, le souvenir de la bienveillance avec laquelle vous avez écouté l'an dernier mon rapport sur le Concours des prix, me réconforte un peu en ce moment et m'aidera à remplir tant bien que mal mon devoir jusqu'à la fin.

J'ai à vous raconter les faits et gestes de notre Société pendant l'année qui vient de s'écouler.

Le 18 décembre 1901, avait lieu notre Séance solennelle annuelle, qui fut tenue dans la salle des conférences de l'Hôtel des Sociétés savantes. En dépit du temps froid et pluvieux qu'il faisait ce jour-là, plusieurs artistes de la ville et du théâtre avaient bien voulu venir rehausser l'éclat de notre séance. Aussi nous ne saurions trop remercier M. et Mme Dumontier, ainsi que Mlle Luce qui, avec Mlle Pichon et MM. Piédeleu et Sauvestre, nous ont charmés dans l'intervalle de nos discours, soit par les accents harmonieux de leurs jolies voix, soit par les accords mélodieux de leurs instruments.

La séance fut ouverte par un discours du Président, M. Francis Merlant, sur l'*Art public*.

M. Merlant voudrait qu'on développât le plus possible la connaissance et l'amour de l'art dans toutes les classes de la société : « L'art, nous disait-il, reste à notre époque l'une des plus vives préoccupations de l'élite de l'intelligence humaine. Mais un reproche que l'on a fait à l'Art, reproche qu'il mérite peut-être à juste titre, c'est de rester confiné dans un cercle restreint de la société, c'est d'être le monopole de quelques privilégiés qui, seuls, peuvent en jouir avec fruit et en comprendre toutes les beautés ; qui, seuls, semblent être préparés par une éducation spéciale ou possèdent une nature assez puissamment organisée pour reconnaître un vrai talent artistique ou la manifestation d'une œuvre de génie. L'Art ne peut être le monopole de quelques-uns ; dérivant de l'admiration légitime de la nature, il appartient à tous et, en embellissant la vie, il offre pour le peuple le plus vif intérêt, parce qu'il élève son esprit et son cœur. »

M. Merlant rappelait ensuite ce que devait être l'Art appliqué à la rue, dans la construction des maisons qui en font l'ornement et dans la conservation et la restauration des monuments anciens.

« La rue est une œuvre collective où quelques belles maisons ne peuvent suffire ; il faut que les constructions de moindre importance contribuent elles aussi à l'aspect général par une décoration sobre, de bon goût et sans surcharge. La beauté de la rue donne du charme à la vie publique et appelle la sociabilité et la bonne humeur. Tout ce qui a un accès permanent dans la rue et qui y est destiné à servir son activité, aussi bien le magasin que la demeure particulière, devrait emprunter un cachet d'élégance, de bon goût et de variété distinctive qui en fît un passage agréable pour tout le monde, un enseignement d'harmonie pour le peuple, une récréation intelligente pour l'enfance. »

« L'Art public ne se contente pas de donner seulement de sages conseils sur le développement des quartiers nouveaux d'une grande ville, il se pose encore en gardien vigilant des œuvres du passé, de ces trésors d'architecture que nous ont légués les siècles précédents. Il proteste énergiquement contre la destruction ou la mutilation de monuments anciens, vestiges précieux que leur vétusté même devrait faire respecter et que l'on cherche trop souvent à faire disparaître sous prétexte de gêne ou de sécurité publique. Les monuments anciens sont, en réalité, le patrimoine héréditaire du peuple d'une ville ou d'un pays. Chaque cité devrait se faire un point d'honneur de préserver et de perpétuer son histoire sous une forme artistique, en conservant ses monuments locaux, précieux à bien des titres, surtout par les souvenirs qu'ils rappellent et la révélation qu'ils procurent sur un état social disparu. »

C'est au nom de l'Art public que des sociétés se sont

formées dans beaucoup de villes pour l'évolution de leur ensemble et la préservation de leurs monuments anciens, comme la Commission du Vieux Paris et la Commission du Vieux Nantes.

« L'Art public revendique également la musique dans sa croisade du beau et du vrai. »

Ce que M. Merlant dit de la musique s'applique naturellement au théâtre. Enfin, il n'est pas jusqu'au costume dans lequel l'Art doit se manifester publiquement.

M. Merlant terminait en répétant que l'Art doit être répandu partout, vulgarisé de tous côtés pour être apprécié par les masses populaires, et qu'il faut donner à tous le moyen de l'étudier et de le connaitre.

« L'Art public veut élever l'esprit au-dessus des banalités de la vie ; il veut que, dans tout ce qui frappe les yeux, le travail s'imprègne d'art ; que, dans chaque poitrine d'ouvrier, batte un cœur d'artiste et que son œuvre soit pétrie non seulement de ses doigts, mais encore de son âme. »

Après ce chaleureux plaidoyer en faveur de l'art, bien digne d'un Président de la Société Académique, M. Joüon, secrétaire général, vous exposa les travaux de la Société pendant l'année 1901 et votre serviteur vous rendit compte des ouvrages envoyés pour le Concours des prix.

Quelques jours après, le 30 décembre 1901, notre Société procédait aux élections des membres du Bureau et du Comité central.

Le Bureau, pour l'année 1902, fut ainsi constitué :

Président, M. le Dr Guillou.

Vice-Président, M. le Mis de Granges de Surgères.
Secrétaire général, M. le Dr Hugé.
Secrétaire adjoint, M. le Bon Gaëtan de Wismes.
Trésorier, M. Delteil.
Bibliothécaire, M. Viard.
Bibliothécaire adjoint, M. Fink.
M. Mailcailloz fut nommé *Secrétaire perpétuel.*

La Société Académique continua alors ses travaux, mais non sans avoir des deuils à subir pendant l'année; la science a beau faire des progrès incessants, il lui est impossible de nous mettre à l'abri des coups de la mort.

Le 22 mai 1902, M. le Dr Chartier s'éteignait après une vie bien remplie, où tous les honneurs récompensèrent tous les talents.

Quelque temps après, notre Vice-Président, M. le marquis de Surgères, nous était enlevé.

Les nombreux titres honorifiques dont il avait été gratifié suffisent à montrer que la Société Académique a fait une perte immense le jour de sa mort.

Enfin, il y a quelques jours nous conduisions à sa dernière demeure M. l'abbé Dominique. Quoique ce savant regretté ne fit plus partie depuis quelques années déjà de la Société Académique, nous croyons opportun de lui adresser un dernier adieu, car il fut autrefois un membre assidu et un collaborateur actif de notre Société.

Pour toute Société, il n'est qu'un moyen d'empêcher la mort de l'anéantir, c'est de trouver sans cesse de nouvelles recrues pour combler les vides et remplacer ceux qui ont disparu, et cette année même, en dépit des coups du sort, le nombre des membres de notre Société s'est accru.

Nous avons eu le plaisir de recevoir comme Membres résidants :

M. le commandant Riondel, les docteurs Duval et Léquyer; M. Chéguillaume, ingénieur des Ponts et Chaussées; M. Bothereau, et M. Welcome de Laprade, résident de l'Indo-Chine en congé de dix-huit mois à Nantes; et comme membres correspondants : M. Georges Moreau, ingénieur, ancien élève de l'Ecole polytechnique, et M. le Dr Renoul, du Loroux-Bottereau.

Nos peines ont également été adoucies par les distinctions honorifiques accordées à quelques-uns de nos membres.

M. Linyer a été promu chevalier de la Légion d'honneur. Je n'ai pas besoin de rappeler ici les nombreux titres que M. Linyer pouvait faire valoir pour mériter cette enviable récompense. D'autres vous ont déjà dit, mieux que je ne saurais le faire, tout ce que le Président de la Loire navigable a dépensé d'énergie et de dévouement pour contribuer à la prospérité de notre région.

Notre Secrétaire perpétuel, M. Mailcailloz, a reçu les palmes académiques. L'attachement qu'il montre à notre Société et la grande culture littéraire dont il nous a si souvent donné des preuves le rendaient bien digne de cette faveur.

Nous adressons nos plus vives félicitations à ces deux éminents collègues.

C'est sous les auspices de la Société Académique de la Loire-Inférieure que fut faite, le 30 février 1902, dans la salle du théâtre de la Renaissance, la conférence de M. Hippolyte Buffenoir sur Victor Hugo, à l'occasion du centenaire de ce grand homme. Beaucoup d'entre vous ont sans doute eu le plaisir d'entendre le conférencier du Théâtre de la Bodinière, qui eut l'honneur d'être souvent admis dans le salon et même à la table de Victor Hugo. M. Hippolyte Buffenoir acquittait, nous a-t-il dit, une véritable dette de reconnaissance en venant fêter la mémoire du grand poète et rappeler sa carrière de gloire, devant les Nantais surtout, dont la mère du poète, Sophie Trébuchet, était une compatriote. Nous le remercions sincèrement des belles pages qu'il est venu nous faire entendre. Je n'entreprendrai pas de retracer devant vous l'éloge que le conférencier nous fit de Victor Hugo qu'il a comparé à « ces chênes majestueux, à ces rois de la forêt qui ont largement étendu leurs branches en tous sens avec les années, qui toujours croissent et se rapprochent des cieux, prodiguent leur verdure et leur ombre au retour de chaque printemps, et semblent défier l'injure des âges ». « Le voyageur qui passe, nous disait-il, s'arrête devant ces géants, mesure leur taille immense d'un regard respectueux, et les salue dans leur beauté paisible ». Et, en terminant, il ajoutait: « Plus le temps s'écoulera, plus encore grandira cette illustre mémoire. Les générations futures laisseront sommeiller les polémiques futiles et enfantines et ne s'en préoccuperont pas plus que nous ne nous soucions de celles qu'on pourrait soulever autour de Racine, de Corneille, de Molière, de Dante et de Shakespeare. La grande affaire pour la postérité est de trouver dans l'héritage d'un poète des œuvres fortement pensées et purement écrites. Le reste s'envole et disparaît comme la poussière. »

J'ai plutôt hâte d'arriver à l'exposé des travaux originaux des membres de notre Société.

Dans plusieurs de nos séances mensuelles, M. Félix Libaudière nous a offert la primeur de quelques extraits de son *Histoire de Nantes sous la Restauration.*

C'est ainsi qu'il nous a communiqué des détails fort intéressants sur les Élections législatives à cette époque et sur la Presse et les Mangin, détails qui montrent bien l'évolution des idées de Nantes et du département au point de vue politique.

L'ouvrage de M. Libaudière est particulièrement intéressant pour quelques-uns de nos concitoyens, car il donne des renseignements minutieux sur les hommes politiques de la Restauration, dont beaucoup de familles existent encore à Nantes aujourd'hui.

Cet ouvrage est le fruit de patientes et longues recherches faites dans les archives départementales et communales, et il met bien en lumière l'ardeur au travail d'un des membres les plus assidus de notre Société.

A l'occasion du travail de M. Libaudière, M. le Bon Gaëtan de Wismes nous a présenté une collection intéressante d'objets divers et de gravures datant de la Restauration.

M. le Dr Chevallier a choisi un genre d'études différent, mais qui ne manque pas non plus d'intérêt ni d'actualité. Il nous a présenté une étude approfondie du *Théâtre de Brieux*. Le trait qui lui semble le plus saillant dans cette œuvre, c'est le rôle moins prépondérant laissé à l'amour qui, d'après Dumas, était le seul élément d'intérêt possible au théâtre, et cependant c'est surtout auprès du grand public que cette œuvre a eu son plus sûr succès. Les débuts de M. Brieux, ancien journaliste de province, nous expliquent le choix de ses sujets, l'étude de nos plaies morales et de nos plaies physiques.

Avant tout, il est honnête ; il a aussi du bon sens, ce qui le fait se défier des solutions trop précises. Comme exécution, ses pièces se distinguent par la science du métier et notamment par des expositions nettes sans tirades inutiles. Les caractères de ses personnages sont dessinés en traits suffisamment fins pour qu'ils puissent être regardés de près : les œuvres de M. Brieux peuvent être lues sans perdre de leur intérêt. Examinant ensuite la valeur de psychologue de M. Brieux, le docteur Chevallier étudie successivement chacune de ses pièces : *Ménage d'artistes,* tableau de mœurs qui a le mérite de la vérité des détails ; *Blanchette*, étude sociale à propos de laquelle on lui a beaucoup reproché sa facilité à modifier des dénouements ; l'*Engrenage,* pièce politique dont le héros est un peu trop naïf ; les *Bienfaiteurs,* où exceptionnellement cette fois il indique le remède à côté du mal ; l'*Evasion,* sa première pièce à la Comédie Française, étude scientifique de la question de l'hérédité en même temps que satire violente de certains médecins ; les *Trois Filles de M. Dupont,* peinture réaliste mais bien vivante de la petite bourgeoisie de province ; la *Robe rouge,* satire des magistrats non moins dure que l'*Evasion* l'était pour les médecins. Dans toutes ces œuvres-là, M. Brieux vise moins à réformer les lois que les usages et les mœurs. C'est ce qu'il tente encore dans *Résultats des Courses,* où il montre les méfaits de la passion du jeu, et dans le *Berceau,* où il peint les dangers et les inconvénients du divorce au point de vue de l'enfant. Enfin, ses deux dernières pièces : les *Remplaçantes* et les *Avariés,* doivent le bruit qu'elles ont fait beaucoup moins à leur valeur dramatique qu'aux polémiques dont elles ont été l'occasion. Les théories peuvent en être intéressantes, mais n'ont rien de théâtral ;

en revanche, on a été trop sévère pour M. Brieux quand on lui a reproché la langue qu'il fait parler à ses personnages.

Plusieurs d'entre vous se souviennent sans doute des pages exquises d'un ouvrage de M. Georges Ferronnière, que votre Secrétaire général de l'an passé, citait dans son rapport et où M. Ferronnière faisait une description si pittoresque de la Bretagne. Cette année, le jeune Architecte, qui aime toujours la Bretagne, nous a donné lecture d'un travail sur les *Mécènes bretons de la Renaissance*. L'engouement pour les arts italiens qui caractérise la Renaissance française du XVIe siècle eut lieu en effet en Bretagne, et au moins aussi promptement que dans les autres provinces, grâce aux relations suivies que la nation bretonne avait alors à la Cour de Rome et à la politique de la reine Anne, qui fit tout son possible pour resserrer ces relations. Les artistes Jean Danielo, Thomas James et Thomas Le Roy surtout initièrent la Bretagne au mouvement de la Renaissance. Nantes possède encore dans l'ancien Musée d'archéologie, aujourd'hui Archives départementales, les restes d'une délicieuse petite chapelle naguère démolie et qui était l'œuvre de ce Thomas Le Roy, connu aussi sous le nom de Thomas Régis. Il serait facile et peu coûteux de reconstituer cette chapelle à l'aide des vestiges qui en restent et elle pourrait former sur une de nos places publiques un monument que la France et l'Italie nous envieraient.

Dans une Société nombreuse comme la nôtre, chaque membre n'a pas les mêmes inclinations et n'affectionne pas la même époque de l'histoire. M. Tyrion nous a reportés au sixième siècle en étudiant la vie de saint Grégoire de Tours.

Comme pour nous récréer au milieu de travaux aussi sérieux, M. Fink, notre bibliothécaire adjoint, qui est en même temps poète, nous a fait entendre une série de sonnets sur des sujets variés, qui nous ont fait désirer de le voir plus souvent prendre la parole à nos réunions. Pour vous permettre d'en juger, j'en cite quelques-uns au hasard :

Coucher de Soleil

A l'horizon de sang et d'or,
Dans une immense apothéose,
Calme, superbe, grandiose
Le soleil fatigué s'endort.

Ainsi qu'un féérique décor,
Tout se teinte d'un reflet rose,
Et la campagne qui repose
Apparaît plus splendide encore.

Devant tant de grandeur sereine,
Impuissante, la langue humaine
Doit taire son balbutiement.

Mais au milieu de ce silence,
La prière du soir s'élance
De l'âme vers Dieu librement.

Conseils d'ami

Si ton cœur altéré d'idéal et d'amour
Ne rencontre ici-bas qu'amertume et souffrance ;
Si tout semble te fuir, tout, jusqu'à l'espérance,
Si la douleur te brise et t'étreint chaque jour ;

Si le monde pour toi n'a que l'indifférence,
Dédaigneux, méprisant et railleur tour à tour ;
Si de tes maux la mort, ce sinistre vautour,
Peut seule t'apporter enfin la délivrance ;

Dans l'angoisse et le deuil reste toujours chrétien ;
Ne demande qu'à Dieu ta force et ton soutien ;
Prends ta croix et gravis lentement ton calvaire.

Puis, lorsque se flétrit ton rêve à peine éclos,
Lève les yeux au ciel, sois vaillant, persévère,
Et fais un chant d'amour de tes vibrants sanglots.

Mlle Eva Jouan, membre correspondant de la Société Académique, nous a, elle aussi, reposés des travaux trop arides, en nous envoyant un petit roman qu'elle a écrit pour les enfants et qui a pour titre : *Au bord de l'Océan.*

M. Mailcailloz a bien voulu nous en donner un compte rendu soigné et présenté avec le talent qui le caractérise. Ce roman est le récit des vacances que deux petits Parisiens, Henri et Berthe Dormeuil, passent avec leurs parents à Belle-Isle en mer. On y trouve de jolies descriptions de Belle-Isle et de la mer qui l'environne. L'auteur sait aussi instruire et moraliser ses lecteurs tout en les distrayant. A côté des plaisirs de la pêche, du bain, des promenades en mer ou dans la campagne, elle sait inspirer le désir d'autres occupations plus utiles au développement du savoir et de l'intelligence. Chaque excursion est un prétexte à la récolte de quelques plantes ou algues dont les jeunes héros composent un herbier ; les jours de pluie sont employés à la musique et au modelage. La suite des faits est simplement et naturellement amenée sans que l'artifice se fasse trop sentir dans la composition et le roman forme un récit bien suivi et intéressant. De plus, l'auteur a créé à chacun de ses héros un caractère suffisamment original pour lui constituer une personnalité et donner aussi au dialogue qui s'établit entre eux une animation et une vivacité des plus favorables à l'intérêt du livre. Aussi M. Mailcailloz ne doute-t-il pas du succès de celui-ci auprès du jeune public auquel il s'adresse, et termine son rapport en remerciant Mlle Eva Jouan d'avoir bien voulu en faire hommage à notre Société.

Après les ouvrages originaux des membres de la Société Académique, il me reste encore à parler des comptes rendus faits par quelques-uns d'entre nous sur certaines œuvres de personnes étrangères à la Société Académique.

M. Julien Merland nous a donné l'analyse et la critique d'une thèse de doctorat en droit soutenue par M. Pauly sur l'*Organisation du jury de Cour d'assises* et d'un ouvrage du Dr Roy d'Aizenay sur la *Vie du paysan Vendéen*. Il a profité de l'occasion que lui offrait ce second ouvrage pour flétrir, avec l'auteur, l'alcoolisme trop développé dans la Vendée, et surtout pour blâmer, au nom de la morale, certaines coutumes du pays.

En revanche, le paysan vendéen déserte peu la campagne pour venir vivre à la ville, et M. Merland le félicite vivement de sa préférence pour la vie champêtre qui le fait revenir à sa ferme après son service militaire plutôt que de rester à s'étioler dans les villes en y grossissant le nombre des ouvriers sans travail, des oisifs, des débauchés finissant par tomber dans la misère quand ils ne vont pas peupler les prisons ou les hôpitaux. D'accord avec le Dr Roy, M. Merland flétrit aussi ces fêtards, ces fils à papa, jouisseurs inutiles qu'on rencontre souvent, professionnels de l'oisiveté, membres de ce qu'on appelle les classes dirigeantes, qui ne savent pas se diriger eux-mêmes et ignorent que nul n'a le droit d'être inutile.

« Du moment qu'on est inutile, on devient nuisible, disait-il. Le travail, quel qu'il soit, est la grande loi de la nature. Personne ne doit s'y soustraire. Dans quelque classe de la société que le hasard nous ait fait naître, nous devons apporter notre concours au grand édifice social. »

Et M. Merland nous citait ce passage du livre de M. Roy : « Braves paysans, votre sage bon sens nous fait entendre que c'est de la folie qui hante le cerveau de ces énergumènes proclamant les droits de l'homme à la paresse, à l'encontre de cette loi naturelle et immuable : Tout le monde doit travailler ou avoir travaillé de corps ou d'esprit. Aussi nous sommes d'accord pour mépriser les professionnels, qui ne produisent ou n'ont rien produit, les désœuvrés, les fêtards, les fils à papa, en un mot toute cette catégorie des jouisseurs inutiles rencontrés si souvent sur notre route, dans le cours de nos pérégrinations scolaires, et qui ne servent qu'à précipiter la décadence sociale, en soulevant les sentiments haineux de ceux qui peinent. Au lieu de s'étioler dans une oisiveté coupable et malsaine, au lieu de mener une existence, à mon sens complètement vide, ils ne devraient pas hésiter à employer la force que leur donne la possession d'énormes capitaux à la solution des divers problèmes, soit d'ordre scientifique, soit d'une autre nature utilitaire. Ces favoris de la fortune, avec cette noble façon de concevoir la vie, pourraient, sans conteste, exercer une action médiatrice très salutaire dans la lutte ardente engagée de nos jours entre le capital et le travail. »

M. Dominique Caillé nous a donné lecture du *Journal de marche du 5e bataillon de chasseurs à pied, sous le commandement d'Emile Mellinet en 1840-41-42,* écrit par Mellinet lui-même au cours de son expédition en Algérie, journal intéressant par les renseignements qu'il contient sur les officiers et les hommes de troupe qui entraient dans la composition de ce bataillon, et instructif par des détails qui permettent de se rendre compte de la longueur des marches que le soldat est susceptible de fournir et des résultats qu'on pouvait obtenir à diverses distances avec les armes de guerre en usage à cette époque. Ce journal inédit devrait être imprimé et figurer dans toutes les bibliothèques des cercles militaires. « Il constitue, nous dit M. Dominique Caillé, un fragment du plus vif intérêt de l'histoire de la conquête de l'Algérie et de la vie en Afrique de notre compatriote Emile Mellinet, qui eut l'occasion de s'illustrer ensuite en Italie et en Crimée. C'est, prise sur le vif, l'existence au jour le jour en Afrique de nos braves soldats avec ses misères et ses jours de gloire ; elle montre que notre belle colonie fut conquise encore moins par l'épée que par l'industrie de nos troupiers dont chacun eut pu faire sienne la devise du vieux maréchal Bugeaud : *Ense et aratro.* »

M. Libaudière, en sa qualité de membre du Comité central pour la section des sciences économiques, commerce et industrie, était tout indiqué pour rendre compte d'une brochure de M. Janet sur *Les Habitations à bon marché dans les villes de moyenne importance,* et d'un ouvrage de M. Partiot, inspecteur général des ponts et chaussées, intitulé *Recherches sur les Rivières à marée.* L'auteur y étudiait les moyens d'améliorer la navigation dans les rivières où la marée se fait sentir et y a consacré un chapitre important sur la Loire, chapitre que M. Libaudière a analysé avec un soin tout particulier en raison de la campagne qui a eu lieu ces années-ci au sujet de la Loire navigable.

Le Dr Duval nous a vivement intéressés en nous donnant connaissance du rapport de la Commission chargée de l'examen des papiers trouvés chez Robespierre et ses complices. Ce sont d'abord des adresses enthousiastes envoyées à Robespierre et dans lesquelles il est traité de Sauveur et de Messie, puis des rapports de la police particulière fort bien organisée que Robespierre avait à sa solde, ensuite une correspondance de Robespierre lui-même dans laquelle on trouve l'idéologie et l'emphase qui sont l'un des caractères de son style et en général du style de l'époque ; enfin des lettres anonymes nombreuses où le dictateur est qualifié de tigre et de monstre altéré de sang. Ce rapport fut fait sur la demande de la Convention afin que la postérité puisse juger l'homme pour ainsi dire d'après lui-même, d'après ses propres écrits et ceux qui lui étaient adressés.

Non moins appréciée fut la communication faite par le Dr Landois d'un manuscrit retrouvé par lui dans de vieux papiers de famille. C'est le récit du voyage de la duchesse de Berry, de Nantes à Blaye, après son arrestation dans la rue du Château. M. Polo, qui l'a écrit, était adjoint au Maire de Nantes, quand on arrêta la duchesse et, à ce titre, il fut chargé d'accompagner, avec quelques officiers, la duchesse de Berry et ses compagnons, Mlle de Kersabiec et M. de Ménard. Il a consigné dans ce manuscrit des détails absolument inédits sur les incidents et les péripéties de ce voyage qui eut lieu en bateau, par une mer très mauvaise, et qui ne dura pas moins de huit jours pendant lesquels plusieurs voyageurs eurent à souffrir du mal de mer. Certaines conversations qui eurent lieu entre les prisonniers et leur entourage, dont plusieurs sur des sujets politiques de l'époque, y sont rapportées en détail et viennent encore augmenter l'intérêt du manuscrit.

M. le Bon Gaëtan de Wismes nous a fait une minutieuse analyse d'un ouvrage de M. l'abbé Pothier, sur la vie de Mgr Fournier. L'abbé Pothier, qui fut le secrétaire de ce prélat, eut le bonheur de passer de longues années avec lui. Aussi était-il plus à même que bien d'autres de nous retracer ce que fut l'existence de l'Evêque nantais si vénéré de tous ceux qui l'ont connu.

« Rencontrer une âme sœur, disait M. de Wismes, découvrir en cette âme bonté, noblesse, intelligence, dévouement ; vivre de longues années avec elle dans une intimité suave et forte ; puis, lorsque cette âme est remontée vers son Créateur, user et abuser de ses forces à reproduire, en une fresque magistrale, l'éclat des vertus de celui que l'on aime, pour que cette mémoire chère se perpétue à travers les siècles, tel est le destin de quelques privilégiés, tel fut le lot de M. l'abbé Pothier, secrétaire de Sa Grandreur Mgr Félix Fournier, évêque de Nantes. »

« Que notre vénéré concitoyen me laisse donc lui dire à quel point son sort me parait enviable. Dieu certes ne l'a épargné ni dans son cœur ni dans son corps, et les misères de sa pauvre santé lui furent peut-être moins pénibles que les blessures morales. Pourtant, je le répète, le ciel l'a favorisé en lui octroyant la fortune de rencontrer la figure exemplaire de ce Prélat qui l'honora jusqu'à la mort d'une affection sans défaillance. »

« L'œuvre de M. l'abbé Pothier, résultat de labeurs gigantesques, renferme mille traits édifiants et pittoresques de la vie de Mgr Fournier.

« Elle est d'ailleurs divisée avec logique. Le livre Ier : de la naissance au sacerdoce, et le livre II : le Curé de Saint-Nicolas, forment le tome Ier ; le tome II se compose du livre III, l'Evêque de Nantes, et du livre IV, portrait et vertus de Mgr Fournier. »

M. de Wismes n'a trouvé qu'une observation à faire sur cette œuvre qu'il trouve d'ailleurs remarquable, c'est que la lecture ne peut en être faite que par des personnes ayant de grandes heures de loisir.

« Le désir primordial du biographe fut sans conteste de populariser les gestes de son Evêque tant pleuré. Or, de nos jours, les gros volumes ne se lisent guère et il eut peut-être été préférable de narrer en deux ou trois cents pages la vie proprement dite de Mgr Fournier, et de rejeter sermons et correspondance dans un livre distinct à l'usage de seuls gens de loisir. »

Outre ce compte rendu, M. de Wismes nous a raconté un voyage qu'il a fait cette année à Orléans, pour y assister aux fêtes de Jeanne d'Arc, dont il nous a donné une brillante description avec exhibition de photographies représentant la cérémonie de la remise de la bannière et le cortège qui a lieu à cette occasion.

Il me reste, pour être à peu près complet, à signaler

les travaux de la section de médecine. Dans une de ses réunions on discuta une observation clinique pleine d'intérêt, d'un malade auquel M. le Dr Hervouët donnait ses soins dans son service de l'Hôtel-Dieu, puis M. le Dr Landois rapporta l'histoire clinique d'un cas où un malade avait absorbé par erreur une quantité considérable de salicylate de soude à la place de sulfate de soude. Ce cas se termine du reste par la guérison.

A ce propos on signala certains cas d'intolérance particulière de quelques personnes, à l'égard de ce médicament qui est d'un usage très répandu.

M. le Dr Guillou nous donna connaissance d'un cas de brûlure légère qui se termina par la mort, le malade ayant aggravé son état en se soumettant au traitement irrationnel d'un certain empirique, au lieu d'avoir recours à un médecin tout de suite.

Enfin, M. le Dr Allaire présenta, dans une des réunions, une série de radiographies de certains cas pathologiques, en interprétant les détails visibles sur ces diverses épreuves radiographiques.

Tel est le bilan des différents travaux de la Société Académique de la Loire-Inférieure, pendant l'année 1902. Vous pouvez juger par cet exposé de l'intérêt tout spécial qu'a présenté chacune de ses séances, grâce au dévouement et à l'initiative de votre Président et des savants collègues de notre Société.

Si je n'ai pas su vous en faire apprécier toute la saveur, c'est que je ne possède ni le talent ni la finesse du style qui sont les qualités essentielles de tout bon rapporteur. Une autre année vous serez mieux servis, j'en suis sûr.

Le Secrétaire général,

Dr HUGÉ.

DE LA

COMMISSION DES PRIX

DE LA SOCIÉTÉ ACADÉMIQUE

DE NANTES ET DE LA LOIRE-INFÉRIEURE

SUR LE

Concours de l'Année 1902

PAR LE Bon GAËTAN DE WISMES

Secrétaire-Adjoint

MESDAMES, MESSIEURS,

Au pied du temple de Delphes consacré au divin Apollon, dans la chaude et pure irradiation du ciel éternellement bleu des contrées orientales, les poètes s'empressaient d'accourir à des dates régulières pour déclamer leurs œuvres et recevoir, en face de leurs compatriotes, des couronnes de feuillage.

Plusieurs provinces de France s'ornèrent, au moyen âge, de cours d'amour, galants tribunaux devant lesquels les troubadours joutaient en d'agréables tournois : quelque gente dame donnait de ses blanches mains la récompense promise au vainqueur.

A Toulouse naquit, au XIVe siècle, le Collège du Gai Savoir, illustre plus tard sous le nom d'Académie des

Jeux Floraux, qui, depuis bientôt six cents ans, accorde aux plus adroits manieurs de vers l'amarante, la violette, l'églantine et le souci.

Le Puy de Palinod, ou Puy de l'Immaculée-Conception, concours, suivi d'une distribution de prix, ouvert entre les poètes, fut créé à Rouen au XVe siècle et essaima rapidement en d'autres villes de Normandie.

On trouve des *poetæ laureati* à des époques reculées en Espagne, en Italie, en Allemagne.

Toujours et partout, depuis l'antiquité jusqu'au siècle des inventions, depuis les Jeux Pythiques jusqu'aux distinctions recherchées de l'Académie Française, la poésie fut encouragée, les poètes reçurent des couronnes.

Notre Compagnie, fidèle aux grandes traditions du passé, ouvre elle aussi un concours littéraire périodique et l'infortuné secrétaire-adjoint a pour mission de se faire, chaque année, le porte-parole responsable des jugements de la Commission des prix, de remplir le rôle ingrat de bouc émissaire.

C'est un honneur justement redouté et le pauvre orateur cherche son seul réconfort, outre la satisfaction du devoir accompli, dans la bienveillance de l'auditoire choisi sur qui vont se déverser les flots de son éloquence.

Cette précieuse sympathie, je la sollicite à mon tour, car, sans elle, ma route serait trop rude ; avec elle, je marcherai allègrement vers le but, peu sensible aux pierres coupantes et aux piqûres des buissons d'épines.

*
* *

Pour le Concours de 1902, onze envois ont été soumis à notre jugement. La poésie, comme de coutume, tient une place prépondérante : nous avons eu à discuter un seul manuscrit en prose.

Si vous le permettez, nous parlerons d'abord de ce fils unique et nous examinerons ultérieurement les dix œuvres jumelles, ou plutôt cousines à la mode de Bretagne, conçues en langage mesuré.

Un cahier de 223 pages, d'une écriture fine et élégante, nous est parvenu sous ce titre : HISTOIRE DE LA CHEVROLIÈRE. Que l'auteur me pardonne ma première chicane ! son titre est inexact ; le travail qu'il nous offre n'est pas une *histoire,* c'est à dire un récit chronologique où tous les faits d'une même époque sont narrés concurremment avant de passer à une autre, mais bel et bien une *monographie,* étude fort différente.

Ce n'est nullement, d'ailleurs, un regret que je formule, car la Société Académique renouvelle sans cesse le désir de recevoir des travaux de ce genre, que, pour ma part, je regarde comme d'une utilité exceptionnelle.

Il me semble bon d'exposer avec quelques détails le plan de cet ouvrage et j'en ferai saillir ensuite les défauts et les qualités.

Dans le chapitre I, on nous renseigne sur la situation géographique de la Chevrolière, sa population, ses cultures, ses cours d'eau, le desséchement du lac de Grand-Lieu, les curiosités, les chemins, les ponts. Le chapitre II est presque intégralement consacré à Passay, premier centre paroissial ; on y parle aussi de la Chevrolière et de l'antique chapelle des Ombres. L'histoire ecclésiastique est copieusement traitée dans les chapitres III à VI : le récit de la mission du B. P. de Montfort, donnée malgré l'opposition farouche du curé et du vicaire jansénistes, est plein d'intérêt ; l'auteur cite avec à propos de vibrants éloges du curé insermenté Gennevoys qui, après mille péripéties, fut noyé en Loire le 17 novembre 1793 ; il se fait le biographe très averti du curé intrus Musset — dont le frère, ancien recteur du Falleron, élu membre de la Convention, vota la mort du Roi — et qui, lui-même, dénonça les prêtres fidèles, présida le district de Machecoul, fut nommé receveur de l'enregistrement et mourut à Nantes, vers 1820, dans l'impénitence finale; viennent enfin les vicissitudes des divers temples catholiques, de l'église de Passay, qui existait en 1119 et 1283, puis de celle de la Chevrolière, détruite par un ouragan, réédifiée vers 1800, agrandie en 1838, entièrement reconstruite, de 1867 à 1872, par M. Chenantais et consacrée en 1898.

L'historique des domaines principaux de la Chevrolière et des notes sur les plus importants seigneurs, les Pepin de Bellisle, les de Badereau, les de Montsorbier, forment la matière du chapitre VII, un des meilleurs de l'ouvrage. Je n'en dirai pas autant du suivant, sur lequel je reviendrai tout à l'heure. Dans le chapitre IX, nous assistons à l'amusante et sempiternelle comédie des serments politiques. Des détails infiniment trop longs et peu captivants sur l'instruction publique constituent le chapitre X. Au chapitre XI, on nous parle des maires et adjoints, des conseillers municipaux, de la police, des percepteurs : la biographie de l'un de ces derniers, Sottin de la Coindière, qui joua un rôle assez important à l'époque révolutionnaire, est écrite avec talent et intérêt. Le chapitre XII, et dernier, est réservé à l'agriculture, aux foires et marchés, aux idées d'épargne et de mutualité, à la poste, au télégraphe, au nombre des habitants de 1764 à 1901, aux usages locaux, aux superstitions : les habitants croient *mordicus* aux sorciers et ne manquent pas de placer dans les étables des boucs qui, attirant sur eux tous les maléfices, en préservent le bétail.

Après cette analyse détaillée, je veux dire, avec franchise, les trop nombreuses imperfections de cette monographie.

On peut justement taxer de fort incomplets la géologie, à peu près nulle, la flore où il est parlé seulement d'une sorte de truffe, l'historique, uniquement moderne, du presbytère et du cimetière, les listes des curés, vicaires, maires et adjoints, qui, pour l'auteur, ne commencent qu'à la fin du XVIIIe siècle. Comment n'a-t-il pas eu l'idée de puiser à la source intarissable de nos archives départementales où il aurait rencontré nombre d'actes — en particulier des aveux — de nature à éclairer l'histoire ancienne de la Chevrolière ? je lui signale aussi dans les *Lettres et mandements de Jean V,* sous les nos 1.056 et 2.312, deux pièces assez curieuses. A mon sens, notre monographe a tort de prendre parti dans la question si nuageuse des procès interminables suscités par les appropriations des landes et marais. Sur la religion des habitants de la Chevrolière, on écrit : « Ils sont attachés à la religion catholique jusqu'au fanatisme, ils ont une religion peu éclairée. » Ces mots seraient à biffer, de même que le passage injurieux sur la prétendue hypocrisie des paysans, — qui ont bien raison, en somme, de se méfier des étrangers, — et cette réflexion inconsidérée sur l'instruction : « L'instruction avance lentement, elle est peu en honneur. Comment voulez-vous qu'il en soit autrement ? A peine les élèves ont-ils 10 à 11 ans qu'ils sont retirés de l'école. » Hélas ! nous n'avons que trop de déclassés et d'ouvriers sans travail, et les campagnes ont une tendance nuisible à se dépeupler.

Je termine ma mercuriale par une critique virulente du chapitre VIII où sont racontés les événements de la Révolution à la Chevrolière : il est trop long de plus de moitié, mais mon reproche le plus grave porte sur le favoritisme de l'auteur, qui, oubliant l'impartialité obligatoire d'un historien, dénigre violemment un parti et exalte l'autre ; certaines phrases sont inacceptables. Pour notre annaliste, les républicains *tuent*, les chouans *massacrent*, sont des *assassins*. Une anecdote invraisemblable, - traitée d'histoire véridique, – le récit ignoble d'une jeune fille enterrée vivante sous du fumier par un chef vendéen, son fiancé, uniquement par passion politique, dépasse les bornes permises ; quand l'on veut se faire l'écho de racontars aussi monstrueux, l'on cite des témoignages authentiques, ou l'on se tait.

« Après la pluie le beau temps », dit le proverbe ; après la critique, l'éloge. Je félicite chaudement l'auteur d'avoir joint à son étude une carte de la Chevrolière et un dessin scrupuleux d'un crucifix janséniste trouvé par lui dans la paroisse ; il a eu soin — il s'en vante un peu naïvement, car c'est une règle absolue — de conserver le style et l'orthographe des documents utilisés. Son idée fut bonne de rappeler ce que représentent en mesures modernes les anciennes mesures : hommée, boisselée, gaule, journal, corde ; les détails qu'il fournit sur la viticulture et les chemins sont instructifs et me semblent bien complets.

Pour sérieux qu'il soit, notre historiographe n'est point ennemi d'une aimable gaîté, et je regretterais de ne pas reproduire quelques traits drôlichons cueillis çà et là.

La description du cortège solennel du bonnet rouge est vraiment réjouissante ; rien de plus grotesque que cette ridicule singerie des pompes religieuses : pour célébrer la reprise de la Chevrolière par les Mayençais, on décida de planter trois arbres de la liberté et de coiffer le clocher d'un bonnet phrygien ; l'intrus Musset se chargea de faire l'emplette à Nantes de la fameuse coiffure et de la rapporter en personne ; la population entière se mobilisa pour aller au-devant de lui et faire escorte au couvre-chef, les hommes sur une file ayant à leur tête le maire porte-drapeau, les femmes sur une autre file, précédées également d'une jeune patriote tenant un drapeau. L'évocation de cette promenade bouffonne m'a tellement diverti que pour un peu je pardonnerais à l'auteur ses incartades politiques.

Le jour de la consécration de la nouvelle église de la Chevrolière, un banquet monstre coûta 1,500 fr.; « cette dépense, dit l'auteur, mécontenta beaucoup de gens, surtout ceux qui n'avaient pas été invités. »

Dans un autre chapitre nous lisons : « Les documents de la mairie prouvent que les fêtes de tous les Gouvernements ont été célébrées ici, et jusqu'à ce jour, par des libations au compte du budget communal. » Il est opportun de rapprocher de ce témoignage la phrase ci-dessous heureusement extraite d'un procès-verbal de visite du grand archidiacre en 1682 : « Il est défendu aux paroissiens de se présenter à l'église pour recevoir le sacrement de mariage après 9 heures du matin en été et après 10 heures en hiver. S'il s'y présente des gens ivres dans la compagnie des futurs époux, la cérémonie sera renvoyée. » La Chevrolière, ne l'oublions pas, est un pays de bon vin.

La devise de l'*Histoire de la Chevrolière :* « La vérité avant tout » n'a pas été rigoureusement mise en pratique ; mais, sous réserve de partialités et de lacunes, aisément réparables, ce travail est le résultat satisfaisant des efforts tenaces d'un esprit laborieux et chercheur. Votre Commission croit équitable de le récompenser par une médaille d'argent.

Dix recueils en langage métrique nous ont été adressés. Avec justice, sans idée préconçue, guidé d'ailleurs par les appréciations de mes distingués collègues, je les passerai en revue, frappant, la mort dans l'âme, de coups de lanière des épidermes sensibles, ravi de griser des odorats subtils de la vapeur enivrante de l'encens.

Trois pièces de vers — je ne dis pas trois poésies — se présentent sans titre collectif ; leur commune paternité n'est pourtant point douteuse : elles sont nées d'une âme idyllique, enamourée de la nature. Mais cette passion innocente ne saurait tenir lieu de ce je ne sais quoi qu'on appelle le don. Les cacophonies, les allitérations abondent. La cheville trop connue *hélas* est employée avec exagération. Certaines expressions, comme *cruel trépas,* retardent d'un siècle. On rencontre des images cocasses, tels ces vers de *Fleurs des arbres fruitiers :*

> L'imprudent amandier dès mars ouvre la fête,
> Comme un jeune étourdi trop vite émancipé ;
> Mais la gelée hélas ! découronne sa tête
>   S'il a par trop anticipé.
> L'abricotier le suit, presque aussi peu timide

La sagesse réclame un conseil judiciaire pour ce coquin d'amandier qui « anticipe », peut-être aussi pour le bouillant abricotier qui veut, comme l'autre, faire la fête.

Si dans *La légende de la violette de Pâques* la forme

est passable, cette piécette n'est qu'une versification digne de l'ouvrage classique *Le bon jardinier*.

L'auteur a pris pour devise « Bon espoir ». Il est barbare de crever une bulle de savon ; le moderne Delille apprendra avec chagrin que la Commission des Prix, marâtre cruelle, le renvoie, les mains vides, à ses chères études ... horticoles.

Deux pièces réunies sous le titre *Bronzes et statuettes* et douze autres sous la rubrique *Au fil de l'eau* constituent le bagage élégant, quoiqu'un peu vide, de l'auteur de PETITS FLOCONS. Les pensées sont gracieuses et diverses, l'esprit pétille en maints endroits. Pourquoi faut-il que le costume de ces figurines soit misérable et troué ? Vers faux, hiatus, cacophonies, fautes de français, se donnent rendez-vous avec une fréquence répréhensible. Je citerai pourtant quelques strophes d'où il ressort que notre poète pourrait faire très bien en ce genre mignard :

RONDEL

Te rappelles-tu, ma Lucienne,
La tristesse de nos adieux
Et cette douloureuse antienne
Que nous disions, mystérieux ?

J'eus ta parole, et toi la mienne.
Nous prîmes à témoin les cieux.
Te rappelles-tu, ma Lucienne,
La tristesse de nos adieux ?

Mais l'amour est mortel, Lucienne :
Demande à tous les amoureux —
J'oubliai ta voix de sirène,
La couleur tendre de tes yeux.
Te rappelles-tu, ma Lucienne ?

VISION

Très lentement, dans la pavane,
Tu virevoltes, ici, là,
Dans ton costume de gala,
De marquise ou de paysanne.

Ton doux berger, l'effronté, glane
Baisers tendres qu'il ne vola.
Très lentement, dans la pavane,
Tu virevoltes, ici, là.

Un faune, au loin, malin, ricane,
Perché sur son socle. De là
Il sourit, très sensuel, à
Quelques baisers pris d'un air crâne,
Très lentement, dans la pavane.

Si cet émule de Gentil-Bernard et de Dorat consent à méditer sur la prosodie et la syntaxe et pousse la bonne volonté jusqu'à enrichir ses rimes, la Société Académique s'empressera de répondre à sa devise audacieuse « Pourquoi pas ? » en lui décernant une médaille : il voudra bien se contenter aujourd'hui d'une mention honorable.

Certaines gens se croient grands poètes quand ils ont écrit un grand poème : mirage néfaste, pour eux d'abord, ensuite pour les rapporteurs tenus d'avaler des kilomètres de prose rimée. Celui qui a passé des heures incalculables à ciseler LE LIVRE DE RUTH, poème biblique en 6 parties, est certainement convaincu d'avoir enfanté un chef d'œuvre. S'il savait comme il est périlleux de chausser le cothurne des génies du Grand Siècle ! Répéter à cet auteur prolixe, du genre somnifère, les épithètes dont fut criblé son envoi par les membres de la Commission serait l'humilier inutilement ; on a bien voulu lui reconnaître une certaine habileté dans les descriptions et la constater par une mention honorable. La devise de ce manuscrit est : « Je suis Ruth, ta servante. Etends le pan de ta robe sur moi. »

Etes-vous de ces cœurs à la simplicité craintive qui rêvent d'une mer toujours paisible, d'une brise toujours molle, d'un ciel au perpétuel azur, de chemins sans cailloux, sans ornières ? regrettez-vous l'âge d'or décrit par Ovide :

Ver erat æternum, placidique tepentibus auris
Mulcebant zephyri natos sine semine flores ?

alors le recueil AU GRÉ DES SONGES vous serait un nectar divin, figurerait à vos yeux le *summum* de l'inspiration.

Par malheur, l'âme de la poésie est d'une tout autre essence : elle veut des pensées originales, des sentiments vifs, des expressions brillantes, elle se plaît aux rencontres fougueuses, aux heurts pleins de surprises, aux cadences imprévues, elle vit d'inattendu, de nouveauté : la monotonie la tue.

Nul reproche de forme ne saurait être adressé aux pièces nombreuses de l'envoi en question : ce serait d'excellents modèles pour les ignorants de la prosodie. Mais la lecture suivie de ces enfilades de vers est au plus haut point soporifique.

L'œuvre liminaire — 200 alexandrins ! — est consacrée *A Elisa Mercœur :* dessein louable à la vérité, mais combien cette sempiternelle lamentation gagnerait à être raccourcie des deux tiers !

Un centenaire est une tentative d'apothéose de Victor Hugo : projet téméraire après tant de fleurs précieuses déposées sur la tombe du Maître ! les trois premières strophes sont un ramassis de lieux communs, puis s'allonge à l'infini une sorte de catalogue rimé.

La seule pièce qui sorte des sentiers battus, *Le journalier de la mort,* dépeint la tâche étrange d'un homme qui, par un radieux dimanche d'avril, bêche auprès de l'église ; certains passages ne manquent pas d'allure :

Il n'a point pour motif l'impiété superbe,
De son triste labeur nul n'est scandalisé,
Il ne viendra jamais moissonner une gerbe
Dans le sillon qu'il a creusé.

Je me sens frissonner chaque fois qu'il se penche
Et que j'entends le sol résonner sous l'effort...
Cet homme ne peut pas respecter le dimanche,
C'est le journalier de la mort.

En lisant *Le bouquet du poète,* œuvre banale du reste, mon attention fut attirée par quelques vers que je dois vous révéler :

La gloire que sa plume appelle,
Malgré ses veilles, ses travaux,
S'obstine à se montrer rebelle...
Mais pour atténuer ses maux
Miroite un écrin magnifique
De médailles d'argent et d'or.

Sans être grand clerc on devine sous cette image métallique un appel pressant aux largesses de la Commission. Celle-ci n'a point voulu se laisser conter fleurettes et l'auteur de *Au gré des songes,* qui s'est voilé derrière une devise pleine de promesses « Toujours quand même », se contentera de voir miroiter en songe l'écrin magnifique et de recevoir une simple médaille de bronze.

Si l'œuvre est courte, si le style est quelconque et la rime très pauvre dans la poésie VIVRE, l'auteur a du moins un sérieux mérite : il stigmatise sans peur le vice, il dresse un trône à la vertu. Citer quelques-uns de ses vers donnera une juste idée du postulat :

Vivre, dit-il,

> C'est entraîner les uns, c'est retenir les autres,
> Maître de soi, toujours ! Pour Dieu, pour le prochain,
> Unir l'amour des saints au zèle des apôtres,
> S'élever au-dessus de l'intérêt humain ;
> Des futures splendeurs d'une gloire immortelle
> C'est cultiver en soi l'impérissable espoir ;
> Vivre, c'est être fort, bon, pur, vaillant, fidèle,
> C'est faire son devoir !

Notre vénérable Société, pratiquant, à l'instar de sa grande sœur de Paris, le culte des nobles sentiments, décerne à l'auteur de *Vivre,* qui a pris pour devise : « On vit surtout par l'âme », une médaille de bronze.

Sous ce titre incolore : POÈMES, s'abritent trois œuvres disparates.

La première, *A Vénus de Milo,* est riche en césures détestables et en termes prosaïques. Au surplus, les fautes de pure forme ne sont rien en comparaison du vice radical de cette poésie : on s'attend à savourer le témoignage lyrique d'une passion purement artistique pour un chef-d'œuvre de la statuaire ; on est péniblement surpris de lire un hymne brûlant offert, en guise de parfum hiératique, à la déesse de l'Amour. Dans son délire d'enthousiasme, l'auteur va jusqu'à lancer une accusation stupéfiante :

> Dans cette salle obscure et basse, indigne temple,
> Tu règnes, marbre saint qu'on nomme la Vénus.
> ....
> Dans un musée obscur l'artiste te contemple ;
> Le palais qui t'abrite est indigne de toi.

Ayant toujours considéré le Louvre comme le premier musée du monde, je me figurais — avec quantité de bons esprits — que la France, en y déposant la Vénus de Milo, lui avait rendu un hommage digne d'elle. Je m'abusais, paraît-il : reculant d'une vingtaine de siècles, on nous invite à ériger un sanctuaire à la mère de Cupidon :

> Quel Ictinos nouveau rebâtira ton temple ?

Ce néo-paganisme est risible et antipathique au dernier degré.

Mais passons !

Les deux autres poésies sont bien « de chez nous ». Dans *Sybille de Châteaubriant*, on voit l'épouse de Geoffroy de Châteaubriant errer, sous les espèces d'un fluide fantôme, à travers son antique castel. Ce poème, émaillé de fautes prosodiques, de licences, de cacophonies, d'expressions vulgaires, offre des parties descriptives d'une assez belle venue ; écoutez ceci :

> Du milieu des toits clairs le donjon colossal,
> Levant jusques aux cieux sa masse crénelée,
> De son profil altier domine la vallée :
> Il semble le gardien du pays d'alentour.
> L'échauguette s'accroche au faîte de la tour.

Le corbeau familier fait son nid aux créneaux,
Le moineau vit en paix dans les trous des chéneaux ;
Avec ses ponts levés et ses herses baissées,
Il se repose ainsi de ses gloires passées.

La mort de Françoise de Foix, comtesse de Châteaubriant, rappelle la légende fameuse du meurtre de la belle amie de François Ier par son mari jaloux. L'histoire est-elle, sur ce point, d'accord avec la tradition? peu me chaut : les poètes raniment et enjolivent les récits légendaires, c'est leur aimable privilège. Ce qui est ici foncièrement regrettable, c'est de voir l'auteur transformer sa peu recommandable héroïne en victime pure lâchement assassinée sans motif grave ; puis, au lieu d'engager la volage Françoise à demander pardon de ses péchés et à mourir les yeux tournés vers le Ciel, lui donner ces conseils abominables :

Mais veille, en expirant, que ta seule pensée
Vole, avec ton pardon, vers ton royal amant
....
Mais un songe chéri calme son agonie :
Elle se croit aux bras du Prince Chevalier !
Sa voix lui jure encore une amour infinie
Et sous son œil brillant elle se sent plier.

« A ma vie », la vraie, la ravissante devise de la Bretagne, est inscrite sur le manuscrit *Poèmes :* l'auteur l'a comprise largement puisque, sur trois œuvres, deux nous promènent dans le logis seigneurial de Châteaubriant ; c'est là un mérite très appréciable ; j'ai signalé, d'autre part, le talent descriptif du poète. A ce double titre, une récompense enviable s'imposait en sa faveur : il reçoit une médaille d'argent.

S'il est une œuvre estimable parmi les envois de cette année, c'est, sans contredit, ODE A UN BIENFAITEUR NANTAIS. Les plus nobles sentiments, les plus hautes aspirations en forment la trame. Le plan de ce dithyrambe est ingénieux ; la coupe des vers offre de la variété ; on sent une plume qui a une certaine accoutumance de la poésie. Des rejets incorrects, des hiatus, des répétitions de mots se rencontrent çà et là. Quelques passages sont un tantinet ridicules :

> Sous la loupe de tes savants hautains et graves
> L'infiniment petit égale l'empereur.

Le pauvre est

> Toujours courbé malgré son torse de granit.

Faute plus grave : l'auteur semble croire que les riches au cœur fermé pullulent, que la charité est presque un mythe, que les hommes du genre de celui à qui il tresse une couronne sont une exception ! Comme dirait Vidal, « c'est une vaste erreur ». Jamais les œuvres créées pour soulager toutes les souffrances ne se sont tant multipliées ; jamais les dévouements ne furent plus nombreux et plus admirables ; de la naissance à la mort, le déshérité est soutenu avec amour et délicatesse dans ses besoins matériels et moraux ; aujourd'hui le mauvais riche est montré au doigt et constitue une anomalie sociale.

La Commission des Prix a jugé que l'*Ode à un bienfaiteur nantais* manquait de souffle. J'y ai toutefois noté quelques passages gracieux :

> Non, Dieu n'a pas créé la douleur absolue.
> Toujours par le pardon l'offense est résolue ;
> Tout désert a ses fleurs.

Le Seigneur a placé le miel près de l'absinthe,
L'aube près de la nuit et la charité sainte
Près des sombres malheurs.

....

Je songe à ces enfants qui s'en vont, lamentables,
Le long des grands chemins, couchant dans les étables
Et mangeant du pain bis,
Qui sont craintifs, sachant que la terre est méchante,
Et tremblent en passant près du pâtre qui chante
En gardant ses brebis.

Malgré ses imperfections réelles, cette œuvre est digne de louanges chaleureuses ; le sujet est édifiant, les pensées sont belles ; puis, comme l'a fait judicieusement remarquer l'un de mes collègues, il faut un courage peu ordinaire pour écrire une ode. Aussi l'auteur, qui a pris pour devise : « Je rêve aux étés qui demeurent. Toujours », se voit-il décerner une médaille d'argent.

La lecture des HEURES DE LOISIR fut un des plus agréables moments de mon voyage au pays de la critique. Celui qui modula ces chants est un poète, un vrai poète.

Toutefois, ne fût-ce que pour lui prouver avec quel scrupule j'ai disséqué son recueil, je lui adresserai quelques reproches mérités. J'ai relevé des allitérations assez fréquentes : se mê*laient les* cris — s*ous* t*ous* ces mots — l'homme frô*lait les* dieux — de voir la *m*ort *m*arquer — gra*v*ât *v*os noms — quand un sou*ff*le su*ff*it pour e*ff*euiller les roses — des ray*ons* bl*on*ds — la *m*er *m*échante ; et des rimes d'une indigence pénible : hiver (et) mer ; moment (et) expirant ; pas (et) passeras ; antiquaire (et) dernière.

Ce sont là de menues taches faciles à effacer et j'ai

hâte de dire tout le bien que je pense des *Heures de loisir*.

Les pièces nombreuses, très variées de rythme et de sujet, qui composent ce recueil ne sont pas d'une valeur uniforme. Mais *Sous-bois, La mort d'un oiseau, Choses d'autrefois,* brillent déjà d'un éclat réel et je vous demande d'admirer cinq poésies excellentes sur lesquelles je m'attarderai.

Idée originale, développement adroit, tableau coloré de la Grèce antique, sont les qualités indéniables de la pièce liminaire : *Les regrets d'un Hermès chez l'antiquaire.* Au bas de la courte et harmonieuse évocation *Cynthie,* on trouverait sans trop d'étonnement la signature d'André Chénier. D'autres piéces encore font deviner chez ce poète une connaissance approfondie de l'Hellade et un amour profond de ses immortelles beautés ; pourtant il sait rester chaste en ses résurrections antiques.

Où triomphe le chantre des *Heures de loisir,* c'est dans les paysages. Là, il est passé maitre, et, au risque d'allonger outrageusement ce rapport, je ne résiste pas à l'agrément de vous lire quelques descriptions pittoresques :

APRÈS L'ORAGE

Cela c'était hier ; aujourd'hui tout sourit :
La mer bleue en montant caresse les rivages,
Polit avec amour de roses coquillages
Et les dépose aux pieds des bébés tout surpris.

Le sable uni s'étend sans plis, sans trous, sans rides.
Le vent léger qui passe en son rapide essor
Transporte le parfum des immortelles d'or ;
Des œillets ont fleuri les rocs les plus arides.

S'il fut des ouragans et s'il fut des naufrages,
Si des cris d'agonie ont traversé la nuit,
Ne le demandons pas au souffle qui s'enfuit,
Aux flots indifférents, aux rayonnantes plages.

Si vers le grand ciel sourd plus d'un poing s'est dressé,
Le vent tumultueux dispersa les blasphèmes
Et les flots bouillonnants cachèrent les corps blêmes ;
Un beau jour vient de naitre.... et tout est effacé.

La vie a remplacé les corps sans sépulture :
Si des hommes sont morts, d'autres hommes sont nés,
Et des baptêmes blancs gaîment carillonnés
S'en iront vers l'église à travers la verdure.

Notre Virgile change de tonalité : il a chanté l'azur vibrant du ciel estival, la romance charmeuse de la mer clapotante, les cris pimpants des marmots, la vie, la chaleur, la lumière ; il nous transporte à présent dans un coin de nature mélancolique et silencieux ; voici le début de sa très belle poésie *Le nénuphar :*

Le jour se meurt là-bas, éteignant les ramages
Des oiseaux caqueteurs nichés dans les roseaux.
Les feuillages penchés sur le miroir des eaux
N'y reconnaissent plus leurs fragiles images.
La brume, en s'élevant, tisse un voile ténu
Dont va s'envelopper le sommeil de la Terre,
Et tout doit s'obscurcir, s'effacer ou se taire,
Car voici de la nuit le mystère inconnu.
Là-bas l'eau sombre dort et semble en léthargie,
Mais ici la rivière, ayant fait un détour,
Etale sous le ciel une nappe élargie,
Et dans ce coin charmant c'est encore le jour.
Au bord occidental, près des berges minées,
Le globe rouge plonge, aux trois quarts englouti.
Sa lumière sur l'eau reste en longues traînées,
Rose et blonde, un moment après qu'il est parti.

En face, à l'autre bord, la haute salicaire
Mêle son thyrse pourpre aux brins des gramens fous;
L'essaim des moucherons vit sa vie éphémère,
Dansant éperdûment au-dessus des remous.

Le poète des *Heures de loisir* saisit à merveille le charme spécial de chaque moment de la journée; après les joies claires du matin et la volupté enveloppante du crépuscule, il va décrire la beauté sereine de la nuit dans sa pièce *A la Saint-Jean d'été :*

A la Saint-Jean d'été ! tu sais, dans la nuit douce,
Les feux joyeux flambaient à la cime des monts,
Et d'autres s'allumaient, vers-luisants dans la mousse,
Plus loin, plus loin encore, aux pâles horizons.

O feux de la Saint-Jean, flammes si vite éteintes !
Et vous, feux de nos cœurs, n'avez-vous donc été,
Malgré baisers, serments, larmes, querelles feintes,
Qu'un reflet disparu sans qu'il reste d'empreintes,
A la Saint-Jean d'été ?

Ce manuscrit porte pour devise : « Il n'est pas d'homme en ce monde qui ne puisse et ne doive terminer son jour de travail, si pénible soit-il, par une occupation plus élevée. » Cette forte maxime nous a valu une gerbe délicieuse à laquelle nous nous félicitons d'attacher une médaille d'argent grand module.

La légende du grand menhir, tel est le titre d'une poésie pas bien longue, constituant à elle seule un envoi distinct. Cette œuvre a conquis l'unanimité des suffrages par son caractère breton, sa langue harmonieuse, la nouveauté piquante du sujet.

Au touriste en extase devant un bloc préhistorique couché dans la bruyère, une vieille mendiante raconte que, seul de tous ses congénères, l'orgueilleux monolithe ne daigna pas jadis s'incliner au passage de la Croix ; terrible fut la vengeance céleste :

Dieu pouvait le réduire en poudre
Mais on l'eût oublié bientôt.

. . . .

Voilà deux mille ans qu'il adore !
Le temps lui dure.... A chaque aurore
Il veut rentrer dans le néant.

. . . .

L'éternité c'est pour les hommes.

. . . .

Mais la pierre impie et coupable,
Dieu, qui l'a faite périssable,
N'a que le temps pour la punir.

. . . .

Sous le châtiment qui le dompte
Le grand menhir pleure de honte
Et de rage, au lever du jour :
C'est qu'il voit, au bord de la route,
Ce calvaire mis là, sans doute,
Pour lui jouer un malin tour.

. . . .

Quelques-uns même ont plus d'audace

. . . .

J'en ai vu, la Semaine Sainte,
Le torturer : voici l'empreinte
Des croix qu'ils viennent y graver.

La pauvresse achève son récit par la révélation à voix basse d'un secret émouvant : elle sait quel châtiment raffiné le Seigneur réserve à l'infortuné menhir : au jour solennel du Jugement Dernier :

Quand paraîtra la croix divine
Il en sera le piédestal.

Cette poésie, dont le charme puissant ravira les voyageurs qui eurent le loisir d'errer sur les landes de Carnac, a pour devise « Voit-on les noirs menhirs se dresser sur vos landes ? » La Commission lui accorde une médaille d'argent grand module.

Au livre de *la Genèse,* on lit : « Or le Seigneur Dieu prit l'homme et le colloqua au paradis pour le cultiver et le garder. Et luy commanda disant : de tout arbre du jardin tu en mangeras. Mais de l'arbre de science de bien et de mal, tu n'en mangeras point, car dès le jour que tu en mangeras tu mourras de mort.... Puis le Seigneur Dieu dit à Adam : en la sueur de ton visage tu mangeras le pain, jusqu'à ce que tu retournes en la terre, de laquelle tu es pris ; car tu es poussière et retourneras en poussière. »

Quelle fut pour le premier homme l'une des plus tristes conséquences du châtiment implacable ? Cette dramatique application de la parole sainte : *stipendia peccati, mors,* va être dépeinte avec une farouche énergie dans LA MENACE DE L'ANGE, le dernier poème dont j'aie à vous entretenir :

Par une radieuse matinée de printemps,

> Adam se réveilla, sombre malgré l'aurore ;
> A son esprit naïf le songe précurseur
> Avait en son sommeil paru, confus encore,
> Et l'homme se leva, des tristesses au cœur.

Notre premier père regarda Eve et tressaillit :

> De sa vieille compagne Adam voyait la face
> Blême, inerte, marbrée, étrangement dormir,

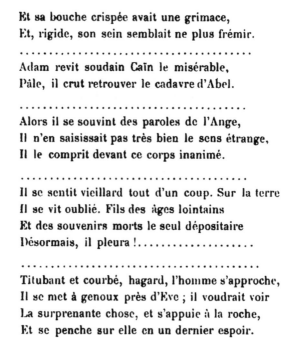

Et sa bouche crispée avait une grimace,
Et, rigide, son sein semblait ne plus frémir.

. . . .

Adam revit soudain Caïn le misérable,
Pâle, il crut retrouver le cadavre d'Abel.

. . . .

Alors il se souvint des paroles de l'Ange,
Il n'en saisissait pas très bien le sens étrange,
Il le comprit devant ce corps inanimé.

. . . .

Il se sentit vieillard tout d'un coup. Sur la terre
Il se vit oublié. Fils des âges lointains
Et des souvenirs morts le seul dépositaire
Désormais, il pleura ! . . . .

. . . .

Titubant et courbé, hagard, l'homme s'approche,
Il se met à genoux près d'Eve ; il voudrait voir
La surprenante chose, et s'appuie à la roche,
Et se penche sur elle en un dernier espoir.

Adam se relève, désespéré : il laisse éclater sa souffrance ; dans une vision funèbre, il contemple la mort accomplissant son œuvre méchante, sans repos ni trêve, dans la suite des âges :

Ainsi vous mourrez tous, mes fils, l'un après l'autre,
Comme l'Ange a prédit. Et, parmi les cités,
A mon cri de détresse, un jour, mêlant le vôtre,
Des clameurs monteront vers les cieux indomptés.

De nouveau, le pitoyable solitaire tente de ressusciter celle qui partagea ses joies et ses deuils :

« Eve, criait Adam, réveille-toi ! Ma vie
« Veut l'aube de tes yeux. . . . » Mais Eve demeurait
Rigide, froide et sourde, au silence asservie.

Alors le malheureux, voyant que tout est fini, rend

les derniers devoirs à la « chair de sa chair » et fuit ce lieu macabre :

Pendant un jour entier le vieillard travailla,
De quartiers de rochers il fit une muraille ;
Enfin, sur le soir morne, une étoile brilla.

Alors de ses vieux bras ayant fini l'ouvrage
Pénible d'enterrer le passé merveilleux,
Vers la plaine sans borne, impassible visage,
Adam s'en fut, avec la morte dans les yeux.

Un asile lui est offert par Enos, par Caïnan, il n'entend rien, il marche comme un insensé.... toujours.... toujours.... jusqu'à la chute fatale, fruit de l'épuisement. Des oiseaux égrènent au-dessus de sa tête leurs plus joyeux trilles ; il reste sourd à ces aimables concerts :

Et, tristes, les oiseaux se turent près de lui.

Tenaillé par la douleur, affolé de désespérance, Adam sent la révolte diabolique gronder en lui ; il blasphème, il insulte son Créateur, il reproche à Jéhovah de l'avoir tiré du néant, il l'accuse d'avoir donné à l'homme la tragique leçon du meurtre. Dieu, lui est-il répondu d'En-Haut, suivra le chemin de sa créature :

Il se fera petit ; humble et pâle prophète
Venu parmi tes fils qui ne comprendront pas,
Et, l'auréole au front, il fera la conquête
De leurs cœurs, dans le sang de son propre trépas.

Son destin douloureux, il le créera lui-même ;
Or, celui-là sera mon fils, nommé Jésus,
Et tes fils vengeront sur son cadavre blême
Des rancunes dont ils ne se souviendront plus.

Puis Jéhovah dévoile, dans une langue magistrale, au

premier homme l'éblouissant mystère de la prédestination.

....
....
....

L'aube, à peine, pointait au delà des collines.
Enos et Caïnan qui le cherchaient parmi
L'opacité des bois, imprégnés de bruines,
Découvrirent Adam pour jamais endormi.

Telle est cette évocation biblique, à laquelle on reprocherait du gongorisme et des expressions impropres, mais qui témoigne d'un tempérament bien doué, d'un esprit à l'envergure large. Celui qui créa cette page est, à coup sûr, un disciple du Maître ; il s'est nourri de cette épopée fulgurante qui restera comme le plus scintillant joyau de l'écrin poétique des derniers cent ans : j'ai nommé la *Légende des siècles*.

Au poème *La menace de l'Ange,* qui porte pour devise : « L'apparence mourra, mais non pas la pensée », la Société Académique décerne sa plus haute récompense, une médaille de vermeil.

*
* *

Avec mes excuses cordiales à l'adresse des candidats que le devoir m'a contraint de censurer, avec mes remerciements chaleureux à cet auditoire distingué dont la sympathique attention me fut courageusement fidèle, je déclare terminée ma tâche ardue et délicate.

A ce Concours de 1902 on pourrait appliquer, en la retournant, la phrase de l'Evangile : *Pauci vocati, multi vero electi,* peu d'appelés, beaucoup d'élus : sur onze envois, dix ont été récompensés.

Que cette libéralité fastueuse ne vous surprenne pas !. Si nos fonctions de jurés nous poussent à rechercher les fautes et à prononcer des verdicts de culpabilité, nous accordons dans une ample mesure les circonstances atténuantes et nous signons avec joie des recours en grâce. Ceux qui affrontent nos arrêts sont des esprits supérieurs, avides de saisir dans la vie mieux que des plaisirs vulgaires et de procurer aux aspirations de l'âme l'atmosphère sereine de l'idéal ; c'est un devoir étroit et suave d'applaudir à leurs généreux desseins, de seconder leur bon vouloir, de couronner leurs efforts. Nous faisons des plaies cuisantes, il est vrai ; mais nous les adoucissons avec le baume de nos récompenses.

C'est de tout cœur que je fais appel aux historiens, aux romanciers, aux poètes, et je forme le vœu, dépouillé d'artifice, qu'une avalanche de chefs-d'œuvre submerge mon successeur.

Un sujet hors pair devrait nous enrichir l'an prochain d'écrits remarquables : le 12 septembre 1903, la Bretagne entière, escortée de l'élite intellectuelle de la France, célébrera, des bords du Scorff aux bords de l'Ellé, le centenaire du jour béni où Auguste Brizeux vint au monde. Notre Société, prêtresse du beau et du bien, couronnerait, j'en suis convaincu, avec somptuosité des pages, en prose ou en vers, où serait pieusement glorifié le barde immortel, le chantre de *Marie* et des *Bretons,* le maitre incontesté de la poésie d'Armorique, le doux et fier génie qui modula ces vers impérissables par lesquels j'entends clore cette trop longue étude :

....................Quand il prend la lyre,
Le poète au beau front, écoutez son délire !

. . . .
Au travail ! au travail ! à l'œuvre ! aux ateliers !
Et vous, de la pensée habiles ouvriers,
A l'œuvre ! Travaillez tous, dans votre domaine,
La matière divine et la matière humaine !
Inventez, maniez, changez, embellissez,
La Liberté jamais ne dira : « C'est assez ! »
Toute audace lui plait ; vers la nue orageuse,
Elle aime à voir monter une aile courageuse.

(Hymne.)

Aujourd'hui que tout cœur est triste et que chacun
Doit gémir sur lui-même et sur le mal commun ;
Que le monde, épuisé par une ardente fièvre,
N'a plus un souffle pur pour rafraichir sa lèvre ;
Qu'après un si long temps de périls et d'efforts
Dans l'ardeur du combat succombent les plus forts ;
Que d'autres, haletants, rendus de lassitude,
Sont près de défaillir, alors la solitude
Vers son riant lointain nous attire, et nos voix
Se prennent à chanter l'eau, les fleurs et les bois ;
Alors c'est un bonheur, quand tout meurt ou chancelle,
De se mêler à l'âme immense, universelle,
D'oublier ce qui fuit, les peuples et les jours,
Pour vivre avec Dieu seul, et partout et toujours.

(Marie.)

CONCOURS DE 1902

RÉCOMPENSES DÉCERNÉES AUX LAURÉATS

Dans la Séance publique du 12 décembre 1902

Prose

MÉDAILLE D'ARGENT

M. Fraslin, instituteur, à Saint-Léger : *Monographie de la commune de la Chevrolière.*

Poésie

MÉDAILLE DE VERMEIL

M. Émile Langlade, à Sannois : *La menace de l'ange,* poëme.

MÉDAILLES D'ARGENT GRAND MODULE

Melle Juliette Portron, à Niort : *Heures de loisir.*

Melle Maïa de Guerveur, à Rennes : *La légende du grand menhir.*

MÉDAILLES D'ARGENT

M. Joseph Chapron, à Châteaubriant: *Trois pièces détachées.*

M. Pierre Sylvestre, à Nantes : *Ode à un bienfaiteur nantais.*

MÉDAILLES DE BRONZE

Melle Maria Thomazeau, à Bouin: *Au gré des songes.*

Melle Maïa de Guerveur, à Rennes: *Vivre.*

MENTIONS HONORABLES

M. Henri Fromont, à Tonneins: *Le livre de Ruth.*

M. Henry Volney, à Sedan: *Petits flocons.*

PROGRAMME DES PRIX

PROPOSÉS

Par la Société Académique de Nantes

POUR L'ANNÉE 1908

1re Question. — Poésie en l'honneur de Brizeux.

2e Question. — Etude critique sur le même.

3e Question. — Etude biographique et critique sur un ou plusieurs Bretons célèbres.

4e Question. — Etude archéologique sur les départements de l'Ouest.

5e Question. — Etude historique sur l'une des institutions de Nantes.

6e Question. — Etude historique sur les anciens monuments de Nantes.

7e Question. — Etude complémentaire sur la

faune, la flore, la minéralogie et la géologie du département.

8e Question — Monographie d'un canton ou d'une commune de la Loire-Inférieure.

9e Question. — Du contrat d'association.

La Société Académique, ne voulant pas limiter son Concours à des questions purement spéciales, décernera des récompenses aux meilleurs ouvrages :

De morale,
De poésie,
De littérature,
D'histoire,
D'économie politique,
De législation,
De science,
D'agriculture.

Les mémoires manuscrits et inédits sont seuls admis au Concours. Ils devront être adressés, avant le 31 mai 1903, à M. le Secrétaire général de la Société, rue Suffren, 1.

Chaque mémoire portera une devise reproduite sur un paquet cacheté mentionnant le nom de son auteur. Tout candidat qui se sera fait connaître sera de plein droit hors de concours.

Les prix consisteront en mentions honorables, médailles de bronze, d'argent, de vermeil et d'or. Ils seront décernés dans la séance publique de 1903.

La Société Académique jugera s'il y a lieu d'insérer dans ses Annales un ou plusieurs des mémoires couronnés.

Les manuscrits ne sont pas rendus; mais les auteurs peuvent en prendre copie sur leur demande.

Nantes, le 1er décembre 1902.

Le Secrétaire général,
Dr HUGÉ

Le Président,
Dr GUILLOU

EXTRAITS

DES

PROCÈS-VERBAUX DES SÉANCES GÉNÉRALES

POUR L'ANNÉE 1902

Séance du 20 janvier 1902

Installation du bureau.

Allocution de M. Francis Merlant, président sortant.

Allocution de M. le Dr Guillou, président entrant.

Communication de M. Léon Péquin sur des modifications à apporter au régime actuel des voies ferrées.

Les Élections Législatives à Nantes sous la Restauration, par M. F. Libaudière.

Séance du 5 février 1902

Admission au titre de membre résidant de M. le Commandant Riondel (M. Boitard, rapporteur).

Admission au titre de membres résidants de MM. les Drs Duval et Léquyer (M. le Dr Guillou, rapporteur).

Le Théâtre de M. Brieux, étude par M. le Dr Chevallier.

Séance du 12 février 1902

Les Fêtes Religieuses en Bretagne : la Fête-Dieu, la Saint-Jean, la Toussaint, par M. le baron Gaëtan de Wismes.

Séance du 5 mars 1902

Admission au titre de membres résidants de MM. Henri Chéguillaume et Eugène Bothereau.

Rapport de M. Julien Merland sur la *Vie du Paysan vendéen au commencement du* XXe *siècle,* par M. le Dr Charles Roy, d'Aizenay.

Rapport de M. Julien Merland sur l'*Organisation du jury d'assises,* thèse de doctorat en droit de M. Pauly.

Introduction au *Journal de Marche du 5me bataillon de chasseurs à pied,* par Émile Mellinet (1840-1841), par M. Dominique Caillé.

Séance du 12 avril 1902

Rapport de M. F. Libaudière sur les *Recherches sur les rivières à marées,* par M. Partiot.

Introduction au *Journal de Marche du 5me bataillon de chasseurs à pied,* par Émile Mellinet (1840-1841) (suite), par M. Dominique Caillé.

Les Mécènes bretons de la Renaissance, par M. Georges Ferronnière.

Séance du 23 mai 1902

La Presse à Nantes sous la Restauration et les Mangin, par M. F. Libaudière.

Compte rendu, par M. le baron Gaëtan de Wismes, d'un voyage à Orléans fait à l'occasion des fêtes en l'honneur de Jeanne d'Arc.

Lecture, par M. Dominique Caillé, d'une étude de M. Julien Tyrion sur *Saint-Grégoire de Tours et son temps.*

Séance du 20 juin 1902

Admission au titre de membre résidant de M. Welcome de Laprade (M. Delteil, rapporteur).

Admission au titre de membre correspondant de M. Georges Moreau (M. Mailcailloz, rapporteur).

Notice nécrologique sur M. le Dr Chartier, par M. le Dr Guillou.

Lecture, par M. le Dr Duval, d'extraits du *Rapport fait au nom de la Commission chargée de l'examen des papiers trouvés chez Robespierre et ses complices.*

Exhibition, par M. le baron Gaëtan de Wismes, de souvenirs de la Restauration : médailles, monnaies, gravures, imprimés, papiers de famille, etc.

Séance du 22 octobre 1902

Lecture, par M. le Dr Guillou, du discours prononcé par lui sur la tombe de M. le marquis de Granges de Surgères.

Rapport, par M. F. Libaudière, sur les *Habitations à bon marché dans les villes de moyenne importance*, par M. Charles Janet.

Rapport, par M. le baron Gaëtan de Wismes, sur la *Vie de Mgr Fournier,* par M. l'abbé Pothier.

Séance du 12 novembre 1902

Rapport, par M. Mailcailloz, sur *Au bord de l'Océan,* par Mlle Éva Jouan.

Lecture, par M. Mailcailloz, de sonnets de M. A. Fink aîné.

Lecture, par M. le Dr Landois, du *Récit de voyage de la duchesse de Berry, de Nantes à Blaye, après son arrestation,* par M. Polo, adjoint au Maire de Nantes.

Séance solennelle du 12 décembre 1902, salle Turcaud

Discours de M. le Dr Guillou sur quelques faits d'hérédité.

Rapport de M. le Dr Hugé sur les travaux de la Société, pendant l'année 1902.

Rapport de M. le baron Gaëtan de Wismes sur le concours des prix.

Séance du 15 décembre 1902

Admission au titre de membre résidant de M. Marcel Soullard (M. D. Caillé, rapporteur).

Sont élus :

Président...........	M. le Dr Joüon.
Vice-Président......	M. Picart.
Secrétaire-général...	M. le baron Gaëtan de Wismes.
Secrétaire-adjoint...	M. G. Ferronnière.
Trésorier...........	M. Delteil.
Bibliothécaire.......	M. Viard.
Bibliothécaire-adjoint	M. Fink.
Secrétaire perpétuel..	M. Mailcailloz.

MEMBRES DU COMITÉ CENTRAL

MM. le Dr Guillou ; F. Libaudière, Deniaud, Andouard ; D. Caillé, A. Leroux, Feydt ; Dr Chevallier, Dr Landois, Dr Hugé ; Gadeceau, Louis Bureau, Viaud-Grand-Marais.

Séance du 26 décembre 1902

M. le Dr Joüon, n'ayant pas accepté les fonctions de Président de la Société,

Sont élus :

Président........... M. Picart.
Vice-Président...... M. Alexandre Vincent.

SOCIÉTÉ ACADÉMIQUE DE NANTES ET DE LA LOIRE-INFÉRIEURE

Année 1903

LISTE DES MEMBRES RÉSIDANTS

Bureau

Président..........	MM. Picart, rue Félix, 6.
Vice-Président.....	Alexandre Vincent, rue Lafayette, 12.
Secrétaire général..	Bon Gaëtan de Wismes, r. Saint-André, 11.
Secrétaire adjoint ..	Georges Ferronnière, rue Voltaire, 15.
Trésorier..........	Delteil, tenue Camus, 7 bis.
Bibliothécaire.. ...	Viard, r. Chevreul, à Chantenay-s.-Loire.
Bibliothécaire adjoint	Fink aîné, rue Crébillon, 19.
Secrétaire perpétuel	Mailcailloz, rue des Vieilles-Douves, 1.

Membres du Comité central

M. le Dr Guillou, président sortant

Agriculture, commerce, industrie et sciences économiques

MM. Libaudière, Deniaud, Andouard.

Médecine

MM. Chevallier, Landois, Hugé.

Lettres, sciences et arts

MM. D. Caillé, A. Leroux, Feydt.

Sciences naturelles

MM. Gadeceau, Viaud-Grand-Marais, Bureau.

Membre d'honneur

M. Hanotaux, de l'Académie Française.

SECTION D'AGRICULTURE COMMERCE, INDUSTRIE ET SCIENCES ÉCONOMIQUES

MM.

Andouard, rue Olivier-de-Clisson, 8.
Cossé (Victor), rue Arsène-Leloup, 1.
Delteil, tenue Camus, 7 *bis*.
Deniaud, à la Trémissinière.
Durand-Gasselin (Hippolyte), passage Saint-Yves, 19.
Goullin, place Général-Mellinet, 5.
Le Gloahec, rue Mathelin-Rodier, 11.
Libaudière (Félix), rue de Feltre, 10.
Linyer, rue Paré, 1.
Merlant (Francis), tenue Camus, 39.
Panneton, boulevard Delorme, 38.
Péquin, place du Bouffay, 6.
Perdereau, place Delorme, 2.
Schwob (Maurice), rue du Calvaire, 6.
Viard, rue Chevreul, à Chantenay-sur-Loire.
Vincent (Léon), rue Guibal, 25.

MEMBRES AFFILIÉS

MM. Gourraud, Merland (Julien)

SECTION DE MÉDECINE ET PHARMACIE

MM.

Allaire, rue Santeuil, 5.

Blanchet, rue du Calvaire, 3.
Bonamy, place de la Petite-Hollande, 1.
Bossis, rue des Arts, 33.
Bossis, boulevard Delorme, 35.
Bureau, rue Gresset, 15.
Chachereau, rue Dugommier, 1.
Chevallier, rue d'Orléans, 13.
Citerne, au Jardin des Plantes.
Filliat, rue Boileau, 11.
Gauducheau, passage Louis-Levesque, 15.
Gergaud, rue de Strasbourg, 46.
Gourdet, rue de l'Evêché, 2.
Gourraud, boulevard Delorme, 14.
Grimaud, rue Colbert, 17.
Guillemet, quai Brancas, 7.
Guillou, rue Jean-Jacques-Rousseau, 6.
Hervouet, rue Gresset, 15.
Heurtaux, rue Newton, 2.
Hugé, rue de la Poissonnerie, 2.
Jollan de Clerville, rue de Bréa, 9.
Lacambre, rue de Rennes, 4.
Landois, place Sainte-Croix, 2.
Lefeuvre, rue Newton, 2.
Le Grand de la Liraye, rue Maurice-Duval, 3.
Léquyer, rue Racine.
Mahot, rue de Bréa, 6.
Malherbe, rue Bertrand-Geslin, 12.
Ménager, rue du Lycée, 6.
Montfort, rue Rosière, 14.
Ollive, rue Lafayette, 9.
Poisson, rue Bertrand-Geslin, 5.
Polo, rue Guibal, 2.
Raingeard, place Royale, 1.
Rouxeau, rue de l'Héronnière, 4.
Saquet, rue de la Poissonnerie, 25.
Simoneau, rue Lafayette, 1.
Teillais, rue de l'Arche-Sèche, 35.
Texier, rue Jean-Jacques-Rousseau, 8.
Viaud Grand-Marais, place Saint-Pierre, 4.

Vince, rue Garde-Dieu, 2.

SECTION DES SCIENCES NATURELLES

MM.

Ferronnière (Georges), rue Voltaire, 15.
Gadeceau, au Champ-Quartier, rue du Port-Guichard, 18.
Joüon (François), rue de Courson, 3.

MEMBRES AFFILIÉS

MM. Bureau, Jollan de Clerville, Ménager, Viaud Grand-Marais, Gourraud

SECTION DES LETTRES, SCIENCES ET ARTS

MM.

Baranger, rue Thiers, 4.
Boitard, rue Saint-Pierre.
Bothereau, rue Gresset, 1.
Caillé (Dominique), place Delorme, 2.
Chéguillaume (Henri), rue Mercœur, 20.
Dortel, rue de l'Héronnière, 8.
Eon Duval, quai Brancas, 6.
Feydt, quai des Tanneurs, 10.
Fink, rue Crébillon, 19.
W. de Laprade, rue Harrouys, 28.
Legrand, rue Royale, 14.
Leroux (Alcide), rue Mercœur, 9.
Liancour, place de l'Edit de Nantes, 1.
Livet, rue Voltaire. 25.
Mailcailloz, rue des Vieilles-Douves, 1.
Mathieu, rue des Cadeniers, 5.
Merland (Julien), place de l'Edit de Nantes, 1.
Morel, tenue Camus, 9.
Picart, rue Félix, 6.
Riondel, place Lamoricière, 1.
Soullard, rue du Château, 10.
Tyrion, boulevard Amiral-Courbet, 8.

Vincent (Alexandre), rue Lafayette, 12.
Baron de Wismes (Gaëtan), rue Saint-André, 11.

MEMBRES AFFILIÉS

MM. Chachereau, Hervouet, Linyer, Ollive, Delteil, Perdereau, Chevallier, Gadeceau, Guillemet, F. Libaudière, F. Merlant.

LISTE DES MEMBRES CORRESPONDANTS

MM.
Ballet, architecte à Châteaubriant.
Bouchet (Emile), à Orléans.
Chapron (Joseph), à Châteaubriant.
Daxor (René), à Brest.
Delhoumeau, avocat à Paris.
Docteur Dixneuf, au Loroux-Bottereau.
Gahier (Emmanuel), conseiller général à Rougé.
Mlle Gendron, au Pellerin.
Glotin, avocat à Lorient.
Docteur Guépin, à Paris.
Guillotin de Corson, chanoine, à Bain-de-Bretagne.
Hamon (Louis), publiciste à Paris.
Hulewicz, officier de la marine russe.
Ilari, avocat à la Cour de Rennes.
Mlle Eva Jouan, à Belle-Ile-en-Mer.
Lagrange, à la Préfecture de police, à Paris.
Abbé Landeau, à Rome.
Louis, bibliothécaire, à la Roche-sur-Yon.
Docteur Macasio, à Nice.
Moreau (Georges), ingénieur à Paris.
Vicomte Odon du Hautais, à la Roche-Bernard.
Oger, avoué, à Saint-Nazaire.
Priour de Boceret, à Guérande.
Docteur Renoul, au Loroux-Bottereau.
Mlle Thomazeau, à Bouin (Vendée).
Saulnier, conseiller à la Cour de Rennes.
Thévenot (Arsène), à Lhuitre (Aube).

TABLE DES MATIÈRES

Nantes — Imp. Mellinet, Place du Pilori, 5 — Biroche et Dautais, Succrs

ANNALES

DE LA SOCIÉTÉ ACADÉMIQUE

DE NANTES

ANNALES

DE LA

SOCIÉTÉ ACADÉMIQUE

DE NANTES

Et du Département de la Loire-Inférieure

DÉCLARÉE

Établissement d'utilité publique par Décret du 27 décembre 1877

Volume 4e de la 8e Série

1903

NANTES

IMPRIMERIE C. MELLINET — BIROCHÉ & DAUTAIS, Succrs

5, Place du Pilori, 5

—

1904

ALLOCUTION DE M. LE Dr GUILLOU

PRÉSIDENT SORTANT

MESSIEURS,

Il y a un an, en prenant possession de ce fauteuil où venait de m'appeler votre confiance, je vous conviais au travail. Vous m'avez répondu avec entrain : je vous en remercie. En l'année 1902, la vie de votre Société a été laborieuse et intense, et déjà 1903 s'ouvre fervente et pleine de promesses : c'est bien la renaissance, c'est le retour et la résurrection de vos beaux jours.

Rien ne manquera plus au charme et à l'intérêt de vos réunions, maintenant qu'un Président digne de vous, paré de tous les titres, doué de toutes les aptitudes, formé dans les plus hautes fonctions publiques à l'art de diriger les travaux de l'esprit, vous apportera, avec l'attrait de son aimable personnalité et la variété de ses connaissances, le concours de sa haute autorité.

C'est donc, Messieurs, avec empressement, et pour le plus grand profit de notre œuvre, que je remets la présidence de la Société Académique à M. Picart, ingénieur en chef de la marine en retraite, votre nouvel élu.

ALLOCUTION DE M. PICART

PRÉSIDENT ENTRANT

MES CHERS COLLÈGUES,

Je vous remercie de l'honneur que vous m'avez fait en me nommant à la présidence de la Société, — et je remercie également mon prédécesseur, le Dr Guillou, de sa très aimable appréciation de mon faible mérite.

Quand j'ai su que vous m'aviez choisi comme Président, mon premier soin a été de consulter la longue liste de mes prédécesseurs.

J'avoue que j'ai été très agréablement surpris en constatant que le premier président de la Société avait été un ingénieur de la marine, M. De Gay. — La Société s'appelait alors Institut départemental et avait été constituée le 18 août 1798.

M. De Gay se trouvait en fort bonne compagnie, et la première liste des membres du nouvel Institut comprend les noms des principaux Nantais, tels que Laënnec, Crucy, Peccot, Fouré, etc., etc.

J'ai eu également la curiosité de parcourir nos Annales. Dans les premiers temps, on produisait beaucoup, mais on imprimait peu. Je suis étonné du nombre et de la variété des sujets traités par les membres de notre Société, et j'avoue que je regrette qu'ils n'aient pas reçu les honneurs de l'impression.

On verrait, notamment, que notre Société, dès 1823, mettait au concours une étude sur l'établissement d'un service de bateaux à vapeur jusqu'à Orléans, et qu'une médaille d'or était attribuée à M. Tranchevent.

Nous pouvons donc être fiers de notre passé, — et c'est à marcher sur les traces de nos anciens que je vous convie. — Je sais bien que les conditions actuelles ne sont plus les mêmes qu'autrefois. La vie est plus fiévreuse, sinon plus heureuse. Les besoins de locomotion jouent un grand rôle dans notre existence, et il semble qu'on vive moins dans son home. Partant, on a moins de loisirs pour étudier, pour polir une œuvre littéraire, ou étudier une question scientifique. De plus, le Journal et la Revue nous apportent à chaque instant des études, des faits, qui rendent le choix des sujets plus difficile, car il ne faut point répéter ce qui a été déjà publié.

Néanmoins, notre volume annuel est toujours bien rempli, est toujours intéressant, et je fais appel à toute votre bonne volonté pour que la bonne tradition se continue. — Travaillons et produisons. — Efforçons-nous d'amener à notre Société le plus d'adhérents possible. Nous y gagnerons de toutes les manières, et il serait profondément regrettable que, dans une ville comme Nantes, on puisse regarder comme difficile le recrutement d'hommes qui désirent garder dans leur existence une petite place pour le culte de ce qu'il y a de meilleur et de plus élevé, le culte des sciences et des belles lettres.

Eloge du Docteur Raingeard

Ancien Président de la Société Académique

PAR LOUIS POISSON

Professeur à l'Ecole de Médecine, Ancien Président de la Société Académique

MESSIEURS,

Il y a quelques mois à peine, le docteur Raingeard, chirurgien de l'Hôtel-Dieu de Nantes, professeur suppléant à l'Ecole de Médecine, ancien président de la Société Académique, était enlevé à l'affection de sa famille, de ses clients et de ses amis après une courte maladie.

Le souvenir de Raingeard ne s'effacera pas de nos mémoires, à nous qui l'avons connu, apprécié et aimé ; mais nous irons bientôt le rejoindre dans le commun oubli et il est juste que le nom de notre ancien président demeure inscrit, avec son éloge, dans nos Annales, afin que notre postérité en garde ainsi la trace.

Tel est le but que nos fondateurs se sont proposé en instituant ces notices nécrologiques.

J'obéis donc, en écrivant celle-ci, à une touchante et pieuse tradition de notre Compagnie et en même temps je remplis un devoir de vieille amitié.

Raingeard a été l'un des membres les plus fidèles de la Société Académique depuis plus de trente ans. Il en faisait pour ainsi dire partie intégrante et, le jour où il a disparu, il a manqué quelqu'un dans ce salon de lecture où tant de générations se sont succédé sans que rien ait changé dans son aspect suranné. Tel il est, tel je l'ai connu pour la première fois il y a vingt-cinq ans ; les figures seules ont changé.

Celle de Raingeard était une des dernières qui subsistât, hélas ! de ce temps déjà reculé. Il y venait presque tous les jours, lisait ses journaux, puis, sa curiosité satisfaite, causait à voix basse avec quelque voisin, rendait bientôt la conversation générale et son humour, son esprit quelque peu paradoxal, son ironie jamais bien méchante était une des joies de la maison qui, par elle-même, avouons-le, manque bien un peu de gaîté.

Raingeard appartenait, sinon par son âge, au moins par son éducation et par ses goûts, à une génération que l'actuelle ne comprend plus guère. Il aimait bien son art, mais, amoureux des douces flâneries de l'esprit, de la conversation et de la lecture, il n'avait pu se résoudre à consacrer à cet art tous les instants de sa vie et il s'intéressait à une foule d'autres choses que la spécialisation à outrance et les exigences matérielles ont supprimé de la vie du médecin. Il s'intéressait beaucoup, entre autres choses, à la situation sociale du médecin, aux mœurs médicales suivant les temps, aux transformations de notre profession, et son discours de présidence, où il étudie la vie de nos pères aux siècles passés, reflète cette préoccupation. Son étude s'arrête aux temps présents, comme s'il avait la nostalgie du vieux temps.

Il n'était pas de famille médicale. Son père était un haut fonctionnaire des finances et c'est ainsi qu'il n'était pas né à Pornic, le berceau de sa famille, dans ce vieux logis, plein de charmes, de l'époque Louis XIII où son grand-père était venu se retirer après avoir été membre du Conseil des Cinq-Cents.

Il n'était pas de famille médicale, mais il avait bien la tournure d'esprit et l'orgueil médical d'il y a cinquante ans ; il n'avait guère plus quand il est mort, mais je vous accorde qu'il était en retard d'une génération et je n'ai pas le courage de l'en critiquer.

« Je ne suis pas fâché de ce qui m'arrive, nous disait-il un jour, un de mes clients me doit une grosse somme, mais refuse absolument de me la payer. Pour le poursuivre, m'écrit-il, il me faudrait révéler quand et dans quelles circonstances peu favorables pour lui je l'ai soigné, et comme il y aurait là une indiscrétion, il est bien sûr de mon désistement.

» Cet homme, dans son cynisme, honore le médecin; il y a encore des gens qui honorent les médecins ! »

Vous voyez qu'il avait bien l'esprit et l'orgueil médical..... de tous les temps.

Il pensait que, pour remplir son rôle, le médecin a besoin d'autorité morale et qu'elle importait autant qu'une vaine thérapeutique, et il regrettait que les sources de cette autorité morale fussent en train de se tarir.

Personnellement, il n'avait pas à redouter la gêne qu'apporte la vieillesse ou la maladie, mais il s'en inquiétait pour les autres, et, s'il fut assidu à vos réunions académiques, il ne le fut pas moins à celles de notre Association de prévoyance, dans cette salle même où vous avez la bonté de lui donner l'hospitalité.

Les gens du monde croient mal à la gêne médicale. Le médecin ne l'avoue pas volontiers, car l'avouer c'est porter la suprême atteinte à son amour-propre et à son pauvre crédit défaillant; il la dissimule et le monde, qui juge sur l'apparence, croit cette profession lucrative, il y lance ses fils sans fortune et commet la lourde faute, l'irréparable faute.

De temps en temps, un fait divers dans un journal jette bien un peu de lumière sur ces tristesses, mais on y voit des exceptions, de rares exceptions.

Je voudrais que ces gens, qui font si légèrement embrasser à leurs enfants (par je ne sais quelle gloriole intempestive) une profession libérale où ils végéteront, assistassent à une des réunions de notre Société de secours, ils y regarderaient à deux fois.

Ajoutez-y que l'axe de la considération sociale s'est un peu déplacé. C'était très bien d'être médecin il y a cent ans, c'est beaucoup moins bien aujourd'hui.

C'était il y a cent ans qu'il fallait l'être, il est trop tard maintenant. La petite vanité de ces parents commet un anachronisme en même temps qu'elle joue un bien mauvais tour à leurs enfants.

Celui qui, sans fortune, sans vocation, sans atavisme, sans amour de la science, sans dédain du lucre et des jouissances faciles, embrasse notre profession, y souffre; ou bien, s'il n'en a pas compris la dignité, il est mûr pour toutes les compromissions.

Raingeard, comme nous tous, déplorait cet état de choses, mais qu'y faire?

Notre Association n'a qu'un but palliatif, celui de remédier dans une bien petite mesure à toutes ces misères acquises dans l'exercice de la médecine.

Dans nos réunions, Raingeard jouait un rôle actif; il était rare qu'il n'y prît pas la parole et qu'à une proposition, il n'opposât pas une systématique discussion sous la forme paradoxale qui lui était habituelle. Comme dans tout paradoxe il y a une vérité, nous profitions de la vérité et lui-même convenait en riant de son exagération.

Raingeard s'intéressait à autre chose encore et peu de gens lui ont connu cette douce et inoffensive passion. A ses moments perdus, il aimait les fleurs, les arbres et les jardins et M. Bruzon a prononcé avant nous l'éloge de son vice-président à la Société d'horticulture de Nantes.

Il fut également, dans cette Société, « un collaborateur aussi sûr que désintéressé », et il y apporta cette persévérance dans le zèle qui était l'un des traits de son caractère. Persévérance et régularité, régularité dans les petites choses et aussi dans les plus graves occupations de sa vie.

Chirurgien de l'Hôtel-Dieu de Nantes, rien ne l'arrêtait pour venir faire son service et, par tous les temps, on le voyait, pour s'y rendre, traverser les ponts, dès le petit jour, et arriver avant tout le monde, heureux de se retrouver au milieu des enfants qu'il soignait avec tout le dévouement dont il était capable.

Très matinal, il suffisait à tout ; d'une santé chétive, il faisait un gros et incessant labeur ; très énergique, il ne ménageait pas ses forces quand il s'agissait de son devoir, et sa résistance étonna ses collègues quand, en qualité de médecin-major, il dirigea au camp de Conlie une importante ambulance. Il écrivit là une des belles pages de sa vie en se donnant tout entier à cette tâche patriotique sans espoir de récompense.

La vieillesse commençait à peine pour lui quand il est mort, emporté en quelques heures, en plein travail de tous les jours, sans goûter le court repos que nous espérons avant le départ définitif.

Saluons très bas sa mémoire, mes chers Collègues. Elle est digne de tous les respects.

Notice nécrologique sur M. le Docteur Bonamy

PAR M. LE Dr A. CHEVALLIER

MESSIEURS,

Les seuls titres qui puissent m'autoriser à faire revivre un instant devant vous la noble figure de notre regretté collègue le Dr Bonamy, me sont conférés par le respect et l'admiration. Ces sentiments me rendent facile et douce la tâche d'évoquer le souvenir d'un des membres dont la Société Académique a le plus légitimement le droit de se glorifier.

Issu d'une des plus anciennes familles de notre ville, Bonamy, en embrassant la profession médicale, perpétue une déjà très lointaine tradition; parmi ses ancêtres, il compte de nombreux médecins et quelques-uns fort célèbres; l'un d'eux, François Bonamy, fut au XVIIIe siècle doyen de l'Université de Nantes, et il n'est pas besoin de rappeler ici la grande et vénérée mémoire de son père, professeur à l'Ecole de Médecine et comme lui médecin de l'Hôtel-Dieu.

La carrière de Bonamy s'ouvre sur les champs de bataille. Il vient d'être reçu docteur quand la France est envahie. Il part aussitôt, et pendant toute la néfaste campagne, ce médecin, dans les veines duquel coule aussi du sang de soldat, accomplit avec la plus généreuse ardeur son double devoir patriotique et professionnel.

La guerre terminée, il revient à Nantes. Médecin des Hôpitaux, son unique ambition est de mener sans bruit et sans trêve une existence de dévouement. Par une anomalie étrange aujourd'hui, où chacun s'efforce de provoquer les circonstances qui le mettront en évidence, Bonamy, au contraire, modeste à l'excès, n'a pas de plus vif souci que de se dissimuler toujours dans la foule. Mais la Providence va parfois le chercher là, pour le porter, bien malgré lui, au premier rang. En 1884, l'ancien soldat de l'armée de la Loire est appelé à défendre ses compatriotes contre une invasion d'autre sorte : le choléra le trouve aux baraquements de l'hospice Saint-Jacques, médecin des contagieux.

Contre ce nouvel ennemi, il lutte avec une abnégation courageuse, mais discrète ; il fait plus que son devoir avec calme et simplicité.

Le fléau vaincu, on refuse à Bonamy la croix si bien méritée ; cette injustice le laisse sans amertume, car il sait voir plus haut que les récompenses humaines. Il songe seulement qu'il est d'autres maux plus terribles et que ceux-là ne désarment jamais. Le combat plus silencieux qu'il faut leur livrer convient particulièrement à son caractère si réservé, aussi se prodigue-t-il sans mesure. C'est sur ce terrain qu'il doit être vaincu. Il est frappé, — sans doute au chevet de quelque malade, — et il meurt avant l'âge, emporté par une affection dont, pendant trente ans, il a cherché à guérir les autres.

Messieurs, un jour la Société Académique a désiré ajouter à son antique renom, en mettant à sa tête le Dr Bonamy.

Vous vous souvenez de notre déception profonde quand il refusa cette présidence que nous étions si heureux de lui offrir. L'affection sincère qu'il portait à notre Compagnie fut impuissante à prévaloir contre sa réserve et sa modestie. Mais si nous avons le regret de ne pas le compter au nombre de nos anciens présidents, nous pouvons au moins dire qu'il demeura toujours, non seulement notre fidèle collègue, mais aussi notre très dévoué défenseur.

Qu'il me soit permis d'ajouter que nous devrons le considérer comme un de nos modèles ; sa vie offre, en effet, un magnifique exemple de cette dignité et de cet honneur particulier, indispensables pour maintenir autour des professions élevées une atmosphère de respect et de considération.

Notice nécrologique sur M. P. Fraye

PAR M. F. LIBAUDIÈRE

Notre collègue F. Fraye faisait partie de la Société depuis 1893. Il était né à Luçon en 1826. Son père, commerçant en tissus dans cette petite ville, voulant qu'il prît la suite de ses affaires, se refusa, malgré les succès remportés par lui au collège royal de Bourbon-Vendée, à lui laisser passer son baccalauréat. Ce fut pour le jeune Fraye une profonde déception, car il voyait se fermer devant lui la carrière de la médecine, pour laquelle il se sentait une véritable vocation.

Parti pour Paris en vue d'y achever son éducation commerciale, il eut la bonne chance, au bout de quelques mois, d'obtenir une situation qui lui permit de pouvoir souvent disposer de quelques heures, qu'il mit de son mieux à profit pour suivre sa vocation et se livrer aux études médicales.

Grâce à des facilités qui n'existent plus aujourd'hui et guidé par d'anciens camarades de collège, il put, pendant six ans, suivre les cours de l'Ecole de Médecine et se livrer aux travaux d'amphithéâtre comme un étudiant inscrit.

Fraye, après quelques années de séjour à Luçon, vint

en 1872 s'établir dans notre ville. L'indépendance de sa situation lui permit de se livrer sans arrière-pensée à ses chères études médicales et aussi au culte des belles-lettres. .

Son grand esprit de charité, ses sentiments de compassion pour les malheureux lui firent souvent oublier la prudence que l'absence de tout diplôme l'obligeait de tenir ; mais la clientèle à laquelle il donnait ses soins et parfois des remèdes était de celle que seuls pouvaient lui envier les diplômés de la faculté travaillant pour le plus pur amour de l'art.

C'est ce même esprit de charité dont il s'est constamment inspiré dans ses poésies et qui lui a soufflé les pensées élevées, les sentiments généreux qui font le charme de ses œuvres. Parmi les nombreuses pièces qu'il a composées, nous devons citer : L'*Islande*, *Yvonne*, *La Pécheuse Cara*, *La Dame de Charité*, *Sans Nom*, *Le Vrai Paris*, *Le Faux Paris*, *Hervé Rielle*, *Patriotisme d'une femme Boër*. La littérature anglaise et principalement les œuvres de Thomas Moore le passionnaient et il laissa une traduction complète de Lalla-Rouk. Ne cherchant ni les éloges, ni les éclats d'une vaine gloire et toujours soucieux d'aider dans la plus large mesure les malheureux auxquels il prodiguait ses soins, il se refusa à publier ses œuvres et si parfois il sortit de cette réserve, ce fut pour en appliquer le produit à des œuvres de bienfaisance.

Notice nécrologique sur M. Victor Cossé

Par M. F. LIBAUDIÈRE

Notre collègue, M. Victor Cossé, rendait le dernier soupir le 27 juin dernier, à l'âge de 71 ans.

Chef d'une de nos plus importantes raffineries, il avait toujours tenu son établissement à la hauteur du progrès et ne manquait aucune occasion de montrer pour ses ouvriers une grande sollicitude.

La Chambre de Commerce le compta pendant plusieurs années au nombre de ses membres. Victor Cossé sut y faire apprécier la droiture de son caractère et son expérience des affaires. A plusieurs reprises il fut choisi comme délégué pour soutenir devant les Commissions parlementaires la cause des raffineries des ports dans les réformes législatives, qui furent apportées ces dernières années dans l'industrie du sucre. M. le président Faure, lors de son voyage à Nantes en 1897, à la grande satisfaction de ses collègues et de ses concitoyens, lui remettait la croix de la Légion d'Honneur. L'état de sa santé avait forcé notre regretté compatriote de refuser l'année dernière un nouveau mandat à la Chambre de Commerce.

Ami des arts, il avait encouragé, suivi et aidé de sa

collaboration, un artiste de talent, M. Lebourg, dans ses essais de fonte à la cire perdue ; et les spécimens de bronzes spéciaux, obtenus par cet intéressant procédé, figuraient avec honneur à Paris, en 1889, sous le titre : *Exposition Cossé-Lebourg.*

Victor Cossé laisse à tous ses collègues le meilleur souvenir, pour la sûreté de ses relations, l'aménité de son caractère et sa grande générosité pour toutes les infortunes. Il faisait partie de notre Société depuis 1889.

La Société Académique a vu disparaître cette année, emporté prématurément par une impitoyable maladie, M. Henri Chéguillaume, qui appartenait à notre Société depuis plusieurs années.

M. Henri Chéguillaume, né le 20 juin 1860, était issu d'une vieille famille nantaise.

Son père, ingénieur en chef des ponts et chaussées, dirigea ses études en vue de l'entrée à l'école polytechnique, et eut la satisfaction de le voir sortir de cette école en 1881 comme élève ingénieur des ponts et chaussées.

Comme tous les jeunes ingénieurs, Chéguillaume exerce successivement ses fonctions dans plusieurs départements. Il débute à Espalion, puis réside à Alençon de 1885 à 1891. Dans cette dernière ville, notre collègue, en fouillant les archives de ses bureaux, découvrit que Perronet avait servi à Alençon de 1737 à 1747. Le nom de Perronet est un nom cher au corps des ponts et chaussées, dont il fut un des premiers organisateurs. Aussi Chéguillaume, qui était un chercheur et un passionné de l'histoire du passé, se mit à l'œuvre pour retrouver les travaux faits par Perronet à Alençon, et le résultat de ses études fut résumé dans un livre publié à Alençon en 1891 et intitulé : *Les fonctionnaires de province au XVIIIe siècle*, PERRONET, ingénieur de la généralité d'Alençon.

Ce ne sont pas seulement les travaux de Perronet que Chéguillaume décrit, c'est une histoire pittoresque et vivante de la vie et des travaux de l'ingénieur au siècle dernier, ses luttes pour faire triompher ses idées, ses démêlés avec les intendants, car il est de tradition que dans les généralités d'autrefois, comme dans les départements d'aujourd'hui, les fonctionnaires ne marchent pas toujours d'accord.

Le grand désir de Chéguillaume était de revenir occuper un poste d'ingénieur dans son pays natal. Son désir fut satisfait ; après avoir fait un court séjour à Angers, il vint à Nantes en 1893, où les études pour l'amélioration de la Loire prenaient corps, et demandaient le concours d'ingénieurs expérimentés.

Outre ses études spéciales d'ingénieur, notre collègue aimait, comme je l'ai dit, fouiller dans le passé. Les vieilles chroniques nantaises n'avaient pas de secret pour lui, et chaque jour il amassait des matériaux en vue d'œuvres diverses que la mort ne lui a pas permis même d'ébaucher. Il se plaisait aux recherches archéologiques et littéraires. C'était, en même temps qu'un esprit très fin, une nature des plus droites, un cœur bienveillant. Il laisse à ses enfants le plus bel héritage, la mémoire respectée d'un homme de bien.

Notice nécrologique sur M. le Docteur Chachereau

PAR M. LE Dr HERVOUET

MESSIEURS,

Je ne sais pas si vous connaissez tous les difficultés de la vie, de la vie en notre temps. Chachereau, notre regretté et bien-aimé collègue, les a connues. Il aurait pu nous donner là-dessus une *lecture,* comme on dit en Angleterre. Mais, les difficultés de la vie, il les a surmontées, il les a vaincues.

Comme j'ai été dans son intimité, il m'a dit beaucoup de choses. Je n'ai pas à entrer dans le détail. Tout se peut résumer en ceci : le travail lui a été imposé et par les circonstances et par son caractère. Mais ce travail, Dieu merci, a été fructueux. C'est ce qu'on appelle la justice immanente. Et nous-mêmes en avons profité, car vous n'avez pas oublié ses instructives conversations dans notre bonne vieille salle de lecture, vous n'avez pas oublié ses communications écrites, et vous n'avez pas oublié l'homme austère à qui nous les devons.

Poussé par d'importantes considérations, par l'amour de sa famille, dont il était devenu le chef, il commença de bonne heure une carrière active, difficile, laborieuse, dont les étapes successives furent également dignes de remarques.

Vous ne le savez peut-être pas, mais il commença pour ainsi dire ses rudes travaux en Ecosse, où il trouva à employer ses fortes aptitudes dans une usine importante. Il apprit facilement la langue anglaise, et si bien qu'on lui demanda de faire ce qu'ils appellent là-bas des lectures, c'est-à-dire des conférences publiques.

Rien que par là, vous voyez sa puissance intellectuelle.

Aussi bien, je ne suis pas chronologiquement exact. Avant cette expatriation, il rendit de grands services à la ville de Paris, les soins du ravitaillement lui ayant été confiés à l'époque de nos affreux désastres.

Enfin, il s'établit définitivement en France avec sa famille. Il était l'âme et le soutien des siens. Et avec quel zèle et quelle intelligence il remplit ce noble rôle, je n'ai vraiment pas besoin de vous le dire. Moi, je l'ai vu à l'œuvre.

Chose admirable, il a pris en affection cette ville de Nantes aussi bien que s'il y était né. Je dirais même mieux, si je ne craignais de froisser des concitoyens.

Il s'est intéressé à tout ce qui doit nous intéresser.

Chimiste des douanes, il a été le fonctionnaire intègre, impeccable. La fraude, même la plus habilement masquée, je dirai plus : la plus honorablement masquée, a trouvé en lui son cerbère inflexible, je le sais.

Ensuite, il s'est intéressé à l'hygiène publique. Permettez-moi de ne pas redire ce qu'on a déjà dit à ce sujet. Vous savez son rôle actif au Bureau d'hygiène, qui est une de ses créations. Vous savez son rôle dans la désinfection des logements insalubres, dans la fondation des dispensaires antituberculeux.

Un de mes bons amis l'a qualifié, sans méchanceté

d'ailleurs, de sceptique. C'est une erreur. Je n'ai pas connu, de ma vie, d'homme plus convaincu que Chachereau. Et toutes ses œuvres en font foi.

Pas seulement ses œuvres : ses paroles aussi.

J'ai passé avec lui d'innombrables et longues soirées, pas assez longues ni assez nombreuses à mon gré. Il est impossible, je puis l'affirmer, de rencontrer un homme plus persuadé de ce qu'il faut penser et ce qu'il faut faire. Si même un reproche pouvait lui être adressé, c'était peut-être celui d'avoir des convictions trop absolues. Car il était, si j'ose m'exprimer ainsi, sans irrespect pour sa chère mémoire, l'*homme-chiffre,* ayant toujours présente à la mémoire la statistique de commerce, d'hygiène, de médecine, d'industrie.... Sous ce rapport, il était vraiment surprenant, unique.

Et s'il vous arrivait de hasarder une opinion trop légèrement, il vous arrêtait immédiatement par un chiffre.

Je dis bien : c'était l'homme-chiffre et, en ce disant, je ne fais, comme je le disais à l'instant, qu'honorer sa chère mémoire.

Elle m'est bien chère, en effet. Nous avons sympathisé, lui et moi, dès son arrivée à Nantes.

Je me suis réjoui de voir que Nantes était devenue sa patrie. Je me suis réjoui de voir que les familles nantaises l'accueillaient comme un des leurs, que la plus chaude affection était réciproque.

Nous avons tous partagé ses douleurs, car il en a eu sa bonne part. On vous a déjà parlé de sa tendresse particulière pour sa mère et, moi, j'ai vu douloureusement mourir cette admirable femme. Lui, ne s'est point consolé.

Messieurs, notre collègue, je vous l'ai dit, avait pris notre ville en grande affection. Plusieurs d'entre vous ont pu le fréquenter dans l'intimité. Je termine cette courte notice (le temps m'a fait défaut) en vous faisant remarquer qu'il ne se serait pas cru assez nantais s'il n'avait fait partie de notre Société Académique.

COMMUNICATION
SUR L'ITINÉRAIRE DE BRETAGNE EN 1636
de Dubuisson-Aubenais

PUBLIÉ PAR M. PAUL DE BERTHOU

Secrétaire général de la Société Archéologique de la Loire-Inférieure

PAR M. LE DOCTEUR GUILLOU

MESSIEURS,

Notre compatriote, M. Paul de Berthou, archiviste, que ses travaux archéologiques ont depuis longtemps classé parmi les meilleurs et les plus scrupuleux de nos savants nantais, a publié il y a quelques années, dans les ARCHIVES DE BRETAGNE *de la Société des Bibliophiles Bretons*, l'ITINÉRAIRE DE BRETAGNE, EN 1636, de Dubuisson-Aubenais.

« Dubuisson-Aubenais, nous dit M. de Berthou, naquit probablement à Ambenay, peu après 1590 ». De fortes études en firent un latiniste consommé. Il voyagea, portant partout son esprit curieux et éclairé. L'armée, la diplomatie, l'histoire, l'archéologie, les lettres l'occupèrent simultanément ou tour à tour. Passionné de savoir, toutes ses pérégrinations, toutes ses occupations devenaient pour lui des raisons et des moyens d'études. Il visita l'Italie, habita la Belgique et les pays Rhénans. En 1629, il sert au Piémont, comme officier, sous les maréchaux de Schomberg et de Thoirat. Là, il se lie avec Jean d'Estampes Valençay, intendant de justice à la suite de l'armée du Piémont.

Ce Jean d'Estampes Valençay fut nommé, en 1636, commissaire particulier du Roi, aux Etats de Bretagne qui devaient se tenir à Nantes. Jean d'Estampes « prit Dubuisson comme gentilhomme d'escorte, suivant l'usage des grands seigneurs qui se plaisaient à voyager en compagnie de personnes distinguées. »

Le commissaire particulier du Roi, en outre de l'objet spécial de sa mission, devait rendre compte de l'état de la province où il était délégué : aussi, Jean d'Estampes fit-il en Bretagne une véritable tournée d'administrateur où il eut à voir gouverneurs, magistrats, notables et municipalités. Dubuisson le suit partout. Rien n'échappe à sa sagacité ou à son observation, rien ne lui paraît banal, rien à dédaigner de ce qu'il voit, rencontre ou entend ; il retient tout, prend sur tout les notes les plus minutieuses. L'histoire, la topographie, la géographie des pays qu'il visite, églises, inscriptions, vitraux, armoiries, familles, chapelles, il a tout vu, tout noté, tout visité, tout décrit.

« Nos voyageurs, dit M. de Berthou dans sa préface, entrèrent en Bretagne par Candé et Châteaubriant, en septembre 1636 ; le même mois, ils étaient à Rennes. Après quelques jours dans cette ville, ils visitent successivement Dol, le Mont-Saint-Michel, où nous les trouvons le 16 septembre, Cancale, Saint-Malo, Dinan.... Rapidement ils traversent Lamballe, visitent Saint-Brieuc où ils passent la revue des milices garde-côtes, Quintin, Pontivy, Hennebont et arrivent au Port-Louis en octobre.

Ce fort était en construction, et Jean d'Estampes avait sans doute à faire un rapport sur l'état des travaux ; car il paraît s'y être arrêté assez longtemps et son compagnon lui consacra un chapitre spécial et très documenté. Dubuisson s'empressa même de mettre à profit ce séjour, en visitant les environs du fort et jusqu'à l'île de Groix. De là, les voyageurs se rendirent à Quimperlé, Concarneau et Quimper, d'où ils retournèrent sur leurs pas pour gagner Vannes, en passant par la ville de Sainte-Anne. On était au mois de novembre.

» Après avoir étudié la ville de Vannes, Dubuisson employa ses loisirs à explorer les environs, la presqu'île de Ruis, Saint-Gildas, Sucinio où il se trouvait le 6 novembre.... Le voyage s'achevait : Jean d'Estampes et Dubuisson arrivèrent à Nantes vers le milieu de novembre 1636.

» La session des Etats, qui dura du 17 décembre au 1er février de l'année suivante, permit à notre auteur d'étudier à fond cette ville et d'en parcourir les alentours.

» Vers la fin de février 1637, Jean d'Estampes et son compagnon sortirent de Bretagne par Craon et Alençon. L'itinéraire se termine à Séez. »

C'est cet itinéraire que M. de Berthou, sur les indications de M. Léon Maître, a publié, en 2 vol. in octavo. L'œuvre du commentateur est considérable et témoigne, je n'ai pas besoin de le dire, d'une science véritablement prodigieuse. Il suit Dubuisson pas à pas et aussi à l'aise à Candé, à Châteaubriant, à Rennes, à Dol, à Saint-Malo, à Quimper ou à l'Ile-de-Groix, qu'il le sera à Nantes, il explique son auteur, le complète, le rectifie et souvent le continue. Il serait difficile de dire où le lecteur trouve le plus d'intérêt et de quelle source il tire le plus profit, ou du récit du voyageur ou des éclaircissements, des discussions et des recherches du commentateur. C'est au crible de la plus saine et de la plus admirablement documentée des critiques que sont passées, par M. Paul de Berthou, toutes les affirmations ou toutes les réflexions de l'auteur. Antiquités de Nantes, ancien circuit, château et circuit moderne, cathédrale, paroisses, chapelles et monastères, nos principaux bâtiments, nos faubourgs, nos hommes illustres, nos familles célèbres, notre sol, ses productions, sa fertilité, nos rues, nos mœurs, nos hôpitaux, Dubuisson a tout décrit, M. de Berthou a tout vérifié aux sources les plus sûres.

C'est pour un Nantais une joie sans mélange que de féliciter cordialement un de ses compatriotes d'un travail aussi remarquable : œuvre de courage et de vivante érudition. Mais je ne saurais vous dire, Messieurs, le plaisir que j'ai éprouvé, en lisant l'indication des sources où M. de Berthou a puisé sa science sur Nantes et la Bretagne, de voir, à chaque page de cet *Itinéraire*, la citation d'ouvrages sortis de la Société Académique de la Loire-Inférieure. A chaque instant le nom d'un des vôtres vient émailler les notes et les éclaircissements du commentateur. M. de Berthou a fait coup double : il a à la fois montré sa science et fait connaître quels grands services notre Société Académique a rendus, depuis sa fondation, à l'histoire de la ville de Nantes et de la Bretagne.

PARISINA

Poème imité de Lord BYRON

PAR M. DOMINIQUE CAILLÉ

I

C'est l'heure où, dans les bois, le rossignol soupire
Ses plus claires chansons dans l'air tiède du soir ;
C'est l'heure où les amants balbutient en délire
Les aveux de leur cœur et leur brûlant espoir,
Où la brise au ciel pur et l'onde sur la terre
Charment de leurs accords le rêveur solitaire ;
C'est l'heure où la rosée abreuve chaque fleur,
Où les étoiles d'or brillent avec mystère,
Où la vague azurée assombrit sa couleur ;
C'est l'heure où l'arbre vert prend une teinte brune ;
Où, dans un clair-obscur charmant, le jour qui fuit
Mêle une lueur douce à l'ombre de la nuit
Qu'argente à peine encore un blanc rayon de lune.

II

Ce n'est ni pour rêver dans le calme du soir,
Au murmure de l'eau qui lui charme l'ouïe,
Que Parisina fuit à la nuit son manoir,
Ni pour cueillir la fleur dans l'ombre épanouie,
Qu'elle égare ses pas sous le feuillage noir.

Elle écoute... Serait-ce un rossignol qui chante?
Non; son oreille attend une voix plus touchante:
Quelqu'un sous les rameaux se glisse doucement.
Elle pâlit. Son sang s'arrête brusquement.
Mais, comme tout ému, son jeune cœur palpite,
Et comme la rougeur couvre son front charmant,
Lorsqu'une voix parmi le doux bruissement
Du feuillage mobile, à répondre l'invite!
C'est lui, son bien-aimé; c'est lui; dans un moment
Ils seront réunis. Le moment passe vite,
Et dans l'ombre, à ses pieds, vient tomber son amant.

III

Que leur font maintenant les changements du monde?
Que sont, pour leurs regards et pour leurs cœurs joyeux,
Tous les êtres créés et la terre et les cieux?
Pour ce qui les entoure ou circule à la ronde,
Ils ont l'indifférence éternelle et profonde
De ceux à qui la mort ferme à jamais les yeux.
Ils vivent l'un pour l'autre, et c'est à plein calice
Qu'ils boivent le nectar enivrant de l'amour;
Et même leurs soupirs sont remplis de délice;
Et le feu qui les brûle, ô trop charmant supplice!
Consumerait leurs cœurs s'il durait plus d'un jour.
Ils semblent dans un rêve enchanteur, et les craintes
Du crime, de la honte affreuse et du trépas
Ne les font pas frémir sous leurs brusques étreintes,
Que ces instants soient brefs, leurs cœurs n'y pensent pas.
Il faut, il faut toujours que le songe éphémère,
Que le songe trompeur commence par finir,
Pour qu'on se dise en proie à la tristesse amère,
Que le bonheur a fui pour ne plus revenir.

IV

Les regards languissants, ils quittent le bois sombre
Qui fut le confident discret de leur aveu
Et, complice muet, les couvrit de son ombre ;
Mais, bien que pleins d'espoir, leurs cœurs sont, en ce lieu,
Attristés comme au jour d'un éternel adieu.
Les astres de la nuit, éclairant leurs visages,
Leur semblent des témoins de sinistres présages.
Mais, des soupirs, des mots d'amour, des baisers fous
Les retiennent encore au lieu du rendez-vous.
Ils se quittent enfin, remplis de ce malaise
Que laisse dans l'esprit une action mauvaise.

V

Tandis qu'en son palais, le jeune séducteur,
Loin de Parisina se lamente et soupire
Et tendrement l'appelle, en son brûlant délire,
Elle, l'esprit troublé par un songe menteur,
Près d'Azo, son époux trop confiant, sommeille.
Un soupir, un doux nom, de sa lèvre vermeille
Tombent. Elle se croit près de son bien-aimé,
Et presse son époux sur son cœur enflammé.
Il s'éveille, et croyant qu'il est l'objet encore
De ces soupirs ardents, tendres, mystérieux :
Il est prêt à pleurer sur celle qui l'adore,
Même quand le sommeil a fermé ses beaux yeux.

VI

Il attire, enivré d'amour, sur sa poitrine
Parisina qui dort. Son oreille s'incline...
Il écoute... Pourquoi recule-t-il soudain,
Comme s'il entendait, sur le monde en ruine,

L'Archange l'appeler au tribunal divin ?
Un nom a révélé, murmuré dans sa couche,
Et la faute et la honte à son âme farouche :
Et ce nom retentit, funèbre, comme un choc
De barque, dans la nuit, contre l'angle d'un roc.
Mais, quel est-il ce nom, révélateur du crime ?
Quel est-il ? C'est celui du fruit de son amour
Et de son union, hélas ! illégitime,
Avec Bianca, la faible et crédule victime
Du prince qui devait la délaisser un jour.

VII

Azo tire à moitié son poignard, puis le laisse
Tomber dans le fourreau. Sans doute la traîtresse
Est indigne de vivre, indigne de pardon.
Mais, pouvait-il tuer cette épouse infidèle
Qui dort en souriant dans un doux abandon ?
Beauté que Phidias eut prise pour modèle !
Non, il ne voulut pas même la réveiller;
Mais son regard brillait, capable d'effrayer
L'âme jusqu'à ce jour à la crainte rebelle.
Son front brun se couvrait de gouttes de sueur
Que la lampe éclairait de sa pâle lueur;
Tandis qu'aussi sereine, anssi noble, aussi belle,
Parisina dormait, rêvant de voluptés,
Sans savoir que ses jours venaient d'étre comptés.

VIII

Azo, l'esprit troublé, s'empresse dès l'aurore
De chercher, de trouver un éclaircissement ;
Et tout vient confirmer, pour son futur tourment,
Le crime dont son cœur voulait douter encore.
Les servantes, avec un lâche empressement,

Pour tâcher d'éviter un juste châtiment,
Rejettent sur leur reine et le crime, et le blâme,
Et la honte, et la peine, et, la terreur dans l'âme,
Elles qui la servaient la veille bassement,
Bien loin de l'excuser, bien loin de la défendre,
Au roi, s'empressent vite alors de tout apprendre.

IX

Azo n'est pas un homme à souffrir des délais :
Entouré des seigneurs, il s'asseoit sur son trône,
Dans la salle d'honneur de son riche palais :
Le glaive dégaîné, sa garde l'environne ;
Bientôt les criminels sont traînés devant lui.
Ah ! qu'ils sont beaux tous deux, sous le poids de leur chaîne !
La douleur rend encor plus charmante la reine.
Le courage d'Ugo n'est pas évanoui :
Il est devant son père, ô spectacle inoui !
Mais, bien que dans les fers, sans armes, sans appui,
Trop fier pour implorer, il garde le silence.

X

Muette comme Ugo, sa complice aujourd'hui,
Pâle, immobile, attend la terrible sentence,
Et de son jeune front, le rire s'est enfui.
Quel triste changement dans toute sa personne !
Naguère ses beaux yeux inspiraient la gaité ;
Les plus vaillants guerriers, soutiens de sa couronne,
Etaient fiers de servir la reine de beauté ;
Les dames essayaient de copier ses charmes,
D'imiter son sourire et l'accent de sa voix.
Si, chagrine, elle avait laissé couler des larmes,
Les plus hauts chevaliers auraient saisi leurs armes,
Pour venger sa querelle, obéir à ses lois.

Maintenant, autour d'elle, un silence farouche
Règne, et des grands seigneurs les sourcils sont froncés;
Sur leur sein fièrement leurs bras restent croisés;
Et le dédain contracte affreusement leur bouche;
Les dames de la cour ne cherchent plus ses yeux;
Et celui qui, naguère, au gré de son envie,
Aurait pour la servir sacrifié sa vie
Est près d'elle, enchaîné comme un monstre odieux.
La veille à peine encore, une veine légère
Dessinait vaguement une ligne d'azur
Sur l'albâtre enchanteur de sa blanche paupière
Où le baiser vibrait comme un chant dans l'air pur;
Maintenant, sa paupière effrayante et livide
Semble accabler plutôt qu'abriter son œil creux,
Dont les pleurs ont éteint l'éclat vif et splendide
Et que la mort paraît couvrir d'un voile affreux.

XI

Ugo, lui-même, aurait versé des pleurs sur elle,
Profondément touché par son fatal destin;
Mais son œil reste sec et son regard hautain
Sous les regards méchants d'une foule cruelle.
De Parisina, triste, il détourne les yeux...
Le souvenir si doux, si pur, des jours heureux,
Le courroux de son père, et l'horreur de son crime,
Et l'indignation des hommes vertueux,
Son sort sur cette terre et son sort dans les cieux,
Celui de la beauté qu'il entraîne à l'abîme
Lui torturent le cœur. Pourrait-il sans remord
Contempler ce beau front, pâle comme la mort?

XI

Azo prit la parole:
« Hier, j'avais encore

Une épouse charmante, un fils, guerrier vaillant;
Il s'est évanoui, ce songe si brillant,
Avec le pur éclat des rayons de l'aurore.
Ce soir, je n'aurai plus ni de fils pour soutien,
Ni, pour me consoler d'épouse, et sur la terre,
Je devrai désormais demeurer solitaire :
Car un crime a brisé, dans l'ombre et le mystère,
Les liens attachant ces cœurs impurs au mien.
Le prêtre, Ugo, t'attend et la hache s'apprête.
Va prier, je te donne encor jusqu'au retour
De l'étoile qui brille à la chûte du jour,
Pour implorer du Ciel le pardon sur ta tête.
S'il est possible, obtiens ta grâce auprès de Dieu;
Car, vois-tu, sur la terre il n'est plus aucun lieu
Qui puisse te servir maintenant de retraite;
Ma vengeance aujourd'hui doit être satisfaite;
Je ne veux pourtant pas te voir mourir... Adieu!
Mais toi, Parisina, cœur rempli d'artifice;
Toi, l'unique sujet de ce grand châtiment,
Je veux, dans ma bonté, t'épargner le supplice;
Pour seule peine vois expirer ton complice.
Survis, si tu le peux, ensuite à ton amant. » (1)

XIII

Il prononce ces mots et cache son visage;
L'artère de son front bat précipitamment,
Comme si tout son sang retrouvait un passage
Après s'être arrêté pendant un long moment.
Sa tête alors s'incline et sa large main presse

(1) D'après l'histoire, Nicolas III, marquis d'Este, que Byron appelle Azo, régnait à Ferrare; instruit des amours de son fils naturel Ugo et de Parisina, sa femme légitime, il les fit décapiter tous deux.

Ses yeux troublés, hagards. Soudain Ugo se dresse
Et tendant vers Azo les chaînes de ses bras,
Il demande à parler. Et, gardant le silence,
Refoulant dans son cœur toute sa violence,
Le prince à l'écouter ne se refuse pas.

« La crainte de la mort n'abat point mon courage,
Dit-il. Combien de fois j'ai bravé le carnage
A tes côtés, mon père, au milieu des combats,
Et ce glaive que m'ont arraché tes soldats
N'a-t-il pas versé plus de sang sur son passage
Que n'en fera couler la hache du trépas.
Tu m'as donné la vie, et, pour ce don si tendre,
Je ne te rends point grâce et tu peux le reprendre.
Il n'eut jamais pour moi que peu d'attraits, hélas!
Je n'ai pas oublié les malheurs de ma mère,
L'outrage à son amour par toi seul prodigué,
L'héritage de honte à son enfant légué ;
Va ! tu peux m'arracher cette vie éphémère ;
Avec Bianca j'irai dormir dans le tombeau ;
Mais son cœur désolé par ton ingratitude
Et ma tête livrée au glaive du bourreau
Témoigneront aux Morts de la sollicitude
D'un père et d'un amant ceint du royal bandeau.
Quant à Parisina, charmante autant que bonne,
Avant que tu jetas les yeux sur sa personne,
J'aurais uni la mienne à sa jeunesse en fleur
Si ma naissance avait égalé ma valeur.
Je ne pouvais prétendre à ton titre, à ton trône ;
Pourtant je me sentais fils de roi par le cœur,
Et, si j'avais vécu, peut-être une couronne,
Comme le tien aurait paré mon front vainqueur.
A la guerre, que fait le nom ? En ta présence,

J'ai souvent devancé les princes de naissance,
Et j'ai souvent mieux qu'eux joué des éperons,
Quand je précipitais mon coursier à la gloire,
Au milieu des boulets, du fer des bataillons.
Au cri si redouté d'Este et de la victoire.

« Que m'importe après tout un trépas mérité ;
A me voir t'implorer, tu ne dois point t'attendre :
Que me font quelques jours, quand, sur ma froide cendre
Doit à jamais planer, planer l'éternité !
Je ne puis plus souffrir cette existence amère,
Car tu m'as repoussé comme indigne, et pourtant,
J'ai droit aux honneurs dus au guerrier éclatant :
Reconnais-tu ces traits ? Ce sont ceux de mon père,
Les tiens. Tu frémis ? Oui, j'ai ta farouche humeur,
La force de ton bras et le feu de ton cœur :
Il n'est rien d'un bâtard dans mon âme indomptable,
Et je suis bien le fruit de ton amour coupable.
Je fais de cette vie autant de cas que toi.
Quand ton glaive et le mien semaient partout l'effroi
Et que nos ennemis roulaient dans la poussière,
Que ne suis-je tombé dans une illustre guerre,
Le casque au front, auprès de mon père et mon roi !
Condamné par toi qui m'engendras dans la honte,
Ce soir je monterai sans peur à l'échafaud.
Mon crime a mérité la mort et je l'affronte.
De ma faute, aujourd'hui, tu me demandes compte,
Dieu, pour la tienne, un jour te jugera là-haut. »

XIV

Il dit et croise alors ses bras chargés d'entraves,
Ses chaînes font entendre un cliquetis d'acier
Qui donna le frisson au Conseil tout entier,

Composé cependant des guerriers les plus braves.
Mais, sur Parisina se fixent tous les yeux.
Pouvait-elle écouter la terrible sentence
De son amant avec autant d'indifférence,
Après avoir causé son malheur en ces lieux,
Par sa beauté fatale et son crime odieux?
A la voir, on l'eut cru soudain changée en pierre;
Son œil bleu grand ouvert regardait fixement
Et laissait s'écouler, de moment en moment
Les pleurs qui s'amassaient sous sa pâle paupière.
On n'aurait jamais cru que l'œil d'aucun mortel
Pût contenir autant de larmes. Elle essaie
De parler, mais sa voix balbutie et bégaie
Au milieu d'un sanglot rauque et perpétuel.
Elle fait un effort, mais sa douleur l'écrase,
Et, comme une statue arrachée à sa base,
Elle tombe et succombe à son destin cruel.
On l'arrache bientôt à sa mort passagère,
Mais sa raison a fui comme une ombre légère,
Au milieu des terreurs sombres du désespoir.
Comme un trait s'échappant d'un arc mouillé, l'idée
Tombe vague et sans but de son âme obsédée.
Le doux passé n'est plus et l'avenir est noir.
Une lueur parfois en déchire les voiles,
Comme un rapide éclair dans la nuit sans étoiles,
Montre à l'œil un désert épouvantable à voir,
Sur son âme un fardeau pèse, et si lourd la broie,
Qu'elle comprend enfin que c'est le déshonneur;
Puis, elle se souvient, frémissante d'horreur,
Que l'échafaud s'élève et réclame une proie;
Mais elle a beau chercher dans son esprit, pour qui,
Dans ce sinistre jour, le supplice s'apprête,
Elle n'en sait plus rien, hélas! pas plus que si

La terre est sous ses pas et le ciel sur sa tête ;
Si ce sont des humains ou des démons ici,
Qui, de leurs noirs regards, la menacent ainsi :
Elle qui faisait tout rayonner d'un sourire,
Elle pleure, elle rit, comme dans le délire ;
Elle paraît lutter contre un pesant sommeil ;
C'est en vain, cependant, qu'elle attend le réveil.

XV

La cloche du couvent lourdement se balance,
Et chaque cœur tressaille à ce funèbre glas.
Son tintement lugubre annonce le trépas ;
Les psaumes des mourants résonnent en cadence.
Escorté par le glaive éclatant des soldats,
Le coupable, sans peur, vers l'échafaud s'avance ;
Devant le saint ministre, il s'agenouille au bas.
Le bourreau, les bras nus, examine la hache
Que sa nerveuse main va brandir sans effort,
Et le regard du peuple épouvanté s'attache
Sur le fils condamné par son père à la mort.

XVI

C'était un soir d'été. Sur toute la nature
Le soleil répandait sa clarté la plus pure,
Comme Ugo se penchait vers le prêtre de Dieu,
Qui, de tous ses péchés, effaçait la souillure,
Après avoir tout bas entendu son aveu.
Ses rayons caressaient la noire chevelure
Qui, bouclée, encadrait la charmante figure
Du jeune homme disant à cette terre adieu !
Le crime était horrible et la loi juste et dure.
Aux regards effrayés de la foule en ce lieu.
La hache au loin brillait comme un éclair de feu.

XVII

Il se relève après avoir fait sa prière,
Ce fils aussi pervers qu'amant audacieux.
Sous ses doigts ont roulé les grains de son rosaire ;
Le prêtre le bénit et lui montre les cieux.
De ses jours ici-bas cette heure est la dernière ;
Ses cheveux sont tombés sous le fer du ciseau ;
Et de Parisina, l'écharpe douce et chère
Qui ne l'a pas quitté pendant sa vie entière,
On vient de la lui prendre au bord de son tombeau.
Le bourreau, de ses yeux, veut couvrir la paupière,
Mais cet affront d'Ugo soulève l'âme altière :
Sa tête avec dédain rejette le bandeau :

« J'abandonne, dit-il — et sa voix mâle vibre —
A ta hache, ô bourreau, ma jeunesse et mon sang ;
Mais je désire, au moins, mourir le regard libre,
Frappe. »
Il pose son front superbe et menaçant
Sur le billot fatal. La hache meurtrière
Tombe ; sa tête roule et son corps frémissant
Recule et lourdement s'abat dans la poussière.
Le sang jaillit à flot de son cou palpitant :
Une contraction terrible, épouvantable,
Fit mouvoir et sa lèvre et ses yeux un instant.

Il mourut simplement, ainsi qu'un fils coupable
Devait mourir, priant, fléchissant les genoux
Et ne dédaignant pas le secours charitable
Du prêtre de ce Dieu mort sur la croix pour nous.
Ah ! tandis qu'il courbait le front devant le prêtre,
Il ne réfléchissait qu'à son éternité,
Oubliant, devant Dieu sur le point de paraître,

Sa malheureuse amie et son père irrité.
Il mourut sans éclat, sans plainte, sans colère ;
Sa voix ne murmura qu'une douce prière ;
Il ne l'interrompit que lorsque le bourreau
Sur son œil de guerrier voulut mettre un bandeau,
Unique adieu qu'il fit aux choses de la terre.

XVIII

Chacun, pour respirer, faisait un long effort ;
Quand la hache frappa, quel frisson électrique
Courut dans l'assemblée. Après ce coup tragique,
Le peuple demeura muet comme la mort...
Tout à coup un long cri d'horreur et de démence
Fend l'air, pareil au cri qu'arrache la souffrance
Aux damnés, ou pareil au sanglot étouffant
D'une mère qui vient de perdre son enfant.
C'est du palais d'Azo que part ce cri de femme
Qui fait tourner les yeux et frissonner les cœurs.
Et tout le peuple ému de murmurer :
« Pauvre âme,
Puisse-t-il terminer ta vie et tes douleurs ! »

XIX

On ne vit plus errer la princesse adorable
Dans le palais des rois, sous l'arbre du jardin.
Depuis ce jour, son nom si charmant fut semblable
Aux noms qui, prononcés, font frissonner soudain.
Azo ne parla plus du fils ni de l'épouse
Qu'il avait fait périr dans sa fureur jalouse,
Leurs sépulcres,... du moins, celui d'Ugo fut dit
Et fut cru par le peuple entier un lieu maudit.
Mais, de Parisina le sort fut un mystère
Comme sa sépulture. Au fond d'un monastère

Alla-t-elle du ciel implorer le pardon ?
Au milieu du remords, des pleurs, de la prière,
Périt-elle au moyen du fer ou du poison ;
Ou bien succomba-t-elle à sa douleur amère,
Lorsqu'elle vit périr l'objet de ses amours ?
Les mortels, ici-bas, l'ignoreront toujours.

XX

Azo choisit bientôt une épouse nouvelle
Qui lui donna des fils aussi vertueux qu'elle.
Mais aucun d'eux n'avait, pour lui charmer le cœur,
L'entrain et la beauté, la grâce et le courage
Du fils que le bourreau frappa d'un bras vengeur :
Et si son œil jamais ne répandait de pleur,
Nul sourire non plus n'éclairait son visage ;
Des soupirs étouffés révélaient sa douleur,
Et les rides montraient sur son front leur ravage,
Cicatrices, souvent des blessures du cœur.
Insensible au chagrin autant qu'à l'allégresse,
Sans repos dans ses jours, sans sommeil dans ses nuits,
Même lorsqu'il semblait avoir fui ses ennuis,
Toujours, toujours son cœur souffrait. La glace épaisse
Semble arrêter le fleuve en venant le couvrir ;
Mais l'onde court dessous de la même vitesse ;
Et de même, les pleurs dans nos jours de tristesse
Malgré nous, de nos yeux, coulent, coulent sans cesse,
Et plus nous les cachons, plus ils nous font souffrir.
Azo, souvent ainsi, le cœur plein de détresse,
Pleurait et se sentait des retours de tendresse
Pour les infortunés qu'il avait fait périr.
Il éprouvait pour eux une intime faiblesse ;
Pourtant son âme après la mort n'espérait plus

Goûter près d'eux la joie au séjour des élus.
Leur juste châtiment tortura sa vieillesse.
Lorsqu'une main prudente élague les rameaux,
Sur l'arbre, on voit verdir des feuillages plus beaux;
Mais le tronc desséché ne produit plus d'ombrage,
Si la foudre a sur lui fait éclater sa rage.

Aperçu sur l'Enseignement colonial

PAR M. DELTEIL

Mouvement colonial. — Son but

Il me semble nécessaire d'entrer dans quelques considérations sur l'état actuel de nos colonies et sur le mouvement colonial qui se produit, en France, depuis quelques années, dans le but de faire connaître :

Les ressources de nos colonies ;

Leur organisation, leur industrie et leur commerce, afin de réveiller chez les jeunes Français le goût, autrefois si répandu, de l'expatriation vers nos possessions d'outre-mer.

Indifférence et hostilité autrefois

Il n'y a pas plus de dix ans qu'on s'occupe sérieusement en France des colonies : auparavant, on y était indifférent et même hostile. La raison en est simple. En effet, après avoir eu, il y a deux siècles, un domaine colonial des plus florissants et qui comprenait : le Canada, la Louisiane, Saint-Domingue, la Guyane, le Sénégal, les Antilles, Bourbon, Maurice et une partie de l'Inde ; nous avons vu nos plus belles colonies disparaître à la suite de guerres maritimes malheureuses ou de révoltes ; et la France, à partir de 1815, a été réduite, en fait de colonies, aux Antilles, à la Guyane, au Sénégal, à Bourbon, à Saint-Pierre-Miquelon et à quelques enclaves dans l'Inde. Et c'est alors qu'elle s'en est à peu près désintéressée.

Création d'un nouvel empire colonial

Il a fallu les efforts de deux générations pour refaire peu à peu notre empire colonial et l'amener au point où il est arrivé aujourd'hui, dépassant en grandeur et en puissance celui que nous possédions autrefois. Tous les gouvernements que nous avons eus depuis un siècle ont apporté leur pierre pour construire ce nouvel édifice.

La royauté des Bourbons a commencé la conquête de l'Algérie en 1829; la monarchie de Louis-Philippe a travaillé à la consolider et s'est annexé les îles Loyalty et Tahiti. Le second empire a pris possession de la Nouvelle-Calédonie, s'est agrandi au Sénégal, et s'est emparé de la province de Saigon. Mais c'est sous la République actuelle que se sont faites les plus belles acquisitions. Gambetta et Jules Ferry, désireux sans doute de chercher une compensation à la perte de nos deux provinces de Lorraine et d'Alsace, ont saisi toutes les occasions d'augmenter et d'enrichir notre domaine d'outre-mer ; et c'est grâce à eux que nous possédons aujourd'hui : la Tunisie, l'Indo-Chine, comprenant la Cochinchine, le Tonkin, l'Annam, le Cambodge, le Laos ; puis les vastes régions de l'Afrique, connues sous le nom de Haut-Sénégal, Casamance, Moyen-Niger, Guinée française, Côte-d'Ivoire, Dahomey, Sahara, Congo français, Chari, Tombouctou, côte des Somalis, Comores, Mayotte et Nossibé.

Il manquait encore un fleuron à notre couronne coloniale : la grande île de Madagascar, sur laquelle nous avions des droits trois fois séculaires et que les Anglais cherchaient sournoisement à nous enlever. Mais la conquête définitive fut faite il y a huit ans, et le général Gallieni l'a pacifiée et organisée avec une habileté et une rapidité qui tiennent du prodige.

Aujourd'hui, toutes nos colonies forment un ensemble de 55 millions d'âmes; elles ont une superficie de neuf millions et demi de kilomètres carrés et représentent un chiffre d'importation et d'exportation de 1 milliard 396 millions, dont 906 millions pour le commerce avec la France.

Nous sommes devenus la seconde puissance coloniale de l'Europe, bien que fortement distancés par l'Angleterre, dont l'énorme empire s'étend sur une superficie de 32 millions de kilomètres carrés et possède 346 millions d'habitants; il est donc six fois plus considérable que le nôtre. Mais nous sommes assez bien partagés pour n'être point jaloux de nos voisins, et nous devons être assez sages pour savoir nous déclarer satisfaits.

Trois périodes. — Conquête, organisation, colonisation

L'ère des conquêtes paraît définitivement close. La France s'occupe maintenant, après avoir établi une organisation administrative dans ses nouvelles possessions, de les doter d'un outillage propre à en assurer la colonisation et l'exploitation, c'est-à-dire des routes, canaux, ports, chemins de fer, etc. Elle a construit des villes superbes, telles que Saigon, Hanoï et bientôt Tananarive, qui ne le cèderont en rien aux plus belles cités des autres colonies étrangères; elle a nommé des commissions scientifiques pour établir le bilan de leurs ressources et de leurs richesses minières. Nos colonies sont donc prêtes à recevoir des colons ou à nous donner de légitimes profits.

Bismark prétendait qu'il y avait trois sortes de peuples colonisateurs :

Les Anglais qui avaient des colonies et des colons ;

Les Français qui avaient des colonies et pas de colons ;

Les Allemands qui avaient des colons sans colonies...

Cette boutade était à peu près juste de son temps ; mais elle ne l'est plus autant aujourd'hui.

D'abord, les Allemands se sont fatigués de n'avoir pas de colonies ; ils s'en sont créé trois sur la côte occidentale d'Afrique : le *Togo,* le *Cameroun* et l'*Afrique occidentale du sud ;* puis une dans l'Océanie, la *Terre du Roi Guillaume,* située dans la Nouvelle-Guinée ; enfin, ils se sont emparés militairement du territoire de *Kiao-Tchéou* en Chine ; mais ils ne s'en tiendront pas là, et, semblables au loup de l'Evangile, *quærens quem devoret,* ils cherchent partout une proie bonne à prendre et à garder.

En ce qui nous concerne, si Bismark s'est moqué de nous, c'est qu'il ne se rendait pas compte de la différence qu'on doit établir entre les *colonies de peuplement* et les *colonies d'exploitation,* lesquelles jouent des rôles absolument opposés au point de vue de ce qu'on appelle assez improprement la colonisation.

Colonies de peuplement et d'exploitation

Les premières sont celles où les hommes de race blanche peuvent émigrer et s'acclimater en se livrant aux mêmes travaux agricoles qu'en Europe, et où la population autochtone est assez faible, relativement à la superficie du pays, pour permettre à la race émigrante de multiplier à son aise.

L'Algérie, la Tunisie, la Nouvelle Calédonie, le Nord du Tonkin sont de véritables colonies de peuplement. Les Français ont, depuis assez longtemps déjà, fait œuvre de colonisateurs dans les deux premières surtout, puisqu'ils atteignent le chiffre de 5 à 600,000. Malheureusement ce type de colonies est le plus rare.

Les deuxièmes ont un climat difficile à supporter pour le travailleur européen, et possèdent une population très dense suffisant à tous les besoins de l'agriculture. Les meilleures terres sont depuis longtemps entre les mains de ceux qui les habitent. Il n'est donc point nécessaire de tenter de les coloniser ; il suffit tout simplement de les administrer et de les exploiter avec sagesse et mesure, ainsi que le font les Anglais pour l'Inde et les Hollandais pour l'Inde Néerlandaise. Cette catégorie comprend toutes nos autres colonies. En dehors des fonctionnaires, il y a place pour des colons d'une espèce particulière, tels que banquiers, commerçants, médecins, avocats, ingénieurs, entrepreneurs, directeurs de domaines agricoles, contre-maîtres, mécaniciens et ouvriers de toutes sortes pouvant travailler dans des ateliers couverts.

On pourrait, jusqu'à un certain point, citer un troisième type, la colonie mixte, telle que Madagascar, les Antilles et Bourbon, jouissant de deux sortes de climats : un climat chaud sur le littoral et un climat tempéré sur les hauts plateaux de l'intérieur, où les Européens seraient susceptibles de se livrer à des travaux agricoles sans préjudice pour leur santé, mais elles offrent un champ très limité à la colonisation.

Avec un domaine colonial aussi étendu et aussi varié que le nôtre, on peut, sans exagération, porter à 7 ou 8 mille le nombre de Français de toutes catégories qui, chaque année, pourraient quitter la mère patrie pour aller chercher au loin des situations plus prospères et plus indépendantes que celles que l'on trouve en France, où toutes les carrières sont si encombrées.

Qu'a-t-il manqué jusqu'à présent pour obtenir un pareil résultat ? des renseignements pratiques et une instruction en rapport avec les besoins des nouveaux pays où l'on pourrait aller se fixer. Depuis 10 ans, il s'est créé un certain nombre d'institutions qui répondent précisément à de pareils desiderata.

Tels sont :

1° *Le Groupe colonial* de la Chambre, fondé en 1892, présidé par M. Etienne, ancien Ministre des Colonies, et comprenant d'anciens Gouverneurs tels que Le Myre de Villers, Doumer, et tous les députés des colonies ;

2° *Le Groupe colonial* du Sénat ;

3° *L'Office colonial* du Ministère des Colonies, créé en 1899 et qui a pour but : de centraliser et de mettre à la disposition du public les renseignements de toute nature concernant l'agriculture, le commerce et l'industrie coloniale, et assurer le fonctionnement d'une exposition permanente coloniale ;

4° *L'Union coloniale française*, créée par M. Chailley-Bert, gendre de M. Bert, mort en Indo-Chine comme Gouverneur. M. Chailley-Bert est un conférencier infatigable que nous avons eu le plaisir d'entendre plusieurs fois à Nantes ; il est le promoteur de la colonisation pratique et l'auteur de plusieurs ouvrages dont le dernier : *Dix années de politique coloniale,* renferme des pages pleines de bon sens sur la situation actuelle des colonies. L'Union coloniale française répand dans le public des brochures, des guides, fait des conférences et donne des renseignements fructueux et pratiques aux personnes désireuses d'aller s'établir aux colonies.

Viennent ensuite :

Le Comité de l'Afrique et de l'Asie françaises,

La Société d'études maritimes et coloniales,

La Société nationale d'expansion coloniale,

La Société française de colonisation,

La Société centrale d'agriculture coloniale,

La France coloniale moderne,

La Société d'émigration des femmes.

Comme œuvres d'éducation coloniale on peut citer :

Le Comité Dupleix, dirigé par M. Bonvalot, le fameux explorateur si connu ; c'est une Société de propagande coloniale par conférences (1890).

La Ligue coloniale de la Jeunesse, créée par M. Noufflard en 1897. Elle s'occupe de l'éducation raisonnée de la jeunesse, de sa préparation à la vie coloniale, de la création de bourses de voyage aux colonies.

L'Ecole pratique d'enseignement colonial du docteur Rousseau, située dans les environs de Paris.

L'Institut colonial de Marseille, dirigé par M. Heckel, ancien pharmacien de la marine, docteur en médecine et docteur-ès-sciences, et les *sections coloniales* de Marseille, de Lyon, de Rouen, de Bordeaux et enfin de Nantes, dépendantes des écoles supérieures de commerce de ces différentes villes.

L'Institut colonial de Nogent, dirigé par M. Dybowski, et, dans quelques mois, une école forestière coloniale à Nancy créée par M. Doumer, ancien gouverneur de l'Indo-Chine.

Enfin il s'est fondé des journaux et des publications qui s'occupent spécialement des questions coloniales, tels que :

La Dépêche Coloniale, La Politique Coloniale, La Revue des Cultures Coloniales, Les Annales de l'Institut Colonial de Marseille.

La Ville de Nantes, essentiellement commerciale et industrielle, qui a conservé de tout temps de nombreuses relations avec nos colonies, ne pouvait rester plus longtemps indifférente au mouvement dont je viens de vous entretenir. M. H. Durand-Gasselin, dont les œuvres utiles à sa ville natale ne se comptent plus, a été un des premiers à se préoccuper de la création d'un enseignement colonial à Nantes. Après bien des difficultés, son premier projet d'un vaste Institut colonial, à établir sur son domaine du grand Blottereau, s'est réduit à de plus modestes proportions.

Il a pensé que le mieux était d'imiter ce qui s'était fait à Marseile, à Lyon, Bordeaux, Rouen, etc. et de créer une section coloniale dépendant de l'Ecole supérieure de commerce. C'est lui qui, aidé par la Chambre de Commerce et le Conseil municipal, a fourni les fonds nécessaires au bon fonctionnement de l'œuvre, et a offert à la municipalité les bâtiments au grand Blottereau, qui serviront à l'établissement d'un musée colonial, d'une bibliothèque, d'une salle de cours, et un terrain pour les serres coloniales et les champs d'expériences. M. Sarradin, M. Merlant et M. Ménier ont assuré la bonne organisation de l'école et élaboré les programmes.

Outre les cours les plus importants professés à l'Ecole supérieure de commerce et que les élèves de la section sont appelés à suivre, il existe :

1° Un cours d'histoire du commerce et de la colonisation ;

2° Un cours de géographie coloniale, où on fera l'étude particulière de chacune de nos colonies, au point de vue du sol, du climat, des habitants et de leur mise en valeur ;

3º Un cours d'économie et de législation coloniale, qui traitera de l'expansion coloniale, de la mise en valeur des colonies (production, rôle de l'Etat, des colons, des compagnies privilégiées de colonisation) ; des échanges, du régime douanier, de la gestion, de l'Administration des colonies (organisation législative, administrative, judiciaire, financière et militaire) ;

4º Un cours d'hygiène, climatologie et épidémiologie coloniale, qui renseignera sur les maladies des pays chauds, les moyens de les écarter et l'hygiène à suivre pour s'y bien porter ;

5º Un cours d'agriculture et de produits coloniaux, qui comprendra quelques notions élémentaires sur l'agronomie coloniale (plantes, sol, engrais, terres coloniales, défrichements, labours, etc., main-d'œuvre); — les méthodes de culture et d'exploitation, récolte, usage, commerce des produits extraits des plantes coloniales employées à l'alimentation ou aux besoins de l'homme ; — quelques renseignements sur les animaux utiles des colonies et les insectes nuisibles ; — enfin sur les minerais exploités ou exploitables de nos possessions lointaines ; — un musée commercial contenant toutes les productions classées par colonies ; des serres où l'on trouvera les spécimens vivants des plantes les plus connues et les plus utiles du champ d'expérience ; une bibliothèque munie des livres et publications coloniales les plus récents complèteront l'enseignement de ce dernier cours et en assureront le succès.

Les jeunes gens, qui auront été soumis pendant deux années à un semblable enseignement, ne seront certainement point aptes à faire de suite des colons, mais ils seront *préparés* à en faire, au lieu de ressembler à tous ces gens qui se présentaient autrefois à l'union coloniale pour aller coloniser et dont M. Chailley-Bert se moque si spirituellement dans une de ses dernières publications ; ces aspirants colons se composaient d'étudiants sans diplôme, de commerçants sans clientèle, de sous-officiers n'ayant pu aboutir à l'épaulette, en un mot de tous les ratés qui n'avaient pas eu le courage de se faire une situation. — Ne sachant rien, n'ayant jamais abouti à rien, ne possédant rien, ils se présentaient gaillardement se désignant sous le nom de gens *d'attaque,* propres à tout, semblant vouloir continuer quelque vague rêve des héros de romans de Cooper ou de Gustave Aymard, croyant n'avoir qu'à explorer les forêts du Nouveau-Monde le fusil sur l'épaule en quête d'aventures de guerre ou de chasse. — Les jeunes gens de nos écoles, plus modestes parce qu'ils seront plus instruits, trouveront facilement à se placer, en qualité de *stagiaires*, sur des habitations, au Tonkin principalement ; comme employés de commerce, de banque, de comptoirs, etc. Non seulement l'*Union coloniale* pourra leur être utile ; mais ils auront bien d'autres institutions à leur disposition. La section coloniale de Nantes s'affiliera certainement aux divers patronages des autres sections, lesquels ont pour objet de chercher et de procurer des situations aux diplômés des écoles coloniales. Ces patronages sont en correspondance avec les grandes compagnies coloniales du Tonkin, de Madagascar et des possessions africaines telles que :

La Compagnie d'Afrique occidentale (Sénégal, Guinée, Côte d'ivoire), ayant pour directeur M. Bohn, qui a 7 à 800 employés,

La Compagnie marseillaise de Madagascar,

La Compagnie Besson, Mantes et Borelly (Dahomey et Congo),

La Compagnie Augustin Fabvre (Mozambique),

La Compagnie agricole et commerciale de Madagascar, dont le siège est à Lyon et qui a pour directeur M. Pagnoud.

Je ne vous citerai que pour mémoire 22 autres Compagnies françaises au Congo pour l'exploitation du caoutchouc, des gommes, des plantes oléagineuses, de l'ivoire et de l'or.

Il y a donc de grandes chances pour que les sujets formés dans nos écoles et qui voudront s'expatrier rencontrent un concours puissant et obtiennent même quelques bourses de voyage, afin de se placer convenablement ou de faciliter leurs débuts. — Il y aura probablement aussi quelques avantages, faits au point de vue du service militaire, à ceux qui s'engageront à passer un certain nombre d'années aux colonies soit en qualité de colons, soit en qualité d'employés de commerce.

J'ai à vous citer aussi certain fait que j'ai lu dernièrement dans une publication. Des particuliers riches et influents prêtent, à certaines personnes sérieuses et désireuses d'aller aux colonies, un petit capital de 5,000 fr. dans des conditions assez originales. L'emprunteur signe dix billets de 600 fr. payables en dix ans, et contracte en même temps une assurance représentant le capital et l'intérêt qu'ils transfèrent au prêteur, lequel a ainsi une garantie de remboursement en cas de mort du colon. De plus, le prêteur s'adresse à ses amis pour que ceux-ci prennent à leur charge un quart ou la moitié du capital, afin de diminuer les risques. Grâce à cette intelligente combinaison, on a pu envoyer à la Nouvelle-Calédonie un certain nombre de colons peu fortunés, lesquels se sont fait des situation modestes. C'est un essai à poursuivre et à encourager.

POÉSIES

PAR

Mlle EVA JOUAN

Membre correspondant de la Société Académique de Nantes

Douleur d'aimer

Las ! il aime, son pauvre cœur,
Et de tout se fait peine extrême.
Est-il de son aimé vainqueur ?
Peut-il croire à l'amour suprême ?

Ah ! souvent le doute moqueur
Vous torture lorsque l'on aime !
Las ! il aime, son pauvre cœur,
Et de tout se fait peine extrême.

S'il devait fuir le doux bonheur
A peine entrevu !... Le soir même,
Ainsi qu'un beau lys, son front blême
Se flétrirait sous sa rancœur.
Las ! il aime, son pauvre cœur !

Les trois dons

Je suis ta jeunesse envolée :
Veux-tu me prendre par la main ?
Viens avec moi, chère isolée,
Et refaisons le gai chemin,

Où tourbillonnent les beaux rêves
Avec les doux papillons bleus,
Où les rires, les chants, sans trêves,
S'épandent dans l'air radieux. »

« Non ! Laisse-moi, car ces ivresses
Ont eu des réveils douloureux !
Le souvenir de ces tristesses
Déflorerait ces jours heureux. »

*
* *

« Et moi je suis l'Amour ! Ecoute
Mes accents qui prennent les cœurs !
Que le tien de moi ne redoute
Trahisons, chagrins, ni rancœurs.

Je te donnerai le doux gage
D'un amour généreux et sûr,
Et jamais un sombre nuage
N'effleurera ton ciel d'azur. »

« Non ! Non !... Je connus les alarmes,
Amour, que tu caches si bien ;
J'ai versé trop d'amères larmes ;
Je ne veux plus de ton lien. »

* *

« Et moi, la muse, ô mon poète !
Voudras-tu me chasser aussi ?
Je veux de ton âme inquiète
Enlever le moindre souci.

J'aurai pour toi des douceurs telles,
Que tu pourras, comme jadis,
T'envoler de toutes tes ailes
Vers des rêves de paradis. »

« Oui, je te suivrai, consolante
Des pauvres cœurs souvent meurtris,
Et verrai ma peine brûlante
Se perdre dans tes lacs fleuris. »

Nous n'irons plus au bois...

Elles chantaient ; leurs mains s'unissaient pour la ronde.
Le soleil les nimbait de sa lumière blonde
Décroissant dans un pâle azur ;
Des grands arbres, dorés par la brume automnale,
Les feuilles s'envolaient ; la mer, aux tons d'opale,
Semblait pleurer sous le ciel pur.

Débordantes de joie, elles chantaient encore.
Qu'importait ce soir morne à leur splendide aurore !
Que faisait l'automne au printemps !
La danse s'activait, car leurs lèvres rieuses
Précipitaient le chant, et leurs boucles soyeuses
Suivaient ces rythmes palpitants.

Et les dernières fleurs s'enlaçaient en guirlandes
Sur leurs fronts rayonnants. Elles semblaient des landes

Les elfes au regard charmeur.
Et le refrain naïf, qu'un pur écho répète,
Montait, montait encor : tel un chant d'alouette,
Ce salut au jour qui se meurt.

L'enfance, temps béni!... Que les hivers moroses
Remplacent les étés tout embaumés de roses,
Qu'importe à ces êtres charmants ?
Ils vont, aimants, joyeux, défiant la souffrance;
Ils possèdent toujours la céleste espérance.
Les plus pauvres n'ont de tourments.

Et c'est un don divin: dans sa bonté suprême,
Dieu n'aurait pas permis que ces petits qu'Il aime
Dussent pleurer dès le berceau.
Comme le lys des champs dont ils ont l'innocence,
Ils vivent sans travail, avec l'insouciance
Et la gaîté du frêle oiseau.

Au val de Kergallic

De beaux ormes touffus et des peupliers frêles,
Que Mai, le mois des nids, remplit de doux bruits d'ailes,
Bordent les grands prés verts et les coteaux en fleur;
L'ombrage dentelé des buissons d'aubépines
Abrite des orchis les teintes purpurines
Et des lys la fière blancheur.

L'asphodèle s'élance en ses corolles roses
De l'herbe, où mille fleurs se sont encore écloses,
Et se mire, coquette, au cristal du ruisseau,
Avec le merle noir qui chante son ivresse
Sur la branche d'un saule: un blond rayon caresse
La svelte fleur, l'heureux oiseau.

Et des vols sinueux d'hirondelles joyeuses,
Effleurant le ruisseau de leurs ailes soyeuses;
Leurs gazouillis légers fêtent le doux retour;
Et tout l'essaim charmeur des papillons frivoles,
Qu'un rayon fait éclore, et dont les courses folles
Durent jusqu'au dernier beau jour.

Un village se cache à demi sous les arbres;
Ses chaumières du val ont la blancheur des marbres
Qu'on taillait à Paros. Non loin le gai moulin
S'enlève sur l'azur avec son toit conique;
A la brise marine il tourne, chimérique,
De toutes ses ailes de lin.

Dans la lande un menhir, souvenir des vieux âges;
Tout brodé de lichens, il se rit des orages,
Il atteste la force et l'antique valeur.
Et, pacifiquement, près de son pied superbe,
Des brebis, des agneaux bondissants, paissent l'herbe,
Gardés par un jeune pasteur.

Oh! ce calme du val où tout le cœur s'enivre!
Loin des vains bruits du monde, il y ferait bon vivre
Dans les fleurs, les parfums, les verdures, les chants...
Même sous les rigueurs de ces longs jours moroses
On y serait heureux: les tristesses des choses
Sont moins dures que les méchants.

Contraste

Assis sur le tapis avec son beau navire,
Le mignon s'amusait, sans craindre qu'il chavire.
Et ses petits doigts fins nouaient habilement
Une flamme d'azur au grand mât, et vraiment

Il était adorable en sa pose attentive.
Il touchait son bateau, mais d'une main craintive,
Comme il eut effleuré l'aile d'un papillon.
Et, dans ses grands yeux bleus brillait le pur rayon
D'un bonheur recueilli : ses folles boucles blondes
Caressaient son cou blanc, et dans leurs riches ondes
Le soleil allumait des étincelles d'or.

Oh ! le joli pastel dans le charmant décor
Du salon ! Il semblait en sa tunique blanche
Le jeune Eliacin.
Soudain son front qui penche
Se relève, charmé : la flamme frissonnait
Près de la svelte voile. Et l'enfant qui venait
D'obtenir ce succès, manifesta sa joie
En chantant.
Ce refrain, qui dans l'air se déploie,
N'était pas cependant celui de la gaîté,
Car le doux oiselet, de triomphe agité,
Comme un petit pinson égayé dans la plaine,
Chantait : « Mon cœur est las, bien las de tant de peine !... »

Ce contraste inouï me fit longtemps rêver.
Je regardais l'enfant, le laissant achever
Sa plaintive chanson. La fraiche bouche rose
De l'aimé, cette fleur à l'aube à peine éclose,
Redisant cet émoi !...
Mon cher inconscient,
Oh ! reste, reste encor, cet être insouciant
Chantant la peine amère en ta pleine allégresse,
Assez tôt tu sauras que la blême tristesse,
Avec ses pleurs brûlants, ses doutes, ses rancœurs,
Accompagne souvent les plus généreux cœurs,
Ceux qui comme le tien sont aimants et sensibles.

O tout petits ! soyez longtemps ces invincibles
A la douleur cruelle, et que les âpres pleurs
Ne flétrissent jamais vos fronts ornés de fleurs.

Sur un balcon

Leur nid est près du toit où jase l'hirondelle ;
Elle effleure souvent du fin bout de son aile
Le bel enfant au front si pur,
Qui, de son père joyeux à sa mère ravie
Vole, blond et rieur, entr'ouvrant à la vie
De grands yeux tout baignés d'azur.

Et, sur ce haut balcon enguirlandé de roses,
Se répètent le soir les mêmes douces choses :
Baisers, rires frais, chants d'oiseaux !...
Ils s'aiment ! Leur bonheur tient dans l'étroit espace,
Entre ces pots fleuris, dont la brise qui passe
Fait frémir les légers réseaux.

Elle est jeune, elle est blonde, et ses yeux de pervenche
Regardent tour à tour et l'ami qui se penche
Vers cet aimant et clair miroir,
Et le beau chérubin, doux reflet de son âme ;
Un pur rayonnement l'illumine à sa flamme,
On se sent heureux de la voir.

Lui, plus grave et plus brun, se repose en ce rêve
Qu'il a réalisé ; c'est l'époux qui sans trêve
Protège la femme et l'enfant ;
C'est celui qui suivra toujours la droite voie,
Afin que dans leurs yeux brille à jamais la joie,
Qui des luttes sort triomphant.

Sous cette affection qui toujours l'environne,
L'enfant croît, belle fleur que le printemps couronne
De sa grâce et de sa beauté.
Il est l'espoir béni, la sainte et douce ivresse,
Il est le rayon d'or qui réchauffe, caresse
Et remplit tout de sa gaîté.

Oh ! demeurez ainsi, car vous êtes les sages !
Restez unis et bons, que les brillants mirages
N'attirent jamais votre cœur !
Joignez vos doigts lassés par le travail austère,
Ouvrez-les pour l'aumône et vous aurez sur terre
Connu le seul et vrai bonheur.

DE L'INFÉRIORITÉ LITTÉRAIRE
DU GENRE DRAMATIQUE

PAR M. A. MAILCAILLOZ

> Il n'y a nul besoin, semble-t-il, au contraire, qu'un auteur dramatique écrive bien.
>
> F. BRUNETIÈRE.

Lorsque l'on considère la littérature dramatique de ces vingt dernières années, deux constatations s'imposent tout d'abord : c'est, d'une part, le grand nombre d'auteurs qui écrivent — fût-ce par occasion — pour le théâtre et, d'autre part, le petit nombre d'œuvres qui restent au répertoire et paraissent avoir une valeur ou un succès suffisants pour justifier une reprise, lorsque se trouve épuisé l'intérêt d'actualité et de curiosité qu'elles avaient provoqué d'abord.

De là à conclure à la décadence du théâtre, il n'y a qu'un pas et c'est, en effet, un sujet de conversation fréquent dans les salons, aussi bien qu'un thème tout trouvé pour la chronique d'été d'un débutant journaliste, alors que les faits d'actualité sont rares et que la copie fait défaut. C'est pour un apprenti écrivain un moyen simple et facile de se poser en classique, en admirateur du grand siècle ; on réédite quelques analyses de manuels sur la grâce du divin Racine ou la verve comique du profond Molière ; on constate que, depuis, il n'y a eu ni un second Racine, ni un second Molière et l'on peut signer avec confiance un article auquel il ne reste plus qu'à donner un titre pompeux, tâche par laquelle finit toujours le chroniqueur qui ne sait pas trop d'avance lui-même ce qu'il pourra bien dire à ses lecteurs.

Si, la semaine suivante, l'actualité n'est pas plus pressante et que des sujets neufs ne se présentent pas davantage à l'esprit, on va plus loin et l'on se hasarde à chercher les remèdes qui pourraient galvaniser cette littérature dramatique anémiée et lui rendre la santé et la vie. Mais si tous ces docteurs se rencontrent dans le diagnostic sur l'état du malade, ils ne peuvent plus tomber d'accord sur le remède à appliquer. Les uns, — ce sont ceux d'hier — prétendent qu'il est nécessaire de serrer la vie de plus près et de transporter au théâtre le réalisme qui a fait ses preuves dans le roman ; les autres, ce sont ceux d'avant-hier et ceux d'aujourd'hui, attribuent tout au contraire à cet essai de réalisme les nombreux insuccès constatés et demandent le retour à la bonne comédie toute conventionnelle et sentimentale de M. Scribe ; d'autres enfin assurent qu'il n'y a plus de pièces, parce qu'il n'y a plus de public, et cherchent les causes de la désertion du théâtre dans des transformations matérielles de la vie, les changements d'heures de repas, le goût toujours plus grand pour le café-concert, les tracas de la lutte pour l'existence qui rendent l'esprit incapable d'aucun effort ne devant pas se traduire par un résultat matériel immédiat.

Il y a peut-être une part de vérité dans la bouche des uns et des autres ; mais, à mon avis, quand on parle de décadence du théâtre, la question est mal posée.

Et d'abord, il est certain que le talent ne fait pas défaut à nos auteurs dramatiques : trop d'entre eux en ont donné des preuves indiscutables dans d'autres genres littéraires pour qu'on puisse le leur contester. Mais précisément, si l'on approfondit un peu plus la question, on s'aperçoit que les pièces qui affrontent le feu de la rampe se divisent en deux grandes catégories : celles qui sont composées par des hommes de lettres n'écrivant pas exclusivement pour le théâtre et s'étant fait, par ailleurs, une réputation dans la poésie, le roman, l'histoire, la critique, voire même la politique et celles qui sont l'œuvre d'auteurs dramatiques de métier.

Les premières ont toutes sortes de qualités comme psychologie, comme morale ou comme style ; mais, malgré tout cela, elles n'ont, le plus souvent, qu'un succès d'estime, un succès de lettrés ; elles ne vont pas jusqu'à l'âme de la foule et le public se prononce sur leur compte d'un seul mot : « C'est très bien, mais ce n'est » pas du théâtre. » Les pièces faites par des auteurs dramatiques de métier se jouent, au contraire, indéfiniment devant des salles combles ; mais ce sont le plus souvent de gros drames ou d'ahurissants vaudevilles ; ce sont, si vous le voulez, *les Deux Gosses* ou *Champignol malgré lui.* Et de telles œuvres ne semblent avoir que de très lointains rapports avec la littérature.

Cette constatation amène rapidement à la conclusion que le genre dramatique a des procédés spéciaux qui n'ont rien de commun avec les règles littéraires applicables à toute autre production de l'esprit humain, procédés un peu gros qui en font un genre littéraire inférieur, et pour tout dire de second ordre.

Je voudrais essayer de vous montrer que cette conclusion n'est point déraisonnable et pour cela répondre à une objection que je prévois tout d'abord. J'ai peur, en effet, que quelque fervent de nos grands dramaturges Racine, Molière ou Shakespeare ne s'indigne en mettant en avant leurs chefs-d'œuvre incontestés. Sans m'arrêter à argumenter que Shakespeare est un exemple peu concluant en ce que ses pièces ne répondent souvent que bien imparfaitement aux exigences de la scène, je répondrai simplement que le bon ouvrier, ou plutôt que l'ouvrier de génie peut arriver à produire des chefs-d'œuvre avec la matière la plus ingrate. Les difficultés mêmes qu'il rencontre dans la réalisation matérielle de ses conceptions ne sont-elles pas pour lui un stimulant susceptible de l'amener à produire une œuvre plus parfaite encore? De ce qu'un Phidias aurait tiré de simple terre glaise une admirable statue seriez vous en droit de conclure que la terre glaise est pour le sculpteur une matière préférable au marbre de Paros?

J'ai donc pour seul but d'établir que, dans le genre dramatique, la matière est ingrate et que l'auteur qui en use est excessivement limité dans ses sujets comme dans ses moyens d'expression et est obligé de compter avec un ensemble de conventions multiples qui rendent son labeur particulièrement difficile. Des sujets toujours les mêmes qu'il est obligé de traiter toujours de la même façon conventionnelle, artificielle et fausse, voilà quelles sont les ressources de l'auteur dramatique pour intéresser le public. Ne nous étonnons pas qu'un si petit nombre y parviennent.

Pour aborder le théâtre, il faut avant tout choisir un sujet dramatique. La première qualité d'un tel sujet doit être, me semble-t-il, la simplicité et cela pour un double motif, d'abord afin de ne pas excéder les bornes du temps qui peut être consacré à une représentation, et ensuite afin d'être facilement perceptible à toutes les personnes qui composent un public frivole comme celui qui remplit nos salles de spectacles.

Dans l'état actuel de nos mœurs, nous n'en sommes plus à ces successions de pièces qui se déroulaient indéfiniment pendant plusieurs journées sans lasser la patience des spectateurs. Nous n'en sommes plus à ces mystères pour lesquels l'attention du public, sollicitée parfois pendant toute une semaine, semblait ne jamais faiblir. Nous n'en sommes plus même aux trilogies ou tétralogies, et il faut toute la ferveur des fidèles wagnériens pour s'accommoder encore de cette forme de spectacles. En réalité, le sujet dramatique doit être exposé et dénoué en trois heures au plus et, pour cela, il doit être simple, sans complications extraordinaires ni incidents trop multipliés. Je me hâte de faire exception pour le vaudeville à quiproquos, qui tire précisément son effet particulier de comique de cette accumulation de faits présentés avec une rapidité telle que le spectateur, absolument ahuri par cette disproportion entre la quantité des choses qu'il voit et le temps pendant lequel il doit les voir, est ainsi conduit au rire, comme par tout contraste imprévu et subit entre son attente et la réalité. Le talent de l'acteur consiste justement alors à rendre cette accumulation plus grotesque et plus risible, en la précipitant encore, c'est-à-dire en brûlant les planches, pour employer le mot d'argot de théâtre.

Le sujet dramatique doit encore être simple pour être facilement perceptible du public. C'est sans doute la raison qui avait surtout frappé les anciens, dont le théâtre se distingue précisément par son extrême sévérité de lignes et sa simplicité de facture, ennemie de toute surcharge inutile. A la grande distance de la scène où se trouvent les spectateurs, avec la faible puissance d'attention dont ils sont capables au moment d'une digestion quelquefois laborieuse, avec surtout le but de distraction qu'ils se proposent en venant au théâtre, on peut expliquer d'une façon toute naturelle ce fait qu'ils ne voient guère les détails ni les nuances du sujet, si l'on n'a pas soin de les grossir et de les accuser intentionnellement, d'après ce qu'on appelle d'une façon imagée les règles de l'optique théâtrale. Il faut appliquer à la facture d'une pièce destinée à voir le feu de la rampe des principes analogues à ceux dont s'inspirent les peintres pour exécuter les décors qui doivent l'encadrer; il faut procéder par grandes masses, à coups de balai plutôt qu'à coups de pinceau et se reculer à une certaine distance si l'on veut juger avec quelque exactitude de l'effet produit. Ce n'est pas au théâtre que l'on peut transporter les finesses et les subtilités alambiquées du roman et plus particulièrement du roman psychologique. Là il ne peut y avoir de sous-entendus et, pour être même bien entendue, une parole doit être redite plusieurs fois; il ne faut pas craindre les répétitions, ni les préparations qui annoncent le fait et le font prévoir avant qu'il ne se produise. Il y a là tout un ensemble de conditions spéciales de composition qui ne peuvent s'appliquer qu'à des sujets dont la première qualité doit nécessairement être la simplicité.

Mais ce n'est pas la seule qui doive caractériser un sujet dramatique. Il faut, en outre de cette simplicité et malgré elle, qu'il comporte une action vive et émouvante, un heurt de sentiments et de passions contraires, un choc et une lutte de volontés antagonistes

Il semble que pour arriver à imaginer et expliquer ces situations tendues et captivantes, il faille de longues préparations et l'on pourrait croire que, pour former un nœud aussi difficile à dénouer, il soit nécessaire d'enrouler pendant longtemps de nombreux fils venus de toutes les directions. C'est, en effet, ce que fait le romancier ; mais c'est ce que ne peut faire l'auteur dramatique. Il faut que celui-ci, au contraire, prenne l'action au moment le plus pathétique, qu'il puisse, en un très petit nombre de scènes, mettre les spectateurs au courant, et qu'il se hâte ensuite vers le dénouement sans leur laisser le temps de se reprendre et de réfléchir à autre chose qu'à ce que lui-même veut leur suggérer de pensées et de sentiments. Ce sont là des principes immuables, vrais de tous temps et auxquels ne peuvent se soustraire les écrivains qui travaillent pour le théâtre.

Combien de sujets leur permettent de s'y conformer ? Il y a longtemps déjà qu'on a constaté comme ils étaient peu nombreux. Dans les œuvres de Gœthe, on trouve cette phrase caractéristique : « Gozzi soutenait qu'il ne » peut y avoir que trente-six situations tragiques. Schiller » s'est donné beaucoup de peine pour en trouver davan- » tage ; mais il n'en trouva pas même autant que Gozzi. » Depuis, Gérard de Nerval a raconté qu'il n'avait pu en trouver plus de vingt-quatre. Enfin, il y a une dizaine d'années, un jeune écrivain, M. Georges Polti, a repris la même recherche et en a fait un livre que, prenant pour épigraphe la phrase de Gœthe, il a intitulé : *Les trente-six situations dramatiques.*

A vrai dire, le livre de M. Polti, très curieux par son sujet même et très érudit dans ses détails et sa composition, n'est pas bien convaincant pour soutenir mon affirmation de la pénurie des sujets qui peuvent servir de base à une action dramatique. L'auteur n'y a guère cherché, en effet, qu'un mode de classement, et chacune de ses trente-six situations dramatiques ne représente pour lui qu'une catégorie commode dans laquelle peut rentrer un nombre de sujets qu'il estime pouvoir être accru à l'infini. L'établissement même de ces catégories lui sert à trouver des sujets nouveaux par analogie, comparaison, déduction et travail scolastique de logicien. « Pour obtenir les nuances des trente-six situations, » » dit-il dans sa conclusion, « j'ai eu recours à des procédés » à peu près constants : par exemple, j'énumérais les » liens sociaux ou de parenté possibles entre les per- » sonnages ; ou bien je déterminais pour ceux-ci leur » degré de conscience, de volonté libre et de connais- » sance du but réel où ils vont.... Un nouvel élément » à modifier toutes les situations est l'énergie des actes » qui doivent en résulter : soit le meurtre ; il se réduira » à une blessure, un coup, une tentative, un outrage, » une intimidation, une menace, une parole trop vive, » une intention non suivie d'effets, une tentation, une » pensée, un souhait, ou à un droit lésé, à la destruction » d'un objet chéri, à un refus de secours, un manque » de pitié, un abandon, un mensonge.... Troisième mé- » thode pour varier les données : à celui-ci ou à celui-là » des deux adversaires dont la lutte constitue notre » drame, on substituera une pluralité qu'un seul désir » animera, mais dont chaque membre réfractera ce » désir sous un de ses divers jours. Il n'est pas non plus » de situation qui ne soit susceptible d'être combinée » avec n'importe laquelle de ses voisines, que dis-je ? » avec deux, trois, quatre, cinq, six d'entre elles et da- » vantage.... » Et l'auteur termine en constatant, avec une satisfaction non dissimulée, qu'il peut faire se multiplier sans fin ces trente-six situations primitives.

Son livre irait donc à l'encontre même de ma thèse, s'il n'était aisé de remarquer que ces nuances qu'il imagine avec une fécondité si merveilleuse, en réalité ne constituent point pour la plupart des sujets nouveaux. Et, pour prendre comme exemple l'un de ses premiers modes de renouvellement de la matière dramatique, il peut sembler puéril de prétendre faire une pièce nouvelle en changeant tout simplement dans une pièce connue les liens de parenté des personnages entre eux. Il va de soi que le sujet reste alors, le plus souvent le même, à moins qu'il ne repose précisément sur la parenté des personnages entre eux et qu'en modifiant celle-ci, vous ne détruisiez absolument tout ce qui faisait l'intérêt de la situation et la rendait dramatique.

Ce n'est pas, d'ailleurs, en ce sens que devaient l'entendre Gœthe et Schiller, quand ils déclaraient ne pouvoir trouver plus de trente-six situations tragiques. Ils ne parlaient pas de la vie où ces situations se multiplient souvent à l'infini ; ils parlaient du théâtre où toutes ne peuvent être portées avec succès pour constituer une pièce, parce qu'il leur faut d'autres qualités dont nous avons vu ensemble l'une des plus essentielles, la simplicité, et qu'il serait, par ailleurs, peut-être un peu long de rechercher toutes ici, sans que nous devions y trouver grand intérêt pour le but de démonstration que je puis avoir en vue. En réalité, ces qualités sont si nombreuses et si précises qu'elles rendent extrêmement rares les véritables sujets de pièces.

C'est ce qu'avaient bien compris et les anciens et les écrivains de notre littérature classique. Ils ne se mettaient guère en quête de sujets nouveaux, et ne se préoccupaient que de traiter autrement et mieux que leurs devanciers, des situations déjà connues depuis Homère et les plus lointains aèdes. Qu'ils s'arrêtassent aux terribles aventures d'Œdipe ou à la touchante histoire de la pâle Iphigénie, ils marchaient sur un terrain battu, mais cela ne les empêchait pas d'y semer des chefs-d'œuvre par la puissance seule de leur génie. Ils savaient que les inventeurs de ces admirables légendes y avaient réuni, avec une rare puissance d'imagination, tous les éléments d'émotions que pût comporter une action dramatique. Ils s'en servaient comme de cadres merveilleux, bien faits pour mettre en lumière leurs propres richesses de composition et de style. Que leur aurait servi de chercher autre chose qu'ils savaient d'avance devoir être inférieur?

Molière lui-même, quoique la comédie comporte peut-être plus de variété et de diversité, Molière n'inventait guère. Il prenait sa matière et son bien un peu partout où il les trouvait, comme il l'a dit lui-même. Que ce fût une comédie de Plaute ou un fabliau du moyen-âge, il puisait presque toujours à une source connue dont il doublait la valeur par le seul prestige de sa verve comique et de son esprit d'observation. Quelquefois seulement, quand il abordait non plus la comédie de caractères, mais la comédie de mœurs, il était forcé, par la nature de son œuvre, de tirer de son propre fonds le sujet même aussi bien que les détails. Quand il écrivait *les Précieuses ridicules* ou *les Femmes savantes,* il est bien évident qu'il ne pouvait aller demander aux anciens ce que l'antiquité ne connaissait pas.

Ainsi, de nos jours, il se produit parfois dans nos mœurs quelque évolution qui vient renouveler pour un temps le vieux fonds comique de notre théâtre. Le divorce a été, pour nos auteurs dramatiques, une de ces bonnes fortunes dont ils ont certes tiré plus de profit personnel que la société elle-même n'y a trouvé d'avantages. Chacun, suivant son tempérament, l'a envisagé sous un angle spécial, celui qui lui paraissait le plus propre à en montrer toutes les qualités ou tous les défauts. Drame ou vaudeville, depuis *Madame Caverlet*, jusqu'aux *Surprises du Divorce*, en passant par l'aimable comédie de *Divorçons*, il a fourni le thème de nombreuses pièces inégalement applaudies.

D'autres modifications dans notre vie sociale ou mondaine ont aussi fourni matière à quelques scènes de comédie qui, à défaut d'autre mérite, présentaient au moins l'attrait d'une certaine nouveauté. Mais les lycées de filles ont été assez vite usés comme prétextes à plaisanteries dramatiques. Le téléphone et la bicyclette ne sont pas appelés à fournir beaucoup plus longue carrière sur la scène, quoique l'une et l'autre institution aient donné leur titre à des pièces, à des vaudevilles tout entiers. En réalité, tout cela n'est que le décor, l'accessoire, et nous verrons quelles ressources nos auteurs peuvent trouver de ce côté tout extérieur pour le renouvellement du répertoire théâtral. Mais, en général, les situations dramatiques ne se multiplient guère et l'on peut presque dire que tous les efforts tentés seraient vains pour en inventer et en mettre à la scène une qui n'y ait encore jamais été produite.

Au moins, si le sujet doit fatalement être tiré du même fonds commun en dehors duquel il est presque impossible de rien imaginer de scénique, l'auteur pourra sans doute le rajeunir en lui donnant une forme inédite qui lui apporte une nouvelle fraîcheur. Sur ce point encore, il serait difficile de conserver longtemps des illusions. L'on peut certes varier la coupe d'un roman, on peut même modifier le plan d'un ouvrage philosophique, historique ou scientifique, en groupant ses idées ou ses arguments d'une façon imprévue qui conduise ainsi à des conclusions ou à des aperçus nouveaux. Mais, au théâtre, la forme doit être invariablement la même. Ce sujet déjà traité un grand nombre de fois, l'auteur dramatique doit le faire entrer dans un moule qui a également servi à toutes les générations d'écrivains depuis la plus lointaine antiquité. Ce n'est pas, d'ailleurs, comme le prétend la jeune école, l'effet d'une routine dont il est urgent de se débarrasser ; non, c'est la conséquence même du genre et il est bien facile de s'en rendre compte en un instant.

L'écrivain dramatique crut avoir pris quelque Bastille et affranchi définitivement le théâtre le jour où il se libéra de la prétendue règle des trois unités d'Aristote, et plus exactement de la poétique de l'abbé d'Aubignac. En réalité, il n'en reste pas moins esclave d'une forme toujours trop étroite pour un vaste sujet, et la fameuse règle qu'il considérait comme sa chaîne n'était que le symbole de sa captivité. Je dirais même qu'à ce titre, elle lui était plutôt utile, car elle lui rappelait, à chaque pas un peu hasardeux, que ses désirs et ses ambitions devaient être bornés, qu'il ne devait regarder ni trop loin, ni trop en arrière, sous peine de se heurter à quelque haute muraille contre laquelle il viendrait se blesser. Aujourd'hui le symbole est détruit ; mais la chose n'en subsiste pas moins. Le dramaturge croit avoir des ailes et pouvoir se lancer dans l'espace, mais au premier vol trop audacieux, comme Icare il retombe vite à terre, perclus et désillusionné. Aussi commence-t-il à reconnaître l'avantage de ces unités qu'il dédaignait naguère, et bien des écrivains, non des moindres, y reviennent d'eux-mêmes comme à une sage précaution qui peut les maintenir dans le sentier de la véritable littérature aux grandes lignes classiques. J'en citerai seulement comme exemple M. Paul Hervieu dans presque toutes ses dernières œuvres dramatiques.

Les autres, ceux qui veulent franchir à leur gré le temps et l'espace, en sont-ils réellement plus libres et peuvent-ils le faire impunément ? Il est à peine besoin de répondre que non. Les limites de temps et d'espace dans lesquelles ils ont la liberté de se mouvoir leur sont impitoyablement fixées. Ils disposent de trois heures environ ; ils devront employer ce temps à nous faire vivre leurs idées sous forme dialoguée ; leur œuvre sera divisée en actes dans l'intervalle desquels l'action sera interrompue, et dont chacun devra marquer un pas en avant dans la marche de l'intrigue. Que leur reste-t-il à régler après tout cela ? Quelle partie de la composition peut être laissée à leur initiative et à leur libre arbitre ? On ne le voit pas trop, en dehors du style dont nous parlerons tout à l'heure. Cependant, il semble que l'auteur puisse au moins varier à son gré le nombre des actes.

Faire, par exemple, une *Iphigénie* en trois actes après toutes celles qui ont été précédemment écrites en cinq, c'est un piètre moyen de renouvellement. Et cependant les jeunes dramaturges se sont accrochés à cette unique branche qui leur était laissée et, voyant qu'avant eux toutes les pièces étaient coupées en un, trois ou cinq actes, ils se sont mis à en écrire en deux, quatre ou six actes et ont cru pour cela seul avoir été éclairés d'un trait de génie. Ils ne s'apercevaient sans doute pas que leur innovation rendait leurs œuvres boiteuses et que, si leurs devanciers avaient adopté les mêmes formes, c'est que celles-ci étaient imposées tout à la fois par la logique et par les nécessités du genre.

Les qualités de brièveté et de simplicité que nous avons reconnues indispensables à une œuvre scénique, indiquent que tout doit y être traité avec le moins de mots et dans le moins de temps possible. Dans ces conditions, la première coupe qui se présente à l'esprit est celle en trois actes, comportant une exposition, une action vive et pressée et un dénouement. C'est la véritable forme dramatique. Si, au contraire, vous vouliez vous restreindre à deux actes, il arriverait ou que votre pièce ne renfermerait pas d'action, ou que votre exposition serait insuffisante, ou enfin que le dénouement hâtif serait bâclé en une ou deux scènes qui n'aboutiraient pas à une conclusion conforme à la logique du sujet.

Suivant que votre action est trop menue ou trop importante pour être traitée en trois actes, vous pouvez avoir recours à la forme en un ou en cinq actes. Un acte ne peut guère suffire que pour quelque bleuette, quelque aimable fantaisie, d'allure plutôt légère. Dans les cinq actes, au contraire, vous en avez trois réservés à l'action, de façon à ménager une péripétie qui vienne tout remettre en question au troisième acte, la situation redevenant la même au quatrième qu'au second, pour laisser ensuite au cinquième le soin de conclure comme dans le premier cas. On se départit alors un peu de la sobriété de la coupe en trois actes ; on admet quelques complications ; mais les proportions n'en restent pas moins sauvegardées pour donner l'impression du beau esthétique, alors que toutes les règles de l'art sont méconnues avec deux ou quatre actes.

Une pièce de théâtre, en effet, est un organisme construit d'après des règles uniformes dont vous ne pouvez vous départir. Toutes les proportions, toutes les dispositions en sont connues et fixées d'avance et l'on ne pourrait s'en écarter sans être certain de donner le jour à un corps inerte et sans vie. Voilà pourquoi l'étude des œuvres dramatiques est si pratique et si utilisée pour l'enseignement de la littérature aux jeunes gens et spécialement à nos rhétoriciens, aspirants bacheliers. Si Corneille et Racine sont les auteurs qui tiennent la plus grande place dans les programmes de nos examens universitaires, ce n'est pas qu'on les considère comme les seuls grands génies de leur siècle, ce n'est pas qu'on les mette au-dessus de comparaison avec Bossuet, Lafontaine ou La Bruyère. Mais c'est que, mieux que celle de Bossuet et mieux que celle de La Bruyère, leur œuvre se prête à l'analyse, à cause de la simplicité de sa composition, inhérente au genre dramatique. Le plan du devoir, dont ils seront l'objet, sera simple comme le plan de leurs pièces elles-mêmes ; les comparaisons entre des œuvres de forme identique ou au moins analogue viendront d'elles-mêmes sous la plume de l'écolier qui veut réfléchir, et, ainsi l'on ne pourra trouver de meilleur thème de dissertation littéraire.

L'analyse, aussi bien que la synthèse, est presque alors pure œuvre de métier. Et, en effet, cette expression de métier est celle qu'on emploie le plus souvent pour caractériser le travail de l'auteur dramatique. On l'appelle ouvrier lui-même et le plan de ses pièces est comparé à une charpente dont les différentes parties sont plus ou moins bien agencées, de façon à constituer un tout solide et durable. Ne devient-il pas alors, dès le premier acte de n'importe quelle comédie ou quel drame, assez facile d'indiquer de quelle façon l'action devra être conduite et devra se parachever pour satisfaire aux règles d'une bonne construction ? Ne devient-il pas facile de prévoir dès le début la scène à faire, chère à Sarcey, et ne pourrait-on pas, aussi bien que l'auteur lui-même, indiquer le plan d'une pièce dont on connaîtrait l'exposition? N'est-ce pas cette absence même d'imprévu qui cause souvent à l'audition, une sensation d'ennui, une impression de chose déjà vue et amène l'échec d'un grand nombre d'œuvres qui ne manquent cependant pas de mérites ?

Quelques jeunes écrivains se sont posé à leur tour cette question et s'y sont fait une réponse affirmative. De là à rechercher le bizarre et l'inédit, il n'y avait qu'un pas. Les plus forts ont cru l'avoir fait victorieusement en nous donnant ce qu'ils ont appelé des tranches de vie, c'est-à-dire des scènes découpées dans l'existence journalière, sans prétention à constituer un tout ayant un commencement, un milieu et une fin. Ils sont arrivés ainsi à produire des œuvres dont quelques-unes sont très intéressantes, très littéraires, mais auxquelles il manque la qualité la plus essentielle pour réussir au théâtre, le caractère dramatique. Elles ne nous présentent pas, en effet, ce choc vif de passions, saisies au point culminant de leur antagonisme et autour desquelles tout se groupe pour leur donner leur maximum d'intensité. Elles peuvent certes nous émouvoir; elles ne nous émeuvent pas avec l'énergie de ces admirables machines dramatiques, si savamment construites qu'elles nous prennent dès la première scène dans leurs engrenages, nous y tiennent serrés, nous y broient pendant toute la durée de leur marche et ne nous rejettent qu'à la dernière minute, sans que nous ayons pu un seul instant nous soustraire à leur étreinte. Mais à quoi bon insister? la pièce dont les différentes scènes ne constituent pas un tout homogène et inséparable n'est pas du théâtre, et ce n'est pas encore de ce côté que les novateurs pourront trouver un champ bien fertile à exploiter.

Si donc leurs sujets ne peuvent guère varier et si la façon d'en composer et d'en amener le développement reste immuablement la même, au moins ont-ils la ressource de modifier les détails de l'exécution? Peut-être est-ce, en effet, de ce côté que devraient se porter leurs légitimes aspirations vers l'inédit, car c'est là sans doute que le réalisme peut trouver son unique application au théâtre. Sous ce rapport, il a été fait beaucoup et peut-être reste-t-il encore quelque chose à faire. Le théâtre moderne a su s'affranchir d'un grand nombre de conventions qui paraissaient indispensables aux classiques, et par là il a fait des progrès peut-être beaucoup plus efficaces que lorsqu'il s'est soustrait, par exemple, à la règle des trois unités.

C'est ainsi que l'on n'a pour ainsi dire plus recours à ces rôles de confidents qui étaient un des principaux ressorts du théâtre classique. C'est ainsi encore que quelques auteurs tendent à supprimer et peuvent en effet, sans inconvénient, supprimer ces longs monologues qui pèchent autant contre la vraisemblance qu'ils nuisent à la marche vive et rapide de l'action. Ce n'est point par de longs discours à des confidents sans personnalité ou par des monologues d'une psychologie plus ou moins perspicace que des personnages de théâtre doivent nous faire connaître leurs sentiments et leurs idées. Ils doivent, avant tout, se dévoiler à nous par leurs actes, ils doivent agir plus qu'ils ne parlent, ou plutôt ils ne doivent parler qu'autant et en même temps qu'ils agissent. Il ne doit plus y avoir de rôles uniquement faits pour écouter : tous les interlocuteurs doivent avoir une part directe au drame et ne pouvoir en être écartés sans en changer les péripéties et le dénouement. Voilà du bon et du vrai réalisme.

Combien les auteurs dramatiques s'engageraient aussi dans une voie de progrès en s'affranchissant de ces rôles de raisonneurs qui tiennent encore une trop grande place dans les œuvres modernes ! Quel avantage, au point de vue de l'intérêt du drame, ils trouveraient à abandonner ce moyen d'une simplicité un peu trop élémentaire pour exposer leurs propres idées et la morale de leurs pièces ! C'est là une des conventions théâtrales les plus tenaces, parce qu'elle est une des plus commodes, et cependant les écrivains pourraient s'en libérer sans danger et même avec profit pour la valeur de leurs œuvres. Ce personnage de raisonneur est souvent celui que l'on voit presque constamment en scène, celui qui semble mener toute l'action, alors qu'en réalité l'on pourrait très bien exposer tout le sujet même de la pièce sans en tenir aucun compte, ni même prononcer son nom.

Il n'est pas inconnu, d'ailleurs, dans le théâtre classique. Molière l'appelait Ariste dans *les Femmes savantes* et Cléante dans *Tartufe*. Mais il s'est encore plus développé de nos jours et on le trouve tout particulièrement dans les pièces à thèse, dans les pièces comportant la discussion et le conflit d'idées morales. Il sera, si vous voulez, le docteur Rémonin de *l'Etrangère* ou Lebonnard de *la Visite de noces*. Il sera même *l'Ami des Femmes* pour peu qu'on ne se laisse pas prendre à ses allures d'homme indispensable. Peut-être, en citant ces exemples, serait-ce le cas d'ajouter : « J'en passe et des meilleurs, » j'entends des meilleurs au point de vue de la démonstration que je poursuis et non quant à la valeur des pièces où ils figurent. Mais les écrivains, même les plus applaudis, tombent trop souvent dans cette routine dont ils pourraient facilement faire le sacrifice au besoin de vie et d'action qui doit être le but principal de l'auteur dramatique.

Ils pourraient encore porter tous leurs efforts et leurs désirs de progrès sur le style, dont la facture le plus souvent convenue et poncive n'est nullement une nécessité du genre. Est-ce à dire qu'il faille toujours et avant tout y poursuivre la reproduction la plus exacte possible de la réalité et, par exemple, renoncer au vers en tant que langage dramatique, sous prétexte qu'il n'est point dans la vérité de la vie? Je ne voudrais pas aller jusque-là, car il serait trop facile de me répondre avec *Cyrano de Bergerac* ou *l'Aiglon*. Il est certains genres d'œuvres dramatiques, tels que le drame héroïque de cape et d'épée, qui ont presque nécessairement besoin du panache de la langue poétique. Le drame bourgeois en vers, tel que l'a compris Emile Augier, est d'une valeur littéraire plus discutable peut-être. Il est certain, en effet, que la poésie ne s'accommode guère de l'expression de sentiments trop terre à terre et sans aucune envolée.

Mais, sans discuter cette question assez délicate et pour s'en tenir à la prose qui est le plus souvent le langage de nos œuvres dramatiques, on peut exprimer le désir que le style s'en rapproche le plus complètement possible de la réalité et manifester l'opinion qu'en suivant cette méthode les auteurs ne feront que se créer une nouvelle chance de succès. Que le langage de chaque personnage soit bien tranché, soit bien celui que tiendrait l'être vivant qu'il prétend représenter; qu'on nous débarrasse au plus vite de ce style à facettes, de ces mots d'auteur dont on peut certes admirer un instant le brillant, mais qu'on regrette rapidement ensuite, parce qu'ils nous distraient de l'action et du drame, voilà des desiderata assez modestes, assez simples et dont on pourrait, sans trop grande ambition, espérer la réalisation. Et cependant, à nous en tenir à la majorité de nos œuvres modernes, combien de fois nos espérances ne seraient-elles pas déçues! Pour un Brieux à qui l'on fait un crime d'un style vulgaire et incorrect, alors que j'y vois au contraire le grand mérite d'un style approprié aux personnages qu'il met en scène, combien d'Hervieu, par exemple, dont les personnages, parlant comme un livre, donnent l'impression de l'artificiel au lieu de la sensation de la vie!

Certes, nous n'en sommes plus au temps du romantisme, où les mots ronflaient dans la bouche de nos héros de mélodrame, et où il semblait que la grandiloquence la plus exagérée dût être une des conditions les plus essentielles de la valeur littéraire. Nous n'en sommes plus aux mots creux et sonores de *La Tour de Nesle* et d'*Antony*, dont les acteurs se gargarisèrent avec une volupté de dilettantes. Mais que le naturel et la simplicité, pour avoir pris d'autres masques, sont encore rares sur nos meilleures scènes! Cet auteur recherche l'esprit et les mots comiques, cet autre, qui est pessimiste, cultive l'ironie et les mots cruels. Mais ni l'un ni l'autre ne se préoccupe de faire parler ses personnages : c'est toujours lui-même qui parle par leur bouche. Aussi combien nous devons être reconnaissants aux écrivains dramatiques qui savent s'astreindre à cette abnégation d'eux-mêmes et se mettre assez dans la peau de leurs héros pour en oublier un instant leur propre personnalité! Henri Becque n'eût-il pas d'autre mérite que nous devrions encore le placer pour cela seul en bon rang dans notre Panthéon dramatique du siècle.

Comme lui, tous nos écrivains qui travaillent pour le

théâtre devraient s'attacher spécialement à la vérité du style. Il faut que la façon de s'exprimer de chaque personnage soit en harmonie avec la tournure générale de son caractère. Mais il ne faut pas pour cela sténographier la vie. Le style de théâtre demande lui aussi, comme la facture générale de l'œuvre dramatique, un assez fort grossissement, des répétitions qui frappent et retiennent l'attention, enfin un certain dédain des nuances secondaires, dont le spectateur ne distinguerait pas les différents tons.

D'ailleurs, le drame tout entier ne repose-t-il pas lui-même sur une pétition de principes, toute de convention ? Si vous regardez autour de vous, si vous observez les hommes dans les situations les plus tragiques de leur existence, vous les verrez le plus souvent se renfermer dans un sombre silence ou ne proférer que quelques monosyllabes, quelques interjections sans signification bien précise. En un mot, il est de vérité proverbiale de dire que les grandes douleurs sont muettes. Or, le théâtre tragique se propose précisément le plus souvent de les faire parler. Quel tact n'y faut-il pas pour ne s'écarter ni de la vraisemblance, ni du bon goût ! Ou les héros s'étendront en longues déclamations et dissertations aussi factices que savamment agencées, comme dans les dernières œuvres de Corneille. Ou, comme dans Œdipe-roi de Sophocle par exemple, ils s'exclameront en cris de douleur, presque en rugissements de bête fauve que le talent hors de pair d'un Mounet-Sully peut seul ne pas rendre ridicules pour les sceptiques spectateurs modernes.

Routine inévitable et conventions difficiles à secouer, telles sont donc les deux grandes difficultés avec lesquelles aura à lutter dans son œuvre l'auteur dramatique, les deux grandes sources d'infériorité du genre. Tout, dans les conditions extérieures de la représentation de cette œuvre, ne devait-il pas, du reste, nous conduire à la même constatatión ? L'installation de la salle et de la scène, la position respective des acteurs et des spectateurs, séparés seulement par une rampe de lumière, la personnalité même des interprètes le plus souvent bien connue du public grâce aux courriéristes et aux intervierwers, tout cela ne demande-t-il pas quelque bonne volonté pour se prêter à l'illusion du drame représenté ?

Que dire de la coupure en tranches appelées des actes ? Strindberg, l'illustre Suédois qui voulut, notamment dans *Mademoiselle Julie*, supprimer cette convention, s'exprime ainsi à ce sujet dans la préface-manifeste de cette pièce :

« J'ai remarqué, dit-il, que notre aptitude de plus en » plus faible à nous laisser gagner par l'illusion, est peut- » être amoindrie encore par les entr'actes pendant les- » quels le spectateur a le temps de réfléchir et, par » conséquent, de se soustraire à l'influence suggestive » de l'auteur qui fait office de magnétiseur ».

Les décors eux-mêmes, quelque perfectionnés qu'ils soient de nos jours, ne sont-ils pas là constamment sous nos yeux, pour nous rappeler que tout ce que nous voyons n'a qu'une existence imaginaire et artificielle ? Quoi de plus factice qu'une chambre dont trois murs seuls subsistent et dont le quatrième est absent pour permettre à un millier de personnes de voir à l'intérieur ? L'on se sent de suite transporté dans le domaine du rêve et de la chimère, par un procédé analogue à celui dont usa l'auteur du *Diable boiteux*.

Ecoutez encore Strindberg nous parler des portes de théâtre « en toile et qui jouent à la moindre pesée. Elles » ne sont pas capables seulement d'exprimer la colère » d'un père de famille furieux, quand, après un mauvais

» dîner, il ferme bruyamment la porte derrière lui à en » ébranler la maison : le mouvement est sans vigueur au » théâtre ».

Le progrès est-il si sensible depuis le jour où les drames de Shakespeare se représentaient sur une scène dans le fond de laquelle on avait cloué un écriteau indiquant : « Ceci est un bois » ou « Ceci est une place publique » ? Convention pour convention, quelle est la plus inacceptable ?

Et si l'on voulait attribuer à la littérature dramatique le répertoire des théâtres plus particulièrement consacrés à la musique, que de nouvelles conventions nous trouverions encore ! Le chant et l'orchestre ne sont-ils pas essentiellement hors de la réalité et de la vie ? Comment s'intéresser beaucoup à la situation dramatique d'un héros qui, pour nous dire sa douleur, s'avance sur le devant de la scène et vient y chanter en mineur une romance plus ou moins touchante. N'est-ce pas, d'ailleurs, cette observation même qui a inspiré une partie de la réforme de Richard Wagner, cherchant à réunir plus intimement les deux domaines du drame et de la musique, à les mettre en plus complète harmonie d'expression l'un avec l'autre, enfin supprimant l'ancienne division de la partition en airs, duos, romances, cavatines ou sérénades ? Mais laissons de côté les œuvres musicales qui ne relèvent qu'indirectement de la littérature.

Dans presque tous les théâtres, malgré les efforts d'Antoine, de Gémier et d'autres novateurs, les détails de la mise en scène, la disposition et le nombre des figurants accolés l'un à l'autre sur un rang de bataille, où un peu désordre serait plutôt un heureux effet de l'art, sont des conditions peu propres à créer l'illusion nécessaire à l'émotion dramatique. Que dire, en ce qui concerne les théâtres parisiens, de la claque qui, par ses périodiques manifestations d'une ponctualité toute militaire, semble vouloir à chaque instant rappeler au spectateur qu'il ne doit pas se laisser emporter par la fantaisie du poète, mais que tout cela n'est qu'illusion et fumée dont il ne restera rien, après qu'on aura mouché les chandelles ?

A quoi bon alors les efforts tentés pour rajeunir la mise en scène et la rapprocher de la vérité ? Que m'importe que Marguerite, revenant de l'Eglise, tienne à la main un authentique missel du XVIe siéle et trouve, sur le perron de sa maison, un coffret de véritables bijoux de prix, si le jardin où elle rêve au prince charmant n'est qu'un assemblage d'une douzaine d'arbustes en pots, soigneusement groupés, avec, ça et là, quelques fleurs en papier, piquées dans la verdure pour permettre à Siébel de faire son bouquet ? Si Méphistophélès pouvait surgir tout-à-coup brusquement sur le théâtre sans qu'on pût découvrir trace de son passage, sans doute son apparition produirait un plus grand effet qu'avec la mise en scène usitée ; mais qu'il sorte d'une trappe visible dans le plancher ou qu'il entre tout simplement par la porte, j'avoue que, pour mon compte, je n'y vois pas une bien appréciable différence.

Aussi je me demande s'il ne vaut pas mieux tout simplement accepter franchement ce qui est inévitable, c'est-à-dire la convention qui doit forcément accompagner chacun de nos pas au théâtre et réduire la mise en scène au strict nécessaire, à la simplicité la plus élémentaire, de façon à ne pas faire ressortir, par la minutie de certains détails, la grossièreté des moyens employés par ailleurs pour donner l'illusion de la réalité. Je me demande si ce n'est pas d'un sentiment de cette nature qu'est provenu il y a quelques années le succès du petit théâtre de marionnettes de la rue Vivienne. Avec ce genre de spectacle en effet, pas de malentendu possible, pas de prétentions vaines au réalisme et à la représentation de la nature. Le spectateur a tout à faire pour se procurer l'illusion nécessaire à l'émotion dramatique. Mais de cela même résulte que son imagination, qui n'est pas distraite par des reproductions matérielles plus ou moins maladroites, peut se donner carrière pour suivre le poète dans les mille créations de sa fantaisie et se représenter avec lui ce qu'il a voulu nous faire voir. C'est par une raison analogue que s'est expliquée ensuite la vogue non moins grande de la pantomime.

Simplicité des moyens d'expression en même temps que simplicité du sujet, nous retombons dans ces deux termes pour caractériser les qualités essentielles que doit remplir une œuvre dramatique pour avoir une véritable valeur littéraire. Et c'est là sans doute que nous allons trouver notre conclusion.

Nous avons vu que ce serait faire une tentative inutile que de prétendre innover au théâtre où, à raison de leurs qualités spéciales indispensables, les sujets possibles sont d'un nombre excessivement limité et où, d'autre part, la façon d'exposer et de développor ces sujets est uniformément imposée par un moule inflexible qui ne peut se plier à la volonté de l'écrivain. Nous avons vu encore que la convention se trouvait à chaque pas dans la marche de l'auteur dramatique, qu'il y avait là une des principales nécessités avec lesquelles il devait compter et que, tout en rejetant certaines de ces conventions surannées et inutiles, il en était d'autres auxquelles il devait inévitablement se soumettre, quels que fussent son désir d'indépendance et son besoin de vérité.

Dans ces conditions, que peut être l'œuvre dramatique de demain ? Si elle a quelque prétention à une certaine valeur littéraire, elle se rapprochera le plus près possible de la formule classique : elle en aura la sobriété de lignes et la simplicité de conception. Elle ne rejettera pas avec trop de dédain les trois unités de l'abbé d'Aubignac et ne recherchera pas la richesse ni le réalisme de la mise en scène. Ainsi elle paraîtra belle à la lecture comme à la représentation, et cependant, au feu de la rampe, elle nous montrera encore quelques beautés nouvelles qui avaient besoin de la mise en action pour se révéler à nous. Mais il faudra, pour prétendre réaliser une œuvre dramatique ainsi conçue, un écrivain de qualités si remarquables qu'on rencontre à peine un tel génie dans chaque siècle.

Si, au contraire, la pièce de théâtre ne recherche que le succès immédiat, succès de mode et succès d'argent, elle prendra la forme de l'attendrissant vieux mélo de nos pères ou de la désopilante comédie bouffe à quiproquos. Elle accumulera comme à plaisir conventions sur conventions, invraisemblances sur invraisemblances, mais elle produira l'effet immédiat de vive émotion auquel elle vise. Elle ne supportera certes pas la lecture et elle ne survivra guère à la génération qui y aura tremblé ou s'en sera diverti. Mais elle aura rempli son but qui est de procurer à un certain nombre de spectateurs assemblés une émotion intense autant que passagère. Ce sera, par cela même, la véritable œuvre dramatique, la création vraiment faite pour le théâtre et pour le théâtre seul.

Et ainsi je reviens à cette conclusion, qui était déjà mon point de départ, que le domaine du théâtre et celui de la vraie littérature n'ont entre eux que peu de rapports, quoiqu'ils soient contigus et que souvent] l'on essaie de faire rentrer l'un dans l'autre. J'ai tenté de prouver que le genre dramatique est, au point de vue littéraire, essentiellement inférieur, fait pour la jeunesse des peuples comme des individus, en ce qu'il a besoin de s'adresser aux sens pour parler à l'intelligence. Je me crois donc autorisé à dire que l'œuvre purement dramatique ne doit point viser à la finesse des détails ni dans la conception, ni dans l'expression. Peut-être pourrais-je même ajouter que moins elle y visera, plus elle sera dramatique et que le succès sera en raison directe de la grossièreté des moyens employés. Mais j'aurais peur en insistant que vous finissiez par m'accuser de paradoxe et je suis trop pénétré de la vérité de ma thèse pour ne pas craindre de lui nuire en la soutenant jusqu'au point d'encourir ce reproche.

LES PROPYLÉES

PAR

ÉMILE LANGLADE

Compte rendu lu le 20 Mars 1903

Par le Bon Gaëtan DE WISMES

Acquérir la preuve qu'il s'est prononcé avec une certaine justesse, quelle joie exquise pour un critique ! cette joie, je viens de l'éprouver.

Dans mon *Rapport sur le concours des prix de 1902,* je terminais l'appréciation du poème vibrant *La Menace de l'Ange* — qui obtint la récompense la plus haute : une médaille de vermeil, — par ces paroles impartiales : « Telle est cette évocation biblique, qui témoigne d'un tempérament bien doué, d'un esprit à l'envergure large. Celui qui créa cette page est, à coup sûr, un disciple du Maître. » Je ne m'attendais guère que notre Société allait recevoir de ce poète reconnaissant un recueil vraiment remarquable dont je suis chargé de mettre en lumière les pages supérieures.

Un manieur de vers se juge presque exclusivement par ses œuvres : cadence, rythme, harmonie, choix des épithètes, couleur des descriptions, développement des pensées ne sauraient être appréciés sainement par la plus soignée des analyses. Je choisirai donc parmi ces 38 pièces quelques poésies qui montreront le talent de l'auteur sous ses faces les plus diverses.

Le sonnet intitulé *Ispahan* rutile de flamboiement oriental :

Le crépuscule rouge, aux teintes de corail,
Du ciel incandescent sur les lointains de sable
A jeté son manteau de pourpre insaisissable,
Dorant les minarets du caravansérail.

Dans les déserts profonds, la dune infranchissable
Se poudre des rougeurs d'une forge en travail,
Volcan d'où va surgir l'ombre indéfinissable,
Où le tigre, sans bruit, rampe sur son poitrail.

Allongeant sur le sol leurs têtes indolentes,
Les chameaux poussiéreux des caravanes lentes
Se sont agenouillés aux portes d'Ispahan,

Et sur l'enceinte, aigus, creusés à coups de gouge,
Coulent, des pals vermeils de fin acier persan,
Des gouttes de rubis au crépuscule rouge.

Dans une note mélancolique, dans une teinte mourante, je remarque la jolie pièce *Le parc abandonné* ; en voici quelques strophes :

Dans le parc, dont jamais ne s'ouvrent plus les portes,
Tout suinte l'humide et respire l'oubli.
L'onde, dans les bassins, immobile et sans pli,
Croupit, le fond bourbeux, tout plein de feuilles mortes.

La Sirène verdie et le Triton moussu
Versent l'eau lentement, à regret, dans les vasques.
Et, dieux abandonnés, ils ont des airs fantasques
D'étranges revenants au coin du bois chenu.

Dans leur majesté désolée
Pleurent les dieux.
Quel passant égaré viendra dans cette allée
Sécher leurs yeux ?

M. Langlade est-il un archéologue militant ? je l'ignore, mais, ce qui ne saurait laisser aucun doute, il sent au profond de l'âme ce charme étrange et indéfinissable qui est l'apanage des cités antiques et des ruines pittoresques. Ecoutez plutôt cette magnifique évocation du passé :

Autour des vieux remparts

Bien des fois j'ai suivi ces chemins solitaires
Et je me suis assis sur ces bancs vermoulus.
Escaladés de mousse et de pariétaires,
Evoquant le vieux temps et tout ce qui n'est plus,
Nos remparts me parlaient de jadis. Leurs murailles
Retraçaient un passé de sièges glorieux,
Et, le soir, j'entendais sortir de leurs entrailles,
Imperceptible son, la voix de nos aïeux.
....

Et la herse inutile en sa rouille, étonnée,
Ne voit plus, chevauchant sa blanche haquenée,
Ta dame au pont-levis suivre ton palefroi,
Noble sire, parti pour la rive lointaine ;
En vain le couvre-feu sonne encore au beffroi,
Nul soudard du château ne hale plus la chaine.
Le maitre est au pays dont on ne revient pas.
....

Où donc êtes-vous tous, seigneurs et damoiselles,
Qu'appelait l'olifant aux forêts d'alentour ?
Et vous, rires perlés des fraiches jouvencelles
Qui répondiez aux vers chantés aux cours d'amour ?
Rien n'éveillera plus, désormais, sur les dalles
Que frappaient les hallebardiers,
L'écho répercuté des salles
Où festoyaient les chevaliers.

L'auteur des *Propylées* brosse à merveille les petits tableaux intimes, tel ce sonnet dont la lecture fait scintiller une larme au bord des paupières :

Rayons du soir

Vite, allons aux sentiers tout neigeux d'aubépines,
Nous verrons le printemps déplisser les bourgeons ;
Les oiseaux en querelle éveillent les ruines
En accrochant leurs nids au lierre des donjons.

Comme autrefois, je veux presser tes mains câlines.
Si des jours sont passés en argentant ton front,
Je saurai bien trouver dans ces mèches mutines
Le sourire d'antan que mes yeux chercheront.

Ah ! qu'il est loin déjà notre baiser timide,
Le premier échangé.... depuis combien de temps !
Voilà que, d'y songer, je sens mon œil humide.

Vite, allons aux sentiers tout neigeux d'aubépines ;
Comme autrefois je veux presser tes mains câlines
Pour réveiller d'autres printemps.

Qui ferait des rêves, si ce n'étaient les poètes ? M. Langlade décrit les horreurs de la guerre et termine par ces beaux vers sa poésie pleine de majesté et martelée avec vigueur, *L'œuvre humaine :*

N'ayons qu'un but unique, et que l'œuvre commune
Soit comme un lumineux flambeau de vérité,
Pour que le monde, un jour affranchi par la plume,
Comprenne enfin l'amour et la fraternité.
Que ce soit un soleil nouveau, toute une aurore,
Qui s'allume, à nos voix, dans les cœurs éclairés.
Et que, d'un seul élan, le monde qui s'ignore
Chante l'hymne joyeux des avenirs dorés !

En dépit des ligues pour la paix et des congrès d'arbitrage, le sinistre *homo homini lupus* sera éternellement vrai ; quand deux hommes furent créés, la guerre surgit ; tant que deux hommes resteront en présence, la guerre vivra. Notre poète, d'ailleurs, semble comprendre que la paix universelle est une utopie et il accorde sa lyre dans un ton martial pour exalter les brutales beautés des combats.

La poésie finale du recueil, qui porte pour titre *L'Epée*, et qui, par son souffle lyrique, son rythme mâle, son abondance d'images, est peut-être la meilleure de toutes, cette poésie peint en perfection les sentiments de l'auteur. En voici des passages dignes de louange :

L'Epée

Maître Schütz Reïneck, grand armurier de Prague,
Fournisseur des Habsbourg, un maître en son métier,
Le plus fin ciseleur pour orner une dague,
Damasquiner un sabre et bleuir un acier,
Passe son tablier de cuir, et, dès l'aurore,
On entend, dans le bruit du fer, sa voix sonore.
....

Or, tandis qu'en cadence il bat, comme un cyclope,
Muscles tendus, l'acier à grands coups de marteaux,
....

Maître Schütz, attentif, voit l'œuvre prendre forme :
Il caresse sa barbe avec sa paume énorme,
Tend la pointe effilée au feu clair et ardent,
Et, content du travail, dit en la regardant :
....

« Sur l'enclume brûlante,
Et pour bien t'assouplir, on te martellera,
Epée, et quand viendra, plus tard, l'heure sanglante,
Dans du sang frais encor, vierge, on te trempera.
Mais, dans les ciselures
Qui couvrent ton pommeau d'argent damasquiné,
On lira, flamboyant, parmi les dentelures,
Un mâle cri d'amour, au métal incarné.

Car la devise sainte
Que tu portes gravée au flanc : « *Pro Patria !* »
Le mordant ciselet en a tracé l'empreinte
Au milieu de lauriers dont on l'historia.

Hourra ! c'est la victoire
Qui sourit dans l'éclat joyeux de ton acier
Au baptême du feu, ta marraine, l'Histoire,
Se penche et te bénit au fond de ton brasier.
....

Quand d'estoc et de taille,
Soudée à la vigueur rude du poing crispé,
Tu sèmeras des coups au fort de la bataille,
Tout doit crouler au choc dont tu l'auras frappé.
....

Enfin, pleine d'entailles,
Plus tard, comme un vaillant au fond de son tombeau,
Dans la rouille du sang terni de vingt batailles,
Tu dormiras paisible et fière en ton fourreau. »
.. ..

Et l'armurier, hochant sa vieille tête grise,
Songeait que la gloire conquise
Mettrait à ce tranchant sa trace de sang noir.

Mais il se dit qu'en somme
Tout progrès de la vie est un rude combat,
Et que l'humanité ne regarde pas l'homme
Qu'aux fossés du chemin la destinée abat.
....

A la lueur tremblante
Des forges, saccadant leur éclair spontané,
Maître Schütz éleva la lame étincelante,
Rouge d'une teinte sanglante,
Et baisa le pommeau du glaive nouveau-né.

La récompense sublime de ceux qui meurent pour défendre le sol sacré des ancêtres est proclamée par l'auteur des *Propylées* dans le cadre étroit mais bien rempli d'un sonnet superbe en sa beauté simple et fière :

Soir de bataille

Ils ont vingt ans, ceux-là, du cœur, de la fierté,
La mort n'est rien pour eux, et, vivantes murailles,
Ils s'offrent, sans trembler, au baiser des mitrailles,
Ils vont.... et devant eux c'est l'immortalité.

Enfin, le souffle ardent et rude des batailles
S'apaise, au jour tombant, sur le sol dévasté,
Où l'ombre lente monte étalant ses grisailles,
Comme un suaire obscur de la fatalité.

Et la terre fumante, où des masses informes
S'estompent des couleurs vagues des uniformes,
Reprend au chant des nuits son calme insouciant.

Alors l'éternité s'entr'ouvre et, solennelle,
La Patrie apparaît, éployant sa grande aile,
Et cueille des lauriers dans le sillon sanglant.

C'est par quelques extraits d'une ode à l'envolée radieuse, où le poète s'affirme peintre magistral et philosophe profond, que j'achèverai ce compte rendu, imparfait, des poésies de M. Emile Langlade :

Ode au siècle naissant

....

L'homme a besoin, vois-tu, d'ignorer et d'attendre.
Tout croule. Le passé, le présent sont en cendre ;
Mais il garde une foi profonde au lendemain :
Et, tenace, il poursuit, de la même énergie,
Le fugitif progrès, espérant la vigie
Qui lui montrera le chemin.

Et pourtant nul ne sait l'énigme qui t'amène.
Vas-tu, cruel et sourd à la douleur humaine,
Passer sur son cœur en riant ?

Ah ! que des siècles morts la route douloureuse
Te fasse au moins penser à l'œuvre généreuse
Qui doit éclore sous tes pas !

....

L'autre entraine au cercueil toute notre jeunesse ;
Il emporte, en moisson, la joie et la tristesse
Et les doux souvenirs de nos berceaux d'enfant ;
Il a pris sur nos fronts les baisers de nos mères ;
Et toi, sur nos regrets et nos larmes amères,
Toi, tu te lèves triomphant !

Et pourtant, malgré tout, d'un élan de notre âme,
Tout en nous s'est ému, tout t'accueille et t'acclame,
Toi qui vas nous compter le soir !
C'est qu'au-dessus des temps et des âges funèbres
Tu surgis comme un bloc de feu dans les ténèbres
Et que tu contiens : tout l'espoir.

....

Passe comme le Christ à travers Samarie,
Rends à l'un le courage, à l'autre une patrie,
Aux peuples grands la liberté.

....

Sois donc ce que tu veux, la paix ou bien la guerre,
Rien ne peut étrangler le refrain séculaire
Que les temps, avant toi, chantèrent tour à tour.
Sois donc ce que tu veux, joie ou douleur du monde,
Tu contiens, malgré tout, dans ton âme profonde,
Tout le poème de l'amour.

Compte rendu par M. Picart des 2 Ouvrages

ENVOYÉS PAR

M. GEORGE MOREAU

Ancien élève de l'École polytechnique et de l'École nationale des Mines
Membre correspondant de la Société Académique

M. Moreau a envoyé à la Société deux ouvrages, le premier intitulé : Etude industrielle des gites métallifères », le second intitulé : « Les moteurs à explosion ».

Nous venons vous en donner une rapide analyse.

Le premier ouvrage, Etude industrielle des gites métallifères, est de 1894.

L'auteur commence naturellement par l'étude de la classification des gites, mais dès la première page, on voit combien la géologie présente d'incertitudes et combien d'hypothèses elle met en jeu. — Les classifications sont aussi nombreuses que les auteurs, et en résumé, aucune doctrine n'est adoptée d'une façon générale. Les gites classés, il faut essayer d'expliquer comment ils se sont formés et remplis. Là encore, les diverses hypothèses sont exposées avec détail et l'action des eaux bien mise en évidence. L'auteur étudie ensuite les minerais, et cette étude n'offre rien qui ne soit déjà bien connu, puis il passe aux traitements des minerais, science qui a fait énormément de progrès depuis plusieurs années.

Le dernier chapitre du livre et le plus original, c'est l'étude économique d'un gite, et la mise en lumière de ce que l'auteur appelle : « Coefficient de prospérité d'une mine ». C'est l'étude de ce coefficient que les actionnaires des mines devraient posséder à fond. Malheureusement, il n'en est pas ainsi.

Nous avons dit que le livre de M. Moreau date de 1894. A ce moment le boom transvalien ne s'était pas encore produit et les gisements aurifères n'avaient pas provoqué cette fiévreuse recherche qui a modifié quelques théories sur les gites métallifères et fait inventer de nouveaux procédés d'exploitation, et de là une lacune dans le livre de M. Moreau.

M. Moreau ne parle pas non plus des terres rares qui sont une des curiosités de la géologie, et une énigme qui sera longue à éclaircir. Le champ des recherches en géologie est encore illimité. Il est à souhaiter que dans une seconde édition, M. Moreau comble les quelques lacunes que nous avons signalées.

Le second ouvrage, les Moteurs à explosion, est récent relativement ; il ne faut pas perdre de vue que, grâce à l'automobilisme, les progrès sont rapides et journaliers pour ainsi dire.

Tout le monde est assez familiarisé avec l'automobile pour savoir que les moteurs peuvent être classés en moteurs à simple ou à double effet, et en moteurs à 2 ou à 4 temps.

Après un certain développement des théories mécaniques de la chaleur, où, après avoir critiqué avec raison ce que on appelle le zéro absolu, l'auteur fait une étude théorique des moteurs et spécialement de la machine à

4 temps, et des moteurs Compound, il montre notamment les cas où le moteur Compound peut être avantageux.

L'auteur entre ensuite dans le détail pratique en exposant les diverses influences qui modifient les rendements, influence de la vitesse de détonation, des orifices, des parois, etc. — Tout cela est bien présenté.

L'explosion produite, il faut transmettre l'effort. M. Moreau se livre à une étude très complète de cette transmission complétée par l'étude des résistances passives, qui accompagnent tout travail dans une machine.

Un chapitre intéressant est celui qui traite du dérépage et du fringalage, causes si fréquentes d'accidents.

Après une étude complète des organes des moteurs, et un chapitre consacré aux combustibles composés, l'auteur termine par la comparaison et les essais des moteurs. Une certaine incertitude règne encore sur ces deux points. Mais la doctrine se fait et on pourra dans quelque temps être absolument fixé sur ces deux questions, qui en somme sont les plus importantes pour l'acheteur. A notre avis, le livre de M. Moreau est utile surtout au constructeur; ce dernier pourra y puiser des renseignements théoriques disséminés un peu partout, et trouver des éléments de perfectionnement pour le type de machine qu'il construit.

L'Hôtel-de-Ville au Château de Nantes

Gravures et Plans

PAR HENRI DEVERIN

Architecte en chef des Monuments historiques

Paris et Nantes MCMII

Depuis de longues années, les Nantais entendent parler de temps à autre de la construction d'un Hôtel-de-Ville digne de l'importance actuelle de leur cité, et aussi de négociations avec l'Armée pour la cession à leur Municipalité du vieux château historique des ducs de Bretagne qui évoque si splendidement leurs gloires passées. Mais, comme sœur Anne, ils ne voient rien venir... Pardon, ils voient s'élever des annexes vulgaires à la Maison-de-Ville dont on projette toujours la démolition. et sont saisis de projets tendant moins à la restauration du château qu'à son amoindrissement en réduisant d'abord ses douves, ainsi qu'on le fit il y à cinquante ans du côté de la place de la Duchesse-Anne pour arriver peut-être un jour à les supprimer complètement, ce qui s'est déjà fait pour sa magnifique courtine dont notre grand fleuve baignait le pied il y a moins d'un siècle.

M. Deverin, architecte en chef des monuments historiques, dans un travail récent, à justement blâmé cet enfouissement et revenant aux intentions du rachat du château et de reconstruction de notre Hôtel-de-Ville, par une association d'idées toute naturelle, a songé à faire de l'antique édifice un magnifique hôtel-de-ville comportant tout le confortable moderne.

Son projet, très artistique, offre le plus vif intérêt et se trouve clairement exposé, avec plans et dessins à l'appui, dans une superbe brochure. Cet architecte voudrait profiter de l'emplacement laissé libre par suite de l'explosion, en 1800, de la *Tour des Espagnols*, et d'une partie du front qui la joignait pour élever le corps principal de l'Hôtel-de-Ville, dont les accessoires seraient disposés dans les anciens bâtiments restaurés.

Tel un magicien des *Mille et une Nuits*, il élève soudain devant nos yeux charmés par le style du XVe siècle, un ensemble de bâtiments dont la silhouette est des plus heureuses ; la grande toiture centrale sert de fond à des lucarnes rappellant celles du Grand Logis du vieux château, œuvres de la même époque, et la droite est flanquée d'une tour carrée, plantée obliquement, portant un grand motif d'horloges et couronnée d'un beffroi de forme simple et très élancée. Le tout est soudé à l'antique édifice dont le portail se couronne du léger campanile dont les anciennes estampes nous ont conservé le gracieux souvenir. Le pignon si fruste du Grand Logis disparaît sous un revêtement joliment décoré, renfermant des galeries et un escalier monumental montant aux Salles des Fêtes qui occupent, dans le projet, tout le premier étage ; enfin, l'intérieur du château se transforme en un jardin pittoresque.

C'est joli, chatoyant comme l'un de ces palais que l'Arioste peu fortuné imaginait dans ses poèmes disant à un de ses admirateurs : qu'il est plus aisé de rassembler des mots que des pierres. Réflexion très sage et que notre ville, saignée à blanc par la construction du somptueux Musée des Beaux-Arts et celle aussi dispendieuse, quoique moins brillante, de ses égoûts, méditera peut-être !... Toutefois, il serait regrettable que le projet de M. Deverin s'en allât rejoindre celui du Panthéon Breton, de Léon Séché, qui devait précisément s'élever au faîte de l'escalier du cours Saint-Pierre, en face de l'emplacement choisi par M. Deverin pour son Hôtel-de-Ville.

D. CAILLÉ et J. FURRET.

ÉLÉGIE (1)

Nous errions tous les deux ensemble sur la plage
Où, sur le sable fin, brille le coquillage,
En faisant dans nos cœurs les rêves les plus fous ;
Des oiseaux blancs volaient dans l'azur sans nuage,
Et la vague exhalait, en mourant près de nous,
Un long hymne d'amour, vous en souvenez-vous ?

Alors, tandis qu'au loin comme un miroir immense
L'océan reflétait le soleil radieux,
Nous échangions nos doux serments en sa présence ;
Des éclairs de bonheur s'échappaient de nos yeux,
Et nos âmes s'ouvraient sans crainte à l'espérance ;
Tout rayonnait pour nous sur terre et dans les cieux.

Puis nous reposions fatigués sur le sable,
Abrités par un roc aux raboteux contours
Et notre causerie était intarissable,
Mais parfois s'abaissaient vos longs cils de velours
Apportant une trêve à nos tendres discours ;
Un charme était en vous, charme indéfinissable !...

(1) Cette pièce de vers est une imitation très libre de trois passages du *Don Juan* de Lord Byron.

La contemplation du divin firmament,
Le plaisir âpre et doux de l'avare lui-même
Qui compte son trésor avec un tremblement,
Non, rien n'est comparable à ce ravissement,
A ce ravissement indicible, suprème
De regarder dormir une vierge qu'on aime.

Lorsque son âme blanche, en rêve, prend l'essor,
Son front pur est un lys et sa lèvre une rose,
Et cet être adoré, qui, sans crainte, repose,
Laissant flotter au vent ses légers cheveux d'or,
N'a point le sentiment du bonheur qu'il nous cause...
A ces jours d'autrefois, oh! que ne suis-je encor!...

Mais, il a fui ce temps où nos cœurs en partage
Possédaient, pour seuls biens, les projets les plus doux;
Vous avez pris depuis un riche et vieil époux
Et, par lui, vous avez or, palais, équipage;
Mais tout cela vaut-il les plaisirs du jeune âge
Et nos rêves d'amour, dites, qu'en pensez-vous?

Mais tout cela vaut-il les jours de la jeunesse,
Les jours où vous marchiez rougissante à mon bras
Et ne songez-vous point, parfois avec tristesse,
Au passé disparu sans espoir qu'il renaisse,
A ce premier amour, la chose, n'est-ce pas?
Pour le cœur des humains la plus douce ici-bas...

Il est doux de voguer sous un ciel sans nuage
Où brillante apparaît l'étoile du matin,
Et de se rencontrer dans un pays lointain
Avec un vieil ami de notre humble village,
De respirer l'odeur des roses du jardin
Et d'égarer ses pas dans quelque frais bocage;

Il est doux de rêver au bord d'un clair ruisseau,
D'ouïr le rossignol à l'heure où tout sommeille ;
De regarder, de fleur en fleur, errer l'abeille,
Sur le bord de son nid voler le jeune oiseau,
Et s'éveiller l'enfant dans son petit berceau
Mains et bras potelés, front blanc, lèvre vermeille ;

Mais plus doux, mais plus doux est un premier amour ;
C'est le premier rayon qui brille dans la vie
Eclairant l'horizon de notre âme ravie,
Il fait un paradis du terrestre séjour ;
Sa fuite, d'un regret éternel, est suivie ;
L'homme pleure sur lui jusqu'à son dernier jour !

DOMINIQUE CAILLÉ.

Journal de Marche

DU

Cinquième Bataillon de Chasseurs à pied

(Suite et fin)

Février

La division de Mostaganem apporte un convoi à Mascara et au moment où elle vient de passer les montagnes, le général de La Moricière apprend que Tefenchi, aga des Hachem de l'est, s'est jeté sur les Bordjias d'Eghris pour leur faire payer leur soumission récente ; en conséquence, notre division part dès le soir même et se dirige sur l'oued Zélampta, où sont campés les Cheragas (à Ternifine).

2. — Au point du jour, elle a fait huit lieues sans avoir été signalée par les nombreuses gardes de l'ennemi, tant il règne de silence et d'ordre dans la colonne, malgré le mauvais état de la route. Les arabes sont complètement surpris : d'immenses troupeaux (dont un considérable, ainsi que plusieurs habitants, sont pris par le bataillon), des chevaux de guerre, 50 prisonniers et des

bêtes de somme de toute espèce tombent entre nos mains et les Bordjias reçoivent une large indemnité pour les pertes qu'ils ont souffertes ; le bataillon, dans cette grande razzia, exécute tous les mouvements qui lui ont été ordonnés, avec beaucoup de précision et d'ensemble, et ne rejoint la colonne qu'à 2 heures après midi, au bivouac de l'oued Maoussa, dans la plaine d'Eghris.

3. — La division part à 6 heures du matin pour rentrer à Mascara, où elle arrive à midi. Le bataillon est d'extrême arrière-garde.

4. — A 9 heures du soir, le général ordonne à la division de se remettre en route, pour se diriger, d'après l'indication donnée par des Tolouglis déserteurs, vers les gorges d'Ankouf, à 7 lieues au sud de Mascara, où le kalifat Ben-Thamy a dû cacher ses munitions de guerre. Le temps est sombre dès le départ, mais, à une heure du matin, un violent orage se déclare, la pluie tombe à torrents, l'obscurité devient telle que la colonne est obligée de s'arrêter et ce n'est qu'au jour qu'elle peut passer l'oued Froha, et si difficilement que nos fantassins se déshabillent complètement et ont de l'eau jusqu'au cou, avec un courant extrêmement rapide et dangereux, sans que néanmoins il y ait le moindre accident à déplorer. La neige, la pluie et le mauvais temps ne discontinuent pas et ce n'est que le 5, à 4 heures du soir, que nous arrivons à Ankouf, ce qui a permis au Kalifat d'enlever une partie de ses munitions. Nous trouvons cependant 20 barils de poudre anglaise, des ustensiles en cuivre, quelques armes et surtout d'abondants silos d'orge et de blé (le bataillon en trouve trois énormes et entièrement pleins) que nous vidons le lendemain, 6 février.

6. — Cette invasion soudaine au milieu des montagnes

les plus difficiles du pays, où les Hachem se croyaient parfaitement à couvert par la rigueur de la saison et le débordement des eaux, a forcé un grand nombre de douairs à une retraite précipitée.

Les spahis font quelques prisonniers qui apprennent au général qu'il a devant lui, dans les gorges d'Aouzalal, de l'autre côté de la forêt de Mormote, la population presque entière des Zouas d'Abd-El-Kader, de Ben-Thamy et les plus proches parents de ceux-ci parmi elle.

Le général réunit tous les chefs de corps pour leur indiquer la direction à prendre, afin d'éviter les innombrables silos qui couvrent la route.

7. — A 1 heure du matin, la division se remet en marche, par une nuit extrêmement obscure, traverse les bois en remontant le lit d'un torrent et couronne au lever du soleil les crêtes qui dominent Aouzalal. Notre mouvement est trop inattendu pour avoir été découvert. Toute la colonne se disperse dans les différentes directions parfaitement indiquées par le général de La Moricière, qui ne conserve avec lui que deux bataillons et observe le mouvement avec l'attention et l'intérêt qu'il met dans toutes ses opérations.

Le bataillon prend à gauche du reste de la colonne dans le sud, suit le beau vallon de l'oued Fgais et fait une admirable razzia dans le ravin et sur l'immense et magnifique plateau qui le domine.

Une cinquantaine de cavaliers veulent essayer un instant d'empêcher leurs femmes et leurs troupeaux d'être enlevés, mais la bonne contenance de deux carabiniers, la justesse et l'excellente portée de leurs grosses carabines, et surtout la présence du capitaine adjudant-major de Labareyre, du capitaine de carabiniers de Jouvancourt, du chirurgien aide-major Brisset et du chef de bataillon Mellinet, qui pendant une demi heure sont restés tous quatre, seuls, devant ces cavaliers, a suffi pour les arrêter, les forcer à fuir et n'osant qu'à peine tirer quelques coups de fusils sur ces officiers, tant désormais ils sont abattus et démoralisés par les continuelles opérations du général, qui ne leur laisse plus un seul moment de répit.

Le bataillon rentre à 3 heures après midi au bivouac, chargé de butin, avec 15 prisonniers dont deux parents d'Abd-El-Kader, 80 à 100 bœufs, 5 à 600 moutons et une dizaine de bêtes de somme. Dans cette immense razzia, une des plus belles de l'hiver, 19 douairs sont enlevés, une partie de la famille de l'Emir et du Kalifat, le chef actuel Sidi Kada-Ben-Moctar et 250 prisonniers, sans parler des nombreuses prises faites en si grande quantité par tous les corps de la division.

8. — La colonne reprend le chemin de Mascara par le plateau qu'avait parcouru la veille le bataillon, en passant par les silos de Tanout, que les arabes avaient vidés deux jours avant. Le bataillon est de service aux bagages et à la garde des prisonniers.

9. — La division part à 6 heures du matin, pour rentrer dans ses cantonnements, où elle arrive à 3 heures après midi.

10, 11, 12. — Séjour à Mascara par suite du mauvais temps, mais non pas sans cesser d'être constamment employé à faire du bois aux environs, aux travaux de la place et à l'*insupportable* garde du troupeau.

13. — La division sort pour aller vider quelques silos aux matémores de Bou-Dera ; elle rentre le 15 au matin.

13, 14, 15. — Le bataillon reste à son tour à Mascara pour les différents travaux à exécuter.

16, 17, 18, 19, 20. — Séjour à Mascara, mais en travaillant 12 à 15 heures par jour à faire du bois, garder le troupeau et à servir d'auxiliaire au génie.

21, 22. — On fait du bois et du fourrage aux environs, en grande quantité, et les troupes sont constamment occupées à nettoyer et à améliorer l'état de leurs cantonnements qui, tout l'hiver, ont été pour ainsi dire inhabitables.

23. — La colonne de Mostaganem amène un convoi considérable et repart le 24. 100 chevaux du 2e chasseurs, 50 moukalias et 400 cavaliers de Marqsen, aux ordres de l'Aga, restent à Mascara, la saison moins rigoureuse permettant de tenir la campagne avec la cavalerie.

24, 25. — Continuation du séjour à Mascara, mais toujours avec les mêmes occupations et sans un seul moment de repos.

26. — La division se met en marche à 9 heures du matin et, après s'être arrêtée 5 ou 6 heures à Aïn-Fkan, elle en repart à 9 heures du soir pour se diriger vers Kessont.

27. — A 2 heures du matin, nous traversons le Taria; à ce moment, les coureurs du général l'informent qu'un détachement de réguliers passe le défilé et est établi à 2 lieues en avant de nous. Le lieutenant-colonel Renaud et le bataillon d'élite du commandant Paté partent en avant pour surprendre un poste de cavaliers rouges qui, cerné de toutes parts, endormi, se gardant mal, se laisse prendre ou égorger en entier, sans pour ainsi dire opposer la moindre résistance ; l'Aga de la cavalerie régulière, le Caïd des Ouled-Abbad, 2 officiers et 25 cavaliers avec leurs armes et leurs chevaux harnachés sont le prix de ce coup de main qui malheureusement coûte la vie au brave maréchal-des-logis

Rativet, tué on ne sait trop par qui. La colonne continue sa route et au jour se disperse dans différentes directions. Le bataillon, avec le 1er du 2e léger et une pièce de montagne, sous les ordres du colonel de la Torre, prennent à droite, traversant des bois et passant des ravins presque impénétrables et après être restés 6 à 8 heures éloignés de la division, amènent une grande quantité de prisonniers et de bétail au bivouac de l'Arba, sur l'Oued, où depuis longtemps la colonne était établie. Cette marche pénible et difficile n'a pas duré moins de 16 à 18 heures pour le bataillon.

Le général a appris le soir, par ses espions, que les Hachem se sont divisés et qu'un certain nombre de douairs suivant la fortune d'Ali-Ben-Taleb, oncle de l'Emir, s'est réfugié chez les Djafra et les Beni-Amer, tandis que la masse de la tribu a passé dans le sud, avec le Kalifat.

28. — A 7 heures, la division se met sur les traces de Mustapha-Ben-Thamy; elle traverse d'immenses forêts de pins, où on ne rencontre d'autres vestiges de l'habitation de l'homme que les pistes que nous suivons et, enfin, après une marche de 6 à 7 lieues sans opérations bien remarquables, où on arrive à 4 heures, au bivouac de l'oued Homet supérieur.

Mars

1er. — Nous sommes à Aïn-Manâa, la fontaine d'asile, à 4 lieues au sud-ouest de Saïda. Un long nuage de poussière indique à l'horizon le passage des fugitifs. La cavalerie se met à leur poursuite, mais ils ont franchi l'ouzem, cette ceinture d'escarpement qui limite presque partout les dernières terres cultivables. Ils s'enfoncent dans le désert et la cavalerie ne peut atteindre que les traînards et des troupeaux, en nombre cependant assez considérable.

Nous bivouaquons à l'oued Keverna, près d'Aïn-Manâa, dont les alentours fournissent à tous les corps d'abondants silos, naguère remplis par les Hachem, en prévision d'une fuite dans le désert.

Le général ne tarde pas à savoir que, nos ennemis commencent à manquer de vivres, qu'ils ont perdu la plupart de leurs bêtes de somme et que craignant d'être pillés par les tribus du Sahara, ils sont revenus le même jour camper aux eaux chaudes, en arrière de Saïda, sur la route de la plaine. On essaye de les y surprendre la nuit, mais le Kalifat ne s'est pas arrêté si longtemps près de nous et a lui-même levé son camp avant le jour. Le général nous fait châtier sévèrement les douairs des Ouled-Kraled, qui l'ont reçu sous leurs tentes.

2. — La division bivouaque sur le ruisseau de Saïda, près des eaux chaudes (l'oued El-Homman-de-Beni-Memazine).

3. — Plusieurs bataillons de la colonne, le nôtre compris, emploient cette journée à vider, à deux lieues du bivouac, d'énormes silos et s'approvisionnent d'orge et de blé. Dans la soirée, 300 cavaliers de l'Yagoubia viennent joindre la division du camp; ils arrivent du Chot, où ils passent habituellement la mauvaise saison.

4. — Le général fait camper l'armée sur l'oued Benian, en prenant ses dispositions pour faire croire à l'ennemi que nous restons à Mascara.

5. — La division remonte le ruisseau par la rive droite et passe devant de belles et considérables ruines romaines, d'une étendue égale à celles de Mascara. Nous

entrons sur les terres des Ouled-Alouf, alliés des Hachem et qui leur ont donné asile plusieurs fois. Les spahis, soutenus par deux bataillons, fouillent la montagne et enlèvent un troupeau considérable, des chevaux, des bêtes de somme et 40 prisonniers. Ces derniers nous dénoncent que Ben-Thamy et les Garabas se sont retirés dans la forêt des Nosmote, sur le terrain des Chéragas. Bivouac à l'oued Aouzalal.

6. — La cavalerie et 6 bataillons partent à 3 heures du matin avec le général ; les deux autres, avec le colonel de la Torre, une heure après, pour opérer de manière à entourer l'ennemi. Une nouvelle razzia nous livre encore quelques troupeaux, un butin considérable et 160 prisonniers, parmi lesquels Ben-Serier, caïd d'Abd-El-Kader et fils unique de Sidi-El-Aradje, le marabout le plus influent des Hachem et l'un de ceux qui ont le plus contribué à l'élévation de l'Emir.

A une heure, la colonne de la Torre, dont fait partie le bataillon, arrive au bivouac des matémores de Bari, situés dans un superbe pays, et est bientôt rejointe par le général. A 3 heures, un bataillon du 13e, le bataillon d'Afrique, le 5e bataillon de chasseurs et une pièce de montagne prennent les armes et partent, dirigés par l'excellent et brave capitaine d'état-major de Martinprey, pour aller à la recherche du 2e bataillon du 41e de ligne, commandé par le colonel Roguet, perdu par suite d'une direction mal comprise. Après l'avoir cherché en vain pendant 6 heures, en parcourant avec la plus minutieuse attention tous les environs, nous rentrons à plus de 9 heures au camp, sans l'avoir rencontré.

7. — Nous partons à 7 heures du matin pour reprendre la direction de la plaine. Ben-Thamy n'a plus que quelques cavaliers avec lui. Plusieurs douairs qu'il veut

forcer à s'éloigner se décident enfin à venir à nous et suivent la colonne, le lendemain, jusque sous les murs de Mascara, où ils s'établissent. Le bataillon du 41e de ligne nous retrouve à l'entrée de la plaine et n'a pas rencontré l'ennemi pendant son absence de la division. Bivouac à Aïn-Deffa.

8. — Départ à 6 heures 1/2 pour Mascara où nous arrivons le même jour et en même temps que la colonne de Mostaganem, qui vient amener un convoi dans la place.

9. — Séjour. La division reprend des vivres; l'Aga et le Marqzen retournent à Mostaganem.

Malgré l'épuisement de l'ennemi, il ne vient pas de paroles de soumission au général, qui est décidé à briser par tous les moyens cette inconcevable résistance.

10. — La division repart à 9 heures du matin et arrivée au bivouac de Aïn-Tisi, près du lac, à 1 heure, elle trouve encore à s'approvisionner, à une lieue de là, en orge et en blé.

11. — Départ à 6 heures pour le bivouac de Fkan, si connu de toute la division et afin d'être en position de se porter où les évènements l'appelleront.

12. — La division part à 6 heures du matin, pour aller s'établir à Sidi-Ali-Ben-Ameur, à l'entrée des collines des Nosmote. Sa présence donne de la force à nos partisans qui nous conduisent eux-mêmes contre des douairs hostiles; le bataillon, avec une partie de la brigade de la Torre, se dirige à droite pour vider des silos et piller les douairs. Nous rentrons à 8 heures du soir, rapportant toujours un butin assez considérable.

13. — La division part à 5 heures 1/2 du matin et traverse la forêt de Nosmote. Ce mouvement nous rallie de nouveaux douairs et décide Ben-Thamy, qui craint de

se voir déborder par les défections, à se jeter sur les Chéragas.

Bivouac à Tma-Tazonta.

14. — La colonne continue sa marche en descendant la vallée de l'oued Zelampta ; elle ne trouve que des silos récemment vidés sur la route : signe certain d'une émigration lointaine. Le bataillon, prenant à droite, brûle une quantité considérable de gourbis. Le général ne tarde pas à savoir que la plus grande partie des Cheragas s'est retirée dans les montagnes des Sdamas et que le reste, campé de l'autre côté de l'oued El-Abd, au pied de Bérame, se met en mesure de suivre son exemple. La division, partie à 6 heures, bivouaque sur les matémores de l'oued Zelampta, après une très forte et pénible journée.

15. — Départ à 4 heures du matin. La cavalerie et deux bataillons, partis à 2 heures, se mettent sur la piste des douairs et nous arrivons de bonne heure au-delà de l'oued El-Abd ; enfin, après une longue poursuite, l'ennemi est atteint et 80 prisonniers, 12 beaux chevaux et 600 têtes de bétail sont ramenés au camp que le général a établi au pied de Bérame.

Les prisonniers donnent des détails au général sur l'émigration contre laquelle nous manœuvrons. Elle s'est divisée en deux fractions, dont l'une, protégée par Ben-Kouka, s'est réfugiée chez les Sdamas et l'autre, sous la conduite de Ben-Thamy, s'est réfugiée chez les Flitas. Pour en finir, il faut donc attaquer à la fois les Agaliks des Flitas et des Sdamas.

Le général envoie aussitôt à la division de Mostaganem l'ordre de partir avec un convoi de vivres et tout le Marqzen, de remonter la Mina et de se trouver à Fortassa du 22 au 25 pour y continuer ses mouvements, avec notre colonne qui doit agir en attendant, entre Teckedempt, Frenda et Ontenzen.

16. — Séjour au même bivouac. Le général fait partir avec lui pour vider des silos, à 3 lieues de là et faire une grande reconnaissance vers les montagnes, toute la brigade de la Torre (le bataillon compris).

Nous trouvons dans la route des sentiers extrêmement difficiles ; les pentes sont abruptes et hérissées d'énormes blocs de pierres ; sur tout le flanc de la chaîne, aux deux tiers de la hauteur, règne un cordon de rochers à pic, qui a l'aspect d'une muraille et qui ne présente qu'un petit nombre d'ouvertures en forme de portes, où les bêtes de somme ne passent qu'avec peine. Au sommet, sont de vastes plateaux bien arrosés, fertiles et parfaitement cultivés. Après avoir chargé du blé, de l'orge et du sel que nos hommes ont découvert, nous partons pour retourner au camp, où nous n'arrivons qu'à 9 heures du soir par une nuit très obscure et en traversant des bois dans lesquels le bataillon perd le chasseur Gilles, de la 2e compagnie, traînard et mauvais soldat, que nous retrouvons le lendemain, tué d'un coup de feu dans les broussailles, mais sans que les Arabes lui aient coupé la tête.

En rentrant, le général trouve les envoyés d'une fraction des Sdamas qui, menacée de pillage par les Arabes, s'est bravement défendue et a eu onze hommes tués ; elle demande la protection du général et promet de lui fournir des guides sûrs.

17. — La colonne s'engage par les montagnes, dans les chemins reconnus la veille. Elle franchit la chaîne qui sépare les vallées de l'oued El-Abd et de l'oued El-Tat, pour aller bivouaquer aux silos de Kalib, où les Hachem nous ont précédés.

Le bataillon est d'extrême arrière-garde et abat quelques cavaliers *malencontreux*, qui viennent s'approcher trop près de nos grosses carabines. La journée est extrêmement pénible et quoique le bataillon s'arrête à chaque instant, pour donner le temps aux bêtes fatiguées de suivre, la division perd beaucoup de bétail. La tribu des Ksenna fait sa soumission au général et 60 cavaliers de l'Yagoubia nous ont rejoints.

18. — Départ à 6 heures. La journée est encore plus pénible que la précédente; la division traverse un massif de montagnes, qui s'élève entre l'oued El-Tat et l'oued Selal : plus de la moitié du troupeau reste en chemin. Nous débouchons enfin dans la vallée de Médroussa ; le bataillon, avec deux autres de la colonne, prend à droite pour aller à la découverte des spahis, qu'on craignait perdus, mais que nous retrouvons à peu de distance. Nous pillons et brûlons quelques gourbis et nous rentrons au camp que le général a fait établir aux matémores d'Akrougr, sur l'oued Taria. Ces matémores sont très abondants, mais situés sur les sommets les plus ardus, comme des nids d'aigle.

On met 48 heures à les vider et l'on en retire pour 12 jours de vivres ; le bataillon en trouve lui seul de quoi approvisionner 3 bataillons et, plus généreux que certains autres corps, il le donne à un bataillon du 15e léger et à un autre du 6e léger, au lieu de les leur faire payer, ne connaissant encore que le bonheur d'obliger ses camarades et non de spéculer sur eux. Deux carabiniers du bataillon trouvent aussi une quantité de beurre assez considérable pour que le général puisse en faire une distribution à toute la division et aux prisonniers.

19. — Séjour. Le bivouac n'est qu'à une journée de Tekedempt. Les habitants de cette ville ont été emmenés

au loin, dans l'est, par la garnison. Quelques fractions de Sdamas viennent se soumettre.

20. — Nous partons à 6 heures du matin ; le général annonce l'intention de se diriger sur Fortassa. La route est mauvaise, les montagnes très escarpées et difficiles à descendre ; la division arrive à 11 heures au bivouac, sur l'oued Taria inférieure, à El-Abd.

21. — Départ à 5 heures, par une route aussi difficile et aussi pénible que la veille. Une cinquantaine de cavaliers se montrent sur la droite, entrent en conversation avec nos alliés, suivent la colonne, mais sans résultats ni sans démonstrations hostiles.

Bivouac à l'oued El-Abd, à Fortassa, où eut lieu dans le temps une affaire très malheureuse des Espagnols avec les Arabes.

Un courrier du général d'Arbouville vient annoncer l'arrivée de la colonne de Mostaganem, pour le lendemain.

22. — Le camp reste établi au même bivouac. Les Sdamas, qui voient notre mouvement rétrograde depuis deux jours et qui ignorent l'approche du général d'Arbouville, se croient délivrés de nous ; mais nous savons par des prisonniers la place des campements d'une grande fraction de leur tribu, qu'on nomme les Chelles. Une razzia est résolue par le général, qui laisse les bagages gardés par 2 bataillons, le reste de la division part à 3 heures du matin sur deux colonnes, marchant chacun dans une direction et ayant au centre et en avant les spahis, battant le pays. La 1re, dont le bataillon fait partie, passant par les gorges du Tat ; la 2e, sous les ordres du général, remontant l'oued El-Abd. Dès la pointe du jour, la colonne de la Torre lance 3 compagnies du bataillon, commandées par le chef de bataillon

Mellinet, pour fouiller tous les ravins et les difficiles montagnes qui se trouvent devant nous et à gauche de la brigade, qui reste en position sur le plateau le plus en vue. Les tribus fuient partout devant nous et malgré les difficultés incessantes du terrain, nous franchissons toutes ces montagnes qui paraissent inaccessibles, et après avoir dévasté et pillé les innombrables douairs, dont les tentes étaient établies sur les plateaux des pics les plus élévés, nous rejoignons au rendez-vous de la division sur les hauteurs de l'oued El-Abd, chargés de butin, de bêtes de somme et chaque bataillon amenant avec lui un assez grand nombre de prisonniers. L'opération réussit parfaitement et toute la colonne expéditionnaire se remet immédiatement en mouvement et ne rentre au camp qu'à 9 heures du soir, les soldats gais, heureux et chantant, quoique n'ayant pas fait moins de 18 heures de marche dans un des pays les plus difficiles de la province. Les troupes sont pour ainsi dire en haillons, mais admirables de courage, de persévérance et d'abnégation, malgré leur aspect déguenillé. Sitôt de retour au camp, le général reçoit les envoyés de la tribu des Chelles, qui viennent offrir leur soumission.

Au moment où le général d'Arbouville recevait l'ordre de rejoindre notre division, il opérait sur la Mina, où plusieurs tribus lui avaient fait des ouvertures.

Déjà les Mékalias étaient rentrés dans leur pays, et pour preuve de leur dévouement, avaient livré 300 chameaux appartenant à l'Emir. En se rapprochant de nous, le général d'Arbouville avait donné du côté de Menaouer, sur une position importante des Hachem et des Cheragas, qui fuyaient sur nos derrières. Celle-ci s'était rendue et on l'avait dirigée sur Mascara.

23. — Les deux divisions, après avoir reçu la soumis-

sion des trois fractions des Flita, se séparent. Celle de Mostaganem va passer la Mina, près de Djelali-Ben-Ameur, laissant derrière elle les portions soumises ; elle doit faire le tour du pays des Flita et bivouaquer le second jour à Aïn-Krenra, où sont réfugiés Ben-Thamy et les Hachem. Elle traverse ensuite les montagnes qui sont entre la Mina et le Chélif et rejoindre la vallée de ce dernier, par les gorges de Djadiouïa.

Cette marche doit amener à composition les Flita et le reste des tribus comprises entre le Djadiouïa et la Mina.

En même temps, la division de Mascara lève le camp à 9 heures du matin et reprend la route et à peu près le bivouac du 20 mars, sur l'oued Taria, où nous arrivons à 3 heures après midi.

24. — Nous partons à 6 heures du matin, en poursuivant notre direction sur Tekedempt et nous campons à 5 lieues de cette ville, sur la Mina, à Méchira-Asfa.

On croit que le général veut détruire encore une fois l'ancienne résidence de l'Emir, dont les habitants ne sont point revenus. La fraction la plus importante des Sdamas, les Bougiri, où sont réfugiés les Hachem qui ont suivi Ben-Klika, s'est retirée dans la vallée haute de Médroussa. Le temps commence à devenir froid et le vent violent.

25. — Dès avant le jour, le général fait lever le camp. Nous faisons une marche d'une lieue à peine et, passant brusquement au sud, nous franchissons les montagnes qui nous séparent de Médroussa. Nous nous divisons en 3 colonnes: la brigade de la Torre appuie à gauche et longe le pied des montagnes du côté du nord ; sur la droite, la cavalerie, aux ordres du colonel Yusuf, et 300 fantassins, font un long circuit pour tourner la vallée et

envelopper toute la tribu du côté du sud et de l'ouest; 50 douairs, une population de plus de 6,000 âmes sont surpris; 400 cavaliers, un millier d'hommes à pied, qui veulent se défendre, sont mis en fuite et laissent 80 cadavres sur la place. Un assez grand nombre de prisonniers, 12,000 têtes de bétail, un butin immense sont en notre pouvoir. Mais tout à coup un phénomène atmosphérique, fort rare dans ces contrées, vient nous ravir une partie de cette razzia. Vers midi, l'horizon se charge de gros nuages, un brouillard sombre descend des montagnes, la neige tombe intense et pressée et, en quelques heures, couvre la terre à un pied d'épaisseur. On gagne à grand peine le bivouac indiqué au marabout de Sidi-Ali-Mohamed. Le colonel Yusuf emploie le reste de la journée à rallier ses hommes, dispersés à la poursuite des fuyards.

Une section de carabiniers du 13e léger, commandée par le lieutenant de Ligny, ne rejoint pas. La cavalerie elle-même est sur le point de se perdre et pourtant, elle n'est qu'à une lieue du camp, mais les feux de signaux ne se voient qu'à quelques pas et on n'entend plus le canon qu'à de courtes distances. Les guides ne se reconnaissent plus et presque tout le troupeau, enlevé, reste au fond des ravins. La neige et le brouillard continuent et la nuit est horrible, les feux ne s'entretiennent que difficilement et il faut toute l'énergie et la sollicitude des chefs pour calmer les hommes que le froid et les souffrances commencent déjà à démoraliser.

Il est du devoir du chef de bataillon de signaler dans ce journal, comme ayant donné des preuves du zèle le plus constant et de la plus louable humanité, le lieutenant de Lastic, le capitaine de Jouvancourt, l'adjudant Debras, le sergent Vivot et le caporal Rivron, des carabiniers, qui n'ont pas abandonné un instant leurs soldats dans cette cruelle nuit. Le commandant, qui est resté aussi sur pied la plus grande partie de la nuit, croit avoir fait tout ce que sa position exigeait, en ranimant ceux que le froid abattait et en portant lui-même plusieurs chasseurs devant le feu de son bivouac, qu'il était parvenu à alimenter jusqu'au jour.

26. — Départ du camp à 10 heures du matin. Le temps devient de plus en plus effroyable. Déjà 3 hommes de la division (pas un du bataillon), 23 prisonniers, beaucoup de chevaux et de mulets, une grande partie du troupeau qui nous reste sont morts de froid. La colonne se dirige par la route de Freinda, mais au bout d'une demi lieue, les guides du général ne savent plus où ils sont. C'est un prisonnier qui le tire d'embarras.

Le pays que nous traversons est coupé de collines boisées et hérissées de blocs de pierre. Notre marche est horriblement pénible et beaucoup d'hommes sont même complètement pieds nus, et néanmoins ne cessent pas de suivre leurs camarades avec le plus grand courage. Vers 2 heures, la pluie succède à la neige et augmente encore les difficultés de la marche.

La portion des Sdamas qu'on avait poursuivie la veille, vient au général, sur la route, pour le supplier de lui laisser le reste de ses troupeaux, jurant de rompre à jamais avec les Hachem, auteurs de tant de maux.

Le général garde 30 jours de viande et 3,000 têtes de bétail, qui ne pouvaient que nous gêner, sont laissées à ces nouveaux alliés, qui ne cesseront de nous tromper que quand on leur coupera la tête à tous (1), *seul moyen*

(1) Le commandant du bataillon est devenu plus calme et plus juste dans ses idées sur les Arabes. (Note du général Mellinet).

de pacification dans ce pays et très facile avec les forces que la France y déploie. Le bataillon est en tête et sur les flancs du convoi, et ayant fait toute la journée le métier le plus pénible. A la nuit, nous apercevons les murs de Freinda.

La ville est évacuée et la division entière trouve à s'y loger. Au même moment, le chef Sdama Kadour-Merved ramène au général de La Moricière, le détachement de M. de Ligny.

Bâtie sur un escarpement de rochers qui domine tout le pays, entourée d'une enceinte aussi étendue que celle de Mascara, Freinda offre un coup d'œil remarquable; sa position, au nœud des hauts plateaux d'où partent les vallées de Médroussa, de l'oued El-Tat et de l'oued El-Abd, en fait le centre naturel du commerce de la contrée et le marché, où les habitants du désert viennent échanger leurs laines contre des grains. A 1 lieue au sud est Touarzout, bourg construit sur un roc, et qui renfermait les magasins du Beylick, avant que Ben-Kelika les eût enlevés. Rien n'est plus bizarre et plus sauvage que l'intérieur et l'aspect des maisons de Freinda, qui peut parfaitement donner l'idée de l'architecture primitive. Le bataillon perd un homme, le chasseur Dutheil, de la 2e compagnie, que le commandant a cependant vu lui-même à l'entrée de la ville et dont il a été impossible de retrouver la moindre trace.

27. — La division séjourne. Le temps devient beau et les hommes, si aguerris et si vigoureusement trempés, se remettent complètement de toutes leurs fatigues.

Dès le matin, une députation de la ville et des tribus des Aouared arrivent pour traiter, avec le général, de leur soumission. Tous les Sdamas s'étant soumis, leurs prisonniers leur sont rendus. On ne trouve à Freinda ni blé, ni orge dans les silos des maisons, les habitants manquant de grains par suite de la sécheresse de l'année précédente.

Le général apprend que la plupart des Hachem-Cheragas sont revenus sur nos derrières et que les uns sont allés faire leur soumission à Mascara, tandis que les autres n'attendent que la rentrée de la colonne pour se prononcer.

28. — A 5 heures, la division part pour reprendre le chemin de ses cantonnements, accompagnée de la cavalerie des Sdamas, qui voyagent et viennent bivouaquer avec nous, sur l'oued El-Tat, à Sidi-Abd-El-Kader, Mta-El-Tat.

29. — A 5 heures 1/2, la division se met en route et repasse les montagnes, par le col de Bou-Djema et campe sur l'oued El-Abd à Bérame.

30. — Départ à 5 heures 1/2 par un temps excessivement froid. Nous rentrons sur le territoire des Hachem. La cavalerie et deux bataillons, celui de chasseurs compris, prennent en avant et font quelques prisonniers et une razzia peu importante. Arrivée à 4 heures, après une journée longue et fatigante, au bivouac de l'oued El-Sonne, près de Cacherou, la propriété de l'Emir.

Toutes les tribus viennent demander au général à se soumettre, à quelque condition que ce soit.

31. — Départ à 6 heures. 300 cavaliers Garabas nous escortent jusqu'à Mascara et la plaine d'Eghris est couverte de douairs. Pendant l'absence de la division, ce qui restait encore d'hostiles chez les Hachem-Garabas s'est rendu, et les Ali-Bou-Taleb eux-mêmes, les plus proches parents de l'Emir, viennent demander l'aman au général.

En terminant l'itinéraire de cette admirable quoique si pénible campagne d'hiver, sans contredit la plus belle et la plus utile qui se soit faite en Afrique depuis la conquête, le commandant du corps ne peut se dispenser de mentionner, sur le journal, les officiers et sous-officiers qui n'ont manqué à aucune expédition et qui, par l'énergie, la fermeté et la constante abnégation dont ils ont donné des preuves dans toutes les circonstances, ont si puissamment contribué avec lui à faire considérer désormais le bataillon comme un des meilleurs de la province, quoiqu'il ne soit en Afrique que depuis moins d'un an. Du reste, le commandant consigne les éloges les plus mérités à tous les officiers, sous-officiers, caporaux et chasseurs du bataillon qu'ils n'oublient jamais, et il est fier de le dire, sous quel noble patronage le corps de chasseurs à pied a été organisé.

Noms de MM. les officiers et sous-officiers cités par le chef de bataillon : MM. les capitaines de Labareyre, de Jouvancourt, de Pontual ; les lieutenants de Lastic et Chopin ; le sous-lieutenant Guilhem (1) et l'adjudant Debras ; les sergents-majors Pelletan, Lebœuf, Alimondi, et les sergents et fourriers Vivot, Delay, Lajus, Lesueur, Bauviller, Bourzeix, Desmangeot, Parès, Bonjour et Ravail.

Avril

Campagne du Printemps. — 1, 2, 3, 4, 5. — Séjour à Mascara employé aux travaux et aux corvées de toute espèce de la place et en attendant le départ du bataillon pour Mostaganem, ordonné par le général de La Moricière.

(1) Guilhem, général, tué pendant le siège de Paris. (Note du général Mellinet).

6. — Départ de Mascara à 8 heures du matin, avec 2 escadrons du 2e chasseurs à cheval, sous les ordres du chef d'escadron Rey, en prenant la route et le fameux défilé d'Abd-El-Kreda.

La cavalerie marche à volonté; le bataillon escorte un convoi de 180 à 200 bêtes de somme, mais généralement peu chargées et qui permettent à la colonne, composée d'hommes parfaitement habitués à la marche, de faire la route sans arrêts ni à-coup. Le vent et une pluie battante rendent les trois bras de rivière que nous sommes obligés de traverser très difficiles, mais sans aucun accident ni pertes d'effets ; ces passages s'exécutent d'ailleurs avec beaucoup de promptitude, tant les hommes et les chevaux y sont faits par suite de nos continuelles marches de l'hiver, par tous les temps et tous les chemins. Notre petite colonne arrive à 3 heures au bivouac, à 8 lieues de Mascara, sur la rive droite de l'Habra, et s'établit autour du fort Perregaux, qui prend son nom de ce si digne et si brave officier général, qui le fit construire en 1836, lorsqu'il commandait la province d'Oran.

Les habitants de la plaine de l'Habra, composés, de ce côté, de la tribu des Beni-Chougran, apportent du laitage et différents objets de consommation que, selon leur habitude, ils font payer dix fois leur valeur ; ils amènent aussi quelques chevaux qui leur sont achetés par la cavalerie.

Le temps devient de plus en plus horrible et la nuit est affreuse, mais nos pauvres et braves soldats, habitués désormais à toutes les misères de la vie militaire, prennent gaîment et philosophiquement leur parti de cette mauvaise nuit et manifestent seulement, entre eux, le contentement qu'ils éprouveraient de faire le trajet de l'Habra à Mostaganem en un jour, quoique l'étape ne soit pas forte de moins de 11 lieues et dans un terrain boueux et difficile pour la marche.

7. — Départ à 6 heures du matin par les marais ; la cavalerie se dirige sur Masera et quitte à 2 lieues du bivouac, notre colonne, qui elle, coupe en droite ligne, pour se diriger par la route de Mazagran. Pendant toute la plaine, la pluie continue et la marche est pénible et fatigante ; mais en arrivant sur les crêtes, le temps devient assez beau et les chasseurs, à la vue de la mer, oublient leurs fatigues, reprennent leur gaîté et les 4 dernières lieues se font dans moins de 3 heures et en chantant pendant tout le reste de la route.

Plusieurs de nos hommes sont complètement dénués de chaussures et pour ainsi dire sans pantalons. Le bataillon entre à 3 heures 1/2 à Mostaganem et si son aspect n'est pas brillant, il offre au moins celui d'un corps composé d'hommes vigoureux, robustes, bien trempés et à la figure basanée et militaire.

Du 8 au 27. — Le bataillon est occupé à se refaire dans toutes ses parties et consacre le peu de temps que lui laissent les travaux de la place à quelques exercices de tir à la cible, mais en ne pouvant jamais réunir que moins de la valeur d'une compagnie, et seulement pendant 2 heures de la journée.

28. — Départ à 2 heures de l'après midi, pour retourner à Mascara, avec une colonne commandée par le colonel du 2e chasseurs à cheval Marey, et composée de 300 hommes de son régiment, 1 bataillon du 13e léger, arrivant récemment de France, et 200 hommes de différents corps de la division d'Arbouville, établie à Mascara.

Le bataillon est désigné pour faire l'arrière-garde pendant toute la route, et s'acquitte de ce service de manière à mériter les éloges du colonel Marey. Et en effet, pas un seul chasseur du bataillon, fort de 460 hommes, n'est malade, et les hommes, pour soulager et prêter aide à leurs camarades, portent sur leurs bras pendant d'assez longues distances, jusqu'à 20 soldats du 13e léger, accablés par la fatigue et le climat, et dont 4 meurent en route, asphyxiés par la chaleur.

29. — Départ à 5 heures du matin ; toujours une chaleur étouffante faisant craindre le sirocco et qui abat tellement le bataillon du 13e léger que les deux tiers restent en arrière et sont ramenés par les hommes éprouvés du bataillon, qui ne se rappellent plus le peu de sympathie que leur avaient manifesté l'année précédente, à une époque et par une température autrement chaudes, tous les régiments d'infanterie et surtout leurs chefs, qui montrèrent dans cette circonstance ce dont peut être capable la jalousie sur un corps de nouvelle formation, qu'on a tout tenté pour perdre et détruire dans la province d'Oran et qui, Dieu merci, grâce au courage et au caractère de ceux qui le commandaient, a prouvé qu'il était au-dessus de toute atteinte malveillante, et aussi capable de faire la guerre en Afrique (mettant de côté la supériorité incontestable de ses armes) que les plus anciens régiments de ce pays.

Bivouac à l'oued Mela.

30. — Départ à 5 heures ; la chaleur est un peu moins forte et quoique un grand nombre d'hommes restent encore en arrière, le service est plus supportable à l'arrière-garde où cependant il n'y a d'autres moyens de transports que les bras de nos soldats. La colonne prend par le défilé d'Aïn-Kebira et fait une grande halte à El-Bordj, dont les tribus, désormais soumises, rendent la route à peu près sûre, au moins pour quelques hommes réunis.

Arrivée à 4 heures au bivouac d'Aïn-Farez, près de la tribu des Sidi-Dao.

Mai

1er. — Départ à 6 heures; l'étape est très courte, mais devient assez pénible pour la compagnie d'extrême arrière-garde, qui est obligée pendant 2 lieues de porter 6 hommes du 13e léger et de la légion étrangère, pour ne pas les laisser sur la route. Arrivée à 11 heures à Mascara ; le bataillon va s'établir à l'Argoub, où était logé le 1er bataillon d'Afrique pendant la campagne d'hiver.

La cavalerie du colonel Marey part dans la journée, pour aller rejoindre le général d'Arbouville opérant aux environs.

Du 1er au 9 mai, le bataillon est employé aux travaux de la place et à la garde du troupeau ; le 9, la colonne rentre et, peu d'heures après elle, le général de La Moricière, venant aussi de harceler avec ses troupes les Hachem et les Flitas dissidents. Il donne l'ordre au bataillon de se remettre en route le lendemain, avec la division d'Arbouville, afin de faire partie de la colonne expéditionnaire destinée, sous les ordres du gouverneur général, à faire la campagne de Mostaganem à Blidah, par la vallée du Chélif.

10. — Départ à 7 heures du matin par la route et le défilé d'Abd-El-Kreda. La colonne, commandée par le général d'Arbouville, se compose du 1er régiment de ligne, du 1er de la légion étrangère, du 5e bataillon de chasseurs, de la batterie d'artillerie du capitaine Destouches, des 300 chasseurs du colonel Marey, des 200 mékaalias du commandant d'Esterhazy et du train ordinaire.

Le bataillon est encore désigné pour faire l'arrière-garde pendant ces deux journées de marche. Temps superbe, peu de traînards.

Bivouac au fort Perregaux.

11. — Le temps devient mauvais et pluvieux; la colonne part à 5 heures du matin; la longueur de l'étape, la difficulté de la marche font rester en arrière une immense quantité de traînards dont pas un seul du bataillon, qui fait le métier le plus rude et le plus fatigant toute la journée et n'arrive que 2 heures après le reste de la division à Mostaganem, où nous reprenons notre ancien baraquement, sous Matemore et le fort de l'Est.

12 et 13. — Séjour pour se préparer à la grande expédition sur le Chélif, qui sera composée de la manière suivante:

Lieutenant-Général, Gouverneur général BUGEAUD.
Lieutenant-Colonel EYNARD, aide de camp.

Officiers d'ordonnance

MM. DAUMAS, chef d'escadron du 2e chasseurs à cheval.
VERGER, capitaine — —
DE LANGLADE, lieutenant du génie.
DE GARRAUBE, lieutenant d'infanterie.
BEN-KADDOUR, chef douair de la province d'Oran.
Colonel PÉLISSIER, chef d'état-major.
DE COURSON, DÉNECEY, D'HEDOUVILLE, capitaines-adjoints.
PAUZIER, chef d'escadron, commandant l'artillerie.
DE LAUMIÈRES, capitaine-adjoint.
DESTOUCHES, capitaine, commandant la batterie.
Capitaine GUIOD, inspecteur permanent des armes en usage dans les bataillons de chasseurs à pied.
VASSEUR, capitaine, commandant le génie.
ROLLAND, sous-intendant militaire, adjoint.

1re Brigade

MM. le général d'ARBOUVILLE.

Capitaine Raoult, aide-de-camp ; de Paulze, officier d'ordonnance.

5e bâtaillon de chasseurs à pied : chef de bataillon Mellinet.

2 bataillons du 1er de ligne : colonel Paté, lieutenant-colonel de Lacipierre.

Chefs de bataillon de Fayet et Lelièvre.

Légion étrangère : colonel Despinoy, chef de bataillon Testée.

2e Brigade

Colonel de la Torre, du 13e léger.

1 bataillon du 3e léger : lieutenant-colonel Camou, chef de bataillon de Noue.

2 bataillons du 13e léger : chef de bataillon, d'Esterhazy et Le Rouxau, capitaine-commandant.

1 bataillon du 15e léger : chef de bataillon Bergé.

Brigade de Cavalerie

Colonel Marey.

2e régiment de chasseurs à cheval : chef d'escadron, Rey, major Chastel.

Spahis d'Oran : colonel Yusuf.

Marqzen, cavalerie arabe, douairs, irréguliers, etc.

L'Aga Sidi-El-Mézari.

Kalifat du Cheik : Ben-Abdallah-Sidi-Ariby.

14. — Départ à 3 heures après midi pour aller coucher au bivouac de Masera, où le 13e léger était établi depuis la veille pour protéger le convoi arabe, garder le troupeau et mettre les abreuvoirs des fontaines en état. L'armée marche sur une seule colonne, dont le bataillon fait l'avant-garde.

15. — Départ à 6 heures du matin ; on marche sur 3 colonnes, le bataillon est en tête de celle de droite. On marche sur un territoire complètement soumis et ami, rien à signaler. Journée très courte, bivouac sur l'Hill-Hill, à Sidi-El-Meqrdade.

16. — Départ à la même heure, petite étape sans la

moindre fatigue ; les plaines de l'Hill-Hill et de la Mina sont couvertes de tentes et offrent un coup d'œil très beau, ce qui étonne toute l'armée, peu habituée à voir un aussi grand nombre de tribus réunies et soumises, qui autrefois fuyaient toutes à notre approche. Bivouac sur la Mina, à Sidi-Ben-Hassel.

17. — Séjour. Les prolonges de la place de Mostaganem, qui étaient venues nous accompagner jusque-là et apporter des vivres, repartent avec le bataillon turc du commandant Bosquet, pour retourner à Mostaganem.

Le colonel Yusuf, avec ses spahis, et les Arabes du Marqzen et du Scherk se livrent aux exercices de la lutte arabe (le ragkba), qui attirent un grand concours de spectateurs et obtiennent beaucoup de succès ; ces jeux et l'excellente musique de la légion étrangère, qui exécute chaque soir devant la tente du gouverneur un choix remarquable de morceaux, sont une bonne et agréable distraction pendant cette longue expédition, du reste, qui a offert un intérêt de plus d'un genre.

18. — Départ à 4 heures du matin ; le bataillon est le dernier de la colonne de droite. Arrivée près de l'embouchure du Chélif et devant les montagnes des Beni-Zarouel, qui ne se sont pas encore ralliés à nous.

1 heure après l'arrivée au camp, la cavalerie, le Marqzen et 4 bataillons d'infanterie, le 5e chasseurs compris, sous les ordres du gouverneur, se jettent dans la montagne et font éprouver beaucoup de pertes à ces tribus dissidentes à qui on brûle tout ce qui se trouve sur le passage de la colonne ; les Arabes alliés et la cavalerie française atteignent la queue des Beni-Zarouel, en déroute complète, et leur coupent *40 têtes.* Tous les gourbis et les jardins sont complètement dévastés par nos soldats. Après cette course de quelques heures, nous rentrons au

camp établi au milieu des champs d'orge et de blé qui procurent du fourrage en abondance pour toutes les bêtes de la colonne à El-Sabt, sur la rive droite du Chélif.

19. — Le convoi et 2 bataillons, commandés par le colonel d'Espinoy, restent à El-Sabt, mais le reste de la colonne, dont le bataillon fait partie, se met en route dès la pointe du jour avec le gouverneur, pour continuer à opérer dans les montagnes des Beni-Zarouel. Après une marche de 3 heures, sans rencontrer l'ennemi, le gouverneur divise la cavalerie en deux colonnes ; les chasseurs et les spahis à droite, les Arabes à gauche, et leur ordonne de décrire un grand arc de cercle en se rabattant sur la mer, où les deux colonnes doivent se rencontrer.

Les spahis et les chasseurs trouvent l'ennemi à 4 lieues de là, lui tuent 60 hommes dont ils rapportent les armes et les têtes. Dans la poursuite, ils donnent bientôt sur les tribus et font une razzia considérable, surtout en chevaux et en bêtes de somme. On fait en outre 280 prisonniers et on ramène 2.500 têtes de bétail au bivouac de l'oued Rarbal, où couche la colonne expéditionnaire, et dans une charmante position à 1 lieue 1/2 de la mer, qu'on aperçoit entre les montagnes.

20. — Départ à 4 heures du matin pour retourner au camp ; le bataillon forme l'arrière-garde et, à 1 lieue au plus avant d'arriver, tue, avec le feu d'une de nos grosses carabines, tirée par le sergent Vivot, un arabe Ben-Zarouel à une grande distance, à l'instant où un groupe sortait d'une des grottes servant de refuge à ces redoutés montagnards et seulement, pour leur prouver la justesse et la bonne portée de nos armes dont ils n'attendent pas un second essai, car ils fuient aussitôt après dans toutes les directions pour les éviter. Retour au camp à 1 heure après midi.

21. — Départ à 4 heures ; le bataillon, dernier de la colonne de droite. Très petite journée, toujours dans la fertile mais bien monotone vallée du Chélif et au milieu des tentes de la puissante tribu des Sidi-Ariby, entièrement dévouée à notre cause et dont la cavalerie marche avec nous. Les arabes apportent une quantité de provisions au camp, qui sont enlevées de suite et achetées le triple de leur valeur.

22. — Départ à 4 heures ; l'armée fait ce jour-là une étape de 5 lieues et arrive à 11 heures 1/2 au bivouac de l'oued Ouarisan, sur le Chélif. Le gouverneur reçoit les soumissions des Beni-Zentz, des Ouled-Slama et des Ouled-Kromides.

23. — Le convoi et 4 bataillons restent établis au même camp ; mais à 3 heures du matin, notre bataillon, 3 autres et la cavalerie, se mettent en route, sans sac, pour aller expéditionner à 3 lieues de là, sur la ville arabe de Mézouna [1] ; nous traversons un pays délicieux dont l'aspect et la culture rappellent ceux de notre chère France ; à droite et à gauche de la route (qui, quoique souvent accidentée, est néanmoins facile) toutes les terres sont cultivées, pleines de jardins et de vignes parfaitement entretenus, et enfin continuellement, un nombre considérable de maisons et comme jamais encore personne de l'armée n'en avait aperçues depuis son séjour en Afrique. Les habitants ne paraissent point hostiles et ne fuient point à notre passage. Enfin, nous apercevons Mézouna, mal bâtie et délabrée comme toutes les villes Arabes, mais bien située et coupée en deux par un ravin qui nous offre une vue ravissante

(1) Ancienne résidence des beys d'Oran pendant que les Espagnols occupaient cette place. (Note du général Mellinet).

et que chacun ne peut se lasser d'admirer. Toute la population était décidée à attendre l'arrivée du gouverneur et à se soumettre à lui ; mais le kalifat Ben-Arach, avec quelques centaines de réguliers, était passé la veille et poussait tout devant lui. Cependant, il reste encore dans la ville 3 ou 400 habitants, presque tous Coulouglis, qui étaient parvenus à se soustraire en se cachant dans les ravins des environs et qui viennent aussitôt faire acte de soumission au gouverneur, qui fait traverser Mézouna pour rentrer au camp, dont la route, au retour, est horrible et très fatigante. Rentrée à 3 heures après midi au bivouac.

24. — Départ à 4 heures du matin ; route monotone et insignifiante dans la vallée du Chélif ; étape de 3 lieues. Le camp est établi dans des champs d'orge et les grands-gardes de notre face de carré, au milieu de très beaux jardins. Le gouverneur général fait reconnaître Ben-Abdallah-Sidi-Ariby et quantité de caïds du kalifat de ce chef (appartenant à une famille de marabouts de la province d'Oran), qui jouit d'une grande considération ; cette cérémonie, à laquelle assistent à cheval tous les officiers supérieurs de l'armée, se termine par une *fantasia* parfaitement exécutée par les principaux chefs Arabes et quelques officiers français.

25. — Départ à 4 heures 1/2 sur une seule colonne ; étape de 2 petites lieues, arrivée à 6 heures 1/2. Le bataillon part à 3 heures après midi du camp pour aller protéger les travaux du génie ; plusieurs carabiniers, embusqués dans les ravins, blessent 2 chevaux et 1 cavalier qui étaient venus tirer sur le bataillon, et les travailleurs. Le bataillon rentre à 5 heures 1/2 au camp.

26. — 4 bataillons, ceux qui étaient restés à l'expédition sur Mézouna, partent à 2 heures du matin sous les

ordres du gouverneur, avec la cavalerie et le *goum arabe*, pour aller opérer dans la montagne sur les tribus dissidentes des Sbïas et des Beni-Ourachs. Cette colonne, après avoir fait perdre à l'ennemi de 180 à 200 cavaliers, rentre à 5 heures du soir au camp, chargée de butin et ramenant une centaine de prisonniers, 4.000 têtes de bétail, 7 à 800 ânes et 3 à 400 chevaux ou bêtes de somme.

27. — Séjour pour attendre la soumission des tribus *razziées* la veille, dont les caïds viennent en effet se présenter au gouverneur. La journée se passe gaiement au camp, à la Bab-Allah (vente publique) et à assister aux luttes arabes des spahis du brave et brillant colonel Yusuf. Le camp est situé très près de l'ancienne ville romaine *Castrum Tagitanum*, dont il reste beaucoup de vestiges.

28. — La division ne part qu'à 3 heures après midi et va établir son camp sur les ruines considérables de l'ancienne ville romaine de Tikavas, toujours dans la plaine du Chélif et près d'une très belle et abondante fontaine.

Les Sbïas amènent les chevaux de soumission au gouverneur.

29. — A 6 heures 1/2, le gouverneur, accompagné de tous les chefs de corps de l'armée, fait une reconnaissance sur la rive droite du Chélif, en approchant jusqu'à une 1/2 lieue de la ville de Medjadja, située dans une très belle vallée et dans une position délicieuse.

Nous quittons le camp à 1 heure après midi, pour aller établir notre bivouac à l'oued Foudda (rivière d'argent), où nous arrivons à 4 heures 1/2.

30. — Départ à 3 heures du matin ; étape de 5 lieues. Le bataillon est d'extrême arrière-garde et fait un métier

pénible pour faire marcher les traînards. A midi 1/2, la colonne arrive au bivouac de l'oued Rouina (rivière de la farine) où nous rencontrons la division Changarnier, composée du 6e bataillon de chasseurs, du 3e léger, du 2e bataillon d'Afrique, des 26e, 33e, 53e et 64e régiments de ligne, des 1er et 4e chasseurs à cheval et de l'escadron des gendarmes maures d'Alger. La journée se passe à fraterniser avec nos camarades de la division d'Alger et surtout nos chasseurs avec ceux du 6e bataillon, qui se considèrent toujours comme formant un seul et même corps.

31. — Séjour pour notre division. 6 bataillons de celle du général Changarnier, avec la cavalerie, partent à 1 heure du matin pour aller tenter une razzia qui n'a pas tout le succès qu'on espérait, mais qui, cependant, rapporte plusieurs centaines de têtes de bétail à l'armée.

Juin

1er. — Départ et séparation des 2 colonnes à 4 heures du matin ; le bataillon est encore d'arrière-garde ; étape de 5 lieues pour aller bivouaquer à l'oued Bouthan, en rencontrant sur la route les ruines romaines d'Oppidum-Novum et de Castro-Nova et le pont (El-Cantara) assez remarquable du Chélif, qu'on dit avoir été construit dans le dernier siècle, par des prisonniers espagnols. En arrivant au bivouac, la colonne passe sur un autre pont qui peut parfaitement donner l'idée du peu d'habileté des Arabes dans leurs constructions.

2. — Départ à 3 heures 1/2 ; le bataillon est d'arrière-garde; étape de 3 lieues. Dès que l'arrière-garde quitte le camp, les Arabes viennent lancer quelques balles sur

la colonne, mais poussés par la cavalerie restée en arrière, ils ne tardent pas à prendre la fuite. Arrivée sous Milianah à 7 heures, au marabout de Sidi-Abd-El-Kader, dans lequel le gouverneur établit son bivouac particulier. Le camp est à 1 lieue de la place, au pied de la montagne.

La garnison de Milianah se compose du 3e bataillon de chasseurs à pied, sous le commandement du chef de bataillon Bisson.

3. — Départ du camp à 3 heures 1/2 du matin ; chaque bataillon ne quitte que successivement ses positions, afin de continuer à couvrir le convoi qui va déboucher dans la plaine du Chélif, où le gouverneur établit un nouveau bivouac à 1 lieue 1/2, sur la rive gauche, afin de faire du fourrage et de l'orge pour approvisionner Milianah, où il en est conduit une grande quantité pendant les 3 jours que la division reste établie au même camp.

4. — Séjour. Corvée générale d'orge et de paille pour Milianah, protégée par 2 bataillons, commandés par le colonel Paté.

Le carabinier Javelle, un des bons soldats du bataillon, se noie dans le Chélif ; plusieurs de ses camarades se jettent à l'eau pour essayer de le sauver, le retrouvent, mais sans qu'on puisse le rappeler à la vie.

5. — Séjour. La cavalerie part à 8 heures du soir pour se diriger vers *El-Cantara* du Chélif et repasser sur la rive gauche, afin de tenter de surprendre les avant-postes de *Sidi-Embareck*.

6. — Le bataillon et 3 autres de la colonne, sous les ordres du gouverneur, partent à 3 heures du matin pour combiner un mouvement avec celui de la cavalerie. On passe en effet sur le bivouac des réguliers, qui

avaient fui avant notre arrivée, et on rentre au camp à 10 heures du matin, avec une dizaine de prisonniers et quelques chevaux.

7. — Départ à 3 heures 1/2 du matin sur une seule colonne ; à 1 lieue, passage du Chélif ; à 2 lieues, on entre dans la montagne. L'artillerie, une partie de l'ambulance, les malingres de la division, avec des compagnies prises dans différents corps, restent à Milianah. Arrivée à 10 heures 1/2 au beau bivouac de Aïn-Tisert, entouré de fontaines, d'où sortent des eaux magnifiques et très abondantes.

8. — Départ à 3 heures du matin ; pendant la route, sur les plus hautes montagnes, on aperçoit de loin l'emplacement de Cherchell, la mer, le Sahel et le tombeau de la Chrétienne ; à 2 lieues du bivouac, le 1er de ligne quitte la colonne pour prendre la direction de l'oued Ger ; étape de 5 lieues 1/2, journée chaude et fatigante. Bivouac à l'oued Bou-Roumy, sur le plateau des réguliers, à l'entrée du défilé des Mouzayas et à 2 lieues de Médéah. La cavalerie quitte un instant le camp, pour aller faire une razzia qui a pour résultat de prendre un troupeau assez considérable et de ramener 50 prisonniers.

9. — A 4 heures du matin, le bataillon part seul en avant de la colonne pour passer le col des Mouzayas et servir d'escorte au gouverneur. A moitié chemin, le caïd des Mouzayas et un chef des Soumatas viennent parler au gouverneur et lui offrir la soumission de leurs tribus. Le passage du col est admirable et les positions militaires superbes à défendre ; mais nous n'avons plus d'ennemis à combattre. Nous montons paisiblement cette route, si pittoresque, si accidentée et souvent si délicieuse, et nous arrivons jusqu'au plateau le plus élevé, où le gouverneur laisse le bataillon pour descendre le col,

avec le 53e qui l'attendait. Les Soumatas et les Mouzayas sont complètement soumis et nous établissons tranquillement notre bivouac, en attendant la division qui n'arrive que le soir, à 5 heures. Le 13e léger prend, en quittant le camp, la direction de Bou-Roumy pour rejoindre le 1er de ligne ; dans le même jour, le bataillon du 3e léger quitte la division pour aller s'établir à Médéah.

10. — Départ de la colonne à 4 heures ; le bataillon, d'extrême arrière-garde, ne quitte les positions qu'à 6 heures 1/2. La route continue à être délicieuse, remplie de ravins boisés, d'arbres énormes, de fontaines et de cascades de l'effet le plus ravissant; nous débouchons dans la plaine de la Metidja à plus de 9 heures, pour établir, à 3 heures après midi, notre bivouac à l'oued Kebir, sous Blidah.

11, 12, 13. — Séjour à Blidah, petite ville dans un style tout arabe (moins les ignobles constructions françaises), mais dans une position charmante et entourée d'arbres de toute espèce. Elle sert d'entrepôt à toutes les places environnantes et est parfaitement située pour cette destination. Il y aurait une description à faire de cette ville, mais qu'il serait trop long et peut-être inopportun de consigner sur ce journal.

14. — A 4 heures du matin, la division quitte Blidah sous les ordres du général d'Arbouville pour retourner dans la province d'Oran. Etape de 5 lieues 1/2, pour aller camper au bivouac de Foûm, sur l'oued Ger.

15. — Départ à 4 heures du matin, le bataillon d'arrière-garde ; la division marche sur une seule colonne, en parçourant, pendant cette étape forte de 5 lieues, la charmante vallée de l'oued Ger dont on suit constamment le cours et en passant l'eau 22 fois. Bivouac au pied du mamelon où est bâti le marabout de Sidi-Abd-El-

Kader-Ben-Medla. Tout le pays est complètement soumis.

16. — Départ à 3 heures 1/2 du matin; le bataillon est d'avant-garde et la division continue à suivre la vallée jusqu'à la montagne du Gontas qu'elle traverse en laissant le Zaccar à droite, pour aller s'établir au bivouac de Sidi-Abd-El-Kader sous Milianah; l'étape est de 6 lieues. On apprend, en arrivant, l'affaire que le 3e bataillon de chasseurs et les compagnies détachées ont eue avec les Kabyles de la montagne, et dans laquelle il y a eu 40 ou 45 hommes tués, dont plusieurs officiers: MM. de Pointis, capitaine, Pesar, lieutenant de chasseurs, et Odiardi, capitaine au 1er de ligne.

17. — Séjour. Le général fait déposer dans la place le convoi dont il était chargé.

18. — Départ à 3 heures 1/2 du matin; les bataillons quittent successivement leurs positions. Le bataillon est placé derrière le convoi arabe. Le division s'arrête à 2 lieues dans la plaine, sur la rive gauche du Chélif, pour attendre la soumission de la tribu des Beni-Zoug-Zoug. Bivouac à Bou-Kerchfa.

19. — Séjour. La cavalerie part à 4 heures du matin pour aller pousser une reconnaissance dans les environs; elle rentre à 11 heures au camp.

20. — Le bataillon est d'avant-garde et quitte le camp à 3 heures 1/2 du matin; à 1 heure de marche, un canonnier de Ben-Halel vient annoncer au général la désertion de 25 canonniers et l'approche de la tribu des Beni-Zoug-Zoug que la cavalerie s'empresse d'aller protéger. Le bivouac est établi sur la rive droite du Chélif, territoire des Beni-Kemarian.

21. — Départ à la même heure; comme la colonne traverse un pays qui n'a pas fait sa soumission, on brûle toutes les moissons et les habitations qu'on rencontre sur

la route. La chaleur est excessive et le *sirocco* commence à se faire sentir avec force. Après l'étape, qui est de 5 lieues 1/2, le général fait établir le camp sur la rive droite du Chélif, au-dessus du confluent de l'oued Bou-Calli.

22. — Départ à la même heure; le bataillon est d'arrière-garde et chargé de continuer à incendier les moissons. Bivouac à l'oued Foudda, où l'eau est excellente et très abondante. Etape de 4 lieues.

23. — Séjour. A 1 heure après-midi, le bataillon, ainsi que 3 autres de la division, et la cavalerie, partent pour aller brûler les moissons et les gourbis jusqu'à plus de 2 lieues du camp. Entrée au camp à 5 heures 1/2.

24. — Départ à 3 heures 1/2; le bataillon est d'arrière-garde; on continue à brûler pendant toute la route, sur laquelle on rencontre à chaque pas des ruines romaines; étape de 5 lieues. Bivouac à Sinab, près de l'ancienne ville de Tikavas.

25. — Départ à la même heure; le bataillon est d'avant-garde; étape de 4 lieues pour aller s'établir à Mecheta-Sidi-Ralifa, rive droite du Chélif. Les Sbias viennent faire une soumission complète au général qui fait arrêter l'incendie et la dévastation. Les Ouled-Abbès, alliés des Français, viennent présenter leurs hommages au général et au Kalifat du Cherck-Ben-Abdallah.

26. — La division reste sur le même emplacement toute la matinée, et les caïds, cheicks, etc., reçoivent les burnous d'investiture de l'aga El-Mezari et du Kalifat Ben-Abdallah.

On quitte le camp à 3 heures après-midi pour aller bivouaquer à Grémis, sur la rive gauche du Chélif et près de ruines romaines.

27. — Départ à 3 heures 1/2 du matin pour aller, à

4 lieues de là, bivouaquer sur la rive droite du Chélif, au-dessous du confluent de l'oued Oualizan. Ben-Abdallah envoie de magnifiques couscousses à tous les chefs de corps de la division.

28. — Départ à la même heure; étape de 5 lieues. Bivouac au-dessous du confluent de l'oued Taria, rive droite du Chélif, et près de la grande maison de Sidi-Ariby. Une quantité considérable de tribus sont campées dans la plaine et fournissent un grand marché pour les troupes de la colonne.

Le général emmène 13 otages pour assurer d'une manière plus certaine la soumission des Sbias et des Beni-Zerouel.

29. — Départ à la même heure; le bataillon est d'avant-garde; la colonne passe le Chélif pour marcher sur la rive gauche et entrer dans la plaine de la Mina, qu'on traverse aussi, pour aller s'établir sur la rive gauche, à Meldja-Outa-El-Genoussi; étape de 4 lieues.

30. — Départ à la même heure; le bataillon est d'arrière-garde. Belle route à travers les bois, mais étape de 5 lieues et presque continuellement dans le sable, et vraiment fatigante pour les fantassins. Bivouac boisé et magnifique à Sour-Kel-Mitou, près d'une fontaine d'une eau admirable et excellente et où l'on trouve les restes trés bien conservés d'un ancien château-fort arabe du XIVe ou XVe siècle. Le général part à midi avec la cavalerie pour Mostaganem.

Juillet

1er juillet. — Départ à 2 heures du matin; le bataillon est d'avant-garde; étape de 6 lieues par une route très sablonneuse et fatigante; arrivée à Mostaganem à 10 heures.

Campagne d'été. — 2 et 3. — Séjour à Mostaganem.

4. — Le bataillon part à 5 heures du matin avec 15 sapeurs du génie, pour aller réparer les fontaines et les abreuvoirs de Mezera, et arrive à 9 heures du matin. La chaleur devient de plus en plus insupportable et le sirocco se fait fortement sentir.

5. — Séjour pour le bataillon. La division n'arrive qu'à 8 heures du soir au bivouac, sous le commandement du général d'Arbourville, et se compose :

ÉTAT-MAJOR

MM. PÉLISSIER, Colonel; DE MARTINPREY, Capitaine chargé de la partie topographique; DE MIRANDOL, Lieutenant.

Une section d'artillerie.

Une section de sapeurs du génie, Capitaine VASSEUR.

600 cavaliers du goûm arabe, BEN-ABDALLAH.

200 chasseurs à cheval, Colonel MAREY.

Train des équipages.

2 bataillons du 1er de Ligne, Colonel PATÉ.

Chasseurs d'Orléans, 5e bataillon, Chef de bataillon MELLINET.

Légion étrangère, un bataillon, Colonel d'ESPINOY.

13e Léger, 2 bataillons, Colonel DE LA TORRE.

6. — Départ à 3 heures 1/2 par la plaine de l'Habra, pour aller établir la division à l'excellent bivouac de Madar où l'on trouve beaucoup d'ombrage et de l'eau parfaite. Etape de 3 lieues 1/2.

7. — Départ à 3 heures; étape de 7 lieues toujours dans les sables. Le général établit le bivouac à El-Cantara-Fè-Mina, qui paraît faire partie de ruines considérables et d'un aqueduc construit par les Turcs et destiné à amener les eaux de la Mina. La chaleur continue à devenir ex-

cessive. Les cavaliers de Sidi-Ariby viennent rejoindre la division.

8. — Départ à la même heure; le bataillon est d'arrière-garde et la chaleur, qui est encore plus forte que la veille, est la cause qu'un grand nombre d'hommes restent en arrière. Arrivée à une demi-lieue du bivouac de Aïn-Anseur, chez les Beni-Bergoum, où s'établit la division.

Le commandant, avec les officiers du bataillon montés, MM. de Jouvancourt, de Luxer, de Labareyre, de Lastic, de Pontual, Alaizeau et 12 hommes sans sac, commandés par le caporal Saint-Léon, sont obligés de faire volte-face et de pousser à plus d'une demi-lieue pour empêcher 4 maraudeurs de la légion étrangère d'être enlevés par les arabes ; étape de 8 fortes lieues. Trois soldats de la colonne meurent, frappés d'apoplexie.

9. — Départ à 4 heures 1/2 ; étape de 2 lieues, la moitié à travers les bois, mais sans rencontrer l'ennemi. Bivouac sur l'oued Menasfa et à Dar-Sidi-Abdallah.

10. — Séjour. Pendant la nuit, un chasseur de 1re classe tue avec beaucoup de sang-froid un arabe qui venait pour voler des fusils et tâcher d'égorger un factionnaire.

A 10 heures du matin, le commandant, avec le capitaine de Jouvancourt, le sous-lieutenant Guilhem et la compagnie de carabiniers, pousse jusqu'à plus d'une lieue du camp pour s'emparer d'un troupeau de 1,000 ou 1,200 têtes de bétail, mais dont le général fait rendre une partie, par suite de la soumission d'une portion des Flita qui s'était approchée de notre camp.

11. — La division part à 4 heures du matin ; l'étape n'est que de 3 lieues, mais toujours à travers les bois, dans un pays extrêmement accidenté et qui eut été très difficile avec un ennemi un peu entreprenant. Bivouac sur le Menasfa, à El-Mlaad-Mta-El-Garbous, dans un

magnifique vallon, mais entouré de montagnes et détestable comme position militaire. Une heure après l'arrivée de la division, le général fait prendre les armes au bataillon et au goum des Arabes pour aller au devant du 13e léger qui, ayant pris par la rive gauche du Menasfa et dans un défilé très étroit et dangereux, a été un instant engagé avec les dissidents des Flita qui lui ont blessé quelques hommes. A l'approche du général, l'ennemi s'éloigne complètement, et nous rentrons au camp.

12. — Séjour. La tribu des Hammamrah offre de se soumettre au général, qui la reçoit à composition en gardant le chef le plus influent pour le conduire à Mostaganem.

13. — Départ à 4 heures du matin; le bataillon est d'arrière-garde et la colonne, par une journée assez longue, très chaude et très fatigante, voyage continuellement à travers les bois et dans les défilés les plus étroits et les plus difficiles. Pendant quelques heures, un assez grand nombre de cavaliers et d'Arabes à pied viennent pour inquiéter l'arrière-garde, mais 2 sections de la légion étrangère, placées sur les flancs, et 20 carabiniers du bataillon à l'extrême arrière-garde qui, dans peu d'instants, leur descendent plusieurs hommes, suffisent pour nous débarrasser de ces misérables sans importance.

Le sergent de carabiniers Thibaud abat un cheval à plus de 500 mètres. Le bataillon arrive au camp, qui est établi à l'Hammam des Beni-Jsed, à une heure.

14. — Séjour. Le général reçoit la soumission des Beni-Issar, des Chellegel et des Beni-Souma, fractions des Flita.

15. — Le camp reste établi sur le même emplacement, mais à 11 heures du matin, le bataillon, le 13e léger, la cavalerie et le goum partent pour aller châtier et brûler la fraction insoumise des Choualla, à qui nous faisons beaucoup de mal. La 1re et 2e compagnies du bataillon

font une petite razzia de bœufs et de sel. Les troupes sorties du camp y rentrent à 5 heures du soir.

16. — La division part à 4 heures du matin, en suivant la rive droite du Menasfa sur lequel, après une étape de 3 lieues à peine, elle établit son bivouac au milieu des tentes des Ouled-Sidi-Yaga, qui s'empressent d'amener au général le cheval de soumission, ce que font également les Ouled-Sidi-El-Asrag et les Ouled-Sidi-Yaga-Ben-Ahmed. Cet emplacement, entouré de montagnes de tous côtés, et par une chaleur de 35 à 40 degrés, est le plus mauvais bivouac qu'ait trouvé la division pendant l'expédition.

Le général, ayant achevé la mission dont il avait été chargé par le général de La Moricière, les fatigues de la colonne devenant aussi tous les jours plus pénibles à supporter, se décida à rentrer à Mostaganem, dont nous reprenons la route la plus directe le lendemain.

17. — Départ à 4 heures du matin en continuant par la rive droite du Menasfa, pour aller bivouaquer près de la maison de Sidi-Abdallah, que nous avons détruite et brûlée au premier passage de la colonne, le 10.

18. — Départ à la même heure ; le bataillon est d'arrière-garde et, quoique nous traversions un pays soi-disant soumis, deux arabes embusqués derrière un rocher tirent, très près, deux coups de fusil sur la compagnie de carabiniers d'extrême arrière-garde, mais sans heureusement blesser personne. Bivouac à Aïn-El-Anseur, sur la rive gauche de l'oued Djémâa.

19. — Départ à 2 heures du matin ; la journée pour regagner la Mina est très longue et fatigante et on arrive tard au camp, qui est établi à Al-Cantara-Fè-Mina.

20. — Départ à la même heure; journée aussi longue et aussi fatigante que la veille ; bivouac à Madar.

21. — Le bataillon est d'arrière-garde ; la colonne, partie à 2 heures, pousse jusqu'à Mostaganem, après avoir fait une halte d'une demi-heure à Masera.

En arrivant à Mostaganem, le bataillon apprend l'affreuse mort de ce regrettable et vénéré Duc d'Orléans, notre digne organisateur, dont la perte est si malheureuse pour la France et irréparable pour le bataillon de chasseurs à pied, qui, par ordonnance royale du 18 août et en mémoire du Prince royal, porteront à l'avenir le titre de *Chasseurs d'Orléans*.

Juillet-Août

Du 22 juillet au 17 août. — Séjour à Mostaganem employé à réparer tous les effets, à passer des revues de détail, à manœuvrer, et à l'exercice si important du tir à la cible, en profitant des rares moments que le service et les travaux de la place laissent libres au bataillon.

18. — La division, toujours sous les ordres du général d'Arbouville, se met de nouveau en route à 5 heures après-midi, pour aller camper au bivouac de Masera. Le bataillon est d'avant-garde ; la composition de la colonne est la même qu'à la dernière expédition, moins le 2e bataillon du 13e léger, remplacé par le bataillon arabe du commandant Bosquet et un bataillon de la légion étrangère, commandant Caprez. Le lieutenant-colonel du 2e chasseurs Sentuary remplace également le colonel Marey dans le commandement de la cavalerie.

19. — Départ à 5 heures du matin ; le bataillon est d'arrière-garde ; bivouac à Madar.

20. — Départ à 2 heures du matin ; le bataillon est d'arrière-garde ; bivouac sur la rive droite de la Mina, à un quart de lieue du Cantara. Un voltigeur du 1er de

ligne est assassiné par des arabes en allant à la pêche ; le général, pour venger la mort de cet homme, envoie le bataillon du commandant Bosquet et quelques cavaliers M'Kaâlias du commandant d'Esterhazy pour châtier les populations chez lesquelles on suppose que se sont réfugiés les coupables, dont, en effet, un est livré et a la tête coupée.

21. — Départ à 2 heures du matin ; bivouac à Aïn-El-Anseur ; le bataillon est d'avant-garde ; 2 soldats de la légion étrangère se font tuer en restant en arrière pour marauder. Le chasseur Amic, de la 5e compagnie, tue, pendant la nuit, avec beaucoup de sang-froid, étant en faction au poste avancé de la grand'garde, un arabe voleur de fusils sur lequel on trouve 20 piécettes espagnoles, qu'Amic partage avec ses camarades.

22. — Départ à 4 heures du matin ; le bataillon est devant le convoi ; bivouac à l'oued Menasfa, près de Dar-Sidi-Ben-Abdallah ; le bataillon trouve plusieurs silos très abondants que nous indiquons au général.

23. — La division reste établie sur le même emplacement ; à 2 heures du matin, le général fait partir, sous les ordres du colonel Sentuary, le bataillon turc, 2 compagnies d'élite du 1er de ligne et tout le goum arabe, pour aller tenter une razzia sur les Ouled-Sidi-Yaga, qui réussit parfaitement, produit une centaine de prisonniers et un troupeau considérable. Deux des arabes du goum sont tués dans cette petite affaire et la cavalerie a 2 hommes légèrement blessés. Le bataillon part à 6 heures du matin pour aller faire du fourrage et vider les silos à une lieue du camp.

Kaddour-Ben-Morfy est nommé aga du caïd des Flita et reçoit l'investiture des mains du général d'Arbouville.

24. — Séjour au même camp; on continue à vider les silos indiqués par le bataillon.

25. — La colonne part à 4 heures du matin, remonte le Menasfa et va s'établir au même bivouac que le 16 juillet; le bataillon est d'arrière-garde; étape de 4 lieues.

26. — Séjour au même bivouac.

27. — La division part à 4 heures du matin en continuant à remonter le Menasfa, et va camper à Raouya, dans le sud; le bataillon est d'avant-garde; on vient annoncer au général que toutes les tentes réunies des tribus dissidentes se sont réfugiées dans la vallée de l'oued Riou.

28. — Les 2 bataillons du 1er de ligne, le 5e bataillon de chasseurs d'Orléans et toute la cavalerie partent à 1 heure du matin sous les ordres du général, pour se porter en avant; les bagages et le reste de la division, commandés par le colonel d'Espinoy, devant suivre à 2 heures d'intervalle pour rejoindre le général sur l'oued Riou à Kreneg-El-Guettâa, dans le pays de Chekkala; l'ennemi ayant été prévenu et quelque diligence qu'ait pu faire la colonne expéditionnaire, qui marchait avec une rapidité extraordinaire, nous ne pûmes atteindre les douairs qui avaient eu assez d'avance, pour se jeter dans la montagne.

Cette journée, et dans un pays très accidenté, ne fut pas de moins de 9 à 10 lieues; néanmoins, notre colonne arriva à midi au bivouac, mais elle ne fut rejointe qu'à 5 heures du soir par celle du colonel d'Espinoy.

29. — Le général fait faire séjour à la division au milieu de populations encore insoumises; toute la journée les montagnards kabyles viennent engager de continuelles fusillades avec nos fourrageurs, mais sans qu'il en résulte aucun accident et sans parvenir à nous empêcher de

vider leurs silos et prendre leur paille ; à 10 heures du soir, ils veulent faire croire à une attaque générale du camp, se placent dans toutes les directions occupées par nos avant-postes, poussant des hurlements sauvages, tirant beaucoup et inutilement, selon leur habitude ordinaire dans de semblables tentatives, mais sans oser s'approcher de nous et sans qu'aucune de leurs balles, malgré l'immense quantité de coups tirés, arrive jusqu'au camp. Enfin, à minuit, cette ignoble pétarade cesse complètement et n'empêche plus nos hommes de reposer jusqu'à la diane.

30. — La division se met en marche à la pointe du jour ; le bataillon est placé devant le convoi ; aussitôt que l'arrière-garde, composée de 2 bataillons du 1er de ligne (commandés par le colonel Paté, officier supérieur aussi vigoureux qu'expérimenté), quitta le bivouac, elle fut immédiatement attaquée par plus de 2,000 fantassins et 8 à 900 cavaliers ; si l'attaque fut vive, elle fut rudement repoussée par le brave 1er de ligne et son digne colonel. 24 tribus insoumises s'étaient réunies pour nous combattre. Une demi-heure après le départ du bivouac, le commandant Mellinet envoie le capitaine adjudant-major de Labareyre, avec 18 carabiniers, se mettre à la disposition du colonel Paté, qu'il savait sans même une pièce de montagne. A peine le capitaine de Labareyre a-t-il quitté la queue du convoi, qu'il est rejoint par le chef d'escadron Walsin d'Esterhazy et 60 M'Kaâlias et qu'ils sont presque aussitôt entourés par 4 à 500 arabes, fantassins ou cavaliers, devant lesquels ils font non seulement bonne contenance pendant près de deux heures, mais encore à qui, à l'aide de nos grosses carabines, de l'adresse et de l'énergie vraiment remarquables de nos carabiniers, ils tuent 12 à 15 hommes devant les compa-

gnies du 1er de ligne qui, voyant leur position, arrivaient pour leur porter secours, mais en leur témoignant leur admiration d'une aussi vigoureuse conduite. Ces 18 carabiniers, aux ordres du capitaine de Labareyre, continuent à tirailler à l'arrière-garde avec le plus grand bonheur et de manière à mériter les éloges du colonel Paté, qui a bien voulu les mentionner particulièrement dans son rapport au général. Pendant ce temps, le commandant Mellinet prend les 2e et 3e compagnies pour protéger et flanquer le convoi sur la rive gauche de l'oued Riou; arrivé au bas du plateau sur lequel le général avait fait faire halte aux bataillons de la tête, le commandant fait rentrer la 3e à la colonne et place la 2e compagnie, commandée par le capitaine de Pontual, une partie sur un petit mamelon dominant la plaine et gardant les ravins, une autre sur la chaussée, et il descend, avec ce capitaine et une douzaine d'hommes, dans le lit de la rivière pour mettre à distance une cinquantaine de cavaliers qui, en faisant la *fantasia,* auraient pu tuer ou blesser des hommes ou des bêtes du convoi. Dans ce tiraillement, qui dure à peine une demi-heure, sans que nous ayons un seul homme touché, les chasseurs de la 2e descendent très adroitement 2 cavaliers arabes et blessent 2 chevaux ; l'ennemi, cessant alors de tirer et d'ailleurs les positions occupées par la 2e étant excellentes, ces tirailleurs remontent sur la chaussée, mais le commandant, apercevant l'arrière-garde à peu de distance et les cavaliers et kabyles se diriger en masse dans notre direction, s'empresse d'envoyer le capitaine de Pontual, avec 25 hommes de sa compagnie, soutenir les 20 déjà placés sur le mamelon, et, en effet, il les avait à peine rejoints qu'il fut aussitôt assailli par une quantité innombrable d'arabes, qu'il contint parfaitement et à qui il tua, en se précipitant sur eux à la baïonnette, 18 hommes et 21 chevaux, n'ayant que 4 hommes blessés. Le commandant accourut alors avec le sous-lieutenant de carabiniers Guilhem et quelques chasseurs du bataillon et du 1er de ligne, qu'il put trouver à sa portée, et en moins de 10 minutes il y avait 25 cadavres et 2 chevaux étendus dans le ravin, que l'ennemi, quoiqu'en nombre dix fois supérieur, n'osait plus essayer de venir enlever. Cette compagnie (après cet engagement si chaudement mené) est rentrée au bataillon avec 6 chevaux, tout harnachés, des armes, des burnous et toute la dépouille des arabes qu'elle venait de tuer. Le commandant ne saurait faire trop d'éloges de l'énergie et de l'entrain vraiment remarquable que M. le capitaine de Pontual, blessé à la poitrine, et M. le sous-lieutenant Guilhem (1) ont déployé dans cette action devant ses yeux, en faisant preuve du plus grand sang-froid et d'une rare intelligence. Il mentionnera, à la fin de la relation de la campagne, le nom de tous les braves soldats qui se sont particulièrement fait remarquer et qu'il a mis à l'ordre du bataillon.

Une nouvelle section de carabiniers, avec le lieutenant de Lastic, de cette même compagnie, aux ordres du commandant Mellinet, continue le reste de la journée aux combats de l'arrière-garde qui n'ont pas duré moins de 6 heures avant l'arrivée au bivouac, et elle s'y conduit de manière à mériter les compliments les plus francs du colonel Paté et de nos braves camarades du 1er de ligne, régiment si bon et si vigoureusement trempé.

(1) Guilhem, tué devant Paris en 1870, était général de brigade, très regrettable, très capable et très vaillant officier. (Note du général Mellinet).

Arrivée au bivouac, la section de carabiniers de grand'garde, commandée par le sous-lieutenant Guilhem, est conduite par le commandant Mellinet sur une nuée de kabyles qui venaient pour se ruer sur les avant-postes et tenter d'enlever les hommes de la colonne allant à l'eau ou au bois, eut encore l'occasion de faire preuve de la plus grande vigueur et de montrer toute la bravoure et l'entrain de nos hommes, qui culbutèrent cette quantité de kabyles, hurlant, poussant des cris comme des forcenés, et à qui ils firent passer les ravins placés près de nos avant-postes, après leur avoir tué 10 hommes et blessé probablement plusieurs, n'ayant, nous, que quelques légères blessures à constater. Enfin, à la nuit seulement, nos pauvres carabiniers purent se reposer et nous ne fûmes plus inquiétés jusqu'au lendemain au départ.

La division bivouaque sur le Menasfa, près de l'entonnoir de Garboussa.

31. — Départ à 4 heures du matin ; le bataillon est d'arrière-garde et reste en position jusqu'à ce que toute la division ait passé le défilé du Col ; les hauteurs sont gardées et les dispositions si bien prises que les arabes, au nombre de 5 à 600, n'osent pas attaquer au départ, mais, à peine à 1 lieue 1/2, comme ils paraissent vouloir se montrer audacieux et acharnés comme la veille, le chef de bataillon Mellinet, qui commandait l'arrière-garde, fit faire quelques retours offensifs très vigoureux, tendre plusieurs embuscades, qui réussirent complètement, et tirer des coups d'obusiers très heureux qui, avec le tir de nos grosses carabines, firent perdre beaucoup de monde à l'ennemi, dans une proportion infiniment plus forte que d'habitude. La journée est longue, chaude et pénible ; 2 à 300 arabes continuent à nous

suivre, comme ils l'avaient fait toute la matinée, jusqu'au bivouac de l'hamman des Beni-Ised, où va s'établir la division, mais sans oser s'engager, quoique se faisant tuer encore une dizaine d'hommes par le feu de nos excellentes grosses carabines et l'adresse de nos tireurs. Le bataillon, comme la veille, a quelques hommes blessés et un tué, dont les noms seront consignés à la fin de l'itinéraire de cette expédition.

Septembre

1er. — Séjour au même bivouac ; le général reçoit les chefs des Beni-Ised et de quelques autres tribus dissidentes, qui viennent lui faire des propositions qu'il n'accepte pas. 50 hommes du bataillon, commandés par le capitaine Lecat, vont à la recherche de silos d'orge, dont ils en découvrent dix entièrement pleins et qui suffisent pour la nourriture des bêtes de la division.

2. — Continuation de séjour au même bivouac pour faire reposer les malades et les blessés, qui sont assez nombreux.

3. — Départ à 4 heures 1/2 du matin pour aller bivouaquer à 2 lieues sur l'oued Menasfa, à la vallée des *Artichauts ;* le bataillon est d'avant-garde.

4. — Départ à 4 heures 1/2 ; le bataillon flanque le convoi à gauche et le capitaine de Labareyre se rend, avec 20 carabiniers à l'arrière-garde qui, à 1 lieue du bivouac, est encore vigoureusement attaquée, mais composée du 1er de ligne, commandée par le colonel Paté, elle charge plusieurs fois à la baïonnette en lui faisant perdre du monde ; cependant, arrivé à 1 petite lieue du bivouac de l'Anseur et le terrain devenant de plus en plus difficile et fourré, le général envoie l'ordre au commandant de

réunir ce qu'il aurait de chasseurs sous la main, de leur faire promptement poser les sacs à terre et prendre le pas de course pour contribuer au retour offensif exécuté par le 1er de ligne avec un entrain admirable ; de ce moment les 2 compagnies du bataillon, amenées par le commandant, forment l'extrême arrière-garde et soutiennent le choc de l'ennemi jusqu'au bivouac établi à Aïn-El-Anseur.

Les carabiniers, le capitaine de Labareyre et plusieurs chasseurs eurent encore l'occasion de se signaler d'une manière toute particulière dans cette journée. Le bataillon turc, commandé par le brave commandant Bosquet (1), fut aussi engagé à la fin de l'action et fit preuve de beaucoup d'ardeur. Les arabes entourent le camp de tous côtés sans cependant rien tenter dans la journée ni la nuit, mais en montrant bien qu'ils seraient nombreux le lendemain pour suivre la colonne dans le bois si fourré que nous avons à passer.

5. -- Départ à 4 heures 1/2 ; le bataillon, resté en position jusqu'à ce que toute la division soit entiérement engagée dans le bois, est attaqué avec tant d'acharnement qu'avant de rejoindre la colonne il exécute deux charges à la baïonnette qui rendent l'ennemi plus circonspect et lui font perdre beaucoup de monde.

Le bataillon forme l'extrême arrière-garde ; toutes les compagnies sont engagées successivement dans cette journée où le bataillon, qui ne cesse de combattre pendant plus de 4 heures avec un ennemi brave et très décidé, fait preuve de la plus grande ardeur, se battant avec une gaité et un entrain au-dessus de tout éloge,

(1) Devenu Maréchal de France et mort *bientôt trop tôt* pour ses amis et les immenses services, qu'avec ses grandes capacités, il aurait pu rendre à son pays. (Note du général Mellinet.)

et en *abimant* l'ennemi audacieux qui nous poursuivait. A la sortie du bois, dans une éclaircie et après 4 heures de marche, le convoi ayant filé rondement, le général fait masquer les chasseurs à cheval et nous ordonne de battre en retraite au pas de course ; en s'apercevant de ce mouvement, l'ennemi pousse de grands cris en sortant du terrain difficile où il se trouvait et il se hasarde à nous suivre ; alors, les 100 chasseurs à cheval commandés par le colonel Sentuary et les capitaines de Cotte et de Brahaut, sortant de leur embuscade, soutenus par le bataillon, se précipitèrent sur les kabyles, les atteignirent et en tuèrent un très grand nombre. Le commandant et le capitaine de Labareyre prirent part à cette charge, qui s'exécuta avec beaucoup de vigueur. De ce moment, tout combat cesse et la division continue sa marche jusqu'au Cantara-Fé-Mina, où elle bivouaque.

6. — Départ à 2 heures du matin ; le bataillon est d'avant-garde ; bivouac à Madar. Le général continue avec la cavalerie pour rentrer à Mostaganem.

7. — Départ à la même heure ; rentrée à Mostaganem.

A son arrivée à Mostaganem, la division y trouve M. le gouverneur général Bugeaud, qui fait appeler le commandant pour le féliciter sur la brillante conduite du bataillon.

Pour que les noms des braves soldats qui se sont particulièrement fait remarquer dans les combats des 30 et 31 août, 4 et 5 septembre, restent dans les archives du corps, le commandant transcrit sur ce registre l'ordre du jour en date du 8 septembre, qu'il a adressé, à Mostaganem, au bataillon :

Ordre du jour du 8 septembre 1842

Je croirais manquer à mon devoir et ne pas comprendre l'honneur qu'il y a pour moi de commander le brave 5e bataillon de chasseurs d'Orléans si, en rentrant à Mostaganem, je ne m'empressais d'adresser les éloges les plus sincères et les plus mérités à tous ceux qui ont pris part à la dernière expédition, et qui se sont si vigoureusement conduits dans les différents combats que la division a eu à soutenir ; si je ne puis donner ici les noms de tous les braves soldats du bataillon qui mériteraient d'être cités, qu'il me soit permis au moins (convaincu que je ne fais qu'un acte de justice) de mettre à l'ordre du bataillon :

Pour la journée du 30 août

MM. le capitaine DE LABAREYRE, adjudant-major, et le capitaine DE PONTUAL, de la 2e compagnie, blessé d'un coup de feu à la poitrine.

MM. le lieutenant DE LASTIC et le sous-lieutenant GUILHEM, qui, tous quatre, ont fait preuve de tant de sang-froid et d'énergie et ont si bien dirigé les hommes placés sous leur commandement.

De la 1re compagnie

Le sergent de 2e classe SAINT-LÉON, blessé à la jambe gauche et nommé sergent pour le courage qu'il a montré dans la campagne.

De la 2e compagnie

Le sergent RIVRON, sergent aussi brave devant l'ennemi et menant ses hommes avec le plus grand entrain. Les chasseurs DUPLA, AUGEY, COQUIN, BLONDELLE, ROCABERT, ce dernier blessé d'un coup de feu à la cuisse ;

GARNIER, un coup de feu à la jambe gauche ;

ROUSSET, une contusion dans les reins.

De la compagnie de carabiniers

Le sergent VIVOT, qui a constamment fait preuve de tant d'intrépidité et de sang-froid pendant toute l'expédition et a reçu un coup de feu à la main droite ;

Le caporal GANIDEL, qui a reçu une contusion au bras droit.

Les carabiniers

MONDON, blessé d'un coup de feu à l'épaule droite ;

LINDENMANN, une contusion aux reins ;

BOVIER, une contusion aux reins ;

RUELLE, une contusion à la jambe gauche ;

ROZANT, une contusion au côté gauche ;

BOURGEOIS, une contusion à la hanche gauche ;

Guesné, un coup de feu à la jambe gauche ;
Lacour, un coup de feu à la hanche gauche ;
Renaud, qui a tué 10 arabes dans la campagne.

Pour la journée du 31 août

MM. le capitaine Lecat et lieutenant Chopin, qui ont mené la ligne d'extrême arrière-garde avec beaucoup de sang-froid et d'intelligence.

De la 4e compagnie

Le sergent du tir Pautard, qui déjà au combat du 30 s'était si bien conduit avec la compagnie de carabiniers ;
Le chasseur Jannot, tué sur le champ de bataille ;
Le chasseur Loyal, blessé au côté droit.

Pour le combat du 4 septembre

De la 4e compagnie

Le sergent Saint-Léon, blessé pour la 2e fois d'un coup de feu à la main droite ;
Alliot, caporal, tué sur le champ de bataille ;
Dessauvages, qui a reçu un coup de feu à la main droite.

De la 2e compagnie

Mathieu, chasseur, blessé d'un coup de feu au talon gauche ;
Vessière, une contusion à la cuisse gauche.

De la 3e compagnie

Le sergent Cabochette, qui a reçu une contusion au côté droit ;
Les caporaux Devaux et Viallet, le chasseur Dimanche, le chasseur Mollard, blessé d'un coup de feu dans les reins.

De la 5e compagnie

Le sergent Bourzeic, le caporal Segond, qui a été blessé au bras gauche ; les chasseurs Tailly, Garnier, blessé à la jambe droite, Ayraud, blessé au bras gauche.

De la compagnie de carabiniers

Le sergent Lajus, qui, quoique très grièvement blessé, ne voulait pas quitter l'extrême arrière-garde, où il s'était conduit avec la plus grande énergie ;
Le caporal Bernard, blessé d'un coup de feu à l'avant-bras gauche ;

le carabinier SARRAZIN, blessé à la cuisse gauche ; FAURE, blessé au pied gauche ; BOUSSÈS, blessé au genou gauche ;

MM. le capitaine DORÉ, les sous-lieutenants D'ARUILE et DESGRANGES, qui ont dirigé leurs lignes de tirailleurs avec beaucoup d'entraînement et de bravoure ;

L'adjudant DEBRAS, blessé grièvement d'un coup de feu au bras droit, et qui s'est fait remarquer dans le retour offensif de la 4e compagnie et des carabiniers dont il commandait la réserve ;

Le docteur BRISSET, qui ne quitte jamais le poste du bataillon où il y a le plus de danger à courir ;

Enfin je terminerai en adressant mes compliments à tous les sous-officiers, sans exception, qui ont été irréprochables pendant toute l'expédition.

Le Chef de bataillon,

MELLINET.

Ont été mis à l'ordre général de l'armée du 8 septembre, pour s'être fait particulièrement remarquer dans les combats des 30 et 31 août, 4 et 5 septembre, MM. les capitaines de Labareyre et de Pontual, l'adjudant sous-officier Debras et le sergent de carabiniers Vivot qui, tous quatre, auraient mérité une récompense pour leur brillante conduite dans ces différentes affaires.

Le chef de bataillon Mellinet a été également mis à l'ordre général de l'armée du 8 septembre pour les mêmes combats.

9. — MM. les généraux de La Moricière, commandant supérieur de la province d'Oran, Bedeau, commandant la division de Tlemcen, et d'Arbouville, commandant la division mobile de Mostaganem, se réunissent chez M. le Gouverneur général pour conférer sur la situation des affaires de la province et sur les opérations à entreprendre dans la campagne d'automne.

10, 11, 12, 13, 14, 15. — Séjour à Mostaganem pour

réparer tous les effets et mettre le travail de la comptabilité au courant.

Campagne d'automne. — 16 septembre. — Par suite de nouvelles venues de la plaine du Chelif et l'apparition récente de l'émir Abd-El-Kader chez les portions de tribus dissidentes des Flita, qui sont en complète insurrection contre l'autorité de la France depuis la dernière sortie, la division d'Arbouville se met encore en route à 3 heures après-midi pour aller bivouaquer à Masera ; le bataillon est d'arrière-garde ; la colonne est composée de la même manière qu'à la dernière expédition, moins le bataillon turc du commandant Bosquet, qui est remplacé par un bataillon du 6e léger commandé par M. Le Blond. Le colonel Marey reprend aussi le commandement de la cavalerie, qui reçoit un renfort de 100 spahis. M. le sous-intendant adjoint de 2e classe de la Jonquière remplit les fonctions de son emploi dans la colonne.

17. — Départ à 4 heures 1/2 du matin ; le bataillon est d'avant-garde ; bivouac à Madar.

18. — Départ à 2 heures du matin ; le bataillon est en tête du convoi ; bivouac sur la Mina.

Le carabinier Grosmaire se noie en voulant traverser la Mina, malgré les recommandations faites si souvent et les précautions prises pour éviter de pareils accidents. Grosmaire est retiré de l'eau, après plus d'une heure de recherches, par le chasseur Hugues, mais sans pouvoir être rappelé à la vie.

Le général apprend, à n'en pouvoir douter, qu'Abd-El-Kader était parvenu, à la tête de 300 cavaliers et de 400 fantassins montés sur 200 chameaux, à se jeter dans les montagnes de l'Ouan-Sens ; on ajoute même que, suivi des cavaliers des Messelim, des Ouled-Sabor, des Beni-

Ouragh, des Fléa et de la partie des Flita révoltée, il avait tenté, sur les douairs du Kalifat Ben-Abdallah, une razzia qui avait complètement échoué, et qu'à la suite de ce coup de main manqué, il s'était jeté dans le pays des Flita, où il paraissait vouloir nous attendre; dès lors, le général se décide à se porter à la rencontre de l'émir, espérant pouvoir en même temps le faire repentir de son audace et punir les cinq tribus rebelles des Flita.

19. — Séjour au même camp ; le marqzen vient rejoindre le général, qui renvoie les cavaliers du Kalifat Sidi-Ben-Abdallah afin que, pendant que nous opérerons sur les Flita, les douairs soumis du Chélif soient à l'abri des coups de main de l'émir ou de ses Kalifat.

20. — Départ à 2 heures du matin ; bivouac à l'Anseur en traversant le bois des Beni-Dergoun et sans rencontrer l'ennemi, qui n'ose plus se montrer. Le bataillon est d'arrière-garde.

21. — Départ à 5 heures 1/2 ; le bataillon, désigné encore pour former seul l'arrière-garde, reste en position jusqu'à ce que toute la colonne soit complètement engagée dans le défilé de la montagne de Thiffour, du pays des Hammamrah. Les positions sont gardées d'avance à droite et à gauche et l'ennemi tiraille quelques coups de fusil insignifiants et à de si grandes distances que nous ne nous donnons pas même la peine de riposter. Bivouac sur le Menasfa, à Dar-Sidi-Abdallah, où on arrive de très bonne heure. A midi, le bataillon va protéger une corvée de fourrages et brûler les gourbis aux environs; en même temps, la cavalerie pousse une reconnaissance en avant et sur la droite et elle rentre au camp à 3 heures, avec le bataillon.

22. — Départ à 4 heures; avant-garde; étape de

5 lieues pour aller bivouaquer au Garboussa, chez les Hammamrah ; la route est difficile et très accidentée, mais, en cas d'attaque sérieuse, il serait possible de faire une longue halte aux deux tiers de l'étape, où se trouve un puits qui paraît abondant. Plusieurs fractions dissidentes font demander l'aman au général, qui le leur refuse.

23. — Séjour ; à 10 heures 1/2, la légion étrangère et 50 cavaliers partent pour aller faire une reconnaissance dans la montagne. Le bataillon prend les armes à midi pour protéger une corvée d'orge et de paille à une demi-lieue du camp, où on rapporte 120 sacs d'orge. La 4e compagnie et les carabiniers trouvent du sel et du beurre en quantité ; le bataillon rentre au camp à 4 heures.

Dans la nuit, le général reçoit un exprès du Kalifat Ben-Abdallah à qui il avait donné ordre de s'établir, avec son goum, au confluent du Chélif et de la Djeddiouia pour préserver les Darah des incursions de l'ennemi ; le Kalifat prévenait le général des inquiétudes qu'il ressentait pour Mézouna et les Beni-Ferrari, et de la nécessité qu'il y aurait de montrer la division sur ce point. Cette crainte paraissant fondée au général et la division n'ayant aucune opération importante à opérer après l'immigration de toute la population des Flita, que l'émir avait emmenés avec lui dans l'Ouan-Sens, nous partons le 24 à 5 heures du matin, en descendant la vallée de la Djeddiouia et traversant le pays des Beni-Messelim et des Ouled-Sabor, nouvellement révoltés et chez lesquels on brûle et dévaste tout. Le bataillon est en tête du convoi et, après une petite étape, on bivouaque sur le bord de la Djeddiouia, à 3 lieues de Garboussa.

25. — Départ à 5 heures du matin ; le bataillon est d'arrière-garde. La cavalerie du colonel Marey et le goum

prennent les montagnes à droite, et la colonne continue à suivre le cours de la Djeddiouia jusqu'à son embouchure. Arrivé dans la plaine du Chélif, par le pays des Ouled-Krouidem, on aperçoit les cavaliers de la tribu des Sbias qui, manquant à la soumission qu'ils ont faite au général au retour de Blidah, et ne se doutant pas de notre apparition dans ces parages, étaient occupés à vider les silos des Ouled-El-Abbès, nos alliés, le général lance alors la cavalerie arabe irrégulière à fond de train, en la faisant suivre de près par les chasseurs et les spahis, et quoique nous fussions séparés de l'ennemi par plus de 2 lieues, cet intervalle fut promptement franchi et les Sbias, pris pour ainsi dire en flagrant délit, quoique très nombreux, ne pensèrent qu'à fuir, mais beaucoup d'entre eux furent atteints, 70 restèrent sur le terrain, et 300 de leurs bêtes de somme tombèrent entre les mains de notre goum.

La division, après une marche chaude, longue et assez pénible, campe à Dar-Miloud-Ben-Arrach, sur le Chélif. 100 hommes du bataillon, commandés par le capitaine Lecat, restent en arrière en position et ne rentrent que 3 heures après le bataillon.

26, 27. — La division reste établie au même camp par suite d'une pluie continuelle et très violente, mais la bonne santé, l'énergie et la gaîté des hommes du bataillon leur font oublier ces moments de misère et d'ennui.

28. — Le général est obligé, n'ayant plus assez de vivres pour aller plus en avant, de descendre le Chélif, et la division quitte le camp à 11 heures du matin et établit, après une très courte étape, son bivouac près la maison du Kalifat Ben-Abdallah, sur le Chélif.

29. — Départ à 3 heures du matin ; étape très longue en continuant la vallée du Chélif et traversant celle de la

Djeddiouia, où le général lance le goum du Kalifat et pour continuer à protéger les Darah.

Le bataillon est d'avant-garde; la division établit son camp sur la Mina, près du gué de Relizan et au même emplacement que le 18.

30. — La division reste au même bivouac, mais le général fait partir une grande partie du convoi de l'administration et les malades, escortés par 150 cavaliers, aux ordres du lieutenant-colonel Poërio, de la légion étrangère, pour aller chercher des vivres à Mostaganem.

Octobre

1er. — Séjour au même camp; à 7 heures du soir, la division, moins un bataillon de la légion étrangère, qui reste à garder le convoi, part précipitamment pour se porter sur El-Bordje, qu'Abd-El-Kader est venu tenter de brûler et de saccager. Après une marche de nuit de 8 heures, le général apprend que les Bordgia ont eu une affaire avec l'émir qui, après avoir perdu une vingtaine de cavaliers et en avoir tué à peu près autant aux Bordgia, ne pouvant réussir à leur faire abandonner notre cause, s'est retiré en prenant la direction de Fortassa. On suppose qu'il avait encore avec lui 500 à 600 cavaliers, une centaine de fantassins montés sur des chameaux et une bande de pillards Flita attirés par l'espoir de faire une razzia. A 3 heures du matin, le général s'arrête et établit son camp à côté du village de Tili-Ourach, et sur le même emplacement où, le 17 juillet de l'année dernière, a eu lieu l'attaque de nuit et le lendemain d'un combat très vigoureux d'arrière-garde auquel le bataillon a pris part.

2. — La division reste établie au camp de Tili-Ourach,

où 200 cavaliers de la tribu des M'Kaâlias, nos alliés, viennent se présenter au général pour faire preuve de leur fidélité.

3. — Départ à 8 heures 1/2 du matin pour rentrer au camp de la Mina ; le bataillon est d'arrière-garde.

Le général apprend qu'Abd-El-Kader s'est décidé à se retirer, en se dirigeant vers les montagnes de l'Ouan-Sens, où sont établies ses tentes.

4. — Séjour au même camp du gué de Relizan ; pendant la nuit, un soldat de la légion étrangère est tué à bout portant d'un coup de pistolet par un arabe. Le convoi de Mostaganem arrive à 2 heures, sous l'escorte du bataillon indigène du commandant Bosquet. Le général reçoit de magnifiques armes et équipages de chevaux pour être offerts en cadeau au Kalifat Sidi-Ben-Abdallah et aux principaux chefs de son goûm.

5. — Séjour ; toute la cavalerie, aux ordres du colonel Marey, part pour aller faire une reconnaissance vers le village de Ben-Aouda et ne rentre au camp qu'à 8 heures du soir ; à midi, M. le sous-lieutenant Etournaud, venant de France, du 4e bataillon et nommé sous-lieutenant au 5e, est reconnu dans son nouveau grade par le commandant ; il est placé à la 1re compagnie.

6. — Séjour ; à 11 heures du matin, le bataillon part avec la cavalerie et les bêtes du convoi pour aller, sous les ordres du commandant, faire du fourrage et vider des silos à 3 lieues du camp ; il ne rentre au camp qu'à 7 heures du soir. Le temps devient mauvais et la pluie tombe à verse pendant toute la nuit.

7 et 8. — Séjour ; la pluie et le mauvais temps continuent presque sans interruption pendant les 2 jours.

9. — Départ à 6 heures 1/2 ; le bataillon est d'avant-

garde ; bivouac à l'oued Foùm-Ghrelouf, toujours dans la plaine et après une étape de 2 lieues.

10. — A 2 heures du matin, la cavalerie et 5 bataillons partent, avec le général, pour aller tenter une razzia sur les charras des Flita, qui réussit parfaitement. La cavalerie est seule engagée pendant 1 heure près du bois de l'Anseur, mais n'ayant qu'un cavalier tué et 4 blessés et en tuant 50 hommes à l'ennemi. La colonne revient à 6 heures du soir au camp, où 2 bataillons étaient restés à garder le convoi, et y ramène avec elle 200 prisonniers, un troupeau considérable et beaucoup de butin pillé par nos arabes alliés.

11. — Séjour ; à 11 heures, le bataillon va protéger un fourrage à 2 lieues du camp, où il rentre à 4 heures après-midi.

12. — Départ à 6 heures ; le bataillon est d'arrière-garde ; journée longue et pénible. Un soldat de la légion étrangère se brûle la cervelle pendant la route. Quelques coups de fusil sans importance sont tirés sur l'arrière-garde, qui n'a pas le moindre engagement sérieux ; bivouac sur le Menasfa, à Madgi-Hamed ; étape de 8 lieues.

13. — Départ à 6 heures ; le bataillon est d'avant-garde. On continue par la vallée du Menasfa pour aller établir le camp au bois du marabout de Raouya, chez les Ouled-Lassas ; étape de 2 lieues. La cavalerie prend par les hauteurs et ramène 4 prisonniers au général, qui lui apprennent que le général de La Moricière est établi avec sa division à 4 lieues de nous, et, en effet, à 8 heures du soir, le général de La Moricière, ayant su aussi que nous étions si près de lui, arrive de sa personne escorté par 300 hommes de cavalerie française ou arabe à notre bivouac pour conférer avec le général d'Arbouville. Le général de La Moricière annonce sa poursuite sur Abd-El-

Kader, auquel il a tué 100 cavaliers et pris 210 chevaux tout équipés et le fusil à l'arçon; les Ahross du Sahoua suivent ce général avec toutes leurs tentes et 6,000 chameaux et vident la quantité immense de silos qu'ils rencontrent sur la route que parcourt la division. Le général de La Moricière part à minuit pour retourner à son bivouac.

14. — La division ne quitte le camp qu'à 10 heures 1/2 en continuant la vallée pour aller bivouaquer à Tahallahit, sur le Menasfa, et après une étape de 3 lieues. Le bataillon est devant le convoi; on ne trouve de bois nulle part.

15. — Séjour sur le même emplacement; toute la journée est employée à vider les nombreux silos qui entourent le camp.

16. — Séjour; à midi, la cavalerie, 1 bataillon du 1er de ligne, 1 de la légion étrangère et le bataillon, prennent les armes pour aller brûler aux environs, et rentrent à 8 heures 1/2 au camp.

17. — Départ à 6 heures du matin en revenant sur nos pas et descendant le Menasfa, sur lequel la division campe, après 5 heures de marche, à El-Hadji-Amed. Le bataillon est d'arrière-garde.

18. — Séjour au même bivouac en continuant à vider tous les silos des environs.

19. — Départ à 4 heures du matin; le bataillon est d'avant-garde en parcourant la même route que le 12 pour aller s'établir sur la rive droite de la Mina. L'ennemi, qui avait fait de grandes menaces la veille, n'ose pas nous attaquer un instant.

20 — Départ à 4 heures du matin; le bataillon est devant le convoi; étape de 7 lieues, bivouac à Madar.

21. — Départ à 5 heures du matin; le bataillon est d'arrière-garde, rentrée à Mostaganem.

Du 22 au 31 octobre, le bataillon reste en station à Mostaganem, employé aux travaux et au service de la place et à se préparer à l'inspection générale.

Novembre

1 et 2. — Séjour.

3. — M. le lieutenant-général Fabvier, inspecteur général, passe la revue d'ensemble et de détail du bataillon, auquel il adresse beaucoup de compliments sur sa bonne tenue et son aspect tout à fait militaire.

4 et 5. — M. le général Fabvier continue à passer les différentes catégories de son inspection, qui est close le 6 novembre.

M. le général d'Arbouville, aimé et vénéré de tous ceux qui ont été assez heureux pour avoir l'honneur de servir sous ses ordres, quitte le commandement de la division mobile de Mostaganem pour rentrer en France, et est remplacé par M. le maréchal de camp Gentil.

12. — M. le chef de bataillon Mellinet, nommé lieutenant-colonel au 41e de ligne, quitte le commandement du bataillon, auquel il adresse en partant l'ordre du jour suivant :

Ordre du jour du 12 novembre 1842

Par ordonnance royale en date du 16 octobre, M. le chef de bataillon Mellinet est nommé lieutenant-colonel au 41e régiment d'infanterie de ligne et est remplacé dans le commandement du bataillon par M. le chef de bataillon Certain Canrobert, du 13e léger.

En annonçant au bataillon la récompense que le Roi a bien voulu m'accorder et que je dois à la bonne réputation de l'excellent corps que je me rappellerai toute ma vie avoir eu l'honneur de commander, qu'il me soit encore une fois permis d'adresser tous mes remerciements, tous mes éloges, aux dignes officiers qui m'ont prêté leur concours avec tant de zèle et de dévouement, à tous ces braves sous-officiers, caporaux et chasseurs qui ne m'ont jamais quitté dans les pénibles et souvent glorieuses expéditions auxquelles le bataillon a assisté depuis qu'il est en Afrique, et qu'il supportera toujours avec le même courage dans celles qu'il est encore appelé à faire.

Quel que soit le prix que j'attache à la faveur que je viens de recevoir du Roi, que tout ce qui appartient au 5e chasseurs d'Orléans sache bien qu'il m'est impossible de le quitter sans les plus vifs regrets, et que si quelque chose peut les adoucir, c'est de penser que je laisse le bataillon digne d'être commandé par l'officier si capable et si distingué nommé à ma place, qui est déjà connu de tous les officiers du bataillon par les plus nobles qualités et que chacun, j'en suis sûr, s'efforcera de seconder, pour continuer au 5e chasseurs d'Orléans la belle réputation qu'il s'est acquise en Afrique et qu'il ne démentira jamais.

Je me trouve heureux d'avoir été promu au grade de lieutenant-colonel dans la province d'Oran, puisque cela me donnera l'occasion de me trouver encore avec mes chers camarades du 5e chasseurs d'Orléans, qui n'oublieront pas, j'espère, qu'ils connaissent déjà les braves soldats du 41e de ligne, dont trois compagnies ont formé bataillon avec eux et que ma nomination, dans ce régiment, ne fera qu'augmenter les liens d'union qui existaient entre ces deux corps.

Le commandant du 5e bataillon de chasseurs d'Orléans,

MELLINET.

13, 14. — M. le commandant Canrobert est reconnu, par M. le lieutenant-colonel Mellinet, devant le bataillon, auquel il adresse, en en prenant le commandement, l'ordre du jour suivant :

15 Novembre 1842.

Officiers, sous-officiers, caporaux et chasseurs, redevable de l'honneur de vous commander à une des dernières intentions du noble Prince, notre organisateur, qui ne fut l'objet de nos glorieuses espérances que pour l'être aujourd'hui de nos plus amers regrets, je sais en comprendre le prix.

Connaissant toute l'importance de la mission que le Roi vient de me confier, j'accepte avec confiance les devoirs qu'il m'impose, car je trouverai chez vous toute la coopération nécessaire à leur accomplissement ; comptez sur moi, mes camarades, comme je compte sur vous, et nous continuerons ensemble à travailler à la gloire et aux intérêts de la patrie.

Je remercie mon loyal prédécesseur des soins qu'il a apportés à rendre le 5e bataillon de chasseurs d'Orléans un des plus beaux et des plus énergiques de l'armée ; après lui ma tâche sera facile.

Le chef du 5e bataillon de chasseurs d'Orléans,

Signé : Certain CANROBERT.

ÉPILOGUE

Pour clore la publication du *Journal de marche du 5e bataillon de chasseurs à pied*, pendant la période comprise entre le 30 septembre 1840 et le 16 octobre 1842, c'est-à-dire pendant le temps où le bataillon eut pour commandant Emile Mellinet, nous ne pouvons faire mieux que de relater les citations méritées par ce glorieux chef ; elles montreront qu'il dut, non à la faveur mais à ses services, sa nomination au grade de lieutenant-colonel au 41e régiment d'infanterie de ligne. Il fut, en effet :

Cité à l'ordre général de l'armée d'Afrique, en date du 17 août 1841, pour s'être distingué dans les opérations du ravitaillement de Mascara;

Cité dans le rapport du Gouverneur général de l'Algérie, en date du 13 juin 1842, pour s'être distingué dans divers combats livrés du 14 mai au 13 juin ;

Cité à l'ordre général de l'armée d'Afrique, en date du 13 juillet 1842, pour s'être particulièrement distingué pendant l'expédition d'Oran à Blidah;

Cité dans le rapport du général d'Arbouville, en date du 9 septembre 1842, comme ayant déployé un véritable mérite dans le commandement de l'arrière-garde au combat du 31 août, contre les Hammamrah et les Baoulas;

Cité à l'ordre général de l'armée d'Afrique, en date du 9 septembre 1842, pour s'être fait remarquer dans les combats livrés les 30 et 31 août, 4 et 5 septembre, aux Flittas et aux Kabyles de l'Ouarensenis.

Ces citations, que j'extrais des *États de service* d'Emile Mellinet, publiés en 1889 par la *Revue de Bretagne et de Vendée,* lorsqu'il fut nommé, avec Mgr le Duc d'Aumale, président d'honneur de la *Société des Bibliophiles Bretons et de l'Histoire de Bretagne,* forment comme un tableau synoptique du *Journal du 5e bataillon.* Si j'ai un regret aujourd'hui, c'est de n'avoir pas pris la plume lorsque, dans un jour d'épanchement, seul à seul dans son cabinet de travail, le brave général me raconta son existence. Quel encadrement curieux j'aurais pu donner par ce récit au *Journal* que je viens de publier avec la bienveillante autorisation de son neveu et exécuteur testamentaire, M. Biroché !

DOMINIQUE CAILLÉ.

NOTA. — Si dans ce *Journal de Marche* l'orthographe de certains mots (tels que *douair* pour *douar*) parait défectueuse, c'est que cette orthogaphe, en 1840, n'était probablement pas bien fixée.

Le Fluorure de Sodium

Agent de conservation du beurre

PAR A. ANDOUARD

Professeur à l'École de Médecine et de Pharmacie de Nantes

Aucun aliment n'est susceptible de conservation, s'il n'est stérilisé par la dessiccation, par la chaleur, par le froid ou par l'intervention d'un produit microbicide.

L'un des plus altérables est le beurre, et comme on ne peut lui appliquer, dans tous les cas, les trois premiers moyens de préservation, de tout temps on a cherché à y mélanger un agent conservateur.

Inspiré par les Conseils d'hygiène, le législateur n'a pas admis cette pratique et, d'une manière générale, il a sagement prohibé toute introduction d'antiseptique dans les aliments, en se basant sur les motifs qui suivent :

1° Les antiseptiques sont nuisibles à la santé ;

2° Ils rendent les aliments indigestibles ;

3° Ils dénaturent les sucs digestifs en paralysant les ferments naturels qui transforment les matières nutritives en principes assimilables par l'organisme ;

4° Ils peuvent dissimuler des altérations graves dans des aliments d'une conservation en apparence parfaite ;

5° Les doses d'antiseptique assez faibles pour être

inoffensives peuvent cependant déterminer une intoxication chronique, lorsqu'elles sont répétées tous les jours pendant longtemps.

Pour la plupart des antiseptiques, ces griefs sont exacts. Mais s'il se trouve une substance qui n'en soit pas passible, n'y a-t-il pas lieu de lever l'interdit en sa faveur?

Le Fluorure de Sodium est précisément dans ce cas. En ce qui concerne le beurre, tout au moins, on ne peut formuler contre lui aucune des critiques ci-dessus; il est facile de le démontrer.

1° Le Fluorure de Sodium n'est pas nuisible, en la proportion où il peut exister dans le beurre

Ses adversaires le rejettent en disant: il est toxique. La conclusion est excessive. La caféine est un poison autrement actif que les fluorures; il ne vient à personne cependant la pensée de proscrire l'usage du thé ou du café, sous prétexte qu'ils contiennent une forte proportion de caféine. Voyons, d'ailleurs, dans quelle mesure le Fluorure de Sodium est préjudiciable à la santé.

D'expériences nombreuses, exécutées sur des animaux, en France, en Angleterre et en Allemagne, on a déduit les faits que voici:

Le Fluorure de Sodium n'est un poison que si on le porte directement dans le système circulatoire ou dans les tissus. Encore n'est-il pas bien énergique, car il faut en injecter 5 ou 6 grammes à un animal ayant le poids moyen de l'homme (60 kilogrammes), pour qu'il manifeste sa toxicité.

Introduit par la voie stomacale, la seule en cause ici, il a pu être donné tous les deux jours, à trois reprises différentes, à la dose forte de 18 grammes (calculée toujours pour un animal du poids de 60 kilogrammes), sans provoquer d'autres troubles qu'une diurèse et une salivation plus abondantes que d'ordinaire.

Dans d'autres expériences, Tappeiner et Brandl ont fait absorber tous les jours à un chien, *pendant près de deux ans,* 50 centigrammes de Fluorure, sans que l'animal perdit de son poids. Ils n'ont pas pu faire supporter une dose double et ils concluent de leurs essais que, par les voies digestives, la dose toxique du Fluorure de Sodium, pour le chien, est de 50 centigrammes par kilogramme de poids, ce qui ferait 30 grammes pour un animal pesant 60 kilogrammes.

Il n'est vraiment pas possible de considérer comme dangereuse une substance dont une dose aussi massive est nécessaire pour produire des désordres sérieux dans l'économie.

Cette opinion est celle du Docteur Perret, qui s'est soumis personnellement, pendant plus de trois semaines, à l'usage du beurre conservé par le Fluorure de Sodium, sans en éprouver le moindre inconvénient.

C'est encore celle des docteurs Cathelineau et Lebrasseur. Ils constatent qu'après une alimentation très fluorée, le seul fait saillant est l'augmentation du fluor dans le tissu osseux et ils sont d'avis que l'emploi des Fluorures, pour la conservation du vin et du lait, ne met point en péril la santé publique.

S'il est vrai qu'il faille un nombre de grammes de Fluorure relativement élevé pour causer des troubles physiologiques notables, on est bien rassuré en voyant ce qu'il peut y en avoir dans le beurre conservé par son intermédiaire.

Le Fluorure de Sodium est, en effet, un germicide tellement puissant, qu'il suffit de laver le beurre avec sa solution à trois millièmes, ou d'en incorporer à l'état pulvérulent, de 0gr,25 à 1 gramme par kilogramme de beurre, pour assurer à ce produit une conservation indéfinie.

Prenons la quantité maximum comme usuelle et supposons qu'elle reste intégralement dans le beurre. Un homme qui mangerait 50 grammes de ce beurre, dans sa journée, absorberait, par suite, 5 centigrammes de Fluorure. Or, le docteur Albert Robin en prescrit journellement deux et même huit fois plus par 24 heures, pour régulariser les fonctions digestives, sans avoir jamais eu à s'en repentir.

En réalité, le beurre fluoré à 1 pour 1000 est loin d'avoir gardé la totalité du sel. Le malaxage auquel il a été soumis, pour l'exacte répartition de l'antiseptique, en a expulsé la plus grande partie en dissolution dans le lait dont l'aliment est imprégné. Cela est si vrai que, dans les analyses très nombreuses que j'ai faites, je n'ai pas réussi à doser plus de 28 centigrammes de Fluorure par kilogramme de beurre. La plupart du temps j'en trouvais beaucoup moins, souvent des traces indosables seulement.

Ce n'est donc pas 5 centigrammes de Fluorure qu'on rencontrera dans 50 grammes de beurre conservé, mais quelques milligrammes tout au plus, c'est-à-dire une quantité entièrement négligeable.

Il n'y a pas à redouter, et c'est là un avantage sur lequel j'insiste, que l'incurie du fabricant expose le consommateur, en exagérant le poids de l'agent de préservation. Nous avons, contre ce risque, une garantie absolue : le beurre perd sa saveur propre et devient immangeable, dès qu'on dépasse la proportion utile de Fluorure.

C'est ainsi que, dans 1 kilogramme de beurre doux, on

ne peut introduire plus de 1 gramme de Fluorure, sans qu'il ne prenne goût de beurre salé.

Pour les beurres additionnés de sel marin, la dose extrême de Fluorure est de 1gr,50 par kilogramme. Au-delà de ce terme, le beurre présente une saveur de poisson insupportable ; il n'est pas marchand. Il n'y a donc rien à craindre de ce côté.

2° Le Fluorure de Sodium ne rend pas le beurre indigestible

Les antiseptiques susceptibles de contracter des combinaisons avec les principes constituants des matières alimentaires sont seuls suspects d'amoindrir leur valeur nutritive.

Le Fluorure de Sodium ne se combine point aux matières grasses. Il est, par conséquent, à l'abri du reproche en question.

3° Le Fluorure de Sodium ne dénature pas les sucs digestifs

Sur ce point tous les témoignages sont concordants :

Les expériences précises d'Arthus et Huber, de Cathelineau et Labrasseur, de Beaudouin, d'Albert Robin, etc., établissent, d'une manière indiscutable, que les fluorures n'ont aucune action nuisible sur les diastases en général. Leur pouvoir s'exerce uniquement sur les cellules vivantes, sur les microbes, qu'ils frappent d'impuissance avec la plus grande facilité. Il est nul sur les ferments solubles, tels que la pepsine et les diastases pancréatiques. Ces sels ne sauraient, dès lors, entraver l'acte digestif.

Il y a plus. Les très remarquables études d'Effront ont démontré que les fluorures activent le travail des diastases végétales, dont le rôle est analogue, pour ne pas dire identique à celui des diastases animales. Il est donc permis de les regarder comme des auxiliaires de la digestion. J'ai déjà dit que le docteur Albert Robin en obtenait d'heureux résultats dans ce sens.

4° Le Fluorure de Sodium ne peut dissimuler aucune altération du beurre

Les seules altérations spontanées qui puissent atteindre le beurre sont : le rancissement et la présence de germes pathogènes originaires du lait qui l'a fourni.

Le Fluorure de Sodium tue les microgermes de toute nature. A cet égard son influence ne peut être que bienfaisante.

C'est vraisemblablement en raison de cette propriété qu'il prévient le rancissement. Si cette décomposition se produisait malgré l'antiseptique, elle serait révélée avec certitude par le goût et par l'odorat. En son absence, on peut être sûr que le beurre ne recèle aucun vice caché de l'ordre ci-dessus indiqué.

5° Le Fluorure de Sodium ajouté au beurre ne peut pas causer d'intoxication chronique

Les substances vénéneuses qui, prises à dose inoffensive mais répétée, peuvent provoquer une intoxication chronique, sont celles qui s'accumulent dans l'organisme.

Le Fluorure de Sodium ne s'accumule pas. Les recherches de Brandl et Tappeiner, et toutes celles qui les ont suivies, ont prouvé que le rein élimine rapidement plus des trois quarts des Fluorures ingérés. Un dixième est évacué par l'intestin ; le reste se fixe sur le squelette.

Pas plus que les précédents, par conséquent, ce danger ne peut être mis à la charge du Fluorure de Sodium, qui reste, pour le beurre tout au moins, le type des agents de conservation :

C'est un des plus puissants microbicides connus ;

Il n'a, pour le beurre, aucun des défauts des autres antiseptiques ;

On l'emploie à la dose maximum d'un demi-millième pour les beurres doux, et d'un millième pour les beurres salés. Le plus habituellement ces doses sont réduites de moitié, parce qu'elles sont encore suffisantes, quoique bien faibles ;

Quand la préparation du beurre est achevée, il n'en contient ordinairement que quelques centigrammes par kilogramme, ce qui est d'autant plus insignifiant que le Fluorure passe vraisemblablement à l'état de sel calcaire insoluble, donc inerte, au contact du contenu de l'appareil digestif ;

Enfin, sa saveur désagréable sert de régulateur certain à son dosage dans l'aliment.

J'ajoute que l'Administration n'éprouverait aucune difficulté à en faire surveiller l'usage ; sa recherche est facile et sûre.

J'estime donc que ce serait rendre service au consommateur, comme au producteur, que d'autoriser la conservation du beurre par le Fluorure de Sodium, dont il est impossible d'abuser.

Refuser cette autorisation infligerait à l'industrie française un préjudice énorme, qu'on ne pourrait pas justifier par la protection de la santé publique, nullement compromise en l'espèce.

Il n'est pas sans intérêt de constater que, pendant que nous paralysons les efforts de nos nationaux, le commerce anglais se sert sans scrupule des erreurs répandues au sujet des Fluorures, pour fermer ses portes à nos beurres. Il va plus loin. Quoi qu'il soit aussi bien informé que nous sur la toxicité démontrée de l'acide borique, il mène, en ce moment, une campagne effrénée pour faire accepter son addition au beurre. Et grâce à la tolérance des Pouvoirs publics anglais, il est en train de nous dérober aussi le marché colonial, en l'inondant de beurres surchargés de ce dangereux conservateur.

Cette situation ne fera que s'aggraver, si on continue d'appliquer avec la même sévérité des principes qui, vrais pour la grande majorité des agents antiseptiques, ne le sont plus lorsqu'il s'agit du Fluorure de Sodium, envisagé comme agent de conservation du beurre.

SITUATION

Du Vignoble de la Loire-Inférieure en 1902

PAR A. ANDOUARD

Vice-Président du Comité d'études et de vigilance pour le Phylloxéra

Les intempéries de l'année 1903 ajoutent une page douloureuse à celles qui résument les épreuves presque ininterrompues de nos viticulteurs. Depuis bien longtemps, nos vendanges sont généralement inférieures à notre production moyenne, évaluée à l'hectare. Cette fois, elles sont plus amoindries que jamais.

L'hiver a été trop doux. La température s'est tenue au-dessus de la normale, jusque dans les premiers jours d'avril. La vigne en a profité pour entr'ouvrir ses bourgeons un peu prématurément et mal lui en a pris. Des gelées de 2 à 6 degrés sont survenues, brusques et répétées, du 13 au 29 avril. Elles ont anéanti, à peu prés entièrement, les rameaux en voie de développement.

Si la végétation avait pu reprendre de suite son élan, elle aurait certainement réparé le désastre. Malheureusement, le thermomètre est resté bas jusqu'au 18 mai. Il s'est un peu relevé à ce moment, mais pour redescendre presque aussitôt; la première quinzaine de juin a été relativement froide.

Dans de pareilles conditions atmosphériques, la vigne a fait éclore, péniblement, de nouveaux bourgeons, mais elle n'a pas pu y multiplier les mannes, qui sont l'heureux présage de l'abondance. Bien des vignerons ne vendangeront pas.

Cette cause déprimante accidentelle de la récolte n'est pas seule en jeu dans l'espèce. Elle n'a pas supprimé les causes permanentes qui concourent à l'affaiblissement du vignoble, et sur lesquelles nous avons à jeter un rapide coup d'œil.

I. — Parasites animaux

Le *Phylloxéra* continue sans trêve ses ravages souterrains sur ce qui nous reste de vignes françaises, c'est-à-dire sur un tiers environ du vignoble actuel.

C'est à peine si on cherche à le combattre maintenant avec le sulfure de carbone. Le rapport de notre délégué départemental porte à 20 hectares seulement, la superficie ayant bénéficié des applications de cet insecticide, au dernier exercice.

Le remède préféré, avec raison, est le recours aux cépages américains. Nos vignerons ont pu s'en procurer à plusieurs sources, sous forme de greffes ou de plants racinés. Sans parler des plantations existant chez de nombreux propriétaires, et dont la production est libéralement distribuée à leur entourage, les pépinières communales et départementales, les Sociétés viticoles, en ont fourni un contingent notable, auquel est venu se joindre un important achat effectué dans le midi, sous les auspices du Conseil général. Voici l'état des livraisons correspondant à ces diverses origines.

Pépinières Départementales

Pépinière		Greffes	Sarments
»	du Bignon.............	»	10.200m
»	de Bouguenais.........	»	6.010m
»	de Congrigoux.........	12.707	58.475m
»	du Loroux-Bottereau....	»	6.500m
»	de Mauves.............		7.650m
»	de Nort...............		1.850m
»	d'Oudon...............	»	43.780m
»	du Pallet.............		6.100m
»	de St-Etienne-de-Montluc	»	14.400m
»	de St-Philbert-de-Grand-Lieu.............		5.100m
»	de Sainte-Pazanne......		7.600m
»	de Varades............		9.160m

Pépinières Communales

Pépinière	de Vallet..............	»	35.400m

Pépinières des Associations viticoles

Pépinière	de Clisson.............	»	30.047m
»	du Landreau	15.000	23.560m
»	de Saint-Aignan........	16.000	19.692m
»	de St-Julien-de-Concelles	37.900	24.760m
»	de Vertou	31.800	40.000m
	Totaux............	100.700	400.284m

Ce total, subira l'an prochain une diminution probablement très sensible.

La pépinière de Vallet a cessé d'exister.

Le bail de celle d'Oudon ne sera pas renouvelé.

Les subventions précédemment accordées aux pépinières départementales vont être réduites, à l'exception de celle de Congrigoux, qui est maintenue, mais pour une année seulement.

Enfin, des dix-huit associations qui successivement se sont fondées, pour mener la lutte contre le phylloxéra, cinq seulement subsistaient au commencement de l'année. Elles sont réduites à quatre aujourd'hui, par suite de la dissolution de celle du Landreau, parvenue à la fin de son contrat. Les ressources dont ces cinq sociétés ont disposé cette année sont les suivantes :

	Adhérents	Cotisations
Société Viticole de Clisson.....	53	530 fr.
» » du Landreau...	125	500 »
» de Saint-Aignan	49	552 »
» de St-Julien-de-Concelles..	310	1.550 »
Comice de Vertou............	851	4.790 »
Totaux.....	1.388	7.922 »

Toutes les pépinières qui viennent d'être citées ont bon aspect en ce moment. On a dû craindre, au début du dernier printemps, que les gelées dont elles ont été frappées n'aient une influence fâcheuse sur leur végétation. Tout porte à croire qu'il n'en sera rien.

Achat de sarments américains. — Le Conseil général a continué en 1903, le don de sarments américains, qu'il fait depuis trois ans, aux vignerons nécessiteux du département, par l'intermédiaire de la Commission spéciale qu'il avait déjà chargée de ce travail. Une hausse inattendue, dont le département a dû subir en partie les effets, est venue grever les acquisitions nécessaires à cette répartition. Malgré cet accident, tous les besoins des retardataires, dont c'était le tour cette fois, ont pu avoir satisfaction. Il leur a été partagé 595.000 mètres de sarments de qualité exceptionnelle, représentant une dépense totale de 14.312 fr. 10. Ceci porte à 18 millions environ le nombre des greffes gratuitement délivrées aux petits vignerons.

Il a semblé à la Commission que cette distribution devait être la dernière. La réitérer serait s'exposer à des abus ; les déclarations individuelles signées par les intéressés établissent, en effet, qu'ils n'ont plus rien à désirer de ce côté.

Cependant, l'arrondissement de Paimbœuf n'a pas été entièrement pourvu. La replantation y est un peu attardée, sans doute parce que la vigne y a moins souffert que dans les autres parties du vignoble. Il y aura lieu de venir en aide aux viticulteurs de cette région, lorsque l'heure en aura sonné.

Parmi les rongeurs de la vigne, autres que le puceron américain, la *Pyrale* tient le premier rang, cette année. Elle a fait, vers le milieu du mois de mai, une invasion inquiétante. Mais, sans doute, la maussaderie du temps a contrarié ses instincts, car elle n'a pas été funeste partout où elle est apparue et, en général, la durée habituelle de sa dévorante occupation a semblé un peu abrégée.

La Cochylis a été moins malfaisante encore. C'est peut-être une conséquence de la ponte réduite de 1902 ; peut-être aussi ses métamorphoses ont-elles été troublées par les perturbations atmosphériques incessantes, dont nous avons été victimes.

Ces perturbations n'ont point paru incommoder le *Gribouri*, qui a déployé contre nos plantations une activité regrettable.

Quant à l'*Altise,* à l'*Otiorynque*, aux *Rhynchites* et aux autres insectes qui ne disparaissent jamais du vignoble, leurs attaques ont été bénignes ; elles n'ont produit aucun dommage à noter.

II. — Parasites végétaux

A la suite des pluies fréquentes de mai, le *Mildiou* a fait une timide apparition dans nos cantons viticoles, aidé dans son évolution par le réchauffement de l'atmosphère qui a marqué la dernière décade de ce mois. Sa progression s'est trouvée subitement arrêtée par le refroidissement de la température, qui a coïncidé avec les premiers jours de juin.

Ce n'était qu'un répit. Le parasite a retrouvé des facilités particulières à sa multiplication dans les continuelles alternatives de pluies et de soleil présentées par le mois d'août. Il sévit de toutes parts et avec vigueur en ce moment, et s'il ne nuit pas beaucoup à la vendange, absente, hélas ! de la plupart des clos, il peut compromettre la valeur du nouveau bois. La rareté du raisin n'était pas une raison suffisante pour ne pas sulfater.

L'*Antrachnose* a paru dès le réveil de la végétation. C'est un des plus anciens ennemis dont nous ayons eu à nous occuper. Ce n'est pas un des plus violents, ni un des plus réfractaires. Il ne doit cependant pas être dédaigné ; il deviendrait envahissant, si nulle entrave n'était apportée à sa propagation.

L'*Oïdium*, favorisé par les mêmes causes, a été un adversaire plus actif, peut-être, que les précédents. Bien des vignerons n'ont pas réussi convenablement à en conjurer les effets. Il est pourtant moins intraitable que le *Plasmopara Viticola*. On en peut encore avoir raison, alors qu'il a commencé à s'étaler sur les raisins ; il faut seulement y apporter une hâte et une persévérance qui font trop souvent défaut dans nos campagnes.

Un autre parasite nous menace à l'heure présente, c'est le *Botrytis Cinerea*, dont nous avons déjà subi plusieurs atteintes légères dans le courant de l'été. Si l'humidité actuelle persiste, il va s'emparer du peu de raisin épargné par la gelée ; notre détresse serait alors complète, car il serait impossible de combattre le champignon au moment de la vendange.

Il n'y a rien d'important à noter au passif des végétaux cryptogames, qui souvent se développent à côté des précédents. Ils ont à peine marqué leur présence.

On ne saurait faire état non plus des accidents météoriques tels que le folletage, le rougeot, l'échaudage, etc. Ils sont les hôtes inévitables de tous les vignobles et ils ne méritent d'être cités que s'ils revêtent un caractère de généralisation ; ce n'est pas le cas, heureusement.

En dehors des désordres imputables à des champignons, on a signalé sur plusieurs points du vignoble des accidents de *Court Noué*, dans les jeunes plantations. La rapidité avec laquelle ces accidents ont disparu fait supposer qu'ils reflétaient plutôt un simple ralentissement, dans la nutrition de quelques sujets anémiés par des causes diverses.

III. — Enseignement

Nous possédons toujours trois moyens de vulgarisation des connaissances viticoles utiles : l'Ecole primaire, les Pépinières scolaires et les Cours de greffage.

Le Comité d'études et de vigilance n'a de renseignements que sur les deux derniers points.

Les *Pépinières scolaires* se sont maintenues au nombre de 64 et elles ont été alimentées par une subvention de

1.066 fr. 50 allouée par le Conseil général. Le Comité serait heureux de recevoir à leur sujet des documents établissant leur état de prospérité, de même que l'appréciation des instituteurs sur les avantages qu'en retirent les élèves au point de vue de leur instruction.

Les *Cours de greffage*, confiés à M. le délégué départemental, sont toujours très suivis. Ils ont eu lieu, en 1902, dans quinze communes et ils ont réuni un ensemble de 588 auditeurs, sur lesquels 129 ont été jugés aptes à recevoir le diplôme de greffeur.

Communes	Inscrits	Diplômes
Bourgneuf	14	3
Brains	61	11
Chauvé	68	7
Escoublac	22	6
Machecoul	35	10
Nozay (Grand Jouan)	37	8
Pellerin (Le)	34	8
Persagotière (Nantes)	44	17
Pont-Saint-Martin	22	9
Pornic	55	8
Port-Saint-Père	40	17
Saint-Etienne-de-Montluc	33	4
Saint-Jean-de-Corcoué	22	6
Saint-Père-en-Retz	66	7
Touvois	35	8
Totaux	588	129

A la suite et comme couronnement de cet enseignement, 14 médailles, offertes par M. le Ministre de l'Agriculture, ont été données aux greffeurs les plus habiles.

Les Cours seront repris au prochain exercice.

IV. — Expériences

Aucun moyen nouveau, recommandable, n'a été proposé ou tenté pour la destruction des ennemis de la vigne.

Le champ reste toujours ouvert aux investigations, en ce qui concerne le phylloxéra. Le lysol, auquel un viticulteur distingué avait cru pouvoir attribuer, l'an dernier, une action réelle contre l'insecte, ne nous a pas été signalé cette fois. Il est bien à craindre qu'il n'ait pas tenu ses apparentes promesses, et qu'il ne faille diriger les recherches dans une autre voie.

Du côté des parasites végétaux, nous sommes plus armés. On peut dire que beaucoup des procédés de lutte actuellement connus sont satisfaisants, lorsqu'ils sont appliqués en temps. Ce n'est pas un motif pour ne pas essayer de trouver mieux encore, et le Comité de vigilance n'a nullement l'intention de fermer l'oreille aux progrès qui pourraient surgir.

Mais il lui appartient de mettre les viticulteurs en garde contre les innovations insuffisamment réfléchies, qui se produisent périodiquement.

Chaque année, pour ainsi dire, on préconise avec une insistance digne d'une meilleure cause l'usage de parasiticides doués d'une vénénosité redoutable, tels que les composés mercuriels ou arsenicaux, pour ne citer que des exemples. Il est périlleux d'introduire des poisons à la ferme, alors même que leur efficacité serait supérieure à celle des agents présentement usités, et tel n'est pas toujours le cas de ceux qui sont hâtivement exaltés, au mépris de toute prudence.

On peut assurer qu'aucun remède sérieux n'émerge de l'ensemble de ceux qu'a vu éclore l'année qui s'achève.

V. — Superficie actuelle du vignoble

Ce n'est pas chose facile que d'évaluer exactement la fraction du département affectée à la culture de la vigne ; mais, d'autre part, il nous intéresse beaucoup, à des titres divers, de savoir à quoi nous en tenir sur ce point.

Pour répondre à ce besoin, M. le délégué départemental a fait parvenir aux maires des communes viticoles un questionnaire détaillé concernant l'état de leurs vignobles. Les réponses parvenues donnent les résultats suivants :

Tableau.

ARRONDISSEMENTS	VIGNES AGÉES de moins de 3 ANS	VIGNES GREFFÉES de plus de 3 ANS	PRODUCTEURS directs	VIGNES INDIGÈNES résistant	SUPERFICIE
Ancenis	365h 31	760h 21	149h 29	15h 23	1.289h 97
Châteaubriant	137 19	88 50	42 60	82 47	350 76
Nantes...........................	6.228 05	5.006 85	303 05	3.336 95	14.874 90
Paimbœuf.........................	451 50	178 »	18 85	4.522 65	5.171 »
Saint-Nazaire....................	110 70	61 67	63 05	1.504 73	1.740 15
Totaux....	7.292 75	6.095 23	576 77	9.462 03	23.426 78

Si l'on ajoute au total général qui précède les plantations effectuées en 1903, on a, pour la superficie actuelle du vignoble :

Vignes phylloxérées résistant encore...	8.442 h. 03
» traitées par le sulfure de carbone	20 h. »
» plantées en cépages américains	
» greffées et en producteurs directs..........................	16.690 h. 75
Total..............	25.152 h. 78

Il s'en faut que nous ayons retrouvé notre vignoble d'autrefois ; plus d'un quart nous manque encore. Une seule chose peut atténuer la tristesse de cette constatation, c'est le courage du vigneron et sa foi inébranlable en un avenir meilleur. Il courbe silencieusement la tête devant l'adversité et il travaille sans relâche à effacer les ruines du passé, en plantant des vignes résistantes. Le succès ne peut faire faillite à de si vaillants efforts.

LES EXIGENCES DE LA VIGNE

Dans la Loire-Inférieure

PAR A. ANDOUARD

Directeur honoraire de la Station agronomique.

Les expériences entreprises en 1902, à la Frémoire, commune de Vertou, et à la Haute-Maison, commune de Saint-Aignan, ont été poursuivies en 1903, avec la précieuse collaboration de MM. Baillergeau et Bronkhorst.

Je me plaignais, l'an dernier, de les avoir inaugurées à un moment où la coulure et la sécheresse avaient gravement compromis l'évolution de la vigne. Cette année, les circonstances sont plus défavorables encore. Un printemps maussade, souvent glacé, suivi d'un été sans soleil, n'ont pas permis aux raisins bien rares épargnés par la gelée d'atteindre une maturité complète. Il y a bien longtemps que nous n'avions foulé une vendange aussi réduite et d'aussi médiocre qualité.

Il n'est pas moins utile d'en noter les résultats ; ils contribueront à nous renseigner sur les emprunts faits à la terre par les organes de la végétation, à défaut de ceux qui correspondent à une fructification normale.

I. — Vignoble de la Frémoire

Les essais ont été maintenus cette fois sur les parcelles

qui leur avaient été primitivement affectées et avec les mêmes fumures. Une seule innovation a été faite. La parcelle adoptée comme témoin en 1902, se trouvant dans la partie la plus déclive du clos réservé à l'expérience, pouvait bénéficier, partiellement tout au moins, des eaux ayant lavé les parcelles fumées. Pour écarter cette cause d'erreur, la surface de l'enclave a été augmentée d'une septième planche semblable aux premières mais placée en tête, de manière à être complètement à l'abri des infiltrations de toutes les autres.

La production a été si faible, sur chacune d'elles, que la vinification de la récolte n'a pu en être effectuée séparément. J'ai dû me borner à l'évaluation des différents moûts, et à leur analyse. Je les ai préparés moi-même, à la Station, et je transcris les notes de laboratoire qui les concernent, en rapportant les poids à la récolte d'un hectare.

Rendement par hectare.

Cépage : Muscadet sur Riparia	RAISINS Kilogr.	MOUT Kilogr.
Parcelle témoin (sans engrais).........	1212	940
— nº 1 (phosphate fossile).......	840	648
— nº 2 (superphosphate)........	769	600
— nº 3 (super. et sulf. de potasse).	750	557
— nº 4 (super. et sulf. d'ammon.).	729	547
— nº 5 (engrais complet)........	706	546
— témoin (sans engrais).........	781	601

Il est à remarquer que la première parcelle témoin a fourni un rendement très supérieur à celui de toutes les autres et que la plus faible, à cet égard, est celle qui avait reçu de l'engrais complet. Aucun fait apparent n'est venu expliquer ces différences.

Composition centésimale des moûts (en volume).

	Témoin	N° 1	N° 2	N° 3	N° 4	N° 5	N° 6
Densité à 15°	1061	1061	1058	1062	1057	1059	1061
Extrait sec	14.530	14.450	13.620	14.560	13.780	13.890	14.500
Sucre	13.090	12.680	12.200	13.160	12.250	12.340	12.820
Acidité (en acide tartrique)	2.702	2.674	2.781	2.652	2.765	2.836	2.610
Crème de tartre	0.506	0.530	0.564	0.510	0.536	0.628	0.583
Azote total	0.060	0.059	0.054	0.052	0.066	0.051	0,054
Acide phosphorique	0.024	0.028	0.027	0.026	0.024	0.029	0.026
Potasse	0.119	0.123	0.128	0.120	0.109	0.114	0.128
Chaux	0.151	0.157	0.156	0.148	0.140	0.153	0.146

Il n'y a pas d'écarts très grands dans la composition des différents moûts. Ce qui frappe, quand on les compare à ceux de 1902, c'est qu'ils sont notablement moins sucrés et deux fois plus acides que ces derniers.

Quantités, par hectare, des feuilles, des sarments et des marcs, séchés à 100 degrés.

PARCELLES	FEUILLES	SARMENTS	MARCS
Témoin. Sans engrais..........	492 kil.	2137 kil.	69 kil.
N° 1. Phosphate fossile........	508 —	2485 —	47 —
N° 2. Superphosphate	370 —	1775 —	46 —
N° 3. Super. sulfate de potasse.	453 —	2150 —	48 —
N° 4. Super. sulf. d'ammoniaque.	397 —	1805 —	42 —
N° 5. Engrais complet.........	520 —	2510 —	45 —
Témoin. Sans engrais..........	502 —	2480 —	47 —

Tableau.

Composition centésimale des feuilles, des sarments et des marcs, séchés à 100 degrés.

PARCELLES	AZOTE total	ACIDE phosphorique	POTASSE totale	CHAUX
FEUILLES				
Témoin. Sans engrais	1.192	0.254	0.286	4.000
1. Phosphate fossile	1.128	0.261	0.300	4.000
2. Superphosphate	1.130	0.253	0.334	4.000
3. Super. et sulfate de potasse	1.164	0.242	0.350	4.000
4. Super. et sulfate d'ammoniaque	1.146	0.242	0.304	4.000
5. Engrais complet	1.213	0.257	0.345	4.000
Témoin. Sans engrais	1.110	0.239	0.276	4.000
SARMENTS				
Témoin. Sans engrais	0.650	0.138	0.371	0.350
1. Phosphate fossile	0.600	0.148	0.366	0.406
2. Superphosphate	0.700	0.141	0.360	0.386
3. Super. et sulfate de potasse	0.650	0.161	0.352	0.353
4. Super. et sulfate d'ammoniaque	0.700	0.130	0.333	0.370
5. Engrais complet	0.710	0.148	0.361	0.392
Témoin. Sans engrais	0.700	0.136	0.352	0.414
MARCS				
Témoin. Sans engrais	2.000	0.704	2.331	0.498
1. Phosphate fossile	2.100	0.717	2.426	0.510
2. Superphosphate	2.050	0.723	2.430	0.476
3. Super. et sulfate de potasse	2.050	0.698	2.378	0.482
4. Super. et sulfate d'ammoniaque	2.000	0.704	2.331	0.478
5. Engrais complet	2.000	0.717	2.288	0.465
Témoin. Sans engrais	2.100	0.678	2.229	0.420

La plus belle végétation a été provoquée par le superphosphate, suivi, presque à égalité, par le phosphate fossile et par la deuxième parcelle sans engrais, celle que traverse le courant fertilisant échappé des autres parcelles. Ce résultat n'a pas lieu de surprendre, en ce qui concerne le superphosphate. Il est plus singulier de voir les deux parcelles n'ayant pas reçu d'engrais presque aussi favorisées que le n° 5 et bien mieux partagées que les n°s 2 et 4, largement fumées cependant, la première avec du superphosphate seul, la deuxième avec du superphosphate et du sulfate d'ammoniaque.

Comme l'an dernier, la chaux n'a pas pu être dosée dans les feuilles, par suite des traces de bouillie bordelaise qu'elles portaient encore au moment de leur récolte. La proportion moyenne de 4 % a été adoptée pour la représenter.

Tableau.

Principes fertilisants absorbés, par hectare.

	AZOTE kilogrammes	ACIDE PHOSPHORIQUE kilogrammes	POTASSE kilogrammes	CHAUX kilogrammes
PREMIÈRE PARCELLE TÉMOIN				
Feuilles	5.865	1.299	1.407	19.680
Sarments	13.890	2.949	7.928	7.479
Marcs	1.380	0.486	0.161	0.344
Moûts	0.564	0.226	1.119	1.419
TOTAUX	21.699	4.960	10.615	28.922
PARCELLE N° 1				
Feuilles	5.730	1.326	1.524	20.320
Sarments	14.910	3.678	9.095	9.886
Marcs	0.940	0.337	1.140	0.240
Moûts	0.382	0.181	0.797	1.017
TOTAUX	21.062	5.522	12.556	31.463
PARCELLE N° 2				
Feuilles	4.181	0.936	1.236	14.800
Sarments	12.425	2.503	6.390	6.851
Marcs	0.943	0.332	1.118	0.219
Moûts	0.324	0.162	0.768	0.936
TOTAUX	17.873	3.933	9.512	22.806
PARCELLE N° 3				
Feuilles	5.273	0.960	1.586	18.120
Sarments	13.975	3.461	7.568	7.590
Marcs	0.984	0.335	1.141	0.231
Moûts	0.290	0.145	0.668	0.824
TOTAUX	20.522	4.901	10.963	26.765
PARCELLE N° 4				
Feuilles	4.550	0.961	1.207	15.760
Sarments	12.635	2.347	6.011	6.678
Marcs	0.840	0.296	0.979	0.201
Moûts	0.361	0.131	0.596	0.766
TOTAUX	18.386	3.735	8.793	23.405

	AZOTE kilogrammes	ACIDE PHOSPHORIQUE kilogrammes	POTASSE kilogrammes	CHAUX kilogrammes
	PARCELLE N° 5			
Feuilles	6.308	1.336	1.794	20.800
Sarments	17.821	3.715	9.061	9.839
Marcs	0.900	0.323	1.030	0.189
Moûts	0.278	0.158	0.622	0.835
Totaux	25.307	5.532	12.507	31.663
	DEUXIÈME PARCELLE TÉMOIN			
Feuilles	5.572	1.200	1.385	20.080
Sarments	17.360	3.373	8.730	10.267
Marcs	0.987	0.319	1.048	0.197
Moûts	0.324	0.156	0.769	0.877
Totaux	24.243	5.048	11.932	31.421

Soustractions totales, par hectare

PARCELLES	AZOTE kilogrammes	ACIDE PHOSPHORIQUE kilogrammes	POTASSE kilogrammes	CHAUX kilogrammes
Témoin sans engrais	21.699	4.960	10.615	28.922
Phosphate fossile	21.062	5.522	12.556	31.463
Superphosphate	17.873	3.933	9.512	22.806
Super. et sulf. de potasse	20.522	4.901	10.963	26.765
Super. et sulf. d'ammon.	18.386	3.735	8.793	23.405
Engrais complet	25.307	5.532	12.507	31.663
Témoin sans engrais	24.243	5.048	11.932	41.441
Totaux	149.092	33.631	76.878	206.465
Moyennes	21.299	4.804	10.982	29.495

Il ressort des deux relevés qui précèdent, que si les emprunts faits au sol par les raisins sont insignifiants, cette année, ceux qui correspondent aux besoins de la végétation sont notablement plus forts qu'en 1902, à l'exception de l'acide phosphorique, dont l'exportation est au contraire un peu plus faible. Il faut recueillir de nouveaux points de comparaison avant de pouvoir discuter ces résultats.

II. — Vignoble de la Haute-Maison

CÉPAGE : GROS-PLANT GREFFÉ SUR RIPARIA

A la Haute-Maison, cinq parcelles de vigne ont été réservées à la continuation des essais commencés en 1902.

Parcelle I. — Elle était désignée sous le nom de Clos B, en 1902. Superficie plantée : 30 ares. Vigne à sa quatrième feuille. Fumure par hectare : phosphate fossile, représentant 125 kilogr. d'acide phosphorique ; fumier d'étable 6,000 kilogr. Epaisseur de la couche arable 0m60.

Parcelle II. — Superficie : 30 ares. Vigne à sa quatrième feuille. Fumure par hectare : superphosphate, représentant 125 kilogr. d'acide phosphorique soluble ; fumier d'étable 6,000 kilogr. Epaisseur de la couche arable : 0m55.

Parcelle III. — Superficie : 25 ares. Vigne à sa troisième feuille. Fumure par hectare : Engrais complet contenant : 125 kilogr. acide phosphorique soluble, 100 kilogr. potasse et 48 kilogr. azote ammoniacal. Epaisseur de la couche arable : 0m55.

Parcelle IV. — Superficie : 25 ares. Vigne à sa troisième feuille. Fumure par hectare : Fumier d'étable 20,000 kilogr. Epaisseur de la couche arable : 0m55.

Parcelle V (Témoin). — Superficie : 50 ares. Vigne

à sa troisième feuille. Aucune fumure depuis 1900. Epaisseur de la couche arable : 0^m55.

Dans toutes les parcelles, la vigne est taillée en gobelet et comporte 5,600 pieds à l'hectare.

La fumure a été appliquée, dans les quatre premières, du 19 au 25 février 1903. Dans la parcelle I, l'engrais chimique a été répandu dans une raie creusée par la charrue au milieu de l'intervalle qui sépare les rangées de ceps : le fumier a été enfoui dans deux autres sillons tracés à 0^m25 environ des souches. L'ordre inverse a été adopté dans la parcelle II et, dans la troisième, tout le fumier a été placé dans le sillon ouvert à égale distance des rangs de vigne.

Ce travail était à peine terminé, qu'une pluie abondante est venue hâter la diffusion des engrais dans le sol. L'ascension de la sève a été précoce ; dès les premiers jours d'avril, les ceps étaient couverts de bourgeons de la plus belle apparence. Malheureusement, les brillantes espérances que faisait concevoir ce vigoureux essor de la végétation furent anéanties par les gelées qui s'échelonnèrent du 13 au 29 avril.

Pendant près de quatre semaines, l'aspect du vignoble fut celui de l'hiver et les nouveaux bourgeons ne commencèrent à se développer qu'aux approches du mois de juin. Il était trop tard pour qu'ils fussent fertiles ; mais, à part la parcelle au superphosphate, qui est restée un peu chétive, toutes les autres ont présenté une luxuriante végétation. Dans celles-ci, les sarments étaient relevés et maintenus tels par une double rangée de fils de fer, tandis qu'abandonnés à eux-mêmes, dans la parcelle II, ils couvraient le sol. Cette condition particulière aurait-elle suffi à créer l'inégalité constatée ?

La floraison, un peu retardée, s'est normalement

accomplie. Elle a été suivie de deux traitements anticryptogamiques seulement, qui ont complètement préservé le vignoble, alors que les clos voisins étaient largement dépamprés.

Malgré l'excellent état des vignes, la maturation du raisin a été des plus défectueuse ; le soleil lui a fait défaut et la pluie a favorisé l'invasion du Botrytis. L'inclémence du temps a obligé à retarder la vendange au 15 octobre ; encore à, ce moment, une bonne partie de la récolte était-elle à l'état de verjus. Sa mauvaise qualité se reflète dans les analyses qui suivent.

Récolte, par hectare

FUMURE	RAISINS kilogr.	MOÛT litres	MARC FRAIS kilogr.
Phosphate et fumier	1.387	973	410
Superphosphate et fumier	1.327	933	383
Engrais complet et fumier	732	508	218
Fumier d'étable	928	620	308
Sans engrais	770	540	220

Tableau.

Composition centésimale des moûts

	Parcelle I	Parcelle II	Parcelle III	Parcelle IV	Parcelle V
Densité	1045	1055	1051	1055	1054
Extrait sec	10.07	12.40	11.45	12.16	11.96
Cendres	0.18	0.17	0.17	0.25	0.24
Sucre	8.26	10.58	9.82	10.43	10.50
Crème de tartre	0.230	0.51	0.70	0.71	0.75
Acidité (sulfurique)	1.074	0.837	0.938	0.949	0.987
Azote total	0.061	0.059	0.058	0.060	0.060
Acide phosphorique	0.024	0.026	0.021	0.021	0.022
Potasse	0.076	0.086	0.086	0.081	0.085
Chaux	0.012	0.012	0.011	0.012	0.012

Tous ces moûts portent l'empreinte de l'insuffisante maturité du raisin. Ils ont fourni des vins faiblement alcooliques et très verts. C'est, sous tous les rapports, une des plus mauvaises récoltes que nous ayons vues depuis longtemps.

Quantités, par hectare, des feuilles, des sarments et des marcs séchés à 100 degrés.

	Parcelle I kilogr.	Parcelle II kilogr.	Parcelle III kilogr.	Parcelle IV kilogr.	Témoin kilogr.
Feuilles	336	325	355	330	388
Sarments	2.950	2.886	3.108	2.912	3.524
Marcs	90	88	50	73	46

Composition centésimale des feuilles, des sarments et des marcs séchés à 100 degrés.

	Parcelle I kilogr.	Parcelle II kilogr.	Parcelle III kilogr.	Parcelle IV kilogr.	Témoin kilogr.
		FEUILLES			
Azote	1.900	1.900	1.950	2.000	1.950
Acide phosphorique	0.422	0.358	0.397	0.416	0.448
Potasse	1.142	1.000	1.046	1.045	1.094
Chaux	4.000	4.000	4.000	4.000	4.000
		SARMENTS			
Azote	0.350	0.400	0.350	0.400	0.400
Acide phosphorique	0.133	0.154	0.136	0.174	0.148
Potasse	0.343	0.309	0.304	0.357	0.348
Chaux	0.378	0.336	0.392	0.330	0.314
		MARCS			
Azote	1.950	1.900	1.850	1.900	2.100
Acide phosphorique	0.570	0.563	0.576	0.595	0.563
Potasse	1.617	1.665	1.665	1.612	1.570
Chaux	0.549	0.538	0.532	0.538	0.554

Si on rapproche de la récolte des raisins celles des organes de végétation, on voit que le maximum de chacune d'elles ne relève pas de la même fumure. Le moins mauvais des rendements en fruit a été donné par la parcelle ayant reçu, comme complément du fumier, du phosphate fossile. La plus belle végétation était celle de la parcelle témoin, qui n'avait pas reçu d'engrais. Il n'est pas surprenant que les vignes des parcelles I et II aient donné un peu plus de raisins que les trois autres, elles étaient à leur quatrième année, tandis que celles-ci n'étaient qu'à la troisième. La supériorité végétative de la parcelle non
' as d'ex lication lausible.

Emprunts faits au sol par la récolte de 1903

	AZOTE kilogr.	ACIDE PHOSPHORIQUE kilogr.	POTASSE kilogr.	CHAUX kilogr.
	PARCELLE I			
Feuilles	6.384	1.418	3.837	13.440
Sarments	10.325	3.923	10 118	11.151
Marcs	1.755	0.513	1.455	0.494
Moûts	0.654	0.244	0.739	0.117
Totaux	19.118	6.098	16.149	25.202
	PARCELLE II			
Feuilles	6.175	1.164	3.250	13.000
Sarments	11.544	4.445	8.918	9.697
Marcs	1.672	0.495	1.465	0.473
Moûts	0.550	0.242	0.802	0.112
Totaux	19.941	6.346	14.435	23.282
	PARCELLE III			
Feuilles	6.922	1.409	3.713	14.200
Sarments	10.878	4.227	9.448	12.183
Marcs	0.925	0.288	0.832	0.266
Moûts	0.295	0.107	0.437	0.056
Totaux	19.020	6.031	14.430	26.705
	PARCELLE IV			
Feuilles	6.600	1.373	3.448	13.200
Sarments	11.648	5.067	10.395	9.610
Marcs	1.387	0.434	1.177	0.393
Moûts	0.372	0.130	0.502	0.074
Totaux	20.007	7.004	15.522	23.277
	PARCELLE V (TÉMOIN)			
Feuilles	7.566	1.738	4.245	15.520
Sarments	14.096	5.215	12.263	11.066
Marcs	0.966	0.259	0.722	0.257
Moûts	0.132	0.048	0.187	0.026
Totaux	22.760	7.260	17.417	26.869

Récapitulation. — Moyennes

	AZOTE kilogr.	ACIDE PHOSPHORIQUE kilogr.	POTASSE kilogr.	CHAUX kilogr.
Parcelle I............	19.118	6.098	16.149	25.202
— II...........	19.941	6.346	14.435	23.282
— III...........	19.020	6.031	14.430	26.705
— IV...........	20.007	7.004	15.522	23.277
— témoin.......	22.760	7.260	17.417	26.869
Totaux.....	100.846	32.739	77.953	125.335
Moyennes....	20.169	6.548	15.591	25.067

En somme, si les prélèvements faits au sol par la vendange sont insignifiants, il n'en est pas de même de ceux qui ressortissent aux organes de végétation; ils sont notables, eu égard au jeune âge de la vigne. Mais le renseignement ne sera complet que le jour où il sera possible d'y ajouter les soustractions opérées par une récolte normale de raisins, plusieurs fois contrôlée.

Le Peintre Charles LE ROUX

Dans le cours du XIXe siècle, la ville de Nantes a donné naissance à de nombreux peintres qui ont pris rang parmi les plus connus de notre école contemporaine. Il nous suffira d'énumérer, en ne parlant que des morts, Jules Dupré, Charles Le Roux, Evariste Luminais, Elie Delaunay, Olivier Merson, père du maître au talent si connu, pour que l'on se rende compte de la place qu'a tenu, dans la peinture française du XIXe siècle, le groupe qui aurait pu former l'école nantaise.

Mais la plupart de ces artistes ont très vite quitté leur pays, et leur œuvre ne garde guère la trace de leur origine; un seul d'entre eux, Charles Le Roux, est resté fixé toute sa vie à sa terre natale et a consacré son talent à en peindre le caractère et les beautés: serait-ce là une des raisons pour lesquelles il fut, au moins pendant la seconde partie de sa vie, moins favorisé que ses concitoyens expatriés, sous le rapport de la vogue? Je ne puis le croire; et en tout cas, devant le renouveau de célébrité qui s'attache maintenant à son nom, il est fort inutile, Dieu merci, de s'en préoccuper. Le devoir de ses concitoyens est de contribuer, de leur mieux, à remettre son talent à la place qu'il mérite.

Charles Le Roux naquit à Nantes en 1814; il passa sa première enfance au Soullier, prés Bressuire, propriété perdue au fond des bois où se plaisait son père, grand ami de la nature sauvage, au point de laisser les broussailles et les futajes peuplées de loups s'avancer jusqu'aux portes de sa maison.

Charles Le Roux vint ensuite faire ses études classiques à Nantes; il habita chez son grand-père, M. Desseaux, négociant nantais, ami des arts à la façon des fermiers généraux du XVIIIe siècle, ayant contribué, avec Graslin, à créer le quartier qui porte ce nom à Nantes.

De cette double influence, Le Roux acquit tout à la fois l'amour profond de la campagne réelle et sans apprêt, qui l'a sauvé des exagérations romantiques, et le goût raffiné des effets harmonieux de couleurs et de lignes joint au souci perpétuel de se perfectionner et de rester de son temps.

Par le premier côté de son talent, il rappelle parfois Rousseau, dont ses œuvres ont parfois la puissance sans sentir autant le travail et la fatigue; par le second, il fait songer à Corot. Mais suivant son âge et la phase de sa manière, il se rapproche des gracieux maîtres du XVIIIe siècle, des peintres empanachés et tragiques de l'époque du romantisme et, dans ses dernières années, des lumineux apôtres du plein air. Ces analogies lointaines, variées et toujours assez vagues, donnent à Le Roux une place à part parmi les paysagistes du XIXe siècle. Près de ces peintres au talent presque toujours semblable à lui-même, comme Rousseau, Corot, Millet, Doré et tant d'autres, il apparaît plus éclectique, plus soucieux de varier ses effets, de s'identifier toutes les impressions de nature, de se mettre au niveau du goût changeant du public.

Lorsqu'on parcourt la collection qui reste réunie dans sa demeure comme les mémoires de toute sa vie, cette étonnante variété, née de la sincérité profonde, du travail consciencieux et de l'étude persévérante, apparaît dans toute sa force. Là se pressent des pages romantiques, comme ce tragique château de Bressuire, qui fait songer à un dessin de Victor Hugo; des toiles vaporeuses comme des Corot, au point que le peintre les cachait de peur de paraître copier celui qu'il appelait son maître; des effets de verdure d'émeraude, ensoleillés comme des Diaz; de grandes toiles bâties et travaillées avec une puissance qui rappelle Rousseau; des tableaux dont les notes claires semblent écloses sous le pinceau d'un impressionniste sage: vert tendre d'avril, feuilles rousses d'automne, fleurs roses et blanches des pommiers ou couchers de soleil d'or et de pourpre. On y voit encore des toiles très froides avec des silhouettes fines, émergeant de la neige blanche, comme il en existe dans l'œuvre du vieux Bruëghel. On y voit surtout les rayons de soleil entre les nuages pluvieux, des marais infinis, grisâtres ou verdoyants, des coups de vent sur la campagne, des nuages bas troués de coins d'azur qui rappellent Ruysdaël ou Constable.

C'est là, même, la note dominante de son œuvre; peintre de sa province, il s'attacha surtout à en rendre le climat doux et humide, les sous-bois verdoyants du bocage poitevin, les immenses marais de l'embouchure de la

Loire, les effets de pluie et les ciels brouillés du pays nantais.

A lui les ciels mouvementés, aux tons fins, à l'éclat humide, aux lumières discrètes, les bleus tendres entre les nuages nacrés, les orages qui s'élèvent et courent sous le vent qui les chasse, la pluie qui s'avance sur l'eau comme un rideau de gaze fine, les grosses nues grises chargées d'éclairs et lourdes averses, et le soleil qui les fait naître à l'horison, les gonfle de vapeurs chaudes montant des eaux, les argente sur les bords, les troue de ses rayons, les disperse en flocons légers.

A lui les flots limoneux de la basse Loire, tour à tour gris ou dorés suivant la lumière qui les frappe, les grandes plaines que l'eau recouvre tout l'hiver, laissant en été çà et là quelques mares stagnantes couvertes de nénuphars au milieu d'un désert d'herbe sèche coupé de saules ; à lui les sables amoncelés en dunes moutonneuses, désert mouvant qui ceint la mer mauvaise, et les grandes étendues de flots tristes, tour à tour fleuve, océan ou marais ; à lui encore les eaux noires creusant, au pied des grands arbres ou des rochers, leurs abîmes enguirlandés de fleurs et dorés de soleil. Le Roux a peint le givre qui glace les herbes, la froide bise d'hiver, le vert cru des premiers bourgeons, la gloire du soleil couchant, mais dans son œuvre ces notes bruyantes sont adoucies, estompées, rendues plus discrètes et plus fines par l'humidité douce du climat nantais qui les harmonise, les empêche de se détruire ou se faire tort l'une à l'autre, mettant en valeur les nuances délicates et les fins détails.

Il est difficile, devant l'abondance d'affinités que nous avons aperçues chez lui, de démêler de qui Le Roux fut l'élève. Ses ressemblances avec les Hollandais et les Anglais tiennent à des analogies de climat; ses points de rapport avec Rousseau ont pour raison les études faites ensemble et une longue intimité ; quant au titre d'élève de Corot qu'il se choisit, ce ne fut guère dans son esprit qu'un acte de déférence envers un ami plus âgé et un talent qu'il admirait. En fait, il considéra toujours la nature comme son seul maître, proclamant qu'elle seule pouvait former des peintres. Il fut l'élève de sa province, du climat où il vécut et où il était né. Ses débuts le rattachent à la première génération des peintres de Fontainebleau, ses dernières œuvres le rapprochent plutôt de celle des peintres du plein air, mais il resta toute sa vie l'élève de son pays, qu'il étudiait et copiait avec un religieux respect, affichant constamment son dédain de la peinture d'école et son souci de personnalité. Il tenait tant à cette dernière qualité qu'il consentit à se dire élève de Corot, parce que c'était celui de ses amis auquel il croyait ressembler le moins, et s'attachait à ne pas montrer ceux de ses tableaux dont les sujets ou la manière se rapprochaient de ceux de Rousseau ou de Corot; peut-être aussi, en agissant ainsi, craignait-il de faire concurrence à des amis moins riches que lui.

Ses procédés d'exécution se caractérisent par une franchise et un soin qui font penser aux vieux maîtres ; ce soin s'étend aux choix minutieux des couleurs et des vernis; aussi ses toiles, à l'encontre de ce qui est arrivé pour beaucoup de leurs contemporaines, gardent tout l'éclat qu'elles avaient au premier jour et acquièrent seulement avec le temps une très douce patine qui augmente encore leur charme.

Ses esquisses même participent à ce souci de la perfection matérielle ; l'étude patiente d'un procédé le passionnait : ses nombreuses études sur des panneaux d'acajou, où il utilisait en certains points les teintes chaudes du bois, en sont la preuve. Les difficultés l'attiraient : ne peignant pas pour vendre, mais pour le seul plaisir d'exprimer ses sensations, si profondes ou si fugitives qu'elles puissent être, il brossait parfois en quelques coups des impressions rapides, ou bien étudiait feuille à feuille en de grande toiles des arbres ou des fleurs, insouciant du goût ou des commodités des acheteurs qui, d'ordinaire, forcent la main à tant de peintres.

Il resta ainsi toute sa vie l'élève du campagnard passionné de ses bois qu'était son père, et de l'amateur d'art raffiné et un peu « ancien régime » qu'était son aïeul.

Ces deux tendances contradictoires en apparence auraient pu, séparées, former l'une un Millet, l'autre un Watteau ; il sut les concilier et les unir en une personnalité originale, et se relier ainsi à la fois à la génération qui l'a précédé et surtout à celle qui l'a suivi. Car le travail consciencieux et calme, loin des exagérations et des systèmes des écoles, opéra en lui très promptement cette fusion entre les qualités des classiques, des romantiques ou des impressionnistes qui ne se réalisa que très lentement dans les milieux passionnés des ateliers parisiens et n'est pas encore complètement finie.

D'ailleurs, appartenant à un niveau social plus cultivé que celui d'où étaient sortis la plupart des peintres ses contemporains, il eut, plus qu'eux souvent, le sentiment de la juste mesure, l'intuition de l'infinie variété de la nature, dans ses nuances et dans les impressions qu'elle donne, le besoin de se perfectionner, de se tenir au courant des choses de l'esprit, et la tendance à laisser tout cela paraître dans son œuvre. Si Corot semble de prime abord plus distingué que Rousseau, c'est qu'une éducation première moins fruste et un moins rude combat pour l'existence lui avaient laissé le temps de penser, de s'orner l'esprit : les lettres de Rousseau, parmi celles au moins que j'ai lues, ne sont le plus souvent que des lettres d'affaires; celles de Corot sont des causeries parfois très élevées et poétiques. C'est cette même tendance, avec plus de souci d'érudition et de science, que l'on aperçoit chez Le Roux, plus dégagé encore que Corot des chaînes pesantes du souci de la vie matérielle.

Ses études secondaires terminées, Le Roux fut envoyé par ses parents faire son droit à Paris. Mais le droit ne garda pas longtemps la première place dans les occupations de l'étudiant et l'amour de la peinture le saisit bientôt tout entier.

Il avait fait la connaissance de Corot et de Rousseau, qui entraient tous les deux, non encore dans la gloire, mais dans la plénitude de leur talent.

Le premier, revenu de Rome, d'où il avait envoyé son premier tableau d'exposition en 1827, s'écartait déjà des procédés un peu surannés de ses anciens maîtres, Michallon et Bertin ; mais, modeste, consciencieux à l'excès et peignant par plaisir ou plutôt par instinct, il n'avait pas encore été réduit par la nécessité à vendre ses toiles, ce qu'il ne commença à faire qu'en 1837.

Le second, Rousseau, plus jeune, avait quitté bruyamment l'école classique, et allait devenir un des porte-drapeau du romantisme naissant; ses tendances réalistes s'affirmaient déjà dans son tableau du Salon de 1831, souvenir du voyage qu'il avait fait l'année précédente en Auvergne, dans le but hautement proclamé de découvrir la nature vraie. En 1833, il se mettait encore plus en vue avec un paysage des côtes de Granville qu'il rapporta de Normandie. Près d'eux, Decamps, Diaz, Aligny, Marilhat annonçaient aussi la triomphante entrée en scène de la jeune école ; Jules Dupré, nantais comme Le Roux, les suivait, plus calme et plus sage, avec des paysages envoyés de Boulogne-sur-Mer ; Barye révélait l'existence des fauves; Deveria et Johannot peignaient des scènes du moyen-âge; et, à leur tête, Ary Schefler exposait des Faust, et Delacroix, la Liberté. Notre école paysagiste avait reconquis la nature de Claude Lorrain, du Poussin, de Ruysdaël et de Constable et ses chefs de file rapportaient en triomphe les roches les plus escarpées, les gorges les plus sauvages, les harmonies les plus retentissantes de gris sourds et de verts brillants.

Thoré, Fouriériste et Phrénologue, était le Diderot des salons romantiques et prêchait qu'un coup de crayon de Daumier valait mieux, à lui seul, que tous les tableaux de Paul Delaroche. Sainte-Beuve déclarait les poètes solidaires des artistes, et la grande bataille romantique s'engageait contre le génie de M. Ingres.

Au contact des peintres qui venaient de découvrir les campagnes françaises, le souvenir des grands bois poitevins monta à la tête de Charles Le Roux : notre étudiant en droit devint l'élève de Corot.

Il serait plus juste de dire qu'il devint son condisciple, car le seul maître reconnu de toute cette phalange d'artistes, recrutée dans les sphères sociales les plus diverses, était la nature ; mais le bon Corot, qu'ils appelaient tous le « père Corot », était le plus âgé d'entre eux, et sa bonhomie proverbiale faisait de lui un maitre paternel dont chacun aimait à suivre les conseils. Des lettres que j'ai sous les yeux, adressées par lui dans la suite à Le Roux, montrent bien que tel était le caractère des relations entre les deux artistes.

A l'automne 1833, voilà Le Roux parti pour Fontainebleau, où Rousseau allait hiverner et où Decamps était déjà installé. Corot, Diaz, Aligny, Millet et bien d'autres devaient puiser là le meilleur de leur inspiration.

En ce premier voyage, Rousseau dessina peu et Decamps n'osa peindre que des scènes de chasse; Charles Le Roux, plus audacieux, se mit à l'œuvre avec l'ardeur et la franchise d'allure d'un novateur que la fortune rend indépendant. Il eut ainsi la gloire d'ouvrir la voie que devaient suivre presque tous les grands paysagistes français de ce siècle. J'ai retrouvé dans son atelier, datant de cette époque, une étrange avalanche de rochers aux formes aigües, aux teintes d'ossements jaunis, entre lesquels de maigres arbrisseaux s'effeuillent au vent d'automne. Les blocs fantastiques de grès, qui encombrent les gorges sauvages de la forêt, avaient enthousiasmé le jeune romantique.

De retour à Paris, il condensa ses impressions en une toile: *Souvenir de Fontainebleau, paysage d'automne.* Les membres du jury du Salon de 1834, moins intransigeants envers la nouvelle école qu'ils ne le furent plus tard, l'admirent.

Ce fut à peu près vers cette époque que notre étudiant quitta la Faculté de droit de Paris pour celle de Rennes: ses parents pensèrent sans doute qu'en cette ville paisible le démon de la peinture aurait plus de peine à vaincre l'ombre de Cujas.

Le Roux revint en effet à Nantes pourvu de ses diplômes et se fit inscrire avocat au barreau de cette ville.

Sa nouvelle profession, toutefois, ne lui plaisait qu'à demi. A la Société des Beaux-Arts de Nantes il ne retrouvait ni l'animation, ni l'éclat des causeries et des excursions d'antan.

L'écho de la complainte de Barbizon, joyeusement élaborée à l'auberge du père Ganne, le poursuivait jusqu'au Palais :

Quels jolis horizons ont
Les peintres à Barbizon !

Alors, il s'échappait et retournait à la forêt, se replongeait dans le milieu où il était né à la vie artistique, revoyait au passage Thoré, Lacroix qui était devenu le bibliophile Jacob, et ses intimes, Corot et Rousseau.

On s'indignait ensemble de l'entêtement du jury à exclure la jeune école, on partait en guerre contre les classiques, on chantait l'éloge de la nature ; puis Le Roux revenait, avec une nouvelle provision d'ardeur, conquérir à la peinture le bocage poitevin où les marais de la Basse-Loire.

A ce régime, le droit perdit peu à peu son importance et finit par être abandonné tout à fait.

Mêlé à la lutte ardente entre classiques et romantiques Le Roux n'exposait plus au Salon. Pour y retrouver des tableaux de lui il faut attendre la fin de la bataille engagée par l'Académie des beaux-arts contre Delacroix, Rousseau, Marilhat, Paul Huet, Préault et les autres. Cette abstention de notre paysagiste dure jusqu'en 1842. Mais il ne restait pas pour cela inactif. En 1836, pour protester contre la partialité des jugements de l'Académie, il organise à Nantes, avec un groupe de jeunes amateurs d'art, une exposition à laquellle sont invités à prendre place les représentants de toutes les écoles. Il part à

Paris et en ramène Rousseau, qui vient placer lui-même les deux tableaux qu'il exposait : un *effet d'arc-en-ciel* et un *site des environs de Paris*.

Les deux amis, le pauvre et le riche, unis par la touchante fraternité du talent, ne se quittent pas : Le Roux emmène Rousseau à Tiffauges, ils se plongent ensemble dans l'étude d'un marais caché sous la feuillée; dans le fouillis de ses plantes, au travers de la demi-transparence de ses eaux, ils cherchent à surprendre les palpitations de la vie obscure et multiforme des myriades d'êtres inférieurs qui s'y abritent; puis un ruisseau, courant entre deux collines verdoyantes jusqu'à la papeterie prochaine, eau qui dort au soleil puis s'enfuit en chantant entre les pierres et les troncs d'arbres, les charme à son tour.

A ce voyage fait ensemble remonte l'origine de toute une série de compositions parallèles dans l'œuvre des deux artistes. Il existe, parmi les tableaux de Le Roux, une vue de Tiffauges à laquelle les deux compagnons ont collaboré.

Rousseau rapporta de cette excursion son *Marais en Vendée* et l'esquisse de ruisseau qui a depuis appartenu à Diaz. Ce site charmant l'attirait : l'année suivante, venant à Nantes pour répondre à une nouvelle et pressante invitation de son ami, il s'y arrête encore et ne peut s'arracher aux charmes du paysage.

Dans l'œuvre de Le Roux, qui connaissait et aimait d'avance les beautés naturelles du bocage poitevin, et qui devait les revoir maintes fois dans le cours de sa vie, la série inspirée par elles est bien plus longue : ne proclamait-il pas qu'un peintre sachant observer et goûter la nature pouvait repasser cent fois sur la même route et voir cent choses différentes, et toute son œuvre, avec la variété d'impressions qui la caractérise, n'est-elle pas la preuve même de cette doctrine? Qu'il suffise de citer parmi les paysages dont il prit l'inspiration en cette région : deux *Sites de Tiffauges,* une *Vue de Saint-Laurent-sur-Sèvre,* une *Vue des environs de Mortagne* avec le château de la Vachonnière, *les Fonds* (Salon de 1890), la *Ferme vendéenne* du Salon de 1877.

Quant aux mares ombreuses où germe, sous mille formes, la vie des plantes aquatiques, où fourmillent les êtres inférieurs qui peuplent l'eau sombre ou ensoleillée et l'air frais taché de lumière, elles sont en grand nombre dans l'œuvre de Le Roux. Il en exposa une au salon de 1843, d'autres ont fait le sujet de plusieurs études qui existent encore, mais la plus belle peut-être est la mare dite *La Gour d'or,* qu'il exposa au Salon de 1869, puissante évocation qui, malgré son intensité réaliste, reste toute parée d'un parfum de légende.

Les deux amis, Rousseau et Le Roux, ayant quitté Tiffauges, continuent leur course jusqu'au Soullier, où M. Le Roux père les reçoit au milieu de sa sauvage et pittoresque retraite.

Rousseau, dont le tempérament un peu âpre était peu séduit par la lumière blonde de l'été poitevin, peint un champ de genêts en feu, un « brûlot » comme on dit dans ce pays, puis une lande. Le Roux était plus à l'aise devant cette campagne riche et ensoleillée, comme le prouve sa *Prairie du Haut-Poitou,* du Salon de 1843, actuellement au musée de Besançon, et une esquisse représentant les coteaux de Fonds se profilant sur un ciel bleu, esquisse qui remonte peut-être à l'époque qui nous occupe.

Un beau matin, nos deux jeunes romantiques partent visiter les ruines moyenâgeuses du château de Bressuire. Rousseau les voit plus fauves, tandis que Le Roux les peint plus sombres et plus déchiquetées, se détachant sur un ciel tragique; en ces deux notes différentes, apparaît le même brio, le même enthousiasme devant un spectacle fantastique et grandiose.

De retour au Soullier, Le Roux fait à Rousseau les honneurs de l'allée de châtaigniers qui était l'ornement de la propriété paternelle. Rousseau se prend d'enthousiasme pour cette majestueuse perspective d'arbres séculaires et se met aussitôt à l'œuvre ; il commence patiemment par ébaucher le dessin au fusain, puis à l'encre, et ses hôtes, avant chaque nouvelle transformation, regrettent de voir disparaître des esquisses qu'il leur semblait impossible de perfectionner ; le laborieux artiste serre pourtant de plus en plus près son modèle et s'approche à pas sûrs de la réalisation complète de son rêve ; il indique les valeurs, empâte les troncs d'arbres, pose ses harmonies d'ensemble; enfin, enfermé dans une chambre du logis, il met lentement la dernière main à l'œuvre.

Rousseau s'absorba dans son travail et ne le quitta plus, jusqu'à la fin de son séjour, si ce n'est pour faire, sur le conseil de son ami, une courte excursion sur les côtes de la Vendée, aux Sables-d'Olonne.

Ses deux hôtes s'émerveillaient de la puissance magistrale de son talent. Ils pensèrent longtemps à acheter le tableau, puis renoncèrent à cette idée craignant que leur situation, vis-à-vis de leur invité, ne le gênât dans l'évaluation de son prix de vente. C'est à cette raison que l'allée de châtaigniers dut de rester plusieurs années l'objet le plus en vue de l'injustice des classiques et le point de ralliement des revendications de la jeune école : refusée impitoyablement au salon de 1837, elle demeura dans l'atelier de Rousseau qui y revenait sans cesse pour y ajouter quelque détail ; elle ne fut qu'en 1840 demandée par l'Etat, et, à cette date, achetée par M. Paul Casimir-Perrier, jeune et déjà célèbre collectionneur, dans la galerie duquel entra bientôt après un tableau de Le Roux : *Paysage, souvenir du Haut-Poitou* (Salon de 1846).

L'histoire de ce tableau, l'un des plus connus de notre école moderne, est tellement liée à celle de la carrière artistique de Le Roux, qu'il était indispensable d'en parler un peu longuement ici.

Le même sentiment délicat qui avait empêché Le Roux et son père de chercher à acquérir le chef-d'œuvre, empêcha aussi le jeune peintre d'étudier le site magnifique dont il voulait ainsi, en quelque sorte, laisser l'usufruit artistique à son ami.

En 1842, il expose au Salon une *Allée d'ormes,* qu'il semble avoir choisie à cause des différences profondes qu'elle présente avec le tableau dès lors célèbre de Rousseau, différences qu'il accentua d'ailleurs autant qu'il put par la façon absolument distincte de présenter son sujet. En 1856 seulement, il se permet de peindre la fameuse allée qui lui rappelait la jeunesse déjà lointaine et y met tous ses soins, toutes ses précautions d'artiste habile à choisir les procédés et les tons ; déjà l'œuvre de Rousseau ressentait les premiers effets de l'abus des vernis et des bitumes ; Le Roux, cherchant peut-être à conserver pour jamais, autant qu'il était en son pouvoir, l'écho d'une impression qui lui était chère et qu'il sentait fragile, para sa toile de couleurs si solides qu'elle garde encore l'éclat du premier jour. Mais, fidèle à sa ligne de conduite, il ne chercha jamais à l'exposer ni à la vendre (1).

(1) Une autre vue de l'allée de châtaigniers également peinte par

Enfin, en 1878, c'est-à-dire plus de dix ans après la mort de Rousseau, il se décida à exposer au Salon une vue de l'allée de châtaigniers prise au point où jadis l'ami disparu l'avait vue si belle. Mais les jours tristes sont venus, la mort des choses, la froidure ; toute parure de feuilles est tombée, les troncs sont nus, secs et mornes, sur le ciel gris et le sol blanc, squelette du passé dépouillé de ses charmes, mais non de sa grandeur. C'est l'*Allée de Châtaigniers en décembre* que l'artiste a peinte.

Un des caractères les plus frappants de Le Roux est d'avoir gardé sa vie artistique personnelle, dans la province où il vivait, tout en restant en contact avec ses contemporains ; l'étude de la longue excursion de 1836 nous montre de quelle façon son œuvre vient se relier à celle d'un des maîtres les plus célèbres du paysage romantique. D'autres occasions se présentèrent, pour Le Roux, de recevoir son illustre ami dans son pays familier ou d'aller le voir chez lui, à Paris ou à Fontainebleau : le récit qui précède montre sur quel terrain se faisait l'union de leurs talents et devant quels sites leurs cœurs battaient à l'unisson.

Le vieil ami Corot n'était pas négligé non plus. Dans ses lettres à Le Roux abondent les signes de l'affection de grand frère qu'il lui portait ; encouragements, conseils presque paternels empreints d'une douce familiarité, y sont mêlés à des comptes rendus de son propre travail où le maître, avec la simplicité et la bonhomie modeste qui le faisaient tant aimer, semble demander conseil à son élève. En 1844, en le félicitant de son mariage, il ajoute :

Le Roux longtemps après celle de Rousseau, fut donnée par lui à l'une de ses tantes et n'est pas sortie de sa famille : elle appartient encore aujourd'hui à M. Louis Levesque.

« Vous préparez sans doute quelque nouveau paysage » pour l'exposition. Je ne doute pas que des progrès s'y » feront sentir, vous êtes dans une bonne voie, nature » et indépendance, voilà la devise. »

Puis, changeant vite de ton : « je travaille comme un enragé ; je termine mon tableau d'Homère que vous connaissez, je crois (1), et un autre effet de soir. »

Ses séjours aux environs de Nantes, sous le toit hospitalier de Le Roux, étaient fréquents, sa visite était attendue par tous avec impatience.

Il avait peint le portrait de son hôte, et en cette curieuse toile qui existe encore, le grand paysagiste, peu habitué à ce genre de travail, avait dépouillé sa manière ordinaire si complètement que, si l'on ne connaissait pas l'histoire de ce tableau, on pourrait douter de son authenticité.

C'était surtout aux bords de la Basse-Loire, dans sa propriété du Pasquiau, près de Paimbœuf, que Le Roux aimait à emmener Corot.

Ils retrouvaient là les rosées abondantes, les ciels nacrés, les aubes roses, les légers voiles de vapeur blanchâtre estompant l'horizon et s'élevant au matin de l'herbe humide, que le plus classique des impressionnistes aimait tant à peindre.

Les marais immenses et les larges prairies basses, coupées çà et là de bouquets d'arbres ou de mares miroitantes, se continuant à l'infini avec les eaux troubles de l'estuaire, sont souvent enveloppées de la vaporeuse et poétique atmosphère qui fait le charme de tant d'œuvres de Corot.

(1) Il s'agit « d'Homère parlant aux bergers » actuellement au musée de Saint-Lô et l'un des chefs-d'œuvre du maître.

Constamment de tels spectacles s'offraient là au pinceau de Le Roux, et plus d'une fois sa sincérité d'observation le força à fixer sur la toile les tableaux de son maître que la nature lui montrait ; mais alors, comme toujours, sa délicatesse, le respect de la personnalité de Corot et de sa propre dignité artistique le retenaient. Certains le trouveront peut-être exagéré ; pour moi je l'admire, ce sentiment exquis et rare qui l'empêcha d'exposer un de ses tableaux parce qu'il ressemblait trop, à son gré, à ceux de son maître, se trouvant rendre la même impression de nature.

Le Roux avait pourtant, lui aussi, pris rang parmi les artistes en vue : reçu au Salon de 1841 avec un *Site du Haut-Poitou* gravé par Marvy et à celui de 1842 avec une *Allée d'ormes* et un *Marais,* dont le journal l'*Artiste* vantait la puissance réaliste, il avait obtenu en 1843 une troisième médaille ; des compositions exposées par lui cette année-là, l'une, une *Mare,* avait été gravée par Marvy, la seconde, une *Prairie,* avait été lithographiée par Français, achetée par l'Etat et envoyée au musée de Besançon. En 1846, il recevait une deuxième médaille pour une *Lande* et un *Paysage du Haut-Poitou.* La *Lande* avait été acquise par M. de Chambure et lithographiée par le graveur Eugène Le Roux ; le paysage du Haut-Poitou, lithographié par Français, était entré dans la collection de M. Paul Casimir-Perrier, l'acheteur de l'*Allée de châtaigniers* de Rousseau, en même temps qu'une *Vue de l'Isle-Adam* de Jules Dupré.

Chaque année, Thoré lui consacrait un passage de ses Salons, et le plaçait prés de Troyon, à la suite de Marilhat et de Jules Dupré, tandis que le journal l'*Artiste*, tout en signalant les mêmes affinités, le rapprochait de Français, dont le talent s'imposait déjà, et du consciencieux Delaberge, mort quelques années plus tôt.

En 1847, l'audace qui naît de l'absolue franchise et de la sûreté de soi s'affirme de plus en plus dans les toiles qu'envoie notre peintre : sa *Forêt du Gâvre* est parée du vert pâle, âpre et uniforme, qui revêt les grands bois aux premiers jours de mai. Les vagues étranges de ses *sables d'Escoublac* blanchissent sous le vent salin tordant les quelques arbres qui, seuls, y poussaient alors, tandis qu'au ciel volent les nuées d'orage et les blancs oiseaux de mer.

Le réalisme du premier tableau étonna ; le second ne fût, au premier abord, pas compris, et le jury le refusa, pour, il est vrai, le recevoir l'année suivante en compagnie d'autres œuvres tout aussi hardies, et accorder à Le Roux une nouvelle 2e médaille.

Le crayon de Marvy avait reproduit dans les journaux d'art « *Les sables d'Escoublac* » et les critiques romantiques, prenant pour un des leurs celui qui n'avait fait que copier la nature avec la sincérité la plus absolue, s'étaient faits les défenseurs de la toile incriminée, reprochant seulement à son auteur la trop grande précision de son pinceau qui, à leurs yeux, ne pouvait être qu'une entrave. La personnalité de Le Roux se détachait ainsi nettement entre les écoles opposées qui luttaient alors si ardemment, et Thoré pouvait dire : « Charles Le » Roux est presque l'opposé de Corot : son exécution est » très habile, très rigoureuse et peut-être trop compli- » quée.... sa passion rustique s'entretient par une vie » habituelle au grand air, aussi conserve-t-il à la nature » ses traits décisifs. »

Le maître et l'élève, que la critique rapprochait ainsi au gré des comparaisons, n'étaient plus que de vieux amis subissant ensemble louanges ou dédain, et l'admiration que professait Le Roux pour le charmant génie de celui qu'il continuait à appeler son maître ne l'empêchait pas de suivre sa voie propre, conforme à son tempérament et au caractère de ses modèles.

En 1854, Feuillet de Conches, dans son livre sur Léopold Robert, ce peintre peut-être trop dédaigné aujourd'hui et qui, alors, avait son heure de vogue, plaçait au même rang Jules Dupré, Rousseau, Français, Charles Le Roux et Troyon ; About, dans son *Voyage à travers l'Exposition des Beaux-Arts (1855)*, déclare que « la couleur de M. Charles Le Roux est aussi belle que celle de M. Rousseau, et à moins de frais ». Théophile Gautier *(Les Beaux-Arts en Europe en 1855 — Paris, 1856)* vante son sentiment de couleur et l'originalité puissante que lui donne sa franchise réaliste ; seul, un critique du journal *l'Artiste (1855 — L'Exposition universelle des Beaux-Arts)*, Charles Perrier, détonne en accusant Le Roux de copier les « Côtés inabordables » du « système » de Rousseau, mais il ajoute : (Daubigny) « copie ce peintre (Rousseau) plus maladroitement encore que M. Charles Le Roux. » Placé en telle compagnie, celui-ci pouvait se considérer, à bon droit, comme un maître à son tour.

Une lettre adressée à lui par Corot, en 1856, semble indiquer qu'ils s'offraient mutuellement leurs œuvres :

« Mon cher ami, j'ai reçu votre douce lettre, j'ai reçu » la vue de Rouen ! Ça va sans dire que je vous enverrai une étude pour faire pendant à votre petit tableau, à peu près la grandeur. J'ai donné la vue de Rouen à réparer, elle était dans un drôle d'état. Voudrez vous m'indiquer la manière de vous faire parvenir l'étude » en question. »

Cette même année, après avoir donné à Le Roux des

renseignements matériels sur le prochain Salon, le grand peintre ajoute en post-scriptum :

« Vous me demandez de vous indiquer, par des traits, » ce que je me propose : voici.... » Et il crayonne quatre esquisses qu'il annote gaîment :

« 1° Soirée ;

» 2° Concert, matinée, tableau revu, corrigé et peut-être diminué ;

» 3° Coucher de soleil ;

» 4° Une nymphe jouant avec un amour vigoureux. »

Les envois de Le Roux au Salon de 1857 avaient été fort remarqués : *l'Erdre pendant l'hiver* et *la Loire au printemps*, tous deux actuellement au musée de Nantes, le second ayant été acheté par l'Etat, en faisaient partie, avec deux vues de marais et un autre site de l'embouchure de la Loire.

Le peintre, père de famille, bourgeois tranquille et notable, maire de la commune où il peignait les plus beaux paysages, le bourg de Corsept, près de Paimbœuf, où se trouvait sa propriété du Pasquiau, réalisait l'idéal aimé, à cette époque, de l'artiste sérieux, rendu indépendant par sa fortune et attaché à son pays par sa situation sociale.

A une époque très éprise de la campagne réelle, mais où réalisme n'était pas synonyme d'amour du vulgaire, de la laideur ou de l'étrangeté, Le Roux peignait la nature sans fard comme aussi sans bassesse, que Pierre Dupont chantait.

Son talent répondait bien à un état d'esprit général, au commencement du second empire, aussi était-il compris et admiré. Les critiques lui reprochaient seulement les nuages trop lourds de nos côtés de l'ouest, qu'ils n'avaient pas vus dans le ciel de Paris, et l'absence de préoccupations sentimentales qui auraient été tant goûtées alors : souvenirs d'Abélard, des sires de Clisson ou des guerres de Vendée.

C'est l'honneur de Le Roux de n'avoir jamais écouté ces refrains de romances qu'on lui fredonnait et de n'avoir jamais voulu déguiser, en bien comme en mal, la nature réelle.

Il fut récompensé de sa sincérité absolue par l'approbation paternelle et simple de Corot, les éloges d'About, de De Girardot, de Théophile Gautier et d'un de ses compatriotes, alors critique d'art à ses heures, Jules Verne.

Nadar, son photographe ordinaire, comme il disait, allait jusqu'à le traiter, dans un élan d'enthousiasme, de Jupiter de la Loire et d'émule de Ruysdaël.

Je préfère citer ici les lignes que Théophile Gautier lui consacrait dans le journal « *l'Artiste* ». Cet article, aussi élogieux, somme toute, est d'allure plus pondérée et de note très juste; de plus, il caractérise bien une époque qui aimait plus qu'elle ne connaissait la nature sans apprêts de nos campagnes (1).

« Quoiqu'il soit élève de Corot et maître lui-même, M. Charles Le Roux semble avoir, en dehors de toute imitation, une parenté de tempérament avec Théodore Rousseau. Il voit la nature en coloriste. Son exécution risquée, fougueuse, brutale en apparence, cache beaucoup de finesse et une rare recherche de ton; il ne s'inquiète pas que le vrai soit vraisemblable et il prend ses sites à des saisons bizarres et sous des incidences singulières. Il ne craint pas de faire couler à pleins bords une rivière dans sa toile et de poser, sans intermédiaire, le

(1) Le Salon de 1857, par Théophile Gautier. — *L'Artiste*, 8e livraison, 25 octobre 1857, page 115.

ciel gris sur l'eau grise; l'hiver ne l'effraie pas avec ses arbres décharnés et, par les brumes de l'automne, il entre dans les marais comme un chasseur de bécassines, parmi les joncs, les roseaux, les nénuphars et les larges plantes aquatiques glacées de vert de gris et safranées de rouille. Il ne voyage pas, il traduit avec amour les aspects de sa terre natale, de sa chère Bretagne. »

Naïves critiques d'un écrivain qui, malgré son indépendance, n'était pas fort éloigné de considérer comme un peu indécent de peindre la campagne à d'autres moments qu'aux mois classiques des vacances. Comme une telle idée nous semble étrange aujourd'hui et combien devons-savoir gré à Le Roux de ne pas en avoir tenu compte !

Au Pasquiau, le doux et sentimental Corot trouvait parfois alors un nouveau venu, Gustave Doré, grand enfant terrible, à la verve endiablée, dont les gamineries effrayaient les paisibles habitants des environs. Mais le brillant dessinateur, qui brûla toute sa vie du désir d'être un grand peintre, était d'humeur trop indépendante et d'imagination trop ardente et trop vive pour recevoir quelque profit de la société d'un consciencieux comme Le Roux ou exercer sur lui quelque influence. Il serait aussi malaisé de trouver quelque trace des marais de la Basse-Loire dans l'*Enfer du Dante,* qu'il illustrait alors, que de rencontrer des personnages de Rabelais ou des Contes drôlatiques de Balzac dans les paysages de Le Roux.

Malgré les différences de style si remarquables entre ces deux fervents admirateurs de la Nature, c'était la compagnie de Corot que Le Roux préférait.

Le patient observateur d'effets de couleurs et de détails fins et précis qu'était Le Roux admirait sans réserve le naïf abandon et l'amoureuse tendresse de ce doux vieillard, au cœur resté si jeune, qui peignait, disait-il lui-même, comme les oiseaux chantent. Il aimait à le suivre dès l'aurore, avec ses cheveux blancs au vent, sa narine frémissante, ses yeux pétillant de joie sereine, chantonnant à l'air frais du matin sans quitter de ses lèvres souriantes la pipette de terre qu'il fumait lentement, tout heureux, comme il disait, d'aller faire un brin de cour à la belle dame Nature. La profonde divergence entre leur manière de voir et de sentir ne faisait qu'accentuer la sympathie mutuelle de ces deux peintres, qui estimaient par-dessus tout l'indépendance et la personnalité.

C'est ainsi que fut composé sans doute le tableau de Le Roux : *Prairie et Marais de Corsept au mois d'août,* vaste plaine jaunie coupée de mares et de bouquets de saules, avec la Loire à l'horizon, sous un ciel clair où courent de gros nuages blancs. Le paysage terminé, Le Roux pria Corot d'y dessiner des personnages : un pêcheur à la ligne sous un saule, un rameur dans le bateau du premier plan et, près de ce bateau, une femme tenant un enfant au cou et un autre par la main.

C'était un usage assez répandu à cette époque, chez les paysagistes exclusivement attachés à leur art, de faire dessiner les figures de leurs tableaux par un peintre ami. Dans l'œuvre de Le Roux, ce fait s'est représenté souvent : Jeanron, ami de Rousseau et d'Ary Scheffer, avait peint ceux du tableau : *Les sables d'Escoublac ;* Elie Delaunay, compatriote et ami de Le Roux, lui avait dessiné deux moines dans une autre composition et Corot, âgé de 74 ans, peignit encore, sur le tableau exposé par Le Roux en 1870, une femme ramassant des fleurs et de petits personnages.

L'envoi de 1859, où figuraient, outre la toile citée plus haut, plusieurs autres vues des bords de la Loire, valut à Le Roux, avec un rappel de médaille, la croix de chevalier de la Légion d'Honneur; l'un des tableaux: *La pêche aux saumons sur la Loire,* fut acquis par la Commission de la Loterie ; un autre fut échangé par Le Roux contre un *cerf* de Barye ; un troisième figura à une loterie organisée par le duc de Morny ; mais Le Roux garda religieusement celui sur lequel Corot avait promené son pinceau.

Celui-ci s'empressa de féliciter l'ami de Nantes de sa croix.

Retenu à son cher Ville-d'Avray par la fatigue d'un voyage en Suisse, où son corps déjà vieux avait trahi l'ardeur toute juvénile qu'il apportait à son art (« je ne suis plus, soupire-t-il, un jeune tendron! »), il dit son regret de de ne pouvoir, cette année-là, faire à Le Roux sa visite accoutumée et ajoute :

« Recevez, mon cher chevalier, tous mes compliments pour la récompense que vous avez reçue cette année ; n'est-ce pas que ça fait du bien et qu'on se sent disposé à faire de nouveaux efforts et de nouveaux progrès ? »

La réponse qu'a dû faire notre peintre sur ce point n'est pas douteuse, et son travail persévérant ne put que devenir plus ardent.

Mais nous entrons dans une période de la vie de l'artiste où il devient fort difficile de suivre l'évolution de son talent: il fut en effet, en 1860, élu député au corps législatif et, pendant tout le temps que durèrent ses fonctions à la Chambre, il n'exposa aucun tableau au Salon.

Non que la peinture fût abandonnée par lui : il travaillait au contraire son art autant que jamais et les tableaux qu'il exposa à la fin de sa vie, postérieurement à cette période, n'ont ni moins de charme ni moins de science que ceux que nous avons cités plus haut ; leur hardiesse plus grande dénote, au contraire, une formation de l'œil de plus en plus complète, avec une plus grande sûreté de soi qui ne peut provenir que d'études constantes. A la Chambre même, Le Roux ne pouvait se résoudre à quitter trop longtemps ses pinceaux, et le duc de Morny lui avait fait aménager, dans les combles du Palais Bourbon, un petit atelier où il travaillait entre les séances.

Mais il voulait que sa réputation n'eut rien à devoir à sa situation politique; les succès qu'il n'aurait pas manqué de remporter dans les expositions auraient, à ses yeux, perdu toute valeur par cela seul que son attachement au régime impérial aurait pu faire croire aux malveillants qu'il bénéficiait de la faveur ou tout au moins de la bienveillance des puissants du jour.

Sentiment bien rare à toutes les époques: les artistes, en grands enfants qu'ils sont, ont souvent été pris à l'appât des colifichets de la gloire.

Je ne parle pas de David, ce farouche sans-culotte qui, après avoir épousé toutes les haines jacobines par amour d'une popularité malsaine et basse, devint baron de l'Empire et organisateur des fêtes du sacre de Napoléon Ier : tout son talent ne fera jamais oublier la honte qui s'attache toujours à la basse servilité des affamés d'honneurs.

Mais, en des circonstances bien plus excusables, nombre de peintres français avaient profité en quelque façon de la faveur qu'ils avaient obtenue près du Gouvernement, dont ils s'étaient déclarés les fidèles ; Horace Vernet, rallié pourtant à la Restauration le jour où il était devenu directeur de la Villa-Médicis, avait, en 1830, chanté sa joie de « se sentir sur la tête la cocarde tricolore », qu'il gardait, disait-il, « cachée au fond de son cœur », et ces bruyantes protestations, qui lui valurent peut-être au musée de Versailles le rôle prépondérant qu'il y joua, furent pour quelque chose dans la popularité et la gloire qu'il acquit sous Louis-Philippe.

Tandis que Le Roux, par délicatesse de conscience, se retirait volontairement dans l'ombre, Barye s'épuisait à sculpter aux guichets du Louvre une statue équestre de Napoléon III, et le grand Carpeaux lui-même, plastronnant à Compiègne dans l'auréole de la gloire officielle, sollicitait, dit-on, de l'Empereur le titre de baron.

La gloire artistique de tous ces hommes, loin d'être diminuée par le fait de s'être peu ou prou étayée sur la politique, n'y gagna que plus d'éclat ; la fierté ombrageuse de Le Roux lui valut l'oubli. Pendant son absence des expositions, Rousseau était nommé président du Jury de l'Exposition universelle en 1866; Corot, en pleine gloire, recevait la croix d'officier; Daubigny, Jules Dupré, atteignaient le plus haut sommet où devait s'élever leur talent ; Paul Huet, attardé dans les traditions romantiques, continuait à recevoir par là-même les éloges des critiques de sa jeunesse, « arrivés » eux aussi, et faisant maintenant autorité. Puis une nouvelle génération s'était élevée, composée de peintres de talent révolutionnaire, comme Courbet, ou, dans un tout autre genre, Manet; peu compris et par là-même discutés comme Millet; ou s'imposant d'une façon paisible et progressive comme Rosa Bonheur et Français, pour ne citer que les morts.

La critique avait l'attention tournée d'autre côté et quand Le Roux, n'étant plus député, reparut comme peintre, en 1869, tous avaient perdu l'habitude de son talent et de son nom.

Son émule Troyon, qui avait terminé sa carrière artistique en 1859 et était mort peu d'années après, était entré dans la voie glorieuse qui mène du Luxembourg au Louvre; Le Roux avait bien reçu, en 1868, la rosette d'officier de la Légion d'Honneur, mais cette récompense, au lieu de réveiller l'attention sur son talent, n'avait paru, par cela même qu'il n'exposait plus, être accordée qu'au député de Paimbœuf, seul titre que ses scrupules lui laissaient aux yeux du public : sa délicatesse de conscience, tant est grande l'injustice humaine, tournait ainsi à son détriment. Puis, il était maintenant hors-concours au Salon, du fait de sa décoration, ce qui lui enlevait le droit de recevoir une première médaille et, quant à la médaille d'honneur, Corot lui-même, on le sait, ne l'obtint jamais.

Toutes ces raisons, jointes à la mobilité de l'esprit français et à l'indifférence artistique de ses concitoyens, firent que la fin de sa carrière artistique s'écoula sans bruit, dans un calme que ne dérangeaient plus ni blâmes, ni grands éloges, les critiques pensant sans doute avoir tout dit jadis sur une œuvre qu'ils avaient longtemps crue terminée.

Il exposa cependant régulièrement chaque année, de 1869 à 1895, sauf en 1871, 72 et 81. Pour le Salon de 1870, le vieux Corot, resté l'intime ami d'autrefois, peignit sur le tableau de Le Roux, *la Source,* une femme ramassant des fleurs et plusieurs autres personnages. D'autre part notre peintre variait ses sujets et étendait même plus loin que de coutume le cercle de ses recherches. En dehors de ses deux centres d'action ordinaires, le Soullier et le Pasquiau, bocage vendéen et basse Loire, il visitait les côtes bretonnes (Salons de 1875 et 1883), Préfailles (Salon de 1876) ; il emportait même sa palette à Narbonne, chez son ami M. Peyrusse, beau-père d'un de ses fils (Salon de 1883).

Il se passionnait pour des procédés nouveaux dont le

raffinement plaisait à son âme de dilettante. Il aimait à employer pour ses esquisses des panneaux d'acajou qu'il recherchait avec soin ; en laissant apparaître, par endroit, le ton chaud du bois, il obtenait des effets puissants où il faisait revivre toute la magie des couchers de soleil.

Son audace, comme il arrive chez les chercheurs persévérants et consciencieux, dont les qualités se développent par un mouvement lent et sûr, son audace s'était accrue ; sans perdre sa science des nuances, des effets délicats, des finesses d'exécution, des détails cherchés et de la complète mise au point, il accuse plus largement ses effets d'ensemble, il fait vibrer ses harmonies d'une façon plus éclatante. Les lumières vives, les teintes chaudes, les effets de ciels d'orage, où roulent des nuages à la Ruysdaël ou à la Constable, sont nombreux dans la partie de son œuvre qui correspond à cette époque ; les fleurs du printemps ou les feuilles rouges de l'automne sont pour lui des sujets dans l'exécution desquels il sait associer la franchise d'impression, qui égale souvent celle des plus modernes pleinairistes, à la savante perfection du travail.

Les deux tableaux de Le Roux qui figurent aujourd'hui au musée du Luxembourg datent l'un de 1874, l'autre de l'année de sa mort, 1895.

Le premier, intitulé *l'Embouchure de la Loire,* nous montre, au milieu de la grande plaine basse qu'il aimait à peindre, une mare avec une barrière et un arbre isolé formant premier plan, puis, au fond, la Loire, dont l'eau trouble miroite sous un ciel d'orage. De gros nuages, en effet, courent dans un ciel clair et s'amassent, poussés par le vent de mer. L'impression menaçante des derniers rayons avant la tempête est là, rendue avec une intensité poignante par le peintre.

Le second, *les Cerisiers en automne*, fait revivre la magie des feuilles écarlates sous le ciel bleu sombre que tient chaud le soleil d'automne, et prêtes à tomber au premier vent du nord. En cette dernière toile, peinte au soir de la vie, Le Roux a fait vibrer les notes de sa palette avec une intensité telle que, au Luxembourg, malgré le puissant voisinage du *Cardinal Lavigerie* de Bonnat, les feuilles de ses cerisiers gardent des éclats de pierres précieuses.

Riche, ne peignant que pour le plaisir de peindre et sans aucun besoin de vendre ses tableaux, il ne voulait pas s'en séparer ; il les aimait comme on aime les vieilles pensées ou les vieux souvenirs, impressions de jeunesse ou idées de l'âge mûr; il les gardait jalousement près de lui, aimant à les revoir, à les revivre, allais-je dire ; et ils s'accumulaient dans sa demeure de Nantes ou dans sa propriété du Soullier, au grand détriment de sa réputation, ainsi privée de toute publicité.

C'est de 1900 que date, en réalité, la résurrection de la renommée artistique de Le Roux : à cette époque, le peintre était mort déjà depuis cinq ans, et la gloire réserve souvent ses faveurs pour le temps où les artistes ne sont plus là pour en jouir. Le nouveau musée des beaux-arts de Nantes, récemment reconstruit, avait attiré pour son inauguration de nombreux critiques d'art; les deux paysages de Le Roux, mieux en valeur, réveillèrent vite l'attention sur son nom (1). Puis, Roger Marx organisait, en 1900, au Grand-Palais, l'exposition centennale, où il se donnait pour tâche de réparer les injustices ou

(1) V. *Figaro*, 21 avril 1900. Le nouveau musée de Nantes, par Arsène-Alexandre « Le Roux, un ignoré déjà et un si beau » peintre ! »

les oublis, et de mettre en valeur les tableaux qui auraient dû être célèbres; il n'eut garde d'oublier Le Roux, et vint chercher à Nantes deux de ses œuvres, *les Cerisiers* et *la Loire,* que la famille du peintre voulut bien lui confier. Les revues et journaux se firent l'écho de l'admiration un peu étonnée du public devant cette victime d'un injuste oubli ([1]); M. Bénédite, voulant combler une lacune dans la série des paysagistes français, accueillit en 1902, au Luxembourg, lors du remaniement des collections, les deux tableaux qu'il avait admirés deux ans auparavant, et la Chronique des Beaux-Arts du 28 février 1903, notant l'entrée des toiles les plus remarquables ainsi mises en lumière, dit à ce propos : « Il fallut y » joindre, avec une mention spéciale, deux admirables » paysages d'un dernier romantique trop oublié, ancien » camarade et compagnon de Rousseau et de Corot, » Charles Le Roux : *l'Embouchure de la Loire* et *les Ce-* » *risiers,* qui montrent que cet inconnu pourra un » jour prendre très dignement sa place près de la col- » lection Thomy-Thiery. » ([2])

C'est une gloire, pour les sagaces critiques et amateurs d'art que nous venons de nommer, d'avoir su retrouver, au fond de l'obscurité volontaire où il l'avait plongée avec lui, l'œuvre de Le Roux et de lui avoir rendu sa place près de celle des autres grands paysagistes, ses contemporains et ses émules ; la personnalité de ce grand artiste, très savante, très fine, très consciencieuse et très sincère, pénétrée d'amour pour la nature réelle, trait d'union entre les réalistes romantiques et les plus modernes de

(1) V. *Figaro,* 1er mai 1900. L'exposition centennale, par Arsène-Alexandre « Le Roux, un grand paysagiste un peu oublié. »

(2) Article signé R. M. (Roger Marx).

leurs successeurs, où se reflète la poésie, la grandeur, le charme de toute une région de la France, manquait dans la série de nos peintres du XIXe siècle, et nous sommes convaincus nous aussi que, par la force même des choses, Le Roux entrera bientôt au Louvre, où l'attendent déjà presque tous ses compagnons, plus vite favorisés. Les talents modestes et sincères comme le sien ont beau se faire oublier de leur vivant, il se trouve toujours tôt ou tard, les faits que nous venons de citer le montrent, des hommes de goût pour les remettre à leur vraie place.

G. FERRONNIÈRE.

Paroisses et cures de Montaigu (Bas-Poitou) et les religieuses Fontevristes de Notre-Dame-de-Saint-Sauveur à Montaigu, par M. le Dr MIGNEN (analyse par G. FERRONNIÈRE).

Les travaux que je suis chargé d'analyser émanent d'un homme trop compétent pour que je me permette de les juger ; il serait malséant qu'un profane comme moi vienne critiquer ou même apprécier en détail les deux excellentes monographies dont M. le Dr Mignen a fait hommage à notre Société. Le seul jugement que mon ignorance en cette matière d'archéologie et d'érudition me permette de porter sur eux, sera celui-ci : je regrette très vivement que ces deux ouvrages n'aient pas été présentés, avant leur publication, au concours de la Société Académique : non seulement ils auraient remporté, sans nul doute, la plus haute récompense attribuée aux auteurs de monographies communales, mais encore ils auraient servi de modèles aux écrivains pleins de bonne volonté sans doute, mais trop souvent novices, pour ne pas dire plus, qui présentent leurs œuvres à notre jugement.

Ce n'est d'ailleurs, fort heureusement, qu'un début, et M. le Dr Mignen promet, dans son introduction, de publier d'autres monographies sur le même sujet.

Je crois exprimer l'avis de tous mes collègues en lui disant que nous serons heureux et fiers, s'il veut bien se plier à notre antique et vénérable règlement, de les récompenser, et, si nos ressources nous le permettent, de les insérer dans notre bulletin.

Il est impossible d'analyser un ouvrage de ce genre, véritable répertoire de documents de toutes sortes ; je me contenterai d'en donner la table, puis, d'après l'avis de ceux de mes collègues plus aptes que moi à juger de tels travaux, de mentionner quelques améliorations de détail qu'il est possible d'apporter à l'arrangement matériel des documents, afin que ceux qui prennent part à nos concours annuels puissent se servir désormais de ces quelques indications comme d'un modèle et comprendre nettement ce que doit être une bonne monographie historique.

Dans la brochure intitulée : *Paroisses et cures de Montaigu (bas-Poitou)*, l'auteur commence par énumérer avec tous les détails possibles, dans son avant-propos, les sources manuscrites ou imprimées auxquelles il a puisé : archives paroissiales, registres de décès de l'hôpital, registres de l'état civil, manuscrits de Dugast-Matifeux, etc. Il serait toutefois à désirer que ces diverses sources, ainsi que les ouvrages imprimés auxquels l'auteur a puisé, fassent l'objet d'une table bibliographique classée par ordre alphabétique ou par ordre de dates, et placée au commencement ou à la fin du volume, procédé qui facilite les recherches.

Puis M. le Dr Mignen, en quelques mots rapides, résume l'histoire de Montaigu et donne le plan de l'ensemble du travail, dont cette brochure n'est qu'un chapitre.

Alors seulement il entre dans le vif du sujet et épuise méthodiquement, pour l'histoire de chaque paroisse, les documents de quelque importance.

La Paroisse : origine et histoire, population, étendue, ressources, familles importantes y ayant habité ou y ayant eu des biens ; extraits intéressants pour l'histoire ou les mœurs locales des registres paroissiaux.

L'Eglise : sa construction, son histoire. sa description, le baptême de ses cloches, etc.

Les confréries.

Les cimetières ; les pierres tombales de l'église.

La cure : ses revenus ; les fondations affectées à l'église ; la liste des curés et vicaires avec leurs actes les plus importants.

Il passe ainsi en revue chacune des paroisses qui existaient jadis à Montaigu :

1o Saint-Jean-Baptiste, la seule qui existe encore aujourd'hui ;

2o Notre-Dame, supprimée dès la fin du XVIe siècle ;

3o Saint-Jacques, la plus ancienne, de laquelle dépendait le château avant la fondation de la collégiale Saint-Maurice, la seule à laquelle le doyen de Montaigu avait droit de présentation, tandis que l'abbé de Saint-Jouin-de-Marnes, successeur des abbés de Durinnum, exerçait ce droit pour les trois autres ;

4o Enfin Saint-Nicolas, la plus petite, supprimée en 1789 comme la précédente.

Le tout est écrit en grande partie avec des documents originaux reproduits aussi complètement que possible ; ceux qui, à cause de leur longueur, n'ont pas pu trouver place dans le texte, sont rejetés à la fin du volume sous forme de pièces justificatives.

Dans la deuxième brochure, *Les religieuses Fontevristes de Notre-Dame-de-Saint-Sauveur à Montaigu (Bas-Poitou)*, l'auteur donne avec autant d'ordre et de méthode l'histoire du couvent de religieuses bénédictines fondé à Montaigu en 1626, uni à l'ordre de Fontevrault en 1643, puis fermé en 1792, avec la liste des prieures, des pères confesseurs, les faits principaux concernant chaque religieuse, les achats, procès, inventaires relatifs à la communauté ou au pensionnat qui y était annexé.

Outre de nombreuses pièces justificatives, l'auteur a ajouté, excellente amélioration, un plan du couvent et une liste alphabétique des noms propres cités.

Comme je le disais en commençant, l'auteur annonce que ces deux mémoires ne sont que des parties détachées du travail qu'il prépare.

Il lui reste à étudier l'ancien hôpital et le prieuré de Saint-Jacques, la collégiale Saint-Maurice, enfin l'histoire de la baronnie puis marquisat de Montaigu et de son château.

J'espère même qu'il y joindra la monographie du centre voisin, si intéressant, de Saint-Georges de Montaigu, emplacement d'une abbaye fondée, dit la légende, par Saint-Martin de Vertou à Durinnum, lieu qui a été, très probablement, avant l'invasion normande, la véritable métropole de Montaigu.

DISCOURS

PRONONCÉ

PAR M. PICART

Président de la Société Académique de la Loire-Inférieure

MESDAMES, MESSIEURS,

Il y a un siècle et demi l'Académie de Dijon mettait au concours la question suivante : « le progrès des sciences et des arts a-t-il contribué à corrompre ou à épurer les mœurs ? »

Jean-Jacques Rousseau remporta le prix de l'Académie, mais en prenant parti contre les sciences et les arts. Rousseau étonna ses contemporains, et parut émettre un paradoxe ; mais comme cela arrive souvent, il ne faisait que rajeunir une vieille formule quelque peu tombée dans l'oubli. Le roi Salomon se plaignait déjà de son temps qu'on fît trop de livres et que cette continuelle inquiétude de l'esprit affaiblît le corps. Platon, dans le *Phédon,* n'est pas tendre non plus pour le progrès ou l'abus des sciences et des arts. Les Romains ont parlé de même, et un de leurs historiens loue les Scythes qu'il oppose aux Grecs, les uns vertueux dans leur ignorance, les autres vicieux avec toute leur science. Et chez nous, Montaigne, qui doutait un peu de tout, n'a pas manqué de douter aussi de l'utilité des sciences et des lettres.

Que veut dire cette longue tradition de doute contre la science ? Cela ne veut pas dire que la science est mauvaise; non, cela veut dire simplement qu'une nation tout entière n'a pas besoin de faire sa rhétorique, et que si elle la fait, elle n'en sera pas pour cela plus forte ou plus sage.

En étudiant les nouveaux courants auxquels obéissent les peuples au commencement de ce siècle, la Société Académique de Nantes pourrait à son tour mettre au concours cette question.

L'action intense est-elle une cause de bonheur et de prospérité pour les nations et pour les individus ? Et doit-on orienter l'éducation dans ce sens ?

Depuis quelque temps, nous viennent avec fracas, de l'autre côté de l'Atlantique, des discours, des écrits, des livres, qui tous préconisent l'action. Il faut agir ! Ils sont là un certain nombre d'apôtres, de prédicants, de virtuoses et de professeurs d'énergie qui, saisis d'une sorte de frénésie, crient ce vocable à tous les échos.

Là, comme pour la question posée par l'Académie de Dijon, nous assistons à la réapparition d'une vieille doctrine et d'une vieille controverse.

Bien avant le Président des Etat-Unis, bien avant les milliardaires américains, cette maxime a été proclamée à mainte reprise par nos écrivains et nos philosophes.

Voltaire lui-même, qui ne se piquait cependant pas d'une philosophie bien transcendante, écrivait :

« Le but de la vie humaine, c'est l'action, » et, dans un autre passage :

III

> Le travail est souvent le père du plaisir —
> Je plains l'homme accablé du poids de son loisir.

Jean-Jacques Rousseau, dans son *Emile*, agitait la même question et concluait de cette façon pittoresque :

« Vivre, ce n'est pas respirer, c'est agir : tel s'est fait enterrer à cent ans, qui mourut dès sa naissance. »

Agir, c'est bientôt dit : mais agir comment, agir où ? Et d'ailleurs qu'est ce que agir ? Beaucoup ont considéré l'action comme synonyme de mouvement, et alors nous assistons depuis quelques années à des tournois physiques de toute sorte. La gymnastique poussée à ses dernières limites, le cyclisme, qui arrive à des vitesses extraordinaires, l'automobilisme qui emporte le touriste comme le vent, et lui fait parcourir la France avec des vitesses de train express, lui ôtant la faculté de voir, et le déposant au bout du voyage, (quand il ne s'est pas cassé le cou en route) comme un sauvage, sorti des forêts, couvert de peaux de bête et de poussière.

> Ils vont, ils vont, sans voir les vallées ombreuses,
> Ni les blondes moissons, ni les coteaux fleuris,
> Ils vont penchés et noirs, dans un grand nuage gris,
> Vertigineusement, sur les routes poudreuses.

C'est encore la course pédestre qui pousse les concurrents fanatiques sur la route de Paris à Bordeaux et les fait marcher jour et nuit pour décrocher la timbale. Une nouvelle maladie s'est déclarée sur la génération nouvelle :

> Ils ne mouraient pas tous, mais tous étaient frappés.

C'est la folie de la vitesse. A peine installé dans un wagon, on voudrait être arrivé. Les roues de la locomotive ne tournent jamais assez vite ; on rêve de chemins de fer électriques qui doubleront la vitesse actuelle : on va en 5 jours 1/2 du Havre à New-York : on voudrait y aller en 3 jours.

5 heures 1/2 pour franchir la distance de Nantes à Paris, c'est trop. Il faut ne plus mettre que 3 heures, et nous verrons peut-être cela dans un avenir pas très éloigné.

Pour les Américains, qui ont lancé le mot et préconisé l'action avec grand tapage, agir, c'est dominer, sans guère se soucier des voies et moyens, c'est devenir un puissant de la terre par la richesse acquise dans les affaires. Les affaires, Business, tout est là pour le milliardaire transatlantique !

Là bas, le Dieu dollar règne en souverain maître. Ce mot dollar revient sans cesse dans toutes les conversations, dans tous les journaux. Tout s'évalue en chiffres, et un homme ne vaut que par le nombre de dollars qu'il possède. Il faut agir pour gagner des dollars. Il faut agir pour montrer à la vieille Europe que l'empire du monde appartiendra à bref délai aux Etats-Unis, c'est-à-dire à un pays où cette vieille Europe, tant décriée, envoie chaque année près d'un million de ses enfants ; de sorte que, en réalité, c'est l'Europe qui peuple les Etats-Unis, et qui implante sur ce grand territoire un curieux amalgame de toutes les races et de toutes les énergies.

Il y a encore cette action très particulière que les mondains ont cultivée de tout temps, action qui serait mieux nommée agitation. Montesquieu, dans ses *Lettres persanes*, nous en trace un amusant croquis.

« Ces agités, dit-il, fatiguent plus les portes des maisons
» à coups de marteau que les vents et les tempêtes. Si
» l'on allait examiner la liste de tous les portiers, on y
» trouverait chaque jour leur nom estropié de mille

» manières en caractères suisses : ils passent leur vie à » la suite d'un enterrement, dans les compliments de » condoléances, ou dans des félicitations de mariage. Un » d'eux mourut l'autre jour, de lassitude, et on mit cette » épitaphe sur son tombeau : C'est ici que repose celui » qui ne s'est jamais reposé. »

Sports frénétiques, tourbillons d'affaires enfiévrées, agitation et courses continuelles, ce n'est point là la véritable action ; ce que l'on doit surtout enseigner à la génération nouvelle, c'est celle que l'on peut considérer comme la résultante d'une volonté ferme, réfléchie, qui marche posément, fermement, vers un but bien déterminé.

L'être chez qui le vouloir reste faible ou abdique ne devient qu'un être incapable et souvent inutile : tous ceux que la vie de lutte effraie sont brisés par la vie : ils ne comptent plus. Celui, au contraire, qui sait vouloir devient un caractère et fait sa trouée dans le monde. La civilisation contemporaine a une tendance trop prononcée à étouffer la personnalité au profit de la collectivité : c'est à maintenir la vie propre et intense de l'être pensant que nous devons tendre sans cependant tomber dans le système du philosophe allemand Nietzsche, qui arrive à nous proposer comme type de l'avenir un « surhomme » d'une impitoyable cruauté à force d'égoïsme et de culture du moi.

Savoir vouloir, savoir ce que l'on veut, le but que l'on désire atteindre, ne point se rendre esclave des mots, des préjugés, des formules toutes faites, c'est la grande science de la vie, c'est la véritable action. Chacun de nous devrait avoir pour devise ces deux vers de Brizeux :

> Fais énergiquement ta longue et lourde tâche.
> Dans la vie où le sort a voulu t'appeler.

Partout l'homme a voulu l'amélioration de son sort, et de sa volonté seule dépend le progrès. Si jamais pouvait prévaloir dans ce monde cette philosophie allemande qui essaie de démontrer l'impuissance de la faculté de vouloir, la marche de la civilisation serait arrêtée.

Le meilleur systéme d'éducation sera toujours celui qui pourra atteindre ce résultat : la culture rationnelle de la volonté. Il a toujours été la préoccupation constante des législateurs et des philosophes, à commencer par Lycurgue et Platon, qui les premiers ont formulé des règles précises d'éducation.

Il a même été beaucoup question de Platon et d'Aristote dans ces derniers temps, surtout dans une grande assemblée politique. Je crois qu'on faisait entre deux époques une comparaison manquant complètement de justesse.

La cité grecque antique était en somme une petite ville avec un territoire peu étendu. Le territoire d'Athènes n'était pas aussi grand que notre département et Athènes n'était peuplé que parce qu'il y avait beaucoup d'esclaves. Aussi Platon peut-il à son gré édifier son célèbre système d'éducation dans ce petit milieu d'hommes, n'ayant d'autre but que la guerre et la politique, et passant leur vie sur la place publique. Il prend l'enfant à sa naissance, et l'élève dans un bercail administré par l'Etat. Mais qu'on ne l'oublie pas, Platon est un aristocrate ; il ne s'occupe que des futurs guerriers et des futurs magistrats, et point du tout des artisans.

Les deux classes privilégiées reçoivent jusqu'à 20 ans une éducation complète, où la musique et la gymnastique jouent un grand rôle, et sans doute, j'étonnerai quelques personnes, en disant que Platon voulait que cette éducation fût commune aux deux sexes ; on voit que la question du féminisme ne date pas d'hier. A 20 ans, ces jeunes gens d'élite sont admis à étudier la philosophie et cela pendant 10 ans, et ce n'est qu'au bout de ce temps que Platon consent à les lancer dans le monde.

En résumé, Platon a rêvé une théocratie de philosophes et de mandarins, et ce n'est point chez lui qu'il faut chercher un modèle à suivre. D'ailleurs, malgré l'approbation d'Aristote, le système platonicien resta toujours le rêve d'un esprit chimérique et Rome, notamment, y fut toujours rebelle. Polybe nous raconte son étonnement de ne point voir d'écoles publiques à Rome : l'éducation, en effet, y fut longtemps donnée dans la famille, et c'est un des traits par où les mœurs romaines diffèrent le plus profondément de celles des Grecs. Au point de vue du résultat, le système Romain vaut bien le système platonicien, qui devait faire plus de rhéteurs que d'hommes d'action.

Ce n'est cependant pas sans effort qu'on est arrivé aux méthodes actuelles, qui sont encore loin d'être parfaites, il faut bien le reconnaître, mais qui sont un progrès notable sur ce qui se pratiquait, il n'y a pas encore très longtemps.

Ecoutez le bon Rollin nous décrivant son système d'éducation, dans son *Traité des Etudes* :

« Nous étions debout à 4 heures et ayant prié Dieu
» nous allions à 5 heures aux études, nos gros livres sous
» le bras, nos écritoires et nos chandeliers à la main.
» Nous écoutions toutes les lectures jusqu'à 10 heures
» sonnées, sans intermissions, puis venions dîner, après
» avoir en hâte conféré une demi-heure sur ce que nous
» avions écrit des lectures. Après dîner, nous lisions par
» forme de jeu Sophocle, ou Aristophane, ou Euripide.

» A une heure, aux études; à cinq, au logis, à répéter » et voir dans nos livres les passages allégués jusqu'après » six. Puis nous soupions et lisions en grec et en latin. »

Voilà certes une journée bien remplie et un système qui pouvait faire d'excellents hellénistes, mais qui armait peu l'écolier pour les luttes futures. Aujourd'hui une poussée irrésistible entraîne le monde vers des idées nouvelles. Le jeune homme ne peut rester étranger aux faits qui se déroulent sous ses yeux, aux problèmes qui s'agitent autour de lui, que ce soit dans le domaine de la science, de la morale ou de l'industrie.

Il faut le préparer à la vie active, à la lutte quotidienne, lui répéter sans cesse qu'un diplôme ou un parchemin, obtenu devant une faculté, souvent à grand'peine, n'est pas un sûr garant de succès dans les combats qu'il aura à soutenir, lui enseigner le lent et courageux effort de chaque jour, l'habituer même à un travail manuel, qui pourra plus tard lui être utile, et lui apprend à comprendre les formes les plus humbles du travail. Il faut qu'il entre avec la belle ardeur de la jeunesse dans ce pays un peu lassé, un peu endormi peut-être, par des rhéteurs qui ne croient pas et des philosophes qui ne croient plus, mais toujours avide néanmoins de saines et neuves paroles et toujours anxieux d'une plus étincelante aurore.

Il faut aussi qu'ils sachent bien, ceux qui vont nous succéder dans cette arène où tant de forces sont en jeu, tant de compétitions en présence, que la vie en somme est bonne, vaut la peine d'être vécue et récompense ceux qui veulent. « J'aime la vie, disait Montaigne, » et la cultive telle qu'il a plu à Dieu nous l'octroyer. »

Et Musset.....

Qu'il est doux d'être au monde et quel bien que la vie !

La lutte pour l'existence, suivant une expression très en honneur, ce n'est que la lutte pour le bonheur. Car le bonheur, c'est la grande aspiration de l'humanité, et nous pouvons nous demander avec Lamartine

Si tout l'art d'être heureux n'est pas tout l'art de vivre.

Le désir et la poursuite du bonheur constituent la substance de notre être. Sans eux, notre existence n'a plus de but, ni de prix. Nous l'avons peut-être un peu compliqué, ce désir ; mais c'est à chacun de nous à savoir lui donner des limites et à comprendre que le bonheur dépend moins des choses extérieures que de nous-mêmes. Et comme le disait déjà un vieux poète latin : Chacun par son propre caractère se fait sa fortune. S'il y a des pierres, beaucoup de pierres sur la route, il y aussi des sentiers fleuris où pousse l'aubépine, des vergers où le ruisseau clair arrose des arbres chargés de fruits. Il y a, dans les moindres recoins de la vie assez de jouissances cachées pour que l'homme en puisse tirer du bonheur.

Sans vouloir faire de la théorie des compensations un dogme infaillible, j'estime qu'il y a beaucoup de vérité dans ce système. Voltaire le résumait dans ces deux vers :

Partout d'un Dieu clément la bonté tutélaire
Attache à nos besoins un plaisir salutaire.

« On ne peut guère douter, dit encore Buffon, que tout être sentant n'ait en général plus de plaisir que de douleur ; car tout ce qui est convenable à sa nature, tout ce qui peut contribuer à sa conservation, tout ce qui soutient son existence est plaisir. Tout ce qui tend au contraire à sa destruction est douleur. Ce n'est donc que, par le plaisir qu'un être sentant peut continuer d'exister. »

On ne saurait mieux dire ; mais il faut ajouter que par

une imperfection de notre nature, nous sommes tentés de n'apprécier du bonheur que la privation. Dans le bilan de nos joies et de nos plaisirs, nous omettons volontiers toute une certaine catégorie, telle que la santé, le libre exercice des facultés de l'esprit, le plaisir de respirer, de se mouvoir, d'agir, de penser. Et pourquoi ne pas citer aussi les plaisirs d'une table, fût-elle très frugale, de la conversation, du repos, du sommeil, qui reviennent tous les jours! J'avoue pour ma part que je n'aspire pas à cet âge futur, annoncé par certains personnages très savants, où l'homme, débarrassé ou privé d'une partie de ses organes que nous considérons, à tort, à ce qu'il parait, comme essentiels, se nourrira de pilules fabriquées très scientifiquement, où les quantités d'azote, de carbone, d'oxigène seront dosées d'une façon mathématique.

Je ne vois dans cette perspective qu'un côté consolant : c'est que l'homme, réduit à un nombre d'organes minimum et n'absorbant plus de microbes, grâce à un régime sévère, deviendra si vieux qu'il finira par aspirer au repos, et que rassasié de jours, la fin de sa vie terrestre sera pour lui une suprême et dernière jouissance.

Rien ne trouble sa fin : c'est le soir d'un beau jour.

Cela me rappelle l'anecdote racontée par Brillat-Savarin ; il donnait à une tante âgée de 93 ans, et qui déclinait lentement, un verre de bon vieux vin : merci, lui dit-elle, après avoir bu ; si jamais tu arrives à mon âge, tu verras que la mort devient un besoin, tout comme le sommeil.

Ce n'est pas seulement d'un cœur viril, mais c'est encore avec gaité, que les jeunes doivent aborder la vie, sans cette âpreté anglo-saxonne, qui frise la barbarie, sans ce pessimisme allemand qui a menacé un instant de gâter notre jeunesse. Pessimisme de façade d'ailleurs, car son plus illustre représentant, Schopenhauer, était un fort bon vivant, aimant la bière et les honneurs, la flatterie et même les femmes pour lesquelles il n'a pas assez de sarcasmes dans tous ses écrits et qui redoutait fort de quitter cette vallée de larmes. Qu'ils se souviennent que la gaîté est un vieil apanage de notre race que signalait déjà l'antique historien grec Strabon : Nous pouvons être fiers du tableau qu'il a tracé de nos ancêtres, tableau qui n'a guère changé depuis 2,000 ans. « Par la ruse, dit Strabon, on en vient aisément à bout ; on les attire au combat quand on veut, où l'on veut ; peu importent les motifs, ils sont toujours prêts : forts de leur haute taille et de leur nombre, ils s'assemblent aisément en grande foule, simples qu'ils sont et spontanés, prenant volontiers en main la cause de celui qu'on opprime. »

A cette fougue, se mêlent un enjouement sans fin, une gaîté que rien ne dissipe, une causticité que rien n'arrête. Cette heureuse disposition d'une bonne humeur toujours en éveil est le ressort qui anime toute cette race. Un bon mot la console, un bon conte lui fait oublier. De nos jours, Musset, lui-même, le poète pessimiste, s'écrie :

Gaîté, génie heureux qui fut jadis le nôtre,
Rire, dont on riait d'un bout du monde à l'autre,
Esprit de nos aïeux qui te réjouissais
Dans l'éternel bon sens, lequel est né français.

On organise de tous côtés des comités, des ligues en faveur de beaucoup de choses, et cela est très utile. Je voudrais qu'on fondât aussi une société qui prendrait pour titre : *Société de bonne humeur et de confiance dans l'avenir* et dont nous ferions tous partie.

Avec la volonté, avec la gaîté, je crois donc qu'on a de grandes chances de réussir dans la lutte. Je ne vous proposerai pas comme méthode à suivre la solution lancée avec beaucoup de fracas par un milliardaire américain, qui n'est d'ailleurs qu'un Ecossais revenu vivre de ses rentes dans son pays natal. Il est assez piquant de voir un milliardaire proclamer la nécessité de débuter dans la vie par être pauvre. Encore n'a-t-il pas le mérite d'émettre une idée nouvelle. Deux mille ans avant lui, Aristophane faisait l'éloge de la pauvreté, et en passant par Lafontaine, plus près de nous, une femme célèbre, Delphine Gay, proclamait l'utilité de la vache enragée : « O tendres mères, disait-elle, ne supprimez jamais de l'ordinaire de vos enfants ce mets généreux qui donne la force et le courage, ce plat merveilleux qui change les ingénus en Ulysses et les poltrons en Achilles, cette ambroisie amère qui fait les demi-Dieux, cet aliment suprême dont se nourrissent dès l'enfance les grands industriels, les grands génies, « la vache enragée. » Pour tout dire, Delphine Gay n'avait pas d'enfants.

Sans aller aussi loin que le poète, mettant ces vers dans la bouche d'un bachelier :

> **Je dois, pour mon malheur, aux bontés de ma mère**
> **Une éducation dont je ne sais que faire,**

je ne vois pas bien nos fils commençant la vie par nettoyer les bureaux du patron en attendant une occasion favorable pour révéler leur intelligence ou leur aptitude aux affaires, car ce qui est difficile dans la bataille de la vie, ce n'est pas seulement de devenir capable de rendre des services, c'est de trouver l'occasion d'en rendre.

Il y a ce que nous appelons, faute de mieux, la veine ; la veine qui nous fait gagner le gros lot avec un seul billet. Et, en ce qui concerne la théorie du milliardaire américain, ce qui peut être vrai dans un pays très neuf ne l'est plus dans notre vieille Europe, portant le poids d'une antique civilisation, dans un pays où tout est ordonné, hiérarchisé, trop, beaucoup trop peut-être. Je sais bien que j'ai entendu dire autrefois, de certains millionnaires : Il est venu à Paris en sabots. Mais la chose, je crois, devient de plus en plus rare. Et puis que faire de tant de millions? L'embarras de ces immenses richesses doit être très réel. Heureusement que, pour mon compte personnel, je n'ai pas à m'en préoccuper. J'aime mieux redire les beaux vers de Lafontaine, que je trouve si vrais :

> Ni l'or ni la grandeur ne nous rendent heureux.
> Ces deux divinités n'accordent à nos vœux
> Que des biens peu certains, qu'un plaisir peu tranquille.
> Des soucis dévorants, c'est l'éternel asile.

Et, chose bizarre, ces milliardaires qui font le procès même à l'école primaire, prétendant que l'enfance y perd des années précieuses et qu'il n'est jamais trop tôt pour mettre l'outil gagne-pain entre les mains de l'enfant, ces mêmes milliardaires, dis-je, après avoir fait leur colossale fortune, n'ont rien de plus pressé, par une singulière contradiction, que de couvrir leur pays d'écoles et d'universités largement dotées. C'est qu'ils comprennent sur le tard qu'un peuple ne vit pas seulement d'action physique ou d'énergie industrielle, qu'il faut à une nation comme à l'individu un but plus noble et plus élevé pour que la vie ait une signification. La glorification exagérée de l'action tend à ne rester que la glorification de la seule force brutale et conduirait de nouveau les nations à l'état barbare, les peuples à redevenir féroces et sans scrupules dans leurs appétits de conquêtes et dans leur mépris des faibles.

Je sais bien que la vie est la vie, en définitive, et que, pour qu'elle trouve son compte en ce monde, c'est-à-dire le vivre et le couvert et un peu de joie et de bonheur, il faut bien qu'elle travaille ; mais, pendant qu'elle travaille ou après qu'elle a travaillé, il faut bien aussi que l'âme, à son tour, ait son compte, car l'âme fait partie de la vie comme le corps, son compagnon de chambrée. Or, l'âme a besoin de pensée. Que dis-je l'âme? le corps aussi.

Qu'est-ce donc que le travail, même le plus matériel, sinon une idée transformée en outil et un outil dirigé par l'intelligence.

Tout homme, sans doute, n'a pas toujours, dans ce monde, le temps de penser par lui-même, mais il suffit qu'un certain nombre d'hommes pense au-dessus de lui pour que le rayon de l'intelligence tombe sur le front de chacun et donne à la nation un patrimoine commun d'idées qui fait vibrer les âmes à l'unisson. C'est pourquoi la littérature et la science, expressions de la pensée, grandissent une nation.

Tous les grands changements dans la vie des hommes ont commencé dans leur pensée. Un grand fait littéraire, et j'entends par là tout mouvement de la pensée, prépare ou accompagne toujours chez un peuple quelque grand développement de sa destinée.

Qui a pétri la nation juive d'un limon plus dur que le diamant, si ce n'est Moïse? Qui a dissipé la prodigieuse nuée de barbares devant l'épée de la Grèce, si ce n'est le génie d'Homère donnant à ses diverses républiques l'unité de l'Iliade.

Le jour où Rome eut une littérature, elle apprit à régner.

Ce sont les idées qui remuent le monde. Et, pour prendre un exemple dans notre histoire contemporaine, est-ce que cette énorme poussée industrielle du XIXe siècle ne date pas de l'Ecole Saint-Simonienne, qui essayait de réunir et de concilier le travail de l'esprit et le labeur manuel et secouait tant d'idées sur le monde qu'elle léguait un siècle de fécondité et d'arguments aux nombreux systèmes qui tentaient de lui succéder.

J'ai souvent entendu demander : à quoi bon les Académies de province ? Je réponds : ce sont des foyers, pas toujours très ardents, j'en conviens, où s'entretient le feu sacré de l'amour des belles lettres et des recherches scientifiques : un peuple n'est pas complet sans les arts, comme une terre n'est pas belle sans les fleurs. Les guerriers, les marchands, les avocats, les fonctionnaires, les riches, les ouvriers ne forment pas à eux seuls une nation civilisée. On reconnaît une nation civilisée au nombre d'hommes qui s'y consacrent au culte de l'idéal, au culte de la science, au culte des arts, de la poésie, de l'éloquence. Il est bon que, dans chaque ville, se rencontre un cercle d'hommes où se conserve ce culte de l'esprit. On prêche assez haut et assez fort la doctrine de l'énergie à outrance, la conquête du dollar, pour qu'il y ait aussi quelques coins où l'on glorifie la pensée sans laquelle l'action n'est rien. C'est dans ce milieu que l'on rencontre ces hommes qu'on appelle quelquefois des originaux. Ils se tiennent en dehors de toute coterie politique ou mondaine ; ils collectionnent les antiquités, les plantes ou les minéraux, les livres ou les tableaux. Ils connaissent à fond les histoires locales et lisent de vieux bouquins. Malgré des bibliothèques publiques assez incomplètes, ils préparent avec une assiduité et un plaisir constants, pendant des années, des ouvrages d'archéologie ou d'histoire, des traductions, des pensées, des souvenirs, qui ne sont pas sans mérite.

L'œuvre fût-elle médiocre, elle a créé et entretenu dans un esprit une sorte de vie personnelle et supérieure aux soucis du bien-être matériel : aux misérables compétitions, elle a substitué une préoccupation désintéressée et relativement élevée. Ce sont ces hommes modestes qui conservent l'autonomie intellectuelle de la province et qui en défendent l'absorption par le grand dévorant qui est Paris.

Chacun d'eux peut faire sienne cette devise d'un sage de la Grèce : « Je vieillis apprenant chaque jour bien des » choses. »

Et maintenant, s'il fallait répondre à la question que je posais en commençant : L'action intense est-elle une cause de bonheur, et faut-il orienter l'éducation dans ce sens ? Vous pressentez sans peine le sens de ma réponse : Je répondrais que l'action est utile, est nécessaire à la vie, à la gaîté, à la santé, mais il ne faut point que la génération qui va nous remplacer puisse croire que c'est un talisman et une panacée universels. Il faut qu'elle sache bien que la force du corps n'est pas un signe certain de la fermeté de l'âme et que l'énergie physique n'est rien sans l'énergie intellectuelle.

Quoi qu'on dise, la pensée reste toujours la forme la plus haute de l'énergie.

La force peut quelquefois primer le droit, mais elle ne primera jamais l'idée et l'intelligence. Le philosophe, le savant, qui remuent des idées qui vont bouleverser le monde, l'artiste qui, par ses œuvres, émeut l'âme des foules, sont des actifs plus puissants que tant d'hommes dits d'action, qui ne font que tourner en rond comme l'écureuil. Le succès appartient à la volonté et non à l'agitation.

Agir pour le plaisir d'agir est une méthode peu sûre. C'est de l'idée que doit sortir l'action : l'action n'est qu'un moule à la pensée.

Dans tout ce que nous faisons, dans tout ce que nous entreprenons, réservons donc toujours la première place à l'idée ; agir, c'est bien ; penser, c'est mieux.

Tout en admirant, comme il convient, les merveilles réalisées par l'industrie, les conquêtes faites sur la matière, gardons-nous de trop sacrifier le côté intellectuel au côté pratique et au côté sportif, et défions-nous de cette glorification exagérée de l'action, de l'énergie, qui conduit fatalement à l'égoïsme, à l'écrasement du faible, aussi bien chez les individus que chez les peuples. Nous n'avons qu'à regarder autour de nous pour en avoir la preuve trop certaine.

Laissez-moi finir par une réminiscence classique. Les Grecs, en guise d'adieu, se disaient les uns aux autres : Soyez heureux, et les Romains : Portez-vous bien. Après vous avoir entretenu, un peu longuement peut-être, mais suivant le mot de Voltaire, je n'ai pas eu le temps d'être court, après vous avoir entretenu, dis-je, de l'action unie à la gaîté et à la santé, les deux seuls biens vraiment désirables, permettez-moi, Mesdames et Messieurs, en terminant, de reprendre ces deux antiques formules, et de vous adresser ce double vœu : Gaîté et Santé ; c'est-à-dire bonheur.

RAPPORT

SUR

la Vie et les Travaux

DE LA

SOCIÉTÉ ACADÉMIQUE

de Nantes et de la Loire-Inférieure

pendant l'année 1903

PAR

LE Bon GAËTAN DE WISMES

Secrétaire Général

MESDAMES, MESSIEURS,

« La vieillesse, dit-on, est naturellement un peu conteuse. » Il n'est donc pas surprenant que la Société Académique, entrée depuis tantôt cinq ans dans le collège vénérable des centenaires nantaises, convoque à date fixe sa famille et ses nombreux amis en un magnifique salon d'emprunt : là, par l'organe de son Secrétaire Général, elle rappelle aux uns, elle raconte aux autres les peines et les joies, les distractions et les études qui, depuis sa dernière réception annuelle, ont marqué le cours de sa vie publique et privée.

Cette mission m'est dévolue ce soir. Laissez-moi réclamer votre bienveillance la plus large. Entre le captivant discours de notre distingué Président et le rapport de la Commission des Prix, attendu avec une légitime impatience, ma situation n'a rien d'enviable. Ne comprenant que trop vos sentiments, d'avance je m'excuse de la longueur forcée de mon compte rendu et je vous remercie, du fond du cœur, de votre courtoise résignation.

*
* *

Le 12 décembre 1902, en la vaste salle, brillamment éclairée, de M. Turcaud, se pressait un auditoire nombreux, élégant et sympathique, ami du beau langage et des choses de l'esprit; sur l'estrade, plusieurs notabilités, entre autres M. Sarradin, le maire remarquable et si justement populaire de notre grande cité, rehaussaient de leur aimable présence l'éclat de la soirée.

La séance s'ouvrit par un de ces discours dont notre ancien Président, le docteur Guillou, a l'apanage. Médecin, il traita d'un sujet médical, et de cela je ne saurais le louer assez. Il détailla, en un langage attique, sa façon de voir sur un des problèmes les plus angoissants soulevés par la science contemporaine, problème qui ressort parallèlement de la psychologie et de la physiologie.

De l'hérédité, tel était le titre, court et net, de cette thèse passionnante, dont je vous demande la permission de remettre la trame sous vos yeux.

« Un enfant vient de naître.... Que sera-t-il ?.... Qui.... s'aidant de toutes les connaissances dont s'enorgueillit la médecine la plus cultivée.... voudrait se hasarder à tirer cet horoscope ? — Et cependant l'hérédité nous apporte tous les éléments de l'insoluble problème. Elle ne nous permet pas de rien prédire ; mais plus tard elle expliquera par le menu ce qu'elle n'avait pu prévoir.... Et elle est une science, et elle est une loi ! C'est la science redoutable, mais encore incertaine... C'est la loi, aujourd'hui d'ombre profonde, et demain de lumière intense....

» L'homme, comme le chêne, ne produit pas : il se reproduit.... Tout ce qu'il a fait de bien, dans l'anoblissement ou la déchéance, il l'offre à l'hérédité. Et l'hérédité le lui prend ou le lui laisse et modèle son nouvel être sur le créateur actuel ou sur l'un de ses ancêtres depuis longtemps mort....

« Tous les caractères de l'organisation physique des parents ne se trouvent pas servilement transmis aux enfants. Mille causes mystérieuses..... font dévier en apparence les lois héréditaires. »

L'orateur appuie cette sage réserve d'exemples typiques où la nature se joue à plaisir de la prétendue fatalité. Puis il envisage la question sous une face dramatique.

» Jusqu'ici l'hérédité nous amusait. Déjà elle nous inquiète. Cette infirmité de tel de nos ancêtres.... pourrait donc aussi nous saisir ? Peut-être. Je dis peut-être, parce que la chose est possible, mais n'est pas nécessaire.... Il en est dans la famille névropathique comme dans la famille arthritique, tous sont névropathes, ou tous sont arthritiques, mais chacun l'est à sa manière... Toute folie n'est pas héréditaire.... C'est une erreur de conclure d'une manière absolue de la mentalité des parents à la mentalité des enfants.... Tant d'autres causes peuvent déterminer ces maladies ou ces états, que l'hérédité mentale ne saurait être irrévocablement invoquée dès qu'on les rencontre.... Le système nerveux, qui régit tout, réagit à tout.... Sain, il peut être vicié; vicié, il peut être assaini. »

Tels sont les passages substantiels de ce discours impressionnant où l'orateur, avec une prudence avisée, semble, après avoir affirmé sa thèse, admettre sans trop regimber une myriade d'hýpothèses contraires. Du reste, si l'hérédité est une science et une loi, elle est, comme l'a si bien dit le docteur Guillou « une science incertaine, une loi d'ombre profonde. » Il croit, à vrai dire, qu'elle sera demain « une loi de lumière intense. » Il est permis d'en douter, en vertu même des cas nombreux énumérés par lui où les prévisions les plus plausibles sont radicalement mises en défaut.

L'orateur avoue que l'hérédité est très souvent un atavisme extrêmement lointain : or sait-on, par exemple, ce qu'un enfant né en 1900 compte d'ancêtres directs sous le règne de Louis XII, en prenant pour base la moyenne admise de trois générations par siècle : le joli chiffre de 4.096 !..... Il n'a que l'embarras du choix pour hériter, dans son corps et dans son âme, des qualités et des défauts les plus variés.

Quelques jours à peine s'étaient écoulés depuis la soirée du 12 décembre quand la veine plaça sous mes yeux une poésie intitulée *Atavisme,* tirée d'un recueil, La Lyre Brisée, publié récemment par Emile Bergerat. Voici les strophes les plus piquantes de cette satire, dédiée à sa fille par l'humoristique Caliban :

Par les femmes, oh ! crois-le bien,
Je descends de François de Sales ;
Des lignes un peu transversales
M'unissent à l'homme de bien
Dont les dévotes sont vassales.

J'ai de ma grand'mère hérité
Pour ma vitrine d'antiquaire,
D'un authentique reliquaire.
....
....

— « Tâche d'imiter la vertu
Du grand évêque de Genève
Et sois comme lui bon élève,
Me disait-elle..................
....

Oh ! par Madame de Chantal,
Dont je n'ai rien qui me démange,
Comment au sang de cet homme-ange,
Par un écart fondamental
Des idiosyncrases, mens-je ?

Tu dois le savoir, grand'maman,
....

Car pourquoi, — l'histoire l'omet, —
L' « Introduction à la vie
Dévote » a-t-elle été suivie
De ce « Capitaine Blomet »
Où tout l'atavisme dévie ?

Que l'hérédité soit une mine presque inépuisable pour les auteurs de feuilletons mélodramatiques et pour les ciseleurs raffinés de romans sociaux, sans oublier les fournisseurs habituels de l'Ambigu et autres scènes du même calibre, je n'en disconviens pas. Que l'hérédité offre aux avocats d'assises un moyen commode de travestir en pauvres êtres irresponsables d'immondes chenapans, cela me comble d'aise. Mais que l'hérédité soit « la loi aujourd'hui d'ombre profonde et demain de lumière intense », il me semble difficile de l'admettre.

L'hérédité possède encore une autre vertu, celle d'offrir à des hommes d'esprit l'occasion de causer avec agrément sur un thème à surprises et de récréer de leurs aperçus pittoresques un auditoire d'élite. Le docteur Guillou en est une preuve manifeste et nous lui demeurerons reconnaissants de l'heure charmante qu'il nous fit passer.

Le docteur Hugé, notre sympathique Secrétaire Général, dans un compte rendu très complet, où la valeur de chacun et de chaque œuvre fut mise en lumière, narra les incidents de notre vie sociale et analysa nos divers travaux.

Le terrible rapport sur le concours des prix fut débité par votre serviteur ; à l'instar de ses prédécesseurs, il remplit sans crainte sa rude mission, quitte à recevoir du *genus irritabile vatum* plus de missives au vinaigre que de lettres à la rose.

Des artistes aussi remarquables que désintéressés encadrèrent ces trois discours de mélodies délicieuses. La voix prenante de Mme Corin et l'organe généreux de M. Corin enchantèrent nos oreilles, qui furent également ravies par le timbre caressant de M. Bourrillon. Notre jeune compatriote, M. Arcouet, 1er prix de piano du Conservatoire de Paris, souleva des bravos enthousiastes. Qu'ils soient remerciés de leur précieux concours ainsi que l'habile accompagnateur M. Morin !

Peu après ce gala, la Société Académique procéda aux élections traditionnelles : elles ne laissèrent rien à désirer.

M. Picart, qui, au sortir de l'Ecole Polytechnique, fut placé dans le Génie Maritime et fournit une brillante carrière, a pris sa retraite avec le titre d'ingénieur en chef et la rosette de la Légion d'Honneur. Mais pour ce laborieux *retraite* n'est pas synonyme de *repos*. Aussi avons-nous pensé qu'en dépit de nombreuses occupations ce collègue hors pair devait occuper le fauteuil présidentiel. M. Picart a eu la bonté d'accepter : son assiduité aux séances, la gaieté et le charme de ses entretiens ont pleinement justifié ce choix heureux.

Le savant jurisconsulte, l'élégant orateur qu'est M. Alexandre Vincent, dont beaucoup d'entre vous se rappellent les rapports savoureux quand il fut Secrétaire de notre Compagnie, était naturellement désigné pour le poste d'attente de Vice-Président : cela nous promet pour 1904 un discours présidentiel qui fera le maximum.

M. Georges Ferronnière, en l'âme de qui la science pure et l'art idéal font le meilleur ménage, voulut bien ne pas refuser le grade modeste de Secrétaire-Adjoint : la réputation de bon aloi du jeune professeur des Facultés Catholiques d'Angers me dispense de m'étendre sur son compte.

Suivant l'antique usage, le rapporteur qui absorbe en ce moment votre attention fut promu Secrétaire-Général ; et l'on maintint, pour la plus grande prospérité de la Société, dans les postes qu'ils occupent avec un zèle infatigable, M. Delteil, Trésorier, M. Viard, Bibliothécaire, M. Fink, Bibliothécaire-Adjoint, et M. Mailcailloz, ce parfait Secrétaire Perpétuel, très renseigné sur nos traditions, toujours à l'affût des événements qui touchent de près ou de loin à notre Compagnie et donnant avec une imperturbable bonne grâce de sages avis aux collègues qui le consultent sur des cas épineux.

L'impitoyable créancière de l'humanité, qui n'accepte jamais de concordat, est venue trop souvent frapper à notre porte. Six de nos collègues ont rendu leur âme à Dieu. Mais je suis fier, pour le bon renom de la Société Académique, de constater que la mémoire des chers disparus fut évoquée de la plus touchante façon.

Cet hommage posthume facilite singulièrement ma pénible tâche.

Du Dr Raingeard, chirurgien de l'Hôtel-Dieu, professeur suppléant à l'Ecole de Médecine, ancien Président de la Société Académique, un portrait aux tons chauds fut brossé par le docteur Poisson, l'éminent chirurgien. Notre regretté collègue montait chaque jour à notre salon de lecture, parcourait les journaux, puis causait à voix basse avec son voisin, « rendait bientôt la conversation générale et son humour, son esprit quelque peu paradoxal, son ironie jamais bien méchante étaient une des joies de la maison ». Bien que passionné pour son art, le docteur Raingeard s'intéressait à une foule d'autres choses « entre autres, à la situation sociale du médecin, aux mœurs médicales suivant les temps, aux transformations de notre profession.... Il pensait que, pour remplir son rôle, le médecin a besoin d'autorité morale.... Très matinal, il suffisait à tout ; d'une santé chétive, il faisait un gros et incessant labeur ; très énergique, il ne ménageait pas ses forces quand il s'agissait de son devoir, et sa résistance étonna ses collègues quand, en qualité de médecin-major, il dirigea au camp de Conlie une importante ambulance.... Saluons très bas sa mémoire, elle est digne de tous les respects. »

Une autre belle physionomie du monde médical nantais, M. le docteur Bonamy, a disparu cette année ; le docteur Chevallier a rappelé en termes émouvants ce que fut son ancien et vénéré professeur : « Issu, dit-il, d'une des plus anciennes familles de notre ville, Bonamy, en embrassant la profession médicale, perpétuait une déjà très lointaine tradition...... Il vient d'être reçu docteur quand la France est envahie. Il part aussitôt et, pendant toute la néfaste campagne, il accomplit avec la plus généreuse ardeur son double devoir patriotique et professionnel. La guerre terminée, il revient à Nantes .... Modeste à l'excès, il n'a pas de plus vif souci que de se dissimuler toujours dans la foule. Mais la Providence va parfois le chercher là pour le porter, bien malgré lui, au premier rang. En 1884, le choléra le trouve aux baraquements de l'hospice Saint-Jacques..... il y fait plus que son devoir..... Le fléau vaincu, on refuse à Bonamy la croix si bien méritée, mais cette injustice le laisse sans amertume, car il sait voir plus haut que les récompenses humaines..... Il meurt avant l'âge, emporté par une affection dont, pendant trente ans, il a cherché à guérir les autres..... Un jour, la Société Académique a désiré ajouter à son antique renom en mettant à sa tête le docteur Bonamy. Vous vous souvenez de notre déception profonde quand il refusa..... Qu'il me soit permis d'ajouter que nous devrons le considérer comme un de nos modèles; sa vie offre, en effet, un magnifique exemple de cette dignité et de cet honneur particulier, indispensables pour maintenir autour des professions élevées une atmosphère de respect et de considération. »

La mort s'est acharnée, en 1903, avec une rage inouïe sur ceux qui luttent avec tant d'abnégation pour lui arracher ses victimes ou, du moins, pour retarder l'heure de l'échéance fatale. La belle carrière de M. le docteur Chachereau a été racontée, avec cœur et talent, par trois de ses plus distingués collègues de la Société Académique, les docteurs Joüon, Poisson et Guillou. Mais il est de mon devoir de dire ici quelques mots de cet homme dont la disparition laisse des regrets unanimes. Ancien chimiste des Douanes et élève de Grignon, M. Chachereau aborda sur le tard l'étude de la médecine. Pourvu du grade de docteur, il s'adonna avec passion aux études de l'hygiène et en particulier de la préservation de la tuberculose. Grâce à un généreux bienfaiteur, il réalisa une partie de son rêve et créa le dispensaire antituberculeux, œuvre philanthropique à laquelle il se consacra avec un dévouement et un désintéressement hors ligne. Directeur du Bureau central d'hygiène, il contribua beaucoup, en cette qualité, aux réformes les plus récentes entreprises dans ce fécond domaine : amélioration des logements des pauvres, création de restaurants de tempérance, etc. Tenace, énergique, charitable, M. le docteur Chachereau est parti pour un monde meilleur, entouré de l'estime générale et laissant à ses compatriotes le souvenir d'un chercheur infatigable et d'un savant utile.

Notre sympathique et laborieux collègue, M. Félix Libaudière, a pieusement déposé une couronne sur le cercueil de M. Victor Cossé. J'emprunte ses lignes principales à cette oraison funèbre et je les complète à l'aide de la *Bio-bibliographie bretonne,* de M. de Kerviler. Fils et frère de raffineur, lui-même raffineur de sucre candi depuis 1855, notre concitoyen avait toujours tenu son importante maison à la hauteur du progrès et montrait une grande sollicitude pour ses ouvriers. Membre de la Chambre de Commerce de Nantes en 1883, il sut, durant plusieurs années, y faire apprécier la droiture de son caractère et son expérience des affaires. Membre du Comité départemental de l'Exposition Universelle de 1889, médaillé à cette Exposition ainsi qu'à celles de Moscou, Chicago, Bordeaux, choisi souvent comme délégué pour soutenir nos intérêts commerciaux devant les commissions parlementaires, M. Victor Cossé fut, à la grande joie de tous, nommé chevalier de la Légion d'Honneur en 1897. Ami des arts, il encouragea et soutint le sculpteur Charles Le Bourg, notre célèbre compatriote, dans ses essais de fonte à la cire perdue. Il appartenait à la Société Académique depuis 1889. M. Cossé rendait le dernier soupir le 27 juin 1903, à l'âge de 71 ans, laissant un nom honoré dans notre grande cité industrielle et une mémoire vénérée parmi les pauvres.

C'est encore M. Libaudière qui a bien voulu buriner en quelques touches la figure attachante de M. Fraye, membre de la Société Académique depuis 1893. Contrarié par la volonté paternelle dans ses aspirations enthousiastes vers la médecine, il eut la ténacité d'occuper les menus loisirs arrachés aux affaires par l'assistance à des cours médicaux, uniquement pour l'amour de l'art ou plutôt, et ce qui vaut mieux, pour l'amour des pauvres. « Son grand esprit de charité, lisons-nous dans sa notice, ses sentiments de compassion pour les malheureux lui firent souvent oublier la prudence que l'absence de tout diplôme l'obligeait de tenir. » M. Fraye se livra aussi au culte des belles-lettres et composa de nombreuses poésies inspirées par le même esprit de charité. « Ne cherchant ni les éloges, ni les éclats d'une vaine gloire, il se refusa à publier ses œuvres, et si parfois il sortit de cette réserve, ce fut pour en appliquer le produit à des œuvres de bienfaisance. »

A notre cher Président fut dévolu l'honneur mélancolique de dire, en excellents termes, ce que fut l'un de nos collègues les plus récents, arraché en pleine vie à sa famille, à ses amis, à sa chère ville de Nantes où il était si joyeux d'être revenu. Henri Chéguillaume, né le 20 juin 1860, entra à l'Ecole Polytechnique en 1879. Sorti l'un des premiers de cette institution d'élite, il fut tour à tour ingénieur ordinaire à Espalion, Alençon, Angers et enfin, en 1894, à Nantes « où les études pour l'amélioration de la Loire prenaient corps et demandaient le concours d'ingénieurs expérimentés..... Durant son séjour à Alençon, dit M. Picart, notre collègue, fouillant les archives et les bureaux, découvrit que Perronet avait servi dans cette ville de 1737 à 1747. Le nom de Perronet est cher au corps des Ponts et Chaussées. Aussi Chéguillaume, qui était un chercheur et un passionné de l'histoire du passé, se mit à l'œuvre pour retrouver les travaux faits par Perronet à Alençon, et le résultat de ses études fut résumé dans un livre publié en 1891 sous ce titre : *Les fonctionnaires de province au XVIIIe siècle. Perronet, ingénieur de la généralité d'Alençon....* Outre ses études spéciales, notre collègue aimait fouiller dans le passé. Les vieilles chroniques nantaises n'avaient pas de secrets pour lui, et chaque jour il amassait des matériaux en vue d'œuvres diverses que la mort ne lui a pas permis même d'ébaucher. Il se plaisait aux recherches archéologiques et littéraires. » Permettez-moi de rappeler qu'Henri Chéguillaume s'était fait un devoir d'appartenir à tous les cénacles intellectuels de la région, aux « Bibliophiles Bretons ». à la « Société archéologique de Nantes », à la « Société Académique », etc., etc. Cela ne suffisait pas encore à la noble ardeur de cet esprit si vigoureusement organisé : quelques mois à peine avant sa disparition, je recevais de lui une lettre où il me demandait s'il serait possible de fonder à Nantes une société d'amateurs d'*ex-libris*.

Henri Chéguillaume était issu d'une vieille race nantaise dont beaucoup de membres occupèrent une place distinguée dans le commerce, l'industrie, la politique et les sciences. Comme l'a dit à merveille notre cher Président : « C'était, en même temps qu'un esprit très fin, une nature des plus droites, un cœur bienveillant. Il laisse à ses enfants le plus bel héritage, la mémoire respectée d'un homme de bien. »

Au cours de sa dissertation sur l'hérédité, le docteur Guillou disait : « Passant rapidement sur la terre, l'homme extrait de sa substance ce qui est immortel ; et, vaincu de la vie, vainqueur de la mort, fils du passé, père de l'avenir, il s'éteint après avoir rallumé son âme sur un autre flambeau. » Telle est la règle impérieuse dont les collectivités sont tributaires comme les individus : une association qui ne recrute pas sans cesse de nouveaux adeptes ne tarde pas à disparaître.

Grâce à Dieu, la Société Académique est un arbre à la sève assez vigoureuse pour voir ses feuilles mortes remplacées par de printanières frondaisons. Si jamais la fantaisie lui venait de se créer un blason, elle aurait le droit de s'attribuer la devise fameuse : *Uno avulso, non deficit alter.*

Ayant éprouvé le chagrin de pleurer six collègues accomplis, notre bonheur fut grand d'ouvrir largement notre porte à des concitoyens tels que M. le docteur Bossis, au nom si estimé dans notre ville, M. Claude Liancour, arbitre de commerce recherché, savant professeur de droit, conférencier disert, M. Marcel Soullard, fils de l'émérite numismate nantais, avocat convaincu, dont le jeune talent est déjà apprécié au barreau.

Souhaitons que, de temps à autre, ces nouveaux confrères parviennent à distraire quelques heures de leurs devoirs professionnels et nous apportent des études d'histoire, de science, d'art ou de littérature.

Enfin j'ai le plaisir de signaler la promotion au grade d'Officier de l'Instruction publique de notre aimable collègue, M. Dortel.

*
* *

Il me reste à vous entretenir de nos travaux.

Je parlerai d'abord des comptes rendus d'ouvrages, si commodes pour ceux, — la presque unanimité, — qui ne trouvent même pas le temps de les parcourir.

Notre zélé Président a pris la peine, avec sa haute compétence, d'analyser deux savantes brochures de M. Georges Moreau, ancien élève de l'Ecole Polytechnique et de l'Ecole des Mines. La première, qui porte pour titre: *Etude industrielle des gîtes métallifères,* date de 1894. L'auteur parle d'abord de la classification des gîtes, de leur formation, de l'action de l'eau, des minerais; puis il traite d'une question plus originale, à savoir le côté économique d'un gîte, appelé par lui *Coefficient de prospérité d'une mine.* « C'est l'étude de ce coefficient, note avec malice M. Picart, que les actionnaires des mines devraient posséder à fond. Malheureusement il n'en est pas ainsi. » L'autre ouvrage est intitulé: *Les moteurs à explosion.* Après un certain développement des théories mécaniques de la chaleur, M. Moreau expose fort bien les influences qui modifient le rendement. L'explosion produite, il faut transmettre l'effort; l'auteur examine à fond cette transmission. Un chapitre intéressant traite du dérapage et du fringalage, causes si fréquentes d'accidents. Les organes multiples des moteurs, les divers combustibles employés sont aussi étudiés avec sagacité par M. Moreau, dont la brochure sera achetée avec fruit par les constructeurs d'automobiles.

Grâce à la passion infatigable pour le travail et à la science bénédictine de M. Paul de Berthou, ancien élève de l'Ecole des Chartes, Secrétaire Général de la « Société archéologique de la Loire-Inférieure », la « Société des Bibliophiles Bretons » a publié dernièrement, en deux volumes in-4° formant ensemble près de 500 pages, l'*Itinéraire de Bretagne en 1636,* de Dubuisson-Aubenay. C'est de cet ouvrage, fort remarquable et si utile, que le docteur Guillou a donné un compte rendu chaleureux. Il rappelle d'abord les phases principales de la carrière mouvementée de Dubuisson-Aubenay : riche d'une instruction solide, il voyagea presque sans trêve, et ses déplacements répétés lui devinrent des raisons et des moyens d'études. Jean d'Estampes-Valençay, nommé en 1636 commissaire particulier du Roi aux Etats de Bretagne, prit Dubuisson à titre de gentilhomme d'escorte ; comme le délégué de Sa Majesté était chargé de visiter la province, son compagnon en profita pour voir et noter tout ce qui peut y offrir de l'intérêt. Presque toutes les localités importantes de la Bretagne furent inventoriées par le *globe-trotter* de 1636. « L'œuvre du commentateur, dit M. Guillou, est considérable et témoigne d'une science prodigieuse. Il suit Dubuisson pas à pas ; il l'explique, le complète, le rectifie et souvent le continue..... C'est au crible de la plus saine et de la plus admirablement documentée des critiques que sont passées, par M. de Berthou, toutes les affirmations et réflexions de Dubuisson-Aubenay. »

Notre inspiré et très cher collègue, M. Dominique Caillé, dont la muse, au vif regret de tous, n'a point, cette année, évoqué en vers sonores quelque figure amie ou quelque trait du vieux temps, a signalé à notre attention la brochure élégante due à M. Deverin : *L'Hôtel de Ville au Château de Nantes.* Depuis une date fort lointaine, rappelle M. Caillé, nos concitoyens entendent résonner à leurs oreilles, comme un refrain plaintif et monotone, des projets de restauration du vieux Château et de réédification de la Mairie ; mais voici que M. Deverin donne corps à ces pâles velléités en présentant à nos regards éblouis, — tel un magicien, — des images ravissantes où le mur hideux par lequel on remplaça la tour des Espagnols détruite lors de la funeste explosion de 1800 est supplanté à miracle par un hôtel de ville du XVe siècle, somptueux et léger, soudé avec adresse aux parties anciennes du Château et formant un ensemble de lignes des plus séduisants. « C'est joli, dit notre collègue, c'est chatoyant comme l'un de ces palais que l'Arioste, peu fortuné, imaginait dans ses poèmes, disant à l'un de ses admirateurs « qu'il est plus aisé de rassembler des mots que des pierres. » Réflexion très sage et que notre ville saignée à blanc méditera peut-être..... Toutefois, il serait regrettable que le projet de M. Deverin s'en allât rejoindre celui du « Panthéon Breton. » Regrettable ou non, je crains fort qu'il n'en soit ainsi.

M. le docteur Mignen, l'archéologue vendéen renommé, a bien voulu offrir à notre bibliothèque deux ouvrages fort instructifs sortis récemment de sa plume : *Paroisses et cures de Montaigu (Bas-Poitou)* et *Histoire des Religieuses Fontevristes de Notre-Dame-de-Saint-Sauveur, à Montaigu.* « Leur lecture, dit M. Ferronnière, chargé de nous révéler ce qu'il faut en penser, donne l'impression de travaux très précis. Ce sont des pages d'histoire traitées d'une façon vraiment scientifique. Il est très regrettable, ajoute notre collègue, que M. le docteur Mignen n'ait pas présenté ces ouvrages au concours de la Société Académique ; non seulement ils auraient obtenu, j'en suis sûr, la plus haute récompense, mais encore ils auraient pu servir de modèles pour les auteurs dépourvus d'expérience et parfois de savoir qui nous envoient des monographies locales. » Cette remarque de M. Ferronnière est d'une justesse indiscutable et, pour renforcer son dire, il rappelle le cadre parfait des *Paroisses et cures de Montaigu.* « L'auteur, ajoute-t-il, annonce que la publication de ces deux mémoires sera suivie par d'autres, se rapportant à l'histoire de la baronnie et du marquisat de Montaigu, de son château, de l'hôpital et du prieuré de Saint-Jacques, de la collégiale Saint-Maurice, etc. ; l'ensemble formera ainsi une histoire complète de la vieille ville poitevine. »

Comme rapporteur de la Commission des Prix en 1902, votre serviteur avait exalté le talent superbe du poète anonyme de *La menace de l'ange;* ce fut dès lors pour lui agréable devoir de signaler les plus belles pages d'un recueil offert peu après par M. Emile Langlade, en guise de remerciement de la médaille de vermeil qui lui avait été conférée avec la plus impartiale unanimité. De cet ouvrage, intitulé *Les Propylées,* je citerai quelques passages : c'est par ses vers, non par l'opinion d'un critique, que l'on juge équitablement de l'inspiration d'un poète.

Écoutez ce sonnet farouche où M. Langlade décerne une éclatante couronne à ceux qui tombent *pro aris et focis :*

SOIR DE BATAILLE

Ils ont vingt ans, ceux-là, du cœur, de la fierté.
La mort n'est rien pour eux, et, vivantes murailles,
Ils s'offrent, sans trembler, au baiser des mitrailles,
Ils vont..... et devant eux c'est l'immortalité.

Enfin, le souffle ardent et rude des batailles
S'apaise, au jour tombant, sur le sol dévasté,
Où l'ombre lente monte étalant ses grisailles,
Comme un suaire obscur de la fatalité.

Et la terre fumante, où des masses informes
S'estompent des couleurs vagues des uniformes,
Reprend au chant des nuits son calme insouciant.

Alors l'éternité s'entr'ouvre et, solennelle,
La Patrie apparait, éployant sa grande aile,
Et cueille des lauriers dans le sillon sanglant.

Une pièce des *Propylées* permet de classer M. Langlade au rang des bons poètes de l'avenir. Cette longue série de comptes rendus se terminera au mieux par la lecture de courts extraits de l'*Ode au siècle naissant :*

....

L'homme a besoin, vois-tu, d'ignorer et d'attendre.
Tout croule. Le passé, le présent sont en cendre ;
Mais il garde une foi profonde au lendemain.

....

Ah ! que des siècles morts la route douloureuse
Te fasse au moins penser à l'œuvre généreuse
Qui doit éclore sous tes pas.

....

L'autre entraîne au cercueil toute notre jeunesse ;
Il emporte, en moisson, la joie et la tristesse,
Et les doux souvenirs de nos berceaux d'enfants ;
Il a pris sur nos fronts les baisers de nos mères ;
Et toi, sur nos regrets et nos larmes amères,
Toi, tu te lèves triomphant !

....

C'est qu'au-dessus des temps et des âges funèbres
Tu surgis comme un bloc de feu dans les ténèbres
Et que tu contiens : tout l'espoir.

....

Passe comme le Christ à travers Samarie,
Rends à l'un le courage, à l'autre une patrie,
Aux peuples grands la liberté.

....

Sois donc ce que tu veux, joie ou douleur du monde,
Tu contiens, malgré tout, dans ton âme profonde,
Tout le poème de l'amour.

Les nécrologies et les comptes rendus des principaux ouvrages reçus ont occupé une partie de nos séances; mais le meilleur de notre temps a été pris par l'agréable audition d'études originales et variées. C'est à l'analyse de ces travaux que je consacrerai la fin de mon rapport.

M. Delteil, notre très prudent trésorier, se souvenant de ses lointaines pérégrinations, veut pousser nos jeunes concitoyens à chercher loin de la métropole des situations avantageuses et indépendantes. Il a rédigé dans ce but fort louable quelques pages instructives qui, sous ce titre modeste : *Aperçu sur l'enseignement colonial,* révèlent aux profanes avec clarté et abondance de renseignements l'état actuel de notre empire d'outre-mer et les moyens pratiques d'en tirer profit.

« Il n'y a pas plus de dix ans qu'on s'occupe sérieusement en France des colonies, dit notre collègue; auparavant on y était indifférent et même hostile. La raison en est simple. En effet, après avoir eu, il y a deux siècles, un domaine colonial des plus florissants... nous avons vu nos plus belles colonies disparaître à la suite de guerres maritimes malheureuses ou de révoltes... Il a fallu les efforts de deux générations pour refaire peu à peu notre empire colonial et l'amener au point où il est arrivé aujourd'hui. Tous les gouvernements que nous avons eus depuis un siècle ont apporté leur pierre pour construire ce nouvel édifice... Aujourd'hui nos colonies forment un ensemble de 55 millions d'âmes; elles ont une superficie de 9 millions 1/2 de kilomètres carrés et représentent un chiffre d'importation et d'exportation de 1 milliard 396 millions, dont 906 millions pour le commerce avec la France... Nous devons être assez sages pour savoir nous déclarer satisfaits... La France s'occupe maintenant de doter ses nouvelles possessions d'un outillage propre à en assurer la colonisation et l'exploitation... Nos colonies sont donc prêtes à recevoir des colons ou à nous donner de légitimes profits. »

M. Delteil reproduit la piquante boutade de Bismarck : « Il y a trois sortes de peuples colonisateurs : les Anglais qui ont des colonies et des colons ; les Français qui ont des colonies et pas de colons ; les Allemands qui ont des colons sans colonies. »

Le puissant tudesque, observe notre collègue, semblait ignorer la différence notable qui existe entre les *colonies de peuplement* et les *colonies d'exploitation :* les premières, où les hommes de race blanche peuvent s'acclimater et se livrer aux mêmes travaux qu'en Europe et où la population autochtone est assez peu dense pour permettre aux immigrants de faire la nique au malthusianisme ; les secondes, au climat dangereux et à la population très nombreuse ; pour ces dernières, qui composent en grande majorité notre domaine d'outre-mer, il suffit de les administrer et de les exploiter ; d'ailleurs il y a place là pour des banquiers, commerçants, médecins, avocats, ingénieurs, ouvriers de plus d'un genre.

Etant donnée la vaste étendue de notre empire colonial, 7 à 8.000 Français pourraient hardiment s'y rendre chaque année et s'y faire une situation. Or, il n'en est rien. Pourquoi ? Parce que jusqu'à ces derniers temps les renseignements pratiques et une éducation *ad hoc* ont radicalement fait défaut. Mais depuis quelques années cette lacune se comble. M. Delteil énumère les groupes parlementaires, les associations privées et les journaux qui se sont créés pour développer l'expansion coloniale. Il nous parle surtout de ce qui se passe à Nantes où, grâce à la Chambre de Commerce, au Conseil municipal et à Messieurs Durand-Gasselin, Sarradin, Merlant et Ménier, une *Section Coloniale,* dépendant de l'Ecole supérieure de commerce, offrira désormais à la bonne volonté des jeunes gens aventureux le moyen de s'établir hors de la métropole et d'y réussir suivant leurs aptitudes et leurs ressources. Outre les cours les plus importants de l'Ecole supérieure de commerce que les élèves de la Section sont appelés à suivre, il existe à leur usage particulier un cours d'histoire du commerce et de la colonisation ; — un cours de géographie coloniale ; — un cours d'économie et de législation coloniales ; — un cours d'hygiène, climatologie et épidémiologie coloniales ; — un cours d'agriculture et de produits coloniaux, complété le mieux du monde par un musée commercial, des serres, un champ d'expériences et une bibliothèque.

« Les jeunes gens qui auront été soumis pendant deux années à un semblable enseignement, dit M. Delteil, ne seront certainement point aptes à faire de suite des colons, mais ils seront *préparés* à en faire.... Il y a de grandes chances pour que les sujets formés dans nos écoles et qui voudront s'expatrier rencontrent un concours puissant et obtiennent même quelques bourses de voyage afin de se placer convenablement ou de faciliter leurs débuts. »

L'étude si profondément pensée de notre expérimenté collègue était vraiment à sa place dans la plus ancienne association intellectuelle de cette vieille cité nantaise qui entretint des relations séculaires avec nos plus belles colonies et s'en trouva fort bien.

Du domaine pratique mais terre à terre de la colonisation, nous allons bondir, comme enlevés par un coup de baguette de la Fée Caprice, dans l'éther limpide où se rencontrent les âmes douces qui épanchent leurs inspirations en cadences rythmiques. Mlle Eva Jouan nous adressa quelques Poésies dont vous entendrez avec plaisir de trop brèves citations.

Voici une jolie aquarelle où, en quelques coups de pinceau, sont évoquées les joies pures d'un ménage uni et sans aucune ambition :

SUR UN BALCON

Leur nid est près du toit où jase l'hirondelle ;
Elle effleure souvent du fin bout de son aile
Le bel enfant au front si pur.
. . . .

Et sur ce haut balcon enguirlandé de roses
Se répètent le soir les mêmes douces choses :
Baisers, rires frais, chants d'oiseaux !.....
Ils s'aiment ! Leur bonheur tient dans l'étroit espace.
. . . .

Sous cette affection qui toujours l'environne,
L'enfant croît, belle fleur que le printemps couronne
De sa grâce et de sa beauté.
Il est l'espoir béni, la sainte et douce ivresse,
Il est le rayon d'or qui réchauffe, caresse
Et remplit tout de sa gaîté.

Dans sa pièce de haute allure : *Les trois dons,* Mlle Jouan peint à merveille l'âme du poète qui, désabusé de la Jeunesse et de l'Amour, accepte les seules consolations de la Muse :

Et moi, la Muse, ô mon poète !
Voudras-tu me chasser aussi ?
Je veux de ton âme inquiète
Enlever le moindre souci.

J'aurai pour toi des douceurs telles
Que tu pourras, comme jadis,
T'envoler de toutes tes ailes
Vers des rêves de paradis.

— Oui, je te suivrai, consolante
Des pauvres cœurs souvent meurtris,
Et verrai ma peine brûlante
Se perdre dans tes lacs fleuris.

Charles-Marie-Guillaume Le Roux, né à Nantes le 25 avril 1814, a tracé un sillon glorieux dans l'École du paysage au XIXe siècle. Elève de Corot, il débuta au Salon de 1834 et, sauf une interruption de quelques années prises par la politique, il ne cessa jamais, durant sa longue existence, de brosser des marines et des sous bois où s'affirme un talent probe et vigoureux et une connaissance approfondie de la nature.

Deux œuvres de ce grand artiste viennent d'entrer au Luxembourg. Cette consécration posthume a déterminé M. Ferronnière à retracer la carrière admirable de notre éminent concitoyen dans une étude qui s'intitule : Notes sur la Vie et l'Œuvre du Peintre Charles Le Roux. « Artiste laborieux et consciencieux, dit notre collègue, il peignit surtout pour le plaisir de peindre et vendit très peu de ses tableaux : c'est la cause pour laquelle, malgré les nombreux succès et la haute réputation que son talent lui mérita de son vivant, son œuvre resta dans l'ombre après sa mort..... Il sut allier le culte de la vérité et celui du bon goût..... joint au souci constant de perfectionner sa manière personnelle par un travail incessant.

» Aussi puissant que Rousseau, aussi poétique en son genre que Corot, il fut le peintre enthousiaste des forêts poitevines et des grands prés humides de la Loire. Nul mieux que lui ne sut peindre les gros nuages de pluie qui courent au-dessus des flots gris et le rayon de soleil perçant le ciel brumeux pour éclairer un verger en fleurs ou une barque à l'horizon.... Il est à supposer, ajoute M. Ferronnière, à propos de l'entrée au Luxembourg des deux tableaux de Charles Le Roux, que c'est là une place provisoire, et qu'avant peu ils figureront au Louvre, près des œuvres des autres grands peintres de l'Ecole contemporaine. »

Notre année fut close par l'audition exquise de l'un de ces plaidoyers dont le XVIIe et le XVIIIe siècles raffolèrent. La mode régnait alors de disserter longuement sur des thèses de ce genre : les anciens et les modernes ; du bien et du mal causés aux hommes par la découverte de l'imprimerie ; de la supériorité de la peinture sur la musique, ou *vice versâ*. Il serait vain de constater que ces joutes oratoires n'ont jamais converti personne ; mais elles demandent une profonde culture intellectuelle, de l'imagination, de la méthode, des aperçus originaux, un style élégant et châtié ; elles sont propres, d'ailleurs, à remplir aimablement une heure de repos.

Ainsi en a jugé notre excellent collègue M. Mailcailloz. Doué avec surabondance des qualités que j'ai dites, il nous a donné un morceau délicieux : DE L'INFÉRIORITÉ LITTÉRAIRE DU GENRE DRAMATIQUE. Son étude est un modèle de savante ordonnance ; je la suivrai donc pas à pas.

Elle débute ainsi : « Lorsque l'on considère la littérature dramatique de ces vingt dernières années, deux constatations s'imposent tout d'abord : c'est, d'une part, le grand nombre d'auteurs qui écrivent pour le théâtre, et, d'autre part, le petit nombre d'œuvres qui restent au répertoire. De là à conclure à la décadence du théâtre, il n'y a qu'un pas et c'est, en effet, un sujet de conversation fréquent dans les salons aussi bien qu'un thème tout trouvé pour la chronique d'été d'un débutant journaliste. »

» A mon avis, dit notre collègue, quand on parle de décadence du théâtre, la question est mal posée. Et d'abord il est certain que le talent ne fait pas défaut à nos auteurs dramatiques. Mais si l'on approfondit la question, on s'aperçoit que les pièces se divisent en deux grandes catégories : celles qui sont composées par des hommes de lettres ne faisant pas exclusivement du théâtre, et celles qui sont l'œuvre d'auteurs dramatiques de métier. Les premières ont toutes sortes de qualités, mais elles n'ont le plus souvent qu'un succès de lettrés. Les autres se jouent, au contraire, indéfiniment devant des salles combles ; mais ce sont, le plus souvent, de gros drames ou d'ahurissants vaudevilles. Cette constatation amène rapidement à la conclusion que le genre dramatique a des procédés spéciaux qui n'ont rien de commun avec les règles littéraires applicables à toute autre production de l'esprit humain, procédés un peu gros qui en font un genre inférieur, et, pour tout dire, de second ordre. »

Le théorème, vous le voyez, est énoncé en termes dépourvus de toute équivoque ; M. Mailcailloz va s'escrimer avec une pétulante énergie et user des meilleures ressources de son rare esprit d'observation pour en établir le bien fondé.

Après avoir foudroyé l'objection prévue des admirateurs de Racine et de Molière en concédant que « l'ouvrier de génie peut produire des chefs-d'œuvre avec la matière la plus ingrate, » il se propose de démontrer que le dramaturge est excessivement limité dans ses sujets comme dans ses moyens d'expression, et qu'il est obligé de compter avec un ensemble de conventions multiples qui rendent son labeur particulièrement difficile.

Il faut avant tout un sujet dramatique très simple, pour ne pas excéder le temps normal d'une représentation et pour être accessible à tous les spectateurs. En outre, il est essentiel que le sujet comporte « une action vive et émouvante, un choc et une lutte de volontés antagonistes. » Mais, bien différent du romancier qui jouit des loisirs nécessaires, l'auteur de théâtre est tenu de prendre l'action au moment le plus pathétique, de mettre l'auditoire au courant en fort peu de scènes et de se hâter vers le dénouement.

Un tout petit nombre de sujets permet d'obéir à ces principes immuables.

Les anciens, ainsi que les écrivains dramatiques du grand siècle, avaient compris cette vérité. « Ils ne se mettaient guère en quête de sujets nouveaux ; ils marchaient sur un terrain battu, mais cela ne les empêchait pas d'y semer des chefs-d'œuvre par la puissance seule de leur génie. »

Si la quantité de thèmes susceptibles d'affronter le feu de la rampe est médiocre, le dramaturge pourra-t-il, du moins, par la forme, rajeunir le genre ? Là encore M. Mailcailloz conclut à une désolante négative : on s'est affranchi de la règle des trois unités, on y revient comme à une utile sauvegarde ; on a voulu modifier le nombre des actes, or les pièces en 2 ou 4 actes sont boiteuses ; la coupe en 3 actes, ou en 5, est la seule vraiment bonne.

Une dernière et unique ressource, d'après notre collègue, reste au dramaturge pour trouver du nouveau : modifier les détails de l'exécution. « Sous ce rapport il a été fait beaucoup et peut-être reste-t-il encore quelque chose à faire. Le théâtre moderne a su s'affranchir des rôles de confidents et supprimer ces longs monologues qui pèchent autant contre la vraisemblance qu'ils nuisent à la marche vive et rapide de l'action..... Combien les auteurs dramatiques s'engageraient dans une voie de progrès en s'affranchissant du rôle du raisonneur !..... Ils pourraient encore porter leurs désirs de progrès sur le style..... Que le langage de chaque personnage soit bien tranché, soit bien celui que tiendrait l'être vivant qu'il prétend représenter ; qu'on nous débarrasse au plus vite du style à facettes..... Mais il ne faut pas pour cela sténographier la vie. Le style de théâtre demande, comme la facture générale de l'œuvre, un assez fort grossissement. »

« D'ailleurs, ajoute M. Mailcailloz, le drame tout entier ne repose-t-il pas lui-même sur une pétition de principes, toute de convention ? » C'est alors une charge à fond contre tous les côtés factices de l'œuvre destinée à être débitée entre cour et jardin.

De ces conventions, de ces pauvretés, notre collègue tire la conclusion que l'auteur dramatique produira fatalement une œuvre qui peut lui rapporter une gloire passagère et remplir son portefeuille de petits bleus, mais dont la valeur littéraire sera d'un ordre fort inférieur.

Tels furent les événements qui signalèrent l'an de grâce 1903 pour notre Compagnie. Dans ses veines, vous le voyez, coule toujours un sang généreux que l'âge n'a point refroidi.

Que si vous êtes curieux de connaitre le mystère de ce phénomène, je vous satisferai par une anecdote.

Le 15 novembre dernier, l'élite intellectuelle de Paris célébrait en une cérémonie intime et cordiale le 80e anniversaire de M. Gaston Boissier, le glorieux érudit célèbre dans le monde entier.

Un rédacteur du *Gaulois* se fit un devoir de l'interwiewer en cette mémorable circonstance, et, le voyant si alerte, si droit, si florissant de santé, avec ces belles couleurs qui dorent son visage, ce regard resté jeune et cette verdeur d'esprit, il lui dit, plein d'admiration :

— Donnez-moi, mon cher maître, le secret de votre persistante jeunesse !

M. Gaston Boissier répondit en souriant :

— Je n'ai pas de secret. J'ai toujours travaillé, je travaille toujours beaucoup..... quoique méridional..... Tout le monde peut en faire autant.

— Maintenant, mon cher maître, vous allez sans doute prendre un peu de repos ?

— Mon Dieu, oui, répliqua en souriant le vénéré Secrétaire perpétuel de l'Académie Française, je vais me reposer..... en travaillant.

M. Gaston Boissier, dit le journaliste, est un sage qui connaît la formule du bonheur et aussi celle de la longévité.

Pour les sociétés comme pour les hommes, ajouterai-je, la recette de l'eau de jouvence est la même : l'oisiveté dégrade et tue, le labeur élève et vivifie.

La décrépitude n'est donc pas près d'atteindre cette chère Société Académique qui aurait le droit de prendre pour devise cette forte définition de la vie due à Sa Majesté la reine Elisabeth de Roumanie, la charitable et gracieuse Carmen Sylva :

« Il n'y a qu'un bonheur, le devoir ; il n'y a qu'une consolation, le travail ; il n'y a qu'une jouissance, le beau. »

RAPPORT

DE LA

COMMISSION DES PRIX

SUR LE

Concours de l'Année 1903

PAR LE Dr A. CHEVALLIER

MESSIEURS,

La séance solennelle de la Société Académique constitue une déjà bien vieille tradition de notre chère cité Nantaise. Depuis plus d'un siècle, cette cérémonie se célèbre suivant d'immuables rites. Cette année, les antiques coutumes subissent quelque atteinte : par exception, le rapport de la Commission des prix ne vous est pas présenté par votre secrétaire-adjoint. Je le remplace aujourd'hui, heureux de pouvoir donner à notre Compagnie, un gage de mon affectueux dévouement.

La Société Académique a reçu, pour le Concours de 1903, treize manuscrits, presque tous en vers. La prose est représentée par trois envois seulement et je dois diminuer encore son importance en éliminant tout de suite une œuvre que son auteur, par mégarde sans doute, soumet de nouveau à notre jugement, alors qu'autrefois déjà, nous lui avons refusé une récompense. Aujourd'hui, pas plus qu'en 1899, nous ne sommes disposés à apprécier favorablement son *Voyage à la Trappe de Melleray*. Il a cependant, depuis lors, légèrement modifié son récit; il nous le présente cette fois, expurgé d'attaques grossières contre les religieux. Je suis donc heureux de lui reconnaître au moins le mérite de ne pas s'adjoindre au chœur de ceux qui prennent plaisir à crier : *Væ victis !*

Sous cette devise : « *Unica revivisco,* » il nous a été adressé une intéressante et très savante *Description archéologique du château de la Renaissance à Châteaubriant*. A ce manuscrit je rendrai hommage seulement sur la foi de quelques-uns de nos collègues de la Commission des prix. L'auteur semble en effet avoir eu le vif souci de ne jamais écrire pour les profanes. Son étude est tout entière en des analyses techniques et consciencieuses : on est contraint d'admirer silencieusement quand on a, comme moi, la mauvaise fortune d'être d'une incompétence absolue en architecture et en archéologie.

Je me permets de regretter qu'à côté de l'investigation patiente et sagace, il n'y ait pas dans la *Description du château de Châteaubriant* une petite place pour la critique historique, l'aperçu philosophique, et même parfois pour la courte envolée de prose lyrique. S'il en était ainsi, à l'intérêt austère d'une étude savante, s'ajouteraient le charme littéraire et l'attrait par excellence, l'attrait humain !

Les recherches archéologiques figurent en bonne place dans le programme de nos concours; mais la description matérielle, si exacte soit-elle, des antiques monuments de notre sol breton, ne saurait nous suffire. Si nous nous intéressons à ces vieilles pierres, muets témoins du passé, c'est parce qu'elles ont gardé comme un reflet des gloires, des luttes, des souffrances de nos pères. Que l'archéologue les dépeigne minutieusement, c'est bien! mais nous voulons que, philosophe et historien, il les anime et les fasse parler aussi, ressuscitant de la sorte dans leur cadre authentique les âges disparus.

L'érudit, à qui nous devons l'étude du *château de la Renaissance à Châteaubriant,* a peut-être un peu confondu la *Société Académique* avec sa plus jeune sœur la *Société Archéologique.* Cela n'a pas empêché votre Commission des prix de rendre justice au grand mérite technique de son travail et de lui décerner une médaille d'argent grand module.

L'année dernière, à cette place, le rapporteur de votre Commission des prix disait : « Un sujet hors pair devrait » nous enrichir l'an prochain d'écrits remarquables : » le 12 septembre 1903, la Bretagne entière, escortée » de l'élite intellectuelle de la France célébrera, des » bords du Scorff aux bords de l'Ellé, le centenaire du » jour béni où Auguste Brizeux vint au monde. Notre » Société, prêtresse du beau et du bien, couronnerait, » j'en suis convaincu, avec somptuosité des pages, en » prose ou en vers, où serait pieusement glorifié le barde » immortel, le chantre de *Marie* et des *Bretons,* le » maître incontesté de la poésie d'Armorique. » Le vœu si éloquemment formulé par M. le baron Gaëtan de Wismes a été exaucé. Un des auditeurs qui se pressaient

dans cette salle a tressailli à l'appel de notre collègue et il écrit aujourd'hui : « ....Ce vœu me rappela » un souvenir de jeunesse. J'étais sur les bancs du » collège me préparant aux épreuves du baccalauréat. » La lecture des romans en prose ou en vers m'agréait » infiniment plus que les élucubrations du discours latin » ou les fastidieuses traductions d'Homère. Un exem- » plaire de *Marie* m'était tombé sous la main. Comme » ces vers chantaient doucement l'amour ! En quel rêve » angélique ne me faisaient-ils pas entrevoir la douce » Marie du poète !..........Bref, je vouais un culte à » l'auteur : je dévorais ses vers ; je les lisais partout, en » cachette, même là où ils n'auraient jamais dû être » profanés, là où les jeunes écoliers ont coutume de » fumer leurs premières cigarettes ; je les apprenais par » cœur, pour ne plus les oublier de ma vie......... » Un professeur, prêtre austère........ me confisqua » mon livre ; je fus puni, menacé de renvoi par le Supé- » rieur de la maison................................
»...

» Voilà pourquoi, à l'évocation du nom de Brizeux par » le Critique de la Société Académique, je sursautais. Le » souvenir du collège m'apparut brusquement avec tout » son cortège de pensums, punitions très variées, et la » grande menace de renvoi du Supérieur et, à la fin de » l'année.... mon baccalauréat manqué.............
» ....

» Depuis ces jours, comme tout le monde, j'ai vieilli : » La vie m'a réservé sa part de déceptions....... mais » je retrouve toujours Brizeux dans ma bibliothèque. » C'est un ami, je l'aime. Et il m'a causé depuis le » collège tant de joies idéales que je lui dois bien un » hommage : celui de passer à mon tour sous les four-

» ches caudines de la Société Académique de Nantes, en » lui disant de mon poète ce que j'en sais. Après les » pensums du collège, le crible hérissé de pointes de la » critique. Cette fois au moins, dussé-je être puni, on ne » me ravira pas mon poète ! »

Non, Messieurs, l'auteur de Brizeux aujourd'hui ne sera pas puni ; au contraire, pour le consoler de son baccalauréat manqué, nous lui destinons une récompense ! S'il passe en ce moment sous les fourches caudines de la Société Académique, ce n'est qu'afin qu'il me soit plus aisé de laisser tomber sur son front la couronne de laurier qu'il a méritée ! Mais son poète, peut-être vais-je encore une fois le lui ravir ! Echo de la Commission des prix, je dois en effet lui redire qu'il s'est créé, pour son usage, *un faux Brizeux !*

La vie du barde breton, certes, il ne l'ignore pas ! Il nous la raconte avec détails, mettant fort habilement en lumière tous les événements qu'il estime avoir pu influer sur le talent du poète. Mais l'âme du chantre de « *Marie* », il ne l'a pas complètement pénétrée. Il se demande quelque part, au cours de son étude, comment se pose au regard du XIXe siècle la figure de Brizeux, et il répond ainsi :

« Sa vie est faite de moyennes et toute de décousu : il » oscille d'un endroit à l'autre. Voyage-t-il en Italie, vite » s'impose le retour, car les ressources s'épuisent ; pro- » mène-t-il sa rêverie dans les landiers de l'Armor ou » sur les plages du Finistère, le besoin vague ou la » nécessité de revoir Paris le talonne encore ;......... » professeur un instant, il ne reste pas dans l'Univer- » sité............. Si nous jetons maintenant un coup » d'œil sur ses œuvres, nous y trouvons la même mobilité, » la même fluidité que dans sa vie. Point de grandes

» œuvres, point de grandes envolées lyriques ou épiques, » point de drames émus, point de visions magnifiques

» ....

» En vain chercherait-on dans son œuvre un poème à » grande envergure avec un commencement, un milieu » et une fin, avec des incidents et des caractères compli- » quant la marche du récit pour aboutir au triomphe » éclatant d'un système d'idées ; « *Marie* », joyau délicat, » n'a pas de dénouement ; un instant « *les Bretons* » ont » voulu s'élever à la hauteur de l'épopée, l'effort n'a pas » atteint son but. L'œuvre de Brizeux est une mosaïque, » c'est encore un musée de tableaux. Le poète procède » par tranches, comme sa vie est faite de morceaux. »

Un détracteur ne s'exprimerait pas autrement ! Ce singulier panégyriste a pour son héros une pitié qui avoisine le mépris. Certes, toutes ses assertions prises isolément sont justes, mais il les groupe de telle façon qu'elles donnent une impression inexacte.

Pour qui sait la contempler, la figure de Brizeux est plus grande, et son œuvre forme non pas une mosaïque, mais un tout harmonieux, un tableau complet ; et ce tableau, c'est la Bretagne, ses croyances naïves, ses mœurs, ses coutumes, ses paysages, la cabane du pêcheur, le sillon de l'homme des champs, les humbles scènes du foyer, le spectacle de la lande et de la mer, le souvenir des Celtes au bord des flots, les rochers de Penmarck et les grèves du Morbihan.

« Les faits de rhétorique, a dit M. Paul Bourget, sont » souvent aussi des faits de psychologie, tant les théories » d'art se mêlent intimement à la personne. » J'estime que l'auteur de la notice sur Brizeux, justifiant cette doctrine, n'a jamais contemplé le poète qu'à travers ses préoccupations particulières. Alors qu'il est adolescent, le poème de « *Marie* » frappe vivement son imagination de 16 ans, mais non dans ses parties les plus hautes puisque, de son propre aveu, il ne voit guère dans ces pages exquises que la révélation de l'amour. Plus tard, quand un souvenir attendri le ramène à l'ami de sa jeunesse, il cherche surtout dans son œuvre la confirmation de ses propres conceptions de la vie. Secrètement irrité de ne pas trouver là ce qu'il souhaite, il l'y place arbitrairement; ainsi il veut faire de Brizeux un précurseur, socialiste inconscient, prophète du réalisme. Il ne craint pas de hasarder le plus extravagant rapprochement ! « Quarante ans environ après Brizeux, écrit-il, un autre » homme célébrait dans des poèmes immortels la gran- » deur du travail, la détresse des pauvres gens et étalait » leurs vices : il rêvait d'un bonheur universel où enfin » les hommes, lassés de guerres et de convoitises, vivraient » heureux les uns par les autres. Quand Brizeux expri- » mait le bonheur de ses Bretons,.......... quand, en « 1830, il chantait le travail et la liberté, quand il écrivait » le *Vieux Rob, Jacques le Maçon, les Pêcheurs, les* » *Moissonneurs,* il ne se doutait pas qu'il devenait, sans » le savoir, un précurseur de Zola, chef du réalisme et » fervent apôtre du socialisme. »

A la Commission des prix, Messieurs, nous sommes depuis longtemps accoutumés à ne nous étonner de rien, mais en entendant soutenir cette thèse : « *Brizeux précurseur de Zola !* » nous avons, je l'avoue, été stupéfaits.

Par contre, nous avons très favorablement apprécié un autre rapprochement, justifié celui-là, et fort éloquemment présenté. Le parallèle entre Alfred de Vigny et Auguste Brizeux forme une page de haute valeur littéraire dont je ne saurais trop vivement féliciter l'auteur, si la conclusion n'en était encore pour le poète breton aussi cruelle qu'injuste. Ecoutez-la : « Comme Vigny, » Brizeux a été sincère ; comme lui, dans son ardeur de » connaître, il a cherché, il a lancé son esprit à la con» quête de la vérité, il a souffert aussi. Mais les grandes » solutions ne sont point de son fait ; nous l'avons vu » dans sa vie, nous l'avons vu dans son œuvre littéraire, » nous le retrouvons dans sa philosophie. Il n'a point une » puissance de facultés suffisante, le don nécessaire pour » affronter de face les problèmes ardus ; il n'a point l'en» volée géniale, et quand sa raison lui commande de ne » plus croire, il regrette la foi perdue. » Notre auteur, vous le voyez, ne peut pardonner à Brizeux de s'arrêter au doute et parce que celui-ci conserve une religion pourtant bien vague, il le juge un tout petit esprit !

Telle est, Messieurs, cette notice dont j'ai dit que son auteur connaissait mal le vrai Brizeux. Je soupçonne l'intelligence du Critique d'être trop différente de l'âme du barde breton pour avoir pu la bien saisir. Brizeux, c'est le charme, la simplicité, l'émotion, les impressions les plus sincères et les plus candides ; son commentateur a dû le déformer et le mutiler pour le faire entrer dans le cadre de son propre esprit, avide surtout, me semble-t-il, de faits positifs, de science et de philosophie. Il saurait, j'en suis convaincu, très bien célébrer la poésie scientifique d'un Leconte de l'Isle, mais il ne nous a pas apporté la glorification pieuse du chantre de « *Marie* » et des « *Bretons* ». Je ne le lui reproche pas ! Rien ne m'est plus antipathique que l'admiration conventionnelle et banale ; par-dessus tout j'estime l'indépendance d'esprit et la franche critique. L'auteur de la notice sur Brizeux nous a exposé des idées personnelles et originales, il les a présentées sous une forme élégante, il est donc digne de louanges et d'une haute récompense.

Votre Commission des prix le félicite et lui décerne une médaille d'argent grand module. Son manuscrit porte pour devise ces vers :

> « *Lire des vers touchants, les lire d'un cœur pur,*
> » *C'est pleurer, c'est prier, et le mal est moins dur.* »

*
* *

Comme toujours, Messieurs, les poètes sont venus les plus nombreux solliciter nos suffrages. Qui connaît l'âme poétique ne saurait s'en étonner. Héroïque et enfantine à la fois, elle souhaite la gloire ; tendre, elle a besoin de la sympathie. Les poètes n'écrivent pas pour eux-mêmes, il leur faut l'admiration d'autrui.

Hélas ! ma mission va être pénible. Ma sympathie, certes, est acquise à tous ceux qui nous ont fait l'honneur de se soumettre à notre jugement, mais je n'ai pas la moindre parcelle de gloire à distribuer et d'admiration même, je ne serai pas prodigue.

Sur les manuscrits qui ne nous ont pas semblé dignes de récompense, je vais être bref, ne voulant pas être méchant.

Celui-ci, intitulé « *Vers l'Idéal* », contient quelques idées généreuses et beaucoup d'autres puériles.

Cet autre essaye vainement de dissimuler une désolante indigence en arborant cette fière devise :

> « *La vie est un combat que la gloire couronne,*
> » *Mais ce n'est qu'au vainqueur seulement qu'on la donne.* »

Sur un troisième, poème biblique qui a pour titre « *Jean-Baptiste* », je passe plus vite encore ; si je le feuilletais un instant, peut-être ne pourrais-je résister à la tentation d'en citer quelques vers, et ce serait vraiment trop cruel pour l'auteur !

J'arrive enfin à des poésies que je vais avoir le plaisir de pouvoir louer.

« *A Botrel* » tel est le titre d'un court poème de soixante vers consacré tout entier à exalter la gloire du chanteur breton ; écoutez plutôt :

....
Oh béni soit celui dont la chanson ramène
Un flot de joie au cœur où tarissait l'espoir,
Un regain de jeunesse et de force au vieux chêne,
　　Un peu de soleil au ciel noir !.....

La Bretagne — l'aïeule — engourdie et tranquille,
Dormait..... Pour les vieillards, ce peut être un danger :
Vous avez craint..... D'ailleurs, l'éveiller est facile,
　　Elle a le sommeil si léger.

Et tendrement, aux pieds de la bonne grand'mère,
Vous avez murmuré vos premières chansons,
Les fredonnant d'abord sur un ton de mystère,
　　Ainsi que nous, quand nous berçons.....

Puis, la voix, par degrés, se fit plus énergique :
Etranges binious, clairons sonnant l'assaut,
Cloches, tout se mêla : notre Bretagne antique
　　Frissonna d'un profond sursaut,

Car vous chantiez les chants des landes et des grèves,
Les drames de la mer, les départs, les retours,
Les au-delà des cieux....., nos espoirs et nos rêves,
　　Eternels comme nos amours.

Alors, joyeusement, l'aïeule rajeunie,
Autour d'elle appela ses enfants dispersés,
Et bientôt toute la famille réunie
　　Sur vous avait les yeux fixés.

Maintenant, il suffit que l'un de nous entonne :
Sur nos landes, nos champs, nos grèves et nos monts,
D'un bout à l'autre, enfin, de la terre bretonne,
On continue à pleins poumons !

Qu'il fait bon les entendre éclater dans l'air libre,
Vos accents tour à tour émus, fiers ou moqueurs !
Cette langue est la nôtre, elle nous plait, et vibre
Jusqu'à l'intime de nos cœurs !

....

Je n'ai pas ici à juger Botrel, mais je me le représente malaisément, sous les traits d'un Tyrtée du XXe siècle, ayant réveillé la Bretagne endormie. Son admirateur le célèbre sur un mode par trop dithyrambique ; le moderne barde breton lui-même trouverait excessives des louanges telles, que Brizeux pour son centenaire n'a pas connu les pareilles !

Si j'ai tenu à modérer d'abord l'enthousiasme de l'auteur de « *A Botrel* », je veux maintenant le féliciter. Son petit poème précisément en raison de sa note exagérée, est plein d'entrain et de vie. Je crois y reconnaître la fougue naïve et gracieuse d'une plume féminine. Votre Commission des prix lui accorde une mention honorable.

L'envoi a pour devise ces deux vers de Brizeux :

« *Au pays de Tréguier, écoutez comme il chante,*
» *Sur mille airs variés, des chansons qu'il invente !* »

J'ouvre un autre manuscrit intitulé : « *En cheminant* » et, comme pièce liminaire, j'y lis cette ode dont l'originalité rare ne saurait vous échapper :

A l'Océan

Salut, vaste Océan, toi qui, vers cette grève
Pousses de tes longs flots les bataillons mouvants !

Tu t'agites sans cesse et moi toujours je rêve
Quand ta vague indocile éclate et se relève
Sous le fier caprice des vents.

Oui, devant toi je rêve — et c'est ma jouissance —
A ta masse inconstante, à ton immensité ;
A ce flot qui s'endort, image d'innocence !
A l'horrible fracas, à l'énorme puissance
De ce même flot irrité.

....

....

Et cela continue ainsi pendant 125 vers ! A la lecture, on a la sensation d'être peu à peu submergé, englouti, non pas dans l'Océan, mais sous l'afflux des mots. Après cette première poésie, il y en a cinq autres, un peu moins longues heureusement, et toutes sont d'une banalité et aussi d'une correction désespérante ; on n'a même pas la consolation de relever une faute de prosodie dans ces kilomètres de vers ! Toujours ils sont justes, harmonieux même.

Quel malheur de voir un versificateur si habile ignorer si complètement la poésie ! Quelle tristesse de constater la méchanceté d'un démon qui, si férocement, s'acharne à amener sous une plume si zélée toujours l'image vulgaire, l'expression incolore, l'épithète émoussée !

Que l'auteur de « *En cheminant* » apprenne à préciser sa pensée, qu'il resserre son style, qu'il supprime sans pitié les détails superflus, qu'il s'efforce surtout d'acquérir l'horreur des lieux communs et des sentiers battus, et, avec les dons et qualités qu'il possède déjà, il deviendra peut-être poete un jour. La tâche sera ardue ! Si le chantre de l'*Océan* n'avait une devise singulièrement énergique en sa brièveté, j'hésiterais à lui conseiller de l'entreprendre. Mais quand on écrit au frontispice de son œuvre : « *Malgré tout* », cela suppose une indomptable ardeur. Alors, je lui dis : « Essayez » et, pour l'encourager, je lui décerne, au nom de la Société Académique, une mention honorable.

Sous le titre modeste : « *Brins d'ajoncs* » sont réunies cinq poésies. Cette fois, nous n'avons pas affaire à un versificateur expérimenté, mais plutôt à un rimeur novice. Il a quelques bonnes idées ; quand il sera plus adroit dans sa façon de les exprimer, il méritera une récompense supérieure à la mention honorable que nous lui accordons aujourd'hui. Sa devise est : « *Tout droit* ».

Je ne le croyais pas, Messieurs, mais j'ai dû me rendre à l'évidence : alors que le XXe siècle voit s'achever sa troisième année, il existe encore au moins un fervent du plus pur et du plus exalté *Romantisme*.

Un auteur nous a envoyé des poèmes intitulés naturellement « *Légendes du Rhin* », qu'on jurerait avoir été écrits il y a quelque soixante ans. Dans ces *Légendes du Rhin*, je retrouve tout ce qui a constitué le *Romantisme :* la fuite du monde moderne et contemporain, les fantaisies d'une bizarre archéologie, l'influence de l'imagination germanique si différente de la nôtre, la recherche des sensations étranges, l'excès dans les idées comme dans la forme, la recherche constante et trop marquée des effets, les griseries de couleur et de sonorité.

Ecoutez ces vers et dites-moi si vous les croyez composés d'aujourd'hui :

Les époux sont debout, heureux, transfigurés.
L'ombre coiffe les ifs, inonde les fourrés,
S'amasse dans les coins, enveloppe les branches,
Mais les deux amoureux restent des clartés blanches.

....

....

Et dans le bois profond, ému de paix immense,
Il brûle autant d'amour qu'il tombe de clémence.
Beaudoin s'avance vers l'épouse, et, se penchant
Dans le dernier baiser de l'astre se couchant,
Dans un rose souillé d'encre, toujours plus vague,
Il prend à son gros doigt une fort belle bague
Où brille une émeraude en une griffe d'or,
Et sa voix fait frémir la forêt qui s'endort,
Sa forêt sombre, sa forêt sauvage et vaste :
« O toi, jeune épousée, aimante, douce et chaste,
» Toi qui m'as attendri par ta grâce ce soir,
» Reçois un talisman de bonheur, sans surseoir,
» Pour que le fier Beaudoin que redoute le lâche
» Apporte à ton malheur le secours de sa hache.
» Quel que soit l'insulteur, quel que soit l'assassin !
» Qu'il soit prince d'église ou de cour, spadassin
» A la solde du pape ou du tsar, que m'importe !
» Je suis Beaudoin à la main ferme, à l'âme forte,
» Et le premier venu qui t'égratignera,
» Je le jure par la Sainte Vierge, il mourra !
» Il suffit, chère enfant, que ceci me parvienne,
» Je te le donne. Allez, tous et qu'on se souvienne. »

....

Les Légendes du Rhin, comprenant trois poèmes à l'action bien conduite, constituent une œuvre de réel mérite ; elle a eu le privilège d'exercer sur moi une séduction particulière. J'en ai oublié les défauts de fond et de forme pour me retremper avec une véritable jouissance dans cette vieille et si chaude poésie héroïque qui a, jadis, si violemment ému mon intelligence de 16 ans. Nos Collègues de la Commission des prix, Messieurs, n'ont pas complètement partagé mon enthousiasme ; ayant compté ses fautes, ils ont jugé que l'auteur des *Légendes du Rhin* recevrait, avec une médaille de bronze, une récompense suffisante. A Goethe, il a emprunté sa devise : « *L'art est long et la vie est courte.* »

Six poésies nous sont présentées sous la devise : « *Faisons bien, fera mieux qui pourra.* » Elles constituent l'œuvre non banale, mais le dirai-je...., peu sympathique d'un trop brutal censeur de l'humanité.

C'est ainsi que, sans le moindre artifice, il proclame :

L'homme est un insensé vulgaire,
Ayant des droits au cabanon ;
Contre lui-même, il part en guerre
Jusqu'à l'extinction du nom.

Tout exprès pour défendre la détestable thèse de la supériorité de l'instinct sur la raison, il a composé une fable et il la termine par cette conclusion d'une égale valeur de forme et de fond :

On a vu comme,
Malgré tout, l'homme
Est bien
Inférieur au chien.

Ce misanthrope ne s'exprime heureusement pas toujours sur ce ton ; il nous a donné une gerbe de 15 sonnets dont l'originalité de meilleur aloi lui a valu parmi les membres de la Commission des prix, quelques chauds défenseurs. Malgré une vive opposition, ces avocats d'une cause.... douteuse ont été assez éloquents pour emporter un jugement favorable. Puisse la médaille de bronze accordée à l'auteur de « *Faisons bien, fera mieux qui pourra* » le réconcilier avec l'humanité !

Un petit poème portant ce titre : « *Au douet* » et constituant à lui seul un envoi distinct, a eu, malgré sa faible importance, la bonne fortune de conquérir les suffrages presque unanimes de la Commission des prix. Elle n'a pas su résister au charme d'une légende bretonne contée sans beaucoup d'art peut-être, mais avec une grâce ingénue. Permettez-moi d'en citer quelques vers, vous jugerez :

Au douet, dans l'eau douce,
On tord le linge blanc,
Le savon mousse, mousse,
Le battoir éclabousse
Chacune sur son banc.
Annetik, la Bretonne,
Parle haut, tape fort !.....
Plus haut qu'elle, bourdonne
Cette langue d'Yvonne
Qui déchire et qui mord.....

....

Yvonne cause, cause.....
Après ce qu'elle sait,
Vient ce qu'elle suppose.....
Pour rester bouche close,
Il faut être muet !
D'ailleurs, elle s'en vante,
A broder sur un rien
Nulle n'est plus savante,
Et ce qu'Yvonne invente,
Ce n'est jamais du bien.....

Elle amuse, on l'écoute ;
Avec des airs moqueurs,
On commente, on ajoute.....
Le venin, goutte à goutte,
S'infiltre dans les cœurs.
Chaque commère emporte
Sa lessive au logis ;
Le soir, de porte en porte
Par le bourg on colporte
Mensonges et récits.

Cette miniature délicate et naïve mériterait à elle seule, n'est-il pas vrai ? la médaille d'argent que je suis chargé de décerner à l'auteur de « *Au Douet.* » Sa devise est : « *Prenez garde.* »

Et j'arrive maintenant au recueil de vers, le meilleur peut-être, que nous ayons reçu cette année. Ce n'est pas qu'il soit de très haute valeur ; la plume de son poète est souvent inhabile, mais les pièces nombreuses qui le composent, témoignent d'une inspiration assez variée et de sentiments souvent ingénieux et délicats. Dans ce manuscrit intitulé : « *Fleurs d'octobre et de mai* », nous avons remarqué surtout : *Conte des veillées*, récit pittoresque et adroitement conduit; le *Défrichement,* où l'auteur fait preuve d'un réel talent descriptif, et enfin la *Douleur de Pierrot,* que, sans autre commentaire, je veux vous donner à vous-mêmes le plaisir d'apprécier :

La Douleur de Pierrot

J'aime la folle Colombine
Et je suis chacun de ses pas ;
Elle est vive, gaie et taquine,
J'aime la folle Colombine :
Colombine ne m'aime pas !

J'aime Colombine la blonde
Et son sourire éblouissant ;
Elle sourit à tout le monde :
J'aime Colombine la blonde.....
Qui fuit en me reconnaissant.

Ma Colombine a l'âme bonne,
Ouverte à toutes les douleurs,
Et ne peut voir souffrir personne :
Ma Colombine a l'âme bonne,
Mais elle se rit de mes pleurs.

Elle prétend que je l'ennuie,
Que je suis laid, triste, pleurard,
Amusant comme un jour de pluie ;
Elle prétend que je l'ennuie
Avec mon visage blafard.

Sur le théâtre minuscule,
Elle danse et l'on applaudit ;
Mais moi, grotesque, ridicule,
Sur le théâtre minuscule
Quand je parais, chacun se dit :

Que Colombine est donc jolie !
Et son singulier soupirant
Doit être frappé de folie :
Que Colombine est donc jolie !
Qu'il est laid, ce Pierrot tout blanc !

Pourquoi cette laide enveloppe ?
Quel destin railleur m'a donné
Un cœur tendre et le corps d'Esope ?
Pourquoi cette laide enveloppe,
Pauvre Pierrot enfariné ?

O Colombine ! Pierrot pleure,
Pitié, pitié pour son amour !
Je chante devant ta demeure
O Colombine, Pierrot pleure.....
Ne m'ouvriras-tu pas un jour.

Véritablement émue, Messieurs, votre Commission des prix a voulu sécher les pleurs de ce sympathique Pierrot, en accordant à son auteur une médaille d'argent. L'envoi a pour devise : « *Travaillons pendant qu'il est jour, la nuit vient vite.* »

Messieurs, j'ai passé en revue tous les manuscrits, j'ai proclamé toutes les récompenses et, cependant, je ne crois pas ma tâche complètement achevée. Il me reste un grand devoir à remplir !

Au cours de ce rapport, ma franchise, je le crains, parfois s'est faite railleuse. Pour adoucir les piqûres de quelques traits trop acérés, maintenant que je n'ai plus leurs œuvres sous les yeux, à tous ces poètes je voudrais dire combien, malgré les apparences, est vive pour eux mon admiration !

De nos jours, que la haine et la discorde font si tristes, que les âpres luttes pour la vie rendent si durs, quand une Intelligence a conservé le goût de chérir le Beau, quand Elle a encore le pouvoir de s'exalter devant Lui ! Qu'importe si ses forces la trahissent ! Même dans l'insuccès, Elle demeure une Intelligence aux aspirations nobles, aux tendances élevées, une Intelligence d'élite, digne de respect et d'admiration !

CONCOURS DE 1903

RÉCOMPENSES DÉCERNÉES AUX LAURÉATS

Dans la Séance publique du 14 décembre 1903

Prose

MÉDAILLES D'ARGENT GRAND MODULE

M. Joseph Chapron, à Châteaubriant : *Description du Château de la Renaissance, à Châteaubriant.*

M. Orgebin, Contrôleur des Contributions directes, à Nantes : *Étude sur Brizeux.*

Poésie

MÉDAILLES D'ARGENT

Melle Juliette Portron, à Niort : *Fleurs d'octobre et de mai.*

Melle Maïa de Guerveur, à Rennes : *Au douet.*

MÉDAILLES DE BRONZE

M. Henri Fromont, à Tonneins : *Légendes du Rhin.*

M. J.-Ch. Traversier, à Paris : *Six poésies.*

MENTIONS HONORABLES

Melle Françoise Robin, à Oudon : *Brins d'ajoncs.*
Melle Maïa de Guerveur, à Rennes : *A Botrel.*
Melle Maria Thomazeau, à Bouin : *En cheminant.*

PROGRAMME DES PRIX

PROPOSÉS

Par la Société Académique de Nantes

POUR L'ANNÉE 1904

1re Question. — Etude biographique et critique sur un ou plusieurs Bretons célèbres.

2e Question. — Etude archéologique sur les départements de l'Ouest.

3e Question. — Etude historique sur l'une des institutions de Nantes.

4e Question. — Etude historique sur les anciens monuments de Nantes.

5e Question. — Etude complémentaire sur la faune, la flore, la minéralogie et la géologie du département.

6e Question. — Monographie d'un canton ou d'une commune de la Loire-Inférieure.

7e Question. — Du contrat d'association.

La Société Académique, ne voulant pas limiter son Concours à des questions purement spéciales, décernera des récompenses aux meilleurs ouvrages :

De morale,
De poésie,
De littérature,
D'histoire,
D'économie politique,
De législation,
De science,
D'agriculture.

Les mémoires manuscrits et inédits sont seuls admis au Concours. Ils devront être adressés, avant le 31 mai 1904, à M. le Secrétaire général de la Société, rue Suffren, 1.

Chaque mémoire portera une devise reproduite sur un paquet cacheté mentionnant le nom de son auteur. Tout candidat qui se fera connaître sera de plein droit hors de concours.

Les prix consisteront en mentions honorables, médailles de bronze, d'argent, de vermeil et d'or. Ils seront décernés dans la séance publique de 1904.

La Société Académique jugera s'il y a lieu d'insérer dans ses Annales un ou plusieurs des mémoires couronnés.

Les manuscrits ne sont pas rendus ; mais les auteurs peuvent en prendre copie sur leur demande.

Nantes, le 1er décembre 1903.

Le Secrétaire général, — *Le Président,*

Bon Gaëtan de WISMES. — PICART.

EXTRAITS

DES

PROCÈS-VERBAUX DES SÉANCES GÉNÉRALES

POUR L'ANNÉE 1903

Séance du 21 janvier 1903

Installation du bureau.

Allocution de M. le Dr Guillou, président sortant.

Allocution de M. Picart, président entrant.

Admission, au titre de membre résidant, de M. le Dr Bossis (M. le Dr Saquet, rapporteur).

Admission, au titre de membre résidant, de M. Claude Liancour (M. A. Vincent, rapporteur).

Rapport de M. Picart sur deux ouvrages de M. Georges Moreau : *Les moteurs à explosion* et *Étude industrielle des gîtes métallifères*.

Séance du 20 février 1903

Notice nécrologique sur M. Fraye, par M. F. Libaudière.

Rapport de M. Georges Ferronnière sur deux ouvrages de M. le Dr Meignen : *Paroisses, églises et cures de Montaigu* et *Les Religieuses fontevristes de Notre-Dame-de-Saint-Sauveur, à Montaigu.*

Rapport de M. le Dr Guillou sur la publication, par M. Paul de Berthou, de *L'Itinéraire de Bretagne de Dubuisson-Aubenay en 1636.*

Séance du 20 mars 1903

Lecture, par M. le baron Gaëtan de Wismes, d'un rapport de M. D. Caillé sur la notice de M. Deverin : *L'Hôtel de Ville au Château de Nantes.*

Rapport de M. le baron Gaëtan de Wismes sur *Les Propylées*, de M. Langlade.

Étude sur l'enseignement colonial, par M. Delteil.

Séance du 30 octobre 1903

Notice nécrologique sur M. le Dr Raingeard, par M. le Dr Poisson.

Notice nécrologique sur M. le Dr Bonamy, par M. le Dr Chevallier.

Notice nécrologique sur M. Henri Chéguillaume, par M. Picart.

Lecture, par M. Alcide Leroux, de poésies de Melle Éva Jouan.

De l'infériorité littéraire du genre dramatique, par M. A. Mailcailloz.

Séance solennelle du 14 décembre 1903, salle Turcaud

Discours de M. Picart, président.

Rapport de M. le baron Gaëtan de Wismes, sur les travaux de la Société pendant l'année 1903.

Rapport de M. le Dr Chevallier sur le concours des prix.

Séance du 18 décembre 1903

Sont élus :

Président...........	M. Alexandre Vincent.
Vice-Président......	M. le Dr Saquet.
Secrétaire-général...	M. G. Ferronnière.
Secrétaire-adjoint....	M. Baranger.
Trésorier...........	M. Delteil.
Bibliothécaire.......	M. Viard.
Bibliothécaire-adjoint	M. Fink.
Secrétaire perpétuel..	M. Mailcailloz.

MEMBRES DU COMITÉ CENTRAL

MM. Picart ; Deniaud, Andouard, Julien Merland ; Dr Landois, Dr Hugé, Dr Guillou ; A. Leroux, Feydt, baron Gaëtan de Wismes ; Dr Viaud-Grand-Marais, Dr Louis Bureau.

SOCIÉTÉ ACADÉMIQUE DE NANTES & DE LA LOIRE-INFÉRIEURE

Année 1904

LISTE DES MEMBRES RÉSIDANTS

Bureau

Président	MM.	Alexandre Vincent, rue Lafayette, 12.
Vice-Président. ...		Dr Saquet, rue de la Poissonnerie, 25.
Secrétaire général...		Georges Ferronnière, rue Voltaire, 15.
Secrétaire adjoint...		Baranger, rue Thiers, 4.
Trésorier		Delteil, tenue Camus, 7 bis.
Bibliothécaire		Viard, r. Chevreul, à Chantenay-s.-Loire.
Bibliothécaire adjoint		Fink aîné, rue Crébillon, 19.
Secrétaire perpétuel.		Mailcailloz, rue des Vieilles-Douves, 1.

Membres du Comité central

M. Picart, président sortant

Agriculture, commerce, industrie et sciences économiques

MM. Deniaud, Andouard, Julien Merland.

Médecine

MM. Landois, Hugé, Guillou.

Lettres, sciences et arts

MM. A. Leroux, Feydt, baron Gaëtan de Wismes.

Sciences naturelles

MM. Viaud-Grand-Marais, Bureau, Ferronnière.

Membre d'honneur

M. Hanotaux, de l'Académie Française.

SECTION D'AGRICULTURE
COMMERCE, INDUSTRIE ET SCIENCES ÉCONOMIQUES

MM.

Andouard, rue Olivier-de-Clisson, 8.
Delteil, tenue Camus, 7 *bis*.
Deniaud, à la Trémissinière.
Durand-Gasselin (Hippolyte), passage Saint-Yves, 19.
Goullin, place Général-Mellinet, 5.
Abbé Lefeuvre, rue de Bel-Air, 2.
Le Gloahec, rue Mathelin-Rodier, 11.
Libaudière (Félix), rue de Feltre, 10.
Linyer, rue Paré, 1.
Merlant (Francis), tenus Camus, 39.
Panneton, boulevard Delorme, 38.
Péquin, place du Bouffay, 6.
Perdereau, place Delorme, 2.
Schwob (Maurice), rue du Calvaire, 6.
Viard, rue Chevreul, à Chantenay-sur-Loire.
Vincent (Léon), rue Guibal, 25.

MEMBRE AFFILIÉ

M. Merland (Julien)

SECTION DE MÉDECINE ET DE PHARMACIE

MM.

Allaire, rue Santeuil, 5.
Blanchet, rue du Calvaire, 3.
Bossis, rue des Arts, 33.
Bossis, boulevard Delorme, 35.
Bureau, rue Gresset. 15.

Chevallier, rue d'Orléans, 13.
Citerne, au Jardin des Plantes.
Filliat, rue Boileau, 11.
Gauducheau, passage Louis-Levesque, 15.
Gergaud, rue de Strasbourg, 46.
Gourdet, rue de l'Évêché, 2.
Grimaud, rue Colbert, 17.
Guillou, rue Jean-Jacques-Rousseau, 6.
Hervouet, rue Gresset, 15.
Heurtaux, rue Newton, 2.
Hugé, rue de la Poissonnerie, 2.
Jollan de Clerville, rue de Bréa, 9.
Lacambre, rue de Rennes, 4.
Landois, place Sainte-Croix, 2.
Lefeuvre, rue Newton, 2.
Le Grand de la Liraye, rue Maurice-Duval, 3.
Léquyer, rue Racine.
Mahot, rue de Bréa, 6.
Montfort, rue Rosière, 14.
Ollive, rue Lafayette, 9.
Poisson, rue Bertrand-Geslin, 5.
Polo, rue Guibal, 2.
Rouxeau, rue de l'Héronnière, 4.
Saquet, rue de la Poissonnerie, 25.
Simoneau, rue Lafayette, 1.
Sourdille, rue du Calvaire, 20.
Teillais, rue de l'Arche-Sèche, 35.
Texier, rue Jean-Jacques-Rousseau, 8.
Viaud Grand-Marais, place Saint-Pierre, 4.
Vince, rue Garde-Dieu, 2.

SECTION DES SCIENCES NATURELLES

MM.

Ferronnière (Georges), rue Voltaire, 15.
Gadeceau, au Champ-Quartier, rue du Port-Guichard, 18.

MEMBRES AFFILIÉS

MM. Bureau, Jollan de Clerville, Viaud Grand-Marais.

SECTION DES LETTRES, SCIENCES ET ARTS

MM.

Baranger, rue Thiers, 4.
Boitard, rue Saint-Pierre.
Bothereau, rue Gresset, 1.
Caillé (Dominique), place Delorme, 2.
Dortel, rue de l'Héronnière, 8.
Eon-Duval, quai Brancas, 6.
Feydt, quai des Tanneurs, 10.
Fink, rue Crébillon, 19.
F. Joüon fils, rue de Courson, 3.
Legrand, rue Royale, 14.
Leroux (Alcide), rue Mercœur, 9.
Liancour, rue Guépin, 2.
Livet, rue Voltaire, 25.
Mailcailloz, rue des Vieilles-Douves, 1.
Mathieu, rue des Cadeniers, 5.
Merland (Julien), place de l'Edit-de-Nantes, 1.
Morel, tenus Camus, 9.
Picart, rue Henri IV, 6.
Riondel, place Lamoricière, 1.
Soullard, rue du Château, 10.
Tyrion, boulevard Amiral-Courbet, 8.
Vincent (Alexandre), rue Lafayette, 12.
Baron de Wismes (Gaëtan), rue Saint-André, 11.

MEMBRES AFFILIÉS

MM. Hervouet, Linyer, Ollive, Delteil, Perdereau, Chevallier, Gadeceau, Guillemet, F. Libaudière, F. Merlant.

LISTE DES MEMBRES CORRESPONDANTS

MM.

Ballet, architecte à Châteaubriant.
Bouchet (Émile), à Orléans.

Chapron (Joseph), à Châteaubriant.
Daxor (René), à Brest.
Delhoumeau, avocat, à Paris.
Docteur Dixneuf, au Loroux-Bottereau.
Gahier (Emmanuel), conseiller général à Rougé.
Melle Gendron, au Pellerin.
Glotin, avocat à Lorient.
Docteur Guépin, à Paris.
Guillotin de Corson, chanoine, à Bain-de-Bretagne.
Hamon (Louis), publiciste à Paris.
Hulewicz, officier de la marine russe.
Ilari, avocat à la Cour de Rennes.
Melle Eva Jouan, à Belle-Ile-en-Mer.
Lagrange, à la Préfecture de police, à Paris.
Abbé Landeau, à Rome.
Louis, bibliothécaire, à la Roche-sur-Yon.
Docteur Macasio, à Nice.
Moreau (Georges), ingénieur à Paris.
Vicomte Odon du Hautais, à la Roche-Bernard.
Oger, avoué à Saint-Nazaire.
Priour de Boceret, à Guérande.
Docteur Renoul, au Loroux-Bottereau.
Saulnier, conseiller à la Cour de Rennes.
Thévenot (Arsène), à Lhuitre (Aube).

TABLE DES MATIÈRES

Nantes — Imp. Mellinet, Place du Pilori 5 — Biroche et Dautais, Succrs

ANNALES

DE LA SOCIÉTÉ ACADÉMIQUE

DE NANTES

ANNALES

DE LA

SOCIÉTÉ ACADÉMIQUE

DE NANTES

Et du Département de la Loire-Inférieure

DÉCLARÉE

Établissement d'utilité publique par Décret du 27 Décembre 1877

Volume 5e de la 8e Série

1904

NANTES

Imprimerie C. Mellinet. — Biroché et Dautais, Succrs

5, Place du Pilori, 5

1905

DISCOURS DE M. PICART

PRÉSIDENT SORTANT

Mes chers Collègues,

C'est une constatation banale que de dire que le temps passe avec une rapidité déconcertante. Je viens aujourd'hui installer mon successeur, et il me semble que c'est hier que je venais vous remercier de m'avoir choisi comme Président pour l'année qui vient de s'écouler.

Mon année de présidence a été pour moi une année des plus agréables. Relations charmantes, discussions courtoises, bureau tout dévoué, auquel j'exprime tous mes remerciements. Que peut-on souhaiter de plus? Mais la nature humaine est ainsi faite que j'ai cependant plusieurs souhaits à former.

Le premier, c'est de voir s'accroître le nombre des communications faites à la Société, et le second, c'est de voir s'accroître également le nombre de ses membres. L'année 1903 a été pour notre Société une année marquée d'un signe noir. Nous avons rendu à ceux qui ont disparu un juste et sincère hommage. Efforçons-nous de combler les vides en recrutant le plus d'adhérents possible. Il doit y avoir, il y a sans nul doute, à Nantes, beaucoup d'hommes qui aiment la science, la littérature, et qui ont réservé un coin de leur esprit au culte de la pensée. Qu'ils viennent à nous. Ils verront, en consultant nos Annales plus que séculaires, qu'ils entrent en bonne compagnie.

Je suis heureux de transmettre les fonctions de la présidence à notre très aimable collègue M. Vincent. Pour 1904, la présidence est entre bonnes mains.

DISCOURS DE M. A. VINCENT

PRÉSIDENT ENTRANT

MESSIEURS,

Si je vous exprime ma confusion de m'asseoir à cette place, ce n'est pas seulement pour obéir à l'usage : mon émoi est aussi sincère que justifié ; je sais n'avoir mérité vos suffrages ni par mon assiduité, ni par mon travail, et je sais que je dois à votre amitié seule la faveur dont vous m'honorez.

Je n'apporterai point, à la direction de vos débats, cette précision savante et cette décision prompte qu'ont values à M. Picart ses hautes études scientifiques. Et pourtant vous avez su, mon cher Président, vous délasser parfois de l'austère enseignement des Mages dans la conversation fleurie des Muses : car nous nous souvenons de ce discours exquis où, sous l'invocation d'Homère, d'Aristophane et de notre vieux Lafontaine, vous nous avez si joliment prêché la gaîté morale et l'énergie intellectuelle.

Nous tâcherons de mettre vos principes en action.

La gaîté nous sera facile, dans ces réunions auxquelles donnent tant de charme la divergence des cultures et l'affinité des goûts.

Quant à l'énergie, notre Société en a donné des preuves plus que centenaires ; et voici qu'aujourd'hui un nouveau champ d'études, plein de promesses fécondes, s'ouvre à ses investigations : aprés les inventions scientifiques du siècle dernier, celui qui commence semble vouloir apporter pour tribut au progrès humain une expansion plus large et plus équitable de la richesse, de la santé et du bien-être. Ce programme sollicite le travail combiné des savants, des médecins, des jurisconsultes et des philosophes. Quelle assemblée est mieux placée que notre Société Académique pour unir, encourager et diriger ces efforts ?

Mais pour être gais, énergiques, pour vivre, il ne suffit pas de travailler! Je le répète après mon éminent prédécesseur, il faut nous augmenter en nombre. Les sociétés sont comme les individus : tout être qui cesse de croître, décroît. Souvenons-nous du mot de la genèse, qui symbolise l'ordre éternel de la nature : *Multiplicamini*. Racontons à nos amis les joies de cette intimité où nous nous reposons de notre labeur journalier dans la culture du beau et l'étude du mieux. Recrutons tous des adhérents nouveaux et, puisque le temps est aux fédérations et aux groupements, faisons de notre Société la fédération des bonnes volontés et des hautes compétences.

Dirai-je à M. le Dr Sacquet toute notre reconnaissance pour le sacrifice qu'il a bien voulu nous faire d'un temps que nous savons si précieux, en acceptant la vice-présidence ?

Dirai-je à mon vieil ami Mailcailloz combien je me félicite de trouver près de moi l'aide et l'expérience d'un secrétaire perpétuel tel que lui ? Dirai-je à M. Ferronnière, notre distingué secrétaire, que je compte sur sa science, son dévouement et tout son zèle ? Dirai-je à mon aimable confrère Baranger que je suis heureux de voir son jeune talent mis à contribution au profit de notre œuvre ?

A M. Delteil, notre incomparable trésorier, je ne dirai rien, sinon que, pour le récompenser de nous faire de si bonnes finances, nous promettons tous de l'aider à nous en faire de meilleures.

Messieurs, j'ai trop longtemps abusé de votre attention bienveillante : Travaillons.

Notice nécrologique sur M. Eugène Louis

Membre correspondant de la Société Académique

PAR JULIEN MERLAND

Juge suppléant au Tribunal civil de Nantes

Une personnalité bien vendéenne vient de disparaître. M. Eugène Louis, professeur honoraire au lycée de la Roche-sur-Yon, bibliothécaire municipal, est décédé le 3 avril 1904 à la Roche-sur-Yon, où il était né le 12 mars 1833.

Eugène Louis était membre correspondant de la Société Académique depuis le 6 février 1878. A ce titre, nous devons lui consacrer une notice nécrologique et ainsi conserver dans nos Annales le souvenir de l'excellent collègue que nous avons perdu.

Lors de la mort de mon père, dans le volume de l'année 1887 des Annales de la Société d'Emulation de la Vendée, il avait retracé sa vie. Il m'a semblé que moi, le fils, j'avais le triste et doux devoir de faire connaître aujourd'hui celui qui s'était fait ainsi le panégyriste de mon pére.

Bien qu'une grande différence d'âge les sépara, ils avaient été intimement liés, lorsque nous habitions les uns et les autres la ville de la Roche-sur-Yon. Ces deux hommes devaient en effet se comprendre. Quoique à certains points de vue, sur lesquels je ne veux pas insister, leurs idées fussent en désaccord, comme ils étaient l'un et l'autre des hommes de conciliation et de tolérance, leurs relations ne s'en étaient point ressenties. Ils avaient tous les deux des goûts littéraires, l'amour profond de cette Vendée où ils étaient nés et où ils avaient voulu reposer dans l'éternité. Tous deux étaient des chercheurs, des fouilleurs du passé. Ils appartenaient à cette forte génération aujourd'hui, hélas! disparue des pionniers de cette vieille terre de Vendée, qui renferme tant de secrets et dont l'histoire est si glorieuse et si personnelle. Les Léon Audé, les Mourain de Sourdeval, les Paul Marchegay, les abbés du Tressay, Baudry et Pondevie, les Dugast-Matifeux, les Benjamin Fillon, les de Rochebrune, les Marcel Petiteau, les Constant Merland ne sont plus. Louis restait pour ainsi dire sur la brèche le seul de cette génération vendéenne, qui compte pourtant encore parmi ses membres notre excellent et vénéré collègue, le docteur Viaud-Grand-Marais. Quel lourd héritage nous ont légué tous ces morts!

Après avoir terminé ses études au lycée de Napoléon-Vendée (la ville portait alors le nom de son glorieux fondateur, nom que ni la Restauration ni la République ne voulurent lui conserver), Eugène Louis, reçu bachelier, débuta dans l'enseignement en 1852 comme maître d'étude, à ce même lycée où il avait été élève. Après avoir exercé les mêmes fonctions à Bourges et à Châteauroux, il revint au Lycée de sa ville natale, qu'il ne devait plus quitter. Je me le rappelle alors que j'étais moi-même élève dans le même établissement. Quoique plus jeunes que lui d'une douzaine d'années seulement, mes camarades et moi l'appelions fort irrespectueusement le père Louis. Il était d'une douceur, je dirais même d'une timidité, qui ne faisait que nous enhardir. Cet âge est sans pitié! Le père Louis n'a jamais gardé rancune à aucun de nous, et aprés avoir été ses élèves, nous sommes tous restés ses amis. Je n'ai pas été surpris qu'un de mes anciens camarades de classe, M. Boudaud, aujourd'hui professeur au Lycée de la Roche-sur-Yon, lui ait adressé le dernier adieu devant sa tombe entr'ouverte. Il avait bien qualité pour parler de lui. Je suis sûr qu'il l'a fait avec tout son cœur et je connais le cœur de mon ami Boudaud.

De maître d'étude au Lycée de la Roche-sur-Yon, Louis devint professeur d'une classe de ce que l'on appelait alors le cours spécial, et ensuite professeur de quatrième (4 mai 1864), fonction qu'il conserva jusqu'à l'heure de la retraite en 1895. Il fut alors nommé professeur honoraire. Après la mort d'un autre de ses anciens maitres, M. Marichal, la municipalité lui confia le poste de bibliothécaire de la ville. Il est mort en plein exercice. Dès 1878, il s'était occupé activement de la fondation des cours secondaires de jeunes filles, dont il devint plus tard le Directeur. En même temps, il était le trésorier de l'Orphelinat du Lycée, œuvre charitable créée en 1875 par cet excellent abbé Leloup, aumônier du Lycée. En passant, permettez-moi de m'incliner avec respect devant la mémoire de ce prêtre, si bon, si secourable, cachant une âme d'élite sous une apparence de naïveté qui lui attirait nos sarcasmes et nos moqueries.

Pendant dix ans, Eugène Louis fit partie du Conseil municipal, et de 1884 à 1888 fut adjoint au Maire. Je n'insisterai pas sur cette partie de sa vie que j'appellerai sa vie politique. La Société Académique en effet n'admet pas que la politique passe le seuil de sa porte ; elle la lui ferme au nez. La grande dissolvante ne pénètre point dans son salon et c'est ce qui fait la force et l'autorité de notre compagnie. J'ai bien le droit de dire cependant que si, dans cette partie de sa vie, Louis a pu avoir des adversaires, il n'a pas dû avoir d'ennemis. Je ne me le représente pas bien, prenant part à de vives polémiques. Je suis persuadé que c'est le cœur léger qu'il a déposé sa ceinture d'adjoint pour la direction de la bibliothèque, qui devait rentrer bien plus dans ses goûts.

En qualité de professeur de quatrième, Eugène Louis, à la distribution des prix du Lycée du 10 août 1867, fut chargé de prononcer le discours d'usage. Il prit pour sujet les *Illustrations de la Vendée* et s'efforça de donner pour exemple à son jeune auditoire la vie des hommes marquants du pays. Pour ceux que séduirait la gloire militaire, il évoquait les noms des généraux Bonamy, Belliard et Collineau, des marins René Guiné, René de Laudonnière, amiraux Duchaffaut et Grimouard de Saint-Laurent. Pour ceux qui préfèreraient les études de droit, il rappelait que la ville de Fontenay avait vu naître les deux Brisson, Colardeau et Tiraqueau, le plus savant jurisconsulte de son temps. Aux jeunes gens épris des questions scientifiques, il disait que Viéte fut l'inventeur de l'algèbre et Réaumur celui du thermomètre. Aux poètes, à ceux du moins qui pensaient l'être, il parlait de Nicolas Rapin, qui chanta *le riant exil des bois*, et de André Rivaudeau qui, le premier avant Racine, eut l'idée d'une tragédie d'Esther. Enfin, n'oubliant rien, il s'énorgueillissait en pensant que la Vendée avait compté parmi ses enfants les historiens la Popelinière et Besly, et surtout cette femme incomparable, Mlle de Lézardière qui, d'après Guizot, *ouvrit la première le livre de l'histoire*. Puis, poursuivant son œuvre, il nous promenait dans ces *plaines immenses que la Beauce nous envie*, dans ces marais semblables à ceux de la Hollande et conquis comme eux sur l'Océan, et enfin dans ce gai bocage de Maillezais, *tout plein des souvenirs de Richelieu et dont les abbés coiffèrent la mitre épiscopale*. Pour ce voyage, il empruntait ces lignes ferrées dont la Vendée venait de se couvrir et nous conduisait tout droit devant cette admirable plage des Sables-d'Olonne, dont les vastes bassins allaient désormais ouvrir leurs portes aux plus grands vaisseaux. En écrivant ces lignes, j'ai sous les yeux le discours d'Eugène Louis ; il n'a pas vieilli et l'impression que j'éprouve en le lisant est la même que celle que je ressentais en l'écoutant.

Les mérites littéraires de notre collègue lui avaient valu la rosette d'Officier de l'Instruction publique. Ajoutons que, le 19 juillet 1861, il avait obtenu le diplôme de licencié ès-lettres.

En dehors du professorat et des autres fonctions que j'ai énumérées plus haut, Louis se consacra tout spécialement à deux Sociétés, qui lui étaient bien chères et dont il était membre fondateur : la Société amicale des anciens élèves du Lycée de la Roche-sur-Yon, qui date de 1868, et la Société d'Emulation de la Vendée, fondée en 1854.

La Société des anciens élèves, comme son nom l'indique, a pour but de resserrer les liens d'amitié du collège et surtout de venir en aide aux anciens camarades ou aux fils de ceux-ci que la fortune n'a pas favorisés. Louis en fut longtemps le secrétaire-trésorier et, depuis 1876, en était devenu le président. Il aimait ardemment sa Société et, ainsi que me l'a écrit dernièrement M. Péault, vice-président de la Société, il disait souvent et avec raison *qu'il l'avait arrachée au naufrage qui, après l'année terrible, avait failli l'engloutir*. C'était pour lui un jour de bonheur sans pareil que celui où, chaque année, il présidait la séance générale et ensuite le banquet traditionnel. Il avait le don de ces allocutions et de ces toasts pleins de cette humour qui le caractérisait. Avec cette bonhommie que nous lui avons connue, il accueillait également les anciens, qui avaient presque tous été ses élèves, et les jeunes potaches, qui s'apprêtaient à entrer dans la vie active. Lorsqu'à la dernière séance, le 8 octobre 1903, on ne le vit pas venir, je pensais bien qu'il était gravement atteint.

Il préparait, dans ces derniers temps, l'*Histoire du Lycée de la Roche-sur-Yon* et m'écrivait, il y a quelques mois, qu'elle allait bientôt être achevée. Puisqu'il est dit qu'ici-bas l'homme ne pourra que rarement voir le couronnement de son œuvre, Louis ne verra point paraître la sienne. Mais je suis certain que ses collègues du Bureau de la Société des anciens élèves ne voudront point la laisser dormir dans l'oubli, et qu'il se trouvera quelqu'un pour la terminer et lui faire voir le jour. Celui qui devra être le continuateur de Louis me paraît tout indiqué. Sur la première page, il dédiera l'*Histoire du Lycée* à la mémoire du vieux professeur.

La seconde Société à laquelle appartenait Louis était la Société d'Emulation de la Vendée. Il en était secrétaire général depuis 1889. Membre très actif de cette Société, il est peu de volumes des Annales qui ne contiennent de ses travaux. Ceux-ci sont tellement nombreux que je renonce même à en dresser la liste. Tous se rapportent à la Vendée. On pourrait les diviser en trois catégories : la première comprendrait la publication de pièces anciennes très curieuses et de documents inédits trouvés dans les archives départementales et autres lieux. Louis accompagnait, la plupart du temps, leur reproduction de réflexions trés justes et d'aperçus historiques qui en rehaussaient la valeur. La deuxième se composerait de notes historiques sur la Roche-sur-Yon, Maillezais, Saint-Gervais, etc. La troisième serait consacrée à des biographies, Tiraqueau, Philippe Chabot, et à des notices nécrologiques sur des contemporains récemment décédés : Benjamin Fillon, Valette, Constant Merland, le peintre Paul Baudry, le statuaire Gaston Guitton, Paul Marchegay, de Puyberneau, Tortat, etc.

Je veux cependant signaler à part un travail très considérable publié en 1897 sous ce titre : *L'Ecole secondaire de Saint-Jean-de-Monts.* Ce fut le 12 octobre 1803 que le Premier Consul décréta l'établissement d'une école secondaire en Vendée et, chose bizarre, il choisit pour siège de cette école la commune de Saint-Jean-de-Monts, après avoir hésité entre cette localité et Challans. Ce n'était pas précisément un point central du pays ni un centre intellectuel. Je me demande où pouvait bien avoir été édifiée cette école, dont on ne trouve plus trace aujourd'hui. Louis a été heureux, lui si dévoué à l'enseignement, de nous en faire l'historique complet, de nous dire quels en furent les professeurs et les élèves. Le travail est très intéressant pour les vieilles familles vendéennes qui, parmi les noms cités, retrouvent des ancêtres. Le Lycée de Saint-Jean-de-Monts ne prospéra guère. Il menaçait presque de rester un Lycée *in partibus ;* aussi, en octobre 1814, il fut transféré à Napoléon et les bâtiments furent édifiés sur la grande place, là où ils ont abrité notre jeunesse et où ils abritent encore la génération actuelle.

Pour couronner son œuvre, en 1900, Louis a publié un travail qui n'a rien de littéraire, mais dont l'utilité est incontestable : c'est la *Table générale des matières contenues dans les quatre premières séries de l'Annuaire de la Société d'Emulation de la Vendée (1854-1900).* Ce travail, très aride en lui-même, rend faciles les recherches dans une collection qui ne comprend pas moins de quarante-six volumes. Il a fallu, pour composer cette Table, une grande patience et nous devons en remercier son auteur.

Eugène Louis était poète à ses heures. Lorsqu'il fut reçu membre correspondant de la Société Académique de la Loire-Inférieure, il voulut payer sa bienvenue en nous adressant deux charmantes petites pièces de vers : *N'oublions pas* et la *Première dent,* insérées dans nos *Annales,* année 1879.

Ainsi qu'il a été dit dans le discours prononcé sur sa tombe par M. Monin, proviseur du Lycée de la Roche-sur-Yon, c'est dans ces multiples occupations que la mort est venue surprendre notre collègue. Il a quitté la vie presque sans souffrances, avec la sérénité du sage, en mettant en pratique jusqu'au dernier moment la parole de l'empereur Sévère : *Laboremus.*

Epaminondas mourant disait qu'il laissait après lui deux filles pour perpétuer sa mémoire : les batailles de Leucques et de Mantinée. Louis, en expirant, a confié à ses deux filles : la Société des anciens élèves et la Société d'Emulation, le soin de conserver la sienne aux générations futures. Nous, ses collègues de l'Académie nantaise, moi son ancien élève, nous garderons le souvenir de celui qui fut un érudit, un littérateur et, qui mieux est, un parfait homme de bien, un parfait homme de cœur, et la Vendée, reconnaissante, donnera à Eugène Louis une de ses premières places dans son Panthéon.

Pour composer cette notice, j'ai eu recours aux discours prononcés sur la tombe de Louis par MM. Guillemet, maire de la Roche-sur-Yon, Monin, proviseur, et Boudaud, professeur au Lycée.

ESSAI

D'UNE

Psychologie du Peuple Breton

PAR

RAOUL DE LA GRASSERIE

Lauréat de l'Institut de France

C'est seulement dans la dernière partie du siècle dernier qu'a pris naissance une science nouvelle, qui n'a pas encore reçu de nom et que nous proposons d'appeler la *psychologie* et la *sociologie ethniques*, ou plus exactement, car ces deux disciplines n'en font qu'une, la *psycho-sociologie ethnique*. C'est d'elle que nous voulons donner aujourd'hui un essai, en l'appliquant à un peuple intéressant à des titres nombreux, au peuple breton, et avec lui, à l'ensemble de la race celtique.

L'introduction de cette science a été tardive, une autre, utile comme elle, l'a précédée et est mieux connue : la psychologie collective, qui n'est pas une étrangère, même auprés du grand public. On a pensé que l'ancienne psychologie, celle de l'homme isolé et abstrait, ou, ce qui revient au même, de l'humanité dans son ensemble, avait des bornes trop étroites, que les individus

NOTE DE LA RÉDACTION. — *La Psychologie ethnique du Peuple Breton* ne constituant que la première partie du travail annoncé par l'auteur, il ne sera rendu compte de cet ouvrage qu'au rapport de la fin de l'année 1905.

ne sont pas seuls à posséder une mentalité digne d'observation, et que, lorsqu'un certain nombre d'entre eux sont réunis, volontairement ou instinctivement, pour une série d'actions ou de pensées communes, par exemple, dans une foule, ils possèdent en quelque sorte un esprit générique, distinct de celui de chacun d'eux. Des auteurs très avisés ont élaboré cette psychologie, qui progresse tous les jours.

On ne s'est pas longtemps arrêté à ce point de la route et on a pensé que les nations avaient, elles aussi, une mentalité unique, collective, ou que, tout au moins, chacun des nationaux qui la composent ont, inné ou acquis, un caractère commun, duquel on peut éliminer les variétés individuelles. Cette idée se justifie de prime abord par l'existence même du patriotisme qui autrement pourrait résulter, il est vrai, de l'identité des intérêts, mais ne serait accompagné d'aucun sentiment. D'autre part, qui ne voit, à l'observation la plus superficielle, que, sur une foule de points, l'esprit anglais, par exemple, et l'esprit français ne coïncident pas, et que chacun d'eux aperçoit et apprécie la nature et la société sous un angle tout à fait différent! De là la psychologie ethnique. C'est la dernière venue dans le groupe des sciences morales et sociales, mais ce n'est pas la moins importante.

Telle est l'idée générale de la psychologie ethnique; nous verrons tout à l'heure ce qu'il faut entendre par la sociologie de même nom. Pour bien le comprendre, quelques mots de théorie sont nécessaires.

Toutes les sciences ont une marche dans le même sens, au moins au point de vue logique, car leur ordre historique n'a pas toujours été identique. Elles observent d'abord les faits tout à fait individuels, les comparent et en tirent des conséquences, quelquefois même des lois, mais qui restent individuelles aussi ; la science est alors tout à fait concrète, *car le concret, c'est l'individuel.* Puis des individus elle monte peu à peu à l'étude des espèces et des genres, des collectivités, dont elle constate et apprécie les phénomènes, phénomènes collectifs, souvent très distincts des phénomènes individuels. Les masses ainsi soumises à l'examen sont de plus en plus étendues et aussi de plus en plus organisées, elles tendent vers une unité à laquelle elles aboutissent. C'est dire que les degrés sont très nombreux. A ce stade, la science est *abstraite-concrète.* Enfin elle embrasse l'universalité des êtres soumis à son étude ; les diversités disparaissent, ainsi d'une tour élevée on n'aperçoit plus les détails du paysage. C'est la science au degré *abstrait ;* elle n'a plus rien d'*individuel*, elle n'envisage que ce qui est *général.*

C'est ainsi que procède la psychologie, de même que toutes les autres. Elle commence par étudier la mentalité de tel ou tel individu, naturellement de préférence des individus illustres ou singuliers, sur lesquels l'observation sera plus féconde ; elle prendra alors pour *substratum* principal la *biographie,* qui est aux *individus* ce que l'*histoire* est aux *masses*, elle s'aidera aussi de constatations physiologiques et anatomiques, mensurant le cerveau et la face. Elle se gardera alors de considérer l'individu dont il s'agit à un point de vue unique, elle l'étudiera dans son entier, car autrement l'observation serait faussée ; aussi cette science est-elle absolument *concrète.*

Puis, la psychologie ne se contente plus de l'individu, elle s'adresse à une collection, collection d'abord *idéale* et *subjective.* Elle s'occupera, par exemple, des hommes *homogènes* par leurs goûts, leurs habitudes, leur contact fréquent, sans qu'ils soient réunis par un lien proprement dit. Ainsi, elle étudiera tous les avares, notant leurs ressemblances et leurs différences. Ces avares ne possèdent point en commun un esprit collectif, mais on peut éliminer successivement les différences et aboutir à un type essentiel. Ce n'est pas tout, les hommes d'une même classe, d'une même profession sont distincts par bien des côtés, mais l'identité de classe ou de profession a imprimé à leur caractère un pli reconnaissable au même endroit. La psychologie sera déjà moins individuelle, elle deviendra *abstraite-concrète.*

Elle s'attaquera chaque jour davantage à des groupes plus nombreux, plus caractérisés et où un lien se sera formé, lien très instable, instantané souvent et faible, mais indéniable. Il s'agit, par exemple, d'une foule. Examiner tous les états d'âme de chacun des hommes rassemblés, et, additionner ces états les uns aux autres, n'équivaut pas du tout à constater l'état d'âme de l'ensemble de cette foule. Il a été remarqué souvent que ce dernier est inférieur à l'autre. Il en est de même dans une assemblée délibérante. Telle est la *psychologie dite collective.* Mais s'il y a un lien entre les hommes ainsi considérés, il n'y a pas encore d'organisation entre eux.

Cette *organisation* existe dans un groupement plus caractérisé, groupement plus nombreux, d'ailleurs, persévérant et qui traverse même les siècles. Il se peut que dans le présent le lien soit relâché ou même détruit, s'il s'agit, par exemple, d'un peuple dispersé, mais il existe toujours virtuellement, et sa force latente vient précisément de ce qu'il résulte d'un fait *naturel,* celui de la *race.* C'est d'ailleurs ce fait qui est seul à la base de la psychologie proprement dite ; le lien visible et actuel formant à son tour une sociologie collective.

Telle est la psychologie ethnique, celle qui nous intéresse ici. Elle est encore abstraite-concrète, plus concrète même qu'abstraite, car ce n'est qu'un peuple particulier qu'on envisage, à l'exception des autres, le français ou l'anglais. Cependant, on ne peut ensuite s'empêcher de les comparer, et alors cette psychologie s'élève à un degré plus abstrait.

Elle a son aboutissement dans une psychologie tout *abstraite* cette fois. Lorsqu'on a étudié la mentalité de beaucoup d'hommes individuels, de beaucoup d'hommes divers, mais *homogènes,* de beaucoup d'hommes *hétérogènes,* mais réunis par les amorces d'un lien social, de manière à former un ensemble, quoiqu'instable, amorphe, mais avec tendance à l'organisation, de beaucoup d'hommes réunis par un lien complet dans une société organisée, ou par un lien de nature généalogique, de manière à former une nation ou une race, lorsque, après avoir constaté, on a comparé ces hommes, ces groupes homogènes, ces groupes hétérogènes et instables, ces groupes stables et naturels, en annulant ou en expliquant les différences, en faisant ressortir les ressemblances, on obtient la psychologie de l'homme en général, de l'*homme abstrait,* la psychologie *proprement dite* et appuyée sur une base expérimentale et solide.

Tel est le *processus logique.* Il n'a pas été le processus historique, et c'est ce qui a fait d'ailleurs la faiblesse de la psychologie dans son ensemble.

On a commencé par où il fallait finir, par la psychologie abstraite, celle de l'humanité tout entière, de l'homme en général ; c'était et c'est la psychologie *classique.* Sans doute, les autres psychologies n'étaient pas tout à fait absentes, mais elles restaient latentes, on n'avait pas essayé de les extraire de la gangue de la biographie et de l'histoire. Ce sont les romanciers qui les premiers ont essayé (sur des personnages imaginaires, mais formés d'après des observations réelles) la *psychologie individuelle concrète*. Puis ont surgi successivement la *psychologie collective* et la *psychologie ethnique*.

Il en a été d'ailleurs ainsi dans toutes les sciences ; elles n'ont point commencé par l'observation, mais par l'application de principes d'une façon déductive. Aussi a-t-il fallu les recommencer plus tard toutes ou presque toutes en les reprenant par la base. L'explication de cette marche est simple ; les instruments de l'observation objective manquaient, l'élaboration subjective était seule à la portée. L'ordre historique est, pour ainsi dire, inverse de l'ordre logique. Tandis que la psychologie classique, abstraite, existe depuis fort longtemps, ce n'est que tout à fait dans ces derniers temps que les autres ont fait leur apparition. C'est Lebon et Sighele qui ont surtout fondé la psychologie collective. La psychologie ethnique est née plus tard encore ; Lebon en a tracé quelques règles, mais il n'en existe encore que des amorces. Après M. Fouillée, plus profondément un philosophe, M. Boutroux a fourni de remarquables essais de cette science dans deux ouvrages, l'un sur le peuple anglais, l'autre sur le peuple américain des Etats-Unis. Mais jusqu'à ce jour, on s'en est tenu aux nations ayant une *existence politique complète*, un *Etat*, des organes, une vie historique extérieure. Les deux éléments suivants sont restés complètement en dehors de la psychologie ethnique.

Tout d'abord celle-ci ne devrait point s'appliquer seulement aux sociétés organisées et politiques, dont l'étude est sans doute plus facile, parce qu'elles agissent et se laissent ainsi saisir de toutes parts, mais aussi aux sociétés non organisées politiquement, car si ces dernières sont inférieures d'un côté, elles sont supérieures de l'autre, en ce que leur constitution est naturelle, tandis que celle des autres est parfois artificielle. Les races proprement dites ont leur caractère marqué, plus encore que les nations. Elles sont assez nombreuses. Tantôt il s'agit de nations dispersées, et qui se sont survécu à elles-mêmes, comme races ; par exemple les Juifs ont un caractère ethnique très marqué, qu'il est assez facile de décrire, et cependant ils ne forment pas un corps de nation, n'ont depuis longtemps aucune existence politique. Il en est de même des Tziganes détachés de leur patrie hindoue, patrie cruelle qui en avait fait la caste des Parias. Les traits en sont très remarquables, et ils sont peut-être plus accusés que ceux des peuples organiques. Quelquefois la race, non parvenue à l'état de société distincte, ou déchue de cet état, n'est plus errante, elle reste sédentaire, mais déprimée, ou dépourvue de toute autonomie, ou subalternisée pour toujours, bien que n'ayant jamais eu de vie politique franchement indépendante. Dans cette catégorie on peut ranger la race celtique, successivement la propriété des Romains, des Saxons, des Anglais. Il y a là un terrain nouveau, inexploré, très intéressant pour la psychologie ethnique.

Ce n'est pas tout, une autre région de cette science nouvelle est encore tout à fait hors de vue. Il s'agit du *provincialisme*. Les groupements d'hommes, déterminés à la fois par la géographie et la race, ne sont pas uniquement des grandes nations comme la France, ou des petites, mais politiquement indépendantes, comme la Belgique ; ils ont des multiples et des sous-multiples. L'unité de la race totale n'est pas toujours la plus vivace et la plus sensible. Le point de départ est le village, paroisse ou commune, suivant les temps, c'est la cellule fondamentale. Les gens d'une paroisse ont, vis-à-vis de ceux d'une autre, un caractère commun très tranché, il en est de même aussi de ville à ville ; mais la différence est plus profonde de province à province, parce qu'alors la distinction géographique et d'habitation est toujours doublée de celle d'une variété dans la race. Il y a un caractère angevin, un autre auvergnat, très marqués ; bien plus, la différence psychique entre un Breton, un Normand, un Basque, est parfois aussi grande que celle entre un Italien, un Allemand et un Français. Il est vrai que, sans s'en apercevoir, si l'on ne change pas de nation, on change ici de race, ce qui dépasse le critère provincial. Mais il y a d'autres provinces, distinctes seulement par le provincialisme, la Provence, la Champagne, la Guienne, qui mériteraient de devenir l'objet d'une psychologie provinciale proprement dite. La seule tentative de psychologie de ce côté a consisté à recueillir le folklore de chaque province, à étudier les patois, et à colliger les poésies de clocher de chacune d'elles. Ce sont là des matériaux utiles, mais non encore une construction.

Certaines psychologies ethniques tiendraient, nous venons de le faire pressentir, le milieu entre celle ethnique proprement dite et celle provinciale ; il en est ainsi lorsque telle province est habitée par une race tout à fait distincte de celle du reste du pays. Tel est le cas en France pour le pays basque, le pays flamand, le pays normand, et surtout le pays breton. Le point de départ est alors le provincialisme, mais ce provincialisme est dépassé.

Dans ce cas, il est assez rare que la race formant province chez une nation ne s'étende pas au-delà et n'ait pas quelque ramification dans un pays limitrophe ou rapproché. Il s'agit d'une race qui n'existe que par tronçons, lesquels cherchent à se rejoindre, mais pas toujours. Par exemple, les Basques ont leur habitat à la fois en deçà et au delà des Pyrénées ; les Flamands de France peuvent donner la main à ceux de Belgique et avec eux rejoindre le pays hollandais ; beaucoup de Slaves d'Autriche plongent jusque sous la Hongrie, les Grecs s'étendent bien au delà de leurs frontières politiques ; les Polonais, depuis leur démembrement, appartiennent à trois empires ; enfin, la Bretagne armoricaine, province française, tend les bras à travers la Manche à ses nombreux frères de l'Angleterre, ou plutôt de la Grande-Bretagne. Il y a alors une contradiction formelle entre la race et la nation, la seconde détruit la première, mais aussi on ne peut considérer l'un des tronçons de l'une comme une simple province, ce serait dénaturer son caractère.

Parfois il se forme une unité plus grande que la province, mais plus petite que la nation ; il semble que celle-ci cherche à se scinder en deux parties et à enfanter deux nations distinctes, par une sorte de scissiparité ; en général, c'est entre le nord et le sud que cette disjonction apparaît, on pourrait en citer de nombreux exemples. En Amérique, aux Etats-Unis, le Nord et le Sud ont des caractères bien différents et qui se sont traduits par la guerre de sécession. Dans l'Allemagne ethnique, la Prusse et l'Autriche forment ces deux pôles opposés. Ils se marquent ailleurs dans la répartition du pays flamand, entre la Belgique et la Hollande. En France, depuis quelque temps, la différence entre le Nord et le Midi s'est fort accusée, sans intention séparatiste, il est vrai, mais avec un grand désir d'autonomie intellectuelle et d'égalité. Le Midi dans son ensemble a pris part au mouvement félibrige, tout psychologique, non encore, non jamais peut-être sociologique, mais qui possède cependant une grande force. Ce serait un hors-d'œuvre d'indiquer les causes multiples de ce mouvement. Il est certain que la psychologie du Français du Nord est très distincte de celle du Français du Midi dans l'ensemble ; Alphonse Daudet l'a très finement tracée par voie de caricature, on pourrait le faire profondément par voie scientifique. Et cependant la race du Midi est identique à celle du Nord, ou plus exactement, car on l'a dit souvent avec beaucoup de raison, il n'existe pas de race française, le mélange est tel qu'on ne peut ici trouver de critère anthropologique.

Le mouvement félibrige a été le point de départ de la résurrection de tous les patois, c'est dire que le provincialisme n'est devenu sérieux, comme l'ethnisme lui-même, ainsi que nous le verrons plus tard, que par une mise en relief ou une résurrection des dialectes et des langues. Sans l'existence du provençal ou s'il était moins distinct du français, sans la langue d'oc qui avait autrefois contrebalancé la langue d'oïl, les velléités d'autonomie psychique auraient vite disparu. Dans toute l'Europe, c est aux sons de l'idiome national seul qu'on a pu ressusciter les peuples morts.

Telle est la psychologie ethnique, telle sa place parmi les diverses branches de la psychologie, telle son apparition dans la science. Elle est encore embryonnaire quand il s'agit des nations, d'usage totalement inconnu quand il s'agit des races proprement dites ou des provinces. C'est précisément à une province, la Bretagne, à une race, la race celtique, province et race des plus curieuses, que nous voudrions aujourd'hui l'appliquer.

Cependant la psychologie n'est pas ici seule en jeu, mais aussi la sociologie. Tandis que la psychologie est la science de la mentalité, surtout de la mentalité humaine, la sociologie est celle de la société. La seconde a nécessairement la première pour base, car la société humaine se compose d'hommes comme éléments. Lorsqu'il s'agit d'une collection de ceux-ci, ils peuvent d'ailleurs être considérés psychologiquement, c'est-à-dire en eux-mêmes, ou sociologiquement, c'est-à-dire dans leurs rapports respectifs. La sociologie comporte la description des sociétés dans leur constatation interne et externe et dans leurs relations entre elles, dans la comparaison de ces sociétés et dans la recherche des lois scientifiques qui en dérivent.

Comme la psychologie, elle s'élève du concret à l'abstrait en passant par des degrés intermédiaires, c'est-à-dire qu'elle commence par l'observation des éléments les plus simples pour aboutir à celle des plus nombreux et des plus complexes, en généralisant de plus en plus.

Cependant le point de départ n'est pas tout à fait le même; il n'y a ici de sociologie ni de tel individu particulier, ni de l'individu en général (une telle sociologie existe peut-être, mais dans un tout autre ordre d'idées que nous ne pouvons aborder ici) ; il n'y a pas non plus de sociologie des individus homogènes, ni même des collectivités amorphes ne constituant pas une société organique, ou du moins, pour elles la psychologie et la sociologie se confondent, et c'est à bon droit qu'on dit alors : psychologie collective et non : sociologie collective. La sociologie proprement dite ne commence qu'à la société. Mais alors elle possède aussi plusieurs étages en d'autres points ; son domaine se divise en cercles concentriques.

Ce domaine tout d'abord est restreint à la famille, au couple humain avec les enfants qui en sont issus, puis il s'étend à la famille artificielle ou clan, pour passer à la tribu et à la nation chez les peuples primitifs. Chez les civilisés, il part de la famille encore, pour parcourir les cercles successifs de la commune, de la province, de la région, du pays tout entier.

Ce qui importe ici c'est son point d'application. La *sociologie concrète* étudie telle famille, telle commune, telle province, tel empire, en particulier; on fait abstraction de tous les autres, pour ne s'occuper que de celui qu'on envisage, ainsi qu'on le faisait dans la psychologie lorsqu'il s'agissait de tel individu où de tel peuple. De là on passe à l'étude d'un groupe de peuples, c'est-à-dire de ceux qui ont entre eux des relations géographiques ou historiques, ce qui entraine une comparaison, de même que dans la psychologie au même degré on examinait un groupe d'individus, c'est le *stade abstrait-concret*. Enfin, après ces études préliminaires, on écarte les sociétés particulières pour ne plus s'occuper, d'après les données recueillies, que de la société *in abstracto*, de la société générale au-dessus des types particuliers de tout à l'heure.

Il y a une coïncidence entre le degré de la psychologie qui s'applique à une race ou à une nation et celui de la sociologie qui s'applique à la même; dans les deux cas on est loin de l'abstrait et on reste dans le concret; cependant il existe une certaine différence et on se trouve à un degré plus élevé, plus abstrait ici sur l'échelle sociologique, parce que le point de départ de la sociologie est plus élevé lui-même. En tout cas, ce qui est en jeu est toujours l'*ethnisme* qui donne à la fois la *psychologie ethnique* et la *sociologie ethnique*.

Les deux se tiennent d'ailleurs par un lien très étroit. Tous les traits de la psychologie ethnique se retrouvent dans la sociologie du même nom. Si dans l'histoire la vie d'un peuple a été faible et sa destinée malheureuse, c'est souvent dans sa psychologie qu'on en découvre la cause. *Le caractère, s'il ne fait pas toute la destinée, en crée une partie.* Si les Romains ont conquis le monde, ils le doivent à la force de leur volonté, et non pas seulement aux événements. De même, les races déchues doivent leur disparition souvent à la déformation de leur caractère. Cependant il faut distinguer ces deux faces de l'ethnisme. Il est même probable, en effet, qu'à l'encontre apparente de ce que nous venons de dire, les qualités psychologiques qui ont fait briller les individus ou les nations à l'intérieur, sont précisément, au point de vue sociologique, des vices qui ont amené fatalement leur perte.

Mais qu'est-ce au juste que l'ethnisme ? Est-ce un élément réel et précis, ou une simple idée verbale ? Dans le premier cas seul, psychologie et sociologie ethniques ont un fondement. De grandes difficultés semblent d'abord arrêter la réponse. Sans doute, la nation est souvent distincte de la race, elle peut même en être la négation. Doit-elle alors compter à ce point de vue ? L'Autriche-Hongrie, par exemple, la Turquie, renferment les races les plus diverses en un seul Etat. Peut-il y avoir une psychologie ethnique autrichienne ou turque ?

Oui, sans doute, mais il faut s'entendre ; une telle psychologie ne s'adressera qu'à la partie allemande ou à la partie osmanlie de chacun de ces deux empires et non aux autres. Celles-ci auront leur psychologie spéciale, soit n'appartenant qu'à elles, soit commune avec d'autres tronçons de leur race.

Mais une objection surgit toute différente et pour ainsi dire contraire. Il n'existe pas de véritable race anthropologique reconnaissable ; toutes sont mêlées, et alors comment fonder sur elles une psychologie ethnique? Cependant souvent ces races mêlées forment un tout très homogène. Quoi de plus frappant que le type français? Il se distingue de l'anglais et de l'allemand à première vue, et cependant il y a une nation française, mais pas de race française. Donc, c'est l'unité politique qui compte, et il y a une psychologie, mais pour chaque Etat politiquement existant. Il faut substituer à l'idée de *race* celle d'*unité géographique.*

L'objection est spécieuse ; elle eut d'ailleurs un but intentionnel, celui de détruire ce qu'on appelait le droit des nationalités, fondé sur la race. Chacune des races, dans le droit interethnique proposé, pouvait revendiquer sa parfaite indépendance et, pour y parvenir, la carte de l'Europe était à refaire. Cette idée avait été d'abord accueillie avec enthousiasme, mais on ne tarda pas à faire remarquer que la base, si profonde en apparence, était fausse en réalité, puisqu'il n'existe pas de races pures et que des mélanges se sont partout produits.

L'objection ne pouvait rester sans réponse ; si elle eût été vraie, il y aurait bien eu une psychologie et une sociologie de nation, non une psychologie et une sociologie de race, mais on pressent qu'elle n'est pas exacte, qu'une race se distingue bien de l'autre, même dans un Etat unique, par de très hautes barrières, et qu'il faut trouver entre toutes ces idées une conciliation non conventionnelle, mais réelle. Elle existe en effet. Loin de rester pures, les races, surtout celles apparentées, fusionnent souvent, sous l'empire du temps et de l'espace ; l'élément géographique, l'élément historique peuvent parvenir à les fondre, mais non toujours ; il y en a de réfractaires et d'autres, pour ainsi dire, de densités différentes qui restent superposées les unes aux autres. En cas de fusion, il se produit une race nouvelle née du mariage des races en présence, et cette race en est une véritable, capable, comme telle, de psychologie et de sociologie privatives. Ces races de *seconde main* forment les nations, mais ce sont des nations naturelles, bien distinctes de celles hystérogènes, qui ne sont que des nations apparentes.

Comment reconnaître qu'une nation, une race nouvelle s'est ainsi formée ? Il y a beaucoup d'indices ; on peut apercevoir les points de soudure et les amorces de combinaison. Une religion unique, une littérature, des coutumes unifiées, des intérêts extérieurs communs l'annoncent. Mais c'est d'un seul coup d'œil que cette homogénéité primitive ou hystérogène doit être découverte, et non au bout de ces longues explorations. La pierre de touche est le langage, c'est le critère le plus sûr, en même temps que le plus facile. S'il existe un langage absolument uniforme sur divers points d'un pays, soit à la ville, soit à la campagne, c'est qu'il y a unité parfaite et que, si l'on n'a pas affaire à la même race, c'est au moins comme si l'on y avait affaire ; s'il n'existe que des différences dialectales, c'est qu'on est en présence de la même race encore, mais de plusieurs de ses variétés ou de ses mélanges ; s'il s'agit de langues totalement différentes, c'est qu'on a rencontré tout à fait deux races.

On peut en tirer hardiment la conclusion suivante : *c'est le langage qui est le critère,* non toujours de la race primitive, mais, tout au moins de la race dérivée née de la fusion définitive de races différentes. C'est lui qui établit la race *au point de vue pratique*. Dès lors, le principe des nationalités se trouve expliqué et justifié ; ce n'est pas, d'ailleurs, ce qui nous occupe ici, mais on peut établir sur cette base la psycho-sociologie des races.

Cela est si vrai que tous les efforts d'un peuple conquérant pour faire disparaitre les restes d'autonomie des peuples conquis et englobés, lorsqu'ils n'emploient pas les moyens violents de l'expulsion du territoire, ou de l'introduction d'éléments contraires (germanisation, slavicisation, etc.) portent sur la destruction du langage. Si ces efforts réussissent, ce qui reste d'indépendance est perdu ; s'ils échouent en partie, et ils réussissent difficilement, car le langage est tenace, tout espoir n'est pas perdu de la résurrection du peuple vaincu. Le langage se réfugie souvent au fond des campagnes ou sur les monts, comme en des lieux inexpugnables. Parfois il en redescend. On peut le comparer à cette rose de Jéricho qu'un peu d'humidité fait revivre, et à ces graines trouvées dans les pyramides qui traversèrent, dit-on, les siècles sans avoir perdu leur vertu germinative. Aussi, lorsque des patriotes veulent faire revivre une race qui n'est plus consciente d'elle-même, leur premier soin est de ressusciter la langue. Ils la cultivent en serre chaude, et lorsqu'elle s'est développée, la répandent partout, l'ornent d'une littérature nouvelle, d'abord artificielle, et remettent en souvenir les traditions et le vieux folk-lore qui suivent le langage. Telle est l'importance ethnique de celui-ci, importance que nous ne pouvons qu'indiquer en ce moment et sur laquelle nous reviendrons.

Tels sont les principes de la *psycho-sociologie ethnique*. Dans la présente étude, nous en essaierons l'application à la race bretonne et celtique.

Cette application n'a pas encore été faite jusqu'à ce jour, c'est ce qui nous a inspiré le désir de l'entreprendre. Cela n'a rien d'étonnant, puisque la psychologie ethnique n'en est qu'à ses débuts et n'a embrassé ni les provinces, ni les races proprement dites, se cantonnant aux nations organisées. On a, il est vrai, étudié les éléments qui peuvent servir de fondement à cette psycho-sociologie ethnique, de même que l'histoire sert de fondement à la sociologie ordinaire, mais on n'est pas allé au-delà ; l'âme celtique, dans son ensemble, n'a pas été explorée, quoi qu'on en ait observé sporadiquement un certain nombre de traits.

Nous étudierons, dans la présente monographie seulement la *psychologie* de ce peuple, réservant sa sociologie pour une prochaine étude.

La race celtique possède-t-elle une véritable unité anthropologique ? Il semble bien que non. La Gaule ancienne portait deux races distinctes, celtiques cependant toutes les deux et confondues sous l'appellation de Gauloises, mais ayant des caractères physiques bien distincts : les Celtes Gaëls, blonds et grands ; les Celtes Kymris, bruns et de taille petite, répandus aussi sur le sol de la Grande-Bretagne, les premiers dominaient au nord de la Loire, les seconds au sud ; mais ils se fondirent, ou, ce qui est plus exact, ils formèrent deux variétés de la même race, l'une d'elles étant peut-être le résultat d'un métissage ; leur langue n'est connue que par des noms géographiques et par quelques inscriptions. Du reste, la Gaule fut entièrement romanisée, même l'Armorique, et l'on ne peut trouver à observer aujourd'hui sûrement la race celtique qu'à l'extrémité de la Bretagne armoricaine et en Grande-Bretagne, dans la partie de celle-ci non germanisée. Le bloc, interrompu par la Manche, comprend la province de Bretagne avec ses cinq départements, la Cornouaille anglaise, le pays de Galles, l'Irlande, l'Ecosse, l'île de Man ; nous ne parlons pas en ce moment des colonies celtiques récentes, il faut cependant citer tout de suite celle très importante fondée aux Etats-Unis.

Tous ces pays, séparés par les distances et les mers, forment un groupe ethnique compact, le groupe celtique : la race y est restée pure, fort peu mêlée aux races voisines ; nous verrons que, politiquement, la situation est différente et qu'il existe une grande dispersion. Cependant, comme autrefois en Gaule, la race se divise encore en deux parties, les Celtes Gaëls, ceux de l'Irlande, de l'Ecosse, de Man, et les Celtes Kymris, ceux de la Cornouaille, du pays de Galles, de l'Armorique. Non seulement ils sont physiologiquement distincts, mais leur caractère présente des différences. En outre, ce qui est important, quoique toutes les langues de ces peuples soient celtiques et puissent se ramener, grâce aux progrès de la linguistique, à une langue proethnique commune, cependant elles forment deux groupes à leur tour, coïncidant avec ceux que nous venons d'indiquer. Le breton armoricain est presque identique avec le cornique d'Angleterre ; il est distinct du gallois, mais s'en rapproche singulièrement. Autrefois, il y a eu identité entre ces trois idiomes, qui ont divergé depuis. Au contraire, la branche irlandaise-écossaise est éloignée. On a prétendu que, dans une circonstance récente, les Celtes d'Armorique et ceux d'Angleterre ont pu se comprendre. En 1859, un navire anglais aurait fait naufrage sur la presqu'île de Quiberon ; l'équipage fut conduit à Sarzeau, prés de Vannes ; parmi eux se trouvait un Gallois, il comprit le breton, cela est fort possible entre Bretons et Cornouaillais ; entre Bretons et Gallois, cela nous semble très difficile ; mais entre eux et Irlandais, c'est tout à fait impossible, car il y a presque autant de différence entre le breton et l'irlandais qu'entre le latin et le grec. Cependant, si les vocabulaires diffèrent, au moins sous leur aspect actuel, l'âme du langage, la grammaire, est fondamentalement semblable partout, et c'est l'essentiel. On peut donc, sans tenir compte de ce dualisme, étudier d'ensemble le caractère celtique, sauf à différencier quelques points; l'unité ethnique n'est pas entamée.

Cependant, en ce qui concerne la Bretagne armoricaine, une observation à ce point de vue est nécessaire. Son étendue géographique est assez grande, mais il n'y a pas chez elle homogénéité parfaite ; il existe ici un nouveau dualisme. Tandis qu'en Grande-Bretagne la place des peuples celtiques et l'étendue de cette place correspond à l'extension de leur idiome, notre Bretagne historique se scinde en deux parts bien marquées, la haute et la basse Bretagne. Dans la première, qui comprend l'Ille-et-Vilaine, la Loire-Inférieure et une partie des Côtes-du-Nord et du Morbihan, il n'y a pas trace d'idiome celtique ; on parle le français, et comme patois provincial, le gallot; dans la seconde, la langue bretonne règne; elle se subdivise, il est vrai, en quatre dialectes, parmi lesquels deux principaux, mais ce n'est pas làdessus qu'il faut appeler l'attention. Ce qui importe, c'est la distinction entre la Bretagne bretonne, dite bretonnante, et la Bretagne française. Nous verrons plus loin combien cette division retire de force au mouvement breton. Chose remarquable, c'est non la Bretagne proprement dite, mais la Haute-Bretagne qui a toujours eu l'hégémonie provinciale.

D'où vient cette division de l'Armorique ? La cause en est historique et en même temps ethnique. L'Armorique, croit-on, ainsi que le reste de la Gaule, s'était entièrement romanisée, il n'y avait plus trace de langue gauloise. Mais, au IVe siècle, des Bretons d'Angleterre, chassés par les Saxons, vinrent s'établir sur ses rivages en une conquête pacifique ; ils ne se répandirent point dans toute la presqu'île, mais seulement un peu au-delà des régions où l'on parle aujourd'hui le breton, leur langue, qu'ils avaient apportée avec eux. C'est ce qui fait que l'Armorique se divise en Haute et en Basse-Bretagne, distinction profonde et dont il faut toujours tenir grand compte.

Il le faut d'autant plus qu'il en résulte une différence complète de langage. Le celtique n'est parlé et même compris que dans la Basse-Bretagne seulement. Dans la Haute-Bretagne, on peut l'apprendre, mais comme on apprendrait l'allemand ou le grec.

Cependant, si l'on tient compte, non seulement de l'état actuel, mais aussi de la succession historique, on voit qu'il faut plutôt diviser l'Armorique en trois parties: l'une où n'a jamais régné que le français et, comme patois, le gallot; l'autre à l'opposite, où la langue bretonne est parlée encore partout dans les campagnes, et, enfin, une zone intermédiaire où elle était partout comprise jusqu'au IXe siècle et d'où elle a disparu peu à peu depuis. C'est M. de Courson qui a su tracer nettement cette zone d'après le *Cartulaire de Redon.*

La bande où l'on a toujours parlé français et où, par conséquent, les insulaires n'ont pas dû pénétrer, comprend une bande très mince orientale touchant la Normandie et descendant de là successivement vers le sud, de Saint-Hilaire à Louvigné, Fougères, Vitré, Châteaubriant, Ancenis, Nantes et Paimbœuf.

La bande intermédiaire d'où le breton a progressivement disparu joint la précédente et en est séparée par une ligne qui part au nord du Mont-Saint-Michel et traverse Pontorson, Pleine Fougères, Combourg, Hédé, Montfort, Mordelles, Bruz (près de Rennes), Bain, Derval, pour aboutir à Savenay et à Saint-Nazaire, en face de Paimbœuf.

La même bande a pour limites orientales touchant au pays bas-breton une ligne partant au nord de Plouha, de Saint-Quay et passant par Plouagat, Saint-Nicolas-du-Pelem, Mûr, Rohan, Elven, Musillac et se terminant à l'embouchure de la Vilaine. Elle comprend Saint-Malo, Dinan, Saint-Brieuc, Loudéac, Ploërmel et Redon.

Nantes et Rennes restent dans la zone où l'on a toujours parlé français.

Si l'on voulait établir par une gradation la force de l'élément celtique, on pourrait la graduer ainsi :

1° Haute-Bretagne, d'où nous verrons que la langue a disparu, ainsi que les mœurs, et où il ne reste que l'ensemble du caractère ; 2° Cornouailles, dans la même situation ; 3° Basse-Bretagne, où toute idée séparatiste est écartée ; 4° pays de Galles ; 5° Ecosse et île de Man ; 6° Irlande, où l'idée d'autonomie est le plus vivace.

C'est dans l'ensemble de ces pays que nous devons étudier la psychologie de la race celtique.

Cette psychologie se traduit par certains faits communs qui subsistent malgré les différences, non seulement individuelles, mais sub-ethniques, nées aussi bien des subdivisions de races que des milieux différents. C'est ainsi que l'Irlandais a un esprit plus léger, plus vif, plus inconstant que le Breton; il représente l'élément Gaël vis-à-vis de l'élément Kymri; il ne possède pas non plus tous les mêmes traits physiologiques, mais, à une certaine distance, cette variété se fond en une unité, et d'ailleurs les traits communs sont si forts qu'ils dominent tout le reste.

Quels sont ces traits? Nous allons les parcourir, contre l'habitude, sans gradation ascendante; au contraire, en commençant par les plus caractéristiques, au moins, en apparence.

1° *Caractère religieux*

Au premier abord, c'est ce qui frappe le plus, l'Irlande orthodoxe attire les regards de tous comme telle. « Catholique et breton », voilà deux mots qui semblent indissolublement unis. C'est même un lieu commun de parler de la religion des Irlandais ou des Bretons. La Bretagne française est par excellence le pays des monastères d'hommes et de femmes, c'est celui de l'influence la plus grande du clergé. Les calvaires, les pèlerinages s'y accumulent, souvent aussi les vénérations superstitieuses. C'est la *province des miracles*. La profession de marin, à la fois réaliste et mystique, a contribué à conduire la mentalité dans cette direction. Le ciel sombre, la nature sauvage y mènent aux idées de même nom et souvent mortuaires. Les pardons armoricains sont devenus célèbres. Aujourd'hui encore que les idées religieuses ont perdu de leur force, elles sont là précieusement conservées. Enfin, dans les fameuses guerres de l'Ouest, la chouannerie solidaire de l'insurrection vendéenne a prouvé l'influence énorme que le catholicisme y a exercée à travers l'histoire. D'autre part, l'Irlande a levé et tenu le drapeau religieux orthodoxe contre la protestante Angleterre ; elle a souffert des persécutions et scellé de son sang ses croyances, à une époque où l'on ne s'attendait plus à de nouveaux martyrs. Aussi l'opinion publique ne se trompe pas, au moins en bloc, et partout le Breton est considéré comme l'orthodoxe par excellence, celui dont toute la conduite est mue par la foi religieuse absolue. Il est vrai qu'on l'en accuse souvent comme d'un défaut, presque d'un vice, en attribuant cependant à ce défaut les vertus qui en sont ou en paraissent le corollaire, la sincérité, la fidélité, la probité extrême, mais aussi les travers qu'on a coutume d'y associer.

Eh bien! on ne peut dire que cette opinion du caractère religieux soit erronée en somme, mais, nous espérons le démontrer, elle a le tort de ne tenir compte d'aucune nuance et, par conséquent, d'empêcher de pénétrer jusqu'au fond de la mentalité bretonne, où l'on ferait même, à ce sujet, d'autres découvertes. Si on la suivait exactement, l'Armorique et l'Irlande seraient simplement des pays très orthodoxes, comme l'est encore l'Espagne, comme l'est et surtout l'a été l'Italie, comme le fut l'ancienne France, tenant au Dieu du christianisme, à ses dogmes, à ses mystères, n'ayant connu l'idée religieuse que par lui, et devant la perdre à tout jamais si elle venait à le perdre. Une analyse plus nette fait toucher la fausseté d'une pareille idée.

Elle est même fausse de plusieurs manières.

Tout d'abord la religiosité des Celtes n'a point attendu pour naître la venue du christianisme parmi eux; elle lui est de beaucoup antérieure. Ainsi que le reste des Gaulois, et peut-être plus qu'eux, les Armoricains professaient la religion druidique ; ils avaient même dans l'île de Sein un collège de prêtresses. Or, cette religion ressortait, dans l'ensemble du paganisme, par un caractère tout particulier ; elle était plus mêlée à la vie quotidienne, et aussi plus austère, que la riante mythologie gréco-romaine, ses fidèles s'y adonnaient davantage. Des dogmes mystérieux, comme celui de la survivance suivie de mésentomatose, y avaient cours. Des sacrifices humains venaient couronner l'œuvre terrifiante. Une hiérarchie curieuse d'intermédiaires entre la divinité plutôt monothéiste et l'homme venait satisfaire les tendances du caractère breton. Au-dessous des Druides et des Ovates apparaissaient les Bardes, poètes et chanteurs, qui représentaient l'art, l'art libre, l'inspiration, sans investiture régulière, ce que nous rattacherons à un autre point de la mentalité bretonne, mais ce qui établit dès maintenant le lien religieux d'une sorte particulière qui s'était formé. Cependant, ce qui est très remarquable, le Breton eut fort peu de peine à quitter le druidisme pour le christianisme, ce qui prouve que son état d'âme primitif avait été orienté par une religion plus ancienne que la religion druidique, plus élémentaire, et qui convenait mieux à sa tournure particulière d'esprit ; cette religion a aussi survécu davantage à travers le christianisme. Quelle est-elle?

Dans un ouvrage profond, un éminent mythologue, Frazer a établi qu'avant la *religion proprement dite,* chez tous les peuples a existé la *magie* expressive, qu'il ne faut pas confondre avec le *fétichisme,* quoique fétichisme et magie aient pu régner en même temps. Dans la magie, l'homme peut ne croire ni à un dieu unique, ni à une série de dieux polythéistes, mais seulement à des *lois de la nature.* Quelle sont ces lois ? Régissent-elles le présent et l'avenir de l'homme ? Peut-on les mettre à profit par des actes volontaires ? Voilà ce que recherche en définitive aujourd'hui la science. Elle poursuit de sa découverte quelques-unes de ces lois de l'univers. Lorsqu'elle y réussit, elle en fait au fur et à mesure des applications utiles. Sa méthode est d'ailleurs excellente, celle de l'observation et de l'induction. Mais autrefois cette méthode était ou paraissait impossible; on avait hâte de parvenir au résultat. Il a longtemps semblé que le procédé fût alors la foi religieuse, on supposait la clef trouvée, et on ouvrait le mystère, mais c'était purement subjectif. L'homme n'eut-il pas plus primitivement la pensée d'avoir un résultat objectif, vérifiable, aussi vérifiable que celui que donne la science, mais à moins de frais et en moins de temps. Telle fut sa pensée en effet. Il crut que les forces du monde étaient réglées par certaines lois, que ces lois consistaient dans des formules dont l'homme pouvait se rendre maître, et qu'ainsi, au lieu d'obéir à une divinité personnelle ou latente, il pourrait lui commander. Telle était la magie, elle est à la science ce que l'astrologie fut à l'astronomie, l'alchimie à la chimie, un précurseur et parfois un indicateur. Dans un ouvrage d'ensemble, de titre paradoxal, mais très juste, *la réhabilitation de la magie*, M. Goblet d'Alviella a bien mis cette idée en relief. La magie fut, non pas la religion la plus ancienne, mais la *préreligion* du genre humain. Elle était même, ce qui est très singulier, tout à fait contraire à l'idée religieuse proprement dite ; elle ne se basait point sur la foi, mais sur la recherche, quoique faite par une méthode mauvaise ; elle était impie en ce qu'elle forçait la divinité à comparaître sans son gré ; aussi la religion la combattit-elle le plus possible, en particulier, le christianisme.

On a cru longtemps que celui-ci avait favorisé les superstitions, or les superstitions sont précisément des survivances magiques, et on le croirait encore en présence de ses sanctuaires et de ses miracles. Mais on est revenu de cette erreur. Rien de si différent que la croyance en la volonté raisonnée et morale d'un dieu personnel, et celle en des forces mécaniques, quoique cachées, dont on recherche les lois mystérieuses, quoique par des procédés puérils. Aussi le christianisme a-t-il combattu non seulement les doctrines des théistes antérieurs, en renversant les idoles, mais aussi les superstitions préhistoriques qui ne pouvaient que lui nuire. Mais dans cette lutte il ne put pas toujours triompher.

La magie était ancrée en l'esprit du peuple, tellement qu'elle y existe encore aujourd'hui. Là où la religion proprement dite ne put les vaincre, l'Eglise a souvent pris pour son propre compte ces superstitions en les transformant, c'est ainsi que non seulement elle s'est approprié les fêtes de paganisme, mais a placé des sanctuaires, objet de pèlerinage, là où existent des fontaines magiques. Lorsqu'elle n'a pas voulu le faire, que l'assimilation était trop compromettante, elle a converti cette magie en religion inférieure, démoniaque, en une sorte de religion du mal, incorporation qui eut le résultat de lui donner un esprit dualistique. La magie souvent bienfaisante dans ses intentions, la magie blanche est devenue une magie noire livrée à Satan. Mais malgré ces efforts, elle a souvent survécu indépendante. En Bretagne les fées, les nains n'ont pas été tout à fait exorcisés ; les Bretons en parlent avec complaisance, comme d'un fruit délicieux défendu, les premières sont parfois de bonnes marraines, et Viviane conserve quelques sympathies au fond de leur cœur.

C'est cette religion magique qui continue de faire le fond de la religion bretonne. Elle est antérieure non seulement au christianisme, mais au druidisme, peut-être existait-elle au temps des mégalithes, mais à cette époque ils est probable que les Celtes n'avaient pas encore achevé leurs migrations antérieures.

Les Bretons se préoccupent beaucoup plus de ces superstitions que de la religion proprement dite, et on devrait y prendre garde, lorsque l'on dit purement et simplement qu'ils sont le peuple religieux. Merlin et Viviane personnifièrent chez eux cette pensée, que les fées et les nains continuent dans le détail (Korrigans et Duz). Ce nom de Merlin fut connu des Celtes de l'Irlande et de Galles aussi bien que de ceux de l'Armorique. C'est l'enchanteur, celui qui emploie les formules lesquelles rendent maitre de la divinité, il n'a rien de chrétien ; loin d'être un précurseur, c'est plutôt un adversaire. Il en est de même de Viviane, devenue enfin satanique, conservant seulement un vestige de sympathie bretonne. Quant aux fées, elles participent de leur époque. Les Korrigans prédisent l'avenir, savent l'art de guérir les maladies incurables par des paroles qu'elles connaissent seules, prennent la forme de divers animaux ; elles célèbrent tous les ans une grande fête ; à la fin du festin une coupe circule renfermant une liqueur dont une seule goutte rend aussi savant que Dieu. On les rencontre près des fontaines et des dolmens dont la Vierge, leur plus grande ennemie, dit-on, ne les a pourtant pas chassées. Elles ont une grande haine pour le clergé et la religion qui les a confondues avec les esprits de ténèbres ; le son des cloches les met en fuite. L'Eglise en a fait des êtres malfaisants, leur souffle est mortel, elles jettent des sorts, et volent les enfants des hommes. On voit d'après ces données quel est leur caractère équivoque, comment elles ont été déchues avec la magie elle-même, quoique le peuple ait peine à les croire tout à fait malfaisantes. Les nains ou *duz,* enfants de fées, sont moins favorables, ils sont laids, habiles forgerons, faux-monnayeurs, sorciers, devins, magiciens et prophètes ; on leur attribue la même haine qu'aux fées contre la religion.

Telles sont les *survivances* de l'état religieux primordial dans les esprits celtiques, ce sont celles qu'on relate tout d'abord, mais d'autres qui se sont intimement unies aux croyances chrétiennes sont plus pratiques. Beaucoup de Bretons ignorent maintenant le nom de Merlin, que des lettrés doivent leur apprendre, et les fées n'apparaissent que dans les contes. Mais partout les vieilles superstitions objectives, celles qui sont liées à tel lieu ou à telles cérémonies apparaissent. C'est à elles qu'il faut rattacher les très nombreux sanctuaires de saints, d'autant plus que, comme nous le verrons bientôt, ces saints n'appartiennent pas, pour la plupart, au calendrier romain. Nous pouvons citer plusieurs faits typiques, entre autres la ronde des feux de Saint-Lyphard, où l'on simule un sacrifice humain, la coutume de vouer à saint Yves les ennemis dont on désire la mort, les batailles sacrées en l'honneur de saint Gelvest, la mode consistant pour les hommes et les femmes à se frotter au menhir libidineux de Saint-Maurice-des-Bois, la pierre de Saint-Cado, qui guérit les sourds, la roche branlante de Trégunc, qui dément ou confirme les soupçons d'un mari (*men dogan*); le signe de tu-pe-zu (côté ou autre), où l'officiant fait tourner à l'élévation la roue du destin, le pèlerinage de Saint-Yves, à Trédarzec, prés de Tréguier, où l'on demande la mort d'un ennemi, en employant des formules magiques. Ce dernier cas est des plus curieux : le pèlerinage s'accomplit de pied et la nuit, l'impétrant voue son ennemi au saint, dans un délai imparti, ordinairement de neuf mois, on récite trois Pater et trois Ave à rebours; ce qui est le plus remarquable, c'est que cette sorte d'envoûtement soit encore usité aujourd'hui.

Nous n'en finirions pas, si nous voulions noter toutes ces survivances; nous avons voulu donner quelques exemples seulement. Leur nature magique est évidente. Elle se corrobore par le but avoué du culte des Saints. Sans doute, nulle part ce culte n'est désintéressé; on en attend en retour des bienfaits, des avantages temporels, surtout la guérison des maladies. Mais on s'adresse ici à l'ensemble de ces êtres supérieurs et plus heureux ; il y a des saints, il est vrai, qui se spécialisent, se cantonnent à tel ordre de bienfaits ; bien plus, le même a plusieurs sanctuaires, et dans l'un il n'accorde pas les mêmes grâces que dans les autres, il se multiplie ainsi, pour ainsi dire, et s'individualise de plus en plus. Eu outre, cette foule de saints devient presque une foule de demi-dieux qui obscurcissent un peu la divinité officielle et centralisée. Mais chez les Bretons, surtout chez les Armoricains, ce système atteint sa plus grande intensité. La religion devient de plus en plus intéressée, ce qui est le contraire de la religion proprement dite, nulle part le principe du *do ut des* n'a agi d'une manière plus énergique, ce n'est plus la récompense d'outre-tombe qui préoccupe, mais celle immédiate. M. de la Villemarqué a raconté que se promenant un livre à la main, près de Quimper, il fit la rencontre d'un paysan breton qui lui demanda si c'était la Vie des Saints qu'il lisait, et sur sa réponse affirmative, le paysan lui demanda la vie de quel saint, et à quoi ce saint était bon. Voilà un mot fort caractéristique. Partout le paysan est pratique, mais le mélange de cette qualité ou de ce défaut avec une religion exaltée paraît singulier, il faudrait en effet, dresser une longue liste si l'on voulait savoir comment chaque saint est profitable en particulier ; saints et saintes sont en concours, mais sans se faire concurrence, et ils n'empiètent pas sur leur domaine respectif : on invoque contre la fièvre sainte Henora ; contre la gale, saint Méen ; contre la goutte, saint Urlou ; contre les ulcères, saint Brandan ; contre l'hydropisie, sainte Onenne ; contre le mauvais air, saint Thuriaw ; contre les maux de ventre, saint Ivy. Les petits maux ont, à leur tour, leurs saints guérisseurs : les furoncles, saint Kirion ; les durillons, saint Nodez ; les névralgies, saint Tremeur. D'autres saints ont chacun pour attribut la guérison ou la protection d'une espèce animale. Saint Eloi est le patron des chevaux, mais ceci appartient à un autre ordre d'idées. Le principe magique se continue de plusieurs manières, d'abord par le mode de culte : chaque saint ne veut pas être honoré de la même façon qu'un autre. Si saint Yvertin recherche le don d'une couronne ou d'une ceinture de petits cierges, saint Avoye s'attend à l'offrande d'une poule blanche. Quelquefois, il y a un rapport fictif entre le don et la maladie dont on veut guérir; (comparer la magie dite sympathique) c'est ainsi qu'à saint Efflam qui guérit les furoncles, on apporte une poignée de clous, et à saint Majau qui guérit les migraines, on offre des cheveux; enfin, et ceci achève d'apposer l'empreinte magique et fétichiste (on sait comment le fétichiste adore et maltraite, suivant le cas, son fétiche); si le saint n'accorde pas la grâce demandée, on cherche d'abord à l'y contraindre par la force, et en cas d'échec, on le menace, et s'il le faut, on l'exécute. On cite ce fait curieux qu'à l'Ile de Sein on invoquait saint Corentin pour obtenir une pêche abondante; si cela ne réussissait pas, on enfonçait la porte du sanctuaire et on l'insultait, des pêcheurs lui jettaient leur chique à la figure. Renan raconte comment, dans son enfance, son père fut guéri de la fièvre : on le conduisit dans la chapelle d'un saint avec un maréchal qui avait d'abord à son fourneau rougi ses tenailles et qui dit au saint en lui promenant le fer rouge sous les narines, « si tu ne tires pas la fièvre à cet enfant, je vais te ferrer comme un cheval. » La mine est inépuisable, mais on comprend d'ores et déjà comment cette prereligion magique et fétichiste, bien différente de la religion proprement dite, mais qui s'y est étroitement amalgamée, forme la trame de la religiosité bretonne, et qu'il ne s'agit plus là d'orthodoxie, au contraire. Cependant, de même que le lierre qui s'est incorporé à la muraille ne peut plus en être détaché sans compromettre la solidité de l'édifice, de même il est probable qu'en lui enlevant cet appui, la religion elle-même des Bretons risquerait fort d'être ébranlée.

Tel est le premier caractère de la religiosité bretonne. On voit combien il la fait dévier de son sens vulgaire, en lui donnant un cachet tout spécial. Il nous faut passer maintenant au second qui la différencie encore davantage en lui imprimant un particularisme qui, lui aussi, la sépare nettement de l'orthodoxie et de la religion générale, laquelle est cosmopolite par essence. C'est cette nuance de religiosité qui a puissamment contribué à former l'âme de cette race.

La race celtique, et surtout la race bretonne de l'Armorique, présente ce phénomène religieux particulier qu'on pourrait appeler le *phénomène des saints bretons*. Qu'y a-t-il donc à cette abondance de saints locaux de si extraordinaire; est-ce que les saints n'ont pas été fort nombreux dans l'Eglise et chaque province n'a-t-elle pas eu les siens? Sans doute; mais il n'en existe pas où les saints nationaux aient autant pullulé et même aient si complètement éclipsé, soit ceux des autres nations, soit souvent la divinité elle-même. Le Breton ne s'adresse guère à Dieu que par leur intermédiaire, et encore cette expression est-elle inexacte, c'est à eux qu'il a affaire définitivement. Sans doute, les saints majeurs, la Vierge, sainte Anne, saint Pierre, quelques autres reviennent dans les grandes occasions, mais celles-ci sont rares, et le culte quotidien invoque les premiers; il s'ouvre entre eux et le paysan un commerce continu où l'on échange les bons services.

Il y a là, probablement, encore un effet de ce culte magique dont il était question tout à l'heure, mais cette explication seule serait insuffisante. Une circonstance historique, coïncidant, il est vrai, avec le caractère, en est la cause. Lorsque les Celtes insulaires vinrent au IVe siècle se réfugier en Armorique, ils y apportèrent leur civilisation supérieure, et les pionniers de cette civilisation, arrivés de l'au-delà des mers et entourés d'une auréole, les grands hommes d'alors furent les saints bretons, soit qu'ils restassent dans la solitude, où l'on venait les chercher et les écouter, soit qu'ils fondassent des villes. Il s'est formé ainsi autour d'eux une légende spéciale, tout à fait nationale. Ces saints appartiennent à la Bretagne et n'appartiennent qu'à elle ; bien plus, chacun d'eux s'y est taillé un domaine, le christianisme subsiste, mais il ne ratifie qu'en bloc, il n'approuve même que tièdement, car ces saints n'ont jamais été canonisés. Sans doute, la canonisation officielle n'est que d'un usage tardif, puisqu'elle n'apparaît que vers 1634, et auparavant c'est le peuple qui canonise, *vox populi*..... Mais ailleurs les saints locaux se répandent bientôt au dehors et enfin partout ; les saints bretons restent chez eux comme les Bretons eux-mêmes. Ils sont invoqués à chaque instant, ce sont eux qui récompensent et punissent, et ils ont réduit le Dieu chrétien à l'état de *dieu constitutionnel*. C'est presque un hénothéisme ; on sait en quoi celui-ci consiste. Les Hébreux surtout l'avaient pratiqué. Ils étaient jaloux de leur divinité, comme celle-ci était jalouse d'eux-mêmes. Le triomphe du peuple Juif était le triomphe de Jahveh et réciproquement ; on n'a nulle part relevé ailleurs une solidarité aussi forte. C'est ce qui s'est passé pour les saints bretons, saints nationaux par excellence, qui n'ont jamais été connus en dehors de leurs territoires. Ils sont, a-t-on dit souvent, aussi nombreux que les sables de la mer, et on peut citer parmi les leurs, les noms les plus inconnus : Béat, Colomban, Secondel, Samson, Bieuzy, Jacut, Guingaloc, Quintin, Utel, Herbot, Beuzec, Tudy, Cornély, Jorhand, Envel, Pever, Ciférian, Yvy, Mieu, Lévias, Maudan, Congar, Biabile, Corbase, Lanneuc, Bergat, Ourzal, Raven, Idunet et Langui, et parmi les saintes, Tivanel, Lallec, Tugdonie, Achée, Cérotte, Landouenne, etc. Quelquefois, la sainteté est héréditaire : le fils et la fille d'un saint sont aussi des saints; ce qui est curieux, ils sont parfois si anciens ou si peu connus, qu'on ignore leur sexe ; on ne sait non plus exactement s'il s'agit, dans tel cas, de plusieurs saints ou d'un seul. Enfin, ce qui est le comble, on a été jusqu'à prétendre que l'un d'eux, saint Connad, avait été brûlé à Rome comme hérétique.

Cette sorte d'hénothéisme, compliqué de l'effacement du Dieu suprême, constitue à la fois une sorte de religion nationale et un phénomène de mysticisme. Au premier de ces points de vue, on peut observer que c'est à un tel état qu'est dûe en partie la persistance de la préreligion magique et des nombreuses superstitions que la lumière supérieure de la religion générale aurait dissipées. Au second, l'invocation directe, la familiarité d'un saint, d'un demi-dieu rapproché tendait à supprimer des intermédiaires humains, et le rôle du clergé aurait dû en être d'autant diminué. Cependant cela n'a pas eu lieu, parce que le clergé breton pratiquait lui-même ces idées et les dirigeait, et qu'il semble national, comme les saints eux-mêmes. Mais les saints bretons ainsi compris n'ont pas moins marqué, en matière religieuse, l'un des traits généraux du caractère breton, *l'individualisme.* Les obligations religieuses remplies, chacun s'adresse à son saint de préférence, converse avec lui, lui donne et en attend des services individuels. Aussi, lorsqu'on veut rompre violemment cette union, comme en 1793, le paysan breton se révolte, non pas seulement en vertu de son intérêt religieux en général, mais parce qu'on s'attaque, pour ainsi dire, à ses dieux nationaux.

C'est sur ce point qu'il nous faut insister, parce qu'il est essentiel. Sans doute, le Celte tient naturellement à une religion, et surtout à la sienne ; mais il y tient davantage que d'autres, et ce n'est pas seulement parce qu'il est peut-être plus religieux, c'est surtout parce que chez lui sa religion est devenue quelque chose de *national*. Le caractère national de certaines religions chez certains peuples ne doit pas être négligé par l'observateur. On a souvent dit avec raison que, si Rome ancienne a persécuté les Chrétiens, elle qui admettait toutes les religions et leur donnait une place en son Panthéon même, c'était seulement parce que ce culte lui semblait être antinational, saper les fondements de l'Etat ; c'est au même titre que les persécutions ont eu lieu en Chine. De même le groupe celtique tout entier n'a pu se plier facilement aux religions venues du dehors ; l'introduction du christianisme a été difficile en Irlande ; et si, au contraire, l'Armorique s'y est facilement convertie, c'est que l'Evangile lui venait de ses frères insulaires. Une fois le christianisme entré dans le sang celtique, il devait s'y conserver de longs siècles. L'Armorique ne fut pas fortement touchée par le protestantisme, qui ne remonta guères au delà du pays nantais, déjà cosmopolite, et cependant beaucoup de provinces françaises l'avaient reçu. Plus tard, lors de la Constitution Civile du Clergé, la Bretagne armoricaine, atteinte dans ses croyances, se révolta, elle ne l'eût pas fait s'il ne se fut agi que de questions politiques ; aussi fut-elle vite pacifiée lorsque la tolérance religieuse fut rétablie. De nos jours encore, nous l'avons vue de nouveau entraînée par ses impressions religieuses élever des protestations, lorsqu'on a touché chez elle aux ordres religieux. Elle pense toujours qu'elle s'est donnée à la France sous la réserve de ce culte, cette réserve lui semble le dernier retranchement de son autonomie ; lorsqu'on la méconnaît, on n'attaque pas seulement ses croyances, mais aussi sa race, et quoi qu'elle ait perdu toute idée de séparation, elle réclame cependant encore l'usage de ce culte comme le point en ignition par lequel sa nationalité pourrait, s'il le fallait, revivre. Ce qui est fort curieux, c'est que le même instinct produit les mêmes effets chez ses frères d'Outre-Manche. L'Irlande a conservé un catholicisme vigoureux, et elle le maintenait en face de l'Angleterre comme sa sauvegarde et comme un signe sûr d'isolement, avant même que la question agraire fut née. Son histoire est instructive à cet égard. Elle avait produit une civilisation très florissante et toute chrétienne, lorsqu'elle fut brutalement conquise par l'Angleterre. Fait singulier, ce fut le pape Adrien qui la donna lui-même, dit-on, aux Anglais ; telle fut sa récompense. Plus tard le protestantisme anglican y fut introduit violemment par Henri VIII, puis par Elisabeth. Une insurrection éclata en 1641, elle fut réprimée; à partir de ce moment les quatre cinquièmes du territoire furent confisqués. Plus tard encore, les Irlandais prirent les armes en faveur du catholique Jacques II, mais en vain, et retombèrent sous un joug de fer. Leur vengeance, ce fut de soutenir les Français contre l'Angleterre à la fameuse bataille de Fontenoy. Depuis, l'Irlande a souvent revendiqué son indépendance et nous retrouverons un peu plus loin ses luttes, mais alors le mobile religieux n'est plus unique, d'autres sont venus s'y joindre, surtout le mobile économique, ce grand moteur des peuples modernes ; mais la revendication religieuse ne fut pas oubliée et elle aboutit à la liberté sur ce terrain. Il semblait à ce pays qu'en attaquant son culte, on voulait enlever le dernier rempart de son indépendance et comme sa liberté intime. Le clergé anglican qu'on lui imposait était le représentant de l'étranger dans les consciences. Du reste, la persécution avivait ces antipathies, l'exclusion des catholiques était complète, et les prêtres étaient astreints au serment. Les autres pays celtiques ont moins résisté sous ce rapport, mais le spectacle en est encore plus instructif, il démontre que ce n'était pas tant au catholicisme qu'à une religion ethnique distincte de celle des étrangers que le peuple tenait. Les Cornubiens, par exemple, qui ont perdu aujourd'hui leur langue, perdirent leur religion à la fin du XVIIe siècle, et passèrent d'un seul coup à une autre, mais cette autre n'était pas l'anglicanisme, ce fut une confession non-conformiste, le méthodisme ; en outre, ils ont conservé plutôt en réalité une sub-religion, celle que nous avons décrite, celle magique et superstitieuse, antérieure même au druidisme. Les Mannois ont su obtenir pour leur Eglise des canons à part. Les Ecossais ont perdu de bonne heure le catholicisme et ont embrassé le presbytérianisme, confession rapprochée sans doute de l'anglicanisme, mais qui cependant a pour eux le mérite d'être une religion spéciale, n'appartenant qu'à eux ; ils ont en même temps, comme nous venons de le constater pour la Cornouaille, gardé fidèlement leur sub-religion formée de rites et de superstitions celtiques. Les Gallois, au contraire, embrassèrent très vite l'anglicanisme, et cela semble opposé à notre thèse, mais le motif y rentre, c'est que le haut clergé catholique se composait uniquement d'Anglais;

il n'était pas tenu à la résidence et vivait à Londres, après avoir perçu des dîmes excessives; le bas clergé était seul gallois et c'est lui qui poussa à la rupture. C'est donc parce que le catholicisme n'était plus vraiment national, qu'il était accidentellement anglais, qu'il fut abandonné. Mais ce qui suivit est encore plus caractéristique. Le nouveau clergé ne fut pas plus national que l'ancien, et cela devait être, puisque la même religion régnait encore dans les deux pays voisins. Aussi, pour avoir une religion nationale, les Gallois délaissèrent l'anglicanisme, et se jetèrent dans les sectes dissidentes; aujourd'hui encore ils sont pour la plupart wesléiens, presbytériens, baptistes, méthodistes et les clergés devinrent alors de nouveau nationaux ; il est vrai que des persécutions terribles suivirent ; il y a, dit-on, plus de 3,000 temples non-conformistes contre 1,000 temples anglicans, seulement il fallait payer encore le dîme pour la religion officielle qu'on ne pratiquait pas; aussi la séparation des Eglises et de l'Etat était-elle incessamment réclamée, elle aboutit à un *act* de *desestablishment* voté en 1895 par la Chambre des Communes, mais non par la Chambre des Pairs. Cependant le clergé national non conformiste a entrepris l'œuvre de résurrection du peuple Gallois, il a institué des assises littéraires nommées *eisteddfodau* qui servent d'occasion, repris l'usage de la langue celtique, et réclamé l'autonomie politique ; le clergé non conformiste est là un agent aussi actif des revendications de race que le catholicisme peut l'être en Irlande Un fait important est mis ainsi en lumière. La religion des Celtes tient en partie à ce qu'ils veulent posséder une *religion nationale,* distincte de celle des autres peuples, et à ce que dans ce but ils ont accepté parfois indifféremment le catholicisme ou une secte protestante non conformiste.

Tels sont les deux premiers traits de la religiosité celtique, traits qui font que l'idée religieuse proprement dite dévie un peu de son esprit ordinaire. Un troisième trait que nous avons maintenant à décrire l'en différencie plus profondément.

Lorsqu'on entend parler de la foi bretonne, qui est devenue proverbiale, on s'imagine que cette foi intégrale n'a jamais été atteinte par le moindre doute, qu'elle présente la surface lisse de la glace ou le niveau de la mer étale ; c'est ainsi, du reste, que, sauf quelques tressauts, apparait la foi romaine en Espagne et en Italie la foi orthodoxe. A plus forte raison, chez un peuple isolé, un peu sauvage, devra-t-elle se conserver sans aucun mélange. Nous avons vu cependant que dans les couches populaires cette pureté est troublée par des superstitions nombreuses. Mais les esprits supérieurs échappent enfin à ces superstitions, ils ne croient plus depuis longtemps aux puissances magiques. D'ailleurs le clergé breton possède une grande influence. Dans un tel milieu et avec un fond de race aussi religieux, des dissidences ne se produiront pas ; elles n'auraient d'ailleurs pas d'écho. L'action si active des saints bretons est dans ce sens, c'est bien la doctrine autorisée qu'ils apportent. Dans ce ciel pur pas un nuage et l'on n'aperçoit point où se formerait l'incrédulité ou le doute.

L'incrédulité proprement dite ne s'est, en effet, formée nulle part, et si quelques Bretons ont été rangés parmi les athées, c'est qu'on a forcé leurs doctrines. Mais il en est autrement du doute, car celui-ci, loin d'exclure la religiosité, la suppose. Qu'importe au libre-penseur sincère tel ou tel dogme qui lui semble moins rationnel, telle idée qui lui paraît injuste ! Il rejette tout en bloc et sourit devant quelque querelle byzantine. Il n'en est pas de même du croyant ; sans doute souvent il ferme les yeux et accepte tout, mais souvent aussi il les ouvre, aperçoit les nuages, les dissipe, les voit se reformer, les poursuit et lorsqu'il est entouré par eux, il s'attriste et alors s'élèvent tantôt un cri de détresse, tantôt une critique. Sans doute, il n'est pas entendu, car il se meut dans un milieu de croyance absolue ; mais si c'est un homme d'élite, il se renferme en lui-même et pense pour soi, la postérité recueillera plus tard ses pensées. Plus souvent encore, impatient de la renommée ou plus exactement de la communication avec l'humanité, il se tournera au dehors, vers les autres provinces, vers les autres peuples. Ceux-ci, lorsqu'ils sont moins religieux, lorsqu'ils ne le sont pas du tout, n'ont pas besoin, semble-t-il, de cette voix, car elle est plus timide que la leur et ne peut dépasser ce qu'ils ont dit. Oui, mais elle est plus vibrante et plus profonde, précisément parce qu'elle procède d'une vive émotion, d'une pensée puissante. Telle nous semble la vérité générale ; prouvons-la et rendons-la saisissante pour des exemples ; ceux-ci abondent.

Ce sont les grands esprits qui résument la race et qui en ont seuls conscience, ils forment le *sensorium* national, où les Celtes de génie confirment tous, par leur biographie et leurs écrits, ce que nous venons de conclure.

Le premier en date est Abélard, le célèbre docteur dont la vie est si curieuse. Il naquit au bourg du Pallet, près Nantes, en 1079. On connaît sa carrière aventureuse, ses amours avec Héloïse l'ont rendu célèbre, je n'en veux retenir que la note poétique qui est une marque de la nature bretonne. Il prêcha sa doctrine, à Paris, à la montagne Sainte-Geneviève, c'est alors qu'il devint amoureux de la fille du chanoine Fulbert dont il dirigeait l'instruction ; il écrit pour elle des vers en langue vulgaire ; il l'enmène en Bretagne chez sa sœur, ainsi que son enfant, et veut l'épouser ; elle s'y refuse d'abord, prétendant que les hommes de génie ne doivent pas avoir de famille. Fulbert le torture et lui fait subir la castration. Héloïse devient religieuse et alors commence entre eux une correspondance curieuse qui a été recueillie. Abélard reprend son enseignement public, le concile de Soissons le déclare hérétique ; d'abord il se soumet sur les instances de saint Bernard ; les moines de Saint-Gildas-de-Rhuys l'élisent pour abbé, et il fonde lui-même au Paraclet un monastère où Héloïse se réfugie. Les moines de Saint-Gildas se révoltent, menaçent de l'égorger et il doit s'enfuir par un souterrain. Il recommence à prêcher, et l'Eglise condamne sa doctrine ; il meurt persécuté, loin de la Bretagne, à l'abbaye de Saint-Mareuil, près Chalons. Si nous avons rappelé ces faits très connus, c'est qu'ils révèlent plusieurs traits de l'homme celtique. Le génie est dominé chez lui par le sentiment romanesque, à une époque où le sentimentalisme ne régnait pas et le nom d'Héloïse restera attaché à un idéal d'amour, ainsi que ceux de Laure, de Pétrarque et de Marie le furent en des époques très différentes ; elle ressemble en outre, sur plus d'un point à la sœur de Châteaubriand, à celle de Renan ; chez la race celtique, le sentiment enveloppa toujours la pensée. Quant à Abélard, il réunissait bien des situations diverses et même contraires : moine, savant, lettré, poète, religieux, hérétique, il était même, dit-on, en outre, artiste, chanteur et compositeur. Né en Bretagne, de retour en son pays à plusieurs reprises, il y fut vivement persécuté par les siens. Ce ne fut point du reste à ses compatriotes qu'il prêcha sa doctrine qu'ils ne comprendraient pas, mais à Paris et dans les provinces voisines, où il lui fallut toujours revenir. Il resta, en réalité, solitaire, et une âme seule, celle d'une femme, connut bien la sienne. Nous verrons plus loin l'isolement poursuivre aussi d'autres grands hommes de la race celtique, et leurs compatriotes les méconnaître. Quant à sa doctrine, elle présente pour nous aujourd'hui peu d'intérêt ; entre les *réalistes* et les *nominaux,* il fut *conceptualiste*. Ce qui importe, c'est que, malgré sa foi vive, son existence monacale, il institua une hérésie nouvelle, l'hérésie naquit ainsi de bonne heure dans la Bretagne, ce pays de la foi. Sans elle on l'eut peut-être canonisé, et il fut allé rejoindre les saints bretons. Mais sa croyance était raisonneuse à une époque où il n'était pas permis qu'elle le fût. Il était ainsi le précurseur des grands génies bretons qui devaient, dans le dernier siècle, à la fois restaurer et ébranler la religion orthodoxe.

Ces génies bretons sont au nombre de trois, qui ont brillé du plus vif éclat : Châteaubriand, Lamennais et Renan, qui ont dirigé directement le mouvement religieux. D'autres, comme Brizeux, n'y ont été mêlés que très obliquement. Nous allons voir qu'ils suivirent des errements tout à fait analogues, et que, par conséquent, on peut relever en eux ceux de l'esprit celtique lui-même.

Le premier fut Châteaubriand. Il est l'incarnation de la religiosité bretonne dans tout son idéal. Cependant, il faut consulter sa vie pour s'en rendre un compte très exact. Né en 1768, à Saint-Malo, dans la Haute-Bretagne, et mort en 1848, il a réintroduit moralement, si le Premier Consul le fit juridiquement, la religion catholique, et même simplement la religion en France d'où elle avait disparu, et il est bien digne de remarque que ce fait, de la plus haute importance, est dû à un Breton; il fut en cela un grand novateur, il le fut aussi en littérature. Mais si, par son origine et par son enfance, il appartient à la Bretagne, il en vécut toujours éloigné et il ne l'a pas chantée; il a voulu y être enterré d'une façon très solennelle, au Grand-Bey, sur le rivage de sa ville natale; dans l'intervalle, il fut plus Français que Breton; mais où il ne cessa pas d'être Breton, ce fut par sa tendance religieuse. Il eut pour inspiratrice sa sœur Lucile, c'est elle qu'on retrouve dans le petit poème de *René ;* nous reviendrons sur cette circonstance. Fixé d'abord à Paris, puis parcourant l'Amérique, puis émigré en Angleterre, ce furent d'autres pays qui le formèrent et l'inspirèrent.

Dans ses premières années, sa religiosité est nulle, et même ce n'est qu'assez tardivement qu'eut lieu, en 1798, ce qu'on a appelé sa conversion. Il fut frappé par la mort subite de sa mère et de sa sœur aînée. « J'ai pleuré et j'ai cru, » c'est en ces termes qu'il a fait sa confession au monde. Le caractère de sa religiosité est bien, en effet, le sentiment. Il composa son œuvre capitale : *Le Génie du Christianisme,* et la publia en 1802; plus tard, le poème-roman des *Martyrs* venait compléter cette œuvre. Le premier de ces ouvrages eut un succès inouï, on peut dire qu'il convertit la France au christianisme. Les auteurs les plus pieux, ceux du XIVe siècle, sauf de rares exceptions comme dans Polyeucte, n'avaient pas osé faire entrer la religion chrétienne dans la littérature, ils craignaient d'y toucher, de l'altérer, et la conservaient à l'état tantôt d'abstraction, tantôt de simple pratique, sans vouloir la mêler au sentiment humain. Il était donc réellement, sinon plus orthodoxe, au moins plus religieux qu'eux-mêmes dans le sens intime de ce mot. Parmi son œuvre, d'ailleurs, pas trace d'hétérodoxie ni de fantaisie. Dans les *Martyrs,* le celtique direct se retrouve avec Velléda, mais le sentiment religieux druidique vient y heurter le sentiment religieux chrétien, de même qu'avec *Cymodocée,* le sentiment religieux païen, et ce heurt produit les plus beaux effets. Aussi Châteaubriand est-il, à bon droit, le type du génie religieux par excellence, et il incarne et résume ainsi le caractère breton.

Pourtant, cette *religion*, si on l'analyse, est plutôt une *religiosité.* Surtout dans ses dernières œuvres, dans ses œuvres historiques (il serait trop long de faire des citations ici), on s'aperçoit que sa foi est remplie de doutes, qu'elle est le résultat du sentiment beaucoup plus que du raisonnement; de même que son royalisme finit par être tempéré par beaucoup de libéralisme et même par des prévisions de l'avènement de la démocratie. Ce fut par le sentiment qu'il voulut réhabiliter le christianisme, alors proscrit; il y réussit, car le sentiment manié par le génie est le plus puissant des instruments, mais c'est un instrument qui reste fragile. D'ailleurs, en cela il fut l'écho de l'esprit celtique, chez lequel c'est le sentiment qui a conservé la foi religieuse, mais sans pouvoir la garder étanche dans le voisinage du doute.

Si Châteaubriand ne souleva pas de questions religieuses proprement dites, acceptant en bloc les croyances sans s'occuper des détails, tout différent fut Lamennais, un autre Breton, né en 1782 aussi à Saint-Malo, c'est-à-dire en Haute-Bretagne, lequel souleva des querelles, comme autrefois Abélard, sur des questions de théologie et de philosophie; cependant il se relie à Châteaubriand et aux autres Bretons par la sentimentalité, qui domine tout le reste, par une idée religieuse profonde et aussi par l'indiscipline de la pensée, ce qui fait qu'ayant commencé par proclamer l'orthodoxie et la suprématie chrétienne la plus exagérée, il finit par l'abandonner tout à fait, non sans de perpétuels retours. Il eut le génie du doute, mais jamais l'esprit de la négation ; c'est précisément l'indifférence religieuse qu'il combattit. Sous ce jour, quelques événements de sa vie sont intéressants à raconter. Il veut d'abord rendre le clergé tout à fait indépendant du pouvoir civil, ce qui était la négation du Concordat; il réclame, d'autre part, la liberté de l'instruction publique ; enfin, il conclut à une sorte de démocratie théocratique. On voit à quel point il est rempli de l'enthousiasme religieux ; il va jusqu'à faire l'éloge de la Ligue. Sa révolte n'est que vis-à-vis du pouvoir public. Mais il mêle bientôt à cette doctrine pratique une doctrine théologique et philosophique; elle n'est, sous d'autres rapports, ni plus ni moins intéressante que toutes les disputes de ce genre, mais elle se relie étroitement à l'esprit de la race celtique, qui est le sentiment. Lamennais, parmi toutes les autres preuves religieuses, n'en maintient qu'une seule, celle du consentement universel, le raisonnement est écarté et la religion obtient ainsi une base toute de sentiment humain. Aussi sa doctrine fut-elle condamnée à Rome. Lamennais avait vaguement prévu ce résultat en abordant la prêtrise et sa correspondance nous a conservé le reflet de ses doutes et de ses anxiétés de conscience. Il se soumit, mais ce fut bientôt pour rompre définitivement avec l'orthodoxie. Cependant, il conserva le même sentiment religieux exalté; mais l'indépendance qu'il avait voulue vis-à-vis de l'Etat, c'est maintemant contre l'Eglise qu'il la prêche. Les paroles d'un croyant marquent cette seconde phase, comme l'*Essai sur l'Indifférence religieuse*, la première ; il se déclare républicain, alors ce parti comptait beaucoup de mystiques. Le livre qu'il publie a même pris l'allure des versets bibliques. Loin de personnifier l'incrédulité, Lamennais personnifiait le doute, ce qui est bien différent, dans une oscillation perpétuelle ; quant à l'incrédulité, si elle est un moment survenue, elle était hiératique, comme devait l'être celle de la race dont il était issu.

Si Lamennais était prêtre, Renan fut bien près de le devenir. Il incarne encore plus profondément l'âme celtique au point de vue religieux. Son esprit est par excellence celui du doute, il va de la foi à la science et de la science à la foi, éternel renégat pour les uns, éternel hésitant pour les autres, cependant le parti de l'incrédulité l'a emporté et l'a classé définitivement, mais c'est une incrédulité, pour ainsi dire, religieuse. Quel autre qu'un esprit religieux aurait tant tenu à cœur de vérifier les Evangiles, de reconstituer les temps judaïques? Il naquit à Tréguier, cette fois en pays tout à fait breton, en 1823 et mourut à Paris en 1892 ; en effet, sa vie se passa loin de la Bretagne et, pas plus que ceux dont nous venons de retracer les traits, il ne se préoccupa de son pays natal, si ce n'est en quelques heures de souvenir, mais il regarda vers l'avenir, la science et l'Orient. Son séjour au séminaire fut pour ainsi dire indélébile, il y puisa une curiosité religieuse que rien n'a pu satisfaire. Il eut, lui aussi, une doctrine philosophique qui se rapproche du panthéisme, croyant au progrès seulement qui est le lien intime du monde, mais gardant le culte de l'idéal, qui est aussi une religion de sentiment. Dans une seconde période de sa vie, il revient un peu en arrière, rejette la démocratrie absolue et veut établir une sorte d'aristocratie intellectuelle. Il croit surtout à la science, et celle-ci devient un culte ; il a en lui, malgré des conclusions souvent contraires, tous les symptômes de l'esprit religieux. En tout cas, ce fut son point de départ; d'abord quelques doutes sous forme d'images se forment dans son esprit, il les dissipe, ils reviennent, ils l'envahissent, mais dans ses expressions mêmes il ne nie jamais, il doute, il flotte, il reste celtique.

A côté de lui, nous voyons apparaître un personnage très curieux, ainsi que l'Amélie de Châteaubriand, que l'Héloïse d'Abélard, c'est sa sœur Henriette; fort instruite, plus âgée que son frère et l'ayant guidé, elle subit la même évolution mentale, comme il le raconte lui-même dans ses souvenirs d'enfance. Elle eut d'abord la foi la plus ardente; élevée dans un couvent et entourée des ambiances les plus religieuses de Bretagne, l'éducation de son frère, la ruine des siens la laissèrent isolée dans le monde, elle y resta enveloppée d'un profond mysticisme, celui de sa race. Elle arrive à Paris, se consacre à l'enseignement et, après avoir souffert, comme tous les Bretons, d'une douloureuse nostalgie, voyage à l'étranger, en Allemagne, alors les doutes envahissent son esprit, comme celui de son frère; ils ne se les communiquent pas de peur de se rendre malheureux. Voilà un fait psychologique bien remarquable et qui ne s'explique d'ailleurs que par le doute, car une conviction absolue ne connait pas de ces obstacles. Dans deux esprits celtiques contigus, l'évolution celtique religieuse avait suivi la même marche, et l'incrédulité elle-même avait la forme grave de la religion.

Ainsi, dans les trois génies qu'on peut considérer comme les plus hautes personnifications récentes de l'esprit celtique, la religion reste un caractère principal, il ne s'agit pas d'orthodoxie, mais seulement de la religiosité avec les doutes qu'elle entraine, ou plutôt de ce qui est profondément inné dans cette race, du goût de la religion.

Au-dessous de ces personnifications éclatantes, on peut encore citer Brizeux. Il chanta la Bretagne, et particulièrement son culte, ses saints ; cependant on ne saurait le classer parmi les esprits religieux proprements dits; il se tint toujours pratiquement éloigné du christianisme, et pour lui celui-ci fut bien plutôt un moyen littéraire qu'une idée.

Telles sont les nuances qui marquent, dans le génie celtique, le caractère de sa religiosité ; il ne s'agit point de religion purement et simplement, et un orthodoxe y trouverait bien à redire ; il condamnerait les superstitions et les pratiques magiques conservées, il réprouverait l'autonomie ethnique prise pour base de la foi, il ferait reproche aux plus religieux en apparence, aussi bien des réticences avouées ou tacites de Châteaubriand que des doutes éclatants d'Abélard et, dans la suite, des retours de Lamennais et de Renan ; il apercevrait que le granit qui supporte les calvaires élevés par la croyance est surtout un granit mystique taillé par un profond sentiment ethnique.

Cependant il serait injuste de prétendre que tous les pays celtiques ne sont pas en bloc essentiellement religieux. Les preuves sont nombreuses : les fêtes, les pardons, l'influence du clergé, l'expansion de la vie monacale, le culte de la mort, les vœux des marins et, aux périodes de persécution, la résistance stoïque, le soulèvement de l'Ouest à plusieurs époques de l'histoire. Nous avons voulu seulement montrer que cet esprit religieux lui-même n'a rien de banal, qu'il possède une extrême originalité. Quand il s'agit d'entrer dans le celtisme, il en forme la porte monumentale et pittoresque.

2° *Retour vers le passé*

Le caractère religieux a plusieurs corollaires ou, ce qui est plus exact, il renferme plusieurs éléments qu'on peut en distinguer. Il suppose presque toujours l'amour du passé, qui est une de ses meilleures assises; c'est cet amour qui fait son conservatisme. Au contraire, les esprits hardis, novateurs, brisent volontiers la trame qui les rattache aux temps antérieurs et recherchent surtout le temps futur. L'avenir est, plus particulièrement le domaine de la science, tandis que le passé est celui incontesté de la religion. Les plus religieux peut-être des peuples, les Egyptiens, avaient en même temps le culte de leur antiquité. Ils voulaient conserver impérissables les corps des souverains et des hommes illustres ; ils ne s'écartaient pas des traditions. Tout se tient dans l'esprit humain, il n'existe pas de cases orientées en tous sens ; les penchants de même direction s'accumulent et s'étaient.

Plusieurs des caractères que nous allons décrire dérivent, en effet, du caractère religieux ; ils s'y rattachent, en outre, par la subordination des caractères, principe qui est si répandu dans les sciences biologiques et qui s'applique aussi aux sciences morales. C'est en vertu de ce principe que Cuvier ressuscitait un individu entier au moyen de quelques os retrouvés. De même, dans le caractère tout se commande, et certains points dominants déterminent le reste.

Parmi les religions, celle qui indique le plus ce trait de l'esprit, c'est la religion mortuaire, laquelle a sans doute préexisté aux autres, mais persiste aussi avec et même après elles ; elle domine chez les peuples celtiques. On la trouve, il est vrai, ailleurs, mais peut-être pas avec une telle force ; toutes les coutumes bretonnes révèlent une perpétuelle communion avec les ancêtres ; il y a chez ces peuples pieux une sorte de goût de la mort qui contrebalance en quelque sorte le goût de la vie et qui ne laisse pas d'imprimer aux idées une mélancolie générale et pénétrante.

Chez les Bretons d'Armorique, cette religion mortuaire se révèle surtout par des coutumes et des superstitions ; elle ne se rattache que d'une manière hystérogène au christianisme qui pourtant n'a pu que la renforcer, mais elle remonte au-delà. La seconde journée des noces s'ouvre par un service funèbre ; les idées de deuil ne sont ainsi jamais oubliées. Lorsqu'un décès survient, les animaux eux-mêmes sont animés de la tristesse des survivants, on les fait jeûner et on recouvre les vaches d'un drap noir. Le mort revient d'ailleurs à certains jours, à la Toussaint et à la veille de Noël, il s'assied sur le fauteuil de chêne auprés de l'âtre ; il est défendu alors de balayer la maison, de peur de chasser en même temps les trépassés. On observe la tradition qui exige de laisser un tison dans l'âtre pour réchauffer les âmes malheureuses et une miche sur la table pour les rassasier. Elles ressuscitent d'ailleurs de temps en temps, surtout en cette nuit de Noël.

Cet amour du passé se révèle autrement, par le maintien des cérémonies, des costumes et des usages anciens auxquels tous les Celtes sont opiniâtrement attachés ; leur caractère est rempli d'autant de conservatisme que leur religion ; il est inutile de rappeler ici ces coutumes, dont quelques-unes sont fort curieuses. Il en est qui remontent au temps druidique. C'est surtout dans les grandes circonstances de la vie, naissance, mariage, funérailles, et lors des fêtes, notamment des pardons, lesquels, d'ailleurs, appartiennent davantage encore à la sociologie bretonne, que ces usages sont remarquables. Cependant ils sont peut-être moins caractéristiques qu'ils ne le paraissent au premier abord, en ce sens qu'ils sont communs à tous les peuples pris à un certain stade de l'évolution ; c'est pour cela que nous nous dispensons de les décrire. Ce qui les rend notables, c'est surtout leur persistance beaucoup plus grande chez les peuples celtiques qu'ailleurs. Aujourd'hui, dans toute l'Europe, ils ont à peu près disparu; ils se sont conservés presque entièrement en Bretagne, depuis même que l'électricité et la vapeur ont transformé la surface du pays. Le costume, en particulier, a persisté, mais il disparaît maintenant et avec lui s'efface un des traits les plus visibles du Breton, car il semble que souvent l'homme et surtout la femme tiennent à leur costume plus qu'à eux-mêmes.

Le Breton s'attache à tout ce qui est ancien, à ce que les ancêtres lui ont légué, à ses institutions héréditaires; il n'aime pas les innovations, il est misonéiste. C'est d'ailleurs un peu la conséquence de son éducation religieuse. Ce n'est qu'au bout de plusieurs siècles qu'il se détache des choses trop anciennes pour adopter les plus nouvelles, qui ont déjà pris un cachet d'antiquité elles-mêmes. A travers le druidisme et le christianisme dominaient encore les restes des superstitions magiques ; aujourd'hui, à travers la science et la pensée libre, il se rattache au catholicisme ; il est ainsi en retard sur l'évolution d'un certain nombre d'années. On l'a accusé, sous ce rapport, d'inintelligence et d'opiniâtreté sans mérite. Ce n'est pas tout à fait juste. On n'est pas une race inférieure intellectuellement lorsqu'on a produit les génies que nous venons de citer, ni moralement lorsqu'on a donné d'éclatants exemples de vertus de plus en plus rares et même exaltées de courage et d'héroïsme.

Si le Celte a les regards tournés vers le passé, c'est que telle est la tendance plutôt poétique et mystique de son esprit. On peut classer, pour ainsi dire, tous les hommes en trois catégories bien tranchées : les hommes du passé, ceux du présent, ceux de l'avenir ; il appartient aux premiers par instinct. Tous les trois, d'ailleurs, sont nécessaires et chacun d'eux n'apporterait plus son utilité sociale propre s'il agissait contre son propre caractère. L'homme de l'avenir a plus d'initiative, il recherche toujours les progrès nouveaux, mais, par contre, il encombre souvent tout de son ambition insatiable. L'homme du présent est plutôt un jouisseur ; il est toujours pratique, ne se préoccupant que de ses intérêts et de ceux des personnes les plus proches. L'homme du passé s'attarde bien quelque peu et ne fait pas de grands projets, il vit surtout par la sensibilité et le souvenir, il est désintéressé, et nous verrons au chapitre suivant que c'est là un des torts, peut-être funestes, du caractère breton. Vivre dans le passé a aussi son grand charme, et les gens de ce caractère éprouvent un singulier plaisir à revivre ce qui a été déjà vécu ; ils y pensent plus souvent qu'à ce qui doit venir, et cette tendance se réalise en esprit familial. Le père et la mère le préoccupent autant que l'enfant, tandis qu'en certains pays et à certaines époques les premiers tendent à disparaître de plus en plus du souvenir. Ce retour incessant imprime une grande mélancolie, mais aussi une puissance poétique véritable. Un fait singulier se produit dont nous avons déjà apporté les preuves. Quelquefois, au milieu de cet attachement au passé, surgit tout à coup une idée nouvelle qui illumine l'avenir. C'est certainement Châteaubriand qui a renouvelé la littérature française au commencement du dernier siècle ; il est le père du romantisme qui, depuis, a enfanté lui-même d'autres écoles, mais c'est en voulant replonger dans le passé qu'il a trouvé ce point lumineux de l'avenir. De même, ce fut en cherchant la route des Indes, de la partie la plus extrême du Vieux-Continent, que Colomb découvrit le Nouveau-Monde. En effet, l'illustre écrivain a voulu ressusciter le christianisme, il y a réussi pour un temps, mais de sa tombe il a rapporté pour toujours le principe de l'art nouveau. De même, Lamennais et Renan, en agitant et en remuant toujours jusqu'au fond la foi chrétienne avec leurs doutes et pour ainsi dire leurs remords, ont montré une voie nouvelle d'exploration non avec le raisonnement ou l'observation précise, mais avec le sentiment conscient. Ce retour vers le passé n'a donc pas pour lui sa simple satisfaction, il peut être scientifiquement et artistiquement fécond.

Ce trait de caractère se retrouve dans les plus petits détails, même là où il semble devoir échapper. Par exemple, la rythmique celtique affectionne certains rythmes qui n'appartiennent guères qu'à elle et qui marquent bien cet esprit incessant de retour. Brizeux a mis l'un d'eux en honneur, c'est le ternaire. Dans cette strophe, la même rime, au lieu de revenir deux fois, suivant l'usage général, fait trois fois retour et l'unité est complète, le sens s'arrête. Un tel redoublement produit un effet singulier, fort mélancolique et exprimant bien le sentiment breton inné. Il suffit de citer cette belle stance de Brizeux :

Poète, il est fini l'âpre temps des épreuves,
Quitte nos solitudes veuves,
Et dors, libre et pensif, bercé par tes grands fleuves !

Cependant, nous ne voudrions pas prétendre que ce soit là le rythme le plus souvent employé; les stances binaires que l'on retrouve si souvent dans les chants colligés par de la Villemarqué et Luzel sont plus fréquents. Ils donnent bien une sensation analogue. Il s'agit alors, il est vrai, de rimes plates, mais formant deux à deux une stance, de sorte que l'insistance des consonnances y est encore très grande. Lorsque le poème est ainsi construit, mais continu comme en français, l'effet de retour est beaucoup moins sensible:

Par un soir de grand deuil de tous les bords de l'île,
Vers l'église on les voit s'avancer à la file.

....

Chacune elles avaient leur chapelet en main,
Lentement égrené par le triste chemin. (1)

3o *Retour vers le pays ou caractère nostalgique.* — C'est un des traits les plus communs du caractère breton ou celtique. Tout le monde sait quelle maladie étrange, d'abord morale, puis souvent physique, s'empare du Breton éloigné de son pays; c'est, dans toute la force du terme, un déraciné chez lequel le déracinement produit une douleur constante. Cet instinct n'est pas rare, il existe même chez les animaux; le pigeon voyageur le possède à un haut degré et on l'y utilise; beaucoup d'autres s'attachent aux lieux habités plus encore qu'aux personnes. Des peuples primitifs ont cette impulsion qui les pousse des extrémités de la terre à revenir chez eux, quand même leur sol serait ingrat et incapable de les nourrir. Il n'y a donc ici rien de nouveau, et il s'agit seulement d'une question de degré. Le Celte a

(1) Il faut noter dans le même sens les nombreuses allitérations et assonances de la versification galloise.

l'amour de son pays natal plus que tout autre ; cet amour est devenu proverbial. On cite souvent le cas du conscrit breton. Le service militaire est pour lui un épouvantail, surtout lorsqu'il était de très longue durée ; il lui préférait parfois la mort immédiate. Si seulement il y avait eu des régiments bretons, on s'y serait accommodé, car la patrie tient aux personnes qui nous environnent, autant qu'au sol. Si l'un des deux éléments demeure, tout n'est pas perdu. Mais à dessein et pour assurer l'unité nationale, on a dispersé ceux de la même province. Le conscrit breton se voit dès lors en détresse. Ce n'est pas cependant que la vie militaire lui répugne en elle-même, il ne manque pas de courage et il l'a souvent prouvé ; d'ailleurs, comme marin, il affronte bien d'autres dangers. Justement, ce qui est singulier, la marine, qui l'éloigne pendant des années de chez lui, ne lui cause pas la même répulsion. C'est que sur le navire il part accompagné de ses compatriotes, la pêche l'a préparé à la navigation, la mer n'est d'aucun pays, et s'il a quitté le sien, il ne va pas en habiter un autre. Nous n'avons voulu citer qu'un exemple, car le Breton qui laisse sa province pour toute autre cause, sans espoir d'y revenir, est longtemps plongé dans un désespoir profond. La pauvreté de son sol le force souvent à s'éloigner, il habite alors la France, qui est pour lui comme un pays étranger, dans une condition inférieure, mais de la pauvreté c'est là pour lui la plus dure conséquence, l'homme ne vit pas seulement de pain. On sait que cette demi-expatriation est fréquente pour l'homme et la femme du peuple des Bretons armoricains. Elle a lieu sous une double forme, celle de petites colonies ; on en compte surtout à Grenelle, Saint-Denis, Versailles, le Havre, Trélazé, Nantes. Là ils se retrouvent et conservent une certaine influence du pays natal, or l'isolement complet était le plus insupportable. Quelquefois il s'agit de l'expatriation complète pour le Breton qui émigre dans l'Amérique du Sud, par exemple, mais surtout pour les Irlandais, qui sont allés fonder aux Etats-Unis une véritable colonie, laquelle compte plus de dix millions d'immigrants. Il se produit alors deux phénomènes en sens contraire, mais tous les deux extrêmement curieux.

Nous avons dit quelle persistance du sentiment de la race existe chez les nations celtiques ; que va-t-il advenir quand les individus groupés ou isolés en seront définitivement séparés ? Dans le premier cas, on sait quel est l'avenir ordinaire des colonies ; après avoir conservé plus ou moins longtemps le lien qui les unit à la mère-patrie, elles s'en détachent volontiers, les intérêts sont devenus contraires ; la race subsiste, mais le climat et l'ambiance l'ont modifiée ; s'il faut une guerre pour couper le cordon ombilical qui rattache à la métropole, on la fera ; les Etats-Unis n'ont pas souvenir d'être issus de l'Angleterre, quoiqu'ils en aient conservé la langue. Il n'en est pas de même des colonies celtiques. Celle fondée par l'Irlande aux Etat-Unis a toujours les yeux tournés vers sa patrie ; elle a donné naissance au fénianisme, qui a été fondé à New-York en 1857 ; réunis à Philadelphie les Fénians proclamèrent la république irlandaise ; ils ont toujours continué de favoriser la résistance. En outre, la colonie aux Etats-Unis envoie à l'Irlande des secours de toutes sortes ; en 1896, une réunion tenue à Chicago a déclaré qu'il était temps de lever une armée permanente irlandaise en Amérique ; une oratrice, Miss Maud Gonne, y a fait appel à l'insurrection et c'est à l'instigation des Fénians, qu'ont eu lieu les explosions à la dynamite de 1883 à 1884 et 1885 en

Angleterre. Ainsi se reforme au-delà des mers une nouvelle Irlande qui ne songe point à son autonomie propre, comme tant d'autres colonies, mais seulement à la résurrection de sa métropole. C'est une preuve de cet esprit de retour qui n'abandonne jamais la race celtique.

Ce même esprit n'est pas moindre chez les individus épars ; cependant il produit ici un effet à la fin tout contraire. Il s'opère rapidement une sorte de *dissociation mentale*. La nostalgie saisit violemment les Bretons et plus encore les Bretonnes à leur arrivée dans une ville étrangère où ils sont isolés. La plupart des domestiques à peine placées reviennent pleurer, dit-on, des heures entières à l'établissement charitable qui leur a procuré cette place, et demandent à être rapatriées. Mais bientôt elles secouent ce joug du souvenir, le déracinement est complet et non seulement elles ne pratiquent plus, mais elles renient tout leur passé, elles se livrent à la débauche avec une sorte d'inconscience ; loin de leur terrain, elles ont perdu toutes leurs qualités natives. Il en est jusqu'à un certain point de même des Bretons de conditions supérieures. Renan a bien décrit cet état. Ce qu'il y a, dit-il, de cruel pour le Breton dans le premier moment de sa transplantation, c'est qu'il se croit abandonné de Dieu comme des hommes, sa douce foi dans la moralité générale du monde est ébranlée ; la voix du bien et du bonheur parait devenue sans timbre. Le caractère breton serait ainsi inséparable de son milieu ; il en a besoin pour vivre, pour penser et pour croire. Cette peinture imagée est exacte et Renan en a peut-être fait l'expérience personnelle. Ainsi le caractère celtique se dissout subitement quand il est mis à ce genre d'épreuves, de même que certaines substances chimiques se combinent à certains degrés de chaleur, se dissocient à certains autres. Le motif en a été déjà recherché, et a semblé assez obscur. Le fond de nostalgie qui persiste chez les groupes devrait durer chez les individus, puisqu'il est essentiel. Un tel résultat, en réalité, est l'effet de cette nostalgie même ; si l'on veut revenir au pays, ce n'est pas surtout parce qu'on l'aime, mais parce qu'on en a besoin pour se soutenir, pour se compléter mentalement. Lorsque le choc est trop violent, la mentalité se désorganise, redevient amorphe, est déformée pour toujours. D'ailleurs le Celte, malgré sa religiosité et sa gravité, a, comme le Gaulois, une certaine légèreté de caractère que nous décrirons bientôt.

Les plus grands hommes eux-mêmes de la race celtique ont subi cette influence ; leur religiosité complète, leur idéal, leur adhérence au pays et au climat natal, pour ainsi dire, ne se sont bien conservés que lorsqu'ils ne l'ont pas quitté. Mais une fois définitivement partis, ils l'oublient, le chantent rarement, le subordonnent en tous cas à d'autres passions et à un autre idéal ; il ne semble même pas qu'il leur soit longtemps pénible de s'être éloignés. Châteaubriand n'a jamais chanté la Bretagne, et « la douce souvenance du pays de son enfance » n'a été qu'un éclair rapide ; s'il y revient avec plus de morosité dans les *Mémoires d'Outre Tombe*, c'est en raison de la complaisance qu'un grand homme met toujours à raconter son enfance avec la couleur locale. Il a préféré chanter l'Amérique, la Grèce, l'Orient, le Christianisme officiel, et sauf l'épisode de Velléda, il consacre le surplus de son talent à la France. Lamennais soulève des controverses philosophiques enveloppées de sentiment, mais qui sont de tous les temps et de tous les pays. Renan a des retours vers la Bretagne, mais c'est aussi dans ses souvenirs d'enfance ; il l'a quittée pour ne presque plus y revenir, il est Français d'abord, puis amoureux des régions orientales et bibliques. Brizeux est peut-être le seul dont les vers sentent la nostalgie constamment, mais c'est en définitive loin de la Bretagne, et non sans une certaine rancune, qu'il passera sa vie. C'est que son propre pays lui fut peu favorable, et qu'il ne lui donna même pas de son vivant la renommée à laquelle il avait droit.

3o *Fidélité*

L'attachement au passé et au pays qui est l'un des traits les plus connus et les plus marqués du caractère breton entraîne une autre disposition d'esprit. On s'est plu à orner la mentalité bretonne de beaucoup de qualités dont quelques-unes sont contestables, la franchise par exemple, pour laquelle on a établi parfois un parallèle entre lui et son voisin, le Normand. Sans doute la brusquerie et une certaine dureté donnent les apparences de la franchise, mais les apparences seulement, et il n'est pas prouvé qu'elle soit aujourd'hui bien réellement l'apanage de notre province. Le caractère du Breton est taciturne, son parler, laconique, et quand quelqu'un parle peu, on croit volontiers que des paroles de prudence et de vérité seules, après une longue élaboration, doivent sortir de sa bouche. N'est-ce pas au contraire que le Breton se serait donné le temps de dissimuler ? De même, avec son exubérance le Provençal semble tout en dehors et sa volubilité paraît garantir sa franchise; pour un motif inverse on le juge de la même façon. Dans les deux cas, on a tort et on conclut d'après des faits trop superficiels. Au contraire, la fidélité peut être revendiquée par la race celtique, comme l'un de ses principaux traits. L'histoire entière le prouve, et d'ailleurs la logique le veut. Lorsqu'on s'est environné de liens très forts et très subtils qui nous rattachent d'une part à tous les siècles passés, d'autre part à notre pays natal, cette habitude du lien nous porte à en recevoir et même à en rechercher d'autres, les liens personnels. Ce seront d'abord ceux de la famille, le goût de celle-ci est très développé chez les Celtes, puis ceux de l'amitié, enfin ceux de la dépendance sociale. Malgré sa farouche indépendance collective, chaque Breton pourra donc facilement s'unir d'amitié et même se vassaliser, d'ailleurs sans servilité aucune, car il donnera plus de lui-même qu'il ne recevra ! Cette fidélité l'amène aussi bientôt à un complet altruisme, il se sacrifiera pour autrui sans attendre aucune récompense. L'héroïsme en sera la conséquence dernière. Le désintéressement du Celte est une de ses plus grandes vertus individuelles. Mais cet avantage est dépassé par les dangers qu'il entraîne. La fidélité est souvent aussi pernicieuse qu'elle est belle. D'abord celui qui en profite peut être un ingrat; et l'on s'aperçoit alors avec mélancolie qu'on a fait fausse route et qu'on s'est dépensé pour un indigne. Puis, en faisant ainsi abnégation de soi pour un autre, on s'est affaibli, car, si l'on avait employé sa force dans son propre intérêt, on serait devenu supérieur soit au dehors, soit même dans sa valeur instrinsèque. En outre, une certaine vassalité en est la conséquence inéluctable, ce qui amoindrira toujours un peu. Enfin, ce qui est plus grave, si l'homme à qui l'on s'attache ainsi n'est pas de notre race, on prive celle-ci des services qu'on aurait pu lui rendre et qui auraient sans doute assuré son indépendance. L'histoire confirme ces données logiques. L'Armorique a été féconde en grands hommes d'Etat, en illustres guerriers, et on peut affirmer que grâce à eux elle a plusieurs fois sauvé la France; or, elle sauvait ainsi son ennemie d'alors qui ne lui en sut aucun gré. Il suffirait de citer Duguesclin. On sait quel rôle unique il a joué dans l'histoire de France, aussi bien que dans celle de Bretagne, mais c'est la France seule qui en a profité. Sans doute, il y avait communauté d'intérêts et le point de départ fut la Bretagne, l'Anglais était l'ennemi héréditaire. Cependant il n'en avait pas toujours été de même, et la Bretagne avait tenu la balance entre les deux ; Duguesclin la rompit et ce ne fut ni à son avantage personnel ni à celui de son pays. Il s'attachait à la personne du roi Charles V et à un tel point que l'autonomie de la Bretagne et de son duc en fut diminuée. Il en a été de même de Richemond, quoiqu'il soit devenu duc de Bretagne, mais lors de ses exploits il ne l'était pas et il s'attachait au roi Charles VII. On prétend même aujourd'hui que celui-ci et la France elle-même ne furent point sauvés en réalité par Jeanne Darc, mais surtout par Richemond et l'on oppose à l'héroïne française le guerrier breton. Est-ce bien exact ? Il est permis de douter de cette découverte historique, car les passions politiques semblent obscurcir en ce moment l'auréole de Jeanne ; trop dévote pour les uns, trop hérétique pour les autres, énigmatique pour tous, on a cherché à diminuer cette grande gloire chantée avec tant d'ardeur par Michelet. En supposant exact que Jeanne n'ait fait que ranimer le courage et que les vrais succès militaires soient dus à Richemond, celui-ci serait d'une valeur dépassant celle de Duguesclin ; il se serait effacé en se mettant au service de la France et de son roi, et s'il avait appliqué ses talents et son courage à défendre et à rendre indépendant son vrai pays, il aurait mieux mérité de la Bretagne. Il en est de même du maréchal de Rieux qui fut son auxiliaire. Le roi de France, en créant ces connétables, avait détourné de la Bretagne leur force pour se l'approprier. Charles voulut annexer la Bretagne à la France. Duguesclin ne prit pas parti et s'empressa d'aller guerroyer en Guyenne; mais cette neutralité n'était-elle pas déjà excessive? D'ailleurs, c'est partout que vont guerroyer en France ces grands capitaines sur l'ordre et au profit du roi. L'Angleterre et la France se disputaient la Bretagne ; c'est contre les deux qu'il fallait agir et non pas faire le jeu de la France ; mais c'est qu'alors on s'attachait bien plus aux souverains qu'aux pays; le caractère des Bretons se prêtait davantage encore à ce système par sa fidélité native, et c'est ainsi qu'une qualité précieuse dans le caractère individuel devint funeste pour l'avenir national. Il faut cependant faire exception pour Clisson ; quoiqu'il fut l'un des trois connétables, dignité dont il fut d'ailleurs déclaré déchu par les oncles de Charles VI, il resta toujours indépendant et du duc Jean de Montfort et du roi de France et du roi d'Angleterre, ce qui donnait pour ces temps un exemple d'individualisme rare, car les liens féodaux avaient surtout établi la dépendance de personne à personne.

Une fois incorporés à la France, les Bretons conservèrent cette fidélité chevaleresque, convertie en loyalisme, et les rois de France n'eurent pas parmi leurs hommes d'élite de plus ardents défenseurs. C'est cette fidélité qui fut cause en partie des guerres des provinces de l'Ouest pendant la Révolution ; les Bretons se battirent au nom du roi de France et à son profit, quoique les rois aient souvent à travers l'histoire persécuté cruellement la Bretagne, et quoiqu'ils dussent plus tard se montrer fort peu reconnaissants. Le Parlement venait à peine de subir les violences de la royauté et les exactions fiscales étaient à peine commises, qu'avec une générosité extrême les Bretons versèrent pour elle leur sang. Que ne l'avaient-ils pas versé plus tôt pour eux-mêmes afin de garder leur indépendance ! Tel a été le résultat funeste de la fidélité bretonne, cependant c'est une qualité aussi solide qu'éclatante qui ne peut que faire honneur au génie d'une race.

En effet, c'est elle qui se retrouve non moindre chez les Irlandais. Les rois d'Angleterre les avaient persécutés ; cependant ils soutiennent avec héroïsme dans son infortune le roi Jacques II, et ils auraient peut-être triomphé sans l'inertie et l'impéritie de ce dernier.

4° *Caractère mélancolique et poétique*

Le dicton : *Bretagne est poésie* a été souvent prononcé ; il est parfaitement exact. Ce n'est pas qu'il n'existe en France et ailleurs des poètes aussi nombreux et d'aussi bons poètes, mais il s'agit plutôt ici de poésie latente et diffuse, ce qui n'empêche pas d'ailleurs de temps à autre ce qu'on peut appeler la poésie expresse d'éclater. Deux qualités celtiques se tiennent d'ailleurs de près : la mélancolie, la poésie ; examinons d'abord la première. Ici la partie Gaélique de la race concourt avec la partie armoricaine et l'on entend les mêmes chants pénétrants et monotones des deux côtés de la Manche.

Ce n'est pas seulement le caractère breton qui a été généralement remarqué pour sa tristesse innée, mais c'est aussi le sol breton, pour sa mélancolie ; l'un est facteur de l'autre et il est certain que, si le Celte avait vécu sous un ciel plus clair et plus chaud, son âme se serait modifiée. Cependant ce trait existe dans le fond ethnique, cela est si vrai que l'Irlandais, quoiqu'il habite un sol aride sous un ciel rigoureux, n'en a pas moins un caractère un peu différent, plus gai, plus vif et qui rappelle celui qu'on attribuait aux anciens Gaulois, et cela parce qu'il forme un rameau différent de la race. Les Celtes ont un tempérament grave et sévère, probablement depuis l'origine, mais beaucoup de causes intérieures et extérieures autres sont venues accentuer encore cette innéité.

C'est d'abord l'esprit religieux animant toute cette race ; la religion tourne tout l'homme vers le passé, et aussi, en ce qui concerne l'avenir, presque uniquement vers la mort, celle-ci est remise constamment sous ses yeux par les cérémonies de l'Eglise, par le culte des ancêtres, et les mille superstitions petites et quotidiennes qui entourent les grandes idées. Sans doute, il en est de même chez beaucoup de peuples, mais ici davantage. Le Breton vit dans une communication incessante avec l'au-delà. Une religion aussi sévère que le Christianisme, lorsqu'elle est crue sincèrement et totalement comme en Bretagne, doit influer dans ce sens avec énergie, et il faut y joindre toute la prérreligion que nous avons décrite, religion animiste qui peuple chaque site de la nature d'âmes et de démons alternant avec les nains et les fées. La mythologie riante des Grecs n'a pas peu contribué à leur bonne humeur, la religion sombre qui est devenue celle des Celtes a collaboré avec la race pour en faire un peuple *mélancolique*, triste d'habitude, un peuple courageux contre les dangers de la vie, mais terrorisé par les fantômes d'au-delà de la mort. Pour lui, en effet, mort et religion se confondent. Il ne peut oublier un instant ni l'une ni l'autre, puisqu'une foule de pratiques lui en rappellent sans cesse le souvenir.

Tel est le facteur intime ; une foule d'autres extérieurs viennent s'y joindre, c'est d'abord et surtout le milieu géographique. Dans l'Armorique, la nature est lugubre, soit au centre, soit sur les côtes. Au centre sont les forêts, et depuis que beaucoup ont été défrichées, restent les landes ; dans la Haute-Bretagne, les terres cultivées sont plus fréquentes, mais là-bas elles ont été très rares ; ce sol aride était une cause de pauvreté, d'efforts, et auparavant procurait déjà un sentiment pénible. Sur les côtes, le spectacle d'une mer sauvage, munie d'écueils, à rives abruptes, frappait davantage l'imagination ; d'ailleurs, cette mer il fallait l'aborder, la braver, en vivre ; avant même d'être marin, on était nécessairement pêcheur ; or la pêche a déjà ses grands périls quand l'ouragan particulièrement terrible dans ces parages vient à souffler.

Aprés le pêcheur, le marin. Sa vie isolée sur les voiliers était de plus en plus assombrissante, d'autant plus que le gain qui déride venait rarement. Landes, forêts, monts, rivages, mer, tout conspirait pour pénétrer l'âme armoricaine.

Le même cadre environnait le Celte de l'Ecosse, un peu modifié cependant ; c'était surtout un montagnard, mais la montagne vaut la mer pour l'impression et d'ailleurs la mer n'était pas absente ; aussi l'Ecossais, comme ses chants le prouvent, rivalise avec l'Armoricain pour la tristesse. Il rivalise aussi pour la stérilité du sol. L'Irlande, la verte Irlande, n'a pas un aspect aussi austère, mais c'est une île, c'est-à-dire un sol isolé par définition.

Que si le Breton se tournait vers la Société dont le seul mouvement nous arrache aux impressions mélancoliques, il n'y trouvait pas la distraction ordinaire. Sauf dans les grandes villes, il restait épars ; de grands espaces séparaient les fermes et les villages. Dans les villes mêmes et dans l'ensemble du pays il ne trouvait point le conglomérat puissant, l'organisation, l'unité qui rassure. L'autonomie même de la province fit défaut. Il ne fut jamais complètement indépendant. Posséder la souveraineté est le grand incitant ethnique ; les peuples qui ne l'ont pas connue se sentent inférieurs à eux-mêmes.

Deux éléments viennent clore la série de ces puissants facteurs, l'isolement dont nous parlerons un peu plus loin, et la pauvreté. Ce dernier aurait suffi. Le Celte, et c'est là sa grande infériorité sociale, ce serait même son annihilation si l'on adoptait entièrement les principes du matérialisme historique, a toujours été, il est encore pauvre, c'est son incurable maladie. Beaucoup des habitants de l'Armorique ne peuvent gagner leur vie ; partout la faim les chasse ; dès le moyen-âge ils quittent le pays pour combattre ailleurs comme mercenaires ; aux XVIe et XVIIe siècles, ils vont peupler les colonies d'Amérique, c'est un Breton, Jacques Cartier, qui les emmène au Canada, cette nouvelle France qu'on pourrait appeler une nouvelle Armorique, car elle a eu les mêmes destinées ; aujourd'hui encore ils émigrent soit pour former des colonies dans les grandes villes de France, soit à l'Etranger, surtout dans les républiques américaines du Sud ; aussi en Bretagne la population décroît sans cesse. La fécondité bretonne, le chiffre considérable des naissances, augmente encore cette indigence. Est-il besoin de mentionner la misère proverbiale de l'Irlande, l'émigration formidable qui en est la conséquence, si bien que la question économique a fini par y supplanter la question religieuse, et que le plus catholique des peuples est devenu les plus nihiliste ? L'Amérique est pour l'Irlandais une seconde patrie, presque aussi étendue et plus clémente que la première. Comment ne pas être triste, et, ce qui est plus marqué, triste héréditairement parmi cette misère, car cette tristesse s'est accumulée, par la persistance des facteurs, de générations en générations?

Telles sont les causes dont le confluent est la mélancolie de toute la race. Cette mélancolie peut se constater partout, elle est l'état permanent qui résulte de moments innombrables de tristesse soufferte; quand même la race serait transportée dans un milieu plus favorable, elle subsisterait. On peut le constater chaque jour et dans les moindres actions. Le langage est lent, traînant, chantant, ce qui ne le rend pas plus harmonieux, au contraire; une certaine indolence que nous décrirons, une paresse de corps et d'esprit, le manque même de propreté qu'on a souvent reproché avec raison, sont la conséquence d'un désintéressement de la vie. On ne forme pas de grands projets, on ne sollicite point l'avenir, on vit dans le présent et le passé seulement. Les danses ont un caractère grave, l'amour lui-même a le pas solennel, la religion contribue à rendre demi-mystique, ainsi que le tempérament concentré de la race, souvent lascif en même temps. Les pratiques religieuses, trop fréquentes, n'ont plus rien qui rebute, ce n'est point par effort qu'on s'y livre, mais par goût, et ce qui fait ce goût, c'est que l'esprit de cette religion est conforme au génie ethnique par une semblable tristesse. Le plain-chant berce cet état d'âme qu'il ne brusque point, n'excite point, mais apaise et a parfois la bienfaisance d'endormir. Les assemblées, les fêtes du peuple où périodiquement la joie vient interrompre le travail et l'ennui ont un caractère particulier; ils ne se relient point aux fêtes religieuses, seulement par la forme, mais par le fond même, ils deviennent les pardons. Ces pardons, une des principales curiosités de la Bretagne, ont été souvent décrits, ils forment une sorte de lien social rudimentaire, comme les assemblées amphyctionniques en Grèce. Mais ces fêtes sont dans la plus grande partie de leur durée tellement religieuses qu'un caractère de gravité et de mélancolie les accompagne jusque dans leurs éclats.

La tristesse bretonne se manifeste encore dans les curieux calvaires qui font notre admiration. Ceux-ci sont souvent situés auprès des cimetières et des ossuaires. Ils parlent eux aussi de la mort, de la mort divine, dans tout son entourage et ses détails. Ce sont eux que l'on rencontre dans les campagnes, qu'on prend pour étapes des voyages et dont l'aspect vient reposer pendant la route. C'est une diversion qui ne tranche pas sur le fond de la vie, mais qui en accentue de temps en temps et en résume les actes et les pensées.

De même que les danses et plus encore, les chants bretons ont un caractère de mélancolie qui ajoute à leur monotonie, mais cela est commun à beaucoup de peuples et tout objectif. Ce qui est particulier et subjectif c'est que tous ou presque tous les airs bretons sont en mode mineur, on sait combien cette altération modifie l'impression du rythme musical. On peut dire que ceux en mode majeur ont un effet entraînant, réconfortant, sinon réjouissant, tandis que les autres sont profondément mélancoliques. Toutes les distances entre les notes se trouvent déplacées. Il est impossible de rendre un compte raisonné de cet effet, mais il est vivement senti par toutes les oreilles, même celles peu sensibles.

Tel est un des traits les plus marqués du caractère breton, et cependant on peut objecter que le Celte ne reste pas toujours enveloppé dans ce deuil continu, qu'il en sort de temps à autre, et qu'alors sa joie est démesurée ; les cris, les coups, l'ivresse, la débauche y éclatent ; qui ne connaît les bordées du matelot breton ? C'est le plus terrible de ceux qui s'amusent, quand il s'amuse, et il est bon de ne pas se trouver sur sa route. La Bretonne elle-même est souvent légère, coquette ou mondaine à un degré qui n'est dépassé dans aucun autre pays.

Cela est vrai, mais c'est précisément la preuve la meilleure de l'état que nous venons de décrire. Après une longue compression, quand même cette compression ne viendrait que du caractère, l'homme éprouve le besoin d'en sortir et il ne peut le faire que violemment, il ne pourrait, comme d'autres, prendre un tour raisonnable de plaisir et de fête, il lui faut oublier complètement sa vie quotidienne. C'est ce qu'il essaie de faire et ce qui le conduit parfois à une complète ivresse, pour se procurer d'un coup la joie difficile pour lui. Dès lors, il ne se connaît plus, mais le lendemain il se repent tout honteux. Ce qui le prouve, c'est que c'est surtout à la fin des fêtes religieuses, des pardons, qu'il agit ainsi. Le summum de tension a amené le maximum de détente.

La mélancolie bretonne conduit tout droit à la poésie, surtout à celle immanente, instinctive, que souvent le poète ne manifeste que pour lui ou pour ses proches, sans ambition aucune, pour le seul plaisir de créer. Il faut, en effet, distinguer ici la poésie populaire et la poésie lettrée ; tandis que dans beaucoup de pays la première a disparu devant la seconde, ici elle est persistante et c'est la plus intéressante à étudier.

La poésie populaire bretonne existe depuis longtemps, celle de l'Irlande est plus ancienne encore. Elle comprend les gwerz, les sônes et les mystères. Le gwerz est le chant épique historique ; le sône est le chant lyrique ;

le mystère est le drame; dès les temps les plus anciens, les bardes ont formé une sorte de classe adonnée à la fois à la composition et à la diction des œuvres poétiques, comme en France les troubadours et les trouvères; c'est surtout aux veillées et, en outre, à certaines fêtes, les aires neuves, les pardons, qu'on les voit apparaître; ils sont tout à fait semblables dans la Bretagne de France et dans celle d'Angleterre; c'est de ce dernier pays qu'ils sont originairement venus chez nous. Parmi les Gallois, on cite surtout Taliésin et Gwinchlan; parmi les Armoricains, Saint-Hervé et Cadiou; les bardes se sont conservés sans interruption jusqu'à nos jours. Yann ar Gwenn, rappelé par Brizeux, le barde aveugle, Yann ar Menoùs sont les plus connus de ceux du siècle dernier. Ils composaient, écrivaient, chantaient, distribuaient leurs chansons bretonnes, se rendant de paroisse en paroisse. Ce sont ces pièces qui ont été colligées depuis et ont formé les recueils de la Villemarqué, de Luzel et d'autres, si poétiques; c'est toujours en vers, non en prose que cette éclosion a eu lieu. Ce ne sont pas seulement les bardes populaires de profession qui ont créé cette littérature, tous les Bretons se mettaient à l'œuvre, car chez eux la poésie coule de source, des personnes de toute profession, filandières, tailleurs, tisserands. Le goût le plus vif du peuple était réservé pour les mystères, ces drames primitifs. Le mystère de Jésus, ceux de sainte Nonn, de sainte Tryphine, de sainte Geneviève, des quatre fils Aymon, de sainte Barbe, de saint Guénolé sont devenus classiques à leur manière; ils ne semblent remonter d'ailleurs qu'au XIVe ou au XVe siècle. Comme en Grèce, la représentation avait lieu souvent en plein air. Les Bretons se pressaient en foule à ces représentations, comme ils le font encore. Ce qu'il faut remarquer en passant, c'est le caractère sombre de ces drames, où l'on va quelquefois jusqu'au paroxysme de l'horreur, comme dans le mystère de sainte Nonn; en tout cas, le ton en était toujours grave et empreint de la tristesse de la race.

De nos jours, un Breton, d'ailleurs d'un talent remarquable, donne bien une idée de cette poésie populaire. Il compose, il est vrai, en langue française, mais il chante uniquement la Bretagne, il a bien le ton de la race celtique; d'autre part, comme les bardes, il compose lui-même les chants ou les pièces qu'il va déclamer ou représenter, ce qui n'a pas lieu d'ordinaire dans la poésie lettrée; il conserve encore en cela la tradition. Tout le monde l'aura reconnu. Mais il chante en français, et sur ce point manque, hélas ! la ressemblance. S'il eût chanté en breton, il aurait peut-être marqué la résurrection du bardisme celtique.

En Irlande, en Galles, les productions poétiques spontanées sont innombrables aussi, et, en outre, c'est là surtout que sont nées les grandes légendes épiques qui sont à la race bretonne ce que l'Iliade et l'Odyssée furent à la Grèce, la Chanson de Roland à la France et les Niebelungen à l'Allemagne; c'est de là qu'elles furent importées en Armorique. Il ne s'agit plus du temps préreligieux et préhistorique marqué par le Merzin des Gallois et le Merlin des Bretons, mais du temps, historique déjà, où les Celtes d'outre-Manche luttaient contre les Saxons pour conserver leur indépendance. Ce qui est plus remarquable encore que l'existence de ces puissantes épopées, c'est leur rayonnement sur la France elle-même et sur toute l'Europe.

Le héros central de ces poèmes héroïques, autour duquel tous les autres viennent se grouper, c'est le roi

Arthur, celui qui lutta longtemps pour cette indépendance. C'est au VIe siècle que florissaient dans le pays de Galles les bardes Aneurin, Taliésin, Llywarch, Merzin ; les émigrants emportaient leurs chants avec eux. Le roi Arthur n'avait, en réalité, rien du rôle élevé dont la poésie l'a investi, c'était un chef barbare et violent, toujours en guerre, juste ou injuste, ayant enlevé la femme d'un chef voisin et lui-même subi le même sort ; il ne régnait même pas sur Galles tout entière ; tantôt vainqueur, tantôt vaincu, il ne put que retarder l'invasion par la bataille de Hills, gagnée par lui. Mais il est transformé par l'imagination, on en fait le type de la chevalerie avec ses gloires et ses délicatesses. Cette chevalerie prend la nuance du caractère celtique. Celle française de la Chanson de Roland est une chevalerie purement guerrière avec l'honneur guerrier ; celle-ci introduit un élément nouveau que nous retrouvons aussi ailleurs, chez les troubadours, celui du culte féminin mêlé sans doute d'aventures galantes, mais non grossier ; la teinte mélancolique n'y fait pas défaut. Les contes populaires des anciens Bretons sont rédigés d'après les ouvrages gallois. Au nom d'Arthur, resté si populaire, est associé celui de la Table-Ronde qui, à son tour, donne le sien à l'ensemble de cette littérature. Les principaux héros sont Merlin, Lancelot, Ivain, Tristan ; dans un ordre d'idées différent, l'ordre religieux entrant si bien dans l'esprit celtique, il faut noter Parcival ou la recherche du Saint-Graal.

Mais, nous l'avons dit tout à l'heure, ce qui est plus remarquable, c'est l'influence que cette littérature épique de la Bretagne eut sur la littérature française naissante. Comme on le sait, cette dernière, au point de vue du poème, comprend trois cycles bien distincts : le cycle français ou carolingien, le cycle breton, et le cycle des sujets classiques, Ulysse, Alexandre, etc. Le second tout entier est de source bretonne. Tous les sujets traités par les Gallois et les Bretons furent repris et en vers et en prose. Chrétien de Troyes y emprunta son *Chevalier au Lion,* et, en prose, Marie de France raconta à son tour *Lancelot*. Wace composa le roman de *Brut,* où il chante de nouveau les faits et gestes des rois de la Grande-Bretagne. Le pays celtique fut donc le point de départ de toute une floraison de poésie et la France vint y cueillir une ample moisson.

Ce ne fut pas seulement la France. A son tour, l'Allemagne est venue y puiser, par l'intermédiaire de la littérature française sans doute. A son tour, elle chanta Tristan et Isolde et beaucoup d'autres personnages de la Table-Ronde. Elle y joignit sans doute ses propres épopées, dans les *Nibelungen* par exemple, mais parfois elles ne sont que des épopées celtiques transfigurées.

Ce qui est plus remarquable encore, c'est que le poème breton, après avoir passé de Galles en Armorique, d'Armorique en France, de France en Allemagne, nous est, de nos jours, revenu de ce pays dans l'œuvre wagnérienne. Le grand musicien a été le chantre de Parsifal ; nous pouvons retrouver notre bien partout.

A côté de cette poésie celtique de l'Armorique, ou plutôt de la Basse-Bretagne, se présente à l'observation celle de la Haute-Bretagne, soit populaire, soit lettrée, qui chante ou écrit en français. La poésie populaire ne se distingue pas beaucoup de celle des autres provinces, elles ont été recueillies par le folk-lore, surtout en l'Ille-et-Vilaine ; on y remarque seulement une teinte plus mélancolique. Quant à la poésie lettrée, la plupart des poètes bretons et français n'ont pas chanté la Bretagne ;

il existe cependant quelques exceptions que nous avons citées. La principale est certainement celle du poète Brizeux. Mais c'est un poète bretonnant en partie : l'auteur de *telen arvor*, cependant il est supérieur comme poète français, là il a chanté presque constamment la Bretagne, employant même les rythmes particulièrement bretons, le ternaire, le distique ; par là encore, il s'en rapproche. Enfin, l'impression qu'on éprouve en le lisant est bien une impression bretonne ; ses chants sont empreints d'une mélancolie profonde et l'amour voilé qu'il décrit est bien celui d'un Breton. Sa religiosité même a le caractère spécial de celle de notre race.

Mais la poésie armoricaine de la Haute-Bretagne n'est pas toute dans les vers ; la plus forte partie en est contenue dans la prose, et, dans cet ordre, il faut citer surtout Châteaubriand, qu'on pourrait surnommer le poète en prose. Ne faut-il pas y comprendre aussi beaucoup de pages ardentes ou rêveuses de Lamennais, de Souvestre, de Jules Simon et surtout de Renan ?

5° *Individualisme, isolement, originalité*

Nous joignons tous ces traits de caractère parce qu'ils dépendent les uns des autres et s'engendrent pour ainsi dire, et aussi parce que l'un nuance souvent l'autre, le particularise et fait qu'un trait qui serait commun à la race bretonne et à d'autres n'appartient, ainsi constitué, qu'à celle-ci.

L'individualisme est une qualité humaine et sociale bien connue ; elle a été surtout étudiée dans ces derniers temps, d'autant plus qu'on en avait devant les yeux de parfaits spécimens. Il forme l'exception ; la plupart des peuples sont sociétaristes, c'est-à-dire que l'individu s'y fond, soit en totalité, soit en trés grande partie, dans la société qui l'absorbe. Tels étaient les Grecs et les Romains; la patrie était tout pour eux, les individualités lui étaient sacrifiées; à Sparte, la famille elle-même disparaissait devant l'Etat. Il en est ainsi à plus forte raison dans les gouvernements absolus de l'Orient, où le monarque personnifie la société. Les nations latines ont recueilli ce caractère comme héritage; elles sont essentiellement étatiques, un niveau commun s'étend sur eux; la liberté, l'égalité y sont souvent des mots et des fictions. Il en est autrement des peuples germaniques; jamais l'individu n'y a perdu entièrement ses droits et il les a vite complétés. L'*habeas corpus* a été une des maximes les plus anciennes et les plus célèbres de l'Angleterre. C'est en ce pays que l'individualisme germanique s'est le mieux développé; chaque Anglais est jaloux de sa personne et de ses droits; au lieu de s'en remettre à des fonctionnaires publics, il poursuit lui-même les infractions dont il est témoin; il n'a voulu de bonne heure être jugé que par ses pairs, a imposé à ses rois la Grande-Charte, et le gouvernement par excellence est chez lui ce gouvernement mutuel, exercé réellement par tous, qu'on appelle le *self-government*, le gouvernement par soi-même. Les Etats-Unis d'Amérique ont encore développé ces principes, ils y ont ajouté tout de suite la liberté religieuse, qui couronne l'autonomie de l'individu. Le contraste est très marqué entre les peuples individualistes et les autres; une foule de qualités et de défauts en dérivent. Chez les individualistes, chaque individu possède une beaucoup plus grande valeur, il se suffit à la rigueur à lui-même, tandis que chez les autres, dès que l'appui de l'Etat lui manque un seul instant, il ne peut plus rien. Aussi a-t-il l'approbation de tous les psychologues. Cependant la force sociale peut en être un peu affaiblie, la minorité se soumet plus difficilement à la majorité; le manque de cohésion, les guerres civiles, sont à craindre.

Il faut ranger tous les Celtes parmi les individualistes. Ils l'étaient déjà en Gaule avant le temps de Jules César, si l'on en croit ses chroniques ; les peuplades étaient séparées, guerroyaient entre elles et pouvaient difficilement s'unir. Il en fut de même en Irlande, où il y avait plusieurs royaumes. De même, l'Armorique était divisée en beaucoup de principautés, leur réunion en royaume pendant quelque temps, puis en duché, fut plutôt nominale. Dans ce duché, il y eut même deux capitales, Rennes et Nantes, qui l'étaient alternativement. Aucune communauté d'idées et de langage n'existait entre la Haute et la Basse-Bretagne. Il y a là sans doute un état matériel et géographique, mais l'état psychique était synchronique ; en une telle situation, il ne pouvait se former un lien social très fort. Les villes et les villages étaient d'ailleurs distants les uns des autres. Il n'y avait pas non plus d'intérêt économique commun; cet état ne se produit que dans les pays relativement riches, la pauvreté laisse chacun chez soi dans ses occupations, sans avenir et sans échappée.

Comment se fait-il que des peuples si contraires, l'anglais, le breton, se distinguent tous les deux des autres par ce trait commun de l'individualisme ? C'est que leur individualisme n'est pas identique. On peut être individualiste en restant dans la société, parmi une population très dense et très active, aux travaux de laquelle on prend part ; c'est ce que fait l'Anglais ; il délibère en commun dans des meetings, travaille en commun dans de vastes usines et forme avec ses compatriotes d'immenses colonies ; cependant il ne se confond jamais psychiquement dans cette foule, il n'y voit que l'extérieur de lui-même, l'intérieur est tout entier réservé, sa pensée, ses sentiments et surtout sa volonté ; aussi il supporte facilement la solitude, sans la rechercher parce qu'il sent qu'elle constituerait pour lui une faiblesse. Au contraire, le Breton n'est pas seulement un individualiste, c'est, de plus, un solitaire de goût, il se suffit ; non pas qu'il n'aime aussi les plaisirs bruyants, mais il rentre ensuite en lui-même. D'ailleurs, qu'il le veuille ou non, il est isolé, et c'est le second côté de ce trait de son caractère ; son isolement, même forcé, déteint sur son individualisme et lui donne une nuance particulière. Il arrive à accomplir seul une action d'éclat, à proposer une grande idée, à se faire admirer d'un public, mais un moment, et si pour cela il lui faut être accompagné, l'acte fait, il se retire de nouveau dans son isolement. Son individualisme est ainsi plus grand, il aboutirait facilement à une séparation du monde entier.

Voici quel en est le développement et nous devons citer tout de suite des exemples. Tout d'abord, le Breton se plaît à ne pas entrer dans une hiérarchie sociale dont il dépendra ensuite, cette hiérarchie fut-elle celle de son propre pays. Il veut agir indépendamment, même dans l'intérêt commun. Ses grands marins sont facilement des pirates ou des partisans faisant la guerre à leurs frais et pour leur compte ; il en est ainsi de ses grands guerriers. Ils ont aimé les duels collectifs, convenus ; le combat des Trente, devenu si célèbre, entre Beaumanoir et Pembroch en est une preuve ; la rencontre a lieu au pied de l'unique chêne qui se dresse dans une lande. Au plus fort du combat, Beaumanoir demande de l'eau. « Bois ton sang, Beaumanoir ! » lui crie Geoffroy de Blois. C'est bien là l'héroïsme de l'indépendant ; on eût contre le Français déployé le même courage. C'est de la même façon qu'opère souvent Duguesclin ; en 1356, il s'empare ainsi du château de Fougeray; déguisé en bûcheron, il se présente à la porte, on lui ouvre ; à un signal, il fait accourir sa petite troupe, postée non loin de là ; l'alarme donnée, il lutte seul contre sept Anglais ; le château est pris et, suivant l'usage, la garnison massacrée. Il aime, tout Breton qu'il est, à louer ses services au Roi de France et, à la tête des grandes compagnies, il va combattre en Espagne. Tout ce qu'il fait est ainsi personnel ; il possède, il est vrai, la haine de l'Angleterre, mais entre la Bretagne et la France, il est indifférent. De même Clisson, qui combat autant pour l'une que pour l'autre ; il se bat, en réalité, pour satisfaire ses penchants héroïques. Mais le plus frappant exemple de cet individualisme guerrier fut la Tour d'Auvergne ; son histoire est trop connue pour que nous ayons à la relater ici. Lors de l'émigration, sollicité d'émigrer par les autres officiers nobles, il s'y refusa, préférant combattre pour la France ; alors ses camarades imputent une telle résolution à son désir d'avancement. Il répudie un tel mobile et jure, dit-on, de ne jamais dépasser le grade de premier grenadier. Toutes les dignités offertes, il les rejette aussi bien sous la République que sous l'Empire, tout en gagnant des victoires. La Tour d'Auvergne reste le grand isolé, même dans la vaste famille militaire, il le fut et vis-à-vis de l'aristocratie, dont il n'avait pas voulu suivre l'exemple, et vis-à-vis du Pouvoir, dont il n'acceptait pas les offres; il se tint ainsi en dehors de la hiérarchie militaire, comme un solitaire à la plus haute puissance.

Sans doute, lorsque le Breton se trouve en présence de nations qui en veulent à l'indépendance de sa province, son individualisme personnel devient un individualisme national, et il défend celle-ci avec la plus grande ardeur; il n'est pas besoin d'ajouter qu'il en est de même de l'Irlandais. C'est ainsi que craignant un danger du côté de l'Angleterre, l'Armorique a toujours lutté contre les Anglais et l'union française s'est faite par cette lutte. A la veille de la Révolution, le Parlement de Bretagne fut un de ceux qui résistèrent le plus courageusement pour conserver les immunités bretonnes, et il avait autrefois fallu de rudes batailles avant que, par un mariage forcé, la reine Anne ait laissé réunir la Bretagne à la France, mais dès que l'indépendance du pays n'est plus en jeu, l'individualisme personnel, ainsi que la solitude et l'éparpillement qui en sont la suite, reprennent le dessus, d'où un réciproque éloignement très singulier de la Bretagne pour ses enfants et de ses enfants pour elle. Elle a délaissé la plupart de ses grands hommes et ils sont passés à la France. Cela est vrai de ses héros guerriers comme de ses génies, de tous les illustres parmi ses enfants.

Nous rappellerons ici ses trois fameux connétables : Duguesclin, Clisson, Richemont. Dès que le premier eut chassé les Anglais du sol breton, il s'attacha à la personne de Charles V, c'est pour lui qu'il guerroyait. Il en fut de même de Clisson. Quant à Richemont, c'est du côté de Charles VII qu'il se tourne, il rivalise avec Jeanne Darc pour sauver la France. Sans doute, Anne est la bonne Duchesse, mais elle devient la Reine de France. Cela est plus vrai encore quand il s'agit des grands écrivains. C'est à Paris qu'Abélard enseigne ; Châteaubriand quitte la Bretagne, n'y revient pas, et ce qu'il chante ce n'est point Armor, c'est la nature vierge de l'Amérique, c'est l'antique Orient, c'est le christianisme naissant en Italie et en Grèce. Lamennais, perdu dans les controverses, les doutes, la religion du sentiment, n'a point les regards tournés vers Saint-Malo, et si Renan nous raconte Tréguier, c'est seulement pour décrire son enfance, l'avenir l'emporte plus loin. La Bretagne fait de même, il faut le reconnaître, elle n'a cure de ses enfants dès qu'ils l'ont quittée; Brizeux, qui la chante pourtant, doit fuir le sol natal inhospitalier.

Ce sont des effets fâcheux, mais nécessaires, d'un extrême individualisme et de l'isolement. L'union dans la famille est extrême, dans la province elle est plus relâchée. Il en résulte, comme nous le verrons, une infériorité sociale. C'est bien pis encore à l'intérieur, ce caractère y est aussi très marqué; les forces individuelles très grandes restent dispersées. C'est à ses divisions intestines, à son émiettement, que la Grande Bretagne dut d'être conquise par les Anglais. En Armorique beaucoup d'entreprises ont échoué par la dispersion, par l'aversion de village à village, de ville à ville. On peut sous ce rapport comparer deux guerres civiles, contemporaines l'une de l'autre, celle de la Vendée dans le Poitou, celle de la Chouannerie en Bretagne. La première est une guerre sociale, il s'y forme une grande armée qui finit par manœuvrer sous la direction d'un seul chef; elle fut, il est vrai, éphémère, mais tant qu'elle dura, elle eut un caractère organique, aussi remporta-t-elle des succès relatifs importants. La seconde fut une guerre individuelle, intermittente, prolongée, sans relations d'un chef à l'autre, sans entente, et qui aboutit au grand massacre de Quiberon et non à des batailles rangées. Ce fut un effet de l'individualisme, de l'isolement breton ; la guerre d'ailleurs n'en fut que plus cruelle et plus prolongée.

Un tel caractère est facilement explicable en dehors de l'élément de la race. La géographie et l'histoire y ont à la fois conspiré. La Bretagne est une presqu'île, au sens géographique et moral, il en est de même de l'Ecosse et du pays Gallois ; l'Irlande est insulaire. Ces pays n'ont presque pas de voisins, ils entretiennent peu de rapports avec ceux qu'ils peuvent avoir. C'est en dernier lieu que Jules César et Charlemagne songent à les conquérir. S'ils commercent, c'est au-delà des mers, et non près de chez soi ; ils ont d'ailleurs peu d'objets d'échange, leur sol étant infécond. L'un, l'Armorique, s'étendait sur un grand espace de terrain, les communications allaient difficilement jusqu'à l'extrémité ; l'Irlande renfermait les *penitus toto divisos orbe Britannos* que chantait Virgile. Par là même, il n'y a pas de mélange de sa race avec les races étrangères, et si cette race n'est ellemême en dernière analyse qu'un mélange remontant à une époque lointaine, elle a pu se tasser et se fixer. Le développement de la marine a retourné la Bretagne du côté opposé au reste de l'Europe. On voit combien sont nombreux et puissants les facteurs d'isolement. Nous avons déjà indiqué les facteurs psychiques, ce sont ceux qui lui ont procuré son fonds de tristesse et de poésie.

Mais il existe de cet isolement un autre facteur important, c'est le langage. Tandis que la plupart des autres provinces d'Angleterre et de France ne se distinguent que par la différence des dialectes, le celtique est une langue ou plutôt une série de langues indépendantes des autres. Il s'est suffisamment conservé, assez de Celtes ignorent le français pour qu'il s'élève là une puissante barrière. En outre, les idiomes celtiques ont un caractère qui convient bien à la nature du Celte ; nous y reviendrons tout à l'heure.

Ces deux points solidaires chez le Breton, l'individualisme, la disposition à l'isolement, ont produit un fruit précieux que beaucoup d'hommes et de peuples recherchent maintenant surtout, et qui est tout à fait naturel à la race celtique : l'originalité. Cette qualité a pourtant ses mauvais côtés, surtout dans les classes inférieures, elle rend trop hétérogène. Lorsque le conscrit breton se trouve mêlé à d'autres provinciaux dans l'armée française, on tourne en ridicule sa contenance, ses usages, ses goûts, ses idées, tellement tout cela détonne sur l'ensemble ; il est de mode de penser et d'agir comme tout le monde dans un certain milieu, on ne voit pas ce qu'il y a d'or moral parmi cette gangue et qu'au soldat et au marin breton il ne pourrait en être remontré par personne en fait de courage et d'héroïsme, ses croyances sont respectables, quoique défigurées par des pratiques absurdes. Mais c'est dans une sphère supérieure que l'originalité celtique devient du génie dans l'âme de ses grands hommes et de ses grands écrivains. Il suffit de nommer parmi les modernes les trois figures déjà citées : Châteaubriand, Lamennais, Renan, dont chacun a donné son empreinte si personnelle à la littérature française ; le premier l'a entièrement renouvelée avant Hugo. Les grands hommes de guerre ont fait preuve de la même originalité puissante. Faut-il encore nommer Duguesclin, cet original par excellence, moralement et physiquement singulier, qui n'eut peut-être pas sous ce rapport de semblable dans l'histoire du monde ? Bien personnel, quoique un peu effacé, est resté aussi Richemont en face de Jeanne Darc. Mais celui qui le fut davantage est peut-être La Tour d'Auvergne ; tout en lui est extraordinaire, jusqu'à ses vertus extrêmes, à sa simplicité non affectée ; l'originalité s'unit d'ailleurs chez lui à l'individualisme et à l'amour de l'isolement, comme à ses sources.

6° *Rudesse, franchise, taciturnité, entêtement*

Tout se tient dans le caractère, et il faut examiner souvent ensemble plusieurs qualités ou plusieurs défauts pour bien le comprendre. Il faut même aller plus loin, la vue devrait en être synoptique, et si l'on ne devait pas analyser, pour plus complètement décrire, il faudrait voir tous les traits les uns dans les autres, car ils se modifient entre eux et se déterminent.

L'isolement, l'esprit religieux exalté et sévère, l'individualisme lui ont donné ici une grande rudesse ; ce dernier seul aurait suffi, car il a imprimé les mêmes défauts et les mêmes qualités aux peuples anglo-américains. Cette rudesse peut aller jusqu'à la cruauté ; on a souvent rappelé cette barbarie des habitants des côtes bretonnes qui massacraient et pillaient sur les navires naufragés, et même les attiraient par des feux trompeurs vers la côte inhospitalière. Mais la rudesse, qui consiste à exclure tout langage flatteur, cérémonieux et même poli, n'est point la dureté, elle en donne seulement parfois l'apparence. Elle dissimule la bonté, la pitié, la charité et ne les exclut pas ; elle les conserve même intérieures et vivaces. Souvent, celui qui manifeste une grande bienveillance à l'extérieur se dispense, lorsque l'occasion se produit, de rendre service. Le Celte, au contraire, est bienfaisant parce qu'il est accessible à la pitié, mais il ne cherche pas à nouer par là des relations plus étroites. C'est plutôt pour lui-même qu'il est bienfaisant, en ce sens qu'un refus diminuerait sa propre valeur morale. Mais, le service rendu, la rudesse revient comme état habituel. Du reste, il est dur envers lui-même, c'est-à-dire stoïque. Voici un Breton et un Anglais, ces deux ennemis héréditaires, en face l'un de l'autre, on sera très surpris de remarquer chez l'un et chez l'autre la même raideur; cependant cette identité n'est qu'apparente. celle de l'Anglais, il est vrai, comme celle du Breton, sera quelquefois bienfaisante, mais elle demeurera plus égoïste, subordonnée à ce qu'il n'existe pas un intérêt personnel contraire, tandis que chez le Breton elle cédera à la pitié, même au détriment des intérêts personnels, car si les deux races diffèrent l'une de l'autre en un point essentiel, c'est surtout en ce que l'une est égoïste et l'autre altruiste à un haut degré. Un exemple éclatant de cet altruisme du Breton a été donné par La Tour d'Auvergne. Nous avons dit qu'après une retraite précédée de nombreux exploits, il s'engagea de nouveau pour remplacer le fils d'un ami appelé par le tirage au sort lors de la conscription.

Cette rudesse innée comporte comme corollaires d'autres qualités, la franchise, l'entêtement, le courage, qui ont servi tour à tour, envers la race bretonne, de thème à l'éloge et au blâme. La franchise a été bien réelle, mais au milieu des complexités de la vie moderne et de la lutte désespérée pour la vie, laquelle a lieu encore plus par la ruse que par la force proprement dite, elle a à peu près disparu. C'est beaucoup de ne pas mentir, il faut au moins dissimuler pour réussir quelque peu. Mais l'entêtement est resté, car les défauts sont plus tenaces que les qualités. Tête de Breton, tel est le proverbe. Cet entêtement est parfois sublime, nos soldats et nos marins en ont donné la preuve, mais il est souvent nuisible, surtout aux entêtés; c'est ce qui est advenu pour la Bretagne. Il rend misonéiste; on s'acharne à conserver les effets, même après que les causes ont disparu. On exclut les nouveaux modes de culture, on conserve les idées surannées, modifiées tout à l'entour, on demeure dans l'ignorance et, tout en étant supérieur au fond, on semblera inférieur. Ce qu'il y a de pire, c'est qu'en se dépouillant de ce défaut on perd des qualités précieuses, parce que pour l'entêté tout se tient; il ne faut pas toucher à une seule pierre du passé ou l'édifice entier s'écroule. Mais, en revanche, la rudesse bretonne a donné à ce peuple une qualité suprême que personne ne lui conteste : le courage. Sans doute, beaucoup de peuples sont courageux, mais pas de la même manière. Le courage breton est stoïque, passif, dérive de la complexion et non de l'entraînement, il vient de nature. Il n'a besoin d'être excité ni par l'odeur de la poudre, ni par la colère, ni par l'instinct de la conservation, ni par la place dans la bataille rangée. Tout, d'ailleurs, a conspiré à l'établir solidement et simplement : le peu d'agrément de la vie, les luttes fréquentes entre gens de différents villages, l'existence du pêcheur et du marin, la nourriture frugale, l'effort héréditaire, l'absence de spectateurs.

L'histoire apporte à notre thèse des preuves nombreuses qu'il serait trop long de citer. Duguesclin en est resté le type monumental. Clisson, Richemond le suivent de prés, et si la France n'avait pas produit Jeanne d'Arc elle n'aurait alors rien à leur opposer. Porcon de la Barbinais, en 1665, donne un exemple frappant de ce genre de courage; prisonnier du Dey d'Alger, il fut envoyé vers Louis XIV chargé de propositions de paix, sous la condition de revenir; les propositions furent rejetées, et... il revint... Il savait ce qui l'attendait, il fut décapité à son retour. En 1558, une flotte anglo-hollandaise débarqua en vue du Conquet sans trouver aucune troupe devant elle ; un gentilhomme du pays, Kersimon, exhorte les habitants du Léon à la résistance et il chasse les dix

Nous n'en finirions pas si nous voulions rappeler ici tous les hauts faits de nos marins : Cassard, un nantais ; Coëtlogon, La Motte-Piquet, Cornic, Ducouëdic et surtout Duguay-Trouin. Il faut ajouter aux grands capitaines les chefs et les soldats qui, dans les guerres civiles de l'Ouest, pendant la Révolution, montrèrent dans les deux camps, parmi d'atroces cruautés, hélas ! le plus grand courage. D'autres, Leperdit à Rennes, par exemple, furent des modèles de courage civique. Enfin et surtout La Tour d'Auvergne, qui résume le caractère breton guerrier et dont la gloire est restée la plus pure, témoigne au plus haut degré de ce courage spécial, sans ostentation, sans cruauté, sans besoin d'excitation, qu'on pourrait appeler le *courage celtique*.

Il est rare qu'avec cette rudesse, cet isolement, cette franchise, l'homme qui les possède soit grand parleur. Il se concentre en lui-même, son individualisme profond l'y invite. Il pense et il agit, c'est beaucoup, mais aussi c'est presque tout. L'Anglais, d'ailleurs, quoiqu'il diffère sur beaucoup d'autres points, coïncide ici. Il s'exprime en paroles brèves, importantes, réfléchies ; le Français, au contraire, surtout le Français du Midi, commence sa phrase avant de l'avoir tout entière déroulée en soi ; il pense au fur et à mesure et par périodes ; la parole, d'ailleurs, l'aide dans cette parturition mentale ; son idée s'exalte, se développe lorsqu'elle posséde un auditeur. Il n'en est pas de même du Celte, dont le caractère s'en écarte beaucoup sous ce rapport ; il est taciturne ou tout au moins laconique ; aussi, s'il y a de grands écrivains bretons, il est beaucoup moins d'orateurs. Ce trait a influé sur sa langue elle-même, sur sa lexicologie, sur sa phonétique. Les mots du celtique proethnique étaient tout autres, on les rencontre encore en vieil irlandais dans une certaine ampleur, au moins à l'état graphique, car la prononciation les accourcit singulièrement. Mais en Bretagne, toutes les fois qu'il ne s'agit pas de ceux français introduits qui défigurent la langue, mais ne comptent pas ici, les mots sont devenus brefs, perdent leurs voyelles, sont souvent monosyllabiques, c'est-à-dire réduits à leur plus simple expression ; il n'y a pas de place pour un accent véritable, les mots se détachant les uns des autres. Ce n'est pas tout ; au point de vue phonique, la langue a pris une rudesse plus grande que celle qu'elle avait à l'origine ; on connait les règles de mutations des consonnes initiales. Une consonne entre deux voyelles s'affaiblit, de là une si grande fréquence en breton de la gutturale aspirée ; puis, sortie de cette situation, elle continue de s'aspirer, de là cet aspect qui rebute les étrangers ; cependant un tel langage sied bien à ceux qui le parlent, il est le fidèle *miroir* de leur caractère.

7° *Caractère familial*

Par là même que le Breton n'est pas social dans le sens technique de ce mot, mais individualiste, on pourrait croire au premier abord que le sentiment de la famille, cette petite société, est faible chez lui, chez l'Irlandais et l'Ecossais. C'est tout le contraire qui est vrai, et cela s'explique. Au fond de tout homme il existe un certain *besoin de socialité* qui doit être satisfait ; si l'isolement matériel, les circonstances intellectuelles l'empêchent de pratiquer la grande société, il se rejettera d'autant plus sur la petite, sur la famille. D'ailleurs, celle-ci, comme nous avons essayé de le démontrer ailleurs, est plus individuelle que sociale, c'est même souvent un rempart contre une société oppressive. Aussi le Celte des deux côtés de la Manche pratique-t-il le culte de la famille ; le clan écossais est particulièrement connu ; le montagnard est tout-à-fait jaloux de conserver l'intégrité de la sienne, il manifeste souvent une jalousie féroce et la chasteté de ces races ne tient pas moins à cette idée qu'à la pratique religieuse. L'autorité du père de famille est très grande, il rappelle l'antique *pater familias*. Ce n'est pas la famille étroite qui est ainsi en honneur, c'est celle qui s'étend à tous les degrés ; la parenté est rarement .perdue dans le souvenir, si lointaine qu'elle soit, les longues généalogies défilent sans cesse, c'est une des causes de la persistance de l'idée nobiliaire en Bretagne, mais on la retrouve aussi dans les familles de paysans ; on donne des noms pittoresques même aux degrés, pour ainsi dire, incolores ; c'est ainsi qu'on distingue entre les cousins : ceux à la même hauteur sur l'arbre généalogique conservent ce nom, les autres prennent celui d'oncles et neveux, tantes et nièces *à la mode de Bretagne.*

Une conséquence de cet amour de la famille particulière aux Celtes et surtout aux Bretons, c'est la fécondité. Le père, la mère voient avec bonheur s'augmenter le nombre de leurs enfants ; cependant la misère les attend, mais on la supportera en commun ; la terre ingrate sera plus souvent retournée. Sans doute, l'idée religieuse qui, dans toutes les religions, pousse à la multiplication, influe dans le même sens, et aussi l'effet physiologique du voisinage salin de la mer et enfin l'imprévoyance du prolétariat, mais ces facteurs ne sont pas les seuls, ni les plus importants ; l'amour de la famille en est la principale racine, et Malthus a peu de succès en Bretagne.

8° *Indolence et irrésolution*

Il semble que ces derniers traits, certains pourtant, sont en flagrante contradiction avec ceux qui précédent. Le Breton, l'Irlandais, le Gallois sont courageux, entêtés, durs à eux-mêmes et aux autres. Quoi de plus contraire à l'indolence et au manque de suite dans l'action ! Cependant étudions chacun d'eux. L'Irlandais reçoit de l'Anglais cet éternel reproche mérité d'incurable paresse ; partout où la race anglaise passe, son activité en tous sens est visible, l'ouvrier anglais est le plus travailleur du monde ; l'Irlandais, partout où il va, même en dehors de son pays de pauvreté, possède la réputation contraire, il ne pratique aucun travail constant, se rebute devant les obstacles. Il ne peut avoir de résolution suivie, enfermé d'abord dans un catholicisme intransigeant, il se jette ensuite dans l'anarchie, il déconcerte ses amis par son protéisme, et il semble avoir tort lorsqu'il a raison. Dans l'histoire, l'Ecosse n'a pas suivi une ligne bien déterminée qui aurait pu la mettre à l'abri. Mais c'est en Bretagne surtout qu'apparaît cette sorte d'incohérence du caractère. Nous avons déjà remarqué comment celui-ci se dissocie singulièrement, lorsque le Breton vient à changer d'habitat, il devient alors tout le contraire de lui-même. Pendant la longue période historique qui a précédé sa réunion à la France, au lieu de prendre complétement parti pour la France ou l'Angleterre, il a flotté entre les deux ; sans doute c'est son allure anti-anglaise qui finit par apparaître le plus, mais ce n'était pas exclusif; lors de la guerre des deux Jeanne, il y avait autant de partisans de l'une que de l'autre. Duguesclin, au contraire, n'hésite pas, il opte pour la France, mais tellement qu'il abandonne un peu l'idée bretonne. La reine Anne, qui tenait tant à l'indépendance de son pays, en consomme cependant l'annexion par ses mariages français. Les grands écrivains bretons hésitent, c'est même à ces hésitations qu'ils doivent leur pensée si nuancée et si humaine, mais ils sont comme suspendus, c'est un doute perpétuel que propose Renan. Lamennais oscille sans cesse d'un pôle à l'autre, partisan tantôt de la hiérarchie absolue, tantôt de la révolution. Quand à l'indolence, elle n'est pas moins certaine, même dans les classes laborieuses; on donnera pour un moment l'effort nécessaire, mais non d'une façon continue, ou le travail restera mécanique, il ne sera pas accompagné de cette activité voulue qui marque le véritable travailleur. Joignez à cela des alternances singulières entre l'ascétisme et la débauche à outrance, entre la mélancolie doublée du culte de la mort et les danses et fêtes sans fin, entre la frugalité et l'alcoolisme destructif de cette race.

Ces défauts sont difficiles, sans doute, à expliquer dans l'ensemble du caractère breton. Ils y marquent un certain déséquilibre, et c'est peut-être à ce déséquilibre même qu'est due l'apparition de puissants génies portant le même mélange mental et résumant la nation.

Tels sont les traits de caractère qui doivent, croyons-nous, être surtout inscrits dans un essai de psychologie du peuple breton ; ils ne sont pas les seuls, mais nous n'avons voulu que choisir les principaux, et ceux dont nous pouvions établir la réalité par l'histoire. Il eut fallu en faire la répartition parmi les diverses branches des peuples celtiques, car l'Irlandais, par exemple, diffère de l'Armoricain sous certains rapports, et nous avons dès l'abord indiqué la distinction anthropologique entre les Gaëls et les Kymris, mais cela nous eût entraîné trop loin, et la vérité globale n'est pas atteinte par ces dissemblances.

Il nous resterait à tracer la sociologie du peuple breton, mais ce travail fera l'objet d'une autre monographie. Nous y rechercherons quel a été à travers l'histoire le rôle de la race celtique dans son existence, cette fois nationale et organique, au milieu des autres nations, et quel fut le caractère de ce rôle. Dans cette investigation, nous découvrirons un phénomène singulier, c'est que ce qui est qualité chez l'individu et qualité de premier ordre, est souvent, au contraire, chez l'ensemble de la race ou de la nation dans son existence sociale, une cause d'infériorisation et de perte finale ; en particulier, l'isolement qui, collaborant avec le premier facteur qui est la race, a produit tant de Bretons illustres, et dans la mentalité du gros même de la population, tant de vertus solides, a été désastreuse pour l'existence politique. Puis nous étudierons la sociologie de cette race dans le présent, de l'Irlande à la Bretagne, sa dépendance, ses efforts pour en sortir, le mouvement celtique et même panceltique, la réalité ou l'existence artificielle de ce mouvement, en le comparant à ceux analogues apparaissant dans d'autres parties de l'Europe; enfin nous essaierons d'en prévoir l'avenir, ou tout au moins, les avenirs possibles, car les aboutissements inconnus peuvent être divers. Mais nous avons dû d'abord poser la base fondamentale, l'étude de la mentalité, la psychologie elle-même du peuple breton.

POÉSIES

PAR

M. A. FINK AINÉ

Souvenir vivace

Qu'il soit né sur la côte ou dans la lande inculte,
Qu'il soit prêtre, soldat, poète ou matelot,
Si loin que l'ait porté le devoir ou le flot,
Toujours à son pays le Breton garde un culte.

Vieillard près de la tombe ou simplement adulte,
Homme robuste ou bien enfant faible et pâlot,
Dans le bruit d'un Paris, le calme d'un ilot,
Plus seul encor peut-être au milieu du tumulte,

Que le destin pour lui soit heureux ou brutal,
Souvent le Breton pense à son clocher natal,
A ce cher coin de ciel gris et mélancolique.

Il garde malgré tout l'espoir d'y revenir ;
Et jamais, de son cœur vaillant et catholique,
Rien ne peut arracher ce vibrant souvenir.

Sonnet aux Etoiles

Depuis que l'Eternel, d'un geste de son bras,
Au firmament immense et bleu vous a semées,
Le printemps, par les nuits tièdes et parfumées,
Aussi bien que l'hiver par les nuits de frimas,

Le poète, assoiffé d'idéal ici-bas,
Vous contemple en extase, étoiles bien-aimées;
Sentant son espérance et sa foi ranimées,
Heureux, il prend sa lyre et vous chante tout-bas:

« Astres brillants et doux comme des yeux de femme,
» Vous rendez, en versant le calme dans notre âme,
» Moins triste notre vie et moins amers nos pleurs.

» Vous allumez en nous l'amour impérissable...
» Combien belles là-haut doivent être les fleurs
» Si des jardins du ciel vous n'êtes que le sable!... »

Deux Vieux

Assis près du feu qui flambe gaîment,
Tandis qu'au dehors souffle la tempête,
Sur la cheminée appuyant sa tête,
Le vieux paysan songe tristement.

Devant un berceau l'aïeule répète
Un ancien refrain. Son regard aimant,
Où se lit parfois un vague tourment,
Quittant l'enfant blond, sur l'homme s'arrête.

Et soudain des pleurs brillent dans ses yeux:
C'est qu'il est bien jeune; eux, ils sont bien vieux!
Pourtant, pour l'aimer, il n'a qu'eux au monde.

Et l'aïeule tremble et souffre tout bas,
Ressentant au cœur l'angoisse profonde
D'abandonner seul l'enfant ici-bas.

Fin du jour

Déjà le soleil meurt, incendiant l'espace.
Le silence renaît dans les champs et les bois;
Seul, quelque cri d'oiseau vient le troubler parfois.
Un zéphyr parfumé dans les grands arbres passe.

C'est l'heure où les amants se chantent à voix basse
Des aveux délirants, plus heureux que des rois,
Se grisant de baisers dans les sentiers étroits
Où le lierre aux rugueux troncs des chênes s'enlace.

Et c'est alors aussi que le front soucieux,
Sans nulle joie au cœur, sans nulle flamme aux yeux,
Je viens errer tout seul à travers la campagne.

Et je songe à ce temps (qui ne reviendra pas),
Temps d'ivresse où j'avais, pour alléger mes pas:
L'amour comme soutien et la paix pour compagne.

Papillons et Rêves

Les frêles et beaux papillons
S'élèvent joyeux des sillons,
Pour voler du lys à la rose
Que l'aurore en larmes arrose.

Ainsi, dorés par les rayons
De l'espoir, en gais tourbillons,
Nos rêves, sans crainte morose,
Prennent leur vol sous un ciel rose.

Mais après s'être quelques jours
Grisés de parfums et d'amours,
Les folâtres papillons crèvent.

De nos rêves c'est le destin :
Gaîment commencés le matin,
Le soir dans les pleurs ils s'achèvent.

Sonnet Réaliste

Sous les quinquets fumeux, au plafond suspendus,
Donnant dans la taverne une clarté douteuse,
Trois couples sont vautrés sur la table boiteuse
Ou l'alcool et le vin ruissellent confondus.

Les yeux creux et ternis par les pleurs répandus,
Debout près de la porte, une enfant souffreteuse,
Couverte de haillons, rougissante et honteuse,
Implore quelques sous, vainement attendus.

Trônant à son comptoir, une vieille drôlesse
Boit un verre de rhum à petits coups, et laisse
Ronfler sur ses genoux un chat maigre et crasseux.

Tandis qu'assis près d'elle, une pipe à la bouche,
Le patron, lourd colosse, ivrogne et paresseux,
Bêtement au plafond fixe son regard louche.

Novembre

Le ciel d'automne est triste ainsi qu'une âme en peine,
Ou bien comme un vieillard qui, le front dans ses doigts,
Se rappelant toujours les plaisirs d'autrefois,
Sent approcher la mort qu'il espérait lointaine.

Un vent froid et plaintif passe à travers les bois
Dont le feuillage prend une teinte incertaine;
Les feuilles lentement tombent; chaque fontaine
Sanglote, et les oiseaux frileux restent sans voix.

Novembre, c'est le mois des âmes trépassées,
Et les tombes des morts, trop souvent délaissées,
Se parent de nouveau sous de pieuses mains;

Tandis que, tout entier à son labeur austère,
Dès l'aube, le semeur dépose dans la terre
Le grain qui doit germer pour nourrir les humains.

Après la mort

(A M. A. Mailcaillo z)

Puisqu'en me créant Dieu mit au fond de mon être
Des désirs que jamais rien ne comble ici-bas;
Puisque, sans nulle trêve, en moi chante tout bas
La voix de l'idéal que j'aspire à connaître;

C'est que pour l'infini l'Eternel m'a fait naître;
Que mon âme, plus lasse à chacun de mes pas,
Doit enfin, quand mon corps subira le trépas,
Etancher cette soif d'amour qui la pénètre.

Qu'importent donc les pleurs brûlants mouillant mes yeux!
Mes regards pleins d'espoir se dirigent aux cieux,
Seul séjour du bonheur auquel je porte envie.

Humblement résigné, j'attends, le cœur en paix,
Que mon âme vers Dieu s'en retourne à jamais:
La mort, pour le chrétien, est le seuil de la vie.

LETTRES INÉDITES

DE

MÉLANIE WALDOR

PRÉCÉDÉES D'UNE

NOTICE BIOGRAPHIQUE

PAR

LE Bon GAËTAN DE WISMES

Née à Nantes en 1796, Mélanie Villenave fut élevée sous les yeux de son père, fécond littérateur, auquel Evariste Colombel consacra une copieuse notice dans la *Revue des Provinces de l'Ouest* (année 1854, pages 257-277 et 673-688 ; année 1855, pages 83-89).

Elle se maria, sous la Restauration, à M. Waldor, d'où son nom populaire de Mélanie Waldor, et commença à écrire après 1830.

Son début fut un roman historique, *L'Ecuyer Dauberon,* (in-8°, 1831), puis elle fit imprimer, en 1834, *Le Livre des jeunes filles*. En 1835, parurent ses *Poésies du cœur* (in-8°), recueil de vers qui témoigne de son inspiration et de son goût. Elle donna, pour les enfants, en 1836, *Heures de récréation*.

Ce fut surtout avec ses romans, où elle s'attacha à peindre, de préférence, les mœurs contemporaines, que Mélanie Waldor s'affirma écrivain de valeur. On lui doit dans ce genre : *La rue aux ours* (1837, in-8o) ; *Alphonse et Juliette* (1839) ; *L'abbaye de Fontenelle* (1839, 2 vol. in-8o) ; *La coupe de corail* (1842, 2 vol. in-8o) ; *André le Vendéen* (1843, 2 vol. in-8o) ; *Le château de Rambert* (1844, 2 vol. in-8o) ; *Charles Mendel* (1846, 2 vol. in-8o) ; *Les moulins en deuil* (1849, 4 vol. in-8o).

A ce riche bagage littéraire il y a lieu d'ajouter : *Pages de la vie intime* (1839, 2 vol.) et *Notice sur l'abbé de Moligny* (1858), puis trois œuvres dramatiques : *L'école des jeunes filles*, drame en 5 actes, en prose, représenté, en 1841, au théâtre de la Renaissance et repris à l'Ambigu, en 1860; *La tire-lire de Jeannette*, comédie-vaudeville, jouée à l'Ambigu, en 1859; *Le retour du soldat*, saynète patriotique en 1 acte, donnée, en 1863, à l'Ambigu-Comique.

Au soir de sa vie, Mme Waldor collabora, sous le nom de guerre « Un bas bleu », à *La Patrie* et à différentes revues.

Notre compatriote adressa des pièces de vers au *Prince* Louis-Napoléon (1851), à l'*Empereur* Napoléon III (1853), à l'Impératrice Eugénie (1853). Fidèle, dans leur malheur, aux Souverains qui l'avaient honorée de leur affection, elle mourut, le 14 octobre 1871, rimant une Ode à l'infortuné petit Prince qui devait, peu d'années après, périr assassiné au Zululand.

Mme Eugène Riom, connue surtout — sa modestie l'exigea — sous les pseudonymes de Louise d'Isole et de comte de Saint-Jean, a publié de nombreux recueils de vers harmonieux. Quoi d'étonnant que la « Société des Bibliophiles Bretons » ait confié à notre chère et regrettée concitoyenne la mission délicate d'écrire : *Les femmes poètes bretonnes*. En cette aimable galerie (1) se trouve naturellement le portrait de Mme Waldor ; sa reproduction s'impose :

« Mélanie Villenave naquit à Nantes, le 29 juin 1796. Elle fut élevée par son père, avocat et littérateur, mort en 1846. Son frère, Théodore Villenave, a publié un grand nombre de poésies.

» Il était impossible que la jeune Mélanie, douée d'une imagination vive, ne devint pas poète dans un tel milieu. Elle se maria sous la Restauration à M. Waldor, chef d'escadron d'infanterie. Les époux restèrent peu de temps ensemble. Il manquait une mère à Mme Waldor ; élevée par les hommes, elle en avait les qualités, mais en même temps un peu de leur rudesse ; nous l'avons connue ; elle était bonne, charitable et très affectueuse pour ses nombreux amis.

» Elle eut une seule fille qui mourut jeune et s'était mariée deux fois ; celle-ci laissa elle-même une fille, que sa grand'mère affectionnait beaucoup.

» C'était un écrivain fécond. Ses *Poésies du cœur* sont trés belles.

» Ce fut Mme Waldor qui commença à ouvrir la souscription pour le tombeau d'Elisa Mercœur. C'est elle qui disait, en parlant de cette pauvre enfant : « Dieu avait doué Elisa d'une de ces natures ardentes qui n'ont d'autre ressource que la passion et les arts. » On pourrait appliquer ces mots à Mme Waldor elle-même. (2)

(1) Cte de SAINT-JEAN (Mme Eugène Riom) : *Les femmes poètes bretonnes ;* Nantes, Société des Bibliophiles Bretons, M. DCCC. XCII ; pages 61-63.

(2) Je suis heureux de compléter ce paragraphe si glorieux pour la mémoire de Mme Waldor. Au tome I, page CLXXXIII, des *Œuvres*

» Très dévouée à la cause impériale, son salon était fort recherché dans les dernières années de l'Empire. J'y ai rencontré tous les littérateurs du temps. Elle a composé un grand nombre de pièces en l'honneur de l'Empereur, de l'Impératrice Eugénie et du Prince Impérial. Elle écrivait encore une Ode à ce dernier, lorsqu'elle est morte, à Paris, le 14 octobre 1871. »

Un autre hommage a été rendu (1) à Mme Waldor par M. Joseph Rousse, dans l'ouvrage charmant consacré par lui à perpétuer la douce mémoire de ses compatriotes. Voici comment s'exprime le barde enthousiaste du pays de Retz.

« Dans le groupe de femmes lettrées nées à la fin du dernier siècle, la plus en vue fut Mme Mélanie Waldor.

» Elle était née, ainsi que beaucoup d'autres poètes, à Nantes, la vraie capitale de Bretagne, qu'on est habitué à considérer comme une ville essentiellement industrielle et qui pourtant avait, au moyen âge, une grande célébrité poétique.

complètes d'Elisa Mercœur, de Nantes; Paris, chez Mme veuve Mercœur et chez Pommeret et Guénot, 1843, je lis en note : « D'autres » larmes non moins pieuses furent aussi répandues sur la tombe de » ma fille ; elles coulèrent des yeux de la douce muse Waldor, qui, » la première, eut la pensée, pour que les restes d'Elisa Mercœur ne » fussent pas confondus dans la foule, de faire annoncer une souscription pour leur élever un monument dont elle m'a religieusement remis le produit. » La dernière page du tome II est consacrée à la liste des souscripteurs pour le tombeau d'Elisa Mercœur. Le total s'éleva à 2.132 fr. Pour sa part, Mme Waldor recueillit dix offrandes — entre autres, celles de Mme Tastu et de Mme Anaïs Ségalas, — formant ensemble 360 fr. Je remarque avec fierté que la Société Académique de Nantes s'associa pour la somme élevée de 211 fr. à cette bonne œuvre.

(1) Joseph Rousse : *La poésie bretonne au XIXe siècle;* Paris, Lethielleux, 1895, pages 112-114.

» Son père, Villenave, avait, pendant la Révolution, pris une part bruyante aux événements politiques à Nantes et lutté énergiquement contre Carrier.

» Elle avait une vive intelligence, un esprit fécond. Ses nombreux romans trouvent encore des lecteurs. Ses vers, sans être très beaux, sont remplis de sentiments passionnés, exprimés dans une langue souple et brillante.

» Le salon de Mme Waldor, à Paris, sous le Second Empire, fut très fréquenté par les artistes et les littérateurs.

» Elle mourut le 14 octobre 1871. »

Mélanie Waldor, on le voit, est digne de prendre place au Panthéon Nantais, et j'ai cru bon de publier ces lettres mises à ma disposition avec la plus entière bonne grâce. Voici, en effet, l'origine de cette brochure : en novembre 1901, j'achetai à la célèbre librairie Voisin 4 lettres (1) de notre distinguée concitoyenne; cette emplette me valut d'apprendre que M. Paul Soullard, l'érudit numismate, en possédait 37. Sur ma demande, ce très obligeant collègue me les communiqua et m'autorisa à les mettre au jour. Je profitai de l'aubaine et je demande à M. Soullard d'agréer le nouveau et chaleureux témoignage de ma reconnaissance.

Femme de lettres, à l'imagination fertile, à la pensée haute, au style vif et brillant; femme du monde, accueillante et recherchée, dont le salon modeste était fréquenté par les maîtres de la plume; femme de cœur, avide de soulager toutes les misères, de rendre service au premier venu, organisatrice entendue et infatigable de concerts de charité, Mélanie Waldor fut tout cela : la correspondance que l'on va lire projette un jour lumineux sur ce noble esprit, sur cette belle âme.

(1) Elles sont marquées : G. W.

On verra aussi notre héroïne user d'une rare adresse pour obtenir en faveur de ses ouvrages ce que le jargon contemporain appelle « une bonne presse ». On la verra se fâcher avec ses éditeurs et gémir sur la maigreur de sa bourse.

A noter, sans lui en faire un grand crime, le petit travers qui la poussa, vers la fin de sa vie, à signer : *de* Villenave.

J'ai respecté avec scrupule les fautes d'orthographe : les lettres doivent être imprimées telles qu'elles sont écrites.

Puisse cette publication faire mieux connaître l'auteur inspiré des ***Moulins en deuil*** et des ***Poésies du cœur !*** C'est là mon unique ambition.

Bon Gaëtan DE WISMES.

MADAME

Vous êtes bonne jusque dans vos refus..... J'ignorais que vous n'eussiez aucune pension sur votre cassette, daignez me pardonner une demande que le malheur d'un pauvre orphelin peut seul empêcher d'être indiscrette, et veuillez être persuadée qu'il fallait une telle infortune pour que je prisse la liberté de la recommander à votre Majesté..... Hélas! J'avais pensé que 200 francs par an, distribués par trimestre, seraient suffisans pour aider à l'élever jusqu'à ce qu'il fut d'âge à obtenir une bourse! La tante de cet enfant va le faire venir du fond de la Bretagne, où le voilà abandonné puisque sa pauvre mère vient d'y mourir du choléra..... L'enfant lui-même est à peine convalescent d'une longue maladie..... ah je laisse à votre cœur, le meilleur avocat que le malheur puisse avoir, le soin d'influer sur la décision que vous daignerez prendre, et quelle qu'elle soit, je conjure votre Majesté de vouloir bien croire à ma profonde reconnaissance et à tout l'amour que lui ai voué.

Je suis avec respect,

Madame, de votre majesté,

La très humble et très obéissante servante,

MÉLANIE WALDOR

Née VILLENAVE.

Dimanche 17 juin. (1)

(1) Cette lettre, adressée à la reine Marie-Amélie, est de 1832, car ce fut la fatale année du choléra et, en 1832, le 17 juin tombe un dimanche.

*
* *

Monsieur Darthenay,

Rue de Seine, 10, Paris. (1)

Je suis occupée, Monsieur, d'un article qui sera assez curieux sur le mariage qui a eu lieu samedi à la Mairie du 11e. Je vous le donnerai de préférence au Journal des femmes (car il y a un siècle que je suis arriérée avec vous). Mais il faut que je sache davance si des détails touchans, des sentimens nobles sur cet anniversaire, etc., vous paraîtront devoir former un article agréable et de votre gout. Si cela est je le finirai vite pour vous le donner Mercredi. — Au cas contraire, je ne l'acheverai que Jeudi pour le Journal des femmes.

un *mot* donc aujourd'hui —

Recevez, Monsieur, l'assurance de tous mes sentimens distingués

M. W.

84, rue de Vaugirard

Lundi

D'où vient que vous avez retiré votre Journal à Mme Harelle ? cette dame abîmée de douleur par la perte d'une nièce et d'une sœur n'a pas été vous en parler. — Est-ce erreur, est-ce une décision volontaire. — Vous auriez bien tort de lui en vouloir de ne vous avoir rien donné, vous aviez refusé la vendéenne et les peines qu'elle vient d'éprouver l'ont mise dans l'impossibilité de travailler. Mais elle va s'y remettre et vous seriez aimable de lui renvoyer le dernier mois, Je crois que vous n'avez cessé qu'à cette époque, Je n'en suis pas sûre cependant.

(1) Le timbre de la poste porte : 30 juillet 1832.

Je vous enverrai une pièce de vers que je viens d'achever, gardez-moi une petite place dans un de vos prochains N[os] — libre ensuite de me les renvoyer si vous ne les aimez pas.

*
* *

(G. W.)

Monsieur

Monsieur SAUVO

au bureau *du Moniteur*

Rue des Poitevins.

Voici les quelques lignes, monsieur, pour lesquelles j'ai sollicité votre aimable obligeance pour moi. Veuillez les revêtir d'une robe plus gracieuse, afin que le public fasse un bon accueil à mes poësies, là est tout mon avenir, et je n'ôse espérer trouver beaucoup de juges comme vous, aussi ai-je peur, plus le moment approche et ai-je grand besoin qu'on me tende la main.

La soirée de Jeudi a été pour moi si agréable, que je doute qu'il s'en présente peutetre une semblable de tout l'hiver, voila comme je comprends les fêtes de familles, tout le monde avait l'air heureux, et c'est un air que l'on trouve d'ordinaire bien rarement dans les salons. Deux choses m'ont fait surtout plaisir dans cette soirée, c'est d'avoir dansé avec vous, et avec Madame Agasse, veuillez lui dire pour moi, qui me suis vue tour à tour, son *danseur* et sa *danseuse* les choses les plus aimables et recevoir vous même, Monsieur, l'assurance bien sincère de mes sentimens les plus distingués.

M. WALDOR

Samedi soir 8 nov. (1)

(1) Cette lettre est de 1834, année où le 8 novembre tombe le samedi, car les *Poésies du cœur* parurent en 1835.

P. S. Mon père se rappelle à votre honorable souvenir.

*
* *

MONSIEUR LE MINISTRE

Mr Demon, m'écrit, que vous avez eu la bonté de lui promettre pour moi, quelques momens d'audience.

Je suis restée à la campagne, plus longtems que je ne voulais et je crains que l'affaire pour laquelle je desire solliciter à la fois, votre bienveillance et votre justice, ne touche au moment d'être décidée, veuillez donc, si je ne suis pas trop indiscrète en insistant ladessus, m'accorder cette audience le plutôt qu'il vous sera possible.

Je suis avec respect, Monsieur le Ministre,

Votre très humble et très obéissante servante

MÉLANIE WALDOR

84 rue vaugirard

Jeudi matin 16 octobre [1]

*
* *

Monsieur
Monsieur GAUBERT
Capitaine du Génie
Rue et Hotel Montesquieu
Paris

Je n'irai pas demain chez Mme Panckoucke, Monsieur, et je crois qu'il y aura peu de monde, on est bien fati-

(1) Cette lettre, qui doit être de 1834, porte en tête, d'une écriture différente : Mlle Waldor Samedi 18 ; c'était, sans doute, le jour fixé pour l'audience.

gué. Je vous attendrai de demain en huit pour y aller, si je ne vous vois pas d'ici là.

Recevez, Monsieur, l'assurance de tous mes sentimens distingués.

M. WALDOR

4 mars Mercredi (1)

*
* *

Monsieur
Monsieur GAUBERT
Capitaine du Génie
Rue et Hotel Montesquieu
Paris

Je ne vous ai pas revu, Monsieur, Je n'ai pas revu les artilleurs qui devaient venir prendre vendredi chez moi des lettres pour les Journaux. J'en reçois une à l'instant de M. Weetz que je joins à celle-ci — voyez ce qu'il y a à faire? Songez qu'un mauvais local tue un concert, voyez celui de Mme Gay Sainville — Il vaudrait mieux retarder, au lundi de paques par exemple, ou mardi de la semaine prochaine — Et puis cela leur donnerait le tems de faire parler les Journaux — ils risquent de ne pas faire leurs frais et d'échouer completement. Tachez d'aller ce soir chez la Duchesse nous y causerons de tout cela, et puis engagez ces messieurs à ne pas négliger les Journaux — Je ne puis leur être utile, qu'au Courier français, au Constitutionnel, à la Gazette de france et au Moniteur, Mais c'est déjà beaucoup et je serai charmée de leur rendre ce service, je ne serai chez moi demain qu'à 2 heures de l'après Midi, Mais ils auraient le tems d'aller partout ensuite. Je ne ferai les lettres que lorsque je

(1) Le timbre de la poste porte 5 mars 1835.

saurai par eux-mêmes le jour fixe, l'heure, les artistes, etc. cela sera l'affaire d'une demie-heure.

croyez, monsieur, à tous mes sentimens distingués.

M. WALDOR

Lundi 6 avril (1)

*
* *

Monsieur

Monsieur DIDIER

47, Quai des augustins.

Soyez assez bon monsieur pour remettre à ma domestique les exemplaires dont vous m'êtes encore redevable pour les heures de recréation — Je veux en donner à quelques Journaux qui m'ont promis des articles — voici le 1er de l'an, époque où cela vous servira pour la vente.

aussitôt que le 1er de l'an sera passé, je m'entendrai avec vous pour un second ouvrage que je voudrais vous donner en *février* ou *mars*. Je vous en parle pour que vous ne vous laissiez pas encombrer et que vous me gardiez une petite place parmi vos publications.

Je voudrais mes exemplaires en 4 vol. le forma in-18, excepté un, en forma in douze.

Serait-il indiscret de vous demander pour les étrennes de ma fille le vol. *des contes fantastiques ?* on le lui a volé à sa pension, ce qui lui a fait un grand chagrin. Si vous aviez un autre ouvrage nouveau et interressant, vous seriez bien aimable de le joindre à ce volume. Je m'en remets pour cela à votre aimable obligeance et j'aurais

(1) Le timbre de la poste porte 6 avril 1835.

le plaisir de vous offrir en échange *ma rue aux ours* qui va paraître ce mois ci.

Recevez monsieur l'assurance
de tous mes sentimens distingués.
M. WALDOR

mardi 6 xbre (1)

*
* *

Madame
Madame DUPIN
12 rue pot de fer

Je voulais aller vous voir hier madame je ne l'ai pu, le pourrai-je demain je crains bien que non, et cependant je veux vous dire que je pense à vous, parce que cela est vrai et que ma pensée va vers vous tendre et sincère. Puisse cette année nous être bonne à toutes deux le bonheur ne nous gate pas. Il y a bien longtems que je ne vous ai vue, il me semble que j'ai mille choses à vous dire, j'ai été malade voici 3 dimanches que je ne puis diner chez Mme de Beauregard elle a été malade aussi et ne m'est pas venue. Je voudrais bien l'article passé. J'espère qu'elle viendra mercredi. Et vous aussi n'est-ce pas? j'aime à vous avoir vous le savez, j'aurai la duchesse d'abrantes. Je compte sur votre cœur pour qu'il vous engage à braver le froid.

Je viens de lire votre biographie, elle est parfaite de dignité, de grace et d'abandon, je suis fière de votre affection, vous avez un noble et beau talent, bien peu de femmes écrivent ainsi — Vous avez marché à pas de géant dans cette carrière ou l'on paye si cher sa supériorité.

(1) Les *Heures de récréation* parurent en 1836 et *La Rue aux ours* en 1837 ; cette lettre est donc de 1836.

A mercredi, je vous en prie.

Je vous serre la main, et je fais des vœux pour tout ce que vous aimez et desirez

votre affectionnée

M. WALDOR

Dimanche soir 1er janvier 1837.

*
* *

Il m'arrive, Monsieur, une chose bien désagréable, et que le monsieur, qui vous remettra cette lettre vous expliquera. J'ai vendu à la revue de Paris il y a 3 semaines un article, ignorant que l'on ne faisait de marché avec elle, qu'en abandonnant la propriété pour un an, et persuadée que j'allais pouvoir imprimer cet article dans mon volume, J'y faisais graver le dessin de l'Eglise, pris d'après nature, l'article est intitulé *l'Eglise d'avon.* Eh bien Monsieur, voila cette gravure qui m'échappe avec l'article et cela au moment ou j'ai conclu avec le libraire pour 3 gravures, non compris, celle sur bois, pour le titre. Je suis vraiment désolée. Vous seul monsieur, pouvez me tirer de ce cruel embarras, qui n'est si grand que parce que le temps presse et que c'est à peine s'il suffira au graveur. Puis-je espérer de vous que vous voudrez bien choisir un second sujet, les Mess. Johannot m'en font deux, je n'ôse leur en demander un 3me. Ceux que je vous ai envoyé sont peut-être longs à traiter, plus vous êtes aimable et obligeant plus je crains d'abuser de votre bonté.

Si vous préfériez pour second sujet un paysage, en voici un.

Une prairie, une haie, un ruisseau au bord. Un jeune homme derrière la haie. On ne verrait que sa tête ou un bras élevant un nid. Une jeune fille, costume d'apresent, un chapeau de paille, est arreté pres du ruisseau, et regarde du cote de la haie. Une maison rustique au loin.

Je crois que ce second sujet irait vite. Voyez Monsieur. J'abandonne cela entre vos mains, faites de grace comme si le livre était de vous, nous aurons un bon graveur et de bons articles de journaux — avec cela on va loin.

Recevez Monsieur, la nouvelle assurance de mes sentimens les plus distingués.

M. WALDOR.

Vendredi (1)

*
* *

Je sais monsieur, que vous aimez peu que les femmes écrivent, mais je crois que vous avez trop de grace dans l'esprit, pour confondre la femme qui écrit sans prétention et sans en faire son unique occupation, avec la femme pédante qui dédaigne d'être femme. J'ai trop applaudi votre charmante comédie, où je vous avoue que j'ai ri de bien bon cœur, la trouvant juste presqu'en tout point, pour n'avoir pas confiance en vous, et confiance d'autant plus, que l'on vous a représenté à moi comme *barbare* et *féroce* envers les femmes auteurs.

Moi monsieur j'ai l'orgueil de me croire assez ignorante, pour avoir eu le bonheur de rester femme, et j'ai du, je le crois encore, à cette ignorance, le peu de talent que l'on a bien voulu reconnaitre dans le bien

(1) Tony Johannot n'est mort qu'en 1852, mais Alfred rendit son âme à Dieu dès 1837. Par suite, cette lettre date au plus tard de 1837, puisque Mélanie Waldor dit : « Les Messieurs Johannot me font deux sujets. »

petit nombre d'ouvrages que j'ai publiés. Je ne fais donc qu'à demi partie du bataillon sacré dont la science, ou plutôt les prétentions à la science, m'effrayent souvent.

Ecrire est quelquefois un besoin de mon cœur, jamais de mon esprit, je ne viens point vous prier de m'épargner une juste critique, j'aurais mauvaise grace a espérer une telle faveur, je vous demande seulement un peu d'indulgence, *Alphonse et Juliette* ont été mieux accueillis que je ne l'espérais, mais j'avoue Monsieur que j'attache un grand prix à les voir jugés par vous. Il est des personnes dont le moindre éloge suffit pour assurer un succès, et le votre est de ce nombre.

Veuillez agréer l'expression bien sincère
de ma considération la plus distinguée.

M. WALDOR

84, rue de Vaugirard

31 janvier (1)

*
* *

Monsieur
Monsieur JAY
deputé de la réole
19 rue du battoir

J'ai été assez maladroite, Monsieur, pour perdre votre adresse et ce n'est qu'aujourd'hui que j'ai pu voir M. Bouilly pour me la procurer. Je voulais vous remercier de votre signature. Elle a porté bonheur à mon mari qui a reçu sa nomination 8 jours après la remise de la pétition, et puis je voulais aussi vous prier de venir

(1) Cette lettre est de 1839, année où Madame Waldor donna *Alphonse et Juliette*.

passer la soirée de demain chez moi; soirée organisée à la hate pour réunir toutes nos dames auteurs autour de Mme Desbordes Valmore. M. Bouilly nous lira quelque chose et nous aurons de bonne musique. Je desire bien que tout cela joint à la conviction du plaisir que vous me causerez en acceptant, vous y decide.

Recevez Monsieur l'assurance
de mes sentimens les plus distingués
M. WALDOR
84, rue vaugirard

Vendredi 31 mai [1]

*
* *

Monsieur [2]

Je vous envoie mon seul catalogue, le mien, que j'avais promis à M. de Brenau — Je suis trop heureuse de faire en cela quelque chose qui vous soit agréable, je n'ai pas oublié la manière aimable dont vous m'avez accueillie quand j'allais vers vous pour M. Waldor.

Agréez monsieur l'expression de mes sentimens les plus distingués et les plus dévoués

MÉLANIE WALDOR
Née VILLENAVE.

7 février

*
* *

Monsieur
Monsieur le vicomte de WALSH
290 rue St Honoré
Paris

Je regrette trop Monsieur de n'avoir pu aller vous voir

(1) Cette lettre est presque sûrement de 1839.

(2) D'après ce qui est dit touchant M. Waldor, le destinataire pourrait être M. Jay.

vouloir et je viens vous prier de me faire le plaisir de venir passer la soirée chez moi vendredi prochain 31 — Je suis chez moi ce jour là le soir, ce sont de petites réunions toutes litteraires — Vendredi prochain j'ai Mme Desbordes Valmore quelques autres dames auteurs ; Ballanche, Nisard, etc. Vous serez le bien venu au milieu de nous et je serai heureuse de vous recevoir dans l'intimité de la causerie.

Maintenant croyez bien que sans la santé de ma fille qui m'a retenu chez moi je serais allée vous voir au lieu de vous écrire, dites le bien je vous prie à Mme Walsh pour laquelle je me sens une bien tendre sympathie. Si sa santé était meilleure j'aurais bien du bonheur à la recevoir vendredi.

Agréez Monsieur l'expression de
mes sentimens les plus distingués

M. WALDOR

mardi matin 28 janvier (1)

*
* *

Pardonnez moi chére Madame si je n'ai pas pu vous aller voir depuis cette journée où vous futes si bonne pour moi — J'ai été malade, j'ai déménagé — Enfin je ne sais comment j'ai vécu — Mais ma pensée a été souvent vers vous et M. Souvestre, et je vous suis à tous deux sincèrement attachée, car je vous crois deux cœurs comme on en trouve bien peu — ne m'en voulez pas si je laisse passer encore ce jeudi — J'irai l'autre semaine vers vous avec joie croyez le bien —

(1) Le timbre de la poste porte 29 janvier 1840.

dites à M. Souvestre que je tiens à voir sa 1re aux français s'il le peut.

Mille amitiés à tous deux

Votre affectionnée

M. WALDOR

Dimanche 3 Janv. (1)

7 rue de Sevres

*
* *

(G. W.)

M. Christian, me fait espérer monsieur, que vous seriez assez aimable pour accepter demain samedi à 6 heures, un diner improvisé en l'honneur de quelques gibiers vendéens. Vous trouverez chez moi des journalistes et je serai bien charmée de vous recevoir.

Agréez Monsieur l'assurance de mes sentimens les plus distingués.

M. WALDOR

Vendredi 2 décembre

7 Rue de Sèvres

*
* *

Jeudi 21 mars (2)

Permettez moi monsieur, de vous remercier pour la grande bienveillance avec laquelle vous avez parlé de

(1) Cette lettre, dont la destinataire est évidemment Madame Souvestre, date de 1841, car Emile Souvestre fut joué à la Comédie Française en 1841, 1846 et 1848, et c'est en 1841 seulement que le 3 janvier tombe un dimanche.

(2) *L'Ecole des Jeunes Filles* fut représentée en 1841 à la Renaissance et reprise en 1860 à l'Ambigu. Je daterais cette lettre de 1841 pour plusieurs motifs, mais sans certitude.

l'Ecole des Jeunes Filles, dans un feuilleton dont je n'ai eu connaissance qu'il y a peu de jours.

Je serais heureuse Monsieur de vous recevoir dimanche soir chez moi ce sont de simples réunions d'artistes et de littérateurs où vous trouveriez quelques amis et une bien cordiale réception.

Agréez Monsieur l'assurance de
mes sentimens les plus distingués

MÉLANIE WALDOR

12 rue du pot de fer St Sulpice

*
* *

Vous n'avez promis qu'à demi pour demain soir Monsieur, ces promesses là se tiennent rarement. Je voudrais cependant bien vous voir faire le punch, je sais que vous y êtes fort habile.

Mardi était une grave réunion, demain si vous venez vous trouverez quelques gracieuses femmes, et je serai reconnaissante de ce que vous entreprendrez une seconde fois le voyage de la rue ponthieu à St Sulpice

à demain j'espère, et recevez monsieur l'assurance de mes sentimens les plus distingués

M. WALDOR

17 aout Jeudi (1)

*
* *

Monsieur

Je viens vous demander de vous joindre à nous pour

(1) Je donne cette lettre, où Madame Waldor écrit : « Je serai reconnaissante de ce que vous entreprendrez le voyage de la rue Ponthieu à Saint-Sulpice » à la suite de celle où notre héroïne indique ainsi sa demeure : 12, rue du Pot de fer Saint-Sulpice.

rendre hommage à la mémoire de mon père. La Société de la morale chrétienne présidée par M. Berville doit inaugurer son buste demain samedi 16. (1)

Le Marquis de la Rochefoucault m'a écrit pour me prier de consacrer quelques pages à cette pieuse solennité, je n'ai été prevenue que Mercredi et le courage m'a manqué j'ai travaillé sans trop savoir ce que je faisais. Aujourd'hui seulement je suis parvenue à mettre un peu d'ordre dans mes idées après avoir eu le bonheur de trouver dans les papiers de mon père, des notes écrites sur lui-même. Mais je suis incapable de lire ce travail et je ne vois que vous Monsieur dont la voix douce énergique et touchante tout à la fois puisse rendre tout ce que j'ai voulu exprimer.

La Séance aura lieu à 8 heures du soir rue St *Guillaume 9* à deux pas de chez vous, elle durera une heure environ. Ai-je besoin de vous dire combien nous vous serons reconnaissans. J'ai fait adresser une lettre d'entrée à Mme Achille Comte je desire bien qu'elle puisse vous accompagner, veuillez me rappeller à son bon souvenir.

J'aurais voulu aller vous voir au lieu de vous écrire, mais c'est à grand peine si j'aurai fini à 4 heures demain et je veux vous envoyer avant cinq heures ces pages confiées à votre cœur plus encore qu'à votre esprit si vous me faites la grace d'accepter.

Mille compliments affectueux

MÉLANIE WALDOR

Vendredi soir 10 heures

(1) Cette lettre est vraisemblablement de 1847 car Villenave mourut en 1846, et, en 1847, le 16 janvier tombait un samedi.

Monsieur et honorable ami,

Je viens d'envoyer votre lettre au prince, il la lira ce soir, en se couchant. Je lui demande de me recevoir demain soir, mais le pourra-t-il ?

Merci pour les Moulins, il faut absolument en finir d'une maniere ou de l'autre ce n'est pas la somme qui m'occupe ne demandez que 100 fr. — c'est de pouvoir mettre dans ma préface un remerciment à ma ville.

adieu à bientôt, puissiez vous être nommé questeur, je le desire et je l'espère.

Mille et mille assurances d'estime et d'affection.

Mélanie WALDOR

16 mars (1)

*
* *

Je regrette monsieur, de n'avoir rien à vous envoyer pour le moment. Je viens d'achever quatre volumes qui m'ont pris beaucoup de temps.

Veuillez me faire adresser votre revue, je desire la lire et voir ainsi ce que je pourrais vous donner plus tard.

Recevez monsieur l'assurance de
tous mes sentiments distingués

Mélanie WALDOR

17 juillet

*
* *

Monsieur

Vous apportez de tels retards à la distribution des Moulins que plusieurs souscripteurs partent. ayez la

(1) Cette lettre, ainsi que les deux suivantes, sont à dater de 1849, année où parurent *Les Moulins en deuil* (4 volume. in-8o)

bonté d'aller rue de rivoli 18, dès demain chez Mme Lavallée — et chez M. de Champtenay rue bergère 35 — portez lui 6 exempl — pour Mme la duchesse de Narbonne.

Vous m'aviez promis que tout serait distribué dans la huitaine et j'ai vu déjà beaucoup de personnes qui n'ont rien reçu.

Que faire aussi de toutes les affiches qui sont chez moi ? — Je compte sur vous monsieur pour que tout soit terminé cette semaine et je vous attendrai dimanche sur les 4 heures.

Recevez monsieur l'assurance de mes sentiments distingués

M. WALDOR

mercredi matin

*
* *

Puis-je espérer monsieur, que vous voudrez bien avoir la gracieuse obligeance de faire passer dans *le commerce* les quelques lignes ci jointes pour mon frère M. Villenave. — Je vous en serai bien reconnaissante.

Agréez monsieur l'expression de mes sentiments les plus distingués

MÉLANIE WALDOR

Vendredi soir 7 mars

*
* *

J'ai l'honneur, de vous envoyer, Monsieur, quelques vers pour le mercure s'il y a place pour eux, et je vous prie d'agréer l'assurance de mes sentimens les plus distingués.

M. WALDOR

ce 24 Xbre

Je regrette vivement Madame, de n'avoir pu me rendre hier à votre aimable invitation. J'aurai l'honneur d'aller vous voir et j'espère être plus heureuse un autre Samedi. Ma santé qui est assez altérée depuis quelque tems, supporte mal les veilles dans ce moment, et la soirée de Me Crémieux n'avait fatiguée, quelque délicieuse qu'elle fut.

Je voudrais bien, mais je n'òse vraiment pas, vous prier de venir sans façon mercredi soir à une petite réunion de musique et de littérature que j'ai chez moi et à laquelle Mme Anais Segalas me fera le plaisir de venir. Vos soirées sont si brillantes et les miennes si simples, que je solliciterais d'avance pour elles vôtre indulgence, puis une fois que vous la leur auriez accordée; je vous dirais que vous êtes bonne et charmante et qu'il y a bien longtems que je désirais vous engager à venir les embellir, sans avoir jamais osé faire le premier pas vers vous.

Veuillez dire à Mr Segalas combien je serais heureuse de le recevoir et agréez Madame l'assurance de mes sentimens les plus distingués.

M. WALDOR

Dimanche matin

*
* *

Monsieur
Monsieur Soulié
à l'arsenal

J'arrive peut-être trop tard, Monsieur, et d'autant plus, que je vous envoie une longue histoire; je vous ferais quelques excuses pour vous avoir fait si longtems attendre s'il y avait de ma faute, mais depuis que je ne vous ai vu, je suis à la campagne chez une dame de nos amies qui me laisse fort peu de tems à moi. Je serais désolée de vous avoir désobligé dans la première demande que vous m'ayez faite, et je desire bien que ma Veillée vous paraisse assez bonne pour plaider en ma faveur.

Je charge mon frère de vous la remettre et je vous renouvelle encore la prière que je vous ai faite chez Mr Nodier. Veuillez prendre Walstein sous votre protection, je puis vous assurer qu'il en est digne.

Agréez, Monsieur, l'assurance de ma parfaite considération.

M. WALDOR

ce 18 sept.

*
* *

Monsieur Charles ROMEY
49 rue de Richelieu

Monsieur et bon ami, voici le jeune homme dont vous a parlé M. Panneton chez moi, pour l'imprimerie de Malteste, il est bien interressant.

Je vous le recommande particulièrement, faites qu'il entre tout de suite et au le plus possible, car dans ses appointemens seront ses seules ressources —

Embrassez bien Mme Romey et Octavie pour moi et Eliza. puis je vous en prie n'oubliez pas que je suis entre les mains d'un juif — Je compte sur votre promesse et je vous prie de ne plus vous tourmenter ni Mme Romey car cela ajoute à toute mes peines

Mille tendres amitiés

M. W.

Vendredi

*
* *

Monsieur Romey
49 rue de Richelieu

J'ai réfléchi Monsieur et bon ami que je pouvais vous venir en aide plus directement, en vous donnant 100 francs que mon mari m'avait apporté hier pour les remettre à Melle de Lacommune aujourd'hui, chose que je n'ai pas faite puisque je devais aller d'un coté tout opposé, mais je n'étais pas entré dans ce détail avec mon mari a qui j'ai caché ma visite à M. Guérin.

Voici ce que je pense pour vous tirer d'affaire sans retard et cependant sans que je manque un paiement qui n'est hélas! que la moitié de ce que dois à ces delles.

Vous aurez la bonté de me faire un billet de 100 fr. payable le 1er du mois prochain et je leur ferai accepter le billet au lieu de l'argent, j'espère qu'elles ne se facheront pas, j'avais promis de payer le 4 ce ne sera qu'un petit retard.

Je charge Mr C—— d'arranger cela avec vous et je desire bien que vous soyez content de cet arrangement.

J'embrasse votre chere malade, Octavie, et je vous dis les choses les plus affectueuses.

M. WALDOR

St-Ouen 3 nov.

*
* *

Monsieur
Monsieur Petitot chef du contentieux
Ministère de l'instruction publique

Veuillez avoir la bonté, monsieur, de faciliter à Monsieur Christian, les moyens de se présenter au trésor lundi s'il est possible. Je suis à la campagne, et malade de la fièvre et de la poitrine, il m'est de toute impossibilité de m'occuper moi même de toucher mon trimestre. J'autorise donc M. Christian, à signer pour moi, tant au ministère de l'instruction publique, qu'au trésor, et j'espère que cette lettre sera suffisante pour lever toute difficulté, et puis j'òse compter monsieur sur votre aimable obligeance et je vous prie' d'agréer avec mes remercimens l'expression de ma considération la plus distinguée.

M. WALDOR

St Ouen

Samedi 30 juin

*
* *

(G. W.)

(Cette lettre est écrite sur une double feuille de 0,205mm sur 0,133mm, avec bordure de deuil de 0,005mm et ornée en tête des initiales, en noir, M W)

Cher Monsieur,

Je viens vous demander un service auquel je tiens beaucoup, c'est de procurer un permis gratuit de chemin de fer à un de mes amis qui a besoin d'aller chercher sa mère malade à Isigny, et que je vous prierai de faire passer pour l'un de vos rédacteurs.

Distinction, esprit, naissance, il a tout excepté la fortune.

Je vous serre la main bien affectueusement.

M. WALDOR

Marnes la Coquette 20 juillet

Monsieur DE POTTER,
Rue St Jacques, 38.

Monsieur je viens de recevoir coup sur coup deux lettres de la famille de M. de Monard. J'ai repondu que je recevrais ces messieur à la fin du mois — Veuillez me faire passer la Biographie dont je vous ai parlé — pour que j'achève la notice.

Voulez-vous remettre à ma femme de chambre les romans de Georges Sand et tout ce que vous pourrez m'envoyer en livres publiés par vous, et recevez en d'avance mes remercimens

M. WALDOR

10 decembre

*
* *

Monsieur ALBERT
2 rue de Lancry

Je ferai ce que vous desirez Monsieur — Veuillez voir au theatre ce qui se décide pour demain et recommander que l'on me fasse prévenir de l'heure à tems —

La fete des fous ne nous retardera pas — Mlle Mante joue ce soir à son grand regret — elle m'a écrit que je pouvais compter sur elle vendredi .

à demain Monsieur, recevez la nouvelle assurance de mes sentimens les plus distingués

M. WALDOR

*
* *

(G. W.)

Madame
Madame TOUSEZ
N° 1 Rue du Hazard Traversière.

Je voudrais bien voir la St Hubert Madame, et je crois

que la 1re est aujourd'hui, les journaux me le disent du moins. Est-il en votre pouvoir de m'avoir deux places. ou à défaut de deux places une stalle. Cela me ferait bien plaisir. Mais quelque désir que j'en aie, je ne voudrais pas être indiscrette et vous déranger en rien, par cela même que vous êtes parfaitement bonne et obligeante. Ce n'est donc que dans le cas ou la chose vous sera possible que je vous prie. S'il y a la moindre difficulté supposez que je ne vous en ai point parlé.

Recevez Madame en attendant le plaisir de vous revoir, l'expression bien sincère de mes sentimens les plus distingués.

M. WALDOR

Samedi

On vient me dire que l'on ne donne pas la Ste Hubert mais Julie. — Je n'ai point vu Julie. Je suis libre de ma soirée. Soyez assez bonne pour me donner votre billet, et puis veuillez penser à moi pour la *Ste Hubert*, la chose sera peutetre plus facile, ayant quelques jours à l'avance. Mille remerciemens, Madame, et souvenirs affectueux.

*
* *

Paris 11 nov.

Cher Monsieur DE COL,

Voici cette pauvre institutrice que le bon curé de St Sulpice m'a tant recommandée, elle pleure, elle a faim et froid. Je ne puis vous dire cette misère — Helas j'arrive à peine et Dieu m'envoie je crois tous les pauvres et je sais que faire, moi qui ne suis riche que d'intentions — Je vous serre la main et je vous aime bien.

M. WALDOR DE VILLENAVE

Mille amitiés à votre chère femme

*
* *

Cher Monsieur Ritt

Je viens vous prier instamment de donner à Mlle Marie Rose l'autorisation de chanter à la matinée de dimanche prochain Salle Herz. C'est un bénéfice que j'ai organisé en faveur d'une jeune artiste qui vient de mourir à 28 ans, laissant deux petites filles orphelines sans aucune ressource.

Mrs de St Georges, Lefevre-Duruflé, Larabit, Marquis de Bethisy, etc. sont les commissaires de cette matinée à laquelle les Tuileries et le Ministère d'état ont bien voulu venir en aide.

Comme dame patronnesse je m'adresse à vous monsieur et vous dis mille choses affectueuses

M. WALDOR

5 rue St Roch

23 mai Jeudi

*
* *

Monsieur

C'est à votre cœur autant qu'à votre esprit que je m'adresse pour m'aider à mener à bien une œuvre de bienfaisance que j'ai entreprise sans consulter mes forces.

Toutes les loges sont placées, mais les parterres et les galeries, se vendront à la porte si vous le demandez à vos lecteurs.

Je voulais vous écrire moi même les quelques détails, que j'ai dictés à une dame de mes amies au milieu de mes dames patronnesses et de tous les artistes dont le dévouement est toujours si touchant. Je vous prie d'excuser le barbouillage de ces notes dans lesquelles vous ne voudrez bien voir que les faits et non le style.

Voici une place dans la loge de Mme Millaud et de Mademoiselle votre fille. Veuillez l'accepter, et croyez que je vous serai bien reconnaissante du bien que vous ferez encore par votre plume et votre présence, à l'œuvre et aux artistes.

MÉLANIE WALDOR née DE VILLENAVE

25 avril

*
* *

Cher Comte

Vous étiez absent hier, et l'on m'a rapporté les reçus. Les voici — S'ils vous paraissent insuffisans; comme j'ai tout à fait besoin de r'entrer dans cet argent, avant mon départ je vais me rendre à St Cloud et faire prier l'Empereur de vouloir bien les faire acquiter sur sa caisse particulière. Mais je veux avant d'avoir recours à Sa Majesté, savoir si quand vous aurez vus les reçus, vous croirez pouvoir mettre à couvert les exigences de votre comptabilité, que je comprends parfaitement.

Encore une fois mille pardons, et si jamais l'on me ratrappe à faire de telles avances j'y regarderai à deux fois.

Mille et mille compliments affectueux

M. WALDOR DE VILLENAVE

26 mai

*
* *

Monsieur

Permettez moi d'implorer votre humanité en faveur du pauvre Cogne. Depuis quatre ans je suis témoin de la misère de sa famille, ce sont de bien braves gens, luttant souvent contre le froid et la faim et sans les secours que j'ai obtenus pour eux de la bonté de l'Empereur je ne sais s'ils existeraient encore. Il y a là une femme et trois petits enfans. Cogne est bien malade, il lui faut des soins assidus. Le laissera-t-on périr faute d'un lit à l'hospice? Je sais bien que les malades sont en grand nombre, mais la charité est inépuisable en France, à Paris surtout. Je vous serai bien sincèrement reconnaissante monsieur de ce que vous voudrez bien faire pour mon pauvre protégé, et je vous prie d'agréer l'expression de mes sentiments les plus distingués.

MÉLANIE WALDOR DE VILLENAVE

Mercredi 2 mars (1)

* * *

Monsieur le comte,

J'ai été bien touchée de la lettre que vous m'avez fait l'honneur de m'écrire, je l'ai lue aux tuileries, au ministère d'état, j'aurais voulu qu'il me fut permis de la faire mettre au Moniteur! Au milieu de celles qui me sont arrivées de tous les points de la france, dictées par un sentiment national, dont je me suis sentie fière d'avoir excité la manifestation, j'ai mis à part votre lettre venue la première, et je me sentirais très coupable de n'y avoir pas répondu plus tôt, si je n'avais fait un voyage.

Frappée dans ce que la femme a de plus cher en ce monde, ses enfans; une seule corde resonne encore en moi; l'amour de la france! Mon admiration est sans bornes pour les hommes héroïques qui, comme vous Gé-

(1) Cette lettre est de 1853 ou de 1859

néral, donnent leur sang pour elle!.... Et j'avais avant qu'on m'eut parlé de vous, distingué votre nom des autres noms. L'on m'écrit souvent que les poëtes ont des amis inconnus, il en est de même des braves. La gloire est la plus sublime de toutes les poësies!

Je serais heureuse de vous connaitre Général, et je viens aujourd'hui, vous prier d'accorder toute votre bienveillance à un jeune St Cyrien de seconde année auquel je m'intéresse depuis son enfance, M. Georges Boulanger (1) n'a pas 19 ans et toute son ambition est de se battre, de sortir de St Cyr pour entrer dans les chasseurs de Vincennes; je vous serai bien reconnaissante, si vous le jugez digne d'être distingué par vous. Il appartient à une famille des plus honorables!

Je regrette de ne vous avoir pas écrit avant de vous adresser cette demande, regardez la, je vous prie, comme un accessoire, et non comme le but principal de cette lettre. Je desire qu'elle vous porte, avant toute chose, l'expression de mes sentiments de sympathie et d'admiration.

MÉLANIE WALDOR DE VILLENAVE

Paris 5 Xbre 1855

(1) Le protégé de Mme Waldor était le futur général Boulanger, ainsi qu'en témoignent les renseignements biographiques suivants extraits de la *Bio-bibliographie bretonne* (XIIe fascicule, page 159): « *Georges-Ernest-Jean-Marie Boulanger*, né à la Calliorne, paroisse de Saint-Hélier, commune de Rennes, le 29 avril 1837; fils d'*E. J. R. Boulanger*, avoué, puis inspecteur de la Cie d'assurances « La Bretagne » à Nantes, et agent d'affaires à Paris, et de *M. A. Webb Griffith*; élève du Lycée de Nantes, puis de l'Ecole de Saint-Cyr le 17 janvier 1855; sous-lieutenant au 1er Régiment de Tirailleurs Algériens en 1856. »

Vendredi 23 Xbre 59

cher Monsieur LEFEBURE

Bien qu'allant un peu mieux aujourd'hui, je ne puis me remettre. J'ai une agitation nerveuse, suite des larmes et des nuits sans sommeil, qui m'ôte toutes mes forces. Je ne puis penser ni à poser, ni à monter vos quatre étages. Voici dix jours, que je ne suis sortie et que je souffre moralement plus que je ne puis vous le dire.

Je voudrais cependant vous voir. Je vous ai si singulièrement reçu dimanche — Hélas ! Je ne m'excuse pas. J'aurais reçu ainsi l'Empereur lui-même ! Je crois fermement que mon gendre finira par me tuer, ou par me rendre folle.

Si vous n'avez aucun diner promis dimanche ou lundi voulez vous venir diner avec moi ? Choisissez le jour et croye à mes sentiments affectueux et dévoués.

M. WALDOR née DE VILLENAVE

***

Monsieur

Je suis à peine remise d'une longue maladie, qui m'a empéchée de voir Monsieur Billaut. J'espère pouvoir sortir demain vendredi. Je viens vous demander d'avoir l'extrême obligeance de me laisser arriver jusqu'à vous. Je desire vivement vous voir avant d'être reçue par le Ministre.

Je serai Rue belle chasse entre midi et une heure.

Veuillez agréer Monsieur l'expression de ma considération la plus distinguée.

MÉLANIE WALDOR née DE VILLENAVE

Paris Jeudi 19 janvier 1860

Rue cherche midi 5

*
* *

Monsieur

Je voulais joindre *Jeannette* à la cantate, mais Jeannette a besoin d'être débarbouillée pour vous être présentée, et tous ces jours ci, au lieu de copier les pages trop raturées, il m'a été impossible de m'occuper d'autre chose que de ce concert au Jardin d'Hiver et de la réunion chez moi des principaux artistes.

Merci Monsieur de votre bienveillance si gracieuse. Veuillez faire passer la cantate à M. Moquard.

M. WALDOR DE VILLENAVE

Samedi 19 juillet (1)

(1) Cette lettre est probablement de 1862, car *La Tire-lire de Jeannette* fut représentée en 1859 et l'année 1862 est la première depuis 1859 où le 19 juillet tombe un samedi.

CEUX QUI CONSOLENT

POÉSIES

PAR Mlle EVA JOUAN

Membre correspondant de la Société Académique de Nantes

Bébé

De la rose nacrée entr'ouvant sur la branche
Son calice embaumé sa joue a la pâleur;
Ses grands yeux sont du bleu si frais de la pervenche,
Son sourire est si doux que vers lui le cœur penche
        Tout plein d'amour et de bonheur.

Ses gazouillis sont ceux des frêles tourterelles
Lorsque tombe le soir dans les grands bois ombreux.
S'il étendait aussi ses frémissantes ailes
Pour monter, radieux, vers les sphères si belles,
        Nous laissant seuls et malheureux !

Parfois son pur regard s'extasie en son rêve
Sur un monde inconnu que nous ne voyons pas,
Où les flots caressants baisent toujours la grève,
Où les oiseaux aimés chantent, sans une trêve,
        Où les fleurs croissent sous les pas.

Et ravi, le mignon sourit à son ivresse
Qui l'emporte bien loin de la terre d'exil,
Terre où les pleurs amers, l'accablante tristesse
Oppressent notre cœur, le meurtrissent sans cesse,
Terre de douleur, de péril.

Rêve, mon doux ami; rêve, mon petit ange!
Le rêve bienfaisant, envolé du ciel bleu,
Nous fait pour un instant quitter ce monde étrange,
Et notre âme, planant, s'éloigne de la fange,
Et se rapproche ainsi de Dieu.

L'ombre de René

Sur le sable doré, quand montent les caresses
Des flots, où le ciel mire un azur infini,
Il essayait ses pas, avec les cris d'ivresses
D'un oiselet jaseur qui s'échappe du nid.

Et sous le ciel immense, et sur la vaste grève,
Devant la mer profonde au murmure berceur,
Il était si petit, si frêle, que sans trêve
On le suivait, ému devant cette douceur.

Ses beaux bras potelés se tendaient vers le vide,
Dans ses grands yeux rieurs brillaient un pur rayon,
Et sa bouche s'offrait, d'un doux baiser avide,
Ses pieds menus avaient des vols de papillon.

Et sous le grand soleil qui lentement décline,
L'ombre du tout petit s'allongeait à l'excès;
Et soudain son doigt blanc vers le sable s'incline:
Bébé montrait, ravi, cet inouï succès.

Oui, tu deviendras grand, cher enfant de mon âme!
Et tes beaux yeux charmeurs s'attristeront un jour;
Tu connaîtras la vie... Oh! de son âpre flamme,
Garde ton cœur candide, où tout nous dit: amour!

Devant l'âtre

Dans l'âtre il a posé son sabot, le cher ange,
Son petit sabot blond comme ses fins cheveux,
Et qui garde au talon un peu de notre fange,
Hélas! l'enfant n'a pas l'aile de la mésange!
Il dort, en attendant le comble de ses vœux.

Il dort, insouciant, sous ses rideaux de soie;
Il fut sage; il sait bien que le doux Enfant-Dieu
Mettra dans son sabot les présents qu'Il envoie
A ses petits élus, afin qu'ils aient la joie
D'en donner une part aux sans feu ni sans lieu.

Et je reste rêveuse auprès du sabot frêle,
Si menu qu'il siérait au pied de Cendrillon,
Ou je vais déposer un beau polichinelle,
Le jouet désiré, mettant en sa prunelle
D'un bonheur infini le lumineux rayon.

Tant qu'il viendra joyeux près de la cheminée,
Je pourrai le guider doucement par la main;
Un jour, fatalement, elle luira l'année,
Où la sainte croyauce, hélas! sera fanée...
De la vie il prendra le sinueux chemin.

Ils se déchireront aux cailloux de la route
Ses pieds, dont maintenant je baise le satin;
Dans ce monde trompeur, en coudoyant le doute,

Peut-être oubliera-t-il de contempler la voûte,
Où le regard de Dieu sourit chaque matin.

La terre, n'est-ce pas l'exil? Et la souffrance
Epargne-t-elle un être, en son cours tourmenté?
Bien vite ils ont passé, ces jours de notre enfance
Où tout est jeux et ris, où la fée Espérance
Nous montre un avenir plein de sérénité!

O Jésus de Noël! sur cette tête chère
Veillez, Vous qu'il désire en cette nuit d'amour!
Faites que, s'il doit vivre un long temps sur la terre,
Il reste aimant et bon, que le devoir austère
Soit son guide sacré jusqu'au céleste jour!

La retenue

Les yeux du cher mignon étaient remplis de larmes
En sortant de l'école, et les sombres alarmes
Embrumaient de leur deuil ce front pur et charmant.
Qu'avait-il donc commis, l'enfant au cœur aimant?

Le bébé de quatre ans pour qui s'ouvre la vie?
Il n'y devait trouver pour son âme ravie
Que les rires joyeux et les baisers charmeurs,
Et c'était le chagrin, c'étaient les tristes pleurs

Qui contractaient ce doux et ravissant visage!
Las! qu'il était petit pour le dur esclavage
De la classe, au censeur de son pouvoir jaloux!
Il est encore à l'âge où l'on a peur des loups,

Et du Croquemitaine, à la hotte profonde.
Il aime à se jouer sur le sable où fuit l'onde,
A cueillir des bouquets dans les champs embaumés,
Lorsque rit le soleil sous les arbres charmés.

Et ce petit oiseau, fou de jeux et d'espace,
Doit se tenir tranquille et docile à sa place!
Il doit fixer les yeux sur le grand tableau noir,
Ses jolis yeux rieurs, délicieux à voir

Quand ils sont pétillants d'une joie un peu folle.
Mais le ciel que traverse un oiselet frivole
Le tente davantage, et le beau regard pur
Suit, un peu tristement, sa course dans l'azur.

Et l'enfant, oublieux, se plonge dans son rêve,
Un rêve d'or! Il voit la rayonnante grève
Et les blancs goëlands sur les grands flots bercés,
Et les petits bateaux par le vent balancés...

« Et la leçon, Monsieur?... » dit le maître sévère.
Le tout petit rougit, se trouble, désespère
De répéter les mots qu'il n'a pas entendus.
Il semble l'implorer de ses yeux éperdus,

Le maître redouté! Mais sa prière est vaine.
La retenue, hélas! sera sa dure peine.
Il connaît, le pauvret, les premières douleurs,
Il verse, biens amers, alors ses premiers pleurs.

Et des cœurs secs diront: « C'est la coutume, en somme!
Pourquoi s'apitoyer? Il faut en faire un homme. »
Un homme!... Je réponds à cette dureté:
« Prenez garde, ô censeurs! d'en faire un révolté! »

Une équipée

C'était un beau jour de printemps,
Tout plein de pâquerettes blanches,
De chants d'oiseaux et de pervenches,
De ciel bleu chassant les autans.

Un vrai temps pour les écoliers
Aimant l'école buissonnière.
Qu'il ferait beau sur la lisière
Du bois, caché dans les haliers!

Aussi sous le dôme tremblant
Des grands ormeaux bordant l'allée,
De papillons d'or étoilée,
Sont quatre enfants vêtus de blanc.

Ce sont quatre gentilles sœurs,
Discutant sur de graves choses;
Fraîches fleurs à l'avril écloses,
Du printemps fêtant les douceurs.

Pour aller vers le bois charmant,
On prendra la charrette anglaise.
L'âne, par le jardinier Blaise,
Est attelé secrètement.

Oh! le joli nid plein d'amours!
L'ainée, une brune si belle,
Avec son regard de gazelle,
Sa bouche qui sourit toujours.

Les petites, lutins joyeux,
Fronts purs sous des boucles soyeuses;
Ah! que leurs lèvres sont rieuses,
Quels doux rayons dans leurs grands yeux!

L'aînée a pris la guide en main;
Elle est maintenant sérieuse;
De la forêt mystérieuse,
Elle suit l'agreste chemin.

On arrive: tout est fleuri!
Et dans les féeriques domaines,

Dont elles sont les jeunes reines,
Tout les accueille et leur sourit.

On babille avec les oiseaux,
On cueille des fleurs embaumées,
Puis on goûte sous les ramées
En buvant à l'eau des ruisseaux.

Mais, hélas! il faut revenir
Vers la maison, pensée amère!
Comment les recevra leur mère?
Comment ce jour va-t-il finir?

Et toutes à ce souvenir
Ont un petit air adorable!
C'est le printemps le grand coupable,
C'est donc lui qu'il faudrait punir!

Aussi lorsque parmi les fleurs
Elles revinrent, toutes roses,
Dans ce décor d'apothéoses,
On ne fit pas couler leurs pleurs.

Petite chaise, grand fauteuil

Oh! la petite chaise, auprès du grand fauteuil,
Sous le rayon doré se jouant sur le seuil
De la maison au toit rustique!
Ils montraient deux douceurs: un vieillard, un enfant;
Un arbre qui se penche, un beau lys triomphant,
Une aube blanche, un soir mystique.

Et je croyais les voir, l'un près de l'autre assis,
Les yeux pleins de lumière et le front sans souci,

Devant l'horizon qui s'enflamme
De toutes les splendeurs d'un fier couchant vermeil,
Regardant sans regret s'enfuir le grand soleil,
Puisqu'ils le possédaient dans l'âme.

Et les doigts enlacés, se reposant tous deux,
Le vieillard de ses ans et l'enfant de ses jeux,
Dans une douce quiétude;
Causant des nids, des fleurs, des grillons, des oiseaux...
Tous ces petits amis de la terre et des eaux
Dont les intéressait l'étude.

Penchant sa tête blonde avec un air câlin,
Vers le vieux front pensif aux longs cheveux de lin,
Bébé demandait une histoire.
Et l'aïeul aussitôt se rappelait des faits
Qui, leur laissant le cœur et l'esprit satisfaits,
Ornaient cette jeune mémoire.

La vieillesse et l'enfance! Oh! ce charme infini
De bonté, de faiblesse! Un logis est béni
Quand ils y mêlent leurs sourires
C'est le bon conseiller guidant le jeune cœur
Vers le bien, vers le vrai... loin du monde moqueur,
De ses vains bruits, de ses délires.

Et j'avais bien rêvé, car je les vis venir,
Le grand-père appuyant sur le cher avenir
Sa main par le temps alourdie.
Dans la petite chaise et dans le grand fauteuil,
Sous le rayon doré se jouant sur le seuil,
Retrouvant la place attiédie.

Une langue internationale : L'ESPERANTO

Par le Dr SAQUET

Langue internationale ne veut pas dire universelle et destinée à supplanter toutes les autres.

Cet idéal ne saurait être réalisé d'ici longtemps, s'il l'est jamais.

Quelle nation actuelle voudrait abandonner pour un autre le langage de ses ancêtres ?

L'amour propre, aussi bien que l'intérêt, s'y opposeront toujours. Personne n'ignore l'empreinte particulière, donnée à toute agglomération soumise à une même langue.

Reste la question d'une langue auxiliaire et neutre à envisager.

Avant tout, cette étude est-elle importante ? Demande puérile ! Un tel moyen de communication intellectuelle servira à la fois les savants, les commerçants et les touristes ; car si l'on a fait beaucoup pour rapprocher les corps : par le chemin de fer, le télégraphe, etc., rien n'a été tenté dans cette direction pour rapprocher les esprits.

S'il est vrai comme le pensent Zamenhof et Gabriel Hanotaux, que la question des nationalités est une affaire de linguistique, la langue internationale doit servir à la résoudre. Les peuples ne s'entendent pas, la plupart du temps, parce qu'ils ne se comprennent point.

Les langues nationales doivent être rejetées comme solution de la difficulté, car elles sont toutes d'une étude coûteuse, malaisée et trop longue, sauf pour une élite.

Le latin, dont la neutralité est attirante, ne peut satisfaire aux qualités requises d'une langue auxiliaire. Outre sa difficulté et son défaut fréquent de clarté, il manque de quantité d'expressions nécessaires aux idées modernes.

L'épreuve séculaire tentée par les gouvernements européens pour l'imposer à de nombreuses générations à lamentablement échoué.

On ne l'emploie plus pour les rapports scientifiques et l'on ne s'en sert jamais dans les traités commerciaux.

S'imagine-t-on d'ailleurs une traduction latine des principaux chefs-d'œuvre de littérature moderne !

Quelle déformation subiraient même Shakespeare et Molière ! pourtant éloignés de nous.

D'ailleurs des Maîtres qui possédaient beaucoup mieux que nous la langue latine : Bacon, Descartes, Pascal, Leibnitz, etc. ont cherché la création d'une langue universelle en dehors du latin ; c'est donc qu'ils ne lui en reconnaissaient pas les qualités nécessaires.

L'expérience a conduit les recherches vers une langue artificielle.

Burnouf et Jacob Grimm croyaient au succès de cette tentative.

De nos jours, Max Müller, l'illustre philologue d'Oxford, déclarait dès 1863, dans ses cours, qu'une telle langue était possible et devait être beaucoup plus facile à apprendre qu'une langue dite naturelle.

En 1900, Max Müller acceptait de faire partie du Comité d'honneur de la Société pour la propagation de l'Esperanto, qu'il regardait comme la meilleure solution.

Esperanto est le pseudonyme sous lequel le Dr Zamenhof de Varsovie fit paraître sa tentative en 1887.

Le Docteur était alors âgé de 28 ans.

Si l'on a pu dire que le génie était une longue patience, c'est bien ici le cas. Dès l'âge de 7 ans en effet, frappé de la mauvaise entente qui existait dans sa ville natale entre ses concitoyens soumis à quatre langues différentes : le polonais, le russe, l'allemand et l'hébreu, Zamenhof eut la première idée de la nécessité d'une langue connue de tous et commune à tous.

Il fut persécuté par cette idée, et à 18 ans, au sortir du collège, un essai, imparfait il est vrai, fut présenté à ses camarades.

La langue était prête avant le volapük ; ce sont des difficultés financières qui en retardèrent l'apparition.

Si l'étude de l'Esperanto est trés facile, il n'en a pas été de même de sa composition ; et le Docteur a déclaré qu'il aurait renoncé à son achèvement, tant les difficultés à résoudre étaient grandes, si le volapük avait paru 5 ou 6 ans plus tôt. Et cependant, Zamenhof était convaincu de la supériorité de sa composition.

Un linguiste distingué, le marquis de Beaufront, achevait, au moment *même* de l'apparition de l'Esperanto, une tentative étonamment pareille.

Homme d'un cœur aussi grand que loyal, de Beaufront reconnut sans hésitation la supériorité de l'Esperanto, et fit une propagande acharnée en sa faveur.

C'est à lui que nous devons en France, et même ailleurs, la connaissance de cette langue, à la diffusion de laquelle le Touring Club de France contribue par tous les moyens : publications et conférences depuis quelques années.

Une association s'est aussi fondée à Paris en 1900, pour propager l'idée et le choix d'une langue internationale.

Voici le programme de cette société intitulée : *Délégation pour l'adoption d'une langue auxiliaire internationale.*

DÉCLARATION

Les soussignés, délégués par divers Congrés ou Sociétés pour étudier la question d'une Langue auxiliaire internationale, sont tombés d'accord sur les points suivants :

I° Il y a lieu de faire le choix et de répandre l'usage d'une Langue auxiliaire internationale, destinée non pas à remplacer dans la vie individuelle de chaque peuple les idiomes nationaux, mais à servir aux relatsons écrites et orales entre personnes de langues maternelles différentes ;

II° Une Langue auxiliaire internationale doit, pour remplir utilement son rôle, satisfaire aux conditions suivantes :

1re Condition. — Etre capable de servir aux relations habituelles de la vie sociale, aux échanges commerciaux et aux rapports scientifiques et philosophiques.

2e Condition. — Etre d'une acquisition aisée pour toute personne d'instruction élémentaire moyenne et spécialement pour les personnes de civilisation européenne ;

3e Condition. — Ne pas être l'une des langues nationales.

III° Il convient d'organiser une Délégation générale représentant l'ensemble des personnes qui comprennent la nécessité, ainsi que la possibilité d'une langue auxiliaire, et sont intéressées à son emploi. Cette Délégation nommera un Comité composé de membres pouvant être réunis pendant un certain laps de temps.

Le rôle de ce Comité est fixé aux articles suivants :

IV° Le choix de la Langue internationale appartient d'abord à l'Association internationale des Académies, puis, en cas d'insuccès, au Comité prévu à l'article III ;

V° En conséquence, le Comité aura pour première mission de faire présenter, dans les formes requises, à l'Association internationale des Académies, les vœux émis par les Sociétés et Congrès adhérents, et de l'inviter respectueusement à réaliser le projet d'une Langue auxiliaire ;

VI° Il appartiendra au Comité de créer une Société de propagande destinée à répandre l'usage de la Langue auxiliaire qui aura été choisie ;

VII° Les soussignés, actuellement délégués par divers Congrès et Sociétés, décident de faire les démarches nécessaires auprès de toutes les Sociétés de savants, de commerçants et de touristes, pour obtenir leur adhésion au présent projet ;

VIII° Seront admis à faire partie de la Délégation les représentants de Sociétés régulièrement constituées qui auront adhéré à la présente déclaration.

La Délégation entend rester neutre, du moins pour le moment, sur la valeur des différents projets en concurrence, il me reste donc à exposer la situation actuelle.

Malgré mon incompétence, comme la question est très simple, le temps ayant permis de juger plusieurs projets, je vais essayer, en réclamant toute votre indulgence, de vous montrer la situation.

Trois tentatives sont complètement achevées et deux ont subi le criterium de l'expérience et du temps.

Ce sont le volapük, l'esperanto et la langue bleue.

Le volapük, composé par le pasteur allemand Schleyer, après avoir eu un succès énorme, parce qu'il répondait à un véritable besoin, a disparu spontanément à cause de ses imperfections. Sa grammaire était très simple, mais le vocabulaire n'était pas fixé ni bien choisi.

Formé en effet de racines exclusivement saxonnes, il n'était pas international.

C'est la tentative d'un polyglotte mais non d'un philologue.

Le volapük a présenté au moins cinq dialectes totalement différents les uns des autres, et la confusion était encore augmentée par la faculté donnée à chacun d'inventer des mots et de les déformer.

Le mot volapük vient de world et de speak ; je crois que pas un étymologiste ne l'eût deviné.

L'Amérique s'appelait : Melop, etc.

L'r, supprimée en principe comme difficile à prononcer des asiatiques, est rétabli dans certains mots de pays : Algeran et Berberan.

Les mots étaient devenus en outre difficiles à écrire à cause de leur complication et impossibles à prononcer.

La langue bleue, parue en 1900, est due à Léon Bollack, de Paris, mais d'origine polonaise.

Malgré son apparition tardive, lui permettant de profiter de l'expérience des autres, elle ne satisfait pas aux conditions exigées d'une langue internationale.

Sa grammaire, bien faite quoique un peu longue, présente des exceptions.

La langue, d'une belle sonorité, a des vocables trop courts et partant difficiles à retenir.

Son défaut capital est de ne pouvoir servir qu'aux

relations commerciales ; elle a une construction immuable qui l'empêche d'être littéraire.

Nous devons donc rejeter ce projet comme insuffisant.

Les vingt et quelques autres solutions ne sont pas achevées, pas même le spokil auquel travaille depuis plus de 20 ans le Dr Ad. Nicolas de la Bourboule.

Ce dernier travail doit être une langue philosophique, ce qui serait une utopie d'après les philosophes, mais il faut se défier des idées à priori, car bien des choses jugées impossibles autrefois ont été réalisées de nos jours, la télégraphie sans fil par exemple.

Tous ces essais, sauf peut-être le spokil, sont des modifications plus ou moins heureuses de l'Esperanto et il vaut mieux modifier s'il y a lieu, ce qui n'est pas démontré, une langue qui est en usage depuis 18 ans et s'est montrée excellente.

En 18 années, le Dr Zamenhof n'a trouvé qu'une modification importante à faire subir à son épreuve et c'est l'adoption d'un *m* finale dans 4 mots qui prêtaient à confusion avec l'accusatif possédant l'*n* qui les terminait antérieurement.

Le résultat de l'expérience a démontré qu'une langue, de même qu'un poème, ne pouvait être le produit de plusieurs auteurs.

Le labeur exigé est tellement énorme et l'essai de Zamenhof si parfait, qu'il est difficile de concevoir qu'un auteur tente une œuvre semblable et surtout la réussisse, du moins à notre époque.

Voyons maintenant les qualités de l'Esperanto :

Cette langue est sonore et tient le milieu pour l'oreille entre l'espagnol et l'italien ; elle est chantante et chantée, possède de beaux vers faciles à dire et bien scandés, grâce à l'accent tonique invariablement placé sur la pénultième.

Sa souplesse est telle qu'elle a réussi à traduire plus fidèlement qu'aucune langue maternelle Hamlet, l'Iliade et même la Bible ; différents rapports mathématiques et médicaux prouvent qu'elle peut servir aux relations scientifiques.

Un petit livre de lettres commerciales montre son utilité dans ce sens.

J'ajouterai qu'elle est claire et supprime quelques-unes des rares amphibologies de la langue française, et cela sans périphrase, car le texte en est court et se rapproche de la concision latine.

Enfin l'Esperanto est extraordinairement facile, cinquante fois plus simple, disent les linguistes, que la langue maternelle la moins difficile.

En effet, sa grammaire tient en 16 règles, très courtes et sans exception.

Son dictionnaire, formé de racines qu'on peut accoler ou auxquelles on peut joindre une trentaine d'affixes qui en précisent le sens d'une façon pour ainsi dire mathématique, offre une richesse inconnue des autres langues.

Il a conservé les mots internationaux en les espérantisant dans leur désinence, ce qui en fixe immédiatement le sens.

L'article indéfini n'existe pas ; seul existe l'article défini, qui n'est pas obligatoire, selon le génie des peuples qui l'emploient et la nécessité de la clarté de la phrase.

La construction est souple et permet aux races différentes de se comprendre, malgré leur construction dissemblable, grâce à la forme spéciale du régime direct qu'une désinence propre permet de placer où l'on veut, si la clarté n'en souffre pas.

Les genres sont supprimés : le féminin est désigné par le suffixe *in* qu'on ajoute au radical. Exemple : patro, père ; patrino, mére ; frato, frère ; fratino, sœur ; cervo, cerf ; cervino, biche, etc.

Le suffixe *mal* représente les contraires et soulage la mémoire de quantité de mots.

Il n'y a pas de verbes irréguliers ; une seule conjugaison à douze formes, dont six pour les participes, suffit à exprimer toutes les nuances de la pensée régulièrement et plus aisément qu'en aucune langue.

Si j'ajoute que le dictionnaire contient 2,000 racines tirées du latin dans 75 % des cas, de l'anglo-saxon dans la proportion de 24 % et du russe pour le reste, on se rendra compte que l'internationalité a présidé rigoureusement à sa composition.

Les langues européennes présentent toutes, en effet, le maximum de racines latines ; le russe en a lui-même près de 30 % ; l'allemand et l'anglais, plus de 40 %.

Enfin, sa prononciation est facile et rigoureusement semblable pour tous, grâce à son alphabet dont on a éliminé les lettres difficiles pour certains peuples ; d'ailleurs, les expériences faites à ce sujet entre personnes de nationalité différente ont merveilleusement réussi.

Enfin, l'orthographe absolument phonétique, avec suppression des lettres doubles, annule une des principales difficultés du français, de l'anglais et du russe sur ce point.

L'illustre écrivain Tolstoï, après avoir pris connaissance de l'esperanto, a fait cette déclaration : « Les sacrifices que fera tout homme de notre monde européen, en consacrant quelque temps à son étude, sont tellement petits et les résultats tellement immenses qu'on ne peut pas se refuser à faire cet essai ».

La grammaire peut s'apprendre, en effet, en quelques quarts d'heure et le vocabulaire en quelques semaines.

De plus, toute personne sachant lire et se servir d'un dictionnaire peut traduire immédiatement un texte esperanto.

Ce fait est impossible avec une langue dite naturelle, dont il faut connaître la syntaxe, tandis que toutes les formes et terminaisons de l'esperanto se trouvent dans son dictionnaire, grâce à leur petit nombre et à l'artifice merveilleux de la désarticulation.

Cette langue, aussi parfaite que possible, doit réussir, à l'égal de toute invention qui permet d'économiser du temps, comme le chemin de fer, le télégraphe, etc.

Comme je l'ai déjà dit, ce n'est pas une tentative en puissance ; l'esperanto possède une bibliothèque de plus de 200 ouvrages et plusieurs journaux : *L'Esperantiste,* l'édition française, a 7 ans d'existence ; *La Lingvo internacia,* l'organe mondial, 9 ans.

Il existe, en outre, chez différents peuples, des organes espérantistes nationaux.

Les méthodes pour l'étude, éditées chez Hachette pour la France, bien qu'extrêmement réduites, sont admirablement rédigées et d'un prix fort modeste.

Si ce merveilleux outil international n'a pas pris plus de développement, cela tient à l'inertie humaine d'abord, puis à l'échec du volapük.

Ce dernier a disparu à cause de ses imperfections et de l'apparition de son rival.

On a vu, en effet, en Allemagne, un groupe entier abandonner le volapük pour l'Esperanto; le fait inverse ne s'est produit nulle part au monde.

Quant à la disparition des langues naturelles devant l'esperanto, si elle n'est pas à craindre d'ici longtemps, elle n'est pas non plus à désirer, car la déformation par l'usage s'ensuivrait rapidement et il est préférable d'avoir un organe neutre et fixe, soumis le moins possible à l'évolution, ou tout serait à recommencer.

La langue de Zamenhof peut encore prêter son appui aux divers dialects bretons, basques et autres en train de s'éteindre et leur permettre de s'introduire au-delà de leurs frontières naturelles, condition particulièrement favorable à leur maintien.

En terminant, je vous proposerai, Messieurs, de voter sur le principe d'une langue internationale avec motion de faveur pour l'esperanto, et, dans l'affirmative, de nommer un délégué pour vous représenter auprès de la délégation.

Le vœu a été adopté et le Dr Saquet nommé.

BIBLIOGRAPHIE

Docteur Zamenhof: *Dr Esperanto,* langue internationale. Manuel complet, 0 fr. 50 c.; 1887.

De Beaufront : *Journal l'Espérantiste,* passim ; *Commentaires de la grammaire esperanto,* 1re édition ; *Association française pour l'Avancement des Sciences.* Paris, 1900, etc.

L'Esperanto seule vraie solution de la langue auxiliaire internationale. Brochure in-32 : 0fr.15 c. Hachette.

Gaston Moch : *La question d'une langue internationale.* Paris, 1897 ; brochure in-8o: 2 fr. Chez Girard et Brière.

Leau : *Une langue universelle est-elle possible?* Paris, 1900 ; brochure in-16 : 0 fr. 30 c. Chez Gauthier-Villars.

Couturat : *Pour la Langue internationale.* Paris, 1900; brochure in-16 : 0 fr. 30 c. Chez Hachette.

L. Bollack : *Vers la Langue internationale, Revue des Revues,* 1er juillet 1902. Extrait : 0 fr. 50 c.

Couturat et Leau : *Histoire de la Langue universelle.* 1903. Chez Hachette. 1 vol. in-8°, 576 pages : 10 fr.; etc.

Etat actuel de l'Esperanto

Dans les 5 parties du Monde

D'après l'enquête du groupe Espérantiste Lyonnais

Traduit de l'article original *Esperanto de Lingvo Internacia*

PAR LE Dr SAQUET

INTRODUCTION

Depuis un an, la propagation de l'esperanto a fait des progrès remarquables en France, comme le démontrent :

L'éclosion avec une rapidité difficile à suivre de 47 groupes approuvés par la Société Française de propagande de l'Esperanto ;

L'apparition chez une des principales maisons française d'éditions d'une collection d'œuvres esperanto, dont elle a déjà vendu plus de 40,000 volumes ;

Une série incalculable d'articles de propagande imprimés dans les gazettes, revues ou journaux français, parmi lesquels 2 ou 3 ont plus d'un million d'exemplaires ;

L'appui que lui ont fourni abondamment des hommes en vue : une douzaine de membres de l'Académie française, 5 recteurs d'Université, des centaines de professeurs de Facultés, de Lycées ou d'ailleurs; des savants, des médecins, des officiers, des employés, des prêtres, des commerçants; et encore des Sociétés très différentes, parmi lesquelles brille au premier rang le Touring-Club de France, avec ses 85,000 sociétaires ;

La permission officielle d'adhérer aux sociétés espérantistes accordée aux officiers par les Ministres de la Guerre et de la Marine ;

L'introduction officielle de cours d'esperanto dans au moins cinq lycées de l'Etat.

Ces faits, connus de tous, démontrent de la façon la plus évidente l'importance du mouvement des idées en France en faveur de l'adoption de la langue auxiliaire internationale.

Mais que devient l'esperanto dans les autres pays pendant ce temps ? La réponse intéresse les Français au plus haut point : est-ce que vraiment ils sont les seuls à connaître l'esperanto, comme plusieurs le disent sans en savoir absolument rien ; ou, au contraire, le mouvement esperantiste français est-il accompagné du même progrès dans les autres pays ? Déjà, dans le numéro de juillet de la *Revue du Touring-Club,* M. Th. Cart, l'éminent vice-président de la S. F. p. p. E., a fait connaître les progrès de notre cause parmi les aveugles de tous les pays et nous a appris l'introduction de cours officiels d'esperanto dans les Institutions d'aveugles de Berlin, Paris et Stockholm.

Et que font pendant ce temps les voyants ? sont-ils restés de leur côté plus aveugles que les aveugles même ?

Le groupe espérantiste lyonnais, un des plus importants de France, après celui de Paris, a désiré le savoir et le répandre le plus tôt possible.

Une Commission d'enquête a été élue parmi ses membres, vous en verrez les noms a la fin de cet article.

Une circulaire en esperanto a été rédigée et envoyée dans toutes les parties du monde à des étrangers espérantistes nullement connus, mais dont le nom se trouve dans la liste d'adresses ou adresaro du Dr Zamenhof.

Depuis quelques mois, environ 600 réponses : cartes postales ou lettres, principalement lettres et même très longues lettres, toutes en esperanto naturellement, arrivent sans cesse à Lyon.

Toutes ces réponses sont classées à la Bibliothèque du groupe et à la disposition de ses membres pour leur instruction personnelle et comme moyen de propagande. Dans quelques temps elles seront exposées publiquement.

(A Nantes, le Dr Bossis a reçu, depuis 8 mois, plus de 2,000 cartes postales esperanto de toutes les parties du monde; elles feront partie d'une section de l'Exposition régionale Nantaise. Note du traducteur).

La lecture attentive de ces réponses a inspiré à la Commission un certain nombre de conclusions qu'elle a jugé utile de coordonner en un rapport. La Commission a l'intention de répandre ce rapport de la façon la plus vaste, dans le but principal de ranimer de nombreux espérantistes vivant isolément et ne connaissant rien des progrès de leur cause.

La Commission espère encore que les lecteurs de Lingvo Internacia parcourront avec intérêt ce rapport pour les aider à en répandre les exemplaires coûtant 0 fr. 15 pièce.

Rapport de la Commission d'enquête du groupe Lyonnais

I° Le fait suivant est absolument hors de conteste :

L'esperanto est actuellement répandu dans la plus grande partie des pays de langue européenne. La région à la tête de cette expansion est naturellement l'Europe ; mais l'esperanto s'est aussi répandu quelque peu dans les autres parties du monde et nous avons reçu des réponses de 42 pays différents appartenant à l'Europe, l'Asie, l'Afrique, l'Amérique et l'Océanie.

En ce qui concerne l'Europe, notre groupe a reçu des lettres d'espérantistes parlant 19 langues diverses, correspondant aux 25 pays suivants :

1° L'Allemagne, l'Autriche et la Suisse allemande ; 2° l'Angleterre avec l'Ecosse et l'Irlande ; 3° la Belgique et la Suisse française ; 4° la Flandre belge ; 5° la Bulgarie ; 6° la Bohême ; 7° le Danemark, l'Islande et la Norvège ; 8° la Russie du Nord ; 9° l'Espagne et les Canaries ; 10° la Finlande ; 11° la Hollande ; 12° la Hongrie ; 13° l'Italie et la Sicile ; 14° la Moravie ; 15° la Pologne ; 16° le Portugal ; 17° la Russie ; 18° la Suède ; 19° la Turquie.

Seuls en Europe, quelques petits Etats des Balkans ne possèdent aucun espérantiste, du moins à notre connaissance. Il est vrai qu'actuellement ils ont d'autres amusettes.

En Asie, l'esperanto s'est étendu jusqu'à l'Inde Anglaise, l'Indo-Chine, le Japon et même jusqu'aux limites de l'Asie Russe, la Chine, la Transcaucasie et la Perse.

Pour l'Afrique nous avons reçu des réponses d'Algérie, de Tunisie, de la Guinée et du Transvaal.

Dans l'Amérique du Nord, nous avons trouvé des correspondants aux Etats-Unis, au Canada et au Mexique ; dans l'Amérique du Sud, au Brésil, au Pérou, au Chili et en Uruguay.

Enfin, même en Océanie nous avons trouvé des espérantistes. Des réponses nous parvinrent des possessions hollandaises, des Philippines et de la Nouvelle-Calédonie.

Ajoutons que les espérantistes Anglais nous ont affirmé qu'ils ont, en outre, des correspondants espérantistes à Shanghaï et sur la Côte-d'Or (Afrique), mais personnellement aucune lettre ne nous est parvenue de ces pays.

II° La plupart du temps, les espérantistes étrangers sont isolés les uns des autres. Ils ont connu l'esperanto à la suite d'une lettre d'ami ou d'un article de journal. Grâce aux livres d'enseignement espérantiste qui existent dans presque toutes les langues d'origine européenne, ils ont pu apprendre très rapidement l'esperanto, puis ils ont commencé à correspondre dans toutes les parties du monde avec des inconnus dont ils avaient trouvé le nom dans la liste d'adresses du Dr Zamenhof. Même ils se souvent liés d'amitié avec des gens de même idée linguistique qu'ils n'ont jamais vu et ne verront sans doute jamais.

Ravis à l'extrême de la possibilité extraordinaire de pouvoir correspondre sans peine avec tout l'univers, ils ont essayé de répandre l'esperanto auteur d'eux.

Le plus souvent ils n'ont pas réussi. On n'a pas voulu examiner leur proposition, on s'est moqué d'eux ; on s'est conduit à leur égard comme envers des utopistes, oubliant que l'utopie d'aujourd'hui est souvent la réalité de demain. On leur a répondu d'une manière compétente par : Et le volapük. On leur demanda quel profit ils avaient retiré de l'esperanto et quand ils eurent répondu qu'ils n'en avaient pas tiré d'avantage matériel, alors on les a plaints ironiquement. Les plus aimables leur ont promis d'apprendre la langue quand tout le monde la saurait !

Indifférence et moquerie ne les ont pas ébranlés, ils ont persévéré courageusement dans leur inlassable propagande, espérant des jours plus favorables, dans la ferme conviction que l'avenir montrerait bientôt la justesse de leur cause.

A notre avis, ils sont dans mille endroits les pionniers de l'avenir.

Et ceci, nous ne craignons pas de l'affirmer hautement.

Mais parfois leur apostolat a réussi. Ils ont convaincu quelques amis qui, à leur tour, en ont fait autant pour d'autres et le groupe a grossi comme la boule de neige.

Quelques pays étrangers sont surtout intéressants pour la rapidité prodigieuse avec laquelle les groupes espérantistes se sont multipliés en ces temps derniers.

En Angleterre, pays que l'on regardait comme tout à fait rebelle, après la lutte dirigée par Concord et Review of Reviews de Stead, 17 groupes se sont fondés en 10 mois à Bournemouth, Brixton, Dublin, Dundee, Edimbourg, Glasgow, Huddersfield, Ilford, Keighley, Liverpool, Londres, Manchester, Newcastle, Plymouth, Portsmouth, Southampton, Surbiton.

On doit encore y adjoindre les groupes de Bombay et celui de Colombo à Ceylan.

Et nos correspondants anglais nous font prévoir la formation prochaine de beaucoup d'autres groupes.

Il y a 10 mois, un seul groupe, celui de Keighley, fondé en novembre 1902, existait en Angleterre.

En Bulgarie, on peut assurer à bon droit qu'aucune ville, tant soit peu importante, ne manque de groupe espérantiste. Il y en a déjà à Philippopoli, Kazanlik, Routchouk, Silistra, Sofia, Tirnow et Trojan. Sept autres sont en formation à Bourgaz, Kioustoudil, Lo, Plevna, Slivna, Starazagora, Svistov.

Nous n'en finirions plus si nous voulions détailler tous les groupes qui, en dehors de l'Angleterre et de la Bulgarie, existent déjà en Allemagne, Autriche, Espagne,

Italie, Suisse, Belgique, Hollande, Suède, Russie d'Europe et d'Asie, Canada, Japon, Chili et Pérou.

Il existe actuellement au monde plus de 121 groupes espérantistes, dix fois plus qu'il y a deux ans; et presque chaque semaine nous apprenons que, quelque part dans le monde, est né un nouveau groupe espérantiste.

(Pour fonder un groupe espérantiste il faut au moins dix personnes, dont quatre au moins doivent justifier de la connaissance de l'esperanto. Note du traducteur).

III° Quelle est la situation sociale des espérantistes?

L'ensemble des réponses reçues nous permet d'en affirmer la diversité la plus grande.

Des savants, des négociants, des banquiers, des commerçants importants ou non, des industriels, des ingénieurs, des professeurs de tous les degrés, depuis le professeur d'université au maître d'école du village; des légistes de toutes sortes; des militaires, du général au simple soldat; des prêtres, des médecins, des pharmaciens, des architectes, des chimistes, des journalistes, des commis, des employés de chemins de fer, des étudiants, des collégiens et même de simples ouvriers; en un mot des hommes de toutes les classes et de l'âge le plus divers représentent l'idée espérantiste éparse dans l'univers.

Les hommes forment la majorité la plus grande ; cependant les dames ne sont pas en minorité négligeable et, par leurs lettres, elles montrent une conviction et une ardeur en tout semblable à celle des hommes. Deux groupes de dames espérantistes existent déjà : l'un à Montréal, l'autre à Louvain.

IV° Avec quel degré de facilité s'acquiert l'esperanto par les étrangers?

Cette facilité est à peine croyable ; elle est semblable

à celle que nous avons, nous Français ; et, ceci, quelle que soit la langue originelle du néophyte ou son degré de culture générale et de connaissance linguistique.

Aucun doute ne peut exister sur ce point après avoir lu les 600 lettres reçues par le groupe espérantiste lyonnais.

Quand elle rédigea son questionnaire, la Commission d'enquête a pris soin autant que possible que les réponses fussent démonstratives à ce sujet.

A cet effet, le correspondant devait donner non seulement sa profession, mais encore déclarer, outre la langue maternelle, quelles étaient les langues mortes ou vivantes parlées ou lues par lui.

Eh bien! de toutes les parties du monde nous est venue la même réponse très précise : « Oui, l'esperanto est facile, extrêmement facile pour tous ».

Pour tous les espérantistes possédant auparavant langues vivantes ou mortes *plus ou moins bien sues,* l'étude de l'esperanto n'est qu'un jeu, un amusement.

Et ceci est tout à fait compréhensible si l'on réfléchit que, grâce au choix très sage des racines fait par le docteur Zamenhof, on possède déjà *en principe* l'esperanto quand on sait : 1° quelque peu d'allemand ou de langue d'origine germanique (allemand, islandais, suédois, norvégien, danois, hollandais, anglais) pour ce qui est de l'acquisition d'une partie du vocabulaire ; 2° quelque peu de latin ou de langue d'origine latine (français, italien, espagnol, portugais, roumain, catalan, roman et anglais), pour ce qui concerne l'acquisition du reste du vocabulaire.

Eh bien ! existe-t-il encore, à l'heure actuelle, un homme ayant besoin de relations internationales qui ne possède ce minimum de connaissances ?

On peut hardiment affirmer que cet homme n'existe plus.

Or, de cette légère collection de connaissances linguistiques, collection insuffisante pour s'en servir, l'homme qui connaît l'esperanto tire un profit merveilleux.

Avec un effort à peine appréciable, il en tire une langue vivante qui peut lui être précieuse pour ses relations avec l'univers entier. Et, en faisant cette remarque, nous ne donnons pas notre simple opinion personnelle, nous répétons seulement la pensée exprimée par les 600 espérantistes épars dans le monde qui ont fait au groupe lyonnais l'honneur de répondre au questionnaire de sa Commission d'enquête.

Mais ce n'est pas tout.

Un certain nombre de nos correspondants nous ont écrit ne savoir aucune langue étrangère, vivante ou morte, et cependant avoir appris l'esperanto avec une facilité et une rapidité incroyables.

Au moins possédaient-ils une culture générale très avancée ?

Ceci n'est pas même nécessaire.

Là dessus nous possédons des lettres extrêmement probantes de simples ouvriers anglais, allemands, esthons, moraves, suédois, russes et bohêmes.

Leur affirmation est catégorique. Ils ont appris, le plus souvent, l'esperanto sans aide aucune et avec une facilité extrême. Et nous avons des lettres pour prouver qu'ils le savent bien.

Ce n'est ici ni le lieu ni le moment de chercher la cause de ce résultat invraisemblable pour celui qui connaît la difficulté habituelle de l'acquisition d'une langue nationale ordinaire.

Pour cela, il faudrait exposer la méthode complète de

l'esperanto, ce qui nous entraînerait trop loin. Comme dit la sagesse des Nations : « *Il faut le voir pour le croire* ».

La Commission d'énquête lyonnaise a vu et elle croit. (Rappelons que l'esperanto a seulement 16 règles de grammaire invariables et à peine un millier de racines, dont 4 à 500 connues de chaque peuple. Pas de genres, pas d'orthographe, une seule conjugaison. — Note du traducteur.)

Les conclusions sont donc très précises.

Oui. L'esperanto est véritablement tel que son auteur l'a désiré et ce que ses propagateurs ont prétendu qu'il était :

Riche, harmonieux, d'usage facile, une langue souple, d'acquisition extrêmement facile pour tout peuple civilisé, et capable de rendre les services les plus vastes et les plus productifs dans la vie internationale.

V° Et maintenant, une nouvelle et dernière question se présente.

L'esperanto rend-il dès maintenant ce service ?

Oui et non. — Oui, dans certains cas; non, d'une manière générale.

Et pourquoi ? demanderez-vous.

Tout simplement parce que le nombre des adeptes est encore trop faible. En effet, chaque fois que les circonstances ont permis à ceux-ci d'entrer en relations, alors l'esperanto leur a toujours rendu le service qu'ils en attendaient.

Ainsi, sans aucun doute, même en voyage, l'esperanto a maintenant peu d'utilité encore. Cependant quelques espérantistes ont pu entreprendre et mener à bonne fin un voyage en Europe en se servant exclusivement de cette langue.

Ils allèrent d'un espérantiste à l'autre et purent en trouver quelques-uns durant tout leur voyage. M. Offret, professeur à l'Université de Lyon, cite son propre exemple. Il a parlé esperanto de longues heures pendant un voyage récent à Prague, Budapest et Sarayer, avec des étrangers ignorant le français, et il ne connaissait ni le bohème, ni le serbe, ni le croate, ce qui ne doit pas être rare en France.

Plusieurs des lettres reçues proviennent d'espérantistes à qui le même fait s'est produit et ils se montrent enthousiasmés de l'expérience.

Ils étaient obligés de prévenir de leur venue d'avance. Certes, le procédé n'est pas commode et inférieur aux voyages de Cook, mais patience ! on trouvera bientôt des espérantistes partout au lieu d'être obligé de les rechercher.

Relativement à la science et à la littérature, l'esperanto est encore en très modeste situation ; mais la preuve est déjà faite qu'il atteindra bientôt un résultat remarquable.

D'admirables traductions d'œuvres classiques, telles que l'*Iliade,* la *Monadologie* de Leibnitz, *Hamlet* de Shakspeare, *Caïn* de Byron, etc., ont déjà prouvé que l'esperanto est capable de fournir des expressions traduisant les nuances les plus délicates de la pensée.

En ce qui concerne la science, quel progrès on réaliserait si les auteurs d'un ouvrage scientifique quelconque regardaient comme un devoir d'ajouter au sujet qu'ils publient un résumé que les revues spéciales pourraient ensuite réunir.

En attendant qu'on puisse obtenir ce résultat, on a déjà fait quelques expériences isolées qui nous montrent la voie à suivre dans cette direction.

Des articles scientifiques, rédigés en esperanto, ont

déjà paru dans diverses revues. Comme nous ne pouvons parler trés longuement sur ce thème, il nous suffira d'en citer un seul exemple.

Il s'agit de l'article *rédigé en esperanto* que l'éminent professeur Brouardel, doyen honoraire de la Faculté de Médecine de Paris, a écrit aimablement et spécialement sur la guérison de la tuberculose pour le numéro de mai 1903 de la *Revue internationale*, en esperanto « *Lingvo internacia* ». L'adhésion d'un homme de cette valeur à la lutte pour l'emploi de l'esperanto devrait suffire pour avertir les incrédules que leur scepticisme commence à devenir un aveuglement contre le progrès.

Ils recevront bientôt un second avertissement quand, aux quinze revues espérantistes actuelles consacrées à la propagande, viendra s'ajouter l'*Internacia scienca Revuo,* revue scientifique rédigée exclusivement en esperanto, dont le Comité de protection contiendra, à côté de quelques célèbres professeurs des Universités françaises et étrangères, les noms d'autres savants illustres connus de l'univers entier, tels que : professeur Bouchard, professeur Appel, doyen de la Faculté des Sciences de Paris ; professeur d'Arsonval, du Collège de France ; professeur Beaudouin de Courtenay, professeur à l'Université de Saint-Pétersbourg ; professeur Berthelot, de l'Institut de France ; professeur Becquerel, Deslandes, astronome ; docteur Duclaux, de l'Institut Pasteur ; professeur Forster, professeur d'astronomie à l'Université de Berlin ; professeur Henri Poincaré, professeur Ramsay, le célèbre membre de la Société royale de Londres ; le général Sebert, membre de l'Académie des Sciences ; M. Ch. Adelskjold, de l'Académie des Sciences de Stockholm, et le docteur Louis Zamenhof, l'illustre auteur de l'esperanto, sans oublier le patronage officiel de la Société française de Physique et de la Société internationale des Electriciens. (Cette revue vient de paraître.)

Personne au monde, nous l'affirmons hautement, n'éprouvera la moindre difficulté à lire cette revue après quelques semaines seulement d'exercice. Personne encore n'aura de difficulté pour publier quelque chose dans cette revue, car: 1° quelques mois d'étude suffiront au savant pour écrire lui-même un texte esperanto et, d'autre part, il existe à Paris un Office spécial pour la traduction espérantiste, lequel Office est allié à la *Societo por internaciaj Rilatoj* (S. I. R.), Société pour relations internationales dont le représentant est, en France, M. Paul Fruictier (27, boulevard Arago, Paris, XIIIe).

Notre groupe lyonnais va ouvrir tout prochainement un Office analogue, bien que réservé plus spécialement pour la traduction des correspondances commerciales en esperanto; il aura pour siège le Syndicat d'Initiative de la ville de Lyon, 4, place Léviste.

Concernant les affaires commerciales, l'esperanto fait des progrès incessants.

Tous les espérantistes savent que, sur la couverture de nos gazettes, se multiplient les annonces de commerce et que les anciennes reparaissent en même temps que se répandent les prospectus en esperanto.

Cette sorte de réclame rapporte donc à ses auteurs un profit palpable, car, en commerce, on n'a pas l'habitude de continuer une réclame dont on ne tire pas bénéfice.

Le fait n'est nullement surprenant si on considère tout d'abord la solidarité reliant actuellement les espérantistes du monde entier; puis, par ailleurs, la facilité que leur donne une langue commune de correspondance.

Nous pourrions encore citer les noms de deux industriels lyonnais auxquels l'esperanto a fourni des relations commerciales étrangères.

D'ailleurs, un grand nombre des lettres qu'a reçues notre groupe proviennent de commerçants ou de négociants étrangers qui, naturellement, profitent de l'occasion pour nous faire savoir leur désir de correspondre commercialement avec notre ville.

Pour faciliter l'expansion de ce moyen extrêmement utile à l'esperanto et spécialement le commerce international, certaines revues espérantistes ou non publient gratis, depuis quelque temps, l'adresse de commerçants qui acceptent l'usage de l'esperanto pour l'étranger.

Nous citerons : *Lingvo internacia,* éditée en Hongrie ; *Belga sonorilo,* en Belgique ; *Holanda Pioniro,* en Hollande ; *Korrespondius* et *Affarsvarlden,* en Suède, et, finalement, l'importante revue anglaise *Revue des Revues (Review of Reviews).*

L'Office de correspondance commerciale, organisé par notre groupe dans les bureaux du Syndicat d'initiative de la ville de Lyon, ne pourra pas ne pas faciliter l'utilisation de l'esperanto dans le commerce lyonnais.

Mais nous espérons déjà que la durée de cet Office sera seulement très courte, parce que la diffusion de l'esperanto le rendra rapidement inutile.

D'ailleurs, si nous nous efforçons maintenant d'organiser et de faciliter la correspondance commerciale en esperanto, c'est que nous avons la conviction que l'esperanto rendra dès le commencement les services généraux les plus importants.

Il suffit de perfectionner ce qui existe déjà, c'est-à-dire la correspondance entre espérantistes, et de la rendre utile.

Quiconque a commencé à se servir de l'esperanto par correspondance ne veut ou ne saurait s'en passer.

Personne ne l'a jamais abandonné. De fait il procure une satisfaction peu ordinaire. Au début, l'étonnement domine ; on lit avec émotion, le plus facilement, ces lettres envoyées de toutes les parties du monde, écrites par des inconnus dont, auparavant, on se trouvait absolument séparés par l'absence d'une langue commune.

Cette émotion est même extraordinairement forte pour ceux que l'ignorance absolue de toute autre langue vivante en dehors de la sienne avait en quelque sorte séparés du reste de l'humanité. Ils devinent une vie plus large, plus intellectuelle. Rien n'est plus touchant que la joie accusée à ce sujet dans leurs lettres.

Puis arrive l'accoutumance. Il est si simple de s'habituer à une chose commode. On trouve cela tout naturel, mais malheur, quand arrive une lettre ou circulaire étrangère se mêlant à notre correspondance espérantiste.

Une telle lecture, plus ou moins pleine de difficultés, nous inspire de la surprise et du dégoût. On se conduit à l'égard du correspondant comme avec un sauvage. ennemi du progrès, oubliant que ce sauvage supposé représente presque l'humanité tont entière, péchant le plus souvent par ignorance ou quelquefois par scepticisme, et que la classe privilégiée à laquelle on appartient est encore une minorité.

Le désir d'en propager l'idée s'empare de nous.

On se demande si vraiment l'esperanto peut servir à tout, pour la conversation en voyage, la publication d'ouvrages scientifiques divers, la correspondance commerciale ou privée avec l'étranger, même pour la mariage ! car une de nos correspondantes, d'origine suédoise, nous a fait savoir que grâce à l'esperanto elle fit connaissance avec celui qui devait être son époux, pendant un voyage que celui-ci, un jeune russe, faisait en Suède. Alors on ne saurait refuser d'apprendre l'esperanto !

Nous l'apprendrons, quand tous le sauront

Quelle pauvre réponse ! fruit des préjugés et d'un scepticisme improductif.

Ne doit-on pas semer avant de récolter ?

Attendons avec patience, mais en même temps agissons vigoureusement. L'esperanto possède actuellement tant d'adeptes dans le monde qu'il ne peut que s'enraciner et se développer davantage.

Tous ces premiers espérantistes sont presque dans la même situation que les premiers abonnés au téléphone. Ils attendent l'abonnement des autres.

Ne les laissons pas s'impatienter.

Donnez à l'esperanto la seule chose qui lui manque : la force du nombre.

Faites comme nous : adhérez aux groupes espérantistes de votre région (ou à la société de relations internationales, 27, boulevard Arago).

Abonnez-vous à l'organe espérantiste propagateur dans notre pays (3 fr.) par an, abonnez-vous et soutenez l'organe central des espérantistes, leur moyen d'union international *Lingvo internatia* (9e année, 4 fr. par an, 6 fr. 50 c. avec supplément littéraire).

Ne restez pas indifférents.

Tel est le vœu et le conseil de la Commission d'enquête du groupe espérantiste lyonnais. Pour le Comité : A. Offret, professeur de minéralogie à l'Université de Lyon, secrétaire général du groupe espérantiste lyonnais.

Je ne puis que joindre mes prières aux leurs ; le groupe espérantiste Nantais, comprenant plus de 80 membres en dehors des 70 élèves du Lycée, ne demande qu'à s'augmenter.

La cotisation annuelle est de 2 fr. 50 c. pour les membres actifs, donnant droit au service mensuel du *Journal l'Espérantiste* en français, avec traduction esperanto en regard.

Il me reste maintenant, Messieurs, à vous remercier de votre bienveillante attention et à féliciter la Société Académique qui, bien que centenaire, montre une fois de plus qu'elle n'est pas fermée anx idées nouvelles et progressistes, ce dont personne ne saurait s'étonner ici.

ÉTUDE

SUR

Hippolyte DE LA MORVONNAIS

(1802-1853)

PAR M. SARAZIN

AVOCAT A PLEURTUIT (ILLE-ET-VILAINE)

CHAPITRE Ier

VIE DE M. H. DE LA MORVONNAIS

Hippolyte-Michel de la Morvonnais naquit à Saint-Malo, le 11 mars 1802, dans la maison dite du Doyenné, sur le bord d'une de ces grèves bretonnes, où, suivant l'expression d'un poète, la poésie germe du sol même.

Son père était François-Julien et sa mère Perrine-Anne des Saudrais (1).

(1) Cousine issue de germaine de Félicité et de Jean-Marie de Lamennais.

Son grand-père, procureur fiscal de la juridiction de la Bellière, appartenait à une famille originaire de Saint-Pierre-de-Plesguen. Il eut deux fils : Jacques-Jean, né en 1744, qui exerça les mêmes fonctions près la juridiction de Chateauneuf(arrondissement de Saint-Malo), et François Julien, père de notre poète, et qui fut avocat à Saint-Malo.

Celui-ci, après avoir représenté la cité des corsaires à l'assemblée du Tiers-Etat de Bretagne du 14 février 1789, fut élu en 1791 député d'Ille-et-Vilaine à l'Assemblée Législative. Il vota avec les modérés et tenta, mais en vain, de s'opposer, aux excès populaires. Après la Terreur, il fut élu administrateur du département des Côtes-du-Nord, où il sauva de la guillotine et des cachots un grand nombre des *suspects*. Puis il revint plaider et consulter à Saint-Malo, où il mourut le 20 mai 1815 (2).

L'enfant commença ses études au collège de Saint-Malo ; mais la faiblesse de son tempérament l'empêcha de les poursuivre : on le plaça alors dans une maison de commerce de la ville. Cependant les comptes et les registres convenaient peu à son tempérament rêveur et passionné et souvent il les lâchait pour aller songer le long des grèves et aligner des vers.

L'essai était peu tentant pour sa mère qui lui fit reprendre ses classes. Elle espérait qu'il rouvrirait un jour le cabinet d'avocat de son mari, l'ancien représentant du peuple malouin, dont la mémoire, entourée du respect universel, subsistait vivace et aimée parmi ses compatriotes. Il partit donc pour Rennes où il devait faire son droit. Mais, fait qui eut douloureusement ému

(2) *Cent ans de représentation bretonne,* par René Kerviler, 2e série, Paris. Perrin 1891.

sa mère, dans son bagage figurait, orné de claires faveurs, un de ces cahiers précieux, camarade fidèle de tous les rhétoriciens qui se respectent un peu, où ils consignent, en lignes rimées et rhythmées, les espoirs qui ensoleillent leur âme, les chagrins qui l'endeuillent, et où ils piquent les papillons bleus ou roses qui effleurent leur cerveau..............

Mais, rester en province..... à Rennes, y étudier — et dans le texte, encore ! — les *Institutes* et les *Pandectes*, était-ce bien digne de la destinée de qui possédait en portefeuille de quoi révolutionner sans conteste la littérature, et était attendu avec impatience par les libraires de la capitale à court d'œuvres originales ?

Notre poète ne le pensa pas et il ne s'exposa même pas à ce qu'on lui demandât ce sacrifice. Un beau jour il prend la diligence pour Paris au grand ébahissement de sa vieille logeuse : « Un si bon jeune homme — elle ne lui connaissait pas d'amie, — partir ainsi tout seul pour la capitale ! »

A peine débarqué, il commença ses courses, le sourire aux lèvres, *et le cœur allègre*. Il fallut déchanter, hélas ! Parmi ces commerçants rapaces, que sont les négociants en livres, quelques-uns daignèrent lire son manuscrit. La plupart le rebutèrent d'un air rogue ; les autres, plus aimables et, pris de bonté à la vue de cette jeune tête (il avait a peine 18 ans), effeuillèrent dessus quelques roses. Il eût préféré un traité bien en forme. Découragé, il allait rentrer à Rennes, lorsque son bon génie le mena chez l'excellent Ponthieu, éditeur au Palais-Royal, qui consentit à imprimer son livre. L'histoire ne dit pas si l'ouvrage eut plusieurs éditions et si le libraire compatissant fit une bonne affaire. Soyons aussi réservé que l'histoire ?

Ce recueil vit le jour en 1826 : il contenait des élégies, des romances, un drame lyrique, *Sapho*, et des imitations des poètes latins. Le tout ne mérite pas une bien longue mention...

Mais pendant que notre jeune amant des muses s'agitait ainsi, sa mère ne restait pas non plus inactive ; mais si elle se déplaçait fréquemment, ce n'était pas pour courir après la chimère !

Mme de la Morvonnais, mère du poète, était en effet une femme de sens pratique, d'intelligence rassise. Hippolyte la traite même quelque part de personne peu aimable ; (c'est là sans doute une exagération poétique). Elle savait la vie et que si la lueur pâle des clairs de lune mélancoliques met une morbidesse troublante à l'âme des rêveurs, l'éclat plus vif des louis sonores touche mieux l'œil des fournisseurs que les rimes même les plus riches n'enchantent leurs oreilles. Aussi, lorsqu'il fut revenu de Paris, s'empressa-t-elle de réaliser un projet dont elle venait de préparer le succès ; il s'agissait du mariage de ce grand chercheur de rhythme et d'harmonie avec une de ses petites camarades d'enfance, Marie de la Villéon, lys pur, élevé dans le calme manoir du Rouvre à Mordreuc, sur les bords de la Rance, ce large ruban d'azur et d'argent. La cérémonie eut lieu dans la vieille église gothique de Pleudihen, le 28 novembre 1826. Heureux enfants ! elle avait 18 ans et lui 24 ! Mais il existait à ce tableau une ombre pour le marié, ombre bien légère d'ailleurs ! M. de la Villéon détestait au moins autant les vers que Mme de la Morvonnais. Il le fit bien voir : il décida en effet qu'aussitôt la lune de miel terminée, le pauvre Hippolyte retournerait à Rennes pour achever son droit. Mais ce cruel projet ne fut jamais exécuté ; car jamais les jeunes mariés n'avouèrent que le terme fatal fût arrivé !

Ils n'étaient toutefois rassurés qu'à demi sur les suites de l'aventure. Aussi, pour être plus en sûreté, allèrent-ils bientôt cacher leur bonheur au poétique manoir du Val de l'Arguenon qu'ils baptisèrent « romantiquement » du nom de : Thébaïde *des Grèves*. Cette gentilhommière avait appartenu avant eux, à Pierre-Anne-Marie de Chateaubriand et le génial René venait alors y passer quelques-uns de ses jours de vacances.

« C'est, dit M. Peigné, une vraie maison de poète que » le vieux manoir du Val, pittoresquement assis au mi- » lieu des bois, sur les bords du gentil fleuve d'Argue- » non. Du perron, où fleurissent encore à chaque ins- » tant les rosiers que Morvonnais y a plantés, l'œil se » promène — ici, sur des champs couverts de riches » moissons — là-bas, sur la côte aride de Saint-Cast et » le verdoyant îlot des Ebihens :

> L'île des Ebihens, là, porte sur ces crêtes,
> Une tour de granit, droite sur son écueil,
> Comme un noir cormoran debout et plongeant l'œil
> Dans la mer qui toujours bat le récif qui gronde (1)

» Dans le lointain, c'est la mer que sillonnent à chaque » heure les blanches voiles d'un navire tout près ; sur » l'autre rive, se dressent, comme un spectre, les ruines » grisâtres du château du Guildo, si tristement célèbre » dans l'histoire de Bretagne, par les malheurs du prince » Gilles. »

Ce fût dans ce paysage pittoresque, au bruit de la voix mystérieuse de l'Océan, que s'écoulèrent les années les plus joyeuses de l'existence de H. de la Morvonnais, entre sa femme dont il avait fait un autre soi-même et la blonde enfant dans les traits de laquelle tous deux se

(1) Thébaïde des Grèves.

retrouvaient l'un l'autre, et encore au milieu des amis nombreux, qui venaient les visiter et formaient autour du foyer un cercle où l'on causait philosophie, littérature, sociologie, poésie, religion et où l'on n'était étranger à aucune des branches des connaissances où se meut l'esprit humain !

Hélas ! *brevis est vita.* Ces années ne devaient se prolonger bien longtemps et rose, la jeune femme, vécut ce que vivent les roses,...... l'espace d'un matin !

Elle expira en effet le 22 janvier 1835. De Paris, de Saint-Malo, d'Amérique même, arrivèrent au Val de l'Arguenon des marques touchantes de sympathie, des tentatives émouvantes de consolation, pour le cœur brisé — et d'autant plus brisé qu'il était plus sensible — du poète désespéré.

Il se fixa alors pour plusieurs mois au village des Bas-Champs, en Pleudihen, dans une propriété appartenant à sa sœur. (1).

Lorsqu'il fut réinstallé avec sa fille au Val, il se consacra tout entier à son éducation. Il lui enseignait, en l'enmenant avec lui visiter les paysans pour leur donner le pain du corps et celui de l'âme, la charité qui unit et vivifie... En route, il lui lisait des vers ou bien ils s'entretenaient de la disparue encore tant aimée !.. Jamais la religion n'est si belle que dans ces moments qui font tomber, pour ainsi dire, le voile qui nous dérobe l'autre vie, tant l'âme s'efforce de suivre dans les régions inconnues la forme qui a disparu de ce monde ! L'auteur de la Thébaïde la retrouve dans les spendeurs des nuits ; il entend sa plainte dans les gémissements de l'Océan sur nos grèves, dans la voix du vent le long des côtes som-

(1) Mme Bodin.

bres, dans le feuillage murmurant des grands chênes, dans le soupir mélancolique de l'oiseau des mers !..

M. de la Morvonnais avait été pendant deux ans environ maire de Saint-Potan, chef-lieu de la commune d'où dépendait le Val de l'Arguenon. Il était à la fois l'administrateur, le consolateur et le conciliateur des bonnes gens du pays. Pénétré de l'utilité matérielle et morale qui résulterait pour le Val de l'Arguenon de son élévation au rang de commune, il multiplia les démarches pour y parvenir. S'il n'y réussit pas, il obtint du moins la création d'une paroisse, fit agrandir la chapelle du manoir, puis construire la gracieuse église gothique qui existe aujourd'hui. Chacun avait tenu à apporter son obole pour la construction de l'édifice. M. de la Morvonnais avait donné cinquante ares de terre pour y bâtir l'édifice et le presbytère et établir le cimetière. De leur côté, les braves habitants de la nouvelle paroisse avaient pris l'engagement de payer, pendant sept ans, le double de leurs contributions.

La première pierre fut posée le 26 février 1848, jour de la proclamation de la République, et dix-huit mois après tout était terminé. L'inauguration du monument eut lieu le 2 septembre 1849 ; elle fut faite par l'évêque de Saint-Brieuc, assisté du clergé des paroisses environnantes. MM. Charles Cunat et François du Breuil de Marzan s'étaient joints à leur ami pour recevoir le prélat. M. Arnaud de l'Ariège, représentant du peuple, s'était fait excuser. Quant à la nouvelle division administrative que le poète réclamait avec tant d'énergie, il n'eut pas la joie d'assister à sa création ; car toutes les démarches qu'il avait tentées dans ce but l'avaient épuisé et avaient augmenté les progrès de la phtisie qui le minait lentement

Sur ces entrefaites, il s'était présenté à la députation en 1848 ; mais sa candidature avait échoué.

Lorsqu'il sentit que la vie allait lui échapper, il termina la traduction des œuvres de Wordsworth, son poète préféré, qu'il était allé voir en Angleterre (1834) sur les bords du lac délicieux de Westmoreland.

Cependant le mal empirait. Après avoir passé l'hiver de 1852-53 à Saint-Malo, chez sa sœur aînée Mme Bodin, il regagna le Val au mois de mai. Puis sentant approcher la mort, il se rendit, vers la fin de ce mois, chez elle, à sa propriété des Bas-Champs. Il y expira le 4 juillet 1853 entre les bras de MM. Ch. Cunat et Bossinot-Pomphily, ses amis de l'enfance et de l'âge mûr.

Ses obsèques eurent lieu à Pleudihen le mercredi 6 juillet : on put juger, à voir l'importance du cortège qui se déroulait au milieu de ce petit bourg, de la sympathie qu'avait éveillée chez tous cette âme généreuse, ce grand cœur !

Après le service, les restes mortels du philanthrope furent transportés au Val de l'Arguenon : la population entière, massée sur la rive du fleuve, attendait pour le saluer une dernière fois le corps de son bienfaiteur qui, s'il appartint à la classe riche, sut apparaître au pauvre comme l'étoile de la charité et l'ange du dévouement.

Quelques jours aprés, conformément aux vœux qu'il avait exprimés, on ramenait de Saint-Potan et on inhumait à ses côtés, la dépouille mortelle de cette fleur si pure et si douce qu'il avait pleurée jusqu'à son dernier soupir et à laquelle il se trouvait réuni pour l'éternité !

Une modeste pierre, qui recouvre le tombeau, porte ces mots :

CI-GIT

Hippolyte-Michel MORVONNAIS

Fondateur de cette église

Et bienfaiteur de la paroisse.

Les journaux régionaux s'inclinèrent pieusement devant le cercueil du poète et du philanthrope : c'était justice, car il fut l'un des enfants les plus dignes de la Bretagne qu'il aima avec passion, qu'il dépeignit avec éclat. Il avait enrichi les belles-lettres de vers émus et vibrants, souvent écrits à l'adresse des ignares qui semblent ne pas savoir que notre pays existe ou qui, s'ils le savent, le traitent d'arriéré et feignent de n'en pas apercevoir les beautés, pour ne pas avoir à l'admirer !

Paris, aussi, lui adressa un touchant adieu. Voici, en effet, ce qu'écrivait dans le journal *la Presse,* à la date du 12 juillet, celui qui synthétisa si bien le caractère du journaliste français : Emile de Girardin :

« Un de ces hommes de talent, hommes de bien, tels
» que la province en tient discrètement cachés dans
» l'ombre et le silence d'une vie paisible et rustique, qui
» habitait le Val de l'Arguenon, vient d'y mourir. Poète
» plein d'âme, il était l'auteur de .. (suit l'énumération).
» Prosateur, plein de foi, M. de la Morvonnais avait donné
» pour but à ses travaux la réconciliation du dogme
» catholique avec la liberté, telle que *la Presse* l'a sou-
» vent définie.

» Peu de temps avant de s'éteindre, M. de la Mor-
» vonnais avait publié dans le *Progrès de Rennes,* sous
» ce titre : *Cours d'études politiques et sociales à l'usage*
» *du pauvre peuple,* cinq articles approfondis sur l'exer-
» cice et la souveraineté, tel qu'il est défini et réglé dans

» le livre intitulé : *la Politique universelle,* qui a paru » à Bruxelles, en mars 1852.

» M. de la Morvonnais, âme de sa commune [1] dont il » s'était efforcé de faire une commune modéle, laisse » d'ineffaçables regrets. Si dans le monde politique les » plus dignes occupaient le premier rang, aucun rang » n'eut été trop élevé pour H. de la Morvonnais. »

Les œuvres de l'ermite du Val de l'Arguenon, sont :

Elegies, suivies de Sapho, drame lyrique en deux actes (1826) ;

La Thébaïde des Grèves (1838), en vers ;

Le Manoir des Dunes ou la Famille des Ames (2 volumes en prose, 1843) ;

Les Larmes de Magdeleine, avec ce sous-titre : reflets de Bretagne, bords de l'Arguenon (1 volume en vers 1844) ;

Un vieux paysan, poème rustique ;

Les récits du foyer (1 brochure en prose) ;

L'ordre nouveau (1 volume, 1848).

Il avait aussi préparé une vaste étude sur les Harmonies sociales, restée manuscrite (à part ce qui a été imprimé dans la brochure précédente), où il recherchait les moyens d'augmenter le bien-être matériel et moral du plus grand nombre ; ainsi qu'un poème inachevé qu'il se proposait de dédier à M. Ch. Cunat, intitulé : Ville de mer ou histoire de Saint-Malo.

Il collabora aussi à divers journaux, tels que : *la Revue Européenne, la France catholique, la Vigie de l'Ouest, le Progrès de Rennes, le Lycée Armoricain.* Maurice de Guérin cite de lui deux articles qui eurent un grand

(1) E. de Girardin commit là une légère erreur. Le Guildo ne fut érigé en commune qu'après la mort de M. de la M...

succès : un travail sur le théâtre grec et un autre sur Hécube (*Revue européenne*, 15 mars 1834).

Il a laissé quantité d'autres manuscrits, dont la lecture est trés difficile, car il écrivait peu lisiblement. Ces œuvres sont presque toutes au manoir du Val de l'Arguenon. Une étude qu'il fit sur Wordsworth et les poètes lakistes de l'Angleterre, ainsi que la traduction de leurs œuvres, paraissent avoir été entre les mains de M. A. Duquesnel.

Il existe encore de lui, à la Bibliothèque municipale de Saint-Malo, un manuscrit de 320 feuillets, avec deux écritures différentes : 1° l'une, de lui même, f° 6 à 40 ; 70 à 100, f° 140 V° ; une note de sa main, 223 à 232, au f° 69, la pièce intitulée *Retour*, commencée par un autre et terminée par lui. 2° Le reste du manuscrit est d'une écriture inconnue.

La plupart des poésies qui y sont insérées ont été imprimées à la suite d'une nouvelle édition de *la Thébaïde des Grèves*. (Paris, 1864, Didier, éditeur). Le manuscrit commence par une longue préface, sur le rôle de l'amour dans le monde, que nous résumerons plus loin.

Enfin M. Dagnet, notre collègue de la Société Historique et Archéologique de Saint-Malo, alors professeur de Lettres au collège de Saint-Servan, fit paraître, dans l'*Hermine de Bretagne* (n°s du 20 novembre 1901 au 20 mars 1902), un manuscrit en prose, égaré chez un brocanteur, de notre poète malouin. Il a pour titre : « *Esquisses Bretonnes*. »

CHAPITRE II

LES IDÉES ET LES SENTIMENTS D'HIPPOLYTE DE LA MORVONNAIS

Nous allons examiner dans ce chapitre quelles étaient les idées d'Hippolyte de la Morvonnais sur les graves problèmes qui, à toute époque, passionnèrent l'humanité, tels que l'existence et la nature de la divinité, ses rapports avec le monde, tels encore que la morale, les lois sociales, l'amour, etc...

Au sens le plus large du mot, l'amour est l'attraction spontanée de l'âme vers ce qui est beau, juste et vrai.

De cette définition découle tout un traité de morale humaine. L'Evangile dit « l'amour est toute la loi. » Et le Christ a encore mieux précisé cette parole en enseignant à ses disciples d'aimer Dieu et l'humanité et en faisant ainsi de l'amour une pratique de la vertu.

L'amour de Dieu est, par essence même, le véritable amour, car il a pour objet le souverain bien. « C'est » aussi de tous les amours celui qui a le plus d'énergie, » car, plus l'âme a l'idée des perfections de l'objet qu'elle » aime, plus elle aspire à les posséder. Alors viennent » les efforts pour arriver à ce terme et ces efforts sont » des mouvements de générosité, d'abnégation, de sacri- » fice. L'amour de Dieu produit donc tout ce qu'il y a » de plus actif dans la vertu ; il est la loi de tous les » amours. »

Chez Hippolyte de la Morvonnais, il est le régulateur de tous les autres. Comme chez *Lamartine,* son inspiration rappelle celle des psaumes : il est pénétré jusqu'aux moelles de l'idée de Dieu, de l'idée du Dieu des chrétiens et ses peintures sont, pour la plupart, comme on l'a dit du poète des *Méditations*, « *des paysages qui prient.* »

Mais son Dieu n'est pas le Dieu froid, le Dieu indifférent de la philosophie naturelle, celui dont la voix est sourde aux prières de l'humanité ; ce n'est pas non plus le Dieu sceptique et quelque peu vieux marcheur que l'on chantait vers 1830, le verre à la main et qui regardait d'un œil attendri les « déduits » des amoureux sous les ombres tutélaires des grands ou petits bois ou les ébats en cabinets particuliers des couples adultères. C'est au contraire le Dieu juste, compatissant, accessible à tous, du catholicisme :

C'est un vieillard à la barbe blanchie,
Qui tient entre ses doigts les étoiles des cieux
Et sème dans les nuits leurs sables glorieux
Qui nous dit « mes enfants » ! C'est le Dieu du village
Qu'invoque en son Pater le chevrier sauvage,
Dans sa hutte de terre au milieu des ajoncs
De la lande stérile et qui, quand nous pleurons,
Pleure, esprit de pitié ; qui souffrit la misère
De l'homme ; qui pâtit, en passant sur la terre,
La faim, la soif, le deuil ; c'est Jésus de la croix,
Jésus de Nazareth.

Son élan poétique fit parfois accuser notre auteur de panthéisme par certains esprits malveillants. Il proteste avec énergie contre cette allégation. « Si, aux termes de » ma pensée, dit-il, je me perdais en Dieu comme la » goutte d'eau qui tombe des nuages et se perd dans les » abimes de la mer, cette communion avec l'Etre, non » seulement créateur, mais universel, ne serait pas la » vie, puisque ce serait l'anéantissement de ma personnalité. »

Il s'affirme donc bien poète chrétien. Mais s'il aime

la religion, ce n'est pas tout à fait comme Châteaubriand qui, après s'en être éloigné, y était revenu parce qu'il la trouvait belle, aristocrate et artiste (1), mais plutôt parce qu'il voit en elle la source de tous les biens : c'est un des besoins de son âme, une des exigences de son cœur. Nous n'en voulons pour preuve que le récit des deux séjours qu'il fit au manoir de la Chênaie, prés de l'abbé Féli de Lamennais, alors une des lumières de l'Eglise, mais qui depuis.....

Hippolyte de la Morvonnais était passé alors « par » l'impitoyable ricanement de Voltaire et les mélancolies » passionnées de Rousseau, pour céder à la voix si » richement et si splendidement éloquente de Victor » Cousin. »

Mais « la Révolution de 1830 l'avait enlevé à l'école » éclectique et alors, quoique catholique d'âme, » il « ne l'était point d'action ; car, passer de la contempla- » tion à l'action, ne laisse pas que d'être un enjambe- » ment assez pénible et philosopher n'est chose si suivie » parce que, pour philosopher, il suffit de méditer et » que surtout il n'est point nécessaire d'humilier l'orgueil » humain ; » et « La Morvonnais n'en était point encore » arrivé à trouver dans le déploiement intime de l'amour » une suave compensation aux peines souffertes par la » raison ployée et brisée » (2).

Déjà toutefois, il s'écriait « Oh ! quiconque approche » de cette maison (3) sent les ténèbres du doute s'éclairer

(1) Faguet. *Etudes sur le XIXe siècle.* Châteaubriand, p. 20 (Paris, Société française d'imprimerie et de librairie, 15, rue de Cluny, 25e édition 1902).

(2) Esquisses bretonnes. — Hermine de Bretagne, Plihon et Hommay, éditeurs. Rennes (20 décembre 1901).

(3) La Chênaie.

» délicieusement au feu de l'aurore de foi et d'amour.
» Soyez, soyez bénis du ciel, aimables hôtes de la
» Chênaie. »

Parmi eux se trouvait un de ses voisins de campagne, son ami le plus intime : François du Breil de Marzan, qui prit sur son esprit une influence telle qu'il raviva la tiédeur de ses principes religieux.

Ce ne fut pas sans difficulté que ce but fut atteint par notre catéchiste volontaire. « Vous savez, écrit-il
» à l'abbé Houvet (1), où il en était rendu alors : il avait
» bien l'amour, mais il n'avait pas encore cette foi
» capable d'agir ; elle n'était pas encore entière en lui,
» quoique cette lumière divine grandît tous les jours
» à ses yeux.... Ce qui le charmait dans le catholicisme,
» c'était de voir *la foi marcher auprès de la liberté* (2) ;
» c'était de voir unies les deux choses qui semblaient se
» repousser le plus dans l'humanité ; mais comme il
» voyait, d'un autre côté, ces doctrines salutaires ren-
» contrer tant d'opposition dans la haute hiérarchie
» catholique, comme il voyait les chefs de l'Eglise rangés
» sur la même ligne que le reste des rois de l'Europe
» embrassant la même cause, il eut beaucoup de peine
» à franchir cette barrière-là ; en un mot, il croyait
» entièrement au catholicisme de *M. de Lamennais*,
» mais pas à celui de l'*Encyclique*.... Cette bienheu-
» reuse rentrée dans la famille chrétienne fut irrévoca-
» blement fixée à la semaine sainte. »

Ce fut un jour solennel pour Hippolyte de la Morvon-

(1) *Lamennais*, d'après des documents inédits, par l'abbé Roussel (t. II, p. 29 et suiv.)

(2) Cf. avec la 1re phrase de l'article d'E. de Girardin cité au chapitre 1er *in fine*.

nais qui ne s'expliquait pas son bonheur. Il ne cherchait pas à le comprendre « heureux d'en jouir », heureux » aussi de ces effusions d'âmes auxquelles se mêlait une » joie d'une inaltérable transparence et au fond de la- » quelle se voyait facilement le nom de Dieu comme en- » chaîné dans le cristal et dans l'or. (1) »

L'impression grandiose qu'il en ressentit se retrouve dans sa poésie intitulée : « *Le Seigneur m'a vi-* » *sité.* (2) »

*
* *

Je naviguais dans la tempête ;
La foudre grondait sur ma tête
Et, dans la tourmente emporté,
Je cherchais en vain quelqu'étoile.
Et voilà, qu'accueillant ma voile,
Le Seigneur Dieu m'a visité.

*
* *

Mes jours étaient lents et funèbres,
Le soleil n'était que ténèbres
Devant mon œil épouvanté ;
Nul n'eût osé me dire : Espère,
Et voilà que comme un bon père
Le Seigneur Dieu m'a visité.

*
* *

Je mourais dans l'indifférence ;
A la tombe sans espérance
Je pensais ; mon cœur attristé
N'avait qu'une aride parole,
Et, comme un ami qui console,
Le Seigneur Dieu m'a visité.

*
* *

(1) Esquisses bretonnes. — Hermine de Bretagne, 20 décembre 1901.

(2) La Thébaïde des Grèves.

....

*
* *

Ce jour là, où l'auteur de la « Thébaïde des Grèves » recevait comme un second baptême, il ne fut pas seul : François du Breil de Marzan, celui qui l'avait arraché au doute qui déprime, affaisse et abat l'homme, avait pris place à ses côtés. Il ne se tenait pas de plaisir. Le succès n'avait-il pas brillamment couronné son effort ! Ses tourments n'étaient-ils pas oubliés dans le ravissement de son âme, au milieu des grandes joies qu'il ressentait !

Les grandes joies ne sont pas muettes, et tout de suite l'abbé Houvet, dont nous avons déjà fait la connaissance dans ce récit, connut l'heureuse nouvelle. « Vous devez » concevoir à présent, lui écrivait le sauveur d'H. de la » Morvonnais, si cette amitié ne m'a pas fourni de quoi » retremper mon cœur d'amour et de vie. De l'amour, » de la vie ! Le bonheur en donne tant ! »

N'y avait-il pas, comme le fait observer Maurice de Guérin [1], quelque chose de particulièrement gracieux et, comme de tendre et de naïf de la part du poète malouin, à se laisser ainsi mener à Dieu presque par un enfant, et cette amitié si jeune qui se faisait apôtre chez François du Breil de Marzan n'était-elle pas belle et touchante [2] ?

H. de la Morvonnais manifesta toute sa vie et dans tous ses livres des sentiments religieux. Mais si la raison l'avait dirigé de nouveau vers les voies qu'il avait quittées, la sensibilité n'avait pas été étrangère à ce retour. Car il fut « un homme de sentiments vifs et infiniment

(1) Maurice de Guérin. *Journal.*

(2) F. de Marzan n'avait alors que 20 ans. H. de la Morvonnais en avait 30 et était marié.

» tendres. Il fut presque tout amour, d'une sensibilité » qui aimait à se répandre, à s'épancher. » Aussi fit-il preuve toute sa vie de philanthropie. D'ailleurs aimer son semblable, c'est encore aimer Dieu.

Il comprenait aussi que cet amour du prochain est encore l'accomplissement d'une loi d'ordre, et qu'il tend à la réalisation de l unité des divers éléments de l'univers, car, comme l'a formulé Lamennais, « l'unité est l'es- » sence de l'ordre, car l'objet de l'ordre est d'unir, et » la société, même dans sa notion la plus générale, n'est » que l'union des êtres semblables. Où il n'y a pas d'u- » nité, il y a séparation, opposition, combat, désordre et » malheur. Pour qu'il y ait unité sociale, il faut que » chaque partie soit ordonnée par rapport au tout, cha- » que individu par rapport à la famille; chaque famille » par rapport à la société particulière, dont elle est » membre; chaque société particulière par rapport à » la grande société du genre humain et le genre » humain lui-même par rapport à la société géné- » rale des intelligences dont Dieu est le suprême » monarque. »

Pour Hippolyte de la Morvonnais aussi, c'est à la création d'une vaste famille des âmes que doivent tendre les efforts de la société. Quant à la famille civile, elle doit être, selon lui, « une association d'âmes, » c'est-à-dire une harmonie morale dans laquelle on doit non seulement s'aimer, mais encore se comprendre les uns les autres, et, à l'aide de cet intelligent amour, s'aider réciproquement à se dégager des embarras qui s'opposent à ce que la vocation éclose et s'exerce (1).

Ainsi le père de famille devra à l'enfant l'aide et la

(1) Préface du Manoir des Dunes ou la Famille des Ames.

sympathie dans le choix d'une carrière lucrative, en le plaçant là où il rencontrera le plus d'objets en harmonie avec son goût prédominant. Il devra toujours aider son fils, même si celui-ci voulait embrasser la carrière des lettres et de la poésie.

La société devra elle-même accueillir avec sympathie et bienveillance ces vocations.

Malheureusement il y a beaucoup à faire dans cette voie, car, ici-bas, les aptitudes mercantiles seules ont des satisfactions sympathiques ; quant aux aptitudes littéraires, elles sont considérées comme n'étant bonnes à rien. (C'est H. de la Morvonnais, bien entendu, qui s'exprime ainsi : combien, sans chercher davantage, la Société Académique ne prouve-t-elle pas qu'il a tort !)

La femme surtout, parce qu'elle est une créature aimante, peut fonder la parfaite harmonie familiale, celle-là où toutes les aptitudes diverses de l'humanité trouvent quelqu'un qui aide à leur développement.

Cette harmonie familiale qui, nécessairement, naîtrait sous l'influence d'une femme telle qu'Angélique « l'héroïne du Manoir des Dunes », réaliserait ce que le poète appelle la « Famille des Ames ».

Angélique, c'est la rose mystique dont le parfum discret embaume le manoir des Dunes ; c'est l'influence heureuse qui ramène Olivier de Roche-Grève aux traditions familiales et religieuses qui avaient bercé son enfance.

Olivier de Roche-Grève, né sur les côtes de Bretagne et non loin de l'Arguenon, perdit son père en bas âge. Ses premières années se passèrent égayées par l'affection de sa mère et l'amitié d'un voisin de château, M. de Boishue, dont les deux enfants Athanase et Angélique, partageaient ses jeux.

Athanase est un esprit pondéré ; quant à Angélique,

elle a la grâce enjouée et la gravité indulgente de la mère d'Oliver.

Mais celle-ci vient à mourir. Un oncle du jeune homme, sorte de bourgeois libéral de 1840, sceptique à rendre jaloux Diderot, d'Alembert et toute « l'Encyclopédie » elle-même, le fait venir à Paris et le met au Lycée. C'est que ce parent est atteint de plusieurs phobies, phobie du prêtre, effroi du jésuite, et il tient à ce que son neveu, qu'il saura soustraire à l'instruction religieuse que n'eut pas manqué de lui faire donner M. de Boishue, échappe aux superstitions et aux « empreintes de la griffe sacerdotale. »

Le petit cénacle de l'Arguenon se trouve ainsi réduit : mais c'est une grande joie de parler souvent de l'absent.

Celui-ci termine ses études, puis fait son entrée dans le monde : il s'y donne avec passion ; c'est à peine s'il songe encore de temps en temps aux amis du pays et s'il répond à leurs lettres. Ah ! c'est qu'à Paris il frôle les femmes les plus élancées et les plus gracieuses et qu'Angélique paraîtrait bien gauche et bien campagnarde à côté d'elles, surtout à côté de Clémentine de Saint-Brice, jeune fille d'excellente famille, qu'il a distinguée et qu'il préfère à toutes les autres. Elle même l'a remarqué et leur cœur bat plus vite lorsque le tourbillon entraînant de la valse les emporte.

Mme de Saint-Brice vient à mourir : le mariage ne tarde pas à être décidé entre les jeunes gens. Mais auparavant Olivier désire revoir la Bretagne : sa fiancée l'accompagnera en même temps qu'une vieille parente. Leur amour s'accroît ; mais voici que, sur des indices bien peu vraisemblables, de Roche Grève s'imagine que Clémentine en aime un autre.

Il part seul pour la vallée de l'Arguenon et se retrouve

bientôt au manoir familial. C'est une grande joie pour M. de Boishue, pour Athanase et aussi pour Angélique de le revoir. Mais combien il est changé ! Quels progrès le scepticisme et la philosophie n'ont-ils pas fait dans son esprit ! Toutefois, Angélique ne désespère pas de le ramener à la foi de son enfance ; car elle n'a jamais oublié l'ingrat, et son amour lui donnera la force de le sauver.

Cependant Clémentine, qui avait imaginé de faire envoyer à Olivier la nouvelle de sa mort supposée, vient à l'Arguenon sous le nom d'Hortense. Elle se lie avec Angélique, qui lui conte son histoire. Olivier, qui s'était absenté sur ces entrefaites, revient, rencontre Clémentine, la reconnaît et le voici pris entre deux amours. La situation était intéressante : Hippolyte de la Morvonnais pouvait en tirer des effets saisissants. Il n'y est pas arrivé parce qu'il se perd dans des longueurs interminables... Bref ! après une suite de scènes déchirantes et par trop larmoyantes, Clémentine se retire ; elle entrera dans un monastère, fidèle à la morale évangélique qui prescrit le sacrifice et qui se distingue avec tant de force de la morale du monde.

Et c'est là précisément un des points que H. de la Morvonnais s'attache aussi à mettre en lumière (1) : la différence qui existe entre la morale du monde et la morale évangélique. Ici bas l'on se trouve, en effet, en présence de deux morales : la grande qui considère ce que la Société, comprenant l'Etat qui protège et le public qui juge, doit à l'individu et ce que, pouvant lui donner, elle ne lui donne pas ; d'où, cette conséquence que la grande morale est miséricordieuse envers l'individu et

(1) Préface des *Larmes de Magdeleine.*

terrible envers la société. Cette morale est celle du Christ.

La petite morale, au contraire, est celle qui, ne voyant dans la loi morale que la convenance sociale (le monde) écrase l'individu (le faible, tel que la femme, le vieillard ou le poète), sous cette loi de convenance sociale si inévitable dans sa force, si rigide en son iniquité. Cette morale est celle de la synagogue qui, en toute occurrence, délaissant l'esprit, ne voit plus que la lettre morte. La petite morale, c'est donc la lettre qui tue ; la grande morale, c'est l'esprit qui vivifie. L'une crucifie Jésus parce que, d'une part, il dit à l'âme tendre et dénuée d'appuis « allez et ne pêchez plus » et parce que, d'autre part, il dit aux suppôts du monde et de la synagogue qu'ils sont des hypocrites durs. L'autre pardonne tout à la Madgdeleine, parce qu'en cette femme, tout est naïf amour ; et rien au monde, parce que, dans le monde, tout est grimace et haine.

C'est pour ces raisons qu'Hippolyte de la Morvonnais, effrayé du peu que donne le monde à l'homme blessé dans ses droits les plus saints, dans ses droits à la nourriture et dans ses droits à l'exercice de la vocation, ne juge pas et qu'il s'abandonne à de sympathiques compassions.

Ainsi, dans *Le Vieux Paysan,* il montre la légalité, c'est-à-dire la société écrasant le pauvre ; et dans *Les Larmes de Magdeleine,* cette même légalité écrasant le poète, cette même morale mondaine tuant la femme dans un de ses types les plus parfaits, la Magdeleine.

Pour écrire le premier de ces poèmes, l'ermite de la Thébaïde semble, suivant l'expression d'un critique distingué, (1) « avoir trempé sa plume dans les larmes du

(1) M. de Francheville.

» peuple » tant il a mis de sensibilité et de cœur dans son œuvre :

Un vieil homme habitait un logis isolé ;
Il cultivait auprès un petit clos de blé.
Dans ce champ de travail, il passait sa journée,
Et lorsque du soleil, la course terminée,
Abandonne le monde au voile de la nuit,
De l'eau de la vallée, il écoutait le bruit
Se marier au son de la cloche lointaine.
Quand tintait l'Angelus, au bord de la fontaine,
Il s'arrêtait souvent pour voir à l'horizon
Monter la lune pleine et faire une oraison :
Car il était pieux l'homme de la vallée.

Veuf, depuis longtemps, le vieillard a un fils, dont il semble plutôt, tant leurs entretiens sont amicaux et tant l'harmonie règne entre eux, être le frère.

Mais un jour, son fils doit partir pour le service militaire et c'est pour tous deux une tristesse sans bornes :

Le fils fut appelé dans les rangs des soldats...
Enfant, tu reviendras au lieu de ta naissance :
Mais y reviendras-tu, dans ta belle innocence ?
Y retrouveras-tu ton père infirme et vieux ?
Voici venir l'automne et les temps pluvieux...
Déja l'humide vent chasse la feuille morte ;
Il se peut, Olivier, que son souffle m'emporte ,
Ou, si ce n'est lui, ce sera le chagrin.
L'avenir à mes yeux était calme et serein.
Je disais : mon enfant fermera ma paupière !
Les hommes ont éteint cette douce lumière :
Ils m'enlèvent mon fils, sans pitié pour mes maux.
Que leur fait la douleur de l'homme des hameaux !
Les riches, pour les pauvres ont quelqu'argent peut-etre ;
Mais point d'œuvre d'amour ; pourvu qu'à leur fenètre,
Rien ne brise la fleur qu'ils soignent au solei
Pourvu que leurs enfants aient visage vermeil,

Et qu'on ne trouble point leur foyer ni leur table,
Qu'importe que la loi ne soit pas équitable ?
Ils vivent à l'abri ; leurs enfants sont pour eux.
Dieu protège, mon fils, tes pas aventureux !

Quelques mois après le départ, le pauvre vieillard reçut une lettre lui annonçant la mort de son enfant ; il avait été tué au cours d'une émeute :

Le bon vieillard crut voir le papier tout sanglant...
Il s'assit au billot de son foyer rustique,
Sur ses faibles genoux pencha son front antique,
Et sentant que la tombe était bientôt son lieu,
Il fit, sans trop d'efforts, son sacrifice à Dieu !

Ce que le poète a voulu surtout combattre là, c'est l'usage du remplacement qui choquait ses désirs d'égalité sociale.

Il ne faudrait pas croire que cette sympathie compatissante du poète pour le pauvre se traduisit uniquement par des vers. Bien au contraire. Il le prouva dans maintes conjonctures et notamment dans les évènements critiques que traversa plusieurs fois la France, et dont il fut le témoin.

C'était en 1847. Les journaux de l'époque se plaignaient avec raison des négociants peu scrupuleux qui spéculaient sur les blés et les accaparaient. Ces doléances étaient portées aux Conseils municipaux, aux Conseils généraux et même au Conseil des Ministres et au Roi. On engageait ceux-ci à s'occuper de la réglementation du commerce des subsistances de première nécessité et sans penser que si le remède proposé était adopté, la situation serait pire encore, comme on l'avait vu en 1790, on demandait la suppression de la liberté du commerce « *fondée sur des théories creuses.* » Il n'y avait pour les réclamants qu'une loi : fournir au peuple le pain au prix le plus bas. Les municipalités avaient été réduites à acheter le blé à des prix très élevés. Elles subirent de ce chef des pertes énormes. Si nous prenons par exemple la commune de Saint-Malo, nous voyons qu'en 1848, l'Assemblée législative l'autorise à emprunter 50,000 fr. afin « de combler le déficit provenant de la perte subie l'année précédente sur les achats de grains. Les particuliers d'Ille-et-Vilaine, eux aussi, avaient témoigné d'une charité ardente : 25,000 fr. avaient été versés par eux.

H. de la Morvonnais ne restait pas inactif. D'abord, à la date 10 août 1847, il publiait dans la *Vigie de l'Ouest* un article où, après avoir rappelé qu'il avait adressé une pétition à la Chambre, il gourmandait avec véhémence l'inertie des pouvoirs publics. Il demandait qu'en Bretagne, tout au moins, le recensement de tous les blés fût fait et qu'après prélèvement par chaque famille de la quantité nécessaire à sa subsistance, le surplus fût considéré comme appartenant à l'approvisionnement commun et destiné à la vente, à la charge pour l'Etat, les Conseils municipaux et les notables, d'appeler ces blés sur les marchés en quantité suffisante et de prendre toutes mesures utiles pour éviter toutes hausses ou baisses factices.

Il y avait d'ailleurs beaucoup à faire, car tous ces accaparements avaient provoqué çà et là des émeutes, même dans la paisible Bretagne ; c'est ainsi qu'une bande de paysans du village de Ploubalay avaient envahi le Guildo, pour s'opposer à l'embarquement de froments pour l'Angleterre. Il était intervenu, s'était obligé à livrer ses propres blés, et avait obtenu de tous ses fermiers et de tous les marchands du pays le même engagement. Il rétablit ainsi le calme, et fit

A cette époque encore, Hippolyte de la Morvonnais entretenait des relations amicales avec les principaux réformateurs de l'époque qui, tous, se réclamaient de ces principes inscrits en tête du Journal *Le Globe :*

« Les institutions sociales doivent avoir pour but l'amélioration morale et intellectuelle de la classe la plus nombreuse et la plus pauvre. — Tous les privilèges de naissance sans exception sont abolis — à chacun selon sa capacité, à chaque capacité selon ses œuvres. »

Comment l'ermite du val de l'Arguenon entendait-il la constitution de ce qu'on appelait alors : *l'Ordre nouveau ?*

L'appel qu'il adressa aux électeurs dans la *Vigie* du 18 mars 1848, lorsqu'il posa sa candidature à la députation répond ainsi à la question :

« Cet ordre nouveau que, de nos jours, Dieu appelle
» si visiblement parmi les hommes ne saurait être que
» la République philanthropique et chrétienne, garan-
» tissant à tous les droits naturels et humains, aussi
» bien que les droits chrétiens et religieux.

» Nous trouvons dans l'Evangile les trois commande-
» ments qui fondent la République chrétienne : 1° Aimer
» le prochain à l'égal de soi-même, principe d'humanité
» garantissant à chacun le nécessaire et la faculté d'ac-
» quérir des droits par toute sorte de mérite : Travail,
» talents, vertus. Car, à notre sens, pour acquérir un
» droit, il faut d'abord avoir accompli un devoir.

» Or, demander à l'Etat le droit assuré d'user d'un
» instrument de travail afin de vivre honorablement,
» c'est ne demander autre chose que le droit d'accomplir
» le devoir préalable à tous droits sociaux ; 2° Rendre à
» chacun ce qui revient à chacun, principe d'équité et
» de probité garantissant les droits acquis ; 3° Aimer

» des deux premiers articles de la loi divine et ce qui
» les contient ; car, aimer Dieu par-dessus tout, c'est
» aimer l'ordre universel et éternel jusqu'à trouver la
» félicité même ici bas, dans les plus grands sacrifices.
» — L'ordre nouveau ne peut se stabiliter que sur ces
» trois bases : l'humanité, l'équité, la charité.... »

Ces idées, Montanelli, le fameux agitateur du Tyrol, l'abbé Maret, Jouin et Arnaud de l'Ariège les partageaient et ils voulaient, avec H. de la Morvonnais, fonder la démocratie religieuse.

Il n'est pas inutile non plus de faire remarquer ici que le peuple, en faisant la Révolution de 1848, ne manifestait aucune hostilité contre la religion catholique. A la prise des Tuileries, en effet, on trouva un magnifique Christ sculpté. Les envahisseurs s'arrêtèrent et saluèrent : « Mes amis, dit un élève de l'école polytechnique, voilà notre maître à tous. » On prit alors le Christ et on le porta solennellement à l'église Saint-Roch : « Citoyens, chapeau bas, » disait-on, et tout le monde s'inclinait dans un sentiment religieux.

H. de la Morvonnais développa, comme nous l'avons dit plus haut, son plan de reconstitution politique tout au long dans son manuscrit inachevé des « *Harmonies sociales.* » Il en publia aussi des fragments dans sa brochure « l'*Ordre nouveau* » ou gouvernement du monde par les mieux inspirés, les plus instruits et les plus capables. La brochure porte ce sous-titre : « Evangélisation du globe et des âmes. » Sur le premier feuillet on trouve des mots placés là comme des jalons. En voici quelques-uns :

Les pouvoirs constitutifs : 1° Pouvoir inspirateur, vérification ; 2° Pouvoir organisateur : lumière ; 3° Pouvoir réalisateur, force.

. . . .

Religion, philosophie, pratique ; organisation de la vie.

. . . .

Liberté, égalité, fraternité.

. . . .

L'humanité confère à tous le droit égal à la distribution proportionnelle aux besoins. — La justice confère à tous le droit égal à une distribution proportionnelle au mérite. — La charité confère à tous le droit égal à la distribution de la vie de l'âme ou infini perfectionnement proportionnelle aux sacrifices religieux.

Election triple. — La première donnant les plus hommes de bien ; la seconde les plus instruits ; la troisième, les plus capables.....

Faire prédominer la terriculture, qui produit le nécessaire, sur la manufacture, qui procure l'aisance, et la manufacture qui procure l'aisance sur l'art, qui procure le luxe.....

Mais n'allons pas plus loin, car l'imagination d'Hyppolyte de la Morvonnais l'entraîne là à pleines voiles dans l'océan d'utopie et revenons à l'amour.

L'amour prend encore une forme autre que celle que nous avons vues précédemment : c'est le penchant des sexes l'un pour l'autre.

Tel que le conçoit Jean-Jacques Rousseau, c'est un concert de toutes les facultés humaines qui va jusqu'au délire.

Tel, au contraire, que l'ont conçu Gœthe, Châteaubriand et lord Byron et tel qu'ils l'ont exprimé par la bouche de leurs héros, il vit de souvenir, de rêves, de pressentiment. C'est. pour Mme de Stael, comme un bouquet de roses fanées qui conservent encore leur parfum.

Ici encore, comme dans tous les systèmes qu'il crée,

Hippolyte de la Morvonnais part, comme Jean-Jacques Rousseau, de la conception d'une nature humaine foncièrement bonne. Il ne tient compte que des bons instincts et laisse de côté les mauvais. Ses héros ne connaissent guère que l'amour platonique. Il dresse ainsi des types sans passions ou presque, pâles, falots, fantômatiques, et se prive ainsi d'un puissant élément de succès, puisque là où il n'y a pas de passion, il n'y a pas de luttes intimes, pas de situations fortes, pas d'intérêt.

On ne trouve chez lui ni « Hermione », ni « Bérénice », ni « Roxane », ni « Phèdre » et, tous ses amoureux ou à peu près sont platoniques : François et Magdeleine, Raymond et Adèle d'abord, puis Raymond et Marie *(Larmes de Magdeleine)* John et Pauline *(Récits du foyer)*.

Madgeleine a bien commis une faute, mais c'est parce qu'elle n'a pas trouvé de travail et parce qu'elle a eu faim, autant et davantage même que par amour. C'est en somme plutôt la faute de cette pauvre société ; car, à Paris même, si l'on arrive à trouver du travail, cela

> Mène-t-il au salaire
> Constant et suffisant ? La cité séculaire
> Voit tomber par la faim ses enfants jour et nuit.
> Là, du râle du pauvre, on n'entend pas le bruit.

Désœuvrée donc, sans ressources, sa chûte est fatale.

> Un homme vint ; je crus que j'allais être aimée
> Il me le dit ; et moi je fis ce qu'il voulut

Mais elle l'aimait bien peu ; car elle reste calme après l'accident ; elle n'a rien à dire du sentiment qu'elle eût dû éprouver si elle l'avait réellement aimé. Elle l'aime si peu que, tout de suite, elle a des remords. Ce n'est pas du reste la courtisane endurcie. dont le cœur a perdu toute flamme et s'est consumé jusqu'à la sécheresse. La vue de la nature lui arrache encore des cris d'admiration et elle n'a pas oublié le chemin de l'église. Il lui faudra peu de chose pour qu'elle se réhabilite. Elle trouve sur son chemin d'abord le poète qui la réconforte ainsi :

Eh bien ! quoique peut-être abîmée en des jours
Pleins de remords, voilés de hontes et de alarmes,
Le monde est plus coupable (oh ! suspends tes larmes)
Plus coupable que toi ! Le bon Samaritain,
Passera ; de l'amour tu recevras le pain,
Le pain de la pitié miséricordieuse ;
Et tu seras là haut heureuse et radieuse.

Puis elle rencontre François et l'emmène dans sa chambre pour lui raconter toutes ses aventures ; ensuite, lassée du rôle honteux de femme entretenue, elle rompt avec son amant. Si elle et François s'éprennent d'amour l'un pour l'autre, c'est à la condition expresse que les appels de la chair ne trouveront pas d'écho en eux. Il y a bien une scène délicieuse où ils vont peut-être ne pouvoir résister à la tentation. Mais ils luttent courageusement et sont vainqueurs. Ecoutons-les ; c'est d'abord François :

Parmi les chocs et les batailles
Que se livraient en moi tous ces esprits divers,
Les anges et Satan, l'homme et Dieu, cris amers,
Orageuses ardeurs et divines haleines.
Qui tirent les amours de nos âmes trop pleines,
Je compris que j'allais succomber à la fin
Si je ne repoussais d'une puissante main
Ces violents assauts qui voulaient ma ruine.
...
Je retirai ma main des mains de Magdeleine,
Et, tombant à genoux : « Oh ! ma belle âme en peine,

M'écriai-je, jamais ! Oh ! ce mot est affreux !
Mais nous ne serons pas tout à fait malheureux.
Non, ne sois pas de deuil à ce point obsédée !
Aimée ! oh ! tendrement ! mais jamais *possédée !* »
Elle sourit alors : « Eh ! que me fait à moi !
C'est mon désir, hélas ! Mais ton bonheur à toi,
Est-il possible avec cette terrible épreuve !
Et ne seras-tu pas comme une âme veuve ? »
....
Elle me prit la main : « Faisons une prière ! ».

Et voici Magdeleine qui parle à son tour :

Ma chère âme, pour toi, si tu me gardes pure,
Chacun de tes combats me doit d'une souillure
Laver aux yeux de Dieu ; mystérieuse loi !
Dis-toi bien en souffrant que tu souffres pour moi !

Voilà, certes, un noble sacrifice, mais combien invraisemblable. Il est digne des héros Cornéliens, qui n'ont — il faut bien le dire — jamais existé !

Dans un autre endroit :

Et Magdeleine alors entrait comme en délire ;
Et couvrant de baisers mes pleurs où le sourire
Brillait, mêlé de pleurs mélancoliquement
Elle me répétait « que mon pressentiment
Etait faux, que c'était une affreuse folie
Et que, si je mourais, de la coupe remplie
Elle rejetterait l'amertume bien loin !
Qu'elle ne croirait plus en Dieu ; que son besoin,
Tout son besoin, serait de s'aller dans la terre
Enfouir, pourriture et débris solitaire ».

Leur situation, leurs luttes intimes peuvent se rapprocher de celles de Lelia et de Stenio. Mais combien les mobiles qui les font agir sont différents ! Si Lelia, en effet, refuse de se livrer, c'est par idéalisme ; si Magdeleine et François, au contraire, restent chastes, c'est pour ne pas enfreindre la loi divine, c'est pour obtenir plus vite le pardon des fautes de la pécheresse. « L'amour, Stenio, » dit Lelia, n'est pas ce que vous croyez; ce n'est pas » cette violente aspiration de toutes les facultés vers un » être créé (comme chez Héloïse, par exemple), c'est » l'aspiration sainte de la partie la plus éthérée de notre » âme vers l'inconnu. Etres bornés, nous (donnons) » cherchons à donner sans cesse le change à ces insa- » tiables désirs qui nous consument; nous cherchons » un but autour de nous et, pauvres prodigues que nous » sommes, nous parons nos périssables idoles de toutes » les beautés immatérielles aperçues dans nos rêves. » Les émotions des sens ne nous suffisent pas. La nature » n'a rien d'assez recherché dans le trésor de ses joies » naïves pour apaiser la soif de bonheur qui est en » nous; il nous faut le Ciel et nous ne l'avons pas. »

Comme Magdeleine, Lelia se fait parfois violence aussi après s'être laissé aller presque jusqu'à l'abîme. Qui ne se rappelle ce passage : « Lelia passa ses doigts dans les » cheveux parfumés de Stenio et, attirant sa tête sur » son sein, elle la couvrit de baisers, etc., etc. »

Mais c'est l'idée d'expiation qui guide Magdeleine et François; c'est au contraire à l'égoïsme qu'obéissent Stenio et Lelia.

Parmi les autres héros du poète Raymond et Adèle, Raymond et Marie, dans leurs longues causeries, c'est à peine si on trouve leur amour; car la passion, même platonique, ne se perd pas en tant de dissertations.

Pauline, malade, reçoit John dans sa chambre, sans témoins; elle lui embrasse les mains et c'est tout.

Il ne sera pas inutile de faire remarquer ici que lorsque le mari de la jeune Adèle, — un vieillard — s'aperçoit qu'elle est sortie de table pour aller causer dans le parc avec Raymond, sa jalousie passe presque inaperçue tant elle paraît légère, et cependant c'est le jour de son mariage !.....

Dans la littérature de cette époque, l'amour, venant de Dieu était irresponsable, puisqu'il était en quelque sorte irrésistible. Hippolyte de la Morvonnais accepte cette théorie dans les *Récits du foyer :* Pauline, dont nous venons de parler, cédant en cela aux desseins de son père, très tendre, mais aveugle, ne sachant rien des besoins sacrés que Dieu et la nature ont mis dans nos cœurs et même niant, comme tant d'autres, que ces besoins fussent autre chose que des rêves, — Pauline, disons-nous, épouse un créancier de son père qui est absolument ruiné. Leur mariage est célébré devant l'officier municipal seulement, car, à peine la cérémonie civile terminée, son mari est obligé de partir pour l'Italie où un de ses débiteurs importants est à la veille de faire faillite. Il est certain que, pour Pauline qui est d'extraction noble, et bien que l'auteur ne le dise pas, elle n'est pas considérée, à ses propres yeux, comme mariée. Elle fait la rencontre de John : tous deux se plaisent mutuellement et l'harmonie de leurs âmes qui vibrent à l'unisson se réalise.

...Le mari odieux et détesté revient d'Italie : on procède à la cérémonie religieuse. Mais Pauline croit avoir le droit, n'aimant pas celui qu'elle considère comme un intrus, de refuser le devoir conjugal. Au moment où le maître va l'exiger, John, l'amant platonique, qui est là, le terrasse. D'où scandale, tapage, descente de justice le lendemain. Mais ce jour-là, un pauvre serviteur de Pauline, un « *innocent* » surnommé Hurle Loup tue instinctivement et sans complice, le mari. Il est certain que, pour H. de la Morvonnais, cette mort est l'accomplisse-

On le voit, il y a là bien des conceptions forcées. On peut encore reprocher au poète son insuffisance lorsqu'il narre des scènes mondaines, et qu'il essaie d'analyser ce « monde » si difficile à pénétrer. Mais quand c'est l'amour de la nature qui l'inspire, alors là il est incomparable. Il l'a fait paraître à nos yeux mieux que qui que ce soit ! D'où vient donc le charme qui circule à travers toutes ses descriptions ? C'est d'abord parce que le poète fait voir la nature ; c'est ensuite parce que la nature reçoit de son esprit une animation réellement vivante, elle pleure et se réjouit avec l'homme ; elle a comme lui des souvenirs et des espérances. Jamais la communion de l'âme humaine avec le paysage n'a été si vivement exprimée. Prenons ces vers par exemple. *(Les larmes de Magdeleine)*.

> Et les grandes disaient aux petites............
> ....
> Que le glayeul parlait ; que la vague au milieu
> Du lac pâle et pleurant sous la brise automnale,
> Chantait pour consoler le malade au front pâle !

Maurice de Guérin a bien dépeint, lui aussi, ce côté si mystérieux des harmonies de la nature : « Toutes les » fois que nous nous laissons pénétrer par elle, notre » âme s'ouvre aux impressions les plus touchantes. Il y » a quelque chose dans la nature, soit qu'elle rie et se » pare dans les beaux jours, soit qu'elle devienne pâle, » grise, froide, pluvieuse, en automne et en hiver, qui » émeut non seulement la surface de l'âme, mais même » ses plus intimes secrets et donne l'éveil à mille souve- » nirs qui n'ont en apparence aucune liaison au spec- » tacle extérieur, mais qui, sans doute, entretiennent une » correspondance avec l'âme de la nature par des

Entre la nature et les hommes il y a un contraste frappant ; d'un côté la beauté, de l'autre la laideur. Ce défaut s'accentue chez les bourgeois. Les bourgeois, ce n'est pas en réalité, comme l'expression semble l'indiquer, cette classe de la société « dont le passé historique est assez grand pour qu'on lui donne toutes sortes de considération et à laquelle, toujours en considération du passé, le poète se fait gloire d'appartenir. » Le bourgeois, pour lui, appartient à une classe d'esprits où domine un sentiment de vulgarisme « en quelque sorte enragé » pour lequel il ressent une « horreur extrême ». Le bourgeois, par exemple, c'est le premier amant (le seul du reste) de Magdeleine. Ce qu'il donne à la pauvre fille, il l'appelle « salaire ». Il ne comprend pas les beautés de la Bretagne. Il est jaloux et bat sa maîtresse. Il ne voit dans les prés où elle va rêver le soir que du foin pour ses chevaux. Un jour il aperçoit au « jardin du roi » un beau vieillard qui songe. Vraiment il est à croire, dit-il,

> Qu'il est profondément attaqué d'humeur noire,
> Vieux corps qui tombe ainsi qu'un mur vacillant.

Cet homme, c'était Châteaubriand !

Le bourgeois, c'est celui qui se moque des poètes, celui qui tourne en ridicule le convoi de Magdeleine qui se dirige vers le cimetière :

> Oh ! qu'un bon châtiment
> Serait bien à propos appliqué sur la tombe
> De la femme d'amour, feuille errante qui tombe
> Souillée et qu'on devrait abandonner aux vents,
> Pourriture enlevée aux regards des vivants.

Le bourgeois est souvent hypocrite et dissimulé ; lisons donc ce petit tableau qui n'a pas vieilli : sous une même tonnelle sont réunis :

Le médecin qui tout dispute et toujours brave
Les objets révérés du notaire plus grave ;
Et le fabricien, avocat du recteur,
Et puis le conseiller de commune, docteur
Qui, voulant à son gré mettre en branle la cloche,
Se rue avec l'injure ardente et le reproche
Sur l'abhorré recteur prêt à tout gouverner,
Et qu'en sa Sacristie il faudrait confiner.
Et l'on crie un haro terrible sur le prêtre...
Mais, vient-il à passer, vous les voyez paraître
Et polis et riants ; et, découvrant leur front,
Ils le voudront avoir avec eux et diront
Qu'un grand honneur pour eux est dans sa compagnie,
Incontestablement le prêtre est l'harmonie.
....

Hippolyte de la Morvonnais, catholique fervent, avait à un haut degré le culte des morts, de ces morts qui, par un dur labeur et de lents progrès, préparèrent notre avenir. Il les respectait et les vénérait profondément, songeant sans doute à la bonté de cet octogénaire dont parle La Fontaine, qui plantait à cet âge et qui répondait à celui qui l'en raillait :

Mes arrière-neveux me devront cet ombrage !

Réponse touchante, sentiment émouvant !
Avec quelle ardeur il prie pour eux :

J'entrai dans le village et je longeai les portes
Des villageois ;
Et partout j'entendis pour les morts et les mortes
Gémir leurs voix.

*
* *

Maints d'entre eux soupiraient en disant le Rosaire ;
Hélas ! hélas !
Et la cloche, faisant échos à leur misère,
Tintait ses glas.

∴

Et je m'agenouillai tout débordant de larmes
Pour les chers morts.
Je priai sur le seuil d'un vieux couvent de Carmes
Seul sur ces bords !

Le cœur de Châteaubriand tressaillit à cet écho mélancolique et doux de la terre natale et, plein d'une religieuse émotion, il remercia la piété de son concitoyen *(Lettre du 4 septembre 1838.)*

CHAPITRE III

LES INFLUENCES EXTÉRIEURES CHEZ M. H. DE LA MORVONNAIS. — LES LAKISTES ET AUTRES

Hippolyte de la Morvonnais, après avoir puisé dans l'étude des classiques grecs et latins, et spécialement d'Homère et de Virgile, la science de rendre avec art et avec élégance les beautés de la nature, dut à Bernardin de Saint-Pierre et à Châteaubriand celle de les comprendre en chrétien. Et grâce aux Lakistes anglais, il fit avancer la poésie dans le sentiment des grâces intimes du paysage, de la vie rustique, de la vie du foyer, etc.

Qu'étaient donc les Lakistes?

M. Amédée Duquesnel trouva dans les *Reliquiæ* du poète de l'Arguenon de précieuses études sur eux et une traduction des œuvres des deux chefs de cette école, Wordsworth et Coleridge, et des poésies de Crabbe, autre poète anglais. Il nous avait même laissé espérer qu'il les publierait peut-être un jour ; mais cet espoir ne s'est pas réalisé et, après de nombreuses investigations, nous n'avons pu mettre la main sur ces manuscrits. La correspondance de Maurice de Guérin nous apprend qu'on chercha des éditeurs, mais ce fut en vain....

Dans le riant comté de Westmoreland, au nord-ouest de l'Angleterre, se trouve une région parsemée de pièces d'eau et d'étangs aux ondes limpides, aux verts et frais ombrages : c'est le pays des lacs. Voici celui de Windermere, et voici celui de Rydal. Il est à peine long d'un mille et n'a que 450 mètres de largeur. Au milieu s'élance des eaux un îlot verdoyant qui semble une émeraude enchâssée dans un saphir. Sur une éminence qui domine le lac, existait, en 1830, un chalet rustique presque voilé par les lierres et les roses et ceint d'un parc. C'est là qu'habitait Wordsworth, poète anglais, non loin de Grassmère, où demeurait Coleridge, son frère en poésie. C'est là que Hippolyte de la Morvonnais, enthousiaste de de leur talent, alla vers la même époque les visiter.

Wordsworth était né à Cockermouth en 1770; Coleridge était né en 1772. Ils se rencontrèrent pour la première fois en 1796 et un accord étroit entre leurs vues et leurs opinions établit bientôt entre eux une étroite amitié, qui devait durer autant qu'eux-mêmes. En 1798, ils entreprirent, avec la sœur de Wordsworth, un voyage en Allemagne qui exerça sur leur esthétique une influence favorable.

Les idées égalitaires de la Révolution française, que nos deux poètes avaient embrassées avec ardeur et qui avaient envahi le domaine des lettres ; le malaise des esprits et les aspirations inassouvies qui s'étaient fait jour en Angleterre aussi bien qu'en France, avaient provoqué une réaction contre les formes emphatiques et vides de la poésie classique, et l'on allait bientôt faire entrer les sentiments du cœur et les simples incidents de la vie humaine dans les descriptions de la nature.

Wordsworth, Coleridge, Southey et, après eux, Lowel, Wilson et quelques autres allaient entreprendre cette tâche. Appelés d'abord et par ironie lakistes, parceque des lacs nombreux débordaient dans leurs vers, on le leur laissa ensuite parce qu'ils habitaient ou fréquentaient le pays des lacs (Lake district) dont ils s'étaient plu à chanter les paysages si pittoresques et si variés.

Nos deux poètes ne trouvaient rien de plus sublime que l'âme et le cœur humains, et rien de plus noble pour la poésie que la peinture exacte, vulgaire même, de leurs craintes, de leurs peines, de leurs plaisirs. Ils joignaient à ce penchant pour la simplicité, qui était bannie par toutes les traditions classiques, la mélancolie rêveuse et tendre d'un Werther, d'un Obermann ou d'un René, un vif amour de la nature et l'ardente passion de l'égalité sociale. Wordsworth s'écrie quelque part: « Qu'importe » la situation occupée par l'homme en ce monde. N'a-t-» il pas apporté en naissant sur la paille ou dans un » palais une âme immortelle, visible ou voilée? Elle » existe. » Aussi s'efforce-t-il de la réveiller partout où il la trouve, chez la pauvre fille trahie et abandonnée, ou chez le vagabond inintelligent et paresseux.

C'est une idée analogue que l'auteur de *la Thébaïde,* qui l'emprunte d'ailleurs à Voltaire, exprime en ces termes :

Durant d'assez longtemps, on a chanté les rois
Et les vagues ennuis que le riche promène.....

(Introduction à la *Thébaïde des Grèves.)*

En 1795, Wordsworth édita ses « *Ballades lyriques* »,

auxquelles collabora Coleridge en y insérant le « *Vieux marin* », une de ses ballades les plus alertes. On trouve dans cette œuvre la grande préface — manifeste des Lakistes ou plutôt de Wordsworth. Ces pièces de vers, en raison de leur nouveauté et de leurs défauts, ne reçurent qu'un froid accueil : seul, un petit nombre d'élus les défendit. Parmi ceux qui attaquèrent le plus violemment ce recueil, il faut citer l'impertinent et hautain Lord Byron qui, dans son *Don Juan,* invita Wordsworth à ne plus monter le triste *Pégase* qu'il était allé chercher à Bedlam, faubourg populeux de Londres, réceptacle de toutes les misères et de tous les vices.

En 1804, le poète donna au public « *L'Excursion* », qui passe pour son chef-d'œuvre. Elle n'eut aucun succès : on ne peut lui reprocher cependant qu'une légère gaucherie dans le plan et dans l'exécution, une métaphysique un peu embrouillée et quelques longueurs. Parmi ses autres œuvres, on peut citer : « *Poèmes* » (1807), qui contiennent plusieurs de ses meilleures pièces, entre autres la chanson pour la fête de « *Brougham Castle* » ; *The White Doe of Rylstone* (1815) et *Peter Bell* (1819).

En vieillissant, il donna à sa poésie un caractère plus orné, plus classique. Le poème de *Laodamia* aurait dû le réconcilier avec les amis de l'antiquité.

Il mourut en 1850.

S'il ne connaît qu'imparfaitement l'analyse, le poète rachète ce défaut en traçant en vers pleins de charme et de grandeur les émotions qui l'ont agité longtemps, et si l'expression lui manque quelquefois, l'incertitude et l'imprécis de ses tableautins ne font qu'ajouter à leur grâce.

Coleridge publia ses poèmes variés en 1796 et, la même année, une ode à celle-ci pour sa fin ; puis, en 1817, les *Feuilles sybillines*. Suivant le critique Stapford

Brooke, ce qui mérite de rester dans ses poésies pourrait être réuni en vingt pages et ces vingt pages devraient être reliées en or.

En somme, l'œuvre de ces deux poètes ne manque pas d'agréments, car en célébrant la vie de famille, les souvenirs des aïeux, le coin du feu, l'harmonie de l'âme avec la nature physique, le sentiment de la campagne et de ses beautés pittoresques, ils s'adressaient, en même temps qu'à toutes les raisons, à tous les cœurs.

Crabbe (né à Aldelburg-Suffolk en 1754, mort à Trowbridge en 1832) publia, après être entré dans les ordres, un poème : *Le Village,* qui obtint un grand succès et devint populaire (1763). *Le Registre* et *La Paroisse* (1807) et *Le Bourg* (1810) le mettent au premier rang des poètes.

Le Bourg est son meilleur ouvrage ; tout y est animé, tout s'y meut, tout y fait même illusion, jusqu'à la saleté des rues, à l'odeur du goudron dont se servent les calfats et jusqu'aux cris et aux obscénités des marins. Rien ne manque au tableau. Johnson, le poète, loua hautement ses premiers ouvrages et, grâce à cette recommandation, le duc de Rutland devint le protecteur du Révérend Crabbe. Par suite d'une bizarre tournure d'esprit, celui-ci fait la satire des malheureux, qu'il nous dépeint comme étant aussi méchants qu'ils sont misérables, ironie aussi déplacée que peu charitable. Et malgré l'acuité de son don d'observation, on ne saurait lui pardonner la dureté et la sécheresse de ses vers, écrits avec soin et rimés avec exactitude.

Robert Burns, poète écossais (27 janvier 1759-1796), fils d'un modeste fermier qui le fit élever avec soin. Son inspiration est à la fois champêtre, pastorale, élégiaque et satirique. *Le coin du feu villageois,* dans son *Samedi soir au village,* est une peinture délicate. Comme

J.-J. Rousseau, Burns cherche à faire valoir les vertus populaires, à jeter un charme magique sur la passion souple et brûlante.

Ses poèmes dénotent une émotion sincère, une originalité véritable et le mépris du convenu.

L'on ne nous en voudra pas de terminer ces quelques notes en disant quelques mots d'une femme de lettres anglaise dont H. de la Morvonnais parle ainsi (*Dispersion. — Thébaïde des Grèves*) :

> Nous primes un poète, une femme angélique
> Dont peu savent chez nous la voix mélancolique,
> Disciple de Wordsworth, le sublime penseur,
> Des lakistes chéris, je la nomme la sœur !

Félicie-Dorothée Brown naquit à Liverpool, où son père était négociant, le 25 septembre 1794. Sa famille dut se retirer, par suite de grosses pertes d'argent, à Gwich, village du comté de Denbighe, prés d'Albergale (pays de Galles). La jeune fille, touchée sans doute du spectacle de la nature et peut-être aussi des regrets de la fortune disparue, sentit s'ouvrir son cœur à la poésie.

Elle épousa, en 1812, le capitaine Hemans, qui l'abandonnait en lui laissant ses cinq enfants (1818).

Elle mourut le 16 mai 1835.

Ses principaux ouvrages sont :

Un poème : *La rencontre de Wallace et de Bruce aux bords du Carra,* couronné par la *Royal London Literature Academy ;* un roman intitulé : *Cœlebs à la recherche d'une femme,* qui eut dix éditions en un an ; *Le Sceptique; Dartmow,* poème (1820) ; *The Restoration of the works of art in Italy* (1826), poème, et sa *Modern Grèce,* qui lui méritèrent les suffrages de Lord Byron ; *Hymns for Childhood* (1835) ; mais si ses œuvres réunies lui ont apporté une somme de 30,000 livres sterling, somme énorme pour l'époque, en revanche elle s'est essayée au théâtre sans le moindre succès.

Son mérite spécial est d'avoir conservé dans ses vers le caractère féminin avec toute sa grâce. Elle a de l'élévation, mais une élévation timide et modeste. C'est la colombe qui semble toujours planer d'un vol paisible, alors même qu'elle atteint les hautes régions de l'air.

CHAPITRE IV

L'OBSERVATION — L'IMAGINATION — LE STYLE — LE VERS

Quelle part Hippolyte de la Morvonnais fait-il à l'observation et à l'imagination ?

Dans toutes ses œuvres, *La Thébaïde des Grèves* et *Les Larmes de Magdeleine*, par exemple, — et c'est lui-même qui prend soin de nous le dire, — il y a des choses rêvées et des choses réalisées. C'est une nécessité rigoureuse, car, à l'aide de la réalité, on donne plus de force au rêve et, à l'aide du rêve, on fait entrer dans la réalité plus d'idéal. Et c'est là le moyen de faire de l'art, du vrai, du grand art. Notre vie, en effet, ici-bas, est des plus pénibles et nous ne sommes jamais assez satisfaits ni de nous, ni des autres, pour ne pas désirer de rêver tout éveillés (G. Sand). Le but de la poésie et du roman, c'est de nous procurer ce plaisir et de nous instruire en même temps. Ils doivent donc hausser les caractères, élever les passions en les dégageant de toutes leurs scories, et, ce faisant, ils donneront au songe de la vie son expression la plus ultime et verseront en notre cœur souvent desséché quelques gouttes d'un idéal rafraîchissant !

Au contraire, s'ils venaient à nous donner, dans une succession de types dégénérés, de situations écœurantes, de scènes banales, de scandales odieux et mesquins, sous prétexte d'études de mœurs, la représentation des réalités qui offusquent quotidiennement notre vie, qui occupent ou poursuivent nos regards, la poésie et le roman manqueraient à leur objet, qui est de fournir aux sentiments plus de force, aux caractères plus d'élévation, aux passions plus de noblesse, à l'amour plus de durée et plus de pureté, au soleil plus d'éclat. (Caro, *Littérature française.)*

Hippolyte de la Morvonnais, spiritualiste ardent, chrétien fervent, admet ces principes. Aussi est-on en droit d'affirmer sans hésiter qu'il fait à l'imagination et au lyrisme une part plus belle qu'à l'observation. Et que l'on ne vienne pas dire qu'il ne sait pas observer ; il n'y a, pour éviter cette erreur, qu'à suivre ses entretiens avec les paysans et ses causeries avec l'herbe qui verdoie et le roitelet qui sautille par les fossés.

En général, donc, dans ses œuvres, l'idéal l'emporte toujours sur la réalité ; mais jamais les situations ne sont fortement nouées — elles ne peuvent d'ailleurs pas l'être — et trop souvent les épisodes et les caractères se ressemblent : on n'y trouve que peu de contrastes et l'intérêt en est diminué.

Pour nous faire mieux comprendre, parcourons l'œuvre d'un auteur contemporain du poète de *La Thébaïde des Grèves,* G. Sand. Il circule dans son œuvre plus d'air ; la vie y est plus abondante, plus active, et nous pourrons parcourir une vaste galerie de personnages créée suivant l'imagination du romancier, et qui sont autant de types divers. Ici, c'est une coquette de campagne, rusée et impérieuse (Valentine, *Mare au Diable)*, là c'est un gros fermier, demi-bourgeois, au teint fleuri, à la bedaine proéminente, qui rêve d'un « monsieur » pour gendre — le père vague d'une Bovary lointaine peut-être — *(Petite Fadette)*; c'est encore quelque coq de village au ton suffisant, au geste prétentieux, et qui caquette en faisant la roue, un peu à la façon d'un autre oiseau de basse-cour *(Meunier d'Angebault)*. Chacun prouve son individualité propre et se différencie de son voisin.

Si l'on étudie maintenant les acteurs des drames d'Hippolyte de la Morvonnais, on est forcé de constater que leurs rôles sont taillés à peu près sur le même modèle. Ses personnages sont, avant tout, des résignés : Adèle, lorsqu'elle quitte le manoir de son mari et qu'elle dit adieu à Raymond pour entrer dans un monastère ; Marie, lorsque, couronnée de pervenches et ayant perdu la raison comme Ophélie, elle se jette dans le lac ; Pauline, lorsqu'accusée à tort d'avoir fait tuer son mari par Hurle-Loup, cette âme d'Ariel dans le corps de Caliban, elle comparaît devant le Tribunal correctionnel ; et Isabelle, lorsqu'elle apprend la mort de son frère François. Et si l'on en excepte celui-ci et Magdeleine, qui nous émeuvent plusieurs fois parce que nous ignorons si les combats qu'ils se livrent en eux-mêmes se termineront par la victoire de l'esprit ou de la chair, il n'y a ni lutte, ni dépense d'énergie au plus intime de leur âme !

Il est impossible, au surplus, à l'auteur, de ne pas idéaliser ainsi ses sujets, car « pauvre et triste sauvage,
» il a pris son éducation dans la solitude, au sein du
» paysage — il s'en confesse humblement — et s'offrant

» faible et chargé des deuils de l'isolement aux influences » et aux harmonies de la nature, il a, suivant une théorie » souvent développée par lui, reçu l'influence chré- » tienne. Sous cette influence, il a vu que le lyrisme » dominait dans son œuvre. Il en a trouvé le motif en » cette considération que, dans les personnes qu'il met » en scène, ce qui les caractérise, c'est l'élément lyrique » ou le rêve. » (Préface des *Larmes de Magdeleine.)*

Ses tableaux sont pleins de lumière ; mais comme un mur exposé au Midi, lorsque le soleil l'éclaire, ils manquent un peu d'ombre et de relief. Il y a un peu d'inexpérience dans les plans, et quelques légères invraisemblances là surtout où il y a œuvre d'analyste et de métaphysicien. Si, au contraire, il converse avec un bûcheron de Matignon, s'il parle à la brise qui passe aux landes, s'il répond à la lame qui murmure aux grèves ou s'il nous conte un épisode de la vie des marins, il est un admirable metteur en scène, un conteur ravissant et il se montre véritablement poète. Etudions cette poésie intitulée : *Le Gabarier de la Rance* et, quand nous l'aurons lue, nous regretterons qu'il n'ait pas composé d'autres récits semblables ; car, à notre humble avis, celui-ci est un petit chef-d'œuvre.

Le voici qui monte à Saint-Malo, le soir, pour revenir chez lui à Pleudihen, sur sa barque

Plus légère que la mouette...
. . . .
Elle appareille et dans le port
Il n'est lougre ni goëlette
Qui ne lui cède tout d'abord.

Pendant qu'il remonte la rivière, il est gai, le gabarier, il chante les bonheurs du foyer où il va bientôt rentrer. Mais lorsqu'il a débarqué, à la nuit tombante, il entend le clocher sonner un glas de mort. Pris d'un sombre pressentiment, il hâte le pas. Voici la chaumière ; la porte est ouverte : il entre et découvre les cadavres de sa mère, de sa femme et de ses enfants. Mais on a remué sur la route : il prend son fusil, sort et tire sur un homme qui fuit.

> Le coup retentit au marais ;
> Le courlieu gémit sous la dune
> Et le hibou dans les guérets.

L'assassin est blessé : c'est Thomas le sabotier. Il n'y avait plus de pain chez lui, dit-il, et

> De sa mère presque morte,
> Le pauvre corps tombait de faim.

Alors il sort de chez lui, il entre chez le gabarier ; mais la femme de celui-ci, dure et désobéissant à la sainte loi de l'aumône, refuse.

> Pourtant la table était dressée,
> Le lard fumait au plat d'étain

Il eût tout-à-coup une infernale pensée — le pauvre Thomas. — Sans doute c'était son destin. Il déroba par force le pain et le plat d'étain pour les porter à sa mère.

> » Dieu veut que l'on soit charitable ;
> » Le pauvre est un homme sacré. »

Il sortit ; mais il craignit d'être reconnu, d'être dénoncé et de déshonorer sa mère ; alors il vit rouge, revint sur ses pas et tua toute la maisonnée... La blessure qu'il a reçue du gabarier est incurable : il meurt bientôt.

Et voici que sa mère, sa vieille mère, va chercher maintenant son pain par les hameaux. La nuit, on la rencontre prés des tombeaux, le long des métairies ; mais

Comme un malheur, on la chasse ;
Et les enfants sur sa trace
Lancent le dogue hurlant !

Tout le monde la repousse, sauf les prêtres. Et le brave curé, indigné de tant de cruauté, dit un jour à ses paroissiens :

« Mes enfants, lorsqu'il vente,
» Et que le rouge-gorge arrive à votre seuil,
» Vous ne repoussez pas cet oiselet en deuil.
. . . .

Et vous repoussez la mère de Thomas, mais

Elle est à tout le moins devant Dieu votre égale,
Et plus que vous peut-être... A la froide rafale,
N'abandonnez donc point ce pauvre vieux rameau,
Appuyez-le, vous tous, ô riches du hameau !

*
* *

Pourquoi donc repousser la pauvre Marguerite ?
Elle est moins pour vous que l'oiseau qui se gîte
A l'angle du foyer ? Dieu ne créa-t-il pas
Cet oiseau pour créer la graine sous vos pas ?

Quelle légèreté ; quel coloris, et que d'onction, n'est-il pas vrai ?

On devine qu'Hippolyte de la Morvonnais a plus vécu dans la solitude que dans le monde. Quelques années de séjour dans une grande ville, à Paris, je suppose, donneraient l'amertume et, par suite, plus de vérité à sa pensée. Pour être humainement vrai, et c'est une chose triste à avouer, il faut douter plus souvent, ou du moins croire avec moins de quiétude !

Hippolyte de la Morvonnais prête donc à ses héros une âme trop parfaite qui est peut-être la sienne, mais qui n'est pas celle des hommes en général.

Nous allons maintenant examiner sa versification.

On rencontre chez lui d'assez nombreuses négligences: homme rime avec fantôme, lieu avec Dieu; il y a des quatrains se terminant par les mêmes sons masculins et féminins :

Solitaires,
Déserts,
Mystères,
Concerts.

Mystique rime presque toujours avec antique. Les deux hémistiches d'un même vers ont même consonnance

Dont se nourrit la rêverie.

On peut encore signaler un trop fréquent emploi des mots âme, veuvage (appliqué à toute espèce de deuil), glaïeuls, courlieux, du mot or: lumière d'or, les cheveux d'or, les ravenelles d'or, les moucherons d'or, etc.

Le chantre de Magdeleine nous semble avoir un peu trop perfectionné le vers à enjambement, à charnière. La langue française ne se prête pas aussi bien que la langue latine à certains tours de la pensée. La lecture et l'étude de *Virgile* ont un peu égaré le poète. Le vers brisé est supportable, indispensable même parfois dans le drame, et nos grands tragiques, Racine entre autres, en ont su tirer parti; mais dans un poème, dans un récit solennel, on peut souhaiter davantage cette marche régulière qui n'exclut pas la variété. Notre poète, comme tous les poètes de valeur, a sa poésie à lui, il innove. Peut-être même cette façon d'interrompre le vers peut donner quelquefois du mouvement, mais cet effet de surprise, trop répété, ce brisement trop fréquent du vers supprime la cadence et dérange l'harmonie.

Quant à son style en prose, en voici un exemple extrait du *Manoir des Dunes :*

« Un de ces poètes surtout est l'ami de mes heures » solitaires, alors que mon âme se replie pour puiser dans » le trésor de ses souvenirs, comme l'oiseau repose sous » son aile pour dormir son sommeil de jour sur la » branche agitée par la tempête; et les vents grondent » sous le nuage, la foudre tonne sous le ciel, et la forêt » murmure au flanc de la montagne, et le ruisseau gémit » dans la solitude des clairières, et les feuilles pleurent » en tombant des rameaux attristés, et pourtant l'oiseau » dort toujours..... »

Et, pour terminer, nous nous résumerons par ces quelques mots :

M. Hippolyte de la Morvonnais fut un vrai chrétien et un homme de bien. Il fut un poète gracieux et délicat dont les vers, qui respirent l'honnêteté, le dévouement à l'humanité et la charité, méritent de rester.

Quand même l'expression ne serait pas chez lui toujours pittoresque et profondément sentie, quand même le mot ne jaillirait pas de l'âme et n'amènerait pas des pleurs aux yeux, l'idée fondamentale est si grande et si généreuse, l'inspiration est puisée à des sources si fécondes, que quelques-uns de ses poèmes seraient encore de beaux poèmes et qu'il y aurait toujours beaucoup à en retenir.

N. B. — Il n'a pas été ajouté d'appendice relatif au *Cénacle du Val de l'Arguenon,* parce que MM. J.-M. Peigné et A. Duquesnel ont tout dit à cet égard et que le modeste auteur de ces lignes n'a rien trouvé à glaner après eux.

LES EXIGENCES DE LA VIGNE

dans la Loire-Inférieure

PAR A. ANDOUARD

Directeur honoraire de la Station agronomique

Les recherches commencées en 1902, à la Frémoire et à la Haute-Maison, dans le but de déterminer les emprunts faits annuellement au sol par nos cépages usuels, ont été augmentées, en 1904, par l'adjonction d'un clos planté partie en Pinot de la Loire et partie en Gros-plant, dépendant du vignoble de M. C. Ogereau, à Chasseloir (commune de Maisdon). J'adresse à mes dévoués collaborateurs de la première heure, MM. G. Baillergeau et Bronkhorst, ainsi qu'à M. Ogereau, mes plus sincères remerciements pour la lourde part qu'ils prennent au succès et à l'exactitude de ces expériences.

I. — VIGNOBLE DE LA FRÉMOIRE

Muscadet sur Riparia Gloire

Les essais ont été maintenus sur les sept parcelles antérieurement utilisées, avec adjonction des fumures minérales particulières qui leur avaient déjà été appliquées. L'objet de ces fumures était de préciser la forme sous laquelle l'acide phosphorique serait le mieux assimilé, dans les terres de la Frémoire, et de voir si les vins correspondant à chacune d'elles en avaient inégalement bénéficié.

Comme précédemment, la première et la dernière parcelle (A et B) n'ont reçu aucun engrais.

Le débourrement de la vigne a eu lieu le 8 avril. Il a été presque aussitôt ralenti par une reprise de froid qui a duré jusqu'au 10 mai. A partir de ce moment, la végétation est devenue active et n'a pas souffert, en apparence, de la sécheresse persistante de l'été.

Les premières fleurs ont paru le 10 juin. Presque en même temps, se révélait la présence du mildiou, qui n'a fait aucun dégat sérieux, grâce à l'ardeur du soleil et à des traitements cupriques suffisants.

Les vendanges ont été effectuées du 22 au 27 septembre, dans de bonnes conditions. Elles ont donné un résultat très supérieur à ceux des deux années précédentes, en quantité comme en qualité.

Les moûts soumis à l'analyse ont été obtenus à la Station, par pression des raisins adressés par M. Baillergeau, en même temps que l'évaluation de la récolte totale.

Rendements en raisin par hectare.

Parcelle	A.	— Sans engrais	9,595	kilogr.
—	1.	— Phosphate fossile	8,956	—
—	2.	— Superphosphate	7,125	—
—	3.	— Superphosphate et sulfate de potasse	7,216	—
—	4.	— Superphosphate et sulfate d'ammoniaque	7,751	—
—	5.	— Engrais complet	7,031	—
—	B.	— Sans engrais	8,239	—

Quantités, par hectare, des moûts, marcs, feuilles et sarments. (1)

Parcelles.	Moûts. Kilogr.	Marcs. Kilogr.	Feuilles. Kilogr.	Sarments. Kilogr.
A. Sans engrais.......	7.839	1.760	2.010	1.856
N° 1. Phosphate fossile	6.967	1.989	1.864	2.304
N° 2. Superphosphate.	5.466	1.660	1.742	1.815
N° 3. Sup. et s. de pot.	5.905	1.311	1.990	2.132
N° 4. Sup. et s. d'amm.	6.131	1.620	2.067	1.338
N° 5. Engrais complet.	5.610	1.421	1.816	1.901
B. Sans engrais.......	6.480	1.759	1.724	1.690

(1) Les feuilles et les sarments ont été pesés et analysés après dessiccation à l'air libre seulement.

Composition centésimale des moûts (en volume).

Parcelles.	Densité à 15°.	Extrait à 100°.	Acidité (en acide sulfurique).	Crème de tartre.	Sucre.
A..........	1074	18.46	0.577	0.240	14.39
N° 1........	1079	19.23	0.585	0.235	17.86
N° 2........	1082	20.50	0.557	0.221	19.23
N° 3........	1073	17.83	0.579	0.240	16.67
N° 4........	1079	20.43	0.478	0.191	19.23
N° 5........	1072	18.01	0.504	0.246	15.87
B..........	1078	19.97	0.415	0.216	18.83

Parcelles.	Azote.	Acide phosphorique.	Potasse.	Chaux.	Sulfate de potasse.
A..........	0.050	0.016	0.148	0.010	0.010
N° 1........	0.046	0.018	0.167	0.011	0.012
N° 2........	0.040	0.017	0.157	0.012	0.010
N° 3........	0.041	0.020	0.171	0.017	0.008
N° 4........	0.044	0.017	0.143	0.013	0.008
N° 5........	0.048	0.017	0.152	0.012	0.008
B..........	0.045	0.017	0.138	0.013	0.010

Il se dégage des relevés ci-dessus que la plus forte production de raisin correspond aux deux parcelles témoins et à celle qui a reçu comme engrais du phosphate fossile seulement. Il serait dangereux d'en inférer que la vigne n'a pas besoin d'aliment complet. Il est notoire, en horticulture, que les arbres se mettent d'autant mieux à fruit qu'ils souffrent davantage. Or, bien que les terres de la Frémoire soient remarquablement entretenues, voilà trois ans au moins qu'il n'a rien été donné aux parcelles A et B. La terre s'appauvrit forcément à cette abstention ; là est peut-être la cause des écarts observés cette année. En admettant même qu'elle soit ailleurs, on ne saurait sans inconvénient différer longtemps de restituer au sol ce que lui enlève la végétation ; le tout est de proportionner cette restitution aux soustractions opérées par les plantes cultivées. La connaissance de cette mesure est le but des présentes expériences.

Il n'est pas sans intérêt de remarquer aussi que les moûts les plus riches sont ceux des parcelles pourvues d'un supplément d'acide phosphorique et de potasse. La parcelle B approche des meilleures, sous le rapport du sucre; mais j'ai fait observer, les années précédentes, que sa position la rend suspecte de recevoir, souterrainement, une partie de la fumure de la parcelle voisine tout au moins.

Tableau.

Composition centésimale des feuilles, des sarments et des marcs.

Parcelles.	Azote.	Acide phosphorique.	Potasse.	Chaux.
		FEUILLES		
A....................	1.40	0.290	0.470	3.224
N° 1................	1.20	0.294	0.404	2.374
N° 2................	1.30	0.320	0.400	2.666
N° 3................	1.20	0.301	0.528	2.688
N° 4................	1.30	0.288	0.490	2.766
N° 5................	1.40	0.269	0.495	2.554
B....................	1.30	0.270	0.538	2.723
		SARMENTS		
A....................	0.40	0.110	0.314	0.498
N° 1................	0.40	0.133	0.276	0.437
N° 2................	0.40	0.123	0.323	0.493
N° 3................	0.45	0.136	0.319	0.549
N° 4................	0.50	0.130	0.262	0.498
N° 5................	0.50	0.132	0.328	0.549
B....................	0.45	0.141	0.320	0.526
		MARCS (humides)		
A....................	1.80	0.563	2.19	0.470
N° 1................	1.75	0.576	2.47	0.437
N° 2................	1.65	0.681	2.47	0.448
N° 3................	1.70	0.608	2.33	0.493
N° 4................	1.75	0.576	2.43	0.459
N° 5................	1.70	0.563	2.43	0.493
B....................	1.80	0.531	2.33	0.493

De ces résultats il ressort que j'ai évalué trop bas, jusqu'ici, la proportion de chaux contenue dans les feuilles de nos vignes, en acceptant, faute de dosage réalisable, le minimum généralement admis à cet égard. Notre sol, peu calcaire cependant, leur livre plus de 4 % de chaux, si on les suppose séchées à 100°.

Principes fertilisants soustraits au sol, par hectare.

	Azote.	Acide phosphorique.	Potasse.	Chaux.
PARCELLE A				
	kil.	kil.	kil.	kil.
Feuilles	28.140	6.829	9.447	64.802
Sarments	7.424	2.042	5.828	9.242
Marcs	31.590	9.880	38.434	8.248
Moûts	3.920	1.254	11.603	0.784
PARCELLE N° 1				
Feuilles	22.368	5.480	7.531	44.251
Sarments	9.216	3.064	6.359	10.068
Marcs	34.807	11.457	49.128	9.348
Moûts	3.204	1.254	11.635	0.766
PARCELLE N° 2				
Feuilles	22.646	5.574	6.968	46.442
Sarments	7.260	2.232	5.862	8.948
Marcs	27.373	11.298	40.977	7.432
Moûts	2.186	1.093	8.582	0.656
PARCELLE N° 3				
Feuilles	23.880	6.000	10.507	52.791
Sarments	9.594	2.913	6.801	11.760
Marcs	22.287	7.971	30.546	6.463
Moûts	2.421	1.181	10.097	1.004
PARCELLE N° 4				
Feuilles	26.871	5.953	10.128	57.173
Sarments	6.690	1.739	3.506	6.663
Marcs	32.567	10.719	45.222	8.542
Moûts	2.592	1.001	8.423	0.766

	Azote.	Acide phosphorique.	Potasse.	Chaux.
[illegible]				
	[illegible]	[illegible]	[illegible]	[illegible]
Feuilles	[illegible]	[illegible]	[illegible]	[illegible]
Sarments	[illegible]	[illegible]	[illegible]	[illegible]
Marcs	[illegible]	[illegible]	[illegible]	[illegible]
Moûts	[illegible]	[illegible]	[illegible]	[illegible]
[illegible]				
Feuilles	[illegible]	[illegible]	[illegible]	[illegible]
Sarments	[illegible]	[illegible]	[illegible]	[illegible]
Marcs	[illegible]	[illegible]	[illegible]	[illegible]
Moûts	[illegible]	[illegible]	[illegible]	[illegible]

Soustractions totales, en 1904. Moyennes par hectare.

	Azote.	Acide phosphorique.	Potasse.	Chaux.
	kil.	kil.	kil.	kil.
Feuilles	24.534	5.625	8.978	51.255
Sarments............	8.185	2.413	5.712	9.429
Marcs...	29.208	9.810	39.977	7.959
Moûts	2.847	1.118	9.687	0.784
Totaux.....	64.774	18.966	64.354	69.427

II. — Vignoble de la Haute-Maison

Gros-Plant (Folle-verte), sur Riparia-Gloire

L'étude des besoins du Gros-Plant a été poursuivie sur les 160 ares qui lui avaient été déjà affectés en 1903.

Je rappelle que cette surface est divisée en cinq parties, dont quatre reçoivent du fumier d'étable avec un complément de fumure minérale, tandis que la cinquième, non fumée, sert de témoin.

La vigne est à sa cinquième feuille, sur les deux premières, à sa quatrième feuille sur les trois autres. Elle a été palissée sur fil de fer, dans les planches 1, 3, 4 et 5.

Le sol, profond de 55 à 65 centimètres, est cultivé avec un trés grand soin. La continuité des pluies de l'hiver n'a pas permis de le fumer avant le 25 février. L'engrais chimique et le fumier étaient de même nature et en même quantité qu'en 1903; ils ont été recouverts aussitôt après l'épandage. Les façons culturales suivantes ont consisté en binages plusieurs fois renouvelés. L'humidité de la terre, entretenue par les pluies du commencement de mars, a beaucoup favorisé la dissémination des matières fertilisantes dont l'effet sur l'arbuste a été très sensible.

Un léger rognage à la serpe a été pratiqué sur les parcelles 1, 3, 4 et 5 au niveau du dernier rang de fil de fer, soit à une hauteur de $0^m,70$ environ, dans la première quinzaine de juillet. Un second rognage, limité à quelques rangs, a été exécuté dans le courant du mois d'août. Il devait être inutile; il a semblé déprimer légèrement la végétation, sans influer toutefois sur la récolte.

La parcelle n° 2, qui est restée taillée en gobelet, n'a subi aucun rognage.

La floraison s'est trouvée favorisée par un temps merveilleux. L'expansion des sarments et du système foliacé, un peu moins exubérante que l'année dernière, en raison de la sécheresse, a cependant été très satisfaisante.

Deux traitements anticryptogamiques ont suffi à préserver la vigne de tout envahissement parasitaire.

La maturation s'est effectuée dans de bonnes conditions, mais avec une vitesse inégale pour chacune des subdivisions du clos d'essais. La parcelle n° 2, taillée en gobelet, a mûri la première. Elle a pu être vendangée le 26 septembre, tandis que, pour les quatre autres, il a fallu différer jusqu'aux 4, 5 et 6 octobre.

Le poids de la récolte a été à peu près identique dans les deux premières parcelles, qui ont le même âge. Les raisins paraissaient plus beaux dans la deuxième que partout ailleurs, mais le maximum de poids revient à la parcelle n° 4, fumée au fumier seul, bien que la vigne y compte une année de moins que sur les nos 1 et 2. La plus faible vendange est celle qui correspond à l'addition d'engrais complet.

Rendements en raisins, par hectare, en 1904.

N° 1. Phosphate fossile.............	11.167	kilogr.
N° 2. Fumier et superphosphate....	11.267	—
N° 3. — et engrais complet....	9.944	—
N° 4. — seul................	11.300	—
N° 5. Aucun engrais.............	10.170	—

Les raisins dont suivent les analyses ont été pressés à la Station. Ils ont donné 78 pour cent de moût, alors que, dans la pratique, on n'obtient guère que 68 à 72 pour cent au plus. C'est sur la première base qu'ont été établis les nombres ci-après. Les feuilles et les sarments ont été séchés seulement à l'air libre.

Quantités, par hectare, des feuilles, sarments, marcs et moûts de gros-plant.

Parcelles.	Feuilles. kilogr.	Sarments. kilogr.	Marcs. kilogr.	Moûts. kilogr.
N° 1. Fumier, phosph.	1.332	4.106	2.493	8.874
N° 2. — superp.	1.144	3.024	2.304	8.963
N° 3. — engr. c.	1.150	3.288	1.719	8.225
N° 4. — seul....	1.231	3.893	2.224	9.076
N° 5. Sans engrais....	1.388	3.523	2.157	8.013

Composition centésimale des moûts.

	Parcelle n° 1.	Parcelle n° 2.	Parcelle n° 3.	Parcelle n° 4.	Parcelle n° 5.
Densité à 15°......	1.061	1.057	1.068	1.051	1.057
Sucre............	13.700	12.900	16.020	11.500	12.820
Extrait à 100°......	14.870	14.160	18.210	12.970	13.980
Cendres..........	0.280	0.290	0.290	0.300	0.300
Crème de tartre....	0.590	0.650	0.620	0.650	0.680
Sulfate...........	0.008	0.008	0.008	0.005	0.008
Acidité (sulfurique).	0.768	0.660	0.752	0.709	0.701
Azote............	0.098	0.041	0.062	0.061	0.071
Acide phosphorique	0.018	0.017	0.015	0.014	0.011
Potasse..........	0.133	0.200	0.152	0.138	0.152
Chaux..........	0.017	0.016	0.017	0.017	0.017

Composition centésimale des feuilles, sarments et marcs.

Principes fertilisants.	Parcelle nº 1.	Parcelle nº 2.	Parcelle nº 3.	Parcelle nº 4.	Parcelle nº 5.
			FEUILLES		
Azote.............	1.600	1.600	1.800	1.800	1.700
Acide phosphorique	0.275	0.275	0.256	0.294	0.256
Potasse...........	0.428	0.552	0.676	0.623	0.618
Chaux	0.269	0.267	0.252	0.270	0.304
			SARMENTS		
Azote.............	0.600	0.650	0.650	0.600	0.600
Acide phosphorique	0.151	0.166	0.141	0.133	0.141
Potasse...........	0.162	0.204	0.214	0.171	0.152
Chaux	0.504	0.532	0.414	0.476	0.454
			MARCS		
Azote.............	1.900	1.550	1.700	1.700	1.700
Acide phosphorique	0.500	0.512	0.493	0.506	0.480
Potasse...........	1.860	2.570	1.900	2.000	1.950
Chaux	0.482	0.538	0.504	0.526	0.403

Principes fertilisants soustraits au sol, par hectare.

	Azote.	Acide phosphorique.	Potasse.	Chaux.
		PARCELLE N° 1		
	kil.	kil.	kil.	kil.
Feuilles	28.312	3.663	5.701	3.583
Sarments	24.636	6.200	7.462	23.214
Marcs	47.367	12.465	46.370	12.016
Moûts	8.500	1.561	11.536	1.475
		PARCELLE N° 2		
Feuilles	18.304	3.146	6.315	3.054
Sarments	19.656	5.020	6.169	16.988
Marcs	35 716	11,996	59.213	12.395
Moûts	3.675	1.524	17.926	1.434
		PARCELLE N° 3		
Feuilles	20.700	3.162	7.774	2.898
Sarments	21.372	4.636	7.036	13.612
Marcs	29.223	8.475	32.661	8.664
Moûts	5.099	1.234	12.502	1.398
		PARCELLE N° 4		
Feuilles	22.158	3.619	7.669	3.324
Sarments	23.358	5.178	7.257	18.531
Marcs	37.808	11.253	44.480	11.698
Moûts	5.536	1.271	12.525	1.543
		PARCELLE N° 5		
Feuilles	23.596	3.553	8.578	4.220
Sarments	21.138	4.967	5.355	15.994
Marcs	36.669	10.354	42.061	8.693
Moûts	5.689	0.884	12.180	1.362

Soustractions totales, en 1904. Moyennes par hectare.

	Azote.	Acide phosphorique.	Potasse.	Chaux.
	kil.	kil.	kil.	kil.
Feuilles..............	21.214	3.429	7.207	3.416
Sarments............	22.032	5.200	6.456	17.668
Marcs.................	37.356	10.909	44.957	10.693
Moûts	5.700	1.295	11.112	1.442
Totaux.....	86.302	20.833	69.932	33.219

III. — Vignoble de Chasseloir

Ce vignoble, situé dans la commune de Maisdon, a été planté, en avril 1897, avec du Gros-Plant greffé sur Rupestris-Martin, et en mars 1902, avec du Pinot de la Loire greffé sur Rupestris-Monticola.

La terre du clos affecté aux essais présente la composition suivante :

Tableau.

Terres de Chasseloir.

	Partie réservée au Pinot.	Bartie réservée au Gros-Plant.
ANALYSE PHYSIQUE		
Cailloux	14.477	9.368
Graviers	18.449	16.071
Argile	12.891	21.056
Sable, humus	54.183	53.505
Total	100.000	100.000
Poids du litre de terre fine	1 k 208	1 k 095
ANALYSE CHIMIQUE		
Humus	2.16	3.35
Azote total	0.06	0.10
Acide phosphorique	0.07	0.09
Potasse totale	0.18	0.16
Chaux totale	0.25	0.43
Magnésie	0.19	0.67
Alumine, oxyde de fer	7.47	7.86
Humidité	1.12	1.80
Sable, argile	88.50	85.55
Total	100.00	160.00

Lors de la plantation, le sol avait reçu comme fumure, par hectare, un mélange composé de :

Terre de prairies d'alluvion..	200	mètres cubes.
Fumier de cheval	20.000	kilogrammes.
Superphosphate	600	—

La taille adoptée dans le vignoble est celle de Royat.

Les essais devaient porter, tout à la fois, sur le Gros-Plant et sur le Pinot. Par suite d'un malentendu, les analyses ont pu être effectuées seulement sur les sarments des deux cépages et sur les raisins du Pinot. Les résultats méritent néanmoins d'être relevés, en raison du jeune âge de la vigne. Il sera instructif de les comparer à ceux qui suivront :

1° Pinot de la Loire.

La parcelle réservée à l'expérience mesure 6 ares et nourrit 388 plants disposés sur fil de fer. Elle a été divisée en deux parties égales, dont l'une a reçu 30 kilogrammes d'engrais complet, tandis que l'autre n'a pas été fumée.

La vigne a été ébourgeonnée deux fois et soigneusement protégée contre le mildiou.

La vendange, faite le 4 octobre, a produit 60 litres de vin.

Les raisins, pressés à la Station, ont fourni 79 pour cent de leur poids de moût, dont voici la composition :

Densité à la température de 15° : 1084.

Sucre	20,000 °/₀
Extrait à 100°	21,280 »
Cendres	0,400 »
Crème de tartre	0,760 »
Sulfate de potasse	0,010 »
Acidité totale (en acide sulfurique).	0,660 »
Acide tartrique libre	0,366 »
Azote	0,065 »
Acide phosphorique	0,020 »
Potasse	0,148 »
Chaux	0,016 »

Ce moût est riche en principe sucré, ainsi qu'il est habituel au Pineau, quand il est favorisé par le soleil. La proportion de la crème de tartre y est également très élevée.

Les sarments ont présenté sensiblement la même composition, dans les deux parties du clos. La copieuse fumure du début se fait encore sentir.

Composition centésimale des sarments :

	Azote.	Acide phosphorique.	Potasse.	Chaux.
Partie fumée......	0.60	0.161	0.323	0.510
— non fumée..	0.60	0.166	0.276	0.526

2° *Gros-Plant.*

La parcelle occupée par ce cépage compte 810 plants, installés sur fil de fer et répartis sur une superficie de 22 ares.

Elle a reçu, en 1902 et en 1904, des fumures identiques à celles de la précédente, la dernière sur une de ses moitiés seulement.

La vigne a été ébourgeonnée, pincée et rognée quelques jours avant les vendanges, qui ont eu lieu le 30 septembre et ont produit 15 barriques de vin.

Composition centésimale des sarments :

	Azote.	Acide phosphorique.	Potasse.	Chaux.
Partie fumée......	0.50	0.146	0.262	0.504
— non fumée..	0.55	0.143	0.263	0.549

Des documents plus complets seront recueillis en 1905 et permettront de commencer la comparaison entre le Pinot et les autres cépages du département.

Du rapprochement des résultats obtenus cette fois, sur une récolte relativement abondante, il ressort que le Muscadet et la Folle verte ont consommé des quantités sensiblement égales d'acide phosphorique et de potasse, tandis que la Folle verte a enlevé au sol 25 % d'azote de plus et 50 % de chaux de moins que le Muscadet.

SITUATION

Du Vignoble de la Loire-Inférieure en 1904

Par A. ANDOUARD

Vice-Président du Comité d'études et de vigilance pour le Phylloxéra

L'année 1904 semble devoir apporter enfin une compensation à l'insuffisance de nos précédentes vendanges.

La température très favorable de l'automne de 1903 avait procuré au bois un aoûtement excellent. Au commencement de 1904, le temps s'est maintenu relativement doux jusqu'à la fin de février. S'il avait continué ainsi, on aurait pu craindre un départ prématuré de la vigne. Le thermomètre étant resté assez bas pendant tout le mois de mars (moyenne : 5°,7), le sol ne s'est pas réchauffé, par suite la sève n'a pas pris son mouvement ascensionnel.

En avril, la température est redevenue normale (10°,5 en moyenne). Elle s'est élevée à 14°,16 pour le mois suivant tout entier, avec un maximum inusité de 31°, le 16 mai. Aussi le bourgeonnement de la vigne a-t-il pris une allure accélérée. Dans toute cette période, la gelée ne s'étant manifestée qu'une fois, et encore légèrement, rien ne serait venu entraver l'évolution régulière de l'arbuste, si ses multiples ennemis avaient bien voulu faire trêve également. Il n'en a pas été tout à fait ainsi. Cependant, on peut escompter en ce moment une vendange satisfaisante, au moins par la qualité, si la quantité ne correspond pas partout aux espérances du printemps.

Le vignoble a souffert, en effet, d'une chaleur excessive, au mois de juillet. A deux reprises le thermomètre est monté à des hauteurs inaccoutumées, pendant plusieurs jours consécutifs. Le 18, il marquait à l'ombre 37°. Cette température et celle du 16 mai sont les maxima les plus élevés constatés à Nantes depuis 25 ans.

Il est résulté de cet état atmosphérique une sécheresse persistante préjudiciable surtout aux vignes situées en terrains peu profonds. L'activité de la transpiration du végétal surpassant celle de l'afflux de la sève, des cas de folletage assez nombreux ont surgi en peu de temps de tous côtés. La récolte en sera certainement amoindrie là où l'accident a sévi avec assez d'intensité.

La grêle nous a également dérobé quelques tonneaux de vin. Un orage violent éclatait le 6 juin, au Sud du département, parcourait la rive gauche du fleuve, les cantons de Legé, d'Aigrefeuille, du Loroux-Botterau et, traversant la Loire, allait s'éteindre dans le canton de Carquefou. Si rapide qu'ait été son passage sur cette zone de notre vignoble, il n'y a pas moins imprimé sa trace et quelquefois assez durement. Somme toute, pourtant, le dommage total est resté très limité.

I. — Parasites animaux.

On n'en peut pas dire autant du *phylloxéra,* qui a largemet bénéficié de la chaleur de l'été. L'affaiblissement consécutif à ses récentes morsures ne se révèle pas encore à l'inspection extérieure des vignes. Mais on est frappé de sa fécondité, lorsqu'on examine les organes souterrains des souches sur lesquelles il a élu domicile Il faut s'attendre à des surprises pénibles en 1905.

On combat de moins en moins ce tenace adversaire avec le sulfure de carbone. Dix hectares tout au plus ont été sulfurés cette année.

Tout l'effort des vignerons est orienté vers la plantation des cépages américains. Ils n'ont plus, pour les aider à cette œuvre, que le secours graduellement diminué des pépinières appartenant au département et à quelques sociétés viticoles.

Parmi les premières, la pépinière d'Oudon devait être liquidée le 31 octobre 1903. Par une gracieuseté à laquelle nous devons rendre hommage, notre regretté collègue, M. de Fleuriot, propriétaire du terrain, en a laissé gratuitement la jouissance au département, jusqu'au mois de février dernier, afin de lui permettre de récolter les sarments développés en 1903.

Les Sociétés viticoles de Clisson et du Landreau ne devant plus recvoir de su bvention départementale, cessent l'exploitation de leurs pépinières. Elles ont procédé à leur dernière coupe.

Bien que dans le même cas, les Sociétés viticoles de Saint-Aignan et de Saint-Julien-de-Concelles continuent à cultiver leurs pépinières, grâce aux allocations qui leur sont accordées par l'Etat.

L'ensemble de ces plantations a fourni, au dernier exercice, la production ci-après :

Pépinières Départementales

Pépinière		Greffes	Boutures
»	d'Oudon	»	36.115m
»	de Congrigoux	8.422	104.229m
»	de Mauves	»	7.250m
»	de Varades		8.460m
»	du Bignon	»	10.600m
»	de Bouguenais		5.730m
»	du Loroux-Bottereau		5.700m
»	de Nort-sur-Erdre		4.010m
»	du Pallet		4.800m
»	de St-Etienne-de-Montluc	»	11.650m
»	de St-Philbert-de-Grand-Lieu		6.150m
»	de Sainte-Pazanne	»	6.020m
»	de la société viticole de Clisson	»	55.168m
»	de la société viticole de Saint-Aignan	»	25.400m
»	de la société viticole de St-Julien-de-Concelles	41.900	21.600m
	Totaux	50.322m	312.882m

En dehors de ce qui touche au principal ennemi de la vigne, il y a peu de faits à relever concernant les autres parasites de l'ordre animal.

Au mois de juin, la *pyrale* a fait une invasion assez inquiétante, au Sud et à l'Est du vignoble. Cette invasion ne s'est pas généralisée.

La *Cochylis* et le *Gribouri* ont toujours quelques dégâts à se faire pardonner; mais l'importance du dommage est presque négligeable en 1904.

Inutile de citer les autres commensaux habituels de la vigne ; ils ne sont pas assez malfaisants pour être redoutables.

II. — Parasites végétaux

Du côté des parasites végétaux, nous n'avons pas de sérieux méfaits à enregistrer, bien que nos vignerons aient eu quelques alertes assez vives.

Le printemps, sans être très humide, a compté de nombreux jours de pluie ; et comme la température était assez clémente, les champignons de tout ordre se sont activement multipliés.

L'*oïdium*, l'*anthracnose*, le *mildiou* et le *pourridié* ont fait leur apparition dès les premiers jours de juin avec une allure presque menaçante. Leur évolution a été enrayée par l'ardeur du soleil de juillet, non toutefois sans infliger quelques meurtrissures aux ceps qu'ils avaient touchés.

Le *mildiou* n'a pas borné ses attaques aux organes foliacés. De bonne heure, celui qu'on nomme le *rot brun* a pénétré les grappes de nos raisins. Il y est encore, et si les circonstances lui redevenaient propices, il allongerait rapidement ses desséchantes ramifications.

Le mildiou de la feuille, demeuré latent pendant toute la période estivale, a récemment renouvelé ses agressions, sans réussir à les rendre bien dangereuses. Nous ne sommes pas entièrement à l'abri de ses coups ; toutefois, il ne peut guère nuire désormais qu'à la maturation du bois, et dans une mesure assez restreinte.

Par sa coloration, l'*anthracnose* jette facilement le trouble dans l'esprit des viticulteurs. On le prend pour le *black-rot,* qui, fort heureusement, n'a pas encore franchi les frontières de notre département. La méprise n'aurait que des avantages si elle pouvait entraîner le vigneron à donner à la vigne, pendant l'hiver, les soins que réclame sa préservation.

A l'heure présente, nous n'avons plus guère à redouter que la *pourriture grise*. Elle aurait encore le temps de nous faire du mal si l'air atmosphérique reste longtemps saturé d'humidité comme il l'est en ce moment. Jusqu'ici, elle nous a épargnés.

III. — Enseignement

Le Conseil général a continué au présent exercice l'allocation de 1,000 fr. qu'il accorde, depuis quelques années, pour l'entretien des pépinières scolaires. Ces pépinières, actuellement au nombre de 65, peuvent contribuer efficacement à l'instruction des futurs vignerons, si elles sont bien dirigées.

Les cours de greffage, confiés depuis douze ans à M. le Délégué départemental, constituent également un rouage important de la régénération de notre vignoble. Le nombre des auditeurs auxquels ils s'adressent, toujours élevé, marque cependant une diminution progressive inévitable, résultant de la diffusion des connaissances relatives à la pratique du greffage. Comme corollaire obligé, le nombre des diplômes décernés a fléchi cette année :

COMMUNES.	ÉLÈVES	
	inscrits.	diplômés.
Chauvé	10	5
Chevrolière (La)	62	18
Cordemais	36	5
Escoublac	33	6

Frossay	83	10
Machecoul	16	4
Nantes (La Persagotière)	21	4
Nozay (Grand-Jouan)	50	10
Pellerin (Le)	45	14
Pornic	17	2
Saint-Etienne-de-Montluc	14	6
Saint-Mars-de-Coutais	41	20
Saint-Père-en-Retz	51	5
Touvois	13	4
Totaux	492	113

Outre le diplôme, le greffeur le plus méritant de chaque cours a reçu une médaille donnée par M. le Ministre de l'Agriculture.

IV. — Expériences

Quelques essais ont été tentés, sous la direction de M. le Délégué départemental, à l'effet de vérifier la valeur insecticide du crud d'ammoniaque contre le phylloxéra. Ils n'ont pas donné de résultats décisifs et ce sont les seuls qui aient été portés à la connaissance du Comité d'études et de vigilance.

Embrassons maintenant, dans un coup d'œil d'ensemble, toute l'étendue de notre vignoble. Elle se décompose comme il suit, d'après les évaluations de M. le Délégué départemental :

Vignobles soumis à la submersion	Néant.
Vignes traitées par le sulfocarbonate de potassium	Néant.
Vignes traitées par le sulfure de carbone.	10 hectares.

Surface du vignoble en 1903	25.132h 78
Vignes arrachées en 1904	1.205 »
	23.927 78
Vignes plantées en 1904	2.125 »
Surface totale du vignoble en 1904	26.052h 78
Se décomposant en :	
Vignes attaquées par le phylloxéra, mais résistant encore	7.237h 78
Vignobles plantés en cépages américains.	18.815 »
Total	26.052h 78

Il ressort de cet exposé que l'œuvre de la reconstitution marche sans arrêt vers son achèvement et qu'elle présente de sérieuses garanties d'avenir. Ajoutons que, malgré les accidents inévitables dus à ses adversaires irréductibles, la vigne est prospère cette année. Elle promet, presque partout, de remplir nos celliers. Cette espérance est la bien venue après les multiples épreuves si vaillamment supportées par nos vignerons.

Nantes, le 16 septembre 1904.

DISCOURS

PRONONCÉS

Dans la Séance du 16 Décembre 1904

DISCOURS

PRONONCÉ

PAR M. A. VINCENT

Président de la Société Académique de la Loire-Inférieure

MESDAMES,

MESSIEURS,

Depuis quelques années déjà, on nous parle beaucoup, au théâtre, dans les revues et dans le monde, d'un fait social que l'on prétend nouveau.

Les femmes, dit-on, voudraient ravir à l'homme son antique prééminence. Elles marcheraient à l'assaut de ces institutions traditionnelles qui font de lui le maître, le chef de la famille ; elles voudraient « porter les culottes » comme disaient nos pères... On ne le dit plus. On a, pour cette situation que l'on croit neuve, inventé un mot nouveau : « *le féminisme* », et nos philosophes discutent à perte de vue sur ses avantages et sur ses dangers.

Question frivole, Mesdames ! L'expérience des siècles l'a déjà résolue, avant qu'il ne vint à l'esprit des psychologues de la poser. Depuis la création du monde, n'est-ce pas toujours et partout la femme qui nous mène, et ne voit-on pas que le rôle modeste qu'elle s'est laissé assigner dans la vie sociale et politique n'est, de sa part, qu'une coquetterie plus trompeuse et plus séduisante que les autres ?

Messieurs, ne craignons donc pas la conquête du monde par les femmes ! Le mal, si c'est un mal, est déjà accompli !

Occupons-nous plutôt tous ensemble, hommes et femmes, d'une question plus vraiment nouvelle, d'une séduction qui, dans ce temps de sensibilité peut-être excessive, s'empare de nos cœurs et règne sur nos volontés : occupons-nous de ce pouvoir croissant que prend peu à peu l'enfant dans notre société, et si nous n'avons ni la volonté, ni la force de le combattre, tâchons du moins de le connaître.

L'enfant règne, c'est un fait, et tous, tant que nous sommes, nous subissons sa toute-puissance.

Ne me dites pas qu'ici, la question n'est pas neuve.

Certes, depuis que le monde existe, il y a eu des pères qui ont aimé leurs fils ; il y a eu des êtres exquis, tout cœur et tout entrailles, qui ont souffert avec joie, qui se sont sacrifiés avec reconnaissance, et qu'on a appelés les mères, les « mamans ».

Mais, comme dit l'autre, en tout il y a la « manière » et la « manière » d'aimer les enfants, qui s'était insensiblement modifiée au cours des âges, a subi, depuis un demi-siècle environ, une transformation radicale qu'il est bon de faire remarquer : ce ne sont plus seulement aujourd'hui les pères et les mères qui subissent la magique influence : tout le monde y est soumis. Et je ne dis pas que c'est un mal, mais c'est certainement un fait historique d'importance.

III

Vous ne me pardonneriez pas, si dans un discours grave, dans une étude qui prétend à poser des règles de sociologie, je ne vous faisais pas parcourir toutes les phases historiques de la question, en commençant, comme l'exigent les méthodes de nos savants modernes, par l'âge de la préhistoire.

Donc, dans les temps préhistoriques, on nous affirme que les enfants n'avaient ni père ni mère....., du moins ils ne connaissaient ni leur père ni leur mère. Sitôt fini le temps d'allaitement, la mère se désintéressait de sa progéniture, qui passait tout de suite à la charge du clan. Telle la jeune hirondelle, née au printemps dernier, ignore, quand sa tribu fuit les brumes de l'automne, si ce sont les ailes de sa mère ou celles d'une autre compagne qui lui prêtent leur secours pour traverser les mers.

Prenons, nous aussi, notre vol à travers les siècles : arrivons au temps des patriarches. La Rome antique nous en offre le type précis ; c'est le temps où Brutus ordonne lui-même la mort de ses deux fils ; où Flaminius, nommé tribun, oublie les intérêts dont il a la charge devant un geste de son père, après avoir sû les défendre contre les fureurs du Sénat ; où Fabius hésite entre le respect auquel il a droit comme consul et la révérence qu'il doit comme fils. C'est que l'autorité paternelle est autre chose alors que celle des temps modernes.

Le père, despote orgueilleux, étend un pouvoir presque égal sur sa femme, sur ses enfants, sur ses esclaves et sur son patrimoine ; ce n'est pas dans les liens du sang, si forts pourtant et si doux, qu'il trouve le fondement de son autorité paternelle. Ses enfants lui appartiennent parce qu'ils sont nés d'une femme qui lui appartient. Il est leur propriétaire au même titre que de la vendange, fruit de ses vignes, que des agneaux, croît de ses troupeaux. Il peut les tuer pour une peccadille ; il a droit de les vendre pour un léger profit ; ils restent jusqu'à sa mort sous son absolue dépendance. Aussi, quand ils naissent, point d'effusion, point de faire part, ni de cérémonies de fête ; une seule formalité, aussi simple que tragique : la sage-femme présente l'enfant à son père : s'il le prend dans ses bras, c'est qu'il l'accepte pour fils ; si seulement il détourne la tête, l'esclave obéissante s'empresse de jeter à la rue le petit être palpitant et condamné.

Telle est la situation des enfants dans l'ancienne Rome.

Sautons quelques siècles encore et passons au moyen-âge : L'homme lui-même n'est qu'un grand enfant, violent, querelleur, naïf et vicieux. Sa vie s'écoule au grand air, à chevaucher sur les routes, à se battre avec ses voisins, à chasser dans les forêts. Près de ce père ignorant des civilisations qu'ont détruites les Barbares, ses ancêtres, l'enfant apprend surtout à développer sa force physique. Tout jeune encore, il sait l'équitation, l'escrime ; à 12 ans, il part, en qualité de page, à la cour du suzerain ; il lui faut « porter l'écu du seigneur, l'armer pour la bataille ou le tournoi, le déshabiller après le combat, entretenir ses armes, soigner ses chevaux, le servir à table et galoper pour ses commissions. Rude métier, mais tout le monde y passe, car c'est l'apprentissage de la chevalerie ». (1)

L'enfant du peuple, cependant, grandit aussi lui, mal nourri par sa famille, maltraité par les hommes d'armes, et cependant résigné ; il continue à tracer le sillon que, trop souvent, la guerre moissonnera. Parfois, au-dessus des hautes tours qui ceignent les collines, ses yeux

(1) Luchaire, hist. de Lavisse, II, 2 p. 17.

s'élèvent vers le ciel dans une exaltation de foi et d'espérance. Rappelez-vous cette croisade des enfants, plus désintéressée cent fois, plus enthousiaste que celle des hommes. A la voix d'Etienne, un berger de douze ans, prés de trente mille enfants s'embarquent pour la Palestine. Les forbans qui les transportaient les vendirent comme esclaves au khalife, mais cette tentative avortée demeura comme un sublime exemple de foi et d'énergie dansla mémoire des hommes, et le peuple, qui s'entend à illustrer de belles légendes les faits que lui soumet l'histoire, raconta que des nuées de blancs papillons, réunis au bord de la Méditerranée, avaient, d'un vol léger et hardi, guidé dans son chemin l'armée des jeunes croisés.

Avançons toujours. Voici la Renaissance ; elle ouvre de nouveau à la curiosité des hommes le chemin oublié des études antiques. Elle remet en honneur l'instruction, et partout, des collèges et des écoles se fondent.

Mais les méthodes d'enseignement se ressentent de la brutalité du moyen-âge. Parents et maîtres, pour stimuler le zèle des enfants, n'ont d'autre argument que les coups.

Rois, princes, enfants du peuple, furent égaux devant la férule. D'ailleurs, une fois devenus grands, ils n'en conservaient pas trop mauvais souvenir.

Ecoutez ce qu'écrit Henri IV, le 14 novembre 1607, à Mme de Montglat, gouvernante du Dauphin, du futur Louis XIII :

« Je me plains de vous, de ce que vous ne m'avez pas mandé que vous aviez fouetté mon fils ; car je veulx et vous commande de le fouetter toutes les fois qu'il fera l'opiniâtre ou quelque chose de mal, saichant bien par moy-même qu'il n'y a rien au monde qui luy face plus de profict que cela. Ce que je reconnais par expérience m'avoir profité, car étant de son aage, j'ai esté fort fouetté. C'est pourquoy je veulx que vous le faciès et que vous luy faciés entendre ».

Ces ordres étaient d'ailleurs, obéis en conscience, si l'on en croit le journal qu'Heroard, médecin du jeune Louis XIII, tient en ce style télégraphique :

« 9 octobre 1603 (Louis XIII a 25 mois!). — Eveillé à 8 heures. Il fait l'opiniâtre. Il est fouetté pour la première fois.

Le 22 décembre. — Le roi arrive à midi ; il le baise et accole ; le roi s'en va ; il crie ; colère : fouetté.

Le 4 mars 1604. — A onze heures, il veut dîner ; le dîner porté, il le fait ôter puis rapporter. Fâcheux, fouetté fort bien ; apaisé, il crie après le dîner et dîne ».

Ainsi ce traitement n'ôtait pas l'appétit ; nos pères, en tous cas, lui trouvèrent du bon, car, à la fin du XVIIIe siècle, il subsistait encore. Ce sont les verges du magister qui ont préparé aux rigueurs des camps les vainqueurs de Valmy, de Marengo et d'Austerlitz. Le marquis de Coriolis, condisciple du colonel Muiron, tué à la bataille d'Arcole, nous le dit.... en vers :

> Plus d'une fois pourtant, une verge pliante,
> Au pauvre agenouillé, de ses coups tout meurtri,
> Démontra son délit *a posteriori*
> J'en atteste ton ombre, ô victime d'Arcole,
> Muiron, plus paresseux que pas un de l'école :
> Oh ! Que de fois j'ai vu, sous le bouleau, rougi,
> Ce que tu ne montras jamais à l'ennemi !

Et ce n'est pas seulement sur l'enfant en bas âge que s'exerçait ainsi la rigueur des parents et des maîtres.

Mirabeau, le grand Mirabeau, déjà capitaine de dragons, déjà marié, passe en prison des mois et des années sur les ordres de son père. C'est du fort de Joux, où il est enfermé, qu'à l'âge de 26 ans, il lui écrit cette lettre déchirante, aux accents de laquelle pas un père, pas un ennemi d'aujourd'hui ne se montrerait insensible :

« Cet état contre nature, auquel je suis asservi, ruine les forces de mon être ; des maux internes me font une guerre cruelle... En un mot, mon être moral et physique croule sous le poids de mes fers. Mais certes, je ne m'exposerai point à voir arriver à pas lents la stupidité, le désespoir et peut-être la démence ! Je ne puis soutenir un tel genre de vie, mon père, je ne le puis. Souffrez que je voie le soleil, que je respire plus au large, que j'envisage des humains ! ! »

Et Mirabeau pére résista ! Il s'intitulait pourtant l'ami des hommes ! Mais il faut dire, pour expliquer son cas particulier, qu'il représentait dans sa pureté première le type du seigneur féodal, orgueilleux de sa race, intransigeant sur ses antiques usages, et qu'il ne pardonnait pas à son fils de se laisser entraîner au courant des idées du siècle.

Mirabeau se vengea des mauvais traitements que lui avait infligés la puissance paternelle de l'ancien régime, en la faisant déclarer suspecte par l'Assemblée nationale !

Mais le revirement fut de peu de durée : nos grands' pères, eux-mêmes, ont connu le stimulant des coups de verges, et vos grands'mères, Mesdames, ont pu vous raconter l'histoire de telle de leurs amies d'enfance, qui, sortie du couvent à seize ans, entendit, en entrant au domicile de ses parents, son père lui déclarer sur un ton péremptoire : « Habillez-vous, ma fille, nous vous présenterons ce soir un jeune homme que nous avons décidé de vous faire épouser dans quinze jours ».

Ainsi, souvent alors, se faisaient les mariages. Ils n'étaient pas toujours malheureux.

Un article du Code, qu'aucune loi n'a abrogé, mais dont la jurisprudence tourne aujourd'hui le sens trop rigoureux, vous donnera l'idée de ce que le législateur pensait encore du droit de puissance paternelle au début du XIXe siècle. C'est l'art. 376, qui permet au père de famille de faire emprisonner, pendant un mois, dans une prison de droit commun, son fils de moins de 16 ans, quand, de sa propre autorité, il juge avoir contre lui de graves sujets de mécontentement.

Mesdames, que ces mœurs sont loin, et n'avais-je pas raison de vous dire que depuis un demi-siècle une vraie révolution s'est accomplie ?

A quoi est-elle due ? Est-ce parce que nous sommes dans la vieillesse du monde, que nous avons ainsi, pour les enfants, la tendresse faible des aïeules ! Est-ce seulement parce que Victor Hugo nous les a chantés dans des vers immortels, que nous avons enfin compris leur charme, comme certains prétendent que nous comprenons la nature depuis que Jean-Jacques Rousseau nous l'a décrite :

> Lorsque l'enfant parait, le cercle de famille
> Applaudit à grands cris. Son doux regard qui brille
> Fait briller tous les yeux ....

Est-ce parce que nos mœurs s'adoucissent ? ou parce que l'esprit d'égalité tend à supprimer toutes les hiérarchies, même dans la famille ?

Toujours est-il que têtes brunes ou blondes, les enfants exercent aujourd'hui sur nous, mieux certainement qu'autrefois, le doux prestige de leur regard « innocent et joyeux ».

Regardez-les dans la famille. A peine sorti de ses

langes, Bébé, juché sur sa grande chaise, mange à la table des parents. Ses doigts curieux et querelleurs y chavirent librement les assiettes et les verres, et la conversation des personnes graves s'interrompt à son moindre balbutiement ; à cinq ans, il est le camarade et l'égal de son père ; à sept ans, il lui apprend l'expérience de la vie.

Suivez-les à l'école. Plus de verges, grands Dieux ! presque plus de punitions, mais des prix, des couronnes, et une telle excitation de l'amour-propre qu'on se demande si, jadis, dans l'intervalle des fessées, ils ne jouissaient pas d'un plus pacifique bonheur qu'au milieu des concours et des examens incessants d'aujourd'hui.

Voyez-les passer le jeudi dans la rue : garçonnets en chapeau melon, en culotte longue, un haut faux-col blanc enserrant le cou grêle, et souvent un stick à la main ; — fillettes aux yeux brillants dans l'ombre d'une capote empanachée d'où fuient de folles cascades de cheveux. Tous et toutes ont la démarche hardie, le geste sûr, la voix de commandement. Ils reçoivent sans surprise, comme un hommage qui leur est dû, les coups d'œil approbateurs qui les saluent au passage.

Visitez, en cette fin de décembre, les riches magasins de jeux où s'entassent les acheteurs : Qu'elle est loin la poupée de son qui recevait jadis les caresses de nos mères ! ce ne sont que téléphones, phonographes, imprimeries, bateaux électriques, et non plus seulement le vieux chemin de fer mécanique de notre enfance, mais de « vrais » railways avec des rails « en fer », et des gares, et des tunnels, et de vraies collines, et de vraies vallées. Ne croirait-on pas, à voir ces jouets savants, que si, depuis des siècles, des hommes ont arraché ses secrets à la nature, si Newton a découvert l'attraction, si Gutenberg a vécu, si Franklin, Galvani, si Watt ont pensé, si Edison est devenu aveugle, si le bon Dieu, lui-même, a fait le monde, toute cette création, ces travaux, ces efforts, ces souffrances du génie n'ont eu qu'un but unique : amuser des petits enfants.

Est-ce là tout ?

Entrez dans une de nos nombreuses expositions de peinture : sous le pinceau lumineux de Besnard, sur la toile sombre et triste de Carrière, entre les traits précis de Carolus Duran, l'Enfant apparaît, non plus, comme autrefois dans un groupe ou sur les genoux de sa mère, mais seul, maître et roi, dans un portrait fait pour lui.

Et lisez les romans modernes ; des pessimistes vous diront que le seul moyen de réussir en littérature, c'est de parler de l'adultère ! Erreur profonde ! Le seul moyen d'être lu, c'est de s'occuper des enfants.

Qui ne connaît, par exemple, l'histoire exquise de Trott et de sa petite sœur Lucette ? Monsieur Bourget, lui-même, a-t-il jamais montré un art plus délicat, une plus fine analyse que nous n'en découvrons dans cette psychologie d'une jeune personne *née depuis quinze jours*.

« En ce moment, Mlle Lucette est couchée dans son Moïse, entre sa nounou qui coud sur une chaise et sa maman qui brode, étendue sur sa chaise longue. Elle vient de s'éveiller d'un bon petit sommeil. Elle a les yeux au plafond. Elle tortille ses mains, s'empoigne successivement un doigt et puis un autre, bave avec générosité et pousse des cris de petit cochon d'Inde en belle humeur ».

Voulez-vous connaître ses impressions ?

D'abord, sur la lumière, — la lumière, toute la beauté des choses, à quinze jours ! !

« Il y a de la lumière ; çà vient, çà luit, çà caresse ; c'est très amusant. Comme elle vient la lumière : Il faut la manger. La lumière, c'est joli ! ! Le noir, c'est laid ! ! De ce côté, c'est la lumière, c'est très joli, c'est très gai : Il faut la manger. De ce côté, c'est le noir, le noir, c'est laid.....

Puis, sur la colique, — la colique, toute la douleur humaine !

» Aïe, aïe. Voilà quelque chose qui vient ; çà vient par l'intérieur... Çà vient par dedans... Çà vient... Il y a là-dedans quelque chose qui ne va pas... Positivement, çà gêne, çà gène. Çà fait mal, il faut que çà sorte... Il le faut... C'est très difficile, çà fait très mal, çà fait mal là, en bas, il faut que çà sorte, oui, il le faut... Colique ! Colique ! Allons donc ! Çà y est, Ouf ! — Nounou, nounou, venez vite. Oh ! la petite sale ! Dépêchez-vous de la changer !

Enfin, sur la tétée, — la tétée, tous les désirs et tout le bonheur du monde !

» C'est creux, il faudrait remplir, c'est creux ; çà vous tire en dedans : Il faut remplir, remplir. (La nounou s'approche).... Mais donne, donne donc, dépêche-toi, hé ! la grosse machine à téter. Mais oui ! C'est çà ! Dépêche-toi... Mais dépêche-toi donc, ou je me fâche encore ; çà ne va pas assez vite, pas assez... Ah, maintenant, c'est bon, c'est tout ce qu'il faut, c'est excellent, c'est le meilleur de tout, c'est tout... C'est bon, c'est sûr, çà remplit, çà fait du bien, la vie est succulente... Cher téter, qu'il est gentil. C'est meilleur que tout. Tout est bien vague, téter, il n'y a que çà ; et puis dodo. Téter, dodo, c'est la même chose : Téter... dodo... dodo ».

En voulez-vous de plus âgés ?

Voici M. Trott, lui-même, bien amusant dans sa déception, quand il voit pour la première fois sa petite sœur qui vient de naître :

« Il se dirige vers un grand berceau rose. Nounou en écarte les rideaux. Trott se penche, et il aperçoit...

» Il aperçoit une espèce de pomme cuite toute rouge, toute ratatinée, avec çà et là, des excroissances et des trous. Çà a vraiment l'air d'une figure toute petite sur laquelle on se serait assis et qui aurait très chaud. Il y a aussi de microscopiques petites mains de vieille, toutes rouges, toutes ridées. Çà a un aspect vieux, misérable, racorni.... Trott est consterné !

— Choli pépé, dit la nourrice.

Trott lève la tête avec hésitation, puis il reporte ses yeux sur le bébé qui dort toujours... C'est çà, la petite sœur !

— Eh bien ! Monsieur Trott, qu'est-ce que vous pensez de votre petite sœur ?

— Est-ce que vous ne croyez pas, Jane, qu'en la renvoyant tout de suite, le Bon Dieu voudrait la changer pour une autre moins laide ? »

Et voici les enfants de M. Jules Renard plus au courant des réalités, de la lutte pour la vie, et des ruses qu'elle exige :

« Pierre. — Tu vois ce joujou ?

Berthe tend les mains. — Oui.

Pierre. — Je te le donne, il est à toi.

Berthe prend le joujou. — Merci.

Pierre reprend le joujou. — Redonne-le moi que je te montre comment je te le donne. Tiens, regarde, je te le donne pour de vrai. Ce n'est plus *mon* joujou. C'est *ton* joujou. Je ne te le prête pas, tu comprends, je te le *donne*, je te le *donne*.

Berthe. — Oui.

Pierre. — D'ailleurs, écoute : Tu n'en a pas besoin, et je te donnerai, un autre matin, quelque chose de bien plus beau ! »

Et Pierre garde le joujou.

Vous redirai-je les mots de Bob et de Miquette ? Gyp, dès ses premiers romans, a excellé dans la peinture de ces types d'enfants de Paris, avertis, sceptiques et gouailleurs.

Mais voici d'autres écrivains dont les ouvrages antérieurs ne pouvaient guère nous faire prévoir de leur part un pareil objet d'études.

Voici MM. Paul et Victor Marguerite, amoureusement occupés à dessiner les silhouettes exquises de Poum et de Zette, de cette même plume qui écrivit naguère le terrible drame de 1870, et qui, plus récemment, s'usait contre les grilles encore solides du mariage.

Voici M. Hugues Le Roux nous montrant dans *Le Fils*

à Papa la punition de ces gens égoïstes qui n'élèvent leurs enfants que pour eux.

Voici M. Maurice Barrés appliquant à l'éducation sa belle comparaison de l'homme et de l'arbre, qui tirent tous deux du sol natal leur force et leur beauté. Dans ses *Amitiés françaises*, il promène son fils à travers nos provinces, pour développer dans sa jeune âme les qualités, les vertus, le caractère d'un vrai Français.

Et voici de graves statisticiens qui, dans de graves revues, interrogent les enfants par voie plébiscitaire sur les impressions que leur causent la danse, la musique, la poésie, la sculpture et l'architecture même !

Avec les « Remplaçantes », de M. Brieux, nous ne quittons pas le domaine de la littérature — c'est déjà presque une ironie de le déclarer — mais nous entrons un peu sur le terrain... comment dire ? médico-social.

M. Brieux nous y développe cette vérité que les mères doivent, elles-mêmes, nourrir leurs enfants, et ne pas les confier aux nourrices, aux « remplaçantes ».

Jean-Jacques l'avait dit avant lui, avec plus de succès peut-être, et, de longs siècles avant Jean-Jacques, le vieux Bouchet proclamait :

« Mère doit par nature
Et selon Dieu, à son fruict nourriture
Dieu ne lui a laict et tettins donnés
Pour ses plaisirs fols et désordonnéz
Mais pour nourrir son fruict de la mamelle ».

Certes, ils ont raison tous trois.

Mais quand la mère, affaiblie par les privations, fatiguée par le travail de l'usine, n'offre à son enfant qu'une mamelle tarie ? Ne craignez rien alors. Voici l'hygiène sociale qui, pleine de jeunesse et d'ardeur, s'apprête à répandre partout ses crèches, ses consultations de nourrissons, ses Gouttes de lait et ses institutions de prévoyance.

Et le législateur lui-même, si lourd à remuer pourtant, suit le mouvement général. Depuis trente ans, on a peine à compter les lois qui ont pour objet l'enfant : en 1874, loi Roussel sur les nourrices ; depuis 1880, lois nombreuses sur l'instruction, lois sur le travail des enfants dans les usines ; hier, loi nouvelle sur la déchéance de la puissance paternelle.

Vous vous étonneriez, Messieurs, si devant ce pouvoir nouveau qui monte à l'horizon, la politique, l'habile et sournoise politique ne tendait pas déjà ses rets ? C'est fait depuis longtemps. Tous les partis se disputent l'enfance, et nous voyons même éclore aujourd'hui une théorie nouvelle qui, dans l'intérêt de l'Etat, voudrait, dit-elle, supprimer de l'éducation l'influence paternelle.

Est-elle si nouvelle que cela, cette théorie, et, sous son faux nom de progrès, ne reconnaissez-vous pas en elle un retour au clan préhistorique dont je vous parlais tout à l'heure ?

Quoiqu'il en soit, vous le voyez, Mesdames, ma preuve est faite, comme on dit au Palais ; il est bien vrai qu'aujourd'hui non seulement les péres et les mères, mais tout le monde : industriels, artistes, littérateurs, savants, législateurs, hommes politiques, s'intéressent aux enfants et se passionnent pour eux.

Faut-il le regretter ? Faut-il résister contre cet entraînement ?

Comment le pourriez-vous, Mesdames ? Comment tous le pourrions-nous ?

Aimons-donc les enfants ; ils sont, après tout, le meilleur de nous-mêmes. C'est la pensée de leur avenir qui stimule notre énergie ; ce sont leurs caresses qui nous récompensent de nos efforts ou qui nous consolent de nos peines.

Aimons-les, mais aimons-les bien ; je veux dire aimons-les sans égoïsme, aimons-les pour eux et non pour nous.

Préparons-les doucement, mais fermement — on peut être ferme sans donner des coups — à devenir bientôt des hommes et des femmes.

Aimons-les, mais ne les gâtons pas. Parmi les hommes dont les passions, les divorces, les suicides même, excitent aujourd'hui notre étonnement, combien ne furent peut-être que des enfants gâtés ?

Enfin, n'aimons pas que nos propres enfants. Près de ceux dont la toilette brillante retient parfois nos regards dans la rue, il en passe d'autres, aussi doux, aussi innocents, aussi délicieux, sous leur vêtement de misère.

Tout-à-l'heure, en effet, en vous parlant de l'évolution soudaine accomplie depuis peu dans l'éducation de l'enfance, je ne pensais pas à ces milliers de petits malheureux pour qui le moyen-âge dure encore.

Travaillons, pour eux aussi, à le faire disparaître. Il serait doux de croire que les enfants, de leur main ingénue et souveraine, pussent répandre dans le cœur des hommes un peu plus de justice, de charité, de solidarité humaine.

RAPPORT

SUR

la Vie et les Travaux

DE LA

SOCIÉTÉ ACADÉMIQUE

de Nantes et de la Loire-Inférieure

pendant l'année 1904

PAR

LE Bon GAËTAN DE WISMES

Ancien Secrétaire Général

MESDAMES, MESSIEURS,

Par suite de circonstances imprévues le Secrétaire Général en titre n'a pu se charger du rapport traditionnel sur la Vie et les Travaux de la Société Académique. Au nom du Comité Central, votre aimable Président et notre habile Secrétaire Perpétuel sont venus me prier de tenir sa place. Cette requête, je le confesse, fut loin de m'enthousiasmer : mille affaires pressantes, des études en chantier ou promises ici et là me forçaient à envisager cette besogne surérogatoire comme une corvée pesante. Et ce qui aggravait cette répulsion, c'était la perspective de m'exhiber deux fois de suite dans un rôle ingrat. Je me débattis : je fus vaincu par les arguments irrésistibles des ambassadeurs de notre chère Compagnie.

Ne vous en prenez donc qu'à eux seuls de cette fâcheuse réapparition et souffrez que je fasse appel, comme l'an dernier, à votre patience et à votre attention soutenue pour l'audition de cette apologie plus propre que jamais à établir que la Société Académique, riche de gloire et pauvre d'écus, est un des plus étincelants fleurons du diadème intellectuel de Nantes et que sa disparition serait pour la cité une honte ineffaçable.

*
* *

La séance solennelle, couronnement ordinaire des réunions de travail, a eu lieu dans la salle Turcaud, le lundi 14 décembre 1903. A nos invitations les amis des arts et des lettres avaient répondu avec empressement et l'on remarqua sur l'estrade M. Sarradin, Maire de Nantes, M. Robiou du Pont, chef du Service de la Marine, M. Bourdonnay, Président du Tribunal Civil, M. Ménier, Directeur de l'Ecole des Sciences, M. Livet, etc.

Un discours au style impeccable, enchaînement serré de pensées encourageantes soutenues par des citations judicieuses et par de solides raisonnements, ouvrit la soirée de très heureuse manière. Cette haute leçon de philosophie pratique, due à M. Picart, Président sortant, ne porte pas de titre ; elle a pour thème : l'action. Avec un réel plaisir j'en retracerai les parties maîtresses, car elle mérite sans conteste qu'on lui applique le dicton fameux : *bis repetita placent.*

La Société Académique de Nantes, dit l'orateur, pourrait mettre au concours cette question : L'action intense est-elle une cause de bonheur et de prospérité pour les nations et pour les individus ? Et doit-on orienter l'éducation dans ce sens ? A coup sûr, agir est bon ; mais agir comment ? agir où ? et, d'ailleurs, qu'est-ce que agir ? L'action est-elle le *mouvement,* représenté à son maximum de développement par la course vertigineuse du transatlantique, de l'automobile et du train-éclair ? Est-ce la *domination* par la richesse, thèse favorite des Américains ? Est-ce l'*agitation,* apanage de certains snobs qui se figurent mener une existence remplie parce qu'ils volent sans repos ni trêve d'un enterrement à une visite, d'un mariage à un spectacle ?

« Ce n'est point là, dit M. Picart, la véritable action. ...... C'est celle que l'on peut considérer comme la résultante d'une volonté ferme, réfléchie, qui marche posément, fermement, vers un but bien déterminé. ...... Le meilleur système d'éducation sera toujours celui qui pourra atteindre ce résultat : la culture rationnelle de la volonté.... Aujourd'hui une poussée irrésistible entraîne le monde vers des idées nouvelles.... Il faut préparer le jeune homme à la vie active, à la lutte quotidienne. »

Plein d'une ardeur intrépide, l'orateur pourfend la théorie désolante du pessimisme et prêche à la jeunesse l'espoir réconfortant.

« Il faut qu'ils sachent bien, ceux qui vont nous succéder dans cette arène, que la vie, en somme, est bonne, vaut la peine d'être vécue et récompense ceux qui veulent.... La lutte pour l'existence, ce n'est que la lutte pour le bonheur.... Ce n'est pas seulement d'un cœur viril, mais c'est encore avec gaieté, que les jeunes doivent aborder la vie... Avec la volonté, avec la gaieté je crois donc qu'on a de grandes chances de réussir dans la lutte. »

Avocat de l'action véritable, c'est à dire de l'action intelligente, M. Picart décoche un trait mordant aux Américains: ils soutiennent à cor et à cris que les années d'école sont des années perdues; mais deviennent-ils multi-millionnaires, ils se hâtent de créer et de doter princièrement écoles et universités; en dépit de leurs paroles ronflantes, ils ont conscience de la nécessité de l'idéal.

L'âme, comme le corps, a des exigences impérieuses. Or, la plupart des citoyens, rivés au gagne-pain dominateur, n'ont pas le loisir de penser. Il faut donc qu'une élite pense pour la masse. La littérature, les sciences, les arts sont des organes vitaux pour une nation civilisée.

L'orateur ne craint pas de tracer, sans exagération, un tableau flatteur des Académies de province, trop souvent dédaignées et incomprises: elles offrent des joies délicates aux hommes désintéressés qui les composent, et leurs publications constituent des sources précieuses de renseignements sûrs pour l'histoire générale du pays.

« On reconnaît une nation civilisée, dit M. Picart, au
» nombre d'hommes qui s'y consacrent au culte de la
» science, des arts, de la poésie, de l'éloquence. Il est
» bon que, dans chaque ville, se rencontre un cercle où
» se conserve le culte de l'esprit.... C'est dans ce milieu
» que l'on rencontre ces hommes qu'on appelle quelque-
» fois des originaux.... Ils collectionnent les antiquités,
» les plantes ou les minéraux, les livres ou les tableaux.
» Ils connaissent à fond les histoires locales et lisent les
» vieux bouquins.... Ce sont ces hommes modestes qui
» conservent l'autonomie intellectuelle de la province,
» et qui en défendent l'absorption par le grand dévorant
» qui est Paris. »

Après ce juste panégyrique, l'orateur donne une conclusion éloquente et nette à son beau discours.

L'action est nécessaire à la vie, à la gaieté, à la santé; mais elle n'est point une panacée universelle. L'énergie physique n'est rien sans l'énergie intellectuelle. Le philosophe, le savant, l'artiste sont des actifs plus puissants que tant d'hommes, dits d'action, qui en réalité tournent en rond comme l'écureuil. L'action doit sortir de l'idée, elle doit être la pensée mise en pratique.

M. Picart fait ses adieux à l'assistance charmée et lui souhaite Gaieté et Santé, c'est à dire bonheur.

Au discours présidentiel succéda le compte-rendu de la Vie et des Travaux de la Société Académique au cours de l'année 1903.

Enfin, le docteur Chevallier, remplaçant à l'improviste le Secrétaire-Adjoint, ravit l'auditoire par son rapport sur le Concours des prix. Une seule chose y fut oubliée : la récompense due à ces pages élégantes, où fourmillaient les appréciations justes et les badinages caustiques. A défaut de médaille, notre collègue, qui avait accompli en trois jours une tâche pour laquelle un délai de trois semaines ne semble pas excessif, fut rétribué de sa complaisance par des bravos significatifs.

Fidèle à sa très ancienne coutume, la Société Académique offrit à ses invités un agréable concert. Mesdames Walter-Villa et Sterda, Messieurs Gérard et Villa détaillèrent à merveille des romances caressantes et de superbes fragments d'opéras. Un *Andante* de Goltermann fut rendu en perfection par M. Fein, sur le violoncelle, et M. Hermann, le brillant violoniste, donna avec éclat le *Rondo capricioso* de Saint-Saëns.

Le 18 décembre, les élections annuelles amenèrent au fauteuil présidentiel, M. Alexandre Vincent, à la Vice-Présidence, M. le Dr Saquet, au Secrétariat Général, M. Ferronnière et au poste de Secrétaire-Adjoint, M. Baranger. Inutile d'ajouter que M. Delteil, Trésorier, MM. Viard et Fink, Bibliothécaires, et M. Mailcailloz, Secrétaire Perpétuel, furent maintenus dans leurs fonctions.

L'an nouveau commençait sous les plus favorables auspices. Il s'écoula au mieux et il allait finir de même, quand, soudain, un nuage sombre barra l'horizon lumineux. Il y a quelques semaines, une congestion frappa M. Delteil ; ce fut un coup douloureux, car notre ministre des finances ne connaît que des amis, tant son accueil est cordial et sa bonne humeur constante. Un aimable sociétaire accepta, pendant l'intérim, d'assumer la charge importante de trésorier. Je dis intérim, et j'espère que l'avenir ne me démentira pas. Ce matin, je me suis présenté chez M. Delteil et j'ai appris, avec une grande joie, que notre vénéré collègue allait beaucoup mieux. Que la Providence nous rende bientôt et nous conserve longtemps cet économe hors pair qui dirige avec autant de zèle que d'adresse le trop modeste budget de la Société Académique et s'entend comme pas un à dorer la pilule lorsque notre folle générosité le contraint à serrer les cordons de la bourse !

L'année dernière, j'avais la pénible mission d'adresser un adieu suprême à six collègues trop tôt disparus. Aujourd'hui, grâce au Ciel, deux seulement de nos sociétaires réclament ce devoir amical.

Nous devons pleurer d'abord M. le docteur Septime Bossis, fils d'un magistrat distingué qui fut conseiller à la Cour de Rennes. Après avoir obtenu son diplôme à Paris, M. Bossis exerça dans notre ville. Il sut y conquérir une popularité de bon aloi qui lui valut l'honneur d'être élu conseiller municipal de Nantes. Réjouissons-nous que ce nom de Bossis, si avantageusement connu, figure encore sur la liste de nos membres.

A M. Eugène Louis, correspondant de la Société Académique, une nécrologie documentée et sympathique a été consacrée par M. Julien Merland. A l'aide de ces pages touchantes, je suis en mesure de retracer la physionomie de notre regretté et très distingué collègue.

Né en 1833, M. Eugène Louis fit ses études au Lycée de la Roche-sur-Yon où, à peine bachelier, il occupa les modestes fonctions de maître d'étude. Il les exerça, par la suite, à Bourges et à Châteauroux, puis fut rappelé à son cher collège pour y diriger une classe. Licencié ès-lettres en 1861, il fut nommé, trois ans plus tard, professeur de Quatrième. C'est dans ce poste que l'heure de la retraite sonna pour lui en 1895 : on lui décerna le titre de professeur honoraire. Directeur des cours secondaires de jeunes filles, à la création desquels il avait énergiquement contribué ; trésorier de l'Orphelinat du Lycée, œuvre charitable due à l'intelligente initiative de M. l'abbé Leloup, le vénérable et dévoué aumônier, M. Eugène Louis, dont l'âme appartenait, sans réserve, à son collège chéri, fut longtemps le Secrétaire-Trésorier et devint le Président remarquable de la « Société des anciens élèves du Lycée de la Roche-sur-Yon ». Non content de cette pléiade d'occupations, notre collègue joua un grand rôle dans le chef-lieu de la Vendée. Il fut longtemps conseiller municipal et adjoint au maire de la Roche-sur-Yon, et les destinées de la Bibliothèque Publique furent remises entre ses mains expertes. Enfin, ce travailleur inlassable était, depuis 1889, Secrétaire Général de la « Société d'Emulation de la Vendée » et il n'est guère d'années où sa plume n'ait enrichi les Annales de cette Compagnie. La rosette d'Officier de l'Instruction publique avait confirmé, aux yeux de la foule, les mérites de ce Vendéen pur-sang qui s'est éteint, en 1904, en sa ville aimée de la Roche-sur-Yon. Saluons une dernière fois M. Eugène Louis qui, nommé, le 6 février 1878, Membre Correspondant de notre Association, s'empressa de lui adresser deux poésies charmantes, qu'elle fut heureuse d'insérer dans ses *Annales*.

Si l'on en croit certain philosophe, il serait à nos chagrins d'heureuses compensations. Ce système attrayant, dont Alfred Capus se montre le joyeux disciple, est-il bien démontré ? J'en doute. Mais l'histoire de la Société Académique, au cours de l'année 1904, servirait à le corroborer.

Sept nouveaux collègues, dont quatre résidants, sont venus grossir nos rangs et nous avons applaudi aux distinctions officielles accordées à deux de nos anciens Présidents. M. Francis Merlant, Adjoint à M. le Maire de Nantes, a été nommé Chevalier de la Légion d'honneur et Officier de l'Instruction publique ; le ruban d'Officier d'Académie a été octroyé, avec justice, à M. Julien Tyrion, le poète charmeur, dont le silence trop prolongé provoque des regrets unanimes.

*
* *

J'aborde maintenant la seconde partie de mon rapport : l'exposé des travaux de l'année.

M. Ferronnière, quoique débordé par ses multiples devoirs professionnels, a bien voulu parcourir le nouvel ouvrage adressé par M. le docteur Mignen : *Chartes de fondation de l'hospice de Montaigu* et rédiger cette courte appréciation : « Le nouveau mémoire de M. le docteur Mignen est une sorte d'introduction à la partie de son travail d'ensemble sur Montaigu (Vendée), qu'il consacrera à l'histoire de l'hospice de cette ville. Il y reproduit un certain nombre de pièces dont plusieurs jettent un jour intéressant et nouveau sur la généalogie, au XIe siècle, des seigneurs suzerains de Montaigu, fondateurs de cet établissement charitable. »

Le souffle qui ne cesse d'inspirer l'âme tendre de Mlle Eva Jouan nous a valu une gerbe de poésies consacrées à l'enfance. Ces choses-là ne s'analysent pas ; on les lit et on les aime. En voici deux prises au hasard :

Devant l'Atre

Dans l'âtre il a posé son sabot, le cher ange,
Son petit sabot blond comme ses fins cheveux,
Et qui garde au talon un peu de notre fange.
Hélas ! l'enfant n'a pas l'aile de la mésange.
Il dort, en attendant le comble de ses vœux.

Il dort, insouciant, dans ses rideaux de soie ;
Il fut sage ; il sait bien que le doux Enfant-Dieu
Mettra dans son sabot les présents qu'Il envoie
A ses petits élus, afin qu'ils aient la joie
D'en donner une part aux sans feu ni sans lieu.

Tant qu'il viendra joyeux près de la cheminée,
Je pourrai le guider doucement par la main ;
Un jour, fatalement, elle luira l'année
Où la sainte croyance, hélas ! sera fanée.....
De la vie il prendra le sinueux chemin.

O Jésus de Noël ! sur cette tête chère
Veillez, Vous qu'il désire en cette nuit d'amour !
Faites que, s'il doit vivre un long temps sur la terre,
Il reste aimant et bon, que le devoir austère
Soit son guide sacré jusqu'au céleste jour.

XXV

Petite Chaise. Grand Fauteuil

Oh ! la petite chaise auprès du grand fauteuil,
Sous le rayon doré se jouant sur le seuil
De la maison au toit rustique !
Ils montraient deux douceurs : un vieillard, un enfant,
Un arbre qui se penche, un beau lys triomphant,
Une aube blanche, un soir mystique.

Et, les doigts enlacés, se reposant tous deux,
Le vieillard de ses ans et l'enfant de ses jeux,
Dans une douce quiétude,
Causant des nids, des fleurs, des grillons, des oiseaux,
Tous ces petits amis de la terre et des eaux,
Dont les intéressait l'étude.

Penchant sa tête blonde avec un air câlin
Vers le vieux front pensif aux longs cheveux de lin,
Bébé demandait une histoire.
Et l'aïeul aussitôt se rappelait des faits
Qui, leur laissant le cœur et l'esprit satisfaits,
Ornaient cette jeune mémoire.

La vieillesse et l'enfance ! O ce charme infini
De bonté, de faiblesse ! Un logis est béni
Quand ils y mêlent leurs sourires.
C'est le bon conseiller guidant le jeune cœur
Vers le bien, vers le vrai..... loin du monde moqueur,
De ses vains bruits, de ses délires.

Remontons au déluge, ou plutôt à l'ère qui suivit ce châtiment épouvantable. Dociles au précepte formel du Seigneur, les descendants de Noē s'étaient multipliés à foison et cette surabondance rendait inéluctable leur dispersion aux quatre coins du globe. Que se passa-t-il alors ? *La Genèse* (Chap. XI, vers. 1-9) va nous l'apprendre.

« Or, il n'y avait qu'une langue et une même manière

» de parler. (Les enfants de Noë), comme ils partaient » du côté de l'Orient, trouvèrent une campagne dans le » pays de Sennaar, et ils y habitèrent.... Et ils s'entre- » dirent : Venez, faisons-nous une ville et une tour qui » soit élevée jusqu'au ciel : rendons notre nom célèbre, » avant que nous nous dispersions par toute la terre. Or le » Seigneur descendit pour voir la ville et la tour que les » enfants d'Adam bâtissaient. Et il dit : Ils ne sont tous » maintenant qu'un peuple, et ils ont tous le même lan- » gage ; et, ayant commencé à faire cet ouvrage, ils ne » quitteront point leur dessein qu'ils ne l'aient entière- » ment achevé. Venez donc, descendons en ce lieu, et » confondons-y tellement leur langage qu'ils ne s'enten- » dent plus les uns les autres. C'est en cette manière que » le Seigneur les dispersa de ce lieu dans tous les pays » du monde, et qu'ils cessèrent de bâtir cette ville C'est » aussi pour cette raison que cette ville fut appelée Ba- » bel, parce que c'est là que fut confondu le langage de » toute la terre, et le Seigneur les dispersa ensuite dans » toutes les régions. »

Depuis près de cinq mille ans le fol orgueil de nos ancêtres a été maudit par Jéhovah irrité ; depuis ce jour lointain les races ont cessé de se comprendre et la variété des idiomes s'est accentuée avec le temps.

A diverses reprises, surtout au cours des derniers siècles, des hommes, d'ailleurs intelligents, ont rêvé d'abolir l'ordonnance céleste et de rendre au genre humain l'unité de langage. Poussée par les inventions modernes qui suppriment les distances et centuplent les pénétrations internationales, cette idée a reçu une impulsion vigoureuse, et nous vivons à une époque où se voit une étonnante surproduction dans les essais d'idiomes mondiaux.

Celui qui tient la corde reçut au baptême un nom

séducteur : *esperanto*. Adepte convaincu, apôtre intrépide du langage à la mode, M. le docteur Saquet a prôné avec talent et brio au sein de la Société Académique les charmes de la nouvelle idole.

Puisse le pâle résumé de cette brillante dissertation accroître le groupe nantais esperantiste d'une multitude d'adhérents !

Langue internationale, explique d'abord notre collègue, ne veut point dire langue universelle et destinée à supplanter les autres, mais langue auxiliaire et neutre. Son étude est de la plus haute importance pour les savants, les commerçants, les touristes.

Les langues nationales sont à rejeter pour cet emploi à cause de leurs difficultés. Le latin, qui avait séduit de bons esprits, a dû être abandonné. Une langue artificielle s'impose. Dans cet ordre d'idées les tentatives ont été nombreuses ; trois seulement sont passées par le creuset de l'expérience, et sur ces trois une seule a triomphé.

Le *volapük*, dû au pasteur allemand Schleyer, a disparu comme un météore après un engouement incroyable ; sa grammaire était très simple, mais son vocabulaire défectueux.

La *langue bleue*, créée par le Polonais Léon Bollack, a pour défaut capital de ne pouvoir servir qu'aux relations commerciales.

Reste l'invention du docteur Zamenhof, de Varsovie, l'*esperanto*, qui depuis de longues années a fait ses preuves et dont les avantages sont multiples.

Cette langue sonore tient le milieu pour l'oreille entre l'espagnol et l'italien. Sa souplesse est telle qu'on peut lui demander tour à tour des correspondances commerciales, les études scientifiques, des traductions superbes de Shakespeare, d'Homère, de la Bible. Elle est claire et supprime les amphibologies. Elle est extraordinairement facile : sa grammaire tient en 16 règles courtes et sans exceptions ; son dictionnaire se compose d'un millier de racines qu'on peut accoler ou auxquelles on peut joindre une trentaine d'affixes ; sa construction est d'une simplicité et d'une élasticité qui dépassent l'imagination. Enfin sa prononciation, rigoureusement semblable pour tous- est d'une aisance étonnante et l'orthographe est pure, ment phonétique. La grammaire peut s'apprendre en quelques quarts d'heure et le vocabulaire en quelques semaines.

L'esperanto n'est pas une tentative, c'est un progrès réalisé à l'heure actuelle : plus de deux cents ouvrages, une myriade de revues et d'articles écrits dans cette langue démontrent sa vitalité. Deux obstacles se sont dressés contre un développement plus grand : l'inertie naturelle et l'échec du volapük, mais avec le temps la langue internationale se répandra partout.

« Quant à la disparition des langues naturelles, dit M. le docteur Saquet, si elle n'est pas à craindre d'ici longtemps, elle n'est pas non plus à désirer ».

C'est fort bien dit. Mais que mon distingué collègue me pardonne de protester contre la phrase ci-dessous :

« La langue de Zamenhof peut encore prêter son appui aux divers dialectes breton, basque et autres, en train de s'éteindre, et leur permettre de s'introduire au-delà de leurs frontières naturelles, condition particulièrement favorable à leur maintien ».

Le breton — qui n'est pas un dialecte, mais une langue, extrêmement ancienne, très complète, remplie de beautés et subdivisée en plusieurs dialectes, — le breton, loin de s'éteindre, est aussi parlé que jadis : il suffit, pour s'en convaincre, de parcourir les grandes revues de notre province, où les œuvres en langue nationale se multiplient à cœur joie, et de suivre les travaux des principales sociétés, telles que l' « Association Bretonne » et l' « Union Régionaliste Bretonne », cette vaillante fédération qui, née d'hier, a tenu son septième congrès à Gourin en septembre 1904. Ce mouvement populaire et ces œuvres aimées démontrent avec la dernière évidence que nos compatriotes, fidèles, en dépit des violences et des sarcasmes, à leur Foi profonde et à leurs coutumes millénaires, entendent aussi conserver, même loin de la Petite Patrie, l'usage de la langue des ancêtres.

Les Bretons ne sont pas des séparatistes. Quand la France sonne le tocsin, ils accourent au premier rang. Mais ils veulent, — qui donc oserait les en blâmer ? — ils veulent rester Bretons !

Outre son étude personnelle, M. le docteur Saquet a pris la peine de traduire pour notre édification les résultats obtenus par une Commission d'enquête nommée par le groupe espérantiste de Lyon, dans le but de connaître à l'heure actuelle la situation de la nouvelle langue internationale.

Les progrès très sensibles de l'esperanto en France sont d'abord constatés par la Commission Lyonnaise. Puis, des 600 réponses — dont beaucoup de lettres, et de longues lettres, — qui lui sont parvenues, elle tire les conclusions suivantes :

1° L'esperanto est parlé aujourd'hui dans les cinq parties du monde.

2° Les nouveaux adeptes de l'invention de Zamenhof sont généralement isolés et recueillent plus de moqueries que d'éloges. Cela n'empêche pas ces pionniers de l'avenir de lutter pour la propagation de leur idée ; parfois ils réussissent et parviennent à fonder un groupe ; il faut au moins dix personnes, dont quatre au minimum doivent justifier de la connaissance complète de l'esperanto pour constituer un groupe. Il existe plus de 121 groupes espérantistes et, presque chaque semaine, une naissance est annoncée.

3° Les pratiquants de la nouvelle langue appartiennent aux situations sociales les plus diverses.

4° Tous les peuples apprennent l'esperanto avec la plus extrême aisance. Pour les personnes qui connaissent, même imparfaitement, un parler d'origine germanique et un d'origine latine, cette étude n'est qu'un jeu. Mais de simples ouvriers, anglais, allemands, russes, suédois, possédant pour unique bagage leur langue maternelle, affirment avoir appris l'esperanto avec une facilité déconcertante.

5° La langue du docteur de Varsovie rend déjà des services appréciables et a prouvé son utilité dans le domaine littéraire et scientifique, pour la correspondance commerciale et même au profit de quelques voyageurs. Toutefois son usage ne sera apprécié à sa juste valeur que le jour où la quantité de ceux qui la pratiquent sera devenue plus considérable. Pour atteindre à ce but si désirable il est nécessaire que chacun adhère à son groupe, s'il en existe un dans sa région, ou à la « Société de relations internationales », 27, boulevard Arago, Paris. Un autre devoir est de s'abonner à un organe espérantiste et de faire des recrues autour de soi.

Dans la péroraison de cette étude captivante, notre sympathique collègue, qui est le Président zélé du groupe espérantiste nantais, demande à la Société Académique de voter sur le principe d'une langue internationale avec motion de faveur pour l'esperanto et de nommer un délégué pour la représenter auprès d'une association qui se réunira à Paris.

Sur le premier point, les Membres présents votent à l'unanimité en faveur de la création de Zamenhof, à l'exception toutefois de l'un de nos plus distingués collègues, médecin réputé, qui redoute le développement d'une langue internationale au point de vue de la mentalité des peuples. Quant au second point, il va de soi que la délégation est confiée au dévouement généreux de M. le docteur Saquet.

Qu'adviendra-t-il de cette invention ? Dieu seul le sait ! Toutefois je ne crois pas trop m'aventurer en prédisant qu'il passera beaucoup d'eau limoneuse sous les ponts de Nantes avant que les discours de la Société Académique ne soient prononcés en esperanto.

De la langue internationale, retournons pour un instant à la langue des dieux. Notre collègue, M. Fink, a tiré de son écrin poétique une couronne de sonnets, petits tableaux pleins de vie, de couleur et d'observation. Quelle touchante scène d'intérieur que la pièce intitulée :

Deux Vieux

Assis près du feu qui flambe gaiement
Tandis qu'au dehors souffle la tempête,
Sur la cheminée appuyant sa tête,
Le vieux paysan songe tristement.

Devant un berceau l'aïeule répète
Un ancien refrain. Son regard aimant,
Où se lit parfois un vague tourment,
Quittant l'enfant blond, sur l'homme s'arrête.

Et soudain des pleurs brillent dans ses yeux :
C'est qu'il est bien jeune ; eux, ils sont bien vieux !
Pourtant, pour l'aimer, il n'a qu'eux au monde.

Et l'aïeule tremble et souffre tout bas,
Ressentant au cœur l'angoisse profonde
D'abandonner seul l'enfant ici-bas.

Malgré le charme de ces petites pièces, je dois me borner. Laissez-moi pourtant vous lire encore ce sonnet à la forme parfaite et à l'envolée superbe :

Après la Mort

Puisqu'en me créant Dieu mit au fond de mon être
Des désirs que jamais rien ne comble ici-bas ;
Puisque, sans nulle trêve, en moi chante tout bas
La voix de l'idéal que j'aspire à connaître ;

C'est que pour l'infini l'Eternel m'a fait naître :
Que mon âme, plus lasse à chacun de mes pas,
Doit enfin, quand mon cœur subira le trépas,
Etancher cette soif d'amour qui la pénètre.

Qu'importent donc les pleurs brûlants mouillant mes yeux !
Mes regards pleins d'espoir se dirigent aux cieux,
Seul séjour du bonheur auquel je porte envie.

Humblement résigné, j'attends, le cœur en paix,
Que mon âme vers Dieu s'en retourne à jamais ;
La mort, pour le chrétien, est le seuil de la vie.

Peut-on rêver pour un critique situation plus pénible que d'avoir à porter un jugement impartial sur une œuvre tombée de sa plume ? Le destin m'accule au fond de cette impasse. N'ayant pas le moindre motif de prévoir que je rendrais compte des travaux de l'année 1904, j'ai présenté une communication à la Société Académique et l'heure est venue de vous en parler.

Par une chance inouïe, je crois pouvoir me tirer à mon honneur de ce mauvais pas. Mon travail personnel est à peu près nul, il se réduit à quelques notes et citations que le premier venu réunirait aisément. Tout l'intérêt réside dans la correspondance que j'ai tirée de l'ombre, grâce à l'amabilité de M. Paul Soullard, numismate éminent et fin collectionneur. Qu'il reçoive en public le témoignage réitéré de ma sincère reconnaissance !

Brièvement j'esquisserai les grandes lignes de la vie et de la carrière de Mélanie Waldor, puis je détacherai quelques passages des lettres inédites de cette compatriote au talent remarquable, à l'esprit élevé et au cœur généreux.

Née à Nantes en 1796, Mélanie Villenave fut élevée par son père, avocat brillant et écrivain fécond. Elle se maria sous la Restauration avec un officier, M. Waldor, et commença à se faire connaître après 1830. Ses œuvres se composent d'une douzaine de romans formant une vingtaine de volumes, d'un recueil de beaux vers intitulé : *Poésies du cœur,* et de plusieurs pièces représentées à la Renaissance et à l'Ambigu, sans compter un volume pour les enfants, de nombreux articles envoyés à des journaux et à des revues, et des poésies adressées à Napoléon III, à sa femme, à son fils. A ce propos je suis fier de dire que Mélanie Waldor a donné un noble démenti au poète latin :

Tempora si fuerint nubila, solus eris.

Reçue très amicalement par la famille impériale, notre concitoyenne se garda bien de suivre l'exemple méprisable de tant de pleutres, familiers des Tuileries et de Compiègne, qui, avec une désinvolture absolue, tournèrent le dos à leurs bienfaiteurs frappés par la mauvaise fortune. Lorsque la mort vint la surprendre, le 14 octobre 1871, Mélanie Waldor rimait une ode au Prince Impérial.

A ce trait on peut en ajouter un autre. Ce fut cette

femme sensible qui ouvrit la souscription destinée à l'érection d'un monument digne de conserver les restes d'Elisa Mercœur. Sur le total de 2.132 fr., 360 fr. furent recueillis par Mélanie Waldor. Je remarque en passant que la Société Académique de Nantes contribua à cet hommage posthume pour la somme élevée de 211 fr.

On dînait plus tôt qu'à présent et l'on se recevait presque chaque soir à l'époque où vivait Mme Waldor. Quelques phrases de ses lettres nous donnent la physionomie de son salon.

Ecrivant à Mme Anaïs Segalas, elle l'invite en ces termes aimables :

« Je voudrais bien, mais je n'ose vraiment pas, vous prier de venir sans façon mercredi soir à une petite réunion de musique et de littérature que j'ai chez moi et à laquelle Mme Anaïs Segalas me fera le plaisir de venir. Vos soirées sont si brillantes et les miennes si simples, que je solliciterais d'avance pour elles votre indulgence, puis, une fois que vous la leur auriez accordée, je vous dirais que vous êtes bonne et charmante et qu'il y a bien longtemps que je désirais vous engager à venir les embellir, sans avoir jamais osé faire le premier pas vers vous.

« Veuillez dire à M. Segalas combien je serais heureuse de le recevoir. »

D'un billet adressé à M. Jay, député, je tire les lignes ci-dessous :

« Je voulais vous prier de venir passer la soirée de demain chez moi, soirée organisée à la hâte pour réunir toutes nos dames auteurs autour de Madame Desbordes-Valmore. M. Bouilly nous lira quelque chose et nous aurons de bonne musique. »

Voici une invitation adressée au vicomte Walsh :

« Je viens vous prier de me faire le plaisir de venir passer la soirée chez moi vendredi prochain 31. — Je suis chez moi ce jour-là le soir, ce sont de petites réunions toutes littéraires. — Vendredi prochain, j'ai Madame Desbordes-Valmore, quelques autres dames auteurs ; Ballanche, Nisard, etc. Vous serez le bien venu au milieu de nous et je serai heureuse de vous recevoir dans l'intimité de la causerie. »

J'ai parlé du cœur généreux de Mélanie Waldor. Ce noble sentiment éclate à chaque page de sa correspondance.

Un jour, elle adresse un jeune protégé à M. Romey pour le faire admettre dans une imprimerie : « Faites qu'il entre tout de suite, car dans ses appointements seront ses seules ressources. » Un autre jour, elle prie un journaliste d'obtenir un permis gratuit de chemin de fer en faveur d'un monsieur qui a besoin d'aller chercher sa mère malade: « Distinction, esprit, naissance, il a tout excepté la fortune. » Elle implore la charité de M. de Col, en termes navrants : « Voici cette pauvre institutrice que le bon curé de Saint-Sulpice m'a tant recommandée, elle pleure, elle a faim et froid. Je ne puis vous dire cette misère. — Hélas ! j'arrive à peine et Dieu m'envoie, je crois, tous les pauvres, et je ne sais que faire, moi qui ne suis riche que d'intentions. »

Pour une famille plongée dans la plus profonde indigence, notre concitoyenne écrit ces lignes déchirantes : « Permettez-moi d'implorer votre humanité en faveur du pauvre Cogne. Depuis quatre ans je suis témoin de la misère de sa famille ; ce sont de bien braves gens luttant souvent contre le froid et le faim. Il y a là une femme et trois petits enfants. Cogne est bien malade, il lui faut des soins assidus. Le laissera-t-on périr faute d'un lit à l'hospice ? Je sais bien que les malades sont en grand nombre, mais la charité est inépuisable en France, à Paris surtout. »

Mélanie Waldor, quoique toute jeune femme, n'hésite pas à plaider, près de la reine Marie-Amélie, la cause d'un jeune orphelin breton à qui le choléra vient de ravir sa mère. Souvent elle organise avec un entrain inouï des concerts de charité, réunit les artistes chez elle, s'occupe de la publicité, intéresse les plus puissants personnages à son initiative, multiplie pas et démarches pour la réussite de sa bonne œuvre

Quant à la recommandation contenue dans la lettre adressée, le 5 décembre 1855, à un général portant le titre de comte, elle ne vise point un indigent, mais elle mérite d'être mise en pleine lumière, car elle concerne le futur général Boulanger : « ...... Je serais heureuse de vous connaître, Général, écrit Mélanie Waldor, et je viens, aujourd'hui, vous prier d'accorder toute votre bienveillance à un jeune Saint-Cyrien de seconde année auquel je m'intéresse depuis son enfance. M. Georges Boulanger n'a pas 19 ans et toute son ambition est de se battre, de sortir de Saint-Cyr pour entrer dans les Chasseurs de Vincennes ; je vous serai bien reconnaissante si vous le jugez digne d'être distingué par vous. Il appartient à une famille des plus honorables ! »

Parallèlement à la physionomie de la femme secourable penchée vers les détresses et versant du baume sur les plaies, on évoque avec ces feuillets jaunis le portrait piquant de la femme de lettres.

Sur les gémissements habituels provoqués par l'éternelle question d'argent je glisse avec discrétion, retenant toutefois cette missive irritée qui n'est guère dans le ton de notre épistolière :

« MONSIEUR,

» Vous apportez de tels retards à la distribution des *Moulins* (il s'agit des *Moulins en deuil,* 4 volumes in-8o, parus en 1849), que plusieurs souscripteurs partent.... Vous m'aviez promis que tout serait distribué dans la huitaine et j'ai vu déjà beaucoup de personnes qui n'ont rien reçu. Que faire aussi de toutes les affiches qui sont chez moi ? Je compte sur vous, Monsieur, pour que tout soit terminé cette semaine. »

On a vu plus haut que beaucoup de notabilités littéraires fréquentaient le salon de Mélanie Waldor. Son influence était grande aussi dans la presse, ainsi qu'en fait foi une lettre du 6 avril 1835, écrite au sujet d'un concert de charité. Après avoir dit avec justesse : « Songez qu'un mauvais local tue un concert, » notre compatriote insiste sur la nécessité de faire une vaste publicité : « Engagez ces Messieurs à ne pas négliger les journaux. — Je ne puis leur être utile qu'au *Courrier Français,* au *Constitutionnel,* à la *Gazette de France* et au *Moniteur*. Mais c'est déjà beaucoup et je serai charmée de leur rendre ce service. »

Quel compliment bien tourné que la dernière phrase d'une lettre écrite, en 1837, à Madame Dupin : « Je viens de lire votre *Biographie ;* elle est parfaite de dignité, de grâce et d'abandon. Je suis fière de votre affection, vous avez un noble et beau talent, bien peu de femmes écrivent ainsi. — Vous avez marché à pas de géant dans cette carrière où l'on paye si cher sa supériorité. »

Aimable et bonne pour les autres, Mélanie Waldor demande la même bienveillance à son égard. Qui lirait sans attendrissement cette humble requête à un journaliste du *Moniteur :* « Voici les quelques lignes, Monsieur, pour lesquelles j'ai sollicité votre aimable obligeance pour moi. Veuillez les revêtir d'une robe plus gracieuse, afin que le public fasse un bon accueil à mes poésies (*Les Poésies du Cœur* parurent en 1835), là est tout mon avenir, et je n'ose espérer trouver beaucoup de juges comme vous ; aussi ai-je peur, plus le moment approche, et ai-je grand besoin qu'on me tende la main. »

Afin de donner une idée juste du style châtié et des nobles sentiments de cette femme supérieure, aux mérites de laquelle Madame Eugène Riom et M. Joseph Rousse ont rendu un hommage compétent, je clôrai ces citations par une lettre remarquable, sorte de profession de foi, adressée par Mélanie Waldor à un critique littéraire :

« Je sais, Monsieur, que vous aimez peu que les femmes écrivent, mais je crois que vous avez trop de grâce dans l'esprit pour confondre la femme qui écrit sans prétention et sans en faire son unique occupation avec la femme pédante qui dédaigne d'être femme. J'ai trop applaudi votre charmante comédie, où je vous avoue que j'ai ri de bien bon cœur, la trouvant juste presque en tout point, pour n'avoir pas confiance en vous, et confiance d'autant plus que l'on vous a représenté à moi comme *barbare* et *féroce* envers les femmes auteurs.

» Moi, Monsieur, j'ai l'orgueil de me croire assez ignorante pour avoir eu le bonheur de rester femme, et j'ai dû, je le crois encore, à cette ignorance le peu de talent que l'on a bien voulu reconnaître dans le bien petit nombre d'ouvrages que j'ai publiés. Je ne fais donc qu'à demi partie du bataillon sacré dont la science, ou plutôt les prétentions à la science m'effrayent souvent.

» Ecrire est quelquefois un besoin de mon cœur, jamais de mon esprit. Je ne viens point vous prier de m'épargner une juste critique. J'aurais mauvaise grâce à espérer une telle faveur. Je vous demande seulement un peu d'indulgence. *Alphonse et Juliette* (paru en 1839) ont été mieux accueillis que je ne l'espérais, mais j'avoue, Monsieur, que j'attache un grand prix à les voir jugés par vous. Il est des personnes dont le moindre éloge suffit pour assurer un succès, et le vôtre est de ce nombre. »

*
* *

Ma course est achevée. Votre bienveillance pendant la lecture de ce copieux compte-rendu m'a vivement touché. Il est à présumer que dans un instant vos bravos éclateront, non certes pour applaudir le talent douteux du rapporteur, mais pour le récompenser de sa peine. De ce surcroît d'amabilité je vous remercie d'avance.

Cela pourtant ne me suffit point. Laissez-moi, dédaigneux du point de vue individuel, m'élever plus haut et émettre un vœu en faveur de cette Association si contente d'offrir chaque année une soirée de gala à l'élite de ses concitoyens

Aujourd'hui, vous ne l'ignorez pas, un vent de révolte souffle, impétueux et méchant ; les institutions séculaires sont battues en brèche ; on rêve de faire table rase de ce qui est ancien et de créer de toutes pièces une société nouvelle. Notre chère Compagnie n'a pu échapper à ce mouvement néfaste, et plus d'un la dénigre, sans doute parce qu'elle est fière de plonger ses racines jusqu'au XVIIIe siècle.

Au nom de votre amour pour votre ville, pour ses gloires vénérables, pour sa bonne renommée, soyez les apôtres invincibles de cette Société Académique dont les portes ne se ferment devant aucun travailleur, pourvu qu'il sache respecter les convictions d'autrui, de cette institution qui, partie intégrante du patrimoine intellectuel de la capitale de l'Ouest, doit vivre..... et vivre longtemps !

Si vous répondez à mon désir, si vous défendez notre Compagnie contre des attaques imméritées, vous verrez les préventions s'évanouir, et les esprits larges et élevés saisiront l'importance de ce « superflu, chose si nécessaire » que l'on appelle une Société Savante. Grâce à des subsides dont elle ne saurait se passer, la Société Académique de Nantes et de la Loire-Inférieure, toujours jeune, toujours ardente, bravera les insultes de l'âge, et sa production, qui ne connaît ni le chômage, ni la journée de huit heures, ne cessera, Dieu aidant, d'enrichir le trésor impérissable de notre éminente, de notre chère cité nantaise.

RAPPORT

DE LA

COMMISSION DES PRIX

SUR LE

Concours de l'Année 1904

PAR P. BARANGER, AVOCAT

MESSIEURS,

Vous souvient-il, il y a dix ans passés, d'un conférencier venu d'Asie, M. Ly-Chao-Pé, qui avait pris la parole à une réunion solennelle de votre Société. Chaque fois que dans son discours il lui arrivait de parler de vous, Messieurs, il vous appelait les doctes, les illustres membres de la savante Société Académique.

Je venais alors ,Messieurs, de me présenter à votre Société, et bien que je fusse un novice, vous aviez daigné me recevoir parmi vous. — Ces paroles du conférencier m'effrayèrent fort, et je me demandais comment j'avais pu avoir l'audace et la témérité d'entrer dans votre assemblée. — Je pris alors la résolution de me faire petit et de rester dans l'ombre. Il a fallu que l'an passé vos suffrages vinssent s'égarer sur mon nom, et me désigner comme secrétaire-adjoint, pour me décider à faire figure au milieu de vous. — Timide, j'étais demeuré à l'écart, timide, je n'ai su refuser l'honneur qui m'était fait. — Vais-je ajouter que, timidement, je remplirai ma tâche ? — Non, Messieurs, car votre Société, en m'investissant de la fonction de secrétaire-adjoint, m'a donné l'accolade; elle m'a ordonné de manier la plume du critique, et fort de son patronage, je dirai hardiment.

Qui donc, Mesdames et Messieurs, avait prétendu que Nantes n'était point un centre littéraire, qu'on ne s'y passionnait pas pour les belles lettres ? Si la studieuse assemblée, qui me fait l'honneur de m'écouter, n'était déjà la meilleure réponse à cette calomnie, je dirais que cette année la Société Académique de notre Ville a reçu vingt manuscrits. — N'est-ce pas là une attestation de la confiance que les auteurs ont dans votre goût littéraire ? Et j'ajouterais que plusieurs parmi eux ont su trouver l'inspiration dans des sujets nantais. Leurs muses ont chanté le Pont Transbordeur, l'Ile Mabon, le Tombeau des Carmes. — Mais n'empiétons pas sur notre exposé, procédons avec ordre.

Vingt manuscrits ont été apportés au concours : un seul, ayant pour devise : « Mais en vain mille auteurs y pensent arriver » a été écarté, pour deux raisons. Il a été remis après l'époque fixée pour le dépôt des ouvrages, et l'auteur ne s'est pas conformé à la règle de l'anonymat.

Donc dix-neuf manuscrits ont été examinés par la Commission : 4 en prose et 15 en vers. La poésie est largement représentée et tout donne lieu d'espérer qu'avec une pareille pléiade de poètes, le XXe siècle n'aura rien à envier aux précédents.

Parlons d'abord des Prosateurs.

Parmi les travaux examinés par la Commission, un de ceux qui l'ont le plus vivement intéressée, est une étude sur un poète breton : M. Hippolyte de la Morvonnais.

L'auteur a su rendre sympathique et attrayant son héros : aussi, lorsque le lecteur a parcouru le manuscrit, sa curiosité est mise en éveil, et désire-t-il faire plus ample connaissance avec cet homme de bien que fut M. de la Morvonnais. Il veut lire ses œuvres.

Qu'est-ce donc que cet homme ? Quelle a été son existence ? Qu'a-t-il fait ?

L'auteur va nous l'apprendre.

Hippolyte Michel de la Morvonnais est né à Saint-Malo le 11 mars 1802.

Par son père, il était issu d'une famille de magistrats ; par sa mère, il avait des liens de parenté avec les Lamennais. Pour se soumettre aux volontés maternelles, il fit son droit à Rennes, puis à Paris ; mais plutôt que de compulser le code, le jeune homme préférait taquiner la muse. Aussi, en 1826, l'année de son mariage, publiait-il un premier recueil de poésies. — Agé de 26 ans, le jeune poète avait épousé Marie de la Villéon « *lys pur, élevé sur les bords de la Rance* » — Le jeune couple quitta Paris pour aller habiter un vieux manoir, en Bretagne, *le Val de l'Arguenon*, que le poète baptisa « romantiquement » du nom de *Thébaïde des Grèves*. — Là s'écoulèrent les heureuses années, trop courtes hélas, car au bout de neuf ans d'une union parfaite, M. de la Morvonnais restait veuf. Son chagrin fut immense. Il chercha à tromper sa douleur en se consacrant à l'éducation de la fille qu'il avait eue de son mariage, lui enseignant la charité envers les pauvres et les deshérités. Il s'occupa aussi de la chose publique. Il devint maire de la commune de Saint-Potan, obtint la création d'une paroisse au Val de l'Arguenon et fut candidat à la députation en 1848. — Ainsi s'écoula la fin de son existence, partagée entre les œuvres littéraires et les œuvres sociales. Il mourut le 4 juillet 1853, et fut inhumé au Val, emportant les regrets unanimes de tous ses concitoyens.

M. de la Morvonnais a composé plusieurs ouvrages, tant en prose qu'en poésie. Je citerai au hasard, *Le vieux paysan* — *Les récits du foyer* — *La Thébaïde des grèves* — *les larmes de Magdeleine*, ce poème dont on a pu dire que pour l'écrire « il avait trempé sa plume dans les larmes du peuple » et encore *L'ordre nouveau, Les harmonies sociales,* etc... M. de la Morvonnais se montre philosophe et moraliste. Il étudie l'amour : L'amour de Dieu, l'amour des hommes. — En morale il distingue la morale du monde (petite morale) et la morale évangélique (grande morale). — En politique, il rêve une république philanthropique, chrétienne, garantissant tous les droits naturels et humains. C'est une démocratie religeuse.

Les classiques, principalement Homère et Virgile, l'ont influencé en lui apprenant l'art de s'exprimer avec élégance. Les modernes, avec Bernardin de Saint-Pierre et Châteaubriand, lui enseignèrent à voir la beauté de la nature avec les yeux d'un croyant. Mais c'est surtout l'influence des Lakistes anglais qui se fit sentir chez lui. Ils lui révélèrent la grâce intime des paysages, de la vie rustique et familiale. — Admirateur passionné des lakistes et surtout de Wordsworth, leur chef d'école, M. de la Morvonnais avait été lui rendre visite sur les bords du lac de

Westmoreland, et plus tard il devait donner une traduction des œuvres du poète anglais.

Aprés avoir raconté la vie de son héros et analysé ses ouvrages, l'auteur du manuscrit critique l'œuvre en général. Chez M. de la Morvonnais, dit-il, le rêve cotoie la réalité; il accorde à l'inspiration et au lyrisme, une part plus belle qu'à l'observation. — C'est, dit-il encore, un admirable metteur en scène, un conteur ravissant, et il fait un intéressant parallèle entre lui et son contemporain George Sand. — Il termine son appréciation du poète en racontant une légende exquise : *le Gabier de la Rance.* Je ne vous la dirai pas, Messieurs, pour piquer votre curiosité. Vous la lirez dans le manuscrit de l'auteur, inséré dans vos Annales, car vous l'avez ainsi décidé, donnant satisfaction au vœu exprimé par la Commission des prix.

Et vous vous demanderez, comme moi, Messieurs, aprés avoir lu ce livre, si ce poète, si cet idéaliste qu'a été de la Morvonnais ne fut pas véritablement l'homme heureux ? Une grande douleur a traversé son existence, c'est vrai; mais n'a-t-il pas quand même su rencontrer le véritable bonheur ? — Il a vécu à l'écart, au milieu des fleurs, sur les bords de cette Rance si pittoresque (son lac à lui) ; — il a su trouver dans les enchantements de la nature les satisfactions les plus délicates ; la poésie, la littérature, l'ont consolé. Il a eu de généreuses idées politiques. — Utopie ? Peut-être ! mais qu'importe ; il a fait le bien et il a su se faire aimer. Combien parmi nous, entraînés dans le tourbillon de la vie, n'envieraient une existence comme celle de la Morvonnais ?

Ajouterai-je, en terminant, ce mot de critique à l'adresse de l'auteur : si l'intérêt dans son manuscrit est bien soutenu, si le plan est méthodique et très ordonné, il y a cependant quelques longueurs ; il se perd dans l'analyse des ouvrages. Ce léger blâme ne saurait empêcher la Société Académique de lui accorder une médaille de vermeil.

Avec M. de la Morvonnais, nous avons étudié les idées, avec l'auteur du *Dictionnaire du langage, des coutumes, et croyances du pays de la Mée*, nous étudions les mots. Cette œuvre offre un véritable intérêt local. Elle fait connaître de curieuses traditions en usage dans la partie Nord de notre département.

La passion des vieux mots ne vaut-elle pas celle des vieilles faïences, des vieilles poteries, des bahuts anciens, ou des haches taillées? — Et dans un vieux mot ne découvre-t-on pas davantage l'âme de la vie d'un peuple? — Félicitons celui qui s'éprend de pareilles antiquités; et, tout en lui adressant deux légers reproches: le premier de ne pas avoir donné l'étymologie des mots, le second d'avoir mélangé les mots et les usages ce qui nuit à la clarté de son dictionnaire, nous lui disons que la Commission a tenu à montrer qu'elle s'intéressait à ce travail, et l'encourage par une médaille d'argent.

Il me faudrait, Messieurs, parler encore de deux autres manuscrits en prose : l'un ayant pour devise : *Rectum in veritatem,* l'autre: *Toujours et quand même.* La Société Académique applaudit au choix de ces excellentes devises, et dit aux auteurs: Persévérez, ayez un courage opiniâtre et à un autre concours vous aurez chance de mériter un meilleur sort.

— Et maintenant, place aux poètes :

Fleurs d'Arvor est le gracieux titre choisi par l'auteur pour présenter une gerbe de poésies bretonnes: le

Tombeau des Carmes, le *Centenaire de Brizeux* et l'*Etang sacré.*

Vous avez passé, Mesdames et Messieurs, près de ce tombeau, joyau de notre Cathédrale, et vous avez admiré avec une sorte de respect ces quatre sentinelles de la mort, qui gardent le superbe mausolée de François II. — Ecoutez comment l'auteur de *Fleurs d'Arvor* chante l'ouvrier et son œuvre :

> ....de ton fier ciseau
> Le chef-d'œuvre immortel a traversé les âges.
> Quel monument superbe, orgueil du genre humain
> Ferait plus pour ton nom, que l'œuvre de ta main,
> O grand Michel Colomb, ô vieux tailleur d'images.

Puis saluant une à une les magnifiques statues, le poète les chante amoureusement. — Il donne le premier rang à la Force. Il a raison, c'est la plus belle des quatre. Encore mieux que ses sœurs, elle avait su passionner l'artiste. Le poète a subi la même influence. — Pour Elle, seront les plus belles strophes :

> Tu restes sous ton casque, impénétrable et fier
> Ainsi qu'une héroïne au courage indompté.
> Et comme le vieux Will, je suis toujours tenté
> De dire, en te voyant : O ma belle guerrière.
>
> Ce n'est pas dans l'armure au splendide dessin
> Qui couvre ta poitrine et protège ton sein
> Que réside ta force, ô vertu que j'admire !
> Elle est toute en ton cœur, en ce geste imposant
> Sous lequel le dragon se tord agonisant
> Tandis qu'erre à ta lèvre un dédaigneux sourire.

Le lyrisme du poète se révèle dans le *Centenaire de Brizeux.*

> Vous dont il a chanté les luttes homériques
> Venez lutteurs de Scaër, que vos bras héroïques

Aux chênes du chemin dérobent un rameau
Venez les entasser en signe de victoire
Et d'un vert monument de triomphe et de gloire
Venez entourer son tombeau.

Au son des binious et de l'aigre bombarde
Accourez saluer votre frère le barde
Hâtez-vous de laisser vos champs ; quittez les bois,
O filles du Faoüet et vous Ouessantines,
Aux tintements joyeux des cloches argentines,
A nos accents mêlez vos voix.

Certaines fautes de prosodie, de mauvaises consonnances, des images parfois un peu confuses sont des taches aux yeux de la Commission (mais des taches, il y en a bien dans le soleil). L'œuvre de notre poète a su mériter une médaille de bronze.

A ma guise. C'est de la Bretagne et de Brizeux que nous allons encore parler.

Le poète évoque une apparition mystérieuse. Voici qu'une femme aux yeux tristes pénètre dans un cimetière; elle s'arrête près d'une tombe :

Et dit d'une voix désolée
C'est moi, Brizeux, qui viens ce soir ;
Moi, ta Bretagne bien-aimée
A travers la plaine embrumée
Pour te clamer mon désespoir.

Et d'où vient cette tristesse ? Hélas ! depuis que le Maître est enfermé dans son cercueil, les Bretons ne savent plus faire vibrer la harpe d'Arvor, et il faut que Brizeux se lève, sorte de son tombeau, et vienne enseigner la nouvelle génération. — Et Brizeux pousse un soupir et

............ce soupir puissant
Quoique très doux, remplit l'espace
Et le vent, le grand vent qui passe
Devant lui, se tut frémissant.

Ce soupir a réveillé l'inspiration chez les Bretons, et ô merveille Brizeux :

> Ton âme chante par leur bouche
> Et ta voix vibre dans leurs voix.

— La Commission des prix a récompensé ce poète à l'imagination créatrice en lui décernant une médaille d'argent.

Potius mori quam fœdari. C'est la devise choisie par l'auteur de l'*Ode à la Bretagne.* Il a eu des intentions excellentes, cet auteur, en célébrant sa chère Patrie :

> Bretagne, ô mon pays, noble et divine terre,
> Permets que le baiser de la brise du soir,
> Vienne inspirer ton fils.

La Bretagne est restée sourde à son appel, et l'inspiration n'est pas venue. La Commission a eu le grand regret de le constater. Mais que ce bon fils de la Bretagne ne se désespère pas. Qu'il écoute encore, et la brise du soir sonnera sans doute à son oreille les grandes inspirations.

Qui vive, Bretagne. Encore un poète amoureux de sa Patrie. Le *Vœu de Géva* et le *Chant des Pierres* sont les principales pièces de son manuscrit. Je ne parlerai pas du *Vœu de Géva,* histoire du petit mousse parti sur la mer en furie, et qui, après de nombreuses péripéties, revient sain et sauf au logis. C'est une complainte en seize couplets, à laquelle il manque un refrain.

L'auteur a été beaucoup mieux inspiré dans le *Chant des Pierres,* poésie pleine de souffle et d'inspiration.

La scène se passe à Belle-Isle-en-Mer, dans la grotte de l'Apothicairie. Un peintre y est descendu :

Artiste, il jouissait plus que d'autres, peut-être.
Il contempla longtemps la voûte, le flot bleu,
Puis devant le tableau, pour applaudir le Maître,
Lentement, il jeta ces trois mots : « Gloire à Dieu !

Mille échos inconnus, impétueux, rapides,
Jaillirent à l'instant, semblables aux clameurs
D'êtres mystérieux, que les antres humides,
Auraient caché en de secrètes profondeurs.

Je ne sais quel frisson tremblait dans leur haleine
Et rendait presque ému leur accent guttural,
Comme si, pour se joindre à la prière humaine,
Ils n'avaient jusqu'alors attendu qu'un signal.

Leur acclamation de suprême louange,
Colossale, montait en immenses duos
Où chantaient à la fois, dans un accord étrange,
Les ténors des rochers, et les basses des flots.

Ah ! commander en Maître, émouvoir l'insensible,
Faire d'un cri jeté tout un concert vibrant,
S'emparer du lointain et de l'inaccessible,
Multiplier l'hommage au Créateur....... C'est grand !

C'est grand ! — La chute n'est peut-être pas très heureuse, Monsieur le Poète, pour terminer d'aussi jolis vers. — Enfin la Commission ne veut pas vous en tenir rigueur, elle vous accorde une médaille d'argent.

Premiers vers est le manuscrit d'un débutant (si le titre est sincère). Espérons-le, et la Commission accordera plus tard une récompense. — Puisque vous débutez, mon ami, il est permis de vous donner un conseil. Quand vous dites :

— J'ai vingt ans *m'a-t-on dit*
— Etincelant rayon *qui éblouit*,
— *Le suave parfum d'une chanson lointaine*,
— Femme *tu aurais*.

Vous oubliez qu'en notre poésie française, on ne veut pas de consonnances défectueuses ; — que les hiatus sont prescrits. — Fréquentez Boileau, il porte la férule, mais la férule est bonne aux jeunes.

Et alors votre goût s'épurera, et vous ne nous raconterez plus ainsi l'absence d'une fiancée :

Demain vous partirez fuyant à tire d'aile,
Laissant de votre cœur un important lambeau.
Revenez au plus tôt, ne soyez point cruelle,
Car l'aimé vous attend pour l'instant le plus beau.

Je ne veux pas, Mesdames et Messieurs, quitter cet auteur sans vous citer une pièce tout à fait couleur locale, que je vous ai déjà annoncée.

LE TRANSBORDEUR

Très haut juché sur ses pieds métalliques,
Narguant la terre au-dessus des flots verts
Le Transbordeur, tel les Titans antiques.
Dresse ses bras dans l'infini des airs.

Les pieds ancrés dans le tréfond de sable,
Du lit profond du fleuve enamouré
Supportent haut l'immense et large table,
Barrant l'azur de son corps aciéré.

Et bien campé sur les bords de la rive,
D'un geste fier, il s'élève hautain,
Il monte encore, aux sommets il arrive,
Touchant du front le firmament lointain.

Riant au fleuve, et riant à la nue,
Il tend au vent le piège de ses rets
Et ses pylônes, dans la nuit venue,
Sont, dans le ciel, autant de minarets.

Il semble alors être à l'horizon sombre
Le spectre affreux de quelque lendemain.
Mais le colosse, alourdi dans son ombre,
N'est que le fruit d'un travail surhumain.

Et dans la nuit, son rire sarcastique
Semble sortir d'un squelette égaré ;
La brise pleure une étrange musique
Et sa carcasse, un long *miserere*.

Du Transbordeur, nous irons jusqu'à l'île Mabon, avec un poète qui a pris pour devise : *Ad valorem*. Vous jugerez que l'auteur ne manque pas d'imagination. Il compare l'île Mabon à Andromède, et la drague au monstre marin qui devait dévorer la princesse. Malheureusement, si notre poète, nouveau Persée, a su enfourcher Pégase, il n'a point à sa disposition la tête de la Méduse pour pétrifier le monstre, et il assiste impuissant à la destruction de l'île. Ecoutez sa plainte :

Sereine île Mabon, victime infortunée,
Tu fus comme Andromède à la mort condamnée,
Alors que tous fuyaient sur l'humide sentier,
Les griffes et les dents qui devaient te broyer.

Hélas ! au jour fatal, au monstre abandonnée,
Pas un héros ne vint, la lame dégainée,
Devant toi se placer, frémissant bouclier,
Et pourfendre la bête aux flancs garnis d'acier.

On la vit t'écraser de tout son poids immense,
Dévorer lentement ton corps inanimé,
Soufflant flamme et fumée avec un bruit intense.

La Loire maintenant couvre en entier la place
Où la douce martyre, au sein tout embaumé,
Etalait sa fraîcheur, son sourire et sa grâce.

La Commission des prix a espéré consoler ce poète en lui décernant une médaille de bronze.

Tous les poètes du Concours, Messieurs, n'ont cependant pas uniquement parlé de Nantes et de la Bretagne ; il y a aussi des poètes d'amour, des poètes tristes, et des poètes passionnés de la nature. Examinons-les successivement. Voici l'auteur de la *Chanson d'amour;* il est éperdûment épris de sa belle, il lui parle de l'*Ephémère saison,* ou bien encore s'adressant à *la Bien aimée endormie,* il lui révèle que l'*Amour est plus fort que la mort.*

Amoureux, que votre passion ne force point votre talent. Ne dites plus :

Ma bien aimée au jeune front,
Bercée au vol clair d'une abeille,
Dort une main sous son col rond.

Ou bien :

Ses cheveux teints dans la lumière,
Qui semblent des rayons frisés.

Vous avez été mieux inspiré et plus naturel, alors que vous écriviez :

L'heure où tu m'as souri, l'heure semait des roses.
. . . .
L'heure où tu m'as aimé, l'heure semait des flammes.
. . . .
L'heure où tu m'as quitté, l'heure semait des cendres.

On croirait percevoir un écho de la chanson des heures de Xavier Privas.

A qui sait aimer, les heures sont roses,
Car c'est le bonheur qu'elle font germer.
. . . .
A qui sait souffrir, les heures sont noires,
Car c'est la douleur qu'elles font mûrir.
A qui sait mourir, les heures sont blanches,
Car c'est le repos qu'elles font fleurir.

La Commission des prix a décerné à la *Chanson d'amour* une mention honorable.

Encore un disciple d'Anacréon; mais celui-là est triste:

L'amour est mort, en pleurant on l'enterre.
Jetez, jetez des fleurs à pleines mains,
Pétales blancs de rose ou de jasmin,
Neigez sur lui, terre sois lui légère.
Brisé d'amour, son cœur à jamais dort,
L'amour est mort.

Et nous assistons au défilé de tout le convoi funèbre: les belles amantes aux pieds blancs, et leurs amants heureux ou malheureux, les poètes qui ont chanté le pur amour, les amoureux fidèles.

Et tous ceux qui sentirent quelque chose
Vibrer en eux.

Mais bientôt le monde s'aperçoit qu'il ne peut se passer de l'amour; l'humanité est trop malheureuse sans lui, et le poète termine par cette prière :

Amour, amour, amour soleil du monde
Que tous unis marchent dans ta clarté;
Enseigne-nous la grâce et la bonté,
Rends-nous la joie et la force féconde,
Amour, amour, amour, reviens d'exil,
Ainsi soit-il.

L'enterrement et la résurrection de l'amour sont gracieusement narrés par le poète. Sa phrase est sonore et bien dite, le vers coule de source. Certains passages méritent cependant la critique; la pensée n'est pas toujours claire. Ainsi que veut dire :

Tremblant d'amour qui voudrait et qui n'ose,
Doigts enlacés, cheminer, couple heureux,
Deux amoureux.

La Commission a tenu quuad même à récompenser dignement le poète; elle lui a décerné une médaille d'argent grand module.

Le genre dramatique est peu cultivé parmi les candidats du Concours. Dans un seul manuscrit : *Les Ailes,* ayant pour devise : *J'effleure,* un auteur a abordé ce genre.

La scène se passe en Grèce. Deux personnages, Lythos, 22 ans, Myrtha, son esclave, 16 ans. Au moment où le rideau se lève, Myrtha est seule. Elle veut s'enfuir, retourner dans son pays d'Afrique :

Fuyons, dit-elle, l'heure est venue.

Mais Lythos paraît. Lythos adore son esclave et essaie de la retenir ; alors se poursuit un long dialogue. Myrtha veut partir et se compare à un chaste agneau qui...

... d'un geste las s'étend sur les pelouses.

Elle parle de la cueillette des fruits de pourpre, des arbustes, des citrons, de l'arôme âcre du thym, du ruisseau, des minarets, des palmes,

Des chameaux onduleux, monotones et doux,
Qui s'avancent au pas, foulant le sable roux.

Elle parle encore du figuier, du soleil flamboyant !

Tout ceci n'arrive pas à convaincre Lythos qui, à son tour, lui vante le sol embaumé de l'Attique, l'hyacinthe, le muguet, les grands lys nacrés, le myrte, le cythise, le pâle églantier, l'aurore, l'aube, etc. Myrtha reste toujours inflexible. Heureusement pour Lythos, un papillon vient à passer, il s'arrête sur une fleur. Alors, à cette vue, s'opère un revirement chez Myrtha, revirement que je ne m'explique pas très bien, mais qui existe cependant. Elle tombe dans les bras de Lythos.

Tu m'as vaincue par ta douce parole,
Pardonne-moi, Lythos, je ne sais, j'étais folle,
Quelque mauvais génie a voulu m'inspirer.

Lythos ne peut croire à son bonheur. Vraiment, fait-elle fi de la liberté ? Oui, répond Myrtha avec passion. Oui, car

L'amour brise les ailes.

La Commission des prix a trouvé de nombreuses fautes de prosodie, des fautes d'orthographe, je le dis tout bas, et l'écriture est bien difficile à lire. Elle a voulu toutefois encourager cet auteur, qui se différencie des autres concurrents par le genre adopté, en lui votant une mention honorable.

Etincelles (poésies). Devise : *Vers l'Idéal.* Ainsi se présente à nous un gracieux manuscrit de belle écriture. C'est dans la délicatesse et le charme de l'enfance que l'auteur va presque toujours chercher son sujet et puiser l'inspiration. Et si le souffle manque un peu, le vers est correct et gracieux. Aussi la Commission a-t-elle décerné à l'auteur des Etincelles une mention honorable.

Ma Terre Poitevine est un recueil de poésies bucoliques. L'auteur, qui a l'imagination colorée, et qui ressent vivement, s'attache à décrire le charme de la nature, à peindre les animaux et les fleurs. Avec lui l'épithète n'est jamais banale, mais toujours choisie. Chaque pièce de vers forme un coquet tableau champêtre, bien estompé, représentant, qui un lever ou un coucher de soleil, qui une riche moisson d'épis dorés, ou encore un marais aux eaux tranquilles.

Il n'est point sans originalité ce tableau du crapaud, dans la *Vie nocturne.*

Un son pur a vibré ; l'orchestre des crapauds
Fait tinter tristement ses notes cristallines
Où pleurent des chagrins confiés à la nuit.
Que chantent les crapauds que tout le monde fuit ?

Peut-être la réponse à ma plainte égoïste
Quand je pleurais le jour s'éteignant par degrés.
Que disent les crapauds dont la chanson s'attriste,
Montant là-bas, parmi l'herbe humide des prés ?
« Douce nuit, douce nuit, cache-nous sous ta mante,
» Nuit secourable aux laids, aux craintifs, aux petits.
» On se moque de nous le jour, on nous tourmente,
» De l'aube à ton retour, nous sommes des maudits.
» Béni soit le Dieu bon, propice au misérable,
» Qui fit, donnant à tous les êtres droit pareil,
» La nuit, à qui le jour serait trop implacable,
» La lune à qui ne peut soutenir le soleil. »

J'ai dit les qualités de l'auteur ; mais un grincheux remarquerait peut-être : il y a des défauts, des fautes de prosodie, des hiatus comme *la journée enfuie*, — des tournures de phrases peu françaises, et des phrases torturées. La Commission, elle, a trouvé que l'auteur de *Ma Terre Poitevine* devait obtenir comme récompense une médaille d'argent.

Il est triste, et il ne nourrit plus de chimères le poète de *Désillusions*. Qu'il parle de l'enfant, du soldat, de l'inventeur, du laboureur ou des amants, il les montre tous déçus au moment du réveil.

Le rêve le plus beau s'achève.

L'enfant a grandi et il lui faut toujours obéir. Le soldat a perdu la bataille. L'inventeur s'est vu saisir sa découverte. La foudre a détruit la récolte du moissonneur, et les cœurs des amants ont été désunis.

L'auteur a de bonnes idées et il les exprime bien. Le rythme de sa poésie est original : le vers de dix pieds alterne avec le vers de huit pieds. Ce procédé ne manque pas d'une certaine hardiesse, mais n'est pas toujours agréable à l'oreille.

La Commission des prix a condamné le poète des *Désillusions* à recevoir une médaille de bronze.

Encore un poète mélancolique, l'auteur de *Poignée d'Herbe folle*; mais, sur le poète des *Désillusions*, il a la supériorité de ne pas être aussi décourageant. Il signale le mal, mais il indique le remède.

Il enseigne l'art de souffrir.

Ame, tu souffriras, c'est la loi de tout être,
Et souvent les chagrins à toi, viendront s'offrir.
Si tu verses des pleurs, ne les fais pas paraître
Loin du monde moqueur, apprends l'art de souffrir.

Regarde la douleur en face sans la craindre,
Connais-la savamment, elle sera ton lot,
Mais sache que sur terre, il ne faut pas se plaindre,
On fait plus large place au rire qu'au sanglot.
....

Travaille ! Le travail est frère du courage
Par son charme secret, il endort la douleur,
Si modeste soit-il, si grand qu'est un outrage,
Il sera du passé le puissant niveleur.
....

Pardonne ! Le pardon adoucit en tout lieu
Les angoisses du cœur. Sois fière dans tes plaintes.
Il est des pleurs sacrés, comme des larmes saintes
Et si tu sais prier, prie et crois en ton Dieu.

Ce poète, j'allais dire ce penseur, fera bien de supprimer certaines consonnances désagréables comme : *l'or ruisselle ;* — quelques expressions forcées comme : *une belle fée ignorante des pleurs*, et l'an prochain la Société Académique lui décernera une récompense supérieure à la médaille de bronze accordée cette année.

Aime et souffre en secret : c'est la devise d'une malheureuse. Elle n'a pas su apitoyer la Commission, qui est demeurée inflexible devant l'aveu même de l'auteur :

. ... ma plume impuissante
Ne peut que bégayer les élans de mon cœur.
Je ne sais pas parler..., que ne suis-je éloquente !

Un dernier manuscrit, Messieurs, et j'aurai achevé cette longue énumération d'œuvres soumises au concours. Ce manuscrit est intitulé : *Aux modernes détracteurs de Jeanne d'Arc.*

Si, à toutes les époques, il s'est rencontré des hommes qui ont éprouvé le besoin de salir une des plus belles gloires de la France : la Vierge Lorraine, il s'est trouvé aussi de bons Français et de nobles cœurs, comme notre poète, qui ont su rappeler ses exploits et chanter ses vertus. — Et peut-être, aujourd'hui encore plus qu'hier, cette poésie vient à son heure.

Vous avez donc compris enfin, bande sectaire,
Qu'il était insensé de vouloir séparer
Le bûcher de Rouen de la Croix du Calvaire,
A la fois de haïr le Christ et d'honorer
D'un culte vraiment digne et de la France et d'Elle
Celle à qui nous devons d'être restés Français.
— Comment vous sièrait-il de louer la Pucelle
A vous qui regrettez de n'être pas Anglais ?
De leurs pères, enfin, désavouant le crime
Et plus que vous, d'honneur pour leur pays, jaloux,
Les enfants des bourreaux vénèrent la victime.
Si vous étiez des leurs, ils rougiraient de vous.
— Jeanne d'Arc, avant tout et Française et chrétienne,
Ne ponrrait sans nausée aspirer votre encens.
Bien mieux que notre amour, l'honore votre haine
Qui vient mettre le comble à tous vos reniements.

A sa mémoire encor prodiguez donc l'outrage,
Il est de sa grandeur l'inconscient aveu.
Pour la fille du Christ, c'est le plus bel hommage
D'être par vous traitée, ainsi que l'est son Dieu.
Associez toujours au Sauveur dans l'insulte
Celle qui la préfère aux baisers des Judas,
A ceux-ci réservez la souillure du culte
Que vous prostituez à tous les renégats.
Or sus à la Pucelle, émules de Voltaire,
Et sus au Crucifix ! Le Christ est immortel
Le hibou n'a jamais atteint l'aigle en son aire.
Pour ces vils insulteurs, Jeanne d'Arc prie au Ciel.

Le souffle et l'inspiration qui animent cette pièce ont valu à l'auteur l'approbation et les suffrages de la Commission, et un seul regret a été exprimé celui, de ne pouvoir décerner au poète, par suite de la trop grande brièveté de son manuscrit, mieux qu'une médaille de bronze.

La plus agréable séance de la Société Académique, Messieurs, est cette séance annuelle, où vous venez applaudir aux belles œuvres du Concours et les récompenser. — C'est la noble mission de votre Société de venir ainsi encourager la bonne littérature, et si elle ne peut, comme jadis le Grand Roi, d'un coup d'œil enfanter des Corneilles, au moins s'efforce-t-elle d'aider le talent, voir le génie, à monter vers les cimes du succés.

Mesdames et Messieurs, une objection s'était présentée à mon esprit au début de ce rapport. J'allais manier la plume acerbe du critique censurant prosateurs et poètes. N'avais-je point à craindre la peine du talion, et comment alors obtenir votre faveur ? — J'étais en service commandé, il est vrai. C'était une excuse. Mais était-elle suffisante ? Non ! — Mon rapport est fini, et l'objection reste toujours. — Pour la résoudre, Mesdames et Messieurs, il me faut encore plus que votre bienveillance, il me faut toute votre indulgence.

CONCOURS DE 1904

RÉCOMPENSES DÉCERNÉES AUX LAURÉATS

Dans la Séance publique du 16 décembre 1904

Prose

MÉDAILLE DE VERMEIL

M. Sarazin, Avocat à Pleurtuit : *Etude sur le poète malouin Hippolyte de la Morvonnais.*

MÉDAILLE D'ARGENT

M. Joseph Chapron, à Châteaubriant : *Dictionnaire du pays de la Mée.*

Poésie

MÉDAILLE D'ARGENT GRAND MODULE

Mlle Juliette Portron, à Niort : *La Mort de l'Amour.*

MÉDAILLES D'ARGENT

Mlle Juliette Portron, à Niort : *Ma terre poitevine.*
Mlle Amélie Simon, aux Sorinières : *Simple gerbe.*
Mlle Leray, à Rennes : *Qui Vive ? Bretagne.*

MÉDAILLES DE BRONZE

Mme Boulanger-Lesur, à Nantes: *Poésies inédites.*

Mlle Françoise Robin, à Oudon : *Poignée d'herbes folles.*

M. Julien de la Ville-Bérenger, à Nantes: *Fleurs d'Arvor.*

M. Gabriel Alardet, à Orléans: *Aux modernes détracteurs de Jeanne d'Arc.*

Mlle Juliette Portron, à Niort: *Désillusions.*

MENTIONS HONORABLES

M. Dumarais, à Nantes: *Etincelles.*

Mlle Juliette Portron, à Niort: *La Chanson d'Amour.*

Mlle Yvonne Palate, à Chaumont: *Les ailes.*

PROGRAMME DES PRIX

PROPOSÉS

Par la Société Académique de Nantes

POUR L'ANNÉE 1905

1re Question. — Etude biographique et critique sur un ou plusieurs Bretons célèbres.

2e Question. — Etude archéologique sur les départements de l'Ouest.

3e Question. — Etude historique sur l'une des institutions de Nantes.

4e Question. — Etude historique sur les anciens monuments de Nantes.

5e Question. — Etude complémentaire sur la faune, la flore, la minéralogie et la géologie du département.

6e Question. — Monographie d'un canton ou d'une commune de la Loire-Inférieure.

7e Question. — Du contrat d'association.

La Société Académique, ne voulant pas limiter son Concours à des questions purement spéciales, décernera des récompenses aux meilleurs ouvrages :

De morale,
De poésie,
De littérature,
D'histoire,
D'économie politique,
De législation,
De science,
D'agriculture.

Les mémoires manuscrits et inédits sont seuls admis au Concours. Ils devront être adressés, avant le 31 mai 1905, à M. le Secrétaire général de la Société, rue Suffren, 1.

Chaque mémoire portera une devise reproduite sur un paquet cacheté mentionnant le nom de son auteur. Tout candidat qui se fera connaître sera de plein droit hors de concours.

Les prix consisteront en mentions honorables, médailles de bronze, d'argent, de vermeil et d'or. Ils seront décernés dans la séance publique de 1905.

La Société Académique jugera s'il y a lieu d'insérer dans ses Annales un ou plusieurs des mémoires couronnés.

Les manuscrits ne sont pas rendus ; mais les auteurs peuvent en prendre copie sur leur demande.

Nantes, le 1er décembre 1905.

Le Secrétaire général,

G. FERRONNIÈRE.

Le Président,

A. VINCENT.

EXTRAITS

DES

PROCÈS-VERBAUX DES SÉANCES GÉNÉRALES

POUR L'ANNÉE 1904

Séance du 14 janvier 1904

Installation du bureau.

Allocution de M. Picart, président sortant.

Allocution de M. Alexandre Vincent, président entrant.

Notice nécrologique sur le Dr Chachereau, par M. le Dr Hervouët.

Etude sur la langue internationale Esperanto, par M. le Dr Saquet.

Séance du 8 mars 1904

Admission de M. Guichard, au titre de membre résidant (M. Alexandre Vincent, rapporteur).

Communication de *Lettres inédites de Mélanie Waldor,* par M. le baron Gaëtan de Wismes.

Rapport sur la *Situation actuelle de la langue internationale Esperanto,* par M. le Dr Saquet.

Séance du 17 mai 1904

Admission de M. Guérin de la Grasserie, au titre de membre résidant (M. Julien Merland, rapporteur).

Admission de M. Barbotin, au titre de membre correspondant (M. le Dr Saquet, rapporteur).

Notice nécrologique sur M. Eugène Louis, professeur honoraire au Lycée de La Roche-sur-Yon, conservateur de la Bibliothèque publique de La Roche-sur-Yon, membre correspondant de la Société Académique, par M. Julien Merland.

Communication de *Lettres inédites de Mélanie Waldor* (suite), par M. le baron Gaëtan de Wismes.

Poésies, par M. A. Fink aîné.

Séance du 24 octobre 1904

Rapport de M. Georges Ferronnière sur *Les Chartes de fondation de l'aumônerie-hôpital de Montaigu (Bas-Poitou)*, par M. le Dr Mignen.

Communication par M. Guérin de la Grasserie de son ouvrage : *Essai sur la Psychologie du peuple breton.*

Séance solennelle du 16 décembre 1904

Discours de M. Alexandre Vincent, président.

Rapport de M. le baron Gaëtan de Wismes sur les travaux de la Société pendant l'année 1904.

Rapport de M. Pierre Baranger sur le concours des prix de l'année 1904.

Séance du 19 décembre 1904

Admission de M. le Dr Jalaber, à titre de membre résidant (M. le Dr Saquet, rapporteur).

Admission à titre de membres correspondants de M. le Dr Stora et de M. le Dr Foveau de Courmelles (M. le Dr Saquet, rapporteur).

Nomination du Bureau pour 1905.

Société Académique de Nantes

et de la Loire-Inférieure

ANNÉE 1905

LISTE DES MEMBRES RÉSIDANTS

BUREAU

Président...........	MM.	le Commandant Riondel, rue Lamoricière.
Vice Président		le Docteur Polo, rue Guibal, 2·
Secrétaire général....		P. Baranger, rue Thiers, 4.
Secrétaire adjoint....		Soullard, rue du Château, 10.
Trésorier...........		Delteil, tenue Camus, 7 bis.
Bibliothécaire.......		Viard, r. Chevreul, à Chantenay-s.-Loire.
Bibliothécaire adjoint.		A. Fink ainé, rue Crébillon, 19.
Secrétaire perpétuel.		le Docteur Hugé, rue Poissonnerie, 2.

Membres du Comité central

M. A. Vincent, président sortant

Agriculture, commerce, industrie et sciences économiques

MM. Deniaud. Andouard. Libaudière.

Médecine

MM. Hugé, Guillou, Polo.

Lettres, sciences et arts

MM. Feydt, baron Gaëtan de Wismes, D. Caillé.

Sciences naturelles

MM. Bureau, Citerne, Saquet.

Membre d'honneur

M. Hanotaux, de l'Académie Française.

SECTION D'AGRICULTURE
COMMERCE, INDUSTRIE ET SCIENCES ÉCONOMIQUES

MM.

Andouard, rue Olivier-de-Clisson, 8.
Delteil, tenue Camus, 7 bis.
Deniaud, à la Trémissinière.
Durand-Gasselin (Hippolyte), passage Saint-Yves, 19.
Goullin, place Général-Mellinet, 5.
Le Gloahec, rue Mathelin-Rodier, 11.
Libaudière (Félix), rue de Feltre, 10.
Linyer, rue Paré, 1.
Merlant (Francis), tenue Camus, 39.
Panneton, boulevard Delorme, 38.
Péquin, place du Bouffay, 6.
Perdereau, place Delorme, 2.
Schowb (Maurice), rue du Calvaire, 6.
Viard, rue Chevreul, à Chantenay-sur-Loire.
Vincent (Léon), rue Guibal, 25.

Membre affilié

M. Merland (Julien)

SECTION DE MÉDECINE ET DE PHARMACIE

MM.

Allaire, rue Santeuil, 5.
Blanchet, rue du Calvaire, 3.
Bossis, rue de Gigant, 2.
Bureau, rue Gresset, 15.
Chevallier, rue d'Orléans, 13.
Citerne, au Jardin des Plantes.
Filliat, rue Boileau, 11.
Gauducheau, passage Louis-Levesque, 15.
Gergaud, rue de Strasbourg, 46.
Gourdet, rue de l'Evêché, 2.
Grimaud, rue Colbert, 17.
Guillou, rue Jean-Jacques-Rousseau, 6.
Hervouet, rue Gresset, 15.
Heurtaux, rue Newton, 2.
Hugé, rue de la Poissonnerie, 2.
Jalaber, rue Henri-IV, 9.
Jollan de Clerville, rue de Bréa, 9.
Lacambre, rue de Rennes, 4.
Landois, place Sainte-Croix, 2.
Lefeuvre, rue Newton, 2.
Le Grand de la Liraye, rue Maurice-Duval, 3.
Léquyer, rue Racine.
Mahot, rue de Bréa, 6.
Montfort, rue Rosière, 14.
Ollive, rue Lafayette, 9.
Poisson, rue Bertrand-Geslin, 5.
Polo, rue Guibal, 2.
Rouxeau, rue de l'Héronnière, 4.
Saquet, rue de la Poissonnerie, 25.
Simoneau, rue Lafayette, 1.
Sourdille, rue du Calvaire, 20.
Teillais, rue de l'Arche-Sèche, 35.
Viaud Grand-Marais, place Saint-Pierre, 4.
Vince, rue Garde-Dieu, 2.

SECTION DES SCIENCES NATURELLES

M. Ferronnière (Georges), rue Voltaire, 15.

Membres affiliés

MM. Bureau, Jollan de Clerville, Viaud Grand-Marais.

SECTION DES LETTRES, SCIENCES ET ARTS

MM.

Baranger, rue Thiers, 4.
Boitard, rue Saint-Pierre.
Bothereau, rue Gresset, 1.
Bourdonnay, rue Voltaire, 4.
Caillé (Dominique), place Delorme, 2.
Dortel, rue de l'Héronnière, 8.
Eon-Duval, quai Brancas, 8.
Feydt, quai des Tanneurs, 10.
Fink, rue Crébillon, 19.
Guérin de la Grasserie, rue de Gigant, 14.
Guichard, rue Piron, 3.
F. Joüon fils, rue de Coursop, 1.
Legrand, rue Royale, 14.
Leroux (Alcide), rue Mercœur, 9.
Liancour, rue Guépin, 2.
Livet, rue Voltaire, 25.
Mailcailloz, rue des Vieilles-Douves, 1.
Mathieu, rue des Cadeniers, 5.
Merland (Julien), place de l'Edit-de-Nantes, 1.
Morel, tenue Camus, 9.
Picart, rue Henri-IV, 6.
Riondel, place Lamoricière, 1.
Soullard, rue du Château, 10.
Tyrion, boulevard Amiral-Courbet, 8.
Vincent (Alexandre), rue Lafayette, 12.
Baron de Wismes (Gaëtan), rue Saint-André, 11.

Membres affiliés

MM. Hervouet, Linyer. Ollive, Delteil, Perdereau, Chevallier, F. Libaudière, F. Merlant.

LISTE DES MEMBRES CORRESPONDANTS

MM.

Ballet, architecte à Châteaubriant.
Barbotin, avenue Wagram, 154, Paris.
Bouchet (Emile), à Orléans.
Chapron (Joseph), à Châteaubriant.
Daxor (René), à Brest.
Delhoumeau, avocat, à Paris.
Docteur Dixneuf, au Loroux-Bottereau.
Docteur Foveau de Courmelles, rue de Châteaudun, 26, Paris.
Gahier (Emmanuel), conseiller général à Rougé.
Melle Gendron, au Pellerin.
Glotin, avocat à Lorient.
Docteur Guépin, à Paris.
Guillotin de Corson, chanoine, à Bain-de-Bretagne.
Hamon (Louis), publiciste à Paris.
Hulewicz, officier de la marine russe.
Ilari, avocat à la cour de Rennes.
Melle Eva Jouan, à Belle-Ile-en-Mer.
Lagrange, à la Préfecture de Police, à Paris.
Abbé Landeau, à Rome.
Docteur Macasio, à Nice.
Moreau (Georges), ingénieur à Paris.
Vicomte Odon du Hautais, à la Roche-Bernard.
Oger, avoué à Saint-Nazaire.
Priour de Boceret, à Guérande.
Docteur Renoul, au Loroux-Bottereau.
Saulnier, conseiller à la Cour de Rennes.
Docteur Stora, avenue Wagram, 62, Paris.
Thévenot (Arsène), à Lhuitre (Aube).

TABLE DES MATIÈRES

(La Société Académique déclare ne pas se rendre solidaire des idées et opinions émises par les auteurs dont les manuscrits ont été publiés dans ses Annales).

Nantes. – Imp. Mellinet. Biroché et Dautais succrs

Lightning Source UK Ltd.
Milton Keynes UK
UKHW050019060219
336364UK00020B/144/P

9 780331 257687